그린자동차

섀시 실습

GoldenBell

→→ Preface

자동차 공학서는 " 지도자와 학습자가 함께 공유하는 물리적인 지식의 공유 장소이며, 공학서의 내용은 그동안 자동차 관련자들이 개발, 발전시켜온 창조적 가치를 체계적으로 담아낸 지혜의 샘 " 이다. 또한 자동차의 구조와 정비 방법 등을 형상화된 문자, 사진, 그림, 만화, 도표 등으로 담아낸 그릇이다. 동일한 내용일지라도 담아내는 그릇의 모양이나 형태에 따라 전혀 다른 느낌으로 다가오고 있다. 그동안 자동차 공학서가 단순한 지식 정보나 전달의 영역을 뛰어넘어 생각을 자극하고, 창조적인 아이디어를 이끌어 내는 내용으로 발전하여 왔다.

이에 발맞추어 "**신세대 자동차 섀시 실습**" 은 학습자들에게 쉽고 흥미로우며, 창조적인 생각을 불러일으키는 지침서로, 교사 및 교수에게는 교수·학습 효과를 극대화 할 수 있도록 체계적으로 잘 편집되고 디자인된 참고서를 만들려고 노력하였으며 아래와 같은 특징이 있다.

1. **단원별 정리**로 찾아보기 쉽게 **블록화** 하였다.
2. 수험을 위한 **수험생**이나, 현장 실무에 종사하는 **자동차 관련 직업인**에게도 꼭 필요한 내용을 엄선하였다.
3. 점검 정비방법을 알기위해 단원마다 **관련 기초지식**을 넣어 이해를 돕도록 하였다.
4. 일반적이고 보편적인 점검 정비 보다는 **제작사별 점검 정비법**을 넣어 쉽게 이해할 수 있도록 편성하였다.
5. 정비를 하기 위한 진단·측정기에서도 **제작사별로 측정·점검방법**을 기술하여 수험자나 현장에서 필요로 하는 예비 정비인에게도 필수적인 내용을 서술하였다.

이 책을 학습하는 수검자, 학습자들이 현장에서 실무를 효율적으로 수행하는데 필요로 하는 기술을 습득하고 기능사, 산업기사, 기사자격증을 취득하는데 좋은 밑거름이 되기를 바란다.

끝으로 이 책을 만들기까지 물심양면으로 도와주신 김길현 사장님과 원고를 다듬느라 고생하신 이상호 실장님, 책 빨리 안 나온다고 독자들로부터 시달리신 우병춘 팀장님, 그리고 골든벨 직원 여러분께 진심으로 감사를 드린다.

2011년 9월
저자 일동

Contents

Part 01 클러치의 점검

Part 02 수동변속기의 점검

Part 03 자동변속기의 점검

Part 04 전륜 구동장치의 점검

Part 05 후륜 구동드라이브 라인 점검

Part 06 종감속 & 차동기어장치의 점검

Part 10 조향장치의 점검 정비

Part 11 전차륜 정렬의 점검 정비

Part 12 브레이크장치의 점검 정비

Part 13 ABS브레이크 장치의 점검정비

Part 14 자동차 관리법

클러치의(Clutch) 점검 01

학습목표

1. 클러치 어셈블리의 조작기구와 구조를 기능을 알아본다.
2. 클러치 어셈블리의 떼어내기와 장착, 분해, 조립 방법에 대하여 알아본다.
3. 클러치 어셈블리의 점검 및 정비방법에 대하여 알아본다.

NO.1 클러치(Clutch)의 설치위치, 기능 및 고장진단

1. 클러치의 설치위치

① 전륜구동식 : 액슬축과 동일한 방향에 엔진 뒤 플라이휠과 변속기 사이에 설치된다.

② 후륜구동식 : 액슬축과 직각 방향에 엔진 뒤 플라이휠과 변속기 사이에 설치된다.

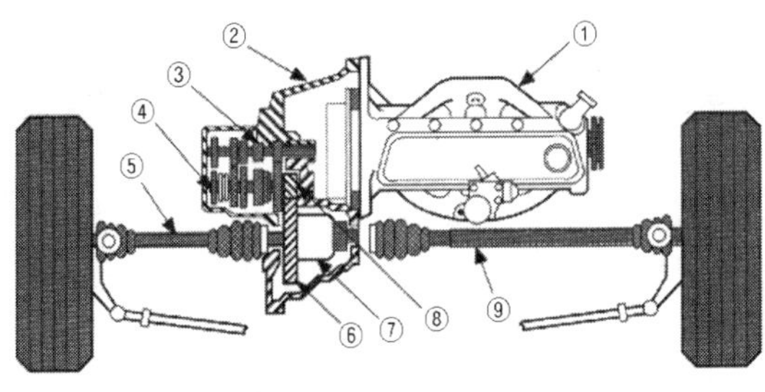

전륜구동차량

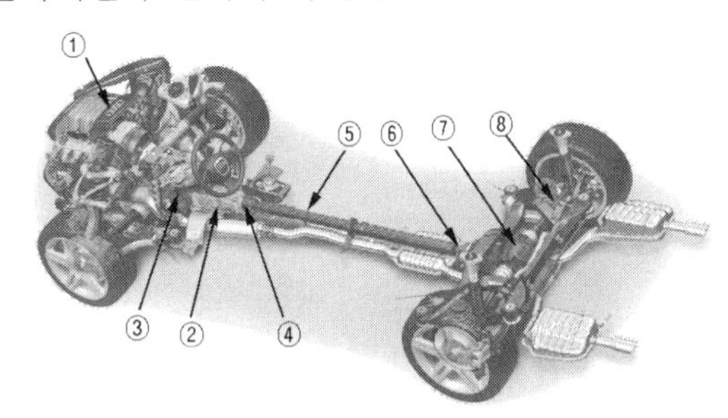

후륜구동차량

① 엔진(Engine)
② 변속기(Transmission)
③ 클러치(Clutch)
④ 슬립 조인트(Slip joint)
⑤ 추진축(Propeller Shaft)
⑥ 유니버설 조인트(Universal joint)
⑦ 뒤 디퍼런셜(rear differential)
⑧ 액슬 하우징(Axle housing)

2. 클러치의 기능

① 엔진의 동력을 변속기에 전달하거나 차단하는 역할을 한다.

② 엔진 시동할 때 무 부하 상태로 유지한다.

③ 엔진 동력을 차단하여 기어 바꿈이 원활하게 하며, 관성주행을 가능하게 한다(수동 변속기).

3. 클러치의 작동

① 기관의 동력을 연결할 때 : 클러치 페달을 놓으면 클러치 압력판 스프링의 장력에 의하여 클러

치 판이 기관의 플라이 휠과 압력판 사이에 압착되어 플라이 휠과 함께 회전한다. 클러치 판은 클러치 축(변속기 입력 축) 스플라인에 설치되어 있어 클러치 축이 회전하므로 기관의 동력이 변속기로 전달된다.

② **기관의 동력을 차단할 때** : 클러치 페달을 밟으면 릴리스 베어링이 릴리스 레버를 밀게 되고 이에 따라 압력판이 뒤쪽으로 움직이게 된다. 따라서 기관의 플라이 휠에 압착되어 있던 클러치 판이 플라이 휠과 압력판에서 분리되어 접촉되지 않게 되어 동력의 전달이 차단된다.

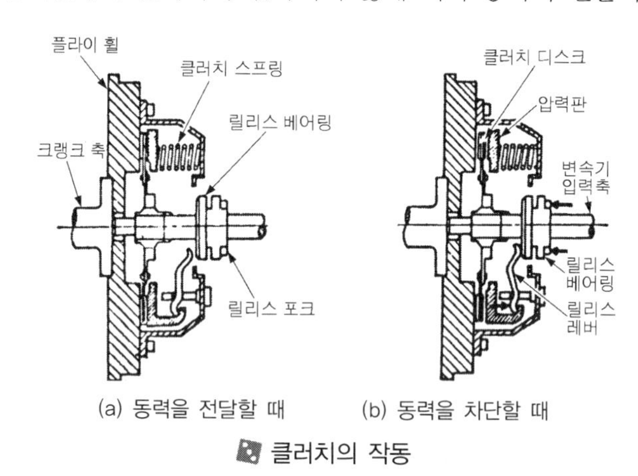

(a) 동력을 전달할 때 (b) 동력을 차단할 때

클러치의 작동

4. 클러치의 고장진단

현 상	가능한 원인	정 비
• 클러치가 미끄러진다. • 가속 중 차량의 속도가 엔진 속도와 일치하지 않는다. • 차의 가속이 되지 않는다. • 언덕 주행 중에 출력부족	• 페달의 자유유격이 부족함 • 클러치 디스크 페이싱의 마모가 과도함 • 클러치 디스크 페이싱에 오일이나 그리스가 묻음 • 압력판 혹은 플라이휠이 손상됨 • 압력 스프링이 약화 혹은 손실됨 • 유압장치의 불량	• 조정 • 수리 혹은 필요시 부품 교환 • 교환 • 교환 • 교환 • 수리 혹은 교환
• 기어 변속이 어렵다. (기어변속시 기어에서 소음이 난다.)	• 페달의 자유유격이 과도함 • 유압 계통에 오일이 누설, 공기가 유입, 혹은 막힘 • 클러치 디스크가 심하게 떨림 • 클러치 디스크 스플라인이 심하게 마모, 부식됨	• 조정 • 수리 혹은 필요시 부품 교환 • 교환 • 교환
• 페달이 잘 작동되지 않는다.	• 클러치 페달의 윤활이 불량함 • 클러치 디스크 스플라인의 윤활이 불충분함 • 클러치 릴리스 레버 샤프트의 윤활이 불충분함 • 프런트 베어링 리테이너의 윤활이 불충분함	• 수리 • 수리 • 수리 • 수리

현　　상		가능한 원인	정　　비
클러치 소음	• 클러치를 사용치 않을 때	• 클러치 페달의 자유유격이 부족함 • 클러치 디스크 페이싱의 마모가 과도함	• 조정 • 교환
	• 클러치가 분리된 후 소음이 들린다.	• 릴리스 베어링이 마모 혹은 손상됨	• 교환
	• 클러치가 분리될 때 소음이 난다.	• 베어링의 섭동부에 그리스가 부족함 • 클러치 어셈블리 혹은 베어링의 장착이 불량함	• 수리 • 수리
	• 클러치를 부분적으로 밟아 차량이 갑자기 주춤거릴 때 소음이 난다.	• 파일럿 부싱이 손상됨	• 교환
• 변속이 되지 않거나 변속하기가 힘들다.		• 클러치 페달의 자유유격이 과도함 • 클러치 릴리스 실린더가 불량함 • 디스크의 마모, 런아웃이 과도하고 라이닝이 파손됨 • 입력축의 스플라인 혹은 클러치 디스크가 오염되었거나 깎임 • 클러치 압력판 수리	• 페달의 자유유격을 조정 • 릴리스 실린더 수리 • 수리 혹은 필요 부품교환 • 필요한 부위를 수리 • 클러치 커버 교환

NO.2 클러치(Clutch)의 관계지식

1. 클러치의 구비조건

① 회전 부분의 평형이 좋을 것
② 동력의 차단이 신속하고 확실할 것
③ 회전 관성이 적을 것
④ 방열이 양호하여 과열되지 않을 것
⑤ 구조가 간단하고 고장이 적을 것
⑥ 접속된 후에는 미끄러지지 않을 것
⑦ 동력의 전달을 시작할 경우에는 미끄러지면서 서서히 전달될 것

2. 클러치의 종류

1) 마찰 클러치

① **원판 클러치** : 플라이 휠과 클러치 판의 마찰력에 의해 엔진의 동력이 전달된다.
② **원추 클러치(원뿔 클러치)** : 원뿔면의 마찰력에 의해 동력이 전달되며, 변속기의 싱크로나이저 링과 콘에 이용된다.
③ **원심 클러치** : 릴리스 레버에 원심추를 설치하여 엔진이 회전할 때 발생되는 원심력이 압력판에 작용되도록 하여 클러치의 슬립을 방지한다.

2) 자동 클러치

① **유체 클러치** : 유체 에너지를 이용하여 엔진의 동력을 전달 또는 차단하는 역할을 한다.
② **토크 컨버터** : 유체 에너지를 이용하여 엔진의 동력을 전달 또는 차단하는 역할을 한다.

3) 전자 클러치

① 전자석의 자력을 엔진의 회전수에 따라 자동적으로 증감시켜 엔진의 동력을 전달 또는 차단한다.

3. 클러치의 조작기구

1) 기계식 조작기구

① 클러치 페달의 조작력을 로드나 케이블을 통하여 릴리스 포크에 전달하여 동력을 차단한다.
② 릴리스 포크 한쪽에 클러치 케이블이 연결되어 있고 다른 한쪽은 클러치 하우징에 지지되어 있다.
③ 조작력이 전달되면 릴리스 포크는 지렛대 작용으로 릴리스 베어링을 릴리스 레버에 밀게 된다.
④ 구조가 간단하고 작동이 확실하다.

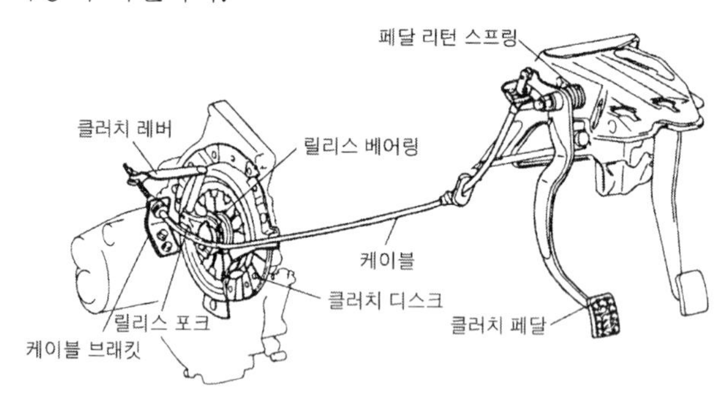

기계식 조작기구

2) 유압식 조작기구

① 클러치 페달의 조작력을 클러치 마스터 실린더에서 유압으로 변환시킨다.
② 유압은 파이프를 통하여 릴리스 실린더에 전달되면 푸시로드가 릴리스 포크에 전달하여 동력을 차단한다.
③ 마스터 실린더, 파이프 및 플렉시블 호스, 릴리스 실린더, 푸시로드로 구성되어 있다.
④ 클러치 페달의 설치 위치를 자유롭게 선정할 수 있다.
⑤ 유압의 전달이 신속하기 때문에 클러치 조작이

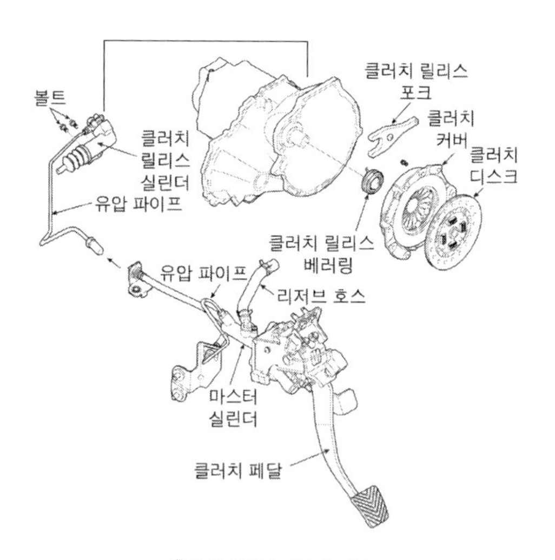

유압식 조작기구

신속하게 이루어진다.

⑥ 각부의 마찰이 적어 클러치 페달의 조작력이 작아도 된다.

⑦ 클러치 조작 기구의 구조가 복잡하다.

⑧ 오일이 누출되거나 공기가 유입되면 조작이 어렵다.

4. 클러치의 구성

1) 클러치 판(Clutch Disc)

클러치 판은 플라이 휠과 압력판 사이에 끼워져서 마찰력에 의해 기관의 동력을 클러치 축에 전달하는 판이다. 구조는 원형 강판(쿠션 스프링)의 가장자리에 페이싱(또는 라이닝)이 리벳으로 설치되어 있고, 중심부에 허브(hub)가 있으며 그 내부에 클러치 축에 끼우기 위한 스플라인(spline)이 파져 있다.

❶ 쿠션 스프링의 역할

- 파도 모양으로 되어 있어 클러치를 급격히 접속시켰을 때 이 스프링이 변형되어 동력 전달을 원활히 해 준다.
- 클러치 판을 평행하게 회전시킨다.
- 클러치 판의 편마멸, 변형, 파손 등을 방지한다.

❷ 비틀림 코일 스프링(토션 스프링, 댐퍼 스프링)의 역할

- 클러치 판이 플라이 휠에 접속될 때 회전 충격을 흡수하는 일을 한다.

❸ 클러치 페이싱의 구비 조건

- 마찰계수가 알맞아야 한다.
- 내마멸성·내열성이 커야 한다.
- 온도 변화에 따른 마찰계수 변화가 적어야 한다.

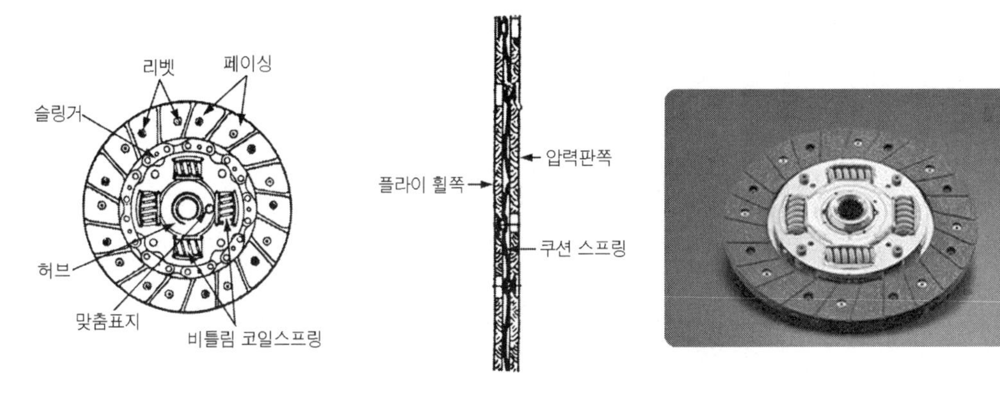

클러치 판

2) 클러치 축(Transmission Input Shaft)

이 축은 클러치 판이 받은 기관의 동력을 변속기로 전달하는 일을 하며, 선단 지지부, 스플라인부, 베어링부 및 기어 등으로 되어 있다. 스플라인부에는 클러치 판이 끼워지고, 축 위를 길이 방향으로 미끄럼 이동한다.

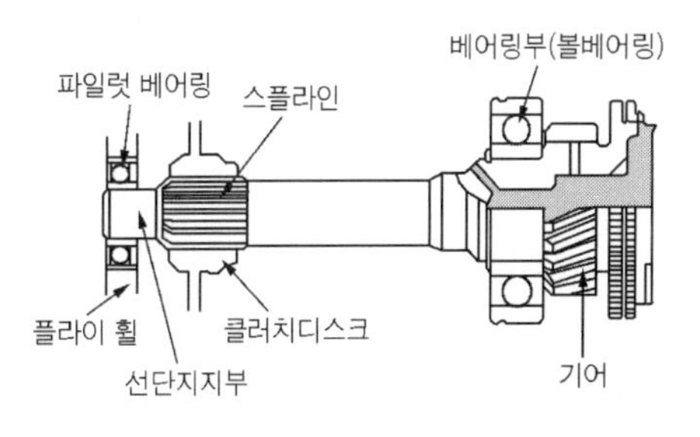

클러치 축

3) 압력판(Pressure Plate)

압력판은 클러치 스프링의 힘으로 클러치 판을 플라이 휠에 밀착시켜 동력을 전달하며 클러치를 접촉할 때에는 클러치 판과의 사이에 미끄럼이 발생하기 때문에 내마멸성, 내열성, 열전도성이 우수한 특수 주철로 되어 있다. 또 압력판과 플라이 휠은 항상 함께 회전하므로 동적 평형이 잡혀 있어야 한다.

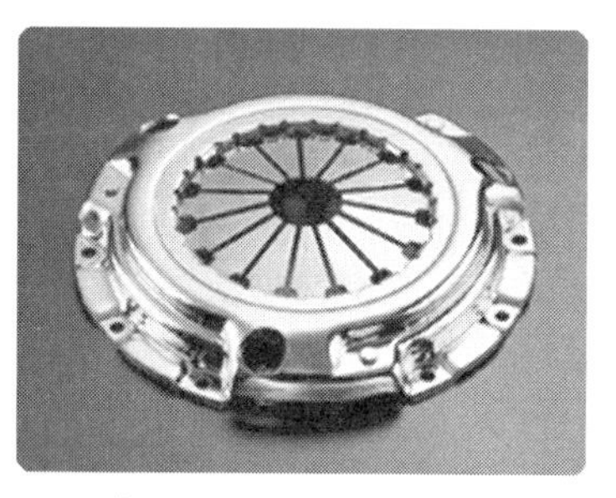

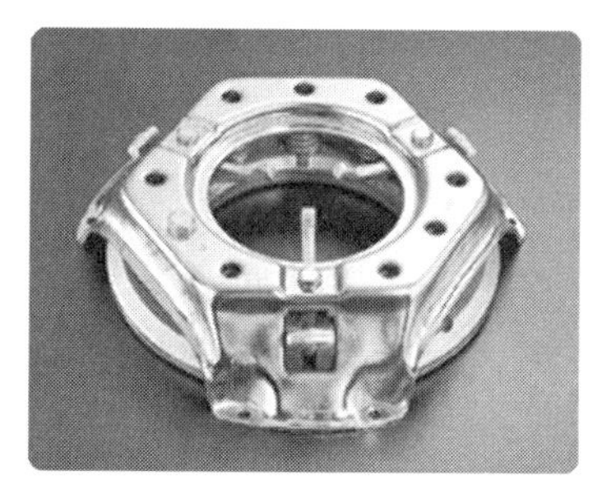

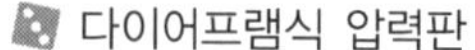

다이어프램식 압력판 / 스프링식 압력판

4) 릴리스 레버(Release Lever)

클러치를 차단할 때 릴리스 레버는 한쪽 끝이 릴리스 베어링에 의해서 눌리고, 다른 한쪽 끝은 클러치 스프링을 압축시켜 압력판을 클러치 판으로부터 떨어지게 하는 작용을 한다.

5) 클러치 커버(Clutch cover)

클러치 커버는 강판을 프레스 가공에 의해 성형한 것으로 압력판, 릴리스 레버, 클러치 스프링 등이 조립되어 플라이 휠에 함께 설치되며, 릴리스 레버 높이 조정 장치가 설치되어 있는 것도 있다. 클러치 커버 어셈블리 종류로는 오번형, 인너 레버형, 아웃 레버형, 반원심력형, 다이어프램형 등이 있다.

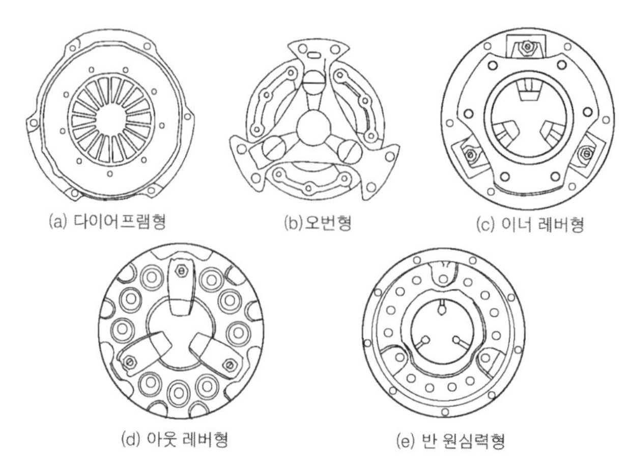

클러치 커버의 종류

7) 릴리스 포크(Release Fork)

클러치 페달에 연결된 로드에 결합되어 릴리스 베어링을 움직인다.

8) 릴리스 베어링(Release Bearing)

릴리스 베어링은 릴리스 포크에 의해 클러치 축 방향(길이 방향)으로 움직여서 회전중인 릴리스 레버를 눌러 클러치를 차단시키는 작용을 한다.

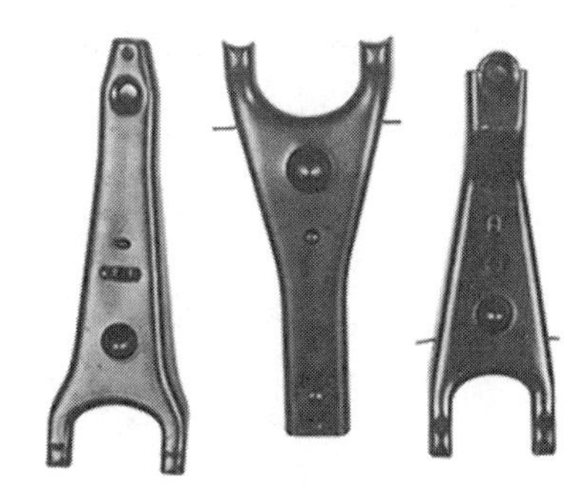

릴리스 포크

NO.3 클러치(Clutch) 디스크/ 압력판/ 베어링의 교환 방법

1. 현대 차량 트랜스 액슬 및 클러치 탈·부착

① 배터리 케이블 및 배터리를 탈거한다.
② 에어클리너를 탈거한다.
③ 백업 램프 스위치를 탈거한다.

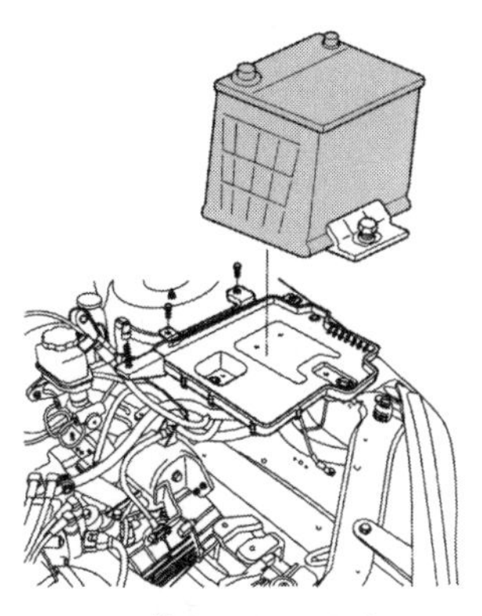

배터리 탈거

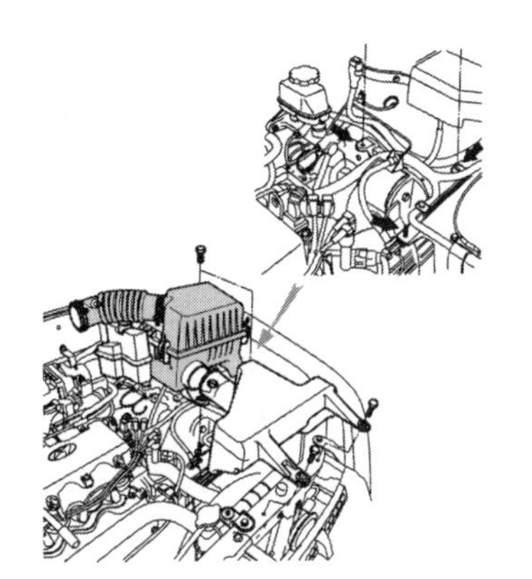

에어클리너 탈거

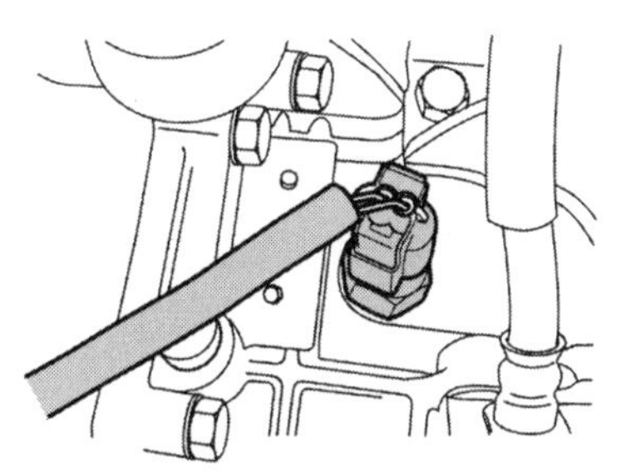

백업 램프 스위치 탈거

④ 클러치 릴리스 실린더 고정용 볼트를 탈거한다.
⑤ 변속기측 변속 케이블의 코터 핀을 탈거한다.

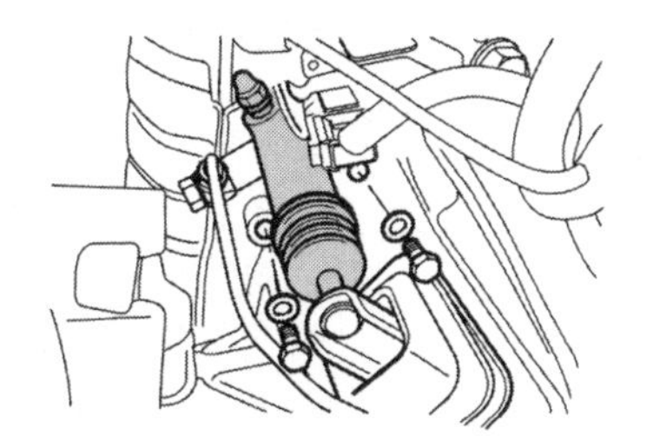

릴리스 실린더 고정 볼트 탈거

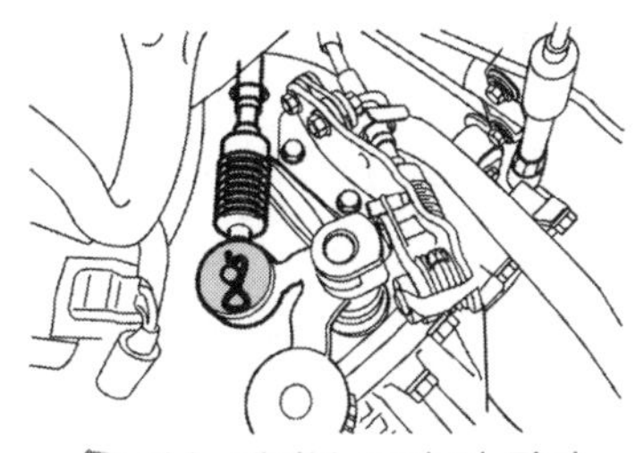

변속 케이블 코터 핀 탈거

⑥ 변속기측 선택 케이블의 코터 핀을 탈거한다.
⑦ 변속기측 변속 및 선택 케이블의 클립을 탈거한다.

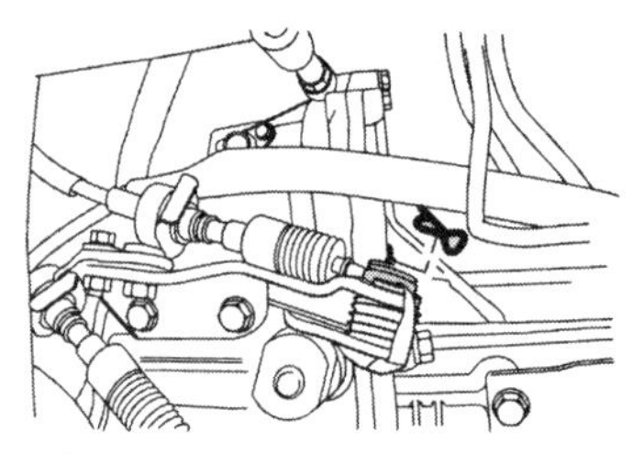
선택 케이블 코터 핀 탈거

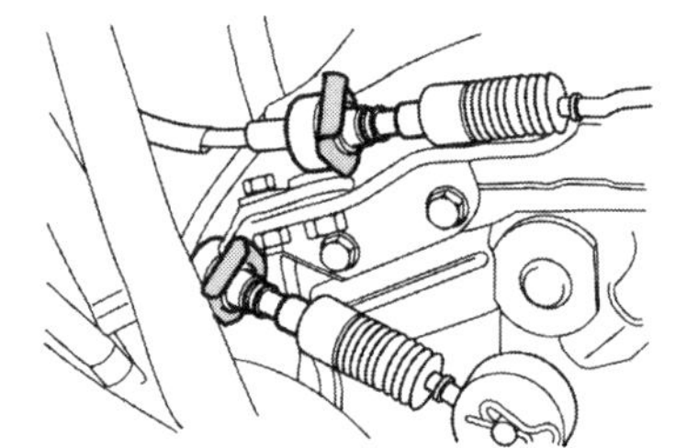
변속 및 선택 케이블의 클립 탈거

⑧ 스피드 미터 드리븐 기어 커넥터를 탈거한다.
⑨ 차량의 실내에서 스티어링 샤프트 유니버설 조인트를 탈거한다.

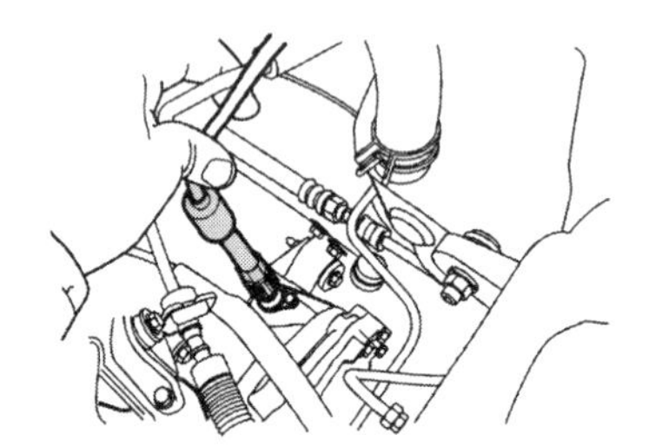
스피드 미터 커넥터 탈거

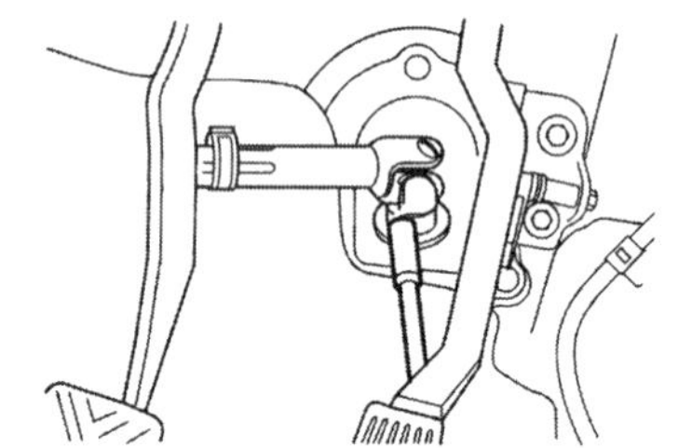
유니버설 조인트 탈거

⑩ 파워 스티어링 호스의 클립을 제거한 후 호스를 분리한다.
⑪ 타이어를 탈거한다.
⑫ 스타팅 모터를 변속기 상단부 쪽으로 탈거한다.
⑬ 엔진과 변속기 상부의 연결용 볼트를 탈거한다.

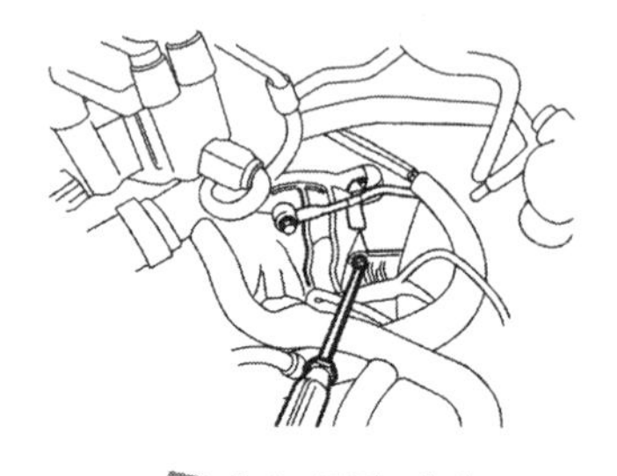
호스 클립 제거

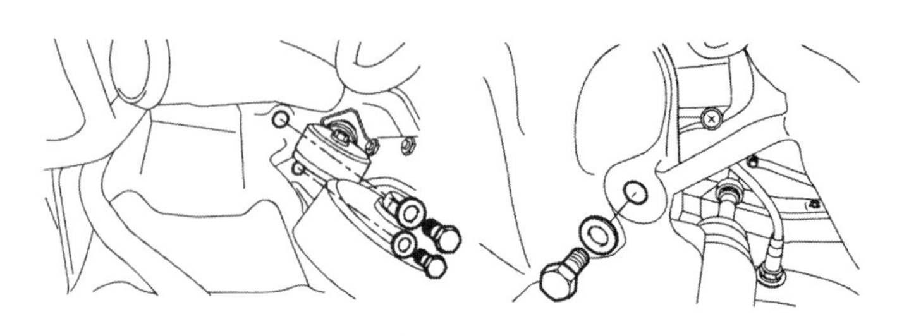
연결용 볼트 탈거

⑭ 차량을 리프트로 들어 올려 브레이크 캘리퍼를 탈거한다.

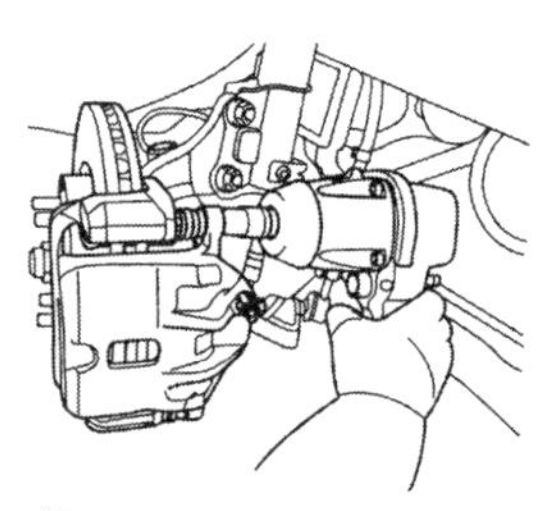
브레이크 캘리퍼 탈거

⑮ 타이로드 엔드를 핀과 너트를 탈거한 후 분리한다.
⑯ 트랜스 액슬의 오일 드레인 플러그를 푼 뒤 오일을 배출한다.

타이로드 엔드 분리

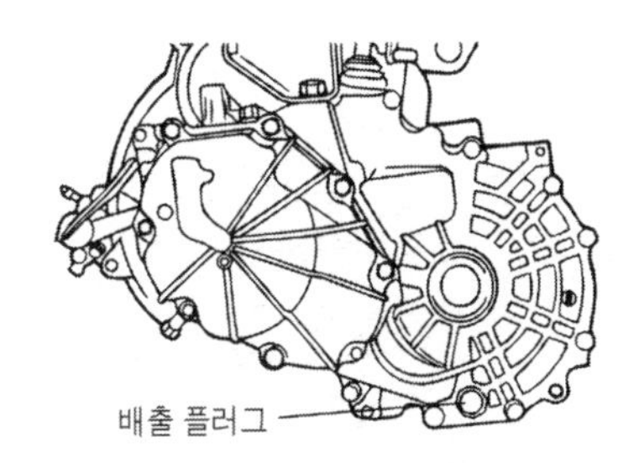

오일드레인 플러그 탈거

⑰ 변속기측 사이드 커버를 탈거한다.
⑱ 휠 스피드 센서를 분리하고 너클 마운팅 볼트를 탈거한다.
⑲ 드라이브 샤프트와 허브 너트를 탈거한다.

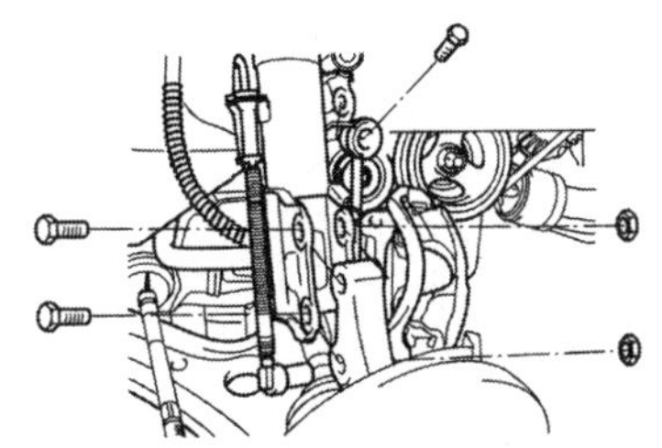
너클 마운팅 볼트 탈거

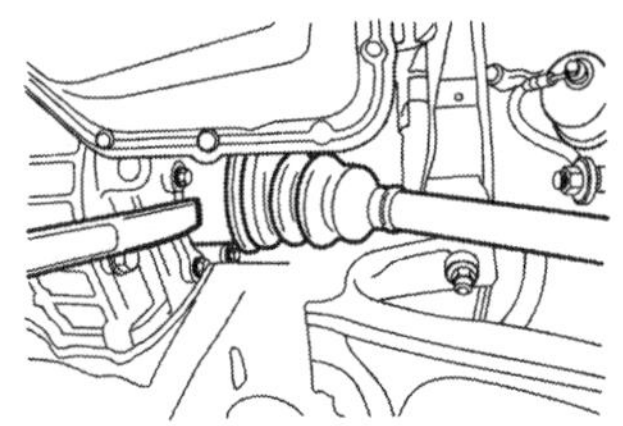
드라이브샤프트 탈거

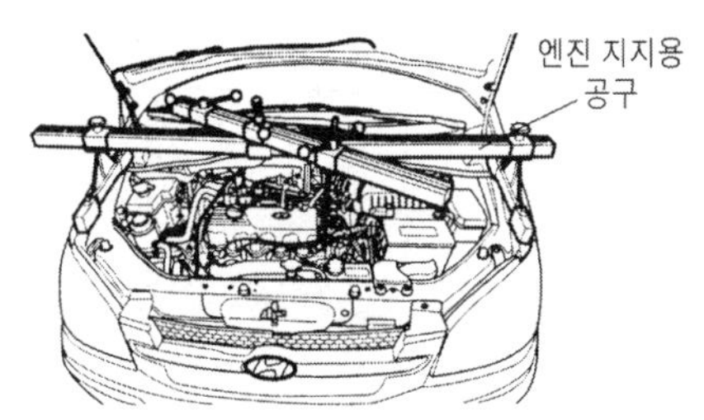

엔진지지용 특수공구 설치

⑳ 엔진 지지용 특수 공구를 설치한다.
㉑ 변속기측 펜더 실드의 내측에서 캡을 탈거하고 변속기 마운트 브래킷을 탈거한다.
㉒ 프런트 롤 스토퍼를 탈거한다.
㉓ 리어 롤 스토퍼를 탈거한다.

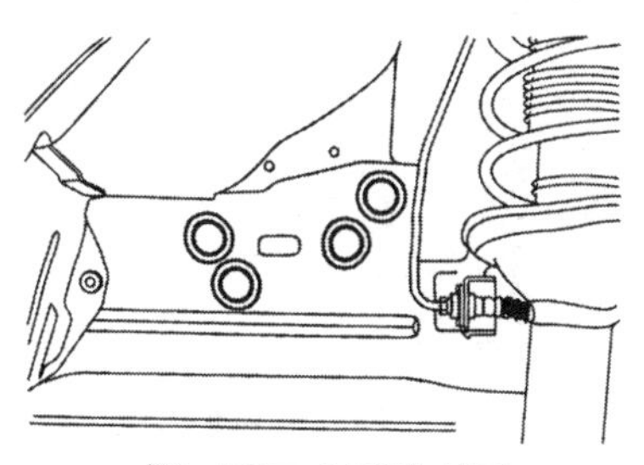
마운트 브래킷 탈거

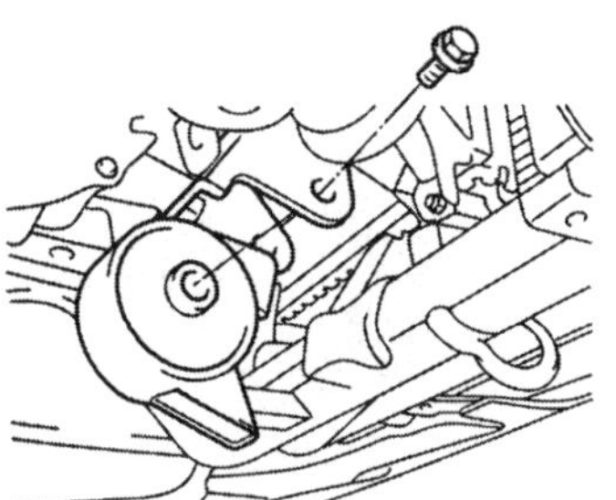
프런트 롤 스토퍼 탈거

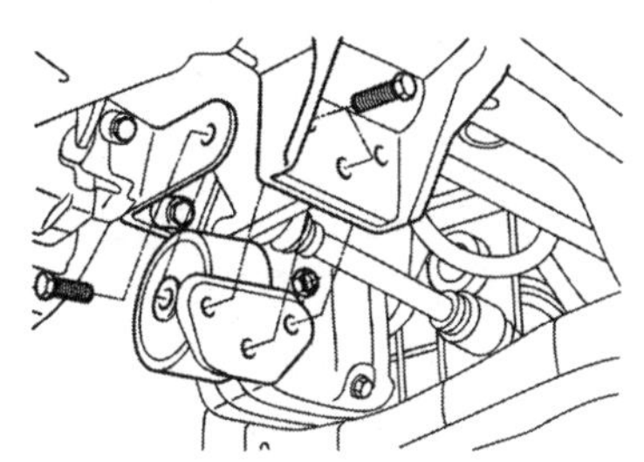
리어 롤 스토퍼 탈거

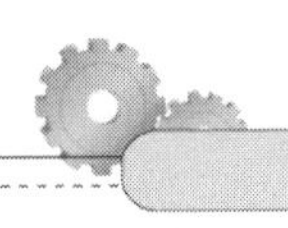

㉔ 프런트 머플러를 탈거한다.
㉕ 벨 하우징 커버를 탈거한다.

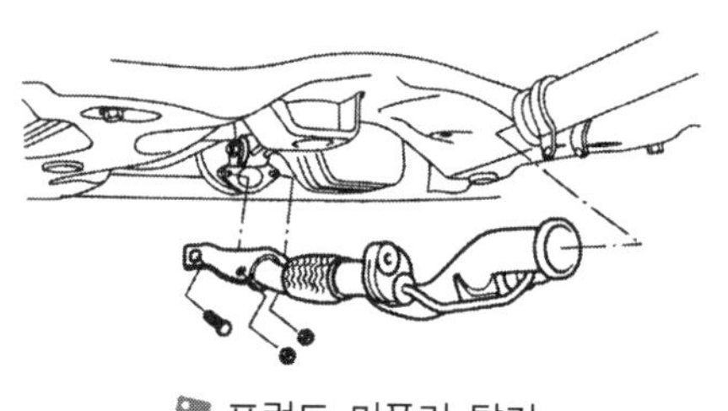
프런트 머플러 탈거

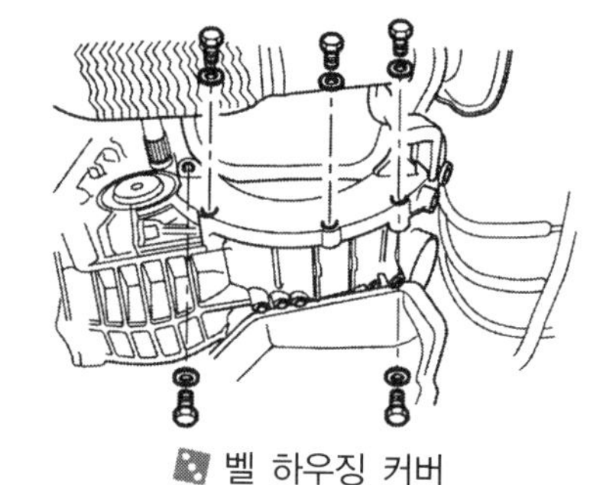
벨 하우징 커버

㉖ 변속기 지지용 잭을 변속기 하단부에 설치한다.
㉗ 서브 프레임 마운팅 볼트를 탈거한다.
㉘ 엔진과 변속기 하부 마운팅 볼트를 탈거한다.

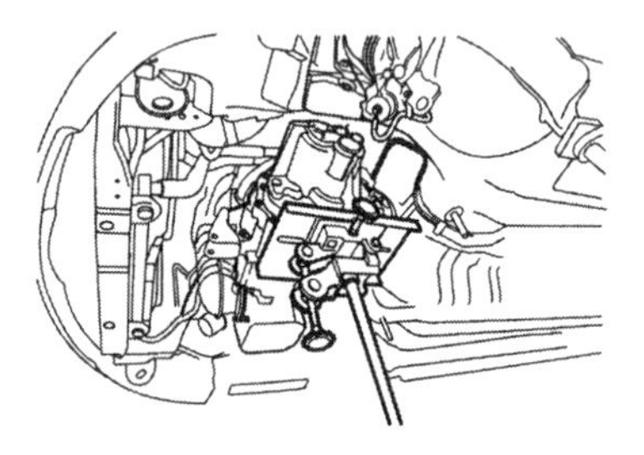
변속기 지지용 잭 설치

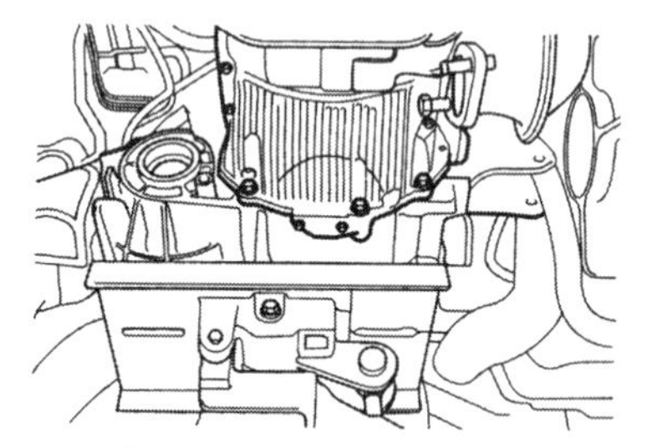
하부 마운팅 볼트 탈거

㉙ 변속기를 탈거한다.
㉚ 특수 공구를 센터 스플라인에 집어넣어 클러치 디스크가 떨어지지 않도록 고정한다.
㉛ 클러치 커버를 플라이 휠에 고정하는 볼트를 풀고 클러치 커버 어셈블리를 탈거한다.

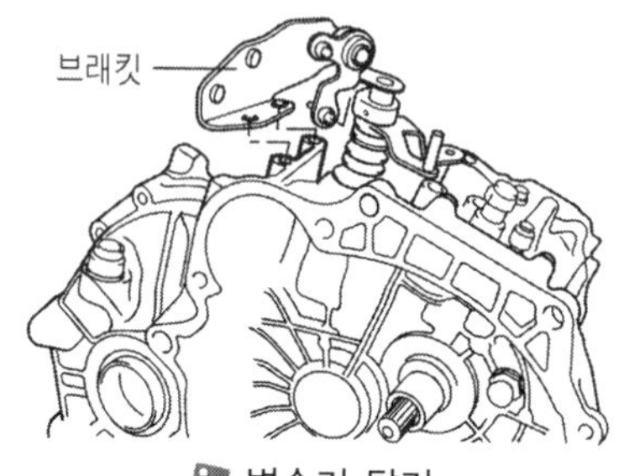

변속기 탈거

디스크 고정

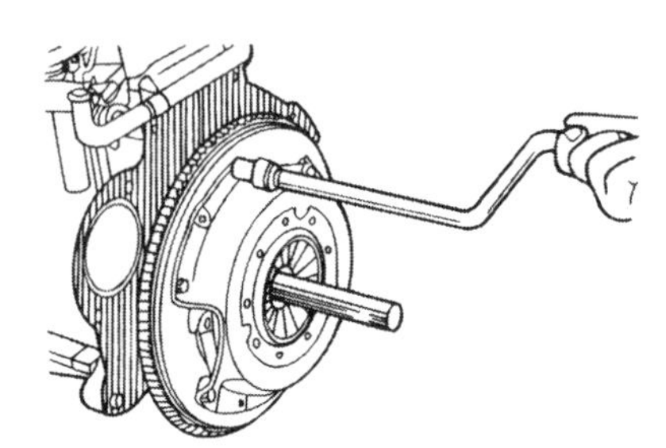
클러치 커버 어셈블리 탈거

㉜ 릴리스 베어링과 리턴 클립을 탈거한다.
㉝ 클러치 릴리스 샤프트, 패킹, 리턴 스프링, 릴리스 포크를 탈거한다.
㉞ 장착은 탈거의 역순으로 한다.

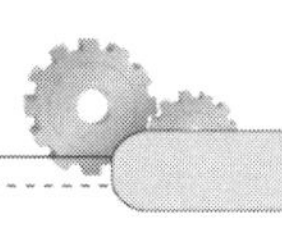

2. 대우차량 트랜스 액슬 및 클러치 탈·부착

① 에어 클리너 어셈블리를 탈거한다.

② 배터리를 탈거한다.

③ 실렉터 및 시프트 케이블을 분리한다.

④ 엔진 배선 밴딩 스트랩을 해제한다.

⑤ 변속기 케이스의 접지 배선과 후진등 스위치 커넥터를 분리한다.

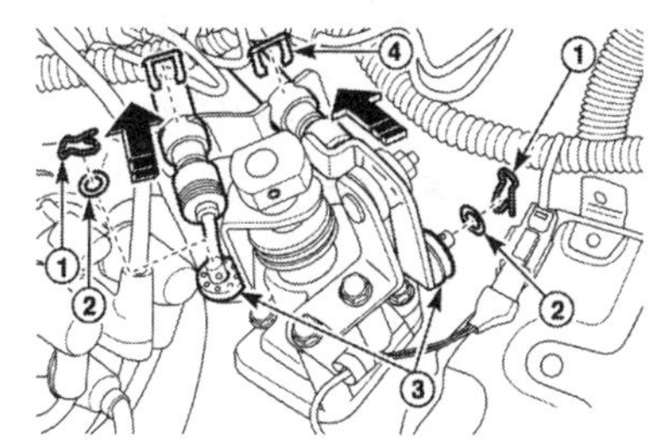
실렉터 및 시프트 케이블 분리 순서

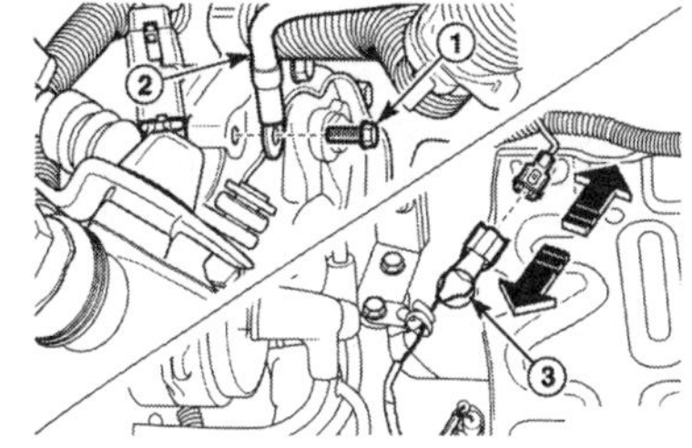
접지 및 후진등스위치 커넥터 분리 순서

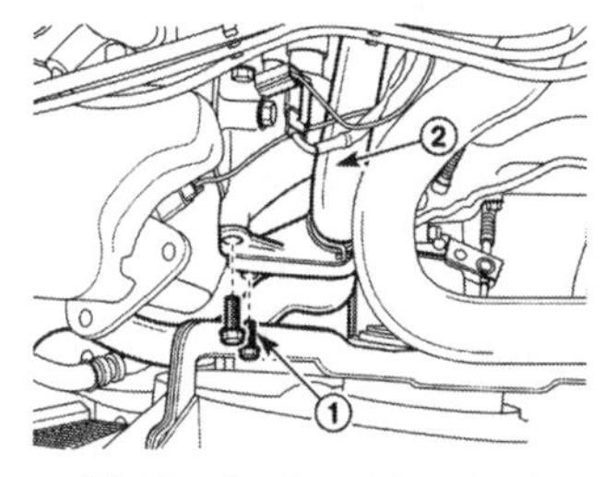
냉각수 호스 분리 순서

⑥ 냉각수 하부 호스를 분리한다.

⑦ 특수 공구를 이용하여 엔진을 고정시킨다.

⑧ 변속기 언더 커버를 탈거한다.

⑨ 변속기의 드레인 플러그를 풀고 오일을 빼낸다.

⑩ 케이블의 조정 너트를 풀고 클러치 케이블을 분리한다.

엔진 고정

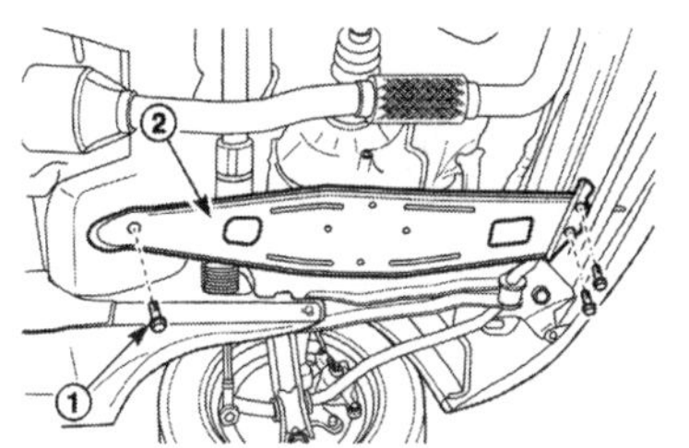
언더 커버 탈거 순서

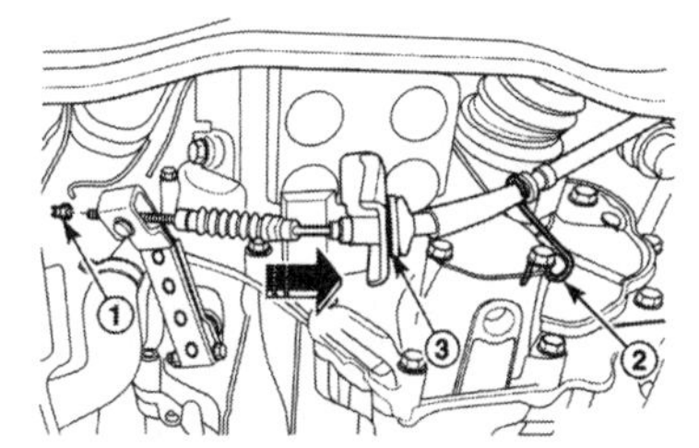
클러치 케이블 분리 순서

⑪ 스피드 미터 케이블을 분리한다.

⑫ 스타팅 모터를 탈거한다.

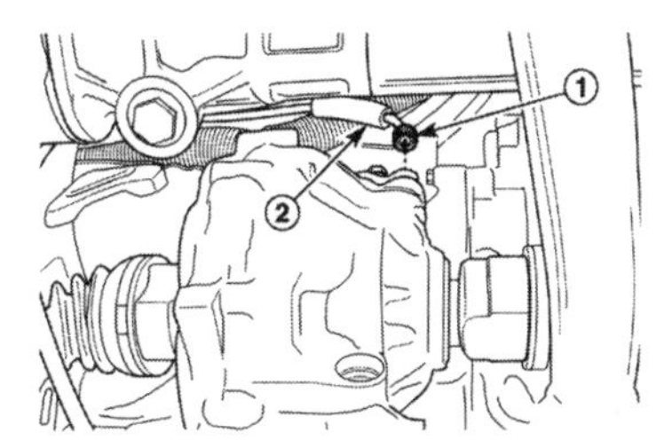
스피드미터 케이블 분리 순서

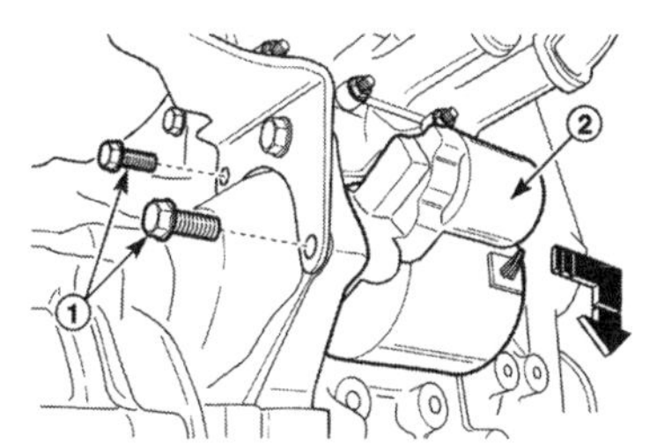
스타팅 모터 탈거 순서

⑬ 프런트 롱지튜디널 멤버를 탈거한다.
⑭ 스태빌라이저 마운팅 볼트를 푼다.
⑮ 스태빌라이저를 탈거한다.

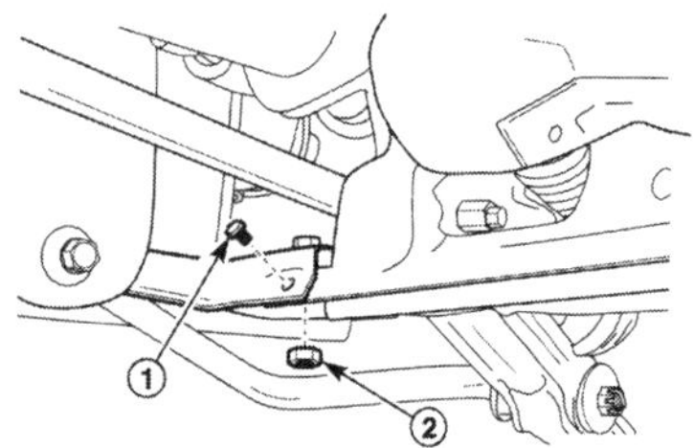
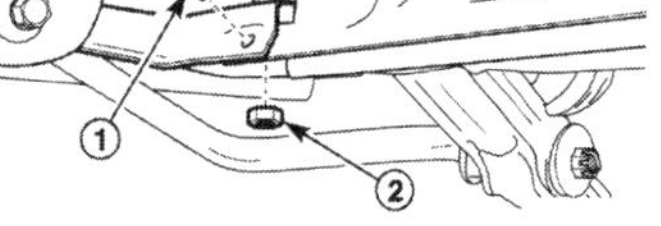

롱지튜디널 멤버 탈거 순서

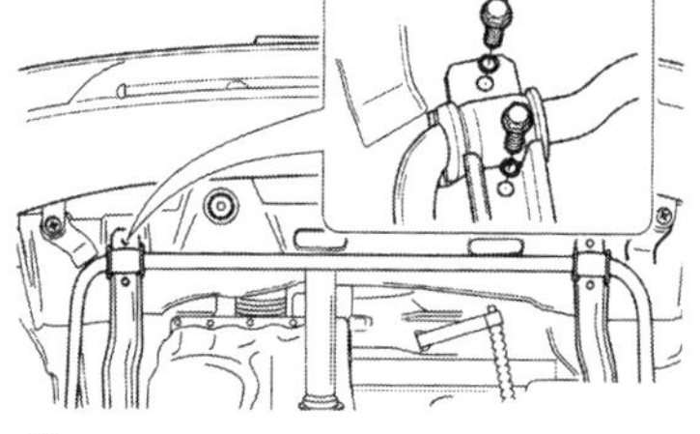
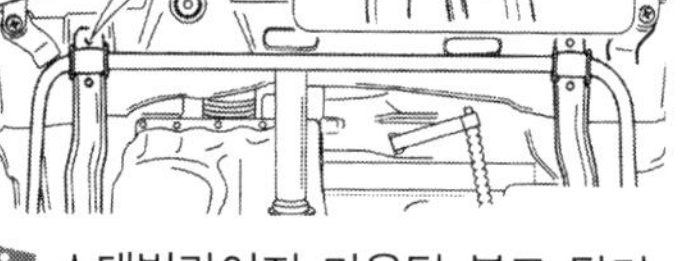

스태빌라이저 마운팅 볼트 탈거

스태빌라이저 탈거

⑯ 컨트롤 암 및 타이로드 엔드를 탈거한다.
⑰ 휠측 드라이브 액슬을 분리한다.
⑱ 디퍼렌셜측 드라이브 액슬을 분리한다.

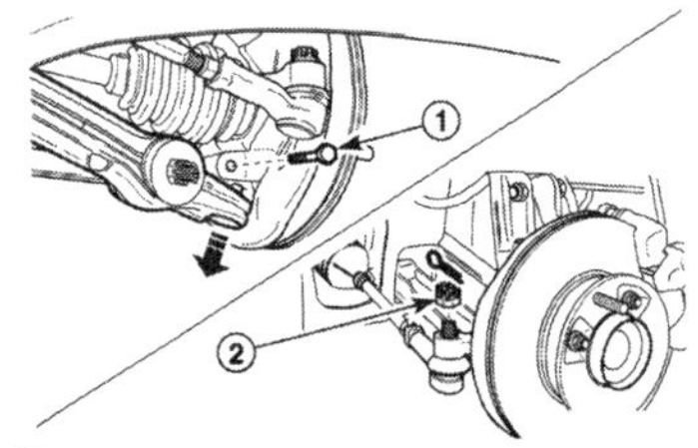

컨트롤 암 및 타이로드 엔드 탈거 순서

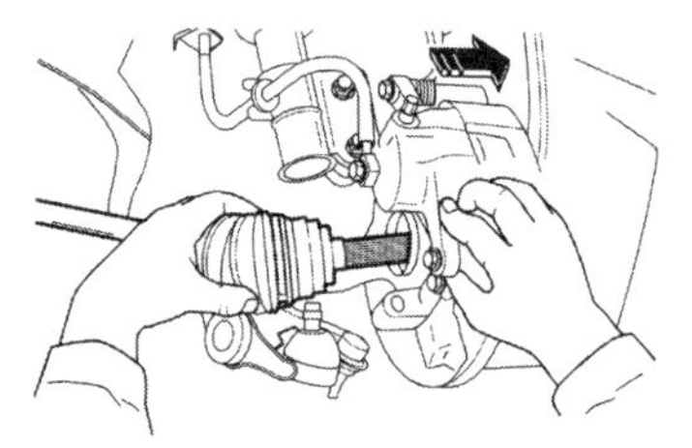

휠측 액슬 분리

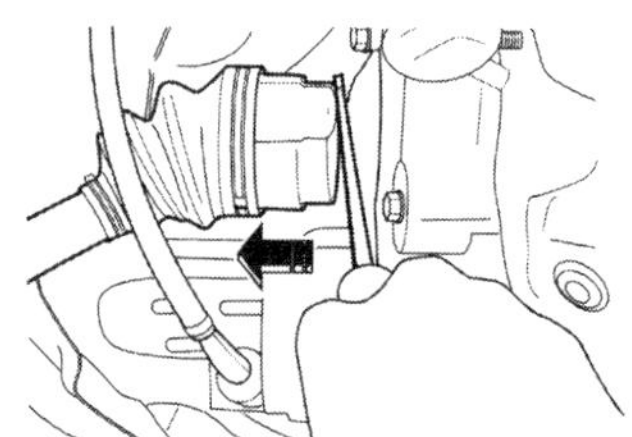

디퍼렌셜측 액슬 분리

⑲ 클러치 하우징 하부 플레이트를 탈거한다.
⑳ 변속기 상부 고정 볼트를 푼다.
㉑ 프런트 배기 파이프를 탈거한다.

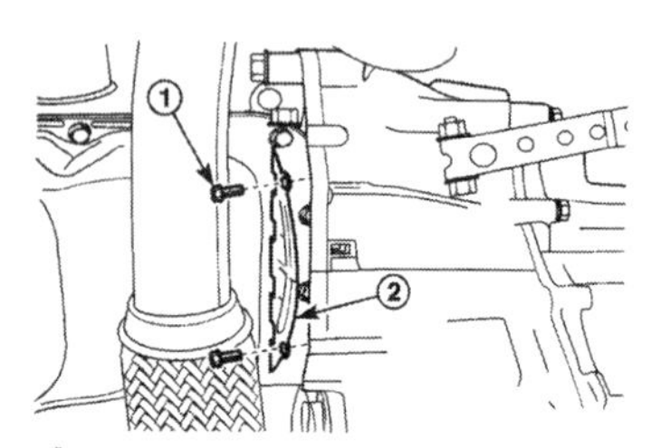

클러치 하우징 하부 플레이트 탈거 순서

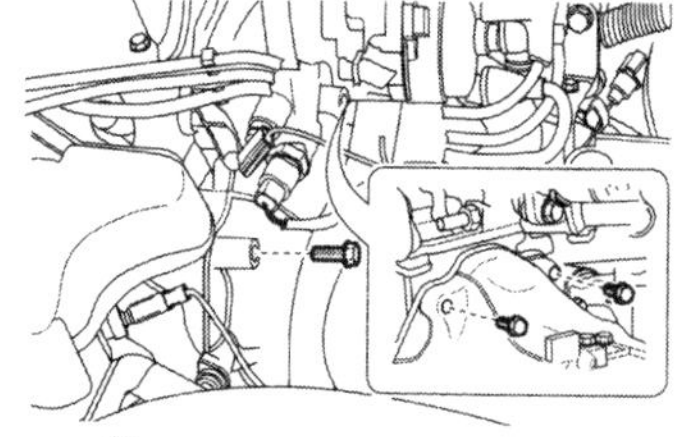

변속기 고정 볼트 탈거

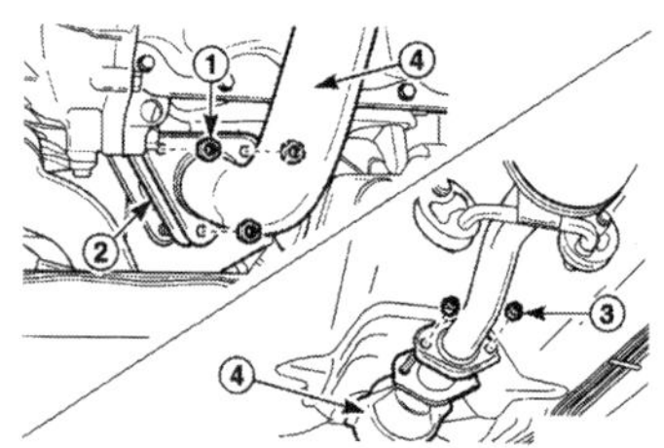

프런트 배기 파이프 탈거 순서

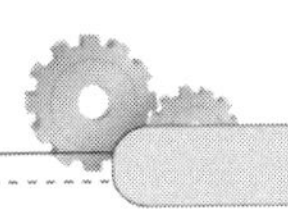

㉒ 엔진 마운트 프런트 댐핑 부시 및 브래킷을 탈거한다.
㉓ 특수 잭을 이용하여 변속기 하부를 지지한다.
㉔ 변속기 하부 볼트 및 너트를 푼다.

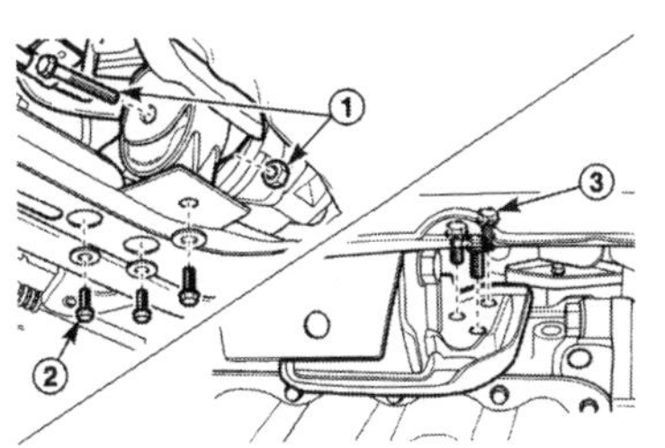

마운트 부시 및 브래킷 탈거 순서

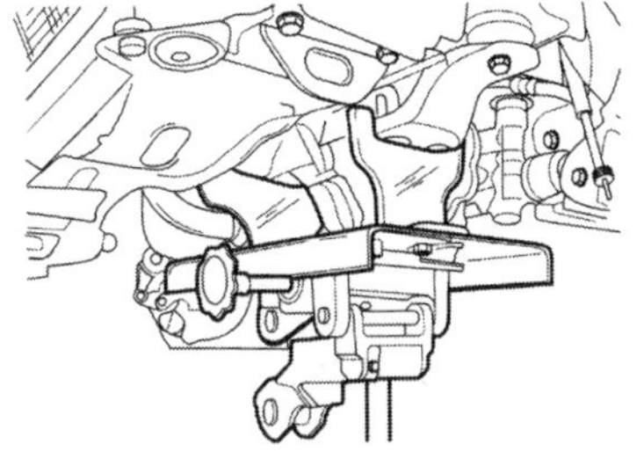
변속기 지지

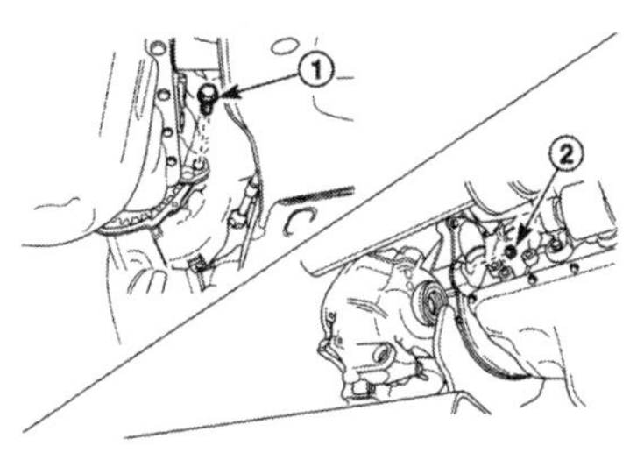

하부 볼트 및 너트 탈거 순서

㉕ 변속기 마운팅 볼트를 탈거한다.
㉖ 변속기 어셈블리를 탈거한 상태로 기울여 놓는다.
㉗ 변속기 어셈블리를 탈거한다.

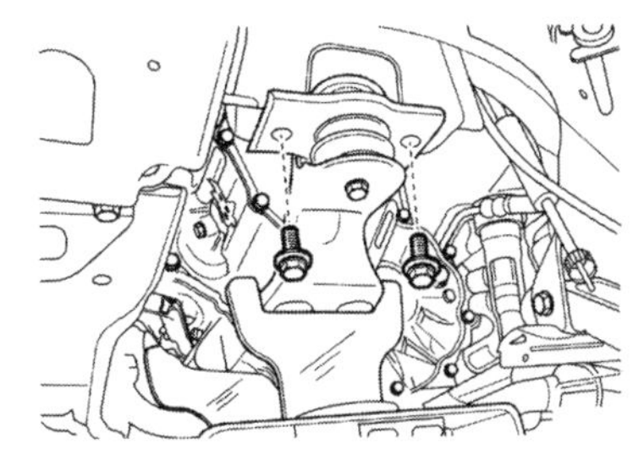
마운팅 볼트 탈거

변속기 기울임

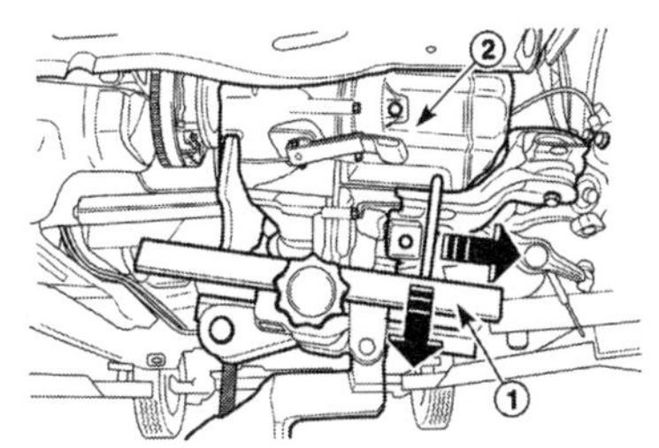

변속기 탈거 순서

㉘ 엔진을 정상 위치로 고정시킨다.
㉙ 클러치 커버 및 디스크를 탈거한다.
㉚ 플라이 휠에서 파일럿 베어링을 탈거한다.
㉛ 장착은 탈거의 역순으로 한다.

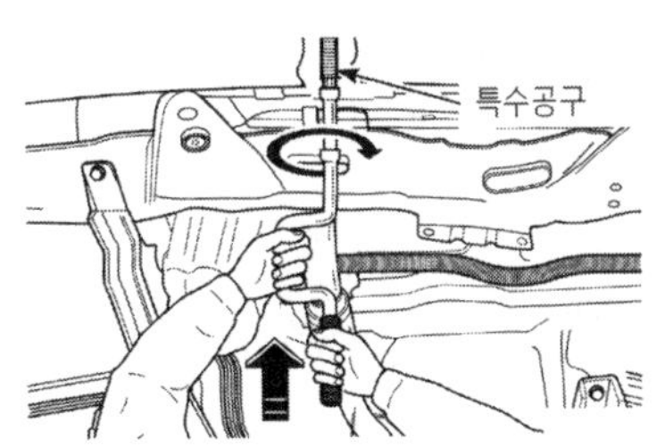

엔진 정상위치 고정

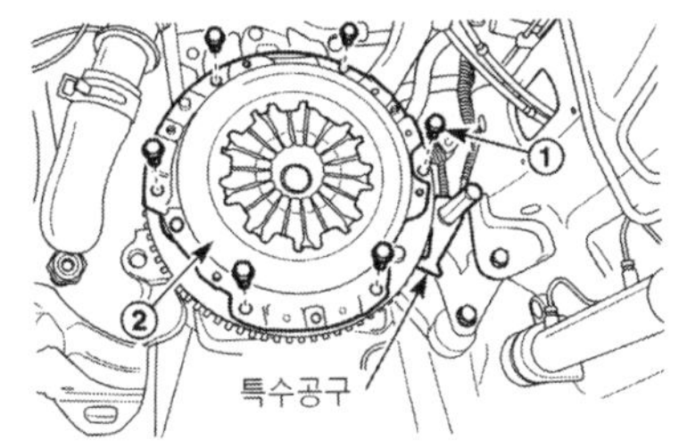

클러치 커버 탈거 순서

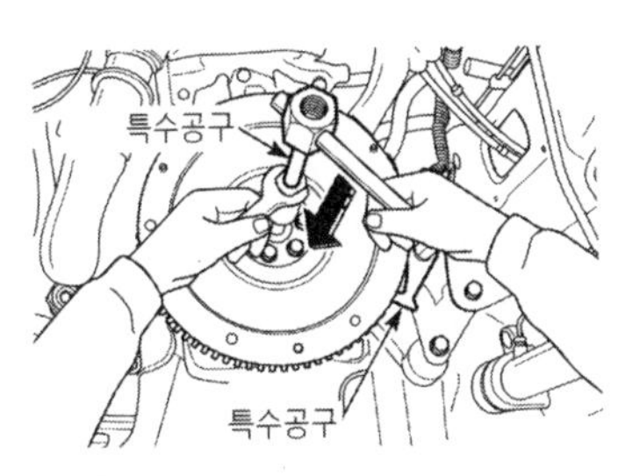

파일럿 베어링 탈거

NO.4 클러치(Clutch)케이블/마스터 실린더/릴리스 실린더의 교환방법

1. 클러치 케이블의 교환 방법

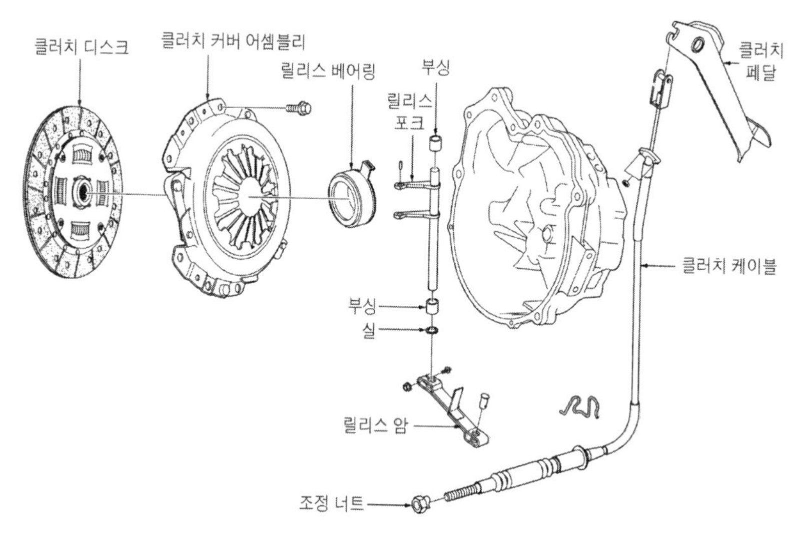

기계식 클러치의 구조

① 변속기측에서 케이블 조정 너트를 풀고 와이어 클립에서 케이블을 분리한다.
② 페달측에서 클러치 케이블을 분리한다.

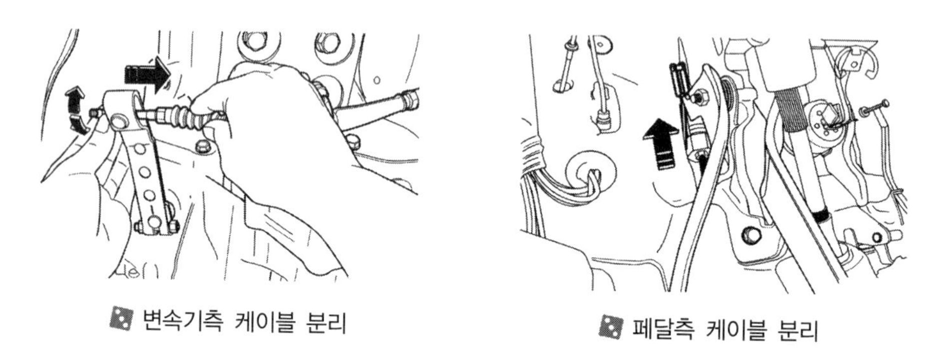

변속기측 케이블 분리 　　 페달측 케이블 분리

③ 배터리를 탈거한다.
④ 케이블 그로멧 너트를 풀고 페달측 케이블을 당겨 완전히 탈거한다.
⑤ 클러치 케이블의 장착은 탈거의 역순으로 한다.

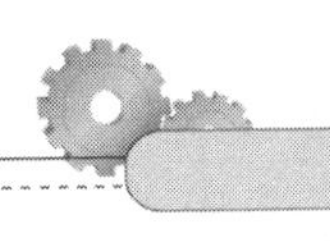

2. 유압식 마스터 실린더의 교환 방법

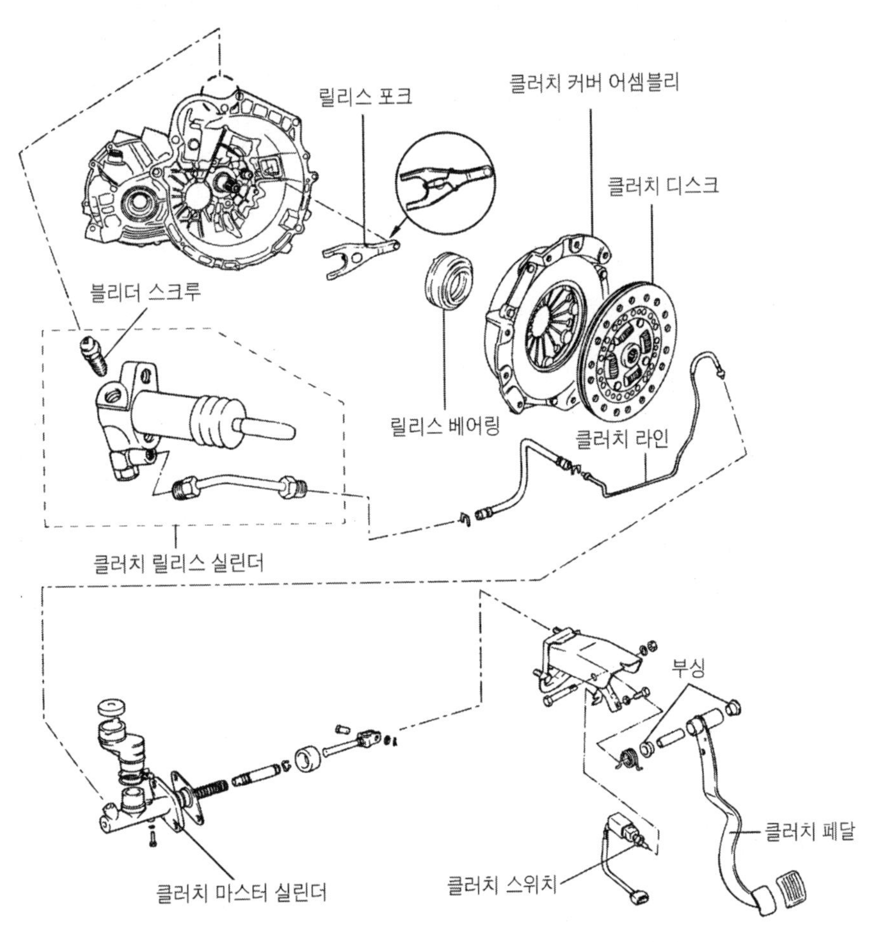

유압식 클러치의 마스터/ 릴리스 실린더 위치

① 에어 브리더 스크루를 통하여 클러치 오일을 배출시킨다.

② 마스터 실린더의 장착 볼트를 탈거한다.

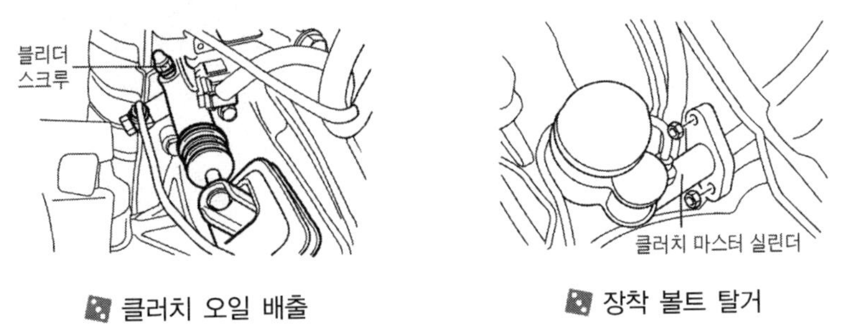

클러치 오일 배출

장착 볼트 탈거

③ 클러치 오일 라인을 분리한다.

클러치 오일 라인 분리

④ 변속기측 클러치 라인의 클립을 탈거한다.

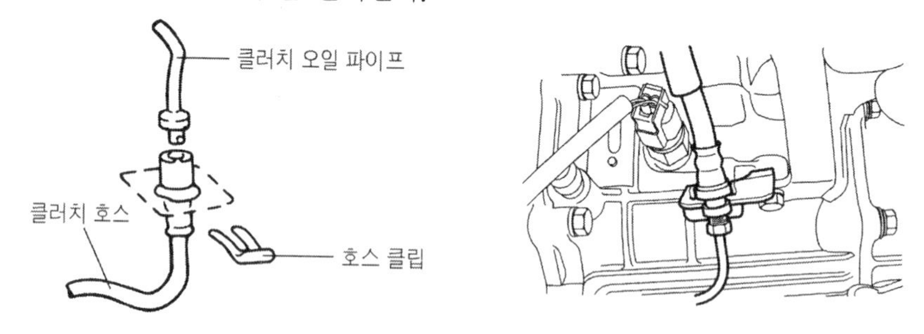

변속기측 클립 탈거

⑤ 클러치 호스의 너트를 고정시키고 클러치 오일 파이프측 플레어 너트를 푼다.
⑥ 조립은 분해의 역순으로 한다.

3. 릴리스 실린더의 교환 방법

① 릴리스 실린더와 연결되어 있는 클러치 라인을 탈거한다. 클러치 튜브 탈거시 클러치 오일을 흘리지 않도록 바닥에 오일 통을 받친 후 작업 실시
② 릴리스 실린더 고정 볼트를 푼 다음 릴리스 실린더를 탈거한다.

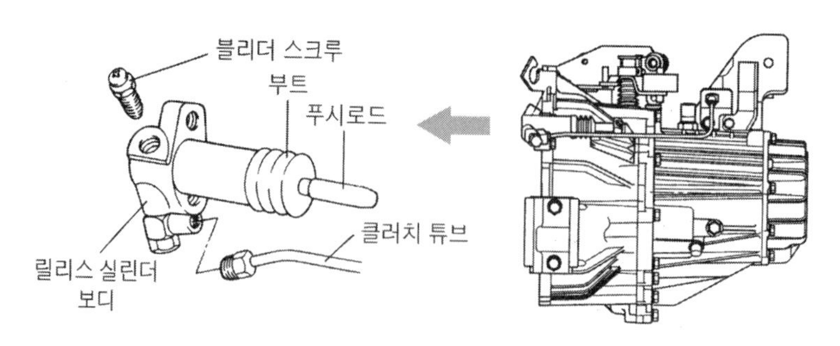

클러치 릴리스 설치 위치

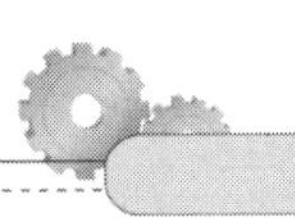

NO.5 클러치(Clutch)페달의 높이/자유/작동/여유간극 점검방법

1. 클러치 페달의 높이 측정 방법

① 클러치 페달을 서너 번 밟은 다음 강철자를 페달과 직각이 되게 세워서 페달 표면이 가리키는 높이를 측정한다.

② 페달의 높이 조정은 페달위에 있는 조정 너트를 조이고 풀어서 조정한다.

2. 클러치 페달의 자유간극 측정 방법

① 유격(자유간극)이란 릴리스 베어링이 릴리스 레버(또는 다이어프램 스프링의 핑거)에 닿을 때까지 페달이 움직인 거리이며, 클러치 페달을 서너 번 밟은 다음 강철자를 페달과 직각이 되게 세워서 페달 표면이 가리키는 높이를 강철자에 표시하여 둔다.

② 클러치 페달을 손으로 가볍게 눌러서 힘이 느껴지는 부분에서 강철자에 금을 긋고 페달높이에서 그곳까지의 거리를 읽는다.

③ 자유간극(유격)을 두는 이유는 클러치의 미끄러짐을 방지하기 위해 둔다.

④ 유격이 틀려지는 원인은 유압계통의 공기유입, 클러치 라이닝의 마모, 마스터 실린더 및 릴리스 실린더 등의 불량이다.

⑤ 조정 방법

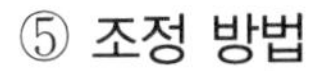

- **케이블식** : 케이블식은 유격이 20~30mm정도이며, 엔진룸 쪽에서 케이블 조정 너트를 돌려 조정한다. 이때 조정너트를 조이면 유격이 작아지고, 풀면 유격이 커진다. 또 페달의 높이 조정은 아래 그림의 페달높이 조정나사의 로크너트를 풀고 조정한다.
- **유압식** : 유압식은 유격이 6~13mm정도이며, 릴리스 실린더의 푸시로드 길이를 가감하여 조정한다. 이때 푸시로드 길이를 길게 하면 유격이 작아지고, 짧게 하면 커진다. 또 페달 높이 조정은 페달과 연결된 푸시로드의 길이를 가감하여 조정한다.

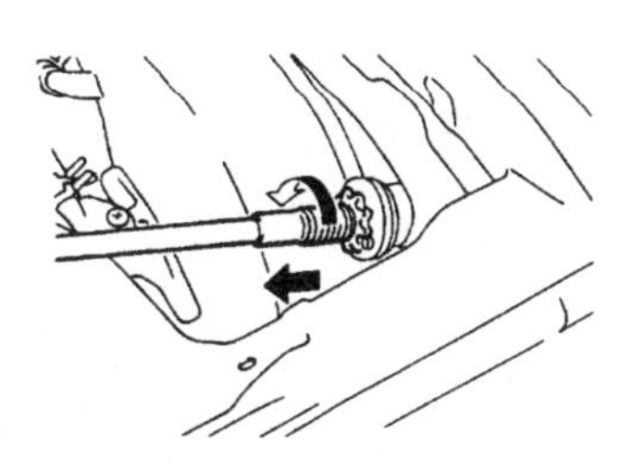

케이블식 유격조정

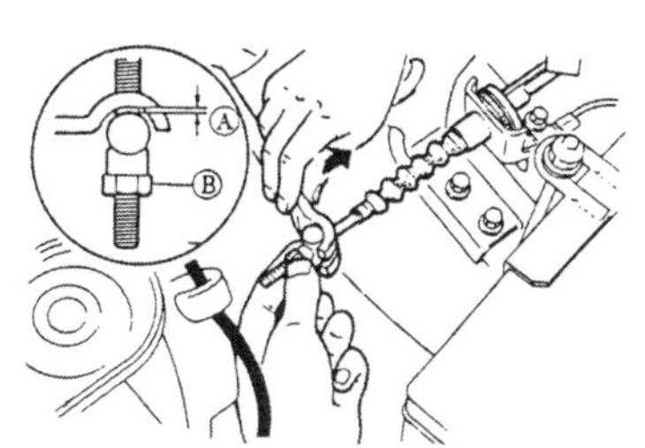

케이블식 페달 유격조정

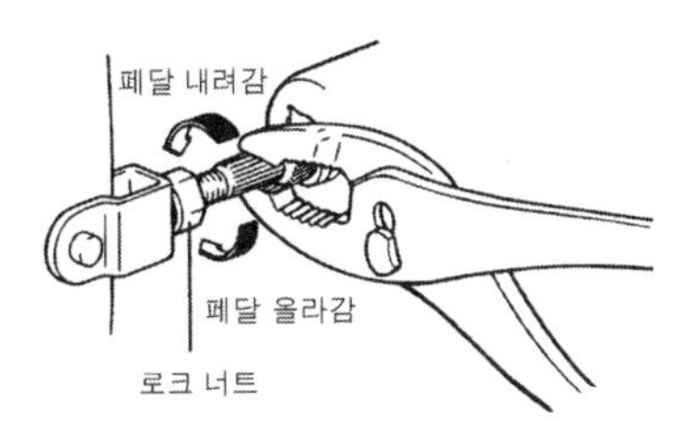

푸시로드 길이로 유격 조정

⑥ 유격이 크거나 작을 때 영향

- 유격이 너무 작을 때 : 클러치가 미끄러지며, 압력판, 플라이 휠 및 클러치 판의 마모 초래, 릴리스 베어링의 마모를 촉진한다.
- 유격이 너무 클 때 : 클러치 페달을 밟았을 때 동력 차단이 잘 안되어 기어 변속시 소음이 나고 원활한 기어변속이 어렵다.

3. 클러치 페달의 작동간극 측정 방법

① 자유간극(유격)을 측정한 위치에서 페달이 끝까지 내려 갈 때까지 눌러서 강철에 표시하면 자유간극 표시된 부분의 거리가 작동 간극이다.

4. 클러치 페달의 여유간극 측정 방법

① 바닥에서 작동 간극을 측정한 위치까지의 거리를 여유간극이다.

■ 클러치 페달 자유 간극 차종별 규정값(mm)

차종	페달 높이	자유 간극	여유 간극	작동 간극
베르나	173	6~13	40	145
쏘나타	177~182	6~13	55 이상	-
레간자	-	6~12	-	140~145
세피아	209~214	5~13	41 이상	-
크레도스	236~241	3~5	66.2	-
갤로퍼	186	6~13	35	-

차종	페달 높이	자유 간극	여유 간극	작동 간극
아반떼 XD. /투스가니	166.9	6~13	40	145
EF 쏘나타 /그랜져XG	180.5	6~13	40	150
라비타	182.7	6~13	40	140
트라제XG	185.4	6~13	-	150
싼타페	218.9	6~13	-	140
테라칸	202	6~13	-	155

NO.6 클러치(Clutch)라인의 공기빼기 방법

1. 클러치 라인의 공기 빼기 방법

클러치 호스나 튜브, 마스터 실린더 및 클러치 릴리스 실린더를 탈거/조립할 때마다 또는 클러치 페달이 스펀지 현상을 나타낼 때에는 클러치 라인 계통의 공기빼기 작업을 하여야 한다.

클러치 리저버 탱크(아반떼 신형)

① 클러치 마스터 실린더 오일 탱크에 브레이크 오일을 보충한다.

② 블리더 스크루에 비닐 튜브를 연결하여 오일을 용기에 담는다.

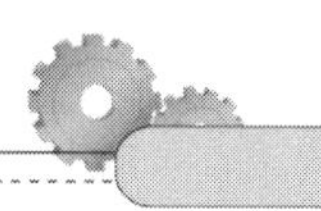

③ 운전자와 보조자가 2인 1조로 하여 한 사람을 클러치 페달을 여러 번 밟았다 논 후 페달을 밟은 상태에서 보조자가 블리더 스크루를 푼다.

④ 기포가 나오지 않을 때까지 ①~③항을 반복한다.

⑤ 클러치 마스터 실린더 오일탱크에 오일량이 규정 높이가 되도록 보충 · 점검한다.

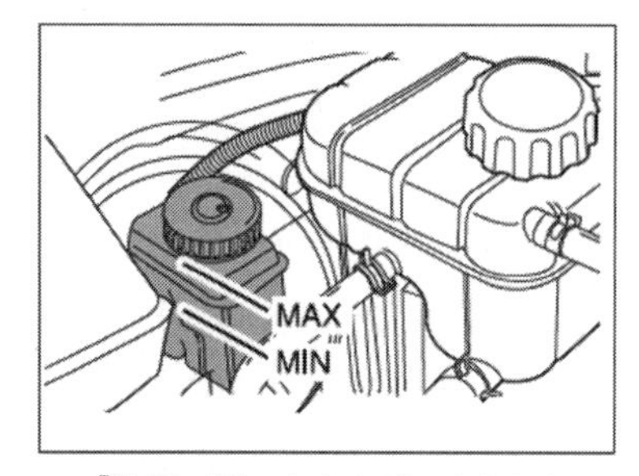

클러치 리저버 탱크(라세티)

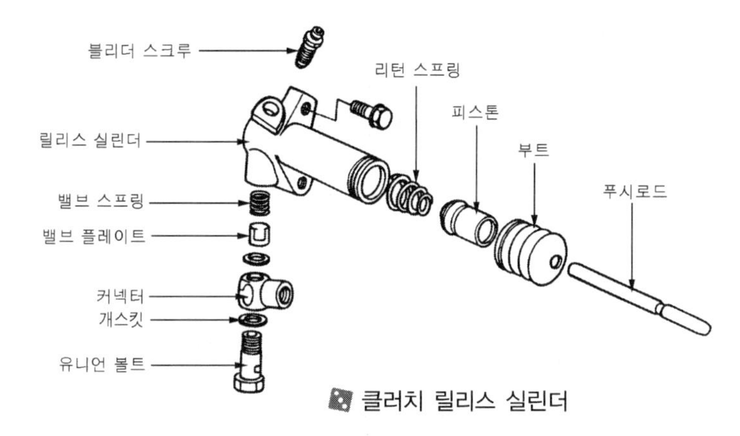

클러치 릴리스 실린더

① 에어빼기 작업시 페달은 항상 아래 그림의 "A"지점까지 복원시킨 후 다시 밟아야 하며 급하게 반복조작해서는 안된다.
② 페달을 그림의 "B"와 "C"구간 사이에서 급하게 반복 조작할 경우 유압 클러치 장치의 특성상 릴리스 실린더의 푸시로드가 밀려 나올 수도 있으므로 주의한다.

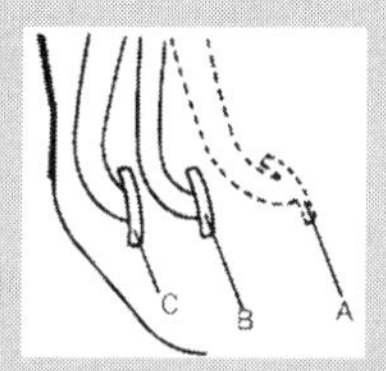

NO.7 마스터 실린더(Master cylinder)의 점검 방법

1. 분해조립 방법

① 마스터 실린더를 바이스에 고정시킨 후 피스톤 스톱링을 분리한다. 이때 바이스 교정시 마스터 실린더 재질이 알루미늄 합금인 경우에는 구리판이나 합금 등의 보호재질을 사용한다.

② 푸시로드와 피스톤 어셈블리를 빼낸다.

③ 오일저장탱크 캡을 떼어낸다.

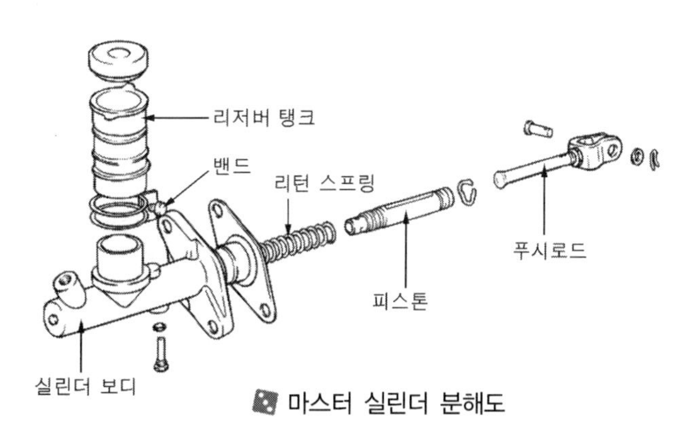

마스터 실린더 분해도

④ 마스터 실린더 보디와 피스톤 어셈블리가 손상되지 않도록 주의한다.
⑤ 피스톤 어셈블리는 분해하지 않는다.

2. 점검 사항

① 실린더와 피스톤 컵의 마모
② 실린더와 피스톤 사이의 간극
③ 실린더 및 피스톤 컵의 손상유무

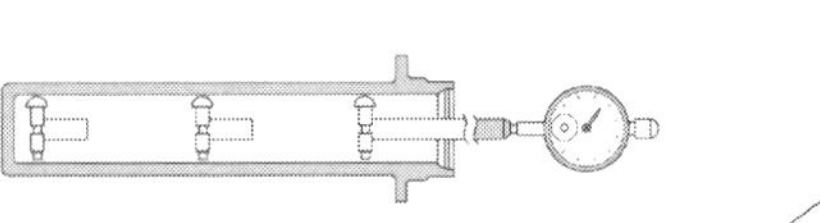

■ 마스터 실린더와 피스톤 간극

점검 항목 \ 차 종	쏘나타 / 아반떼 XD	엘란트라	아반떼	티 뷰 론
마스터 실린더와 피스톤과의 간극(mm)	0.15(한계값)	0.15(한계값)	0.04~0.125 (한계 0.15)	0.15 (한계값)

NO.8 클러치 디스크(Clutch Disc)의 점검 방법

1. 리벳 헤드 깊이/ 디스크의 두께 측정 방법

① 클러치 디스크 표면에서 헤드까지 깊이를 측정하여 한계값 이하까지 마모되었으면 디스크를 교환한다.
② 클러치 디스크 표면이 오염되었거나 리벳의 풀림이 있는 경우 디스크를 교환한다.
③ 클러치 디스크의 두께를 버니어 캘리퍼스로 측정하여 한계값 이하인 경우에 디스크를 교환한다.

2. 클러치 디스크 런아웃 점검 방법

① 클러치 디스크의 런 아웃이 한계값 이상일 경우 디스크를 교환한다.

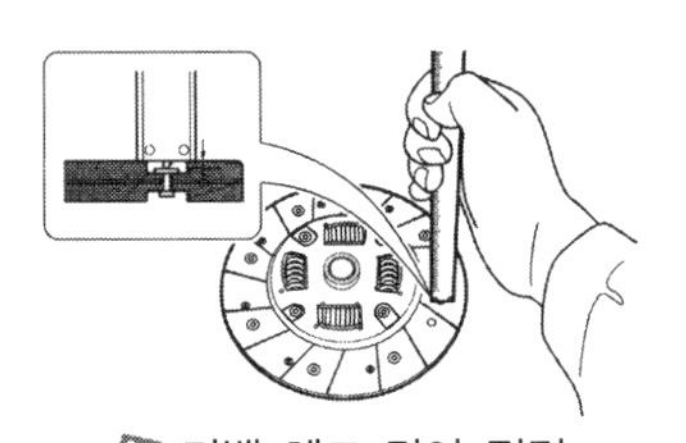

리벳 헤드 깊이 점검

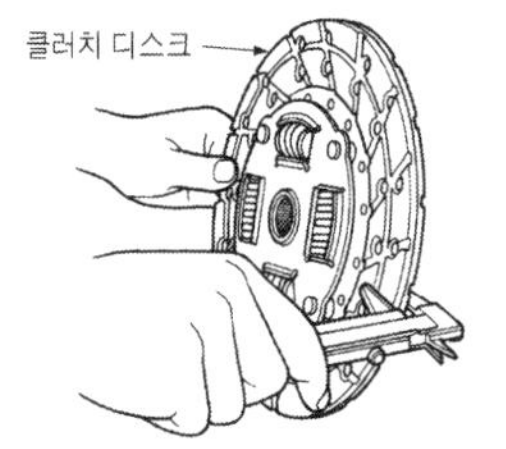

클러치 디스크의 두께 측정

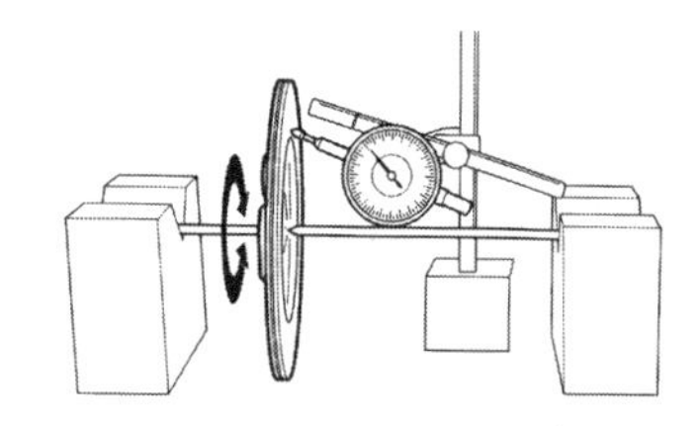

클러치 디스크 런 아웃 점검

항 목	리벳 헤드 깊이(mm)		디스크의 두께(mm)		디스크 런아웃(mm)	
	규정값	한계값	규정값	한계값	규정값	한계값
아반떼/베르나/ 투스가니/ EF 소나타/ 그랜저XG	1.1	0.3	–	–	0	0.5
트라제 XG/ 싼타페	–	0.3	8.7±0.3	–	–	–

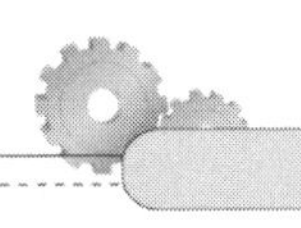

NO.9 클러치 커버/릴리스 베어링/포크/이그니션 록크 스위치의 점검 방법

1. 클러치 커버의 점검

① 다이어프램 스프링 끝 부분의 마멸, 높이가 불균일하지 않은가를 점검한다.

② 마멸이 크거나 높이 차이가 정비 한계값 이상인 경우에는 교환한다.
한계값은 0.5mm이다.

규정값(표준값)	한계값
0mm 이하	0.5mm

③ 압력판 표면의 마멸, 균열, 변색을 점검한다. 직선자와 시그니스 게이지를 사용하여 비틀림을 점검한다. 이때 압력판은 대각선 방향으로 3곳을 측정한다.

④ 스트랩 판 리벳의 풀림을 검사하여 풀렸으면 클러치 커버 어셈블리를 교환한다.

다이어프램 핑거의 점검

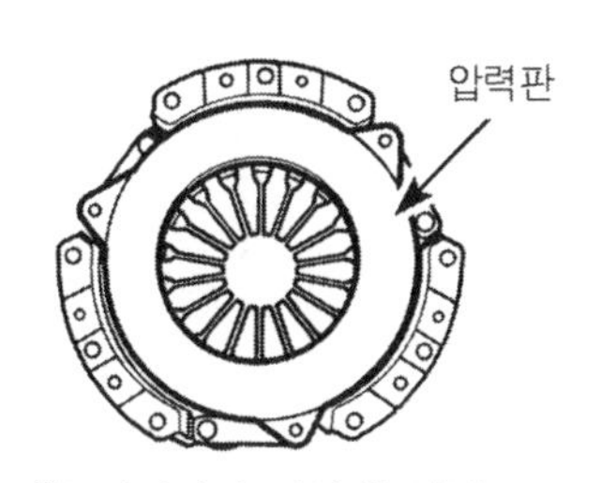

압력판의 면상태 점검

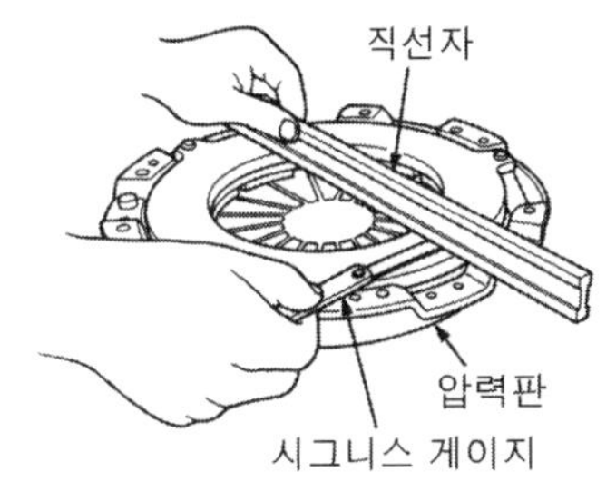

압력판의 면변형 점검

2. 릴리스 베어링의 점검 방법

① 릴리스 베어링은 영구 주유식이므로 깨끗한 헝겊으로 닦는다.

② 베어링의 열 손상, 충격, 비정상적인 소음, 회전 불량을 점검하고 다이어프램 스프링과의 접촉 부위의 마멸도 점검한다.

③ 릴리스 칼라를 손으로 스러스트 방향으로 눌러서 회전시켜 회전이 원활하지 못하거나 이음 발생 등의 이상이 있으면 교환한다.

④ 릴리스 포크와 접촉하는 부분이 비정상적인 마멸이 있으면 베어링을 교환한다.

3. 릴리스 포크의 점검 방법

릴리스 베어링과의 접촉 부분이 비정상적인 마멸이 있으면 교환한다.

4. 이그니션 로크 스위치의 점검 방법

커넥터 터미널 1과 2가 눌렀을 때 OFF/ 놓을 때 ON으로 통전되었는지 점검한다.

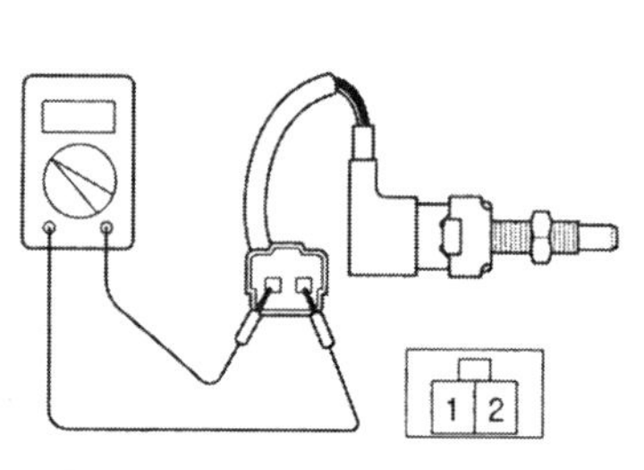

이그니션 로크 스위치 점검

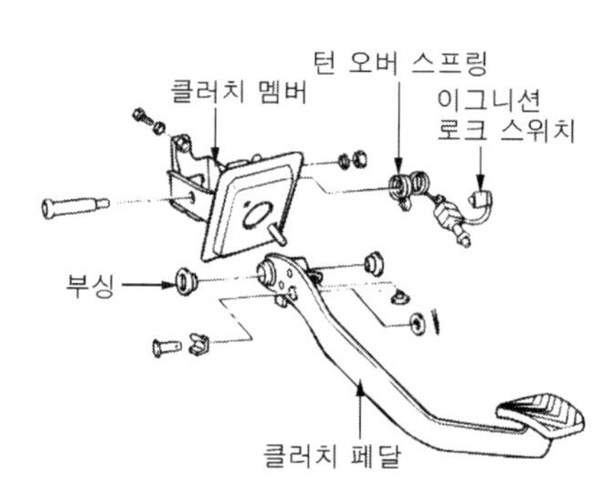

이그니션 로크 스위치 설치위치

수동변속기(Manual Transmission)점검 02

학습목표

1. 수동 변속기의 구조와 작동원리를 알아본다.
2. 수동 변속기 떼어내기와 장착, 분해, 조립 방법에 대하여 알아본다.
3. 수동 변속기 각 부품의 이상 유무를 판명하고 진단하는 방법에 대하여 알아본다.
4. 수동 변속기 고장진단과 점검 및 정비방법에 대하여 알아본다.

NO.1 수동 변속기의 설치위치, 기능 및 고장진단

1. 수동 변속기의 설치위치

① 전륜 구동식 : 액슬축과 동일한 방향에 엔진 뒤 클러치와 드라이블 액슬축 사이에 설치됨.
② 후륜 구동식 : 액슬축과 직각 방향에 엔진 뒤 클러치와 추진축 사이에 설치됨.

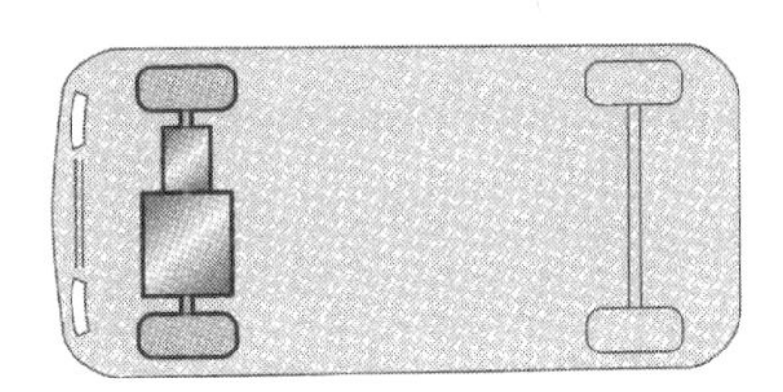

전륜구동

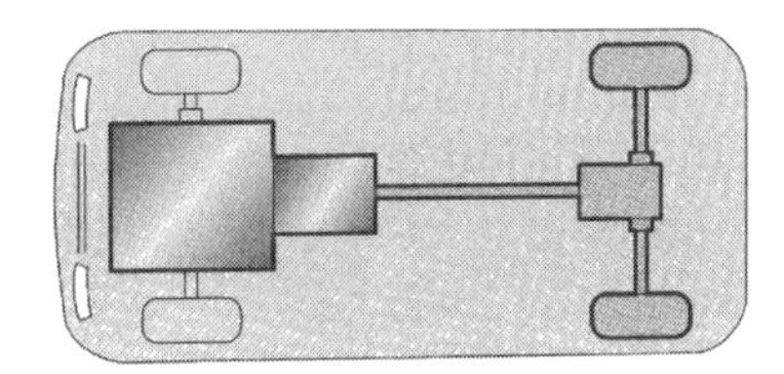

후륜구동

2. 수동 변속기의 기능

① 기관의 회전력을 증대시킨다.
② 기관 시동시 무부하 상태로 있게 한다.(변속레버 중립시)
③ 자동차를 후진시키기 위함이다.

3. 수동 변속기의 고장진단

현 상	가능한 원인	정 비
떨림, 소음	트랜스액슬과 엔진 장착이 풀리거나 손상됨	마운트를 조이거나 교환
	샤프트의 엔드 플레이가 부적당함	엔드 플레이 조정
	기어가 손상, 마모	기어 교환
	저질, 혹은 등급이 다른 오일을 사용함.	규정된 오일로 교환
	오일 수준이 낮음	오일을 보충
	엔진 공회전 속도가 규정과 일치하지 않음	공회전 속도 조정
오일 누설	오일 씰 혹은 O-링이 파손 혹은 손상됨	오일 씰 혹은 O-링 교환
	부적당한 실런트를 사용함	규정 실런트로 재봉합
기어 변속이 힘들다.	컨트롤 케이블의 고장	컨트롤 케이블 교환
	싱크로나이저 링과 기어콘의 접촉이 불량하거나 마모됨.	수리 혹은 교환
	싱크로나이저 스프링이 약화됨	싱크로나이저 스프링 교환
	등급이 다른 오일을 사용함.	규정 오일로 교환
기어가 빠진다	기어 변속포크가 마모되었거나 포펫트 스프링이 부러짐	변속 포크 혹은 포펫트 스프링 교환
	싱크로나이저 허브와 슬리브 스플라인 사이의 간극이 너무 큼	싱크로나이저 허브와 슬리브를 교환

NO.2 수동 변속기(Manual Transmission)의 관계지식

1. 수동 변속기의 구비조건

① 단계 없이 연속적으로 변속이 되어야 한다.

② 조작이 쉽고, 신속, 확실, 정숙하게 행해져야 한다.

③ 전달 효율이 좋아야 한다.

④ 소형·경량이고 고장이 없으며, 다루기 쉬워야 한다.

2. 변속기 구동방식의 비교

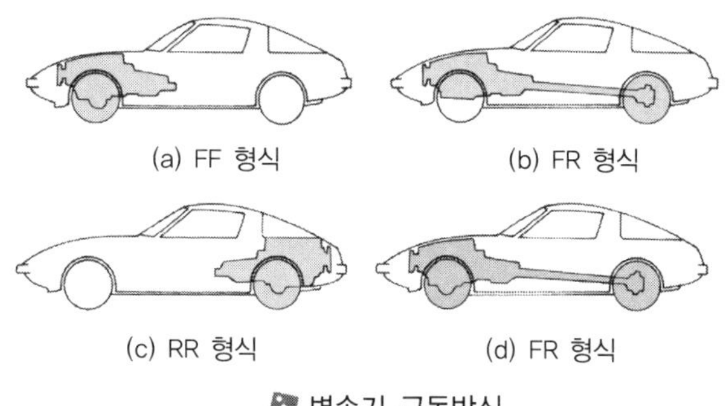

변속기 구동방식

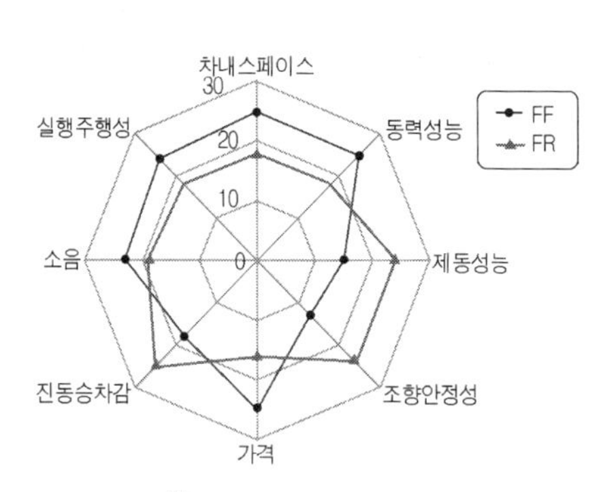

FF와 FR Car 비교

1) FF 자동차의 장점

① **넓은 스페이스 확보** : Propeller Shaft 불필요로 Floor의 Flat화 및 Exhaust system을 Floor의 중심에 위치하므로 Floor의 전제가 저하되므로 실내공간이 확보된다.
② **차량의 경량화 및 Cost Down** : Rear Axle 구동 불필요 및 Transmission과 Differential Case의 일체화로 중량 감소와 Cost Down이 된다.
③ **충동시 안전성** : Fuel Tank 중앙에 위치하여 충돌시 Front 측 Engine과 Transmission이 방벽이 되어 안전하고, 추돌시는 Rear측과의 거리 확보가 안전하다.
④ **소음 및 진동 저감** : F/R 엔진의 경우 소음 진동원이 전부부터 후부까지 확산으로 넓은 부분의 차음대책이 필요하나 F/F 는 소음 진동이 전면부에 집중되어 있고 Power Train System이 단축으로 진동 발생이 적어 소음 및 진동 저감이 용이하다.
⑤ **구동계 효율향상** : Power Train System의 단축, Trans Axle과 Drive shaft의 평행으로 동력전달 손실 감소 및 유지비 저감할 수 있다.
⑥ **직진 안정성** : 구동 방향=차의 진행방향이므로 직진 안정성이 좋다.
⑦ **횡풍 안정성** : 고속 주행시 횡풍에 의한 Slip이 반력 발생으로 방지 된다.

2) FF 자동차의 단점

① **차륜의 하중 편중** : Power Train 계 전륜에 집중과 조향과 구동 역할 동시 담당으로 Tire 마모율 증가, Under Steering 경향 Handle 조작이 무거움
② **회전 반경 증대** : 페달류 적정 간격 확보로 Wheel House 외측 이동 필요로 회전 반경이 증대된다.
③ **Take-in** : 구동 선회중 급격하게 Accel 페달을 떼면 내측으로 돌아가려는 현상으로 Side Force 증대로 내측으로 선회하는 성질이 있다.
④ **Torque Steering** : 급가속 발진시 Handle이 돌아가려는 경향으로 Drive Shaft 길이차와 좌우 절각차로 King Pin 주의에 Moment 발생하여 Drive Shaft가 긴쪽 방향으로 향하려한다.
⑤ **제동성능 감소 우려** : 전륜 하중이 크므로 Brake 수명 단축 및 효력 Down 시 제동거리 증가할 수 있다.
⑥ **아이들 진동** : Engine MTG 적정 배치 곤란으로 T/Axle 진동과 Drive Shaft 미소 신축으로 Spline Frication으로 차체 진동이 더함

3. 수동 변속기의 종류

1) 점진 기어식

이 방식은 운전 중 제1속에서 직접 톱기어로 또는 톱기어에서 제1속으로 변속할 수 없고 반드시 단계를 거쳐서 변속이 되는 형식의 변속기이다.

2) 선택 기어식

이 방식은 크기가 서로 다른 기어의 조합을 직접 바꾸어 변속을 행하는 변속기로서 활동 기어식, 상시 물림식, 동기 물림식 등이 있으며 자동차용 변속기로서는 주로 동기 물림식 변속기가 사용된다.

① **활동 기어식** : 이 방식은 주축과 부축이 평행하게 설치되어 있으며 주축에 설치된 각 기어는 스플라인에 끼워져 축방향으로 미끄럼 운동을 하면서 변속한다.

② **상시 물림식** : 이 방식은 주축 기어와 부축 기어가 항상 물려 있는 방식으로, 동력의 전달은 변속 레버가 시프트 포크를 작동시켜 주축의 스플라인에 끼워진 도그 클러치를 주축 기어와 물리게 함으로써 이루어진다.

③ **동기 물림식** : 이 방식은 싱크로메시(동기물림장치)기구를 사용하여 서로 물려있는 기어의 원주 속도를 일치시켜서 기어의 물림을 쉽게 한 변속기로서, 현재는 이 방식의 것이 주로 사용된다. 싱크로메시기구는 기어가 물릴 때만 작용한다.

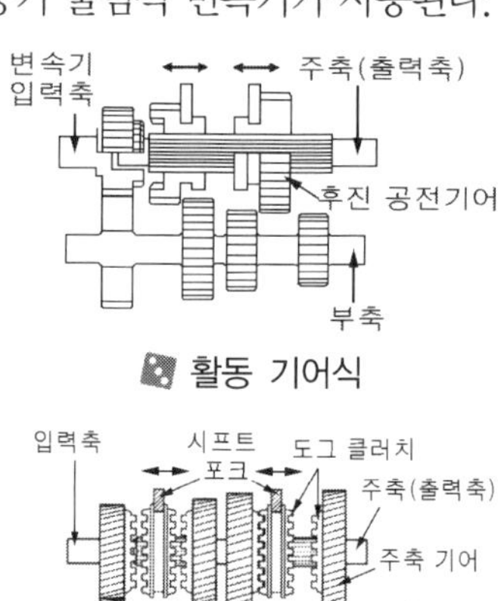

활동 기어식

상시 물림식

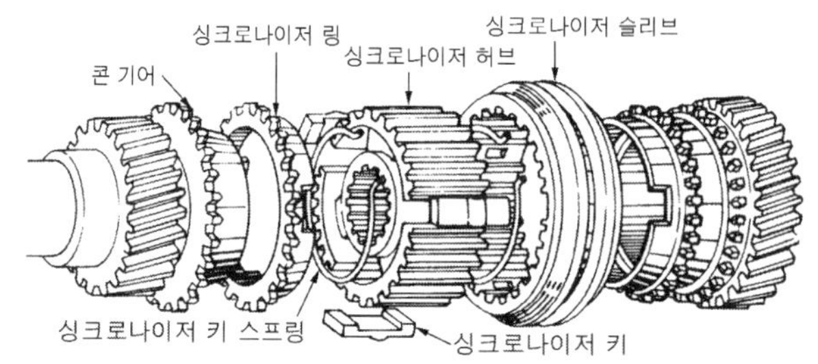

동기 물림식

4. 변속 조작방식

① **직접 조작 방식** : 이 방식은 변속 레버가 익스텐션 하우징에 설치되어 변속 레버의 작동이 시프트 레일과 시프트 포크를 통하여 직접 변속시키는 방식이다.

② **원격 조작 방식** : 이 방식은 변속 레버와 변속기가 분리되어 설치되어 있고 이들 사이를 연결 링크나 시프트 케이블을 이용하여 연결되어 있기 때문에 기어의 변속 위치에 따라 연결 링크나 시프트 케이블을 선택하여 조작된다.

직접조작방식

원격 조작방식 트라제 XG

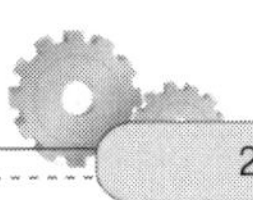

5. 기어 물림의 빠짐 방지장치

① 싱크로나이저 슬리브의 챔퍼 가공 : 이것은 싱크로나이저 슬리브와 기어 스플라인에 챔퍼를 설치하여 회전시에 챔퍼면이 기어 스플라인을 회전 방향으로 밀기 때문에 회전력은 싱크로나이저 슬리브와 기어가 접촉된 챔퍼에 가해지므로 기어의 물림이 빠지는 것을 방지한다.

② 로킹 볼(고정 볼) : 이것은 시프트 레일에 몇 개의 홈을 두고 여기에 로킹 볼과 스프링을 설치하여 시프트 레일을 고정하므로서 기어가 빠지는 것을 방지한다.

6. 2중 물림 방지장치(인터록)

이것은 어느 하나의 기어가 물림하고 있을 때 다른 기어는 중립 위치로부터 움직이지 않도록 하는 장치이다.

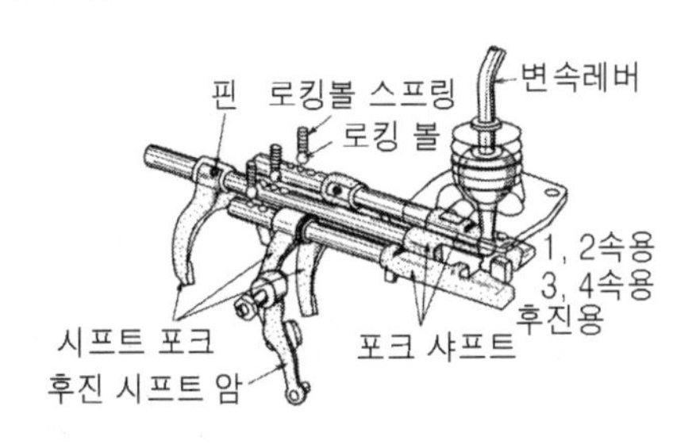

기어물림 빠짐 방지 장치

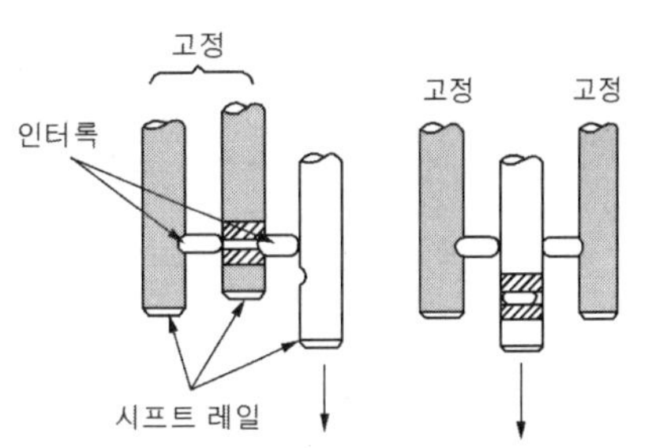

2중 기어 물림 방지장치

7. 트랜스 액슬(전륜 수동 변속기)의 구조

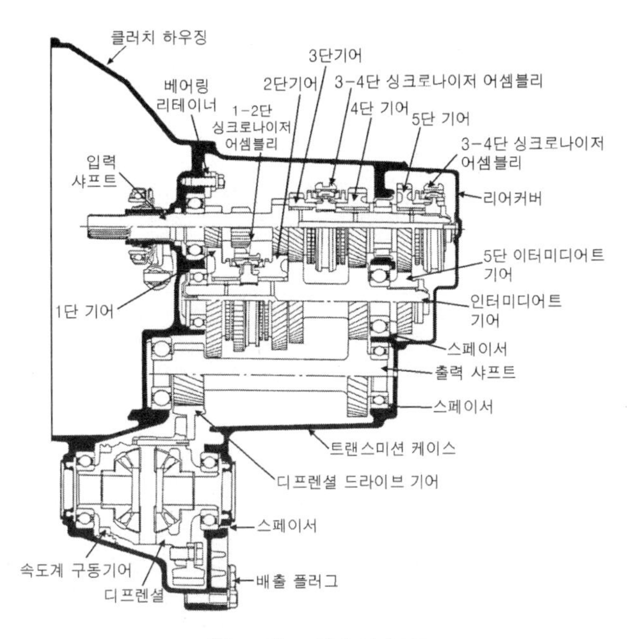

트랜스 액슬의 구조

8. 수동 변속기 변속방법

① 클러치 페달 및 브레이크 페달을 밟고 시동을 건 후, 1단 기어를 넣는다.
② 브레이크 페달을 밟은 상태에서 클러치 페달을 살짝 놓으면 엔진 회전수(rpm)가 소폭 상승한다.
③ 엔진 회전수 게이지의 상승을 확인한 상태에서 브레이크 페달을 놓고 동시에 액셀 페달을 조금 만 밟으면 차량은 자연스럽게 출발한다.
④ 차량 출발이 완료되면 클러치 페달을 완전히 놓아 준다.

• **오르막길 정지 후 출발 방법** : 경사가 급한 오르막길 출발 시 파킹 브레이크를 사용하면 보다 안전하게 출발할 수 있다. 사용 요령은 주차 브레이크를 작동시킨 상태에서 수동 변속기 변속방법 1~3번과 동일하게 운전하고 차량이 출발되는 시점에서 주차 브레이크를 해제해 준다.

수동변속기 차량은 전진 5단, 후진 1단으로 구성되어 있다. 클러치 페달을 끝까지 밟은 상태에서 기어변속을 하고, 기어가 들어간 후 클러치 페달을 천천히 놓으면서 주행한다.

※ **저단변속** : 교통 정체시 또는 오르막길 주행기와 같이 서행해야 할 경우에는 엔진이 손상될 수 있으므로 저단으로 변속한다.

내리막길 주행시의 저단 변속은 엔진 브레이크 작동을 통해 주행 안정속도를 우지해 줄 뿐만 아니라 풋 브레이크를 자주 사용할 필요가 없어 브레이크의 수명을 연장시킬 수 있는 이점이 있다.

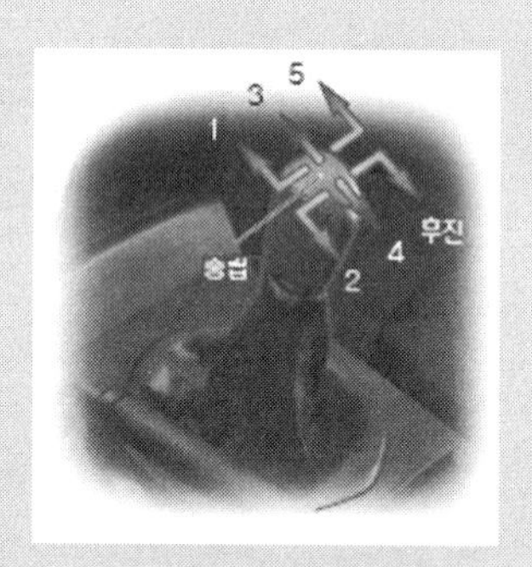

※ **주차시 1단 또는 후진기어** : 주차시에는 주차 브레이크를 완전히 작동시킨 후 엔진 시동을 끄십시오. 그리고 경사로 주차시 안전을 위하여 변속 레버를 1단(오르막길 주차시) 또는 후진(내리막길 주차시)에 위치시켜 준다.

❶ **중립 위치** : 엔진 시동시 및 주/정차시 기어 변속레버의 위치이다.
❷ **1단 기어** : 차량 출발시나 큰 견인력 필요시 사용한다. 클러치를 천천히 놓으면서 가속페달을 서서히 밟으면 차량이 출발한다.
❸ **2단 기어** : 저속 주행시 사용한다.
❹ **3단 기어** : 중/저속 주행시 사용한다. 2단 기어에서 3단 기어로 기어 변경을 할 때 5단 기어로 전환되지 않도록 주의한다.
❺ **4단 기어** : 중/고속 주행시 사용한다.
❻ **5단 기어** : 고속도로 주행과 같은 고속주행에 사용한다. 5단 기어에서 4단 기어로 기어를 변경할 때 2단 기어로 전환되지 않도록 주의한다.
❼ **후진 기어** : 후진시 사용하는 기어이다.

• **반 클러치 사용시 주의사항** : 클러치 페달을 반 정도 놓은 상태(반 클러치 상태)가 되면 엔진 파워가 올라감으로써 급격하게 가속 페달을 밟을 필요가 없다. 반 클러치 상태에서 가속 페달을 지속적으로 많이 사용할 경우 클러치 계통의 슬립으로 내부 구성부품이 마모 또는 손상될 수 있으므로 빈번한 반 클러치 사용은 삼가 해준다.

① 후진 변속은 차량을 완전히 정지시킨 상태에서, 클러치를 밟고 실시한다.
② 반 클러치를 빈번하게 사용하면 클러치 디스크가 빨리 마모되니 주의한다.
③ 변속할 때 이외에는 클러치 페달에 발을 올려놓지 않는다.
④ 고단에서 저단으로 변속하는 경우, 엔진 회전수가 엔진 회전수 게이지의 적색구간에 들어가지 않도록 주의한다. 특히, 5단에서 4단으로 변속하는 경우 부주의하게 기어 변속레버를 왼쪽으로 밀어 당기면 2단으로 기어가 변환되어 엔진이 급격하게 고 회전 하게 되어, 결과적으로 엔진과 변속기에 손상을 줄 수가 있다.

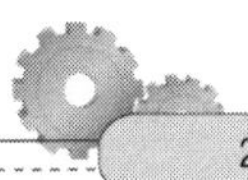

⑤ 겨울철 기온이 낮을 경우, 변속기 오일 온도가 올라가기 전에는 기어 변속이 어려울 수 있다. 이것은 정상적인 현상이다.
⑥ 1단 또는 후진 기어 변환이 어려운 경우 기어를 중립에 놓고 클러치 페달에서 발을 떼었다가 다시 밟고 1단 또는 후진으로 변속한다.
⑦ 주행 중 기어를 변환할 때 외에는 기어 변속레버에 손을 올려놓고 운전하지 않는다. 이럴 경우 주행 중 기어가 빠질 수가 있으며, 변속기 내부부품의 마모원인이 될 수 있다.
⑧ 한 번에 두 단 이상 고속 기어로 변환하거나 엔진이 고속으로 회전하고 있는 상태에서 저단 기어로 변환하지 않는다.

④ 차종별 변속레버 위치

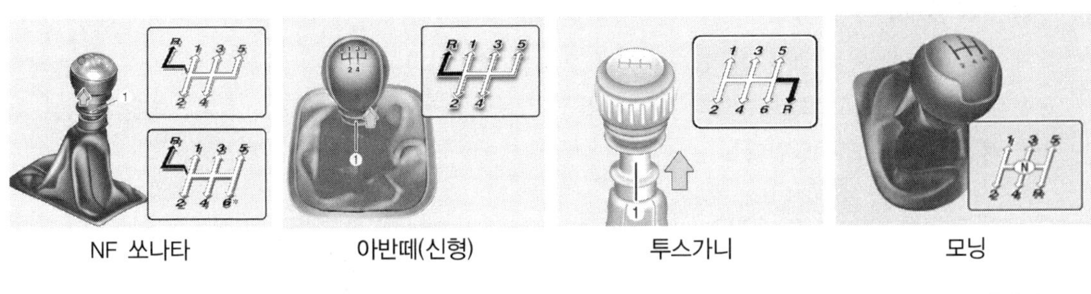

NF 쏘나타　　아반떼(신형)　　투스가니　　모닝

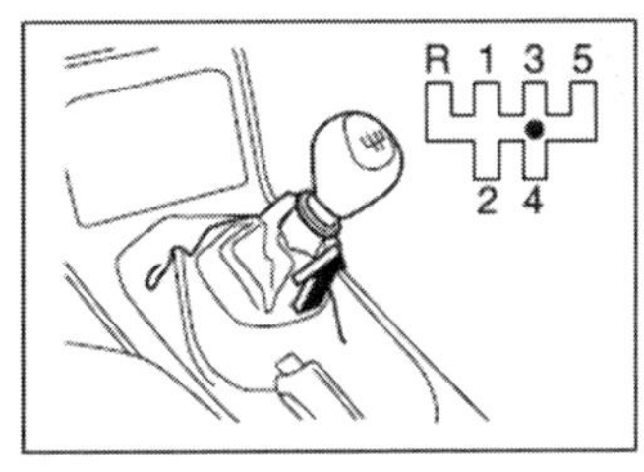

레간자/칼로스1.6

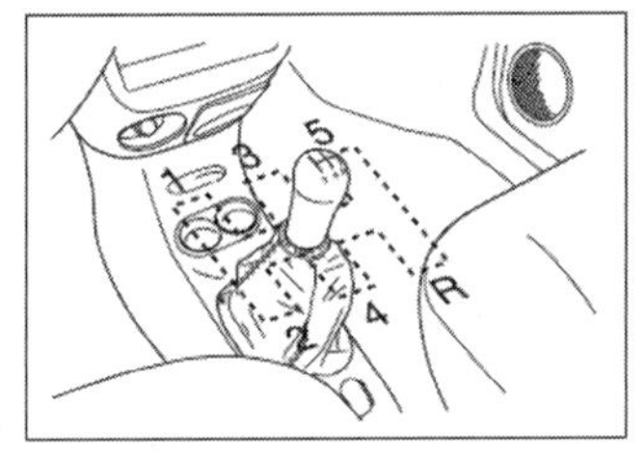

마티즈

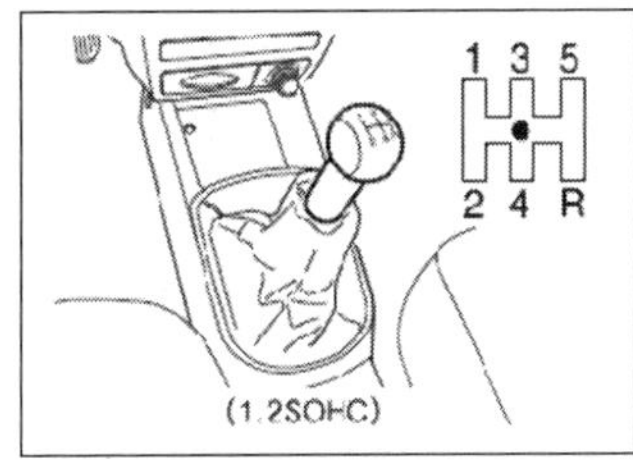

칼로스(1.2SOHC)

NO.3 오일량 점검 및 교환 방법

1. 오일량 점검 방법

① 차량을 평탄한 곳에 주차 후 시동을 끈다.
② 주유플러그 주변에 먼지를 제거하고 플러그를 반시계 방향으로 돌려서 탈거한다.
③ ㄱ자형 철사를 오일주입구에 넣어 바로 아래 부분까지 오일이 있는지 확인한다. 이때 오일의 변질 및 점도를 점검한다.

• 오일 색깔과 오염
① 검은색이면서 매우 끈끈함 : 교환주기가 넘었음.
② 반짝거리는 가루가 보임 : 윤활부족 등으로 베어링이나 기어의 마모로 가루가 썩여있음.
③ 우유빛이 있음 : 물이 함유 되어 있음.
④ 부족하면 규정오일을 천천히 그 수준까지 주입 한다.
⑤ 주유플러그를 시계방향으로 돌려 잠근다.(이때 동 와셔는 새것으로 교환한다)

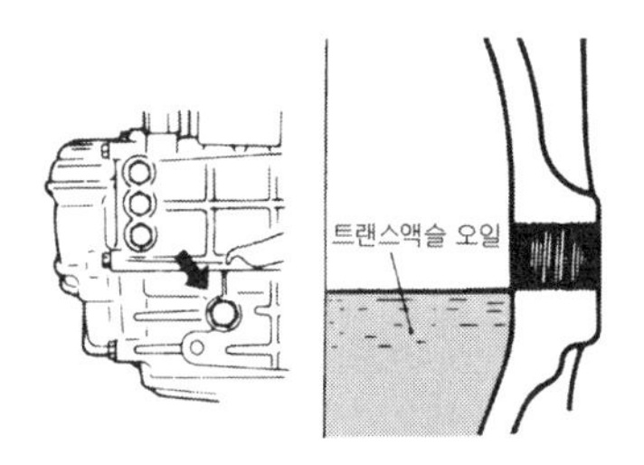

주유 플러그 위치

주유 플러그 위치

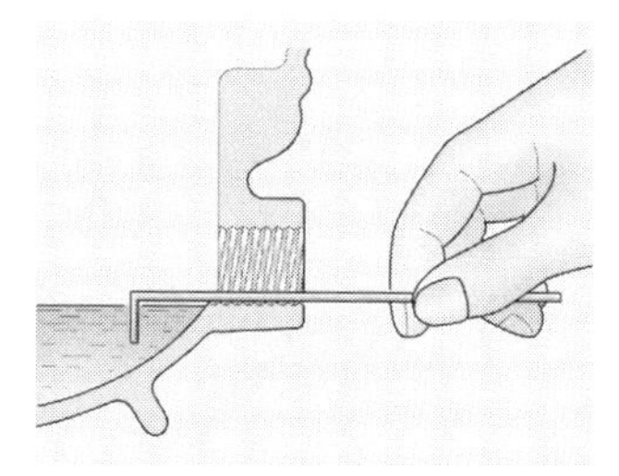

오일량 측정

2. 오일교환 방법

① 케이스 아래에 있는 배출 플러그를 풀어 오일을 배출시킨다.

② 점검 플러그를 빼고 오일 주입기로 플러그 구멍 높이까지 주입한다.(또는 스피드메타 드리븐 기어 빼고 호스로도 주입한다.)

전륜구동식 수동 변속기 설치위치

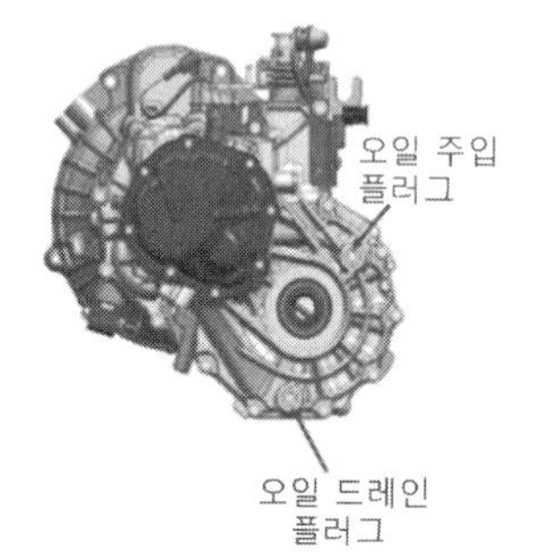

오일 주입구와 드레인 플러그

■ **차종별 변속기 오일량**

<table>
<tr><th colspan="2">차 종</th><th>오일량(ℓ)</th><th colspan="2">차 종</th><th>오일량(ℓ)</th></tr>
<tr><td colspan="2">수동 변속기(아반떼XD) 1.5/2.0</td><td>2.15</td><td rowspan="3">세라토</td><td>NEW G1.6/D2.0</td><td>1.9/2.0</td></tr>
<tr><td colspan="2">윈스톰 FWD/AWD</td><td>2.1/2.3</td><td>유로</td><td>2.15</td></tr>
<tr><td colspan="2">토스카</td><td>1.6</td><td>G/D</td><td>2.15/2.10</td></tr>
<tr><td colspan="2" rowspan="2">베르나(신형)/ 아반떼 신형 1.6/i30/누비라Ⅱ</td><td rowspan="2">1.90</td><td rowspan="3">카렌스</td><td>뉴 LPG/D</td><td>2.1/1.9</td></tr>
<tr><td>1.8/2.0</td><td>2.7/2.15</td></tr>
<tr><td colspan="2">쏘렌토2륜/4륜</td><td>3.2/2.7</td><td>Ⅱ</td><td>2.15</td></tr>
<tr><td colspan="2">NF 쏘나타</td><td>1.75</td><td colspan="2">봉고Ⅲ 버스/1톤/1.4톤</td><td>2.2</td></tr>
<tr><td colspan="2">아토즈</td><td>2.45</td><td colspan="2">그랜버스 버스</td><td>12.5</td></tr>
<tr><td colspan="2">투스가니</td><td>2.15</td><td colspan="2">로체 G, LPG/D</td><td>2.1/1.9</td></tr>
<tr><td colspan="2" rowspan="3">EF 쏘나타/NEW EF 쏘나타/ 그랜저 XG/
옵티마/스포티지/리갈/마티즈</td><td rowspan="3">2.10</td><td colspan="2">모닝/레간자</td><td>1.9</td></tr>
<tr><td colspan="2">스팩트라 윙/크레도스</td><td>2.7</td></tr>
<tr><td colspan="2">프런티어 2.5</td><td>3.4</td></tr>
<tr><td colspan="2">싼타모/카스타/아벨라</td><td>2.50</td><td colspan="2">프라이드 G/D</td><td>1.9/2.0</td></tr>
<tr><td colspan="2">싼타페(구형)</td><td>2.30</td><td colspan="2">세피아</td><td>2.65±0.1</td></tr>
<tr><td colspan="2">스타렉스/프레지오</td><td>2.20</td><td colspan="2">라노스/프린스/매그너스</td><td>1.8</td></tr>
<tr><td rowspan="2">카니발</td><td>뉴/그랜드</td><td>1.85</td><td colspan="2">칼로스, 젠트라 1.2S/1.6D</td><td>2.1/1.8</td></tr>
<tr><td>Ⅱ</td><td>2.3</td><td colspan="2">라세티 G/D</td><td>1.8/2.1</td></tr>
</table>

NO.4 드라이브 샤프트 오일시일(Driver shaft oil seal) 교환 방법

1. 드라이브 샤프트 오일 시일 교환 방법

① 트랜스액슬에서 드라이브 샤프트를 분리시킨다.

② 납작한 – 드라이버를 사용하여 오일 시일을 탈거한다.

③ 오일 씰 둘레에 변속기 오일을 도포한다.

④ 오일 씰 인스톨러를 사용하여 드라이브 샤프트 오일 시일을 변속기에 장착한다.

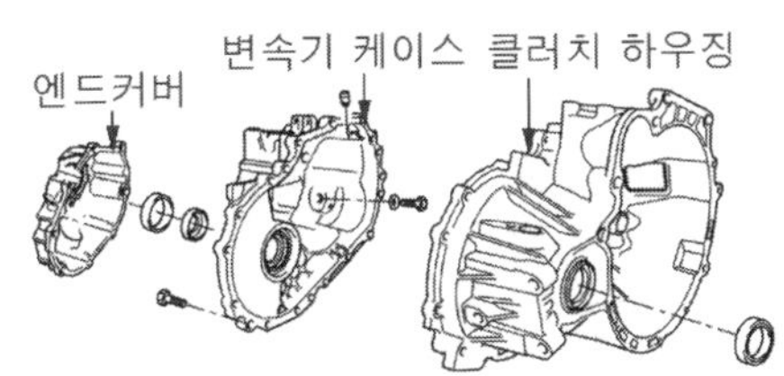

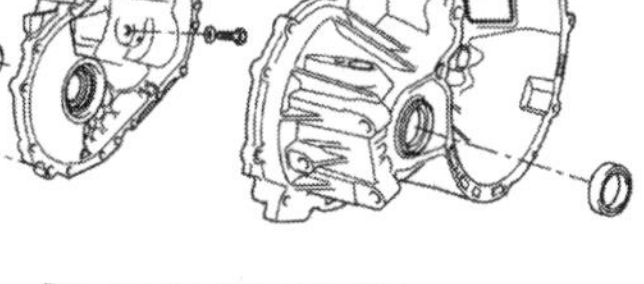

오일시일 분해도

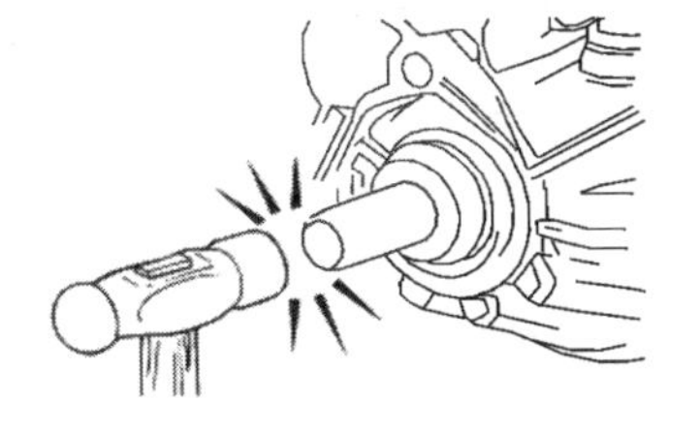

오일시일 조립

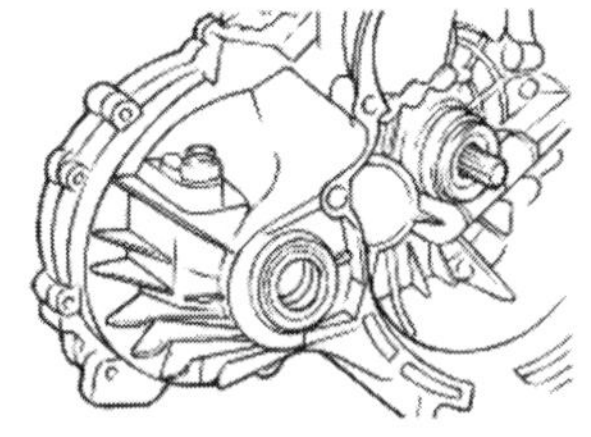

설치된 오일시일

NO.5 속도계 케이블(Speed meter cable) 교환 방법

1. 속도계 케이블 탈거방법

① 스피드미터 케이블을 변속기에 있는 스피드미터 드리븐 기어에서 캡을 돌려 분리한다.

② 인스트루먼트 패널(계기판) 뒤쪽에서 케이블을 분리한다.

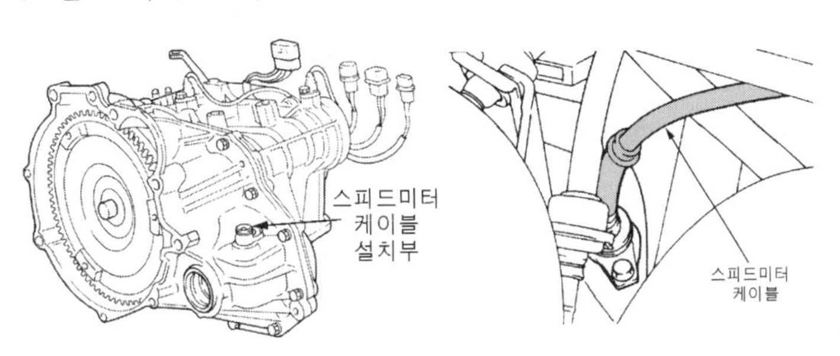

변속기에서의 스피드미터 케이블 설치상태

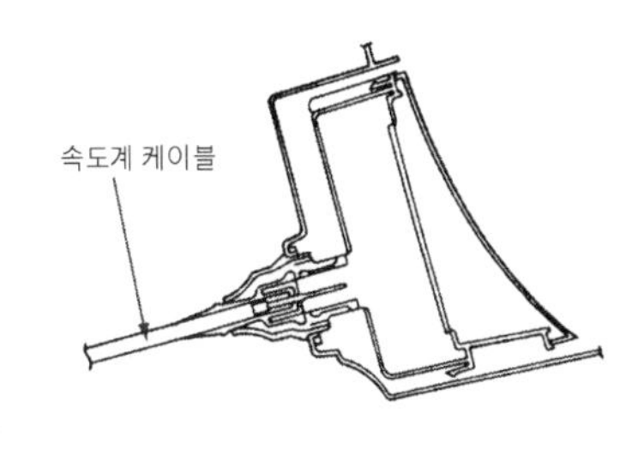

계기판에 케이블 설치상태

2. 속도계 케이블의 점검

① 케이블의 마찰저항의 증가여부를 확인하여 회전이 원활하지 못하면 교환한다.

② 어뎁터 부분이나 드리븐 기어와 조립부분에 나사의 이상 유무를 확인한다.

③ 케이블의 손상, 구부러짐, 비틀림 정도를 점검하여 심할 경우 케이블을 교환한다.

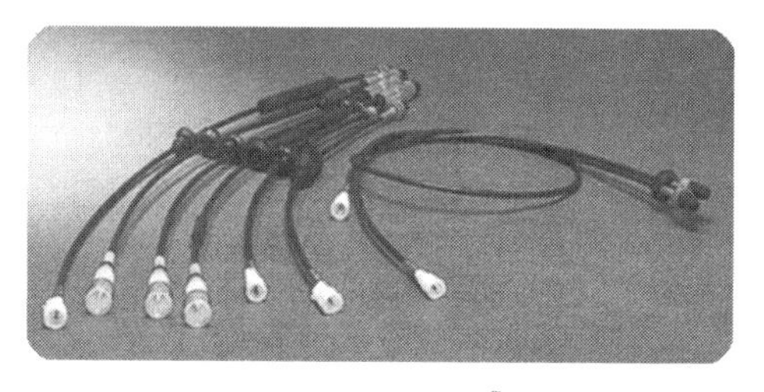
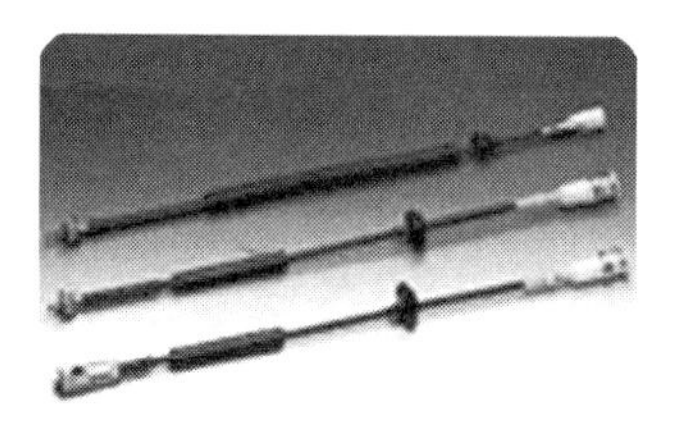

속도계 케이블

2. 속도계 케이블의 장착

① 케이블을 카울 패널에 글로미터와 함께 설치한 후 운전석 계기판 속도계 뒤쪽에 어댑터가 딸각 소리가 날 때 까지 밀어서 고정한다.

② 변속기 출력축에 속도계 드리븐 기어에 속도계 케이블 홈을 맞추고 고정너트를 조인다.

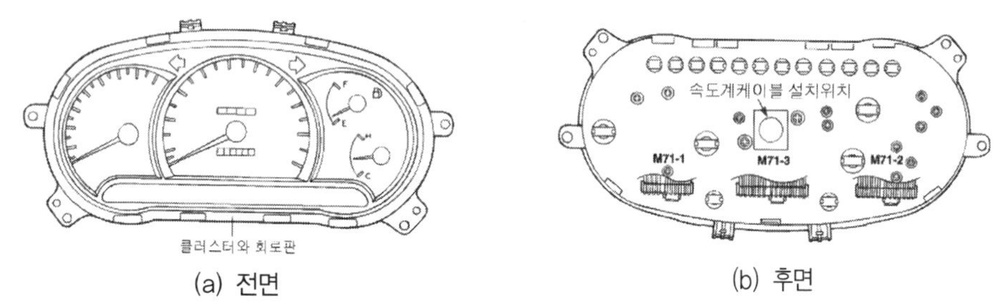

(a) 전면 (b) 후면

운전석 계기판에서의 케이블 설치위치

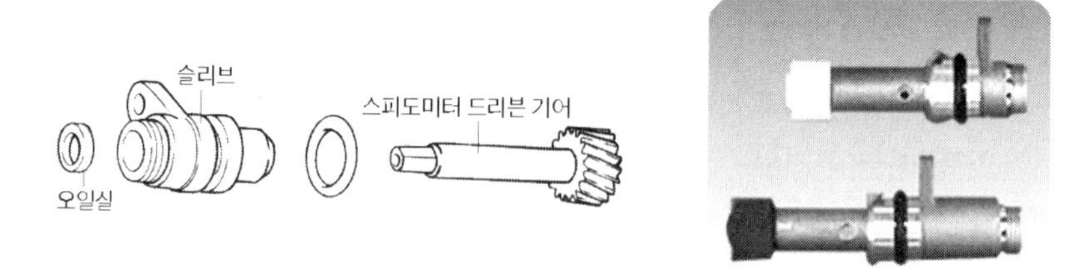

변속기에서의 속도계 케이블 드리븐 기어

케이블이 잘못 장착되면 스피드미터의 지침이 흔들리고 비정상적인 소음이 발생된다.
근래에는 전자식 스피드미터가 주류를 이루고 있다.

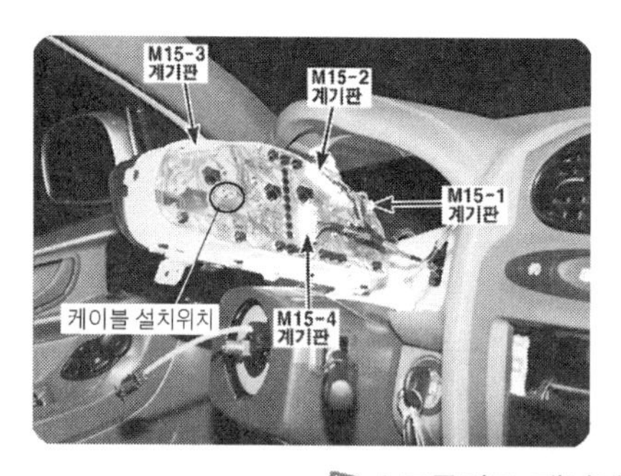

스트루먼트 패널에서 케이블 설치위치

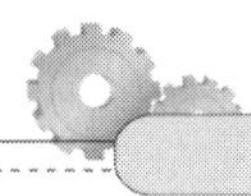

NO.6 컨트롤 케이블(Control cable) 차체에서의 탈거 방법

1. 트랜스 액슬 컨트롤 탈착

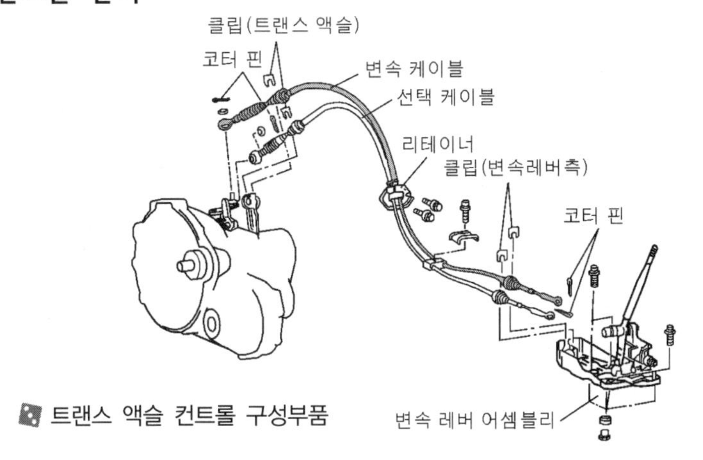

트랜스 액슬 컨트롤 구성부품

① 시프트 노브를 탈거 후 리어 콘솔을 탈거한다.
② 프런트 콘솔을 탈거한다.
③ 대시 보드 하단부의 케이블 마운팅 볼트를 탈거한다.

리어 콘솔 탈거　　프런트 콘솔 탈거　　마운팅 볼트 탈거

④ 변속기측 변속 케이블의 코터 핀을 탈거한다.
⑤ 변속기측 선택 케이블의 코터 핀을 탈거한다.
⑥ 변속기측 변속 및 선택 케이블 클립을 탈거한다.
⑦ 변속 레버 어셈블리를 탈거한다.

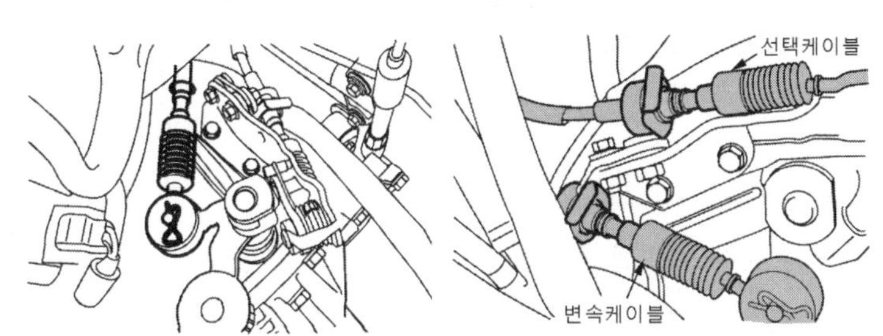

변속 케이블 코터핀　　변속 케이블과 선택 케이블 분리

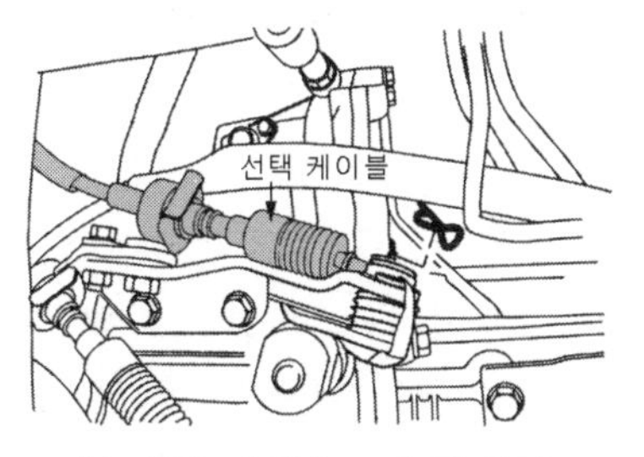

선택 케이블 코터 핀 분리

NO.7 차체에서 트랜스 액슬(Trans axle : 전륜 수동 변속기) 탈거 방법

1. 트랜스 액슬(전륜 수동 변속기) 탈착

① 배터리(-) 터미널을 탈거한다.
② 에어클리너 및 호스를 탈거한다.
③ 후진등 스위치 커넥터를 탈거한다.
④ 클러치 튜브 및 클립을 탈거한다.
⑤ 클러치 릴리즈 실린더를 탈거한다.
⑥ 스피드 미터 케이블을 탈거한다.
⑦ 선택 케이블 및 변속 케이블을 탈거한다.
⑧ 스타터 모터 마운팅 볼트를 탈거한다.
⑨ 특수공구를 사용하여 엔진을 지지한다.

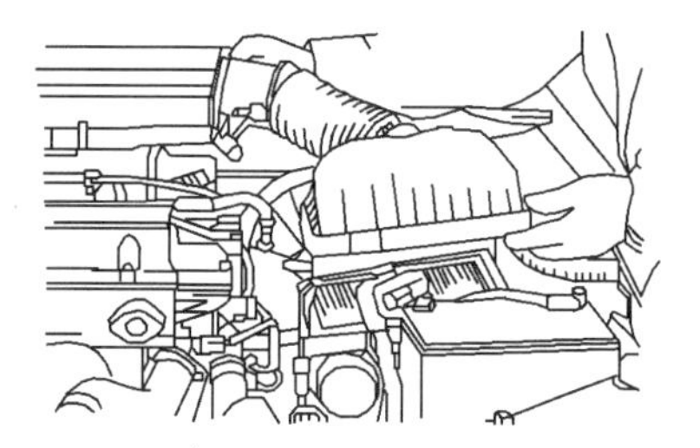

에어클리너 탈거

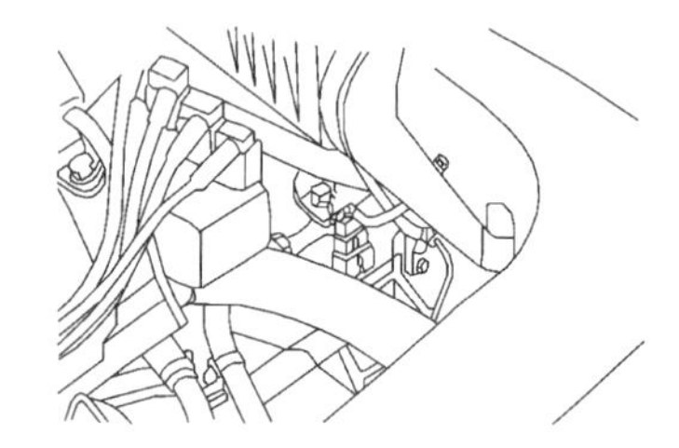

후진등 커넥터 탈거

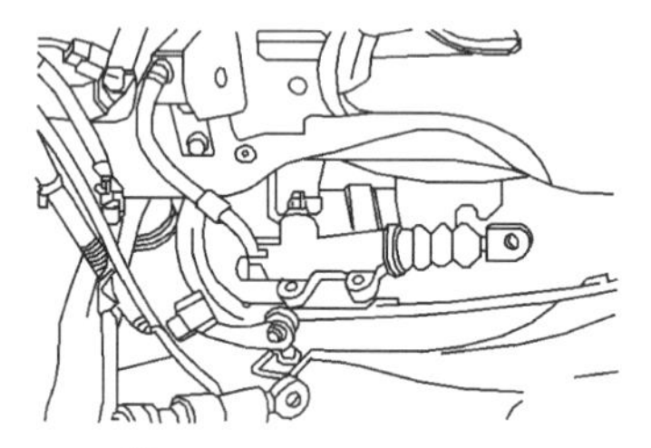

릴리스 실린더 탈거

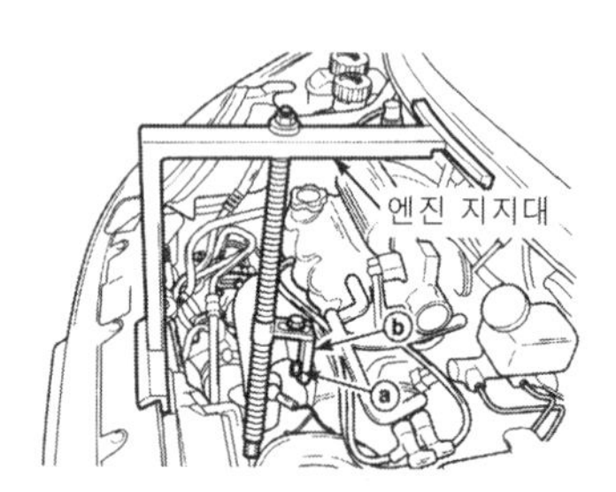

엔진 지지대 설치

⑩ 트랜스 액슬 마운팅 브래킷 및 인슐레이터를 탈거한다.
⑪ 차량을 들어올려 타이어를 탈거한다.
⑫ 드레인 플러그를 푼 후 트랜스 액슬 오일을 배출시킨다.

차량을 들어 올린다

변속기를 지지

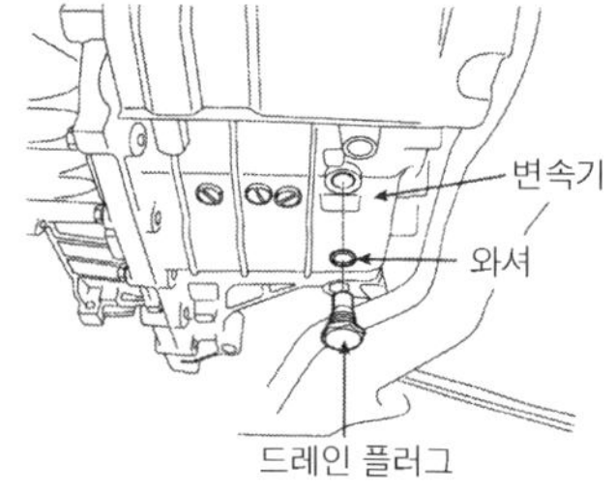

변속기 오일 배출

⑬ 타이로드, 로워암 볼 조인트 및 드라이브 샤프트를 탈거한다.
⑭ 기어 박스 u-조인트 및 리턴 튜브 마운팅 볼트를 탈거한다.
⑮ 프런트 머플러를 탈거한다.
⑯ 서브 프레임 마운팅 볼트를 탈거한다.

⑰ 트랜스 액슬 프런트 및 리어 마운팅 브래킷을 탈거한다.
⑱ 트랜스 액슬 사이드 마운팅 브래킷을 탈거한다.
⑲ 트랜스 액슬을 잭으로 지지하여 탈거한다.

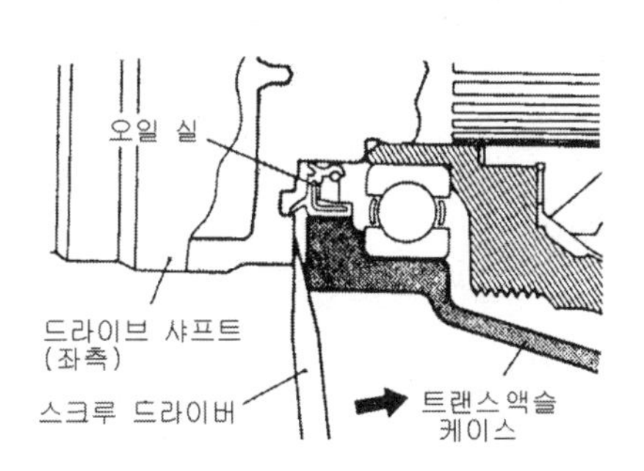

드라이브 샤프트 탈거단면도

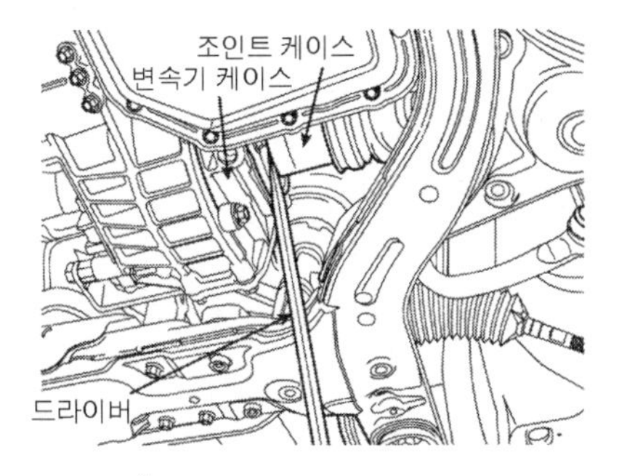

드라이브 샤프트 탈거

① 변속기 어셈블리를 지지하면서 들어 올리는 힘이 넓은 부위에 적용되도록 한다.
② 마운팅 브래킷 장착 순서
- 엔진 마운팅 브래킷
- T/M 마운팅 브래킷
- 리어 롤 스톱퍼 마운팅 브래킷
- 프런트 롤 스톱퍼 마운팅 브래킷

▲ 엔진 마운팅 브래킷 장착

▲ 프런트 롤 스토퍼 장착

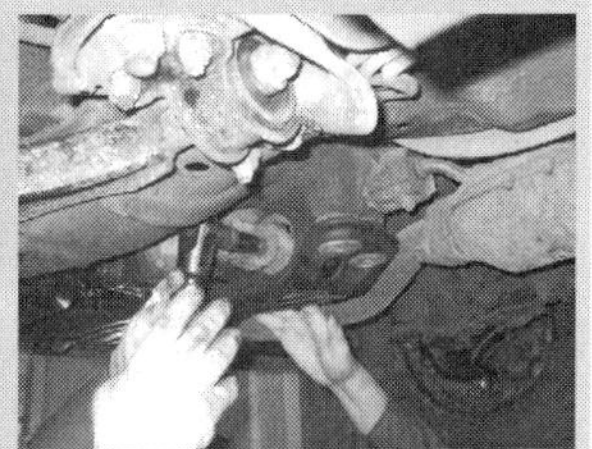

▲ 리어 롤 스토퍼 장착

NO.8 트랜스 액슬(Trans axle : 전륜 수동 변속기) 분해조립 방법

1. 리어 하우징, 후진장치 및 기어 어셈블리 분해 순서

① 리어 하우징 고정 볼트를 풀고 리어 하우징을 분리한다.
② 후진등 스위치, 개스킷, 설치 브래킷을 분리한다.
③ 록킹 볼 플러그를 풀고 스프링과 볼을 빼낸다.
④ 속도계 피동기어를 분리한다.
⑤ 특수 공구를 사용하여 스프링 핀을 빼낸다.

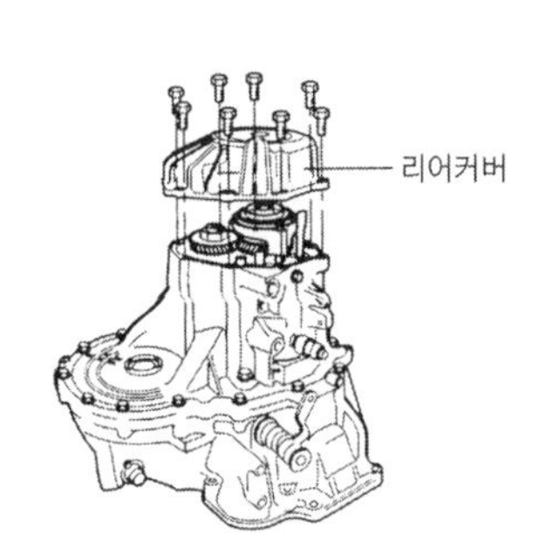

리어 커버(하우징) 분리

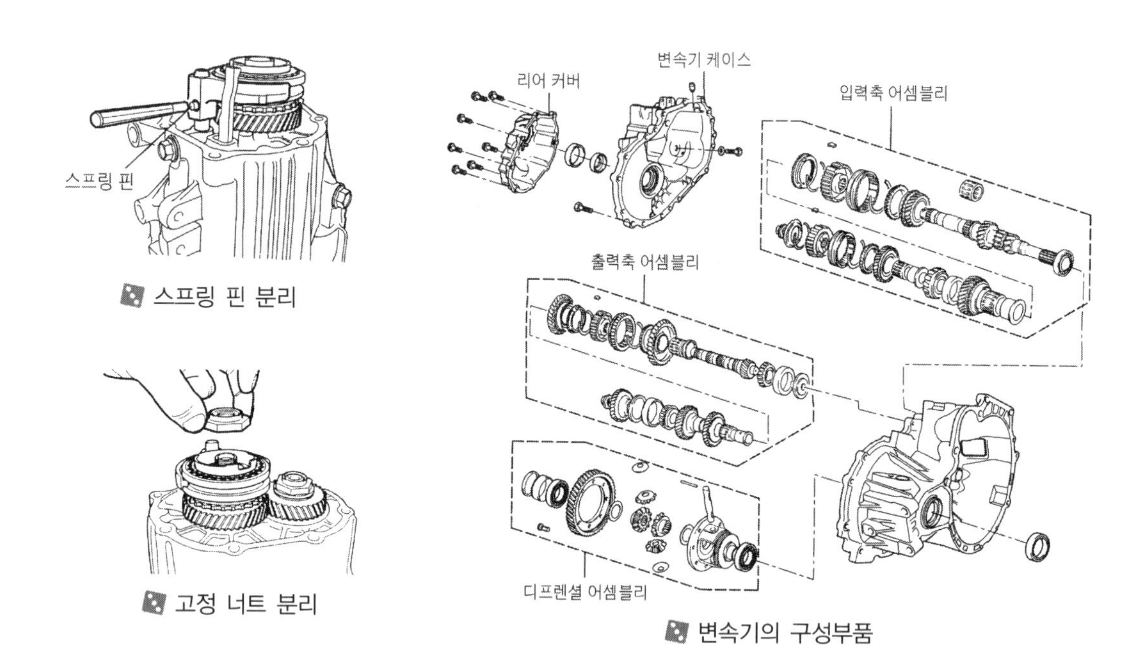

스프링 핀 분리

고정 너트 분리

변속기의 구성부품

⑥ 고정 너트를 다음의 순서로 분리한다.

㉮ 입력축과 출력축 고정 너트를 푼다.

㉯ 조절 레버와 선택레버로 트랜스 액슬을 후진으로 변속한다.

㉰ 특수공구를 입력축에 설치한다.

㉱ 클러치 하우징 둘레에 있는 볼트 구멍에 10mm 볼트를 밀어 넣고 특수공구에 힌지 핸들을 설치한다.

㉲ 힌지 핸들 스톱퍼를 볼트로 사용하여 고정 너트를 푼다.

⑦ 5단 싱크로나이저 슬리브와 시프트 포크를 분리한 다음 허브, 싱크로나이저 링, 5단 기어와 니들 롤러 베어링을 분리한다.

⑧ 풀러를 사용하여 출력축 기어를 분리한다.

로크 너트 코킹 분리

슬리브와 포크 분리

허브 및 싱크로나이저 분리

⑨ 후진 공전 기어축 고정 볼트와 레스트릭 볼을 분리한다.

⑩ 트랜스 액슬 하우징 고정 볼트를 풀고 트랜스 액슬 하우징을 분리한다.

⑪ 차동장치(디퍼렌셜) 오일실과 오일 가이드를 분리한다.

⑫ 특수공구를 사용하여 출력축 베어링 아웃 레이스와 스페이서를 분리한다.

⑬ 출력축 베어링 아웃 레이스와 스페이서를 분리한다.
⑭ 차동장치 베어링 아웃 레이스와 스페이서를 분리한다.

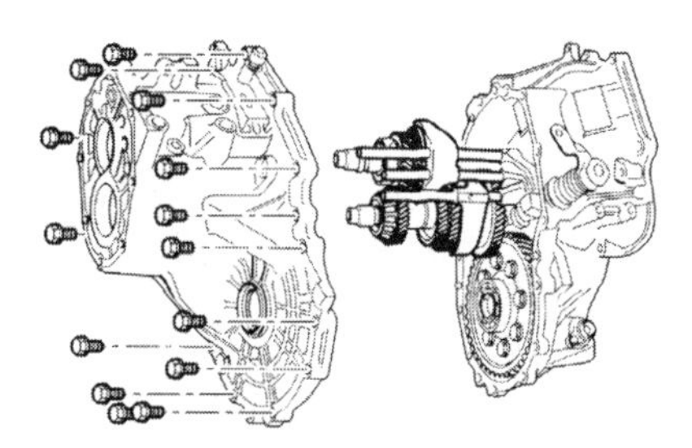

트랜스 액슬 하우징 분리

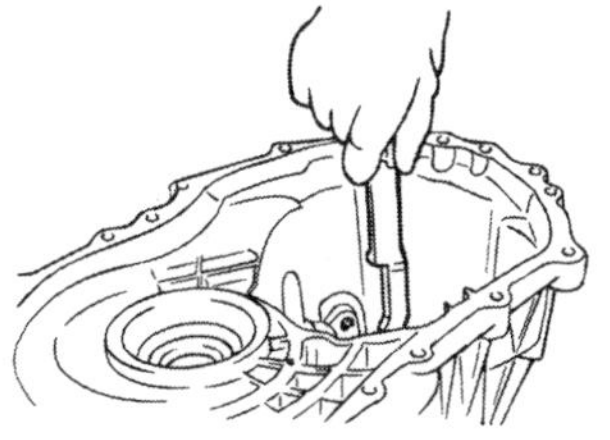
오일 가이드 분리

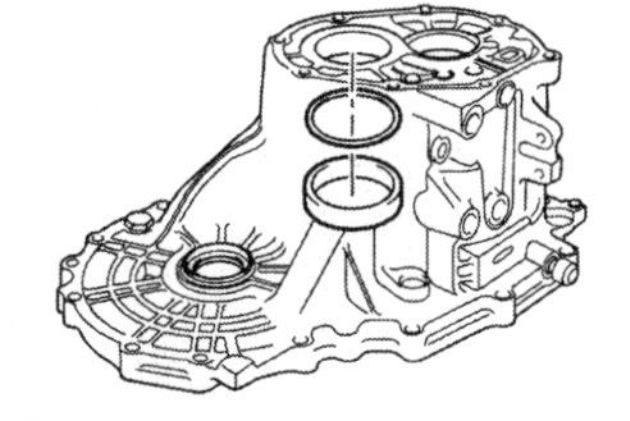
아웃 레이스와 스페이서 분리

⑮ 후진 시프트 레버와 후진 변속 슈 분리한 다음 후진 기어 축과 후진 기어를 분리한다.
⑯ 특수공구를 사용하여 스프링 핀을 빼낸다.

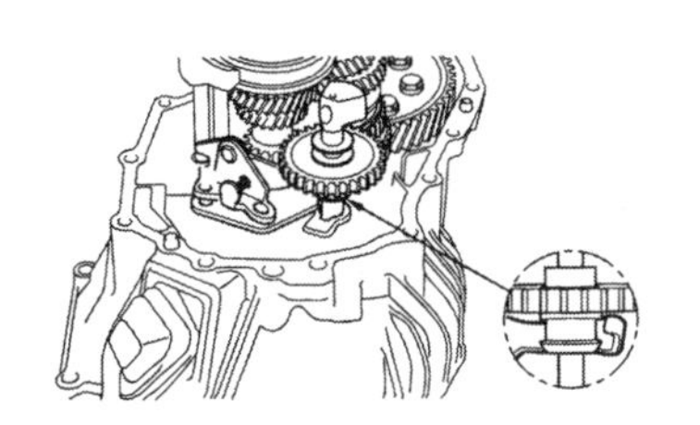
후진 시프트 레버 분리

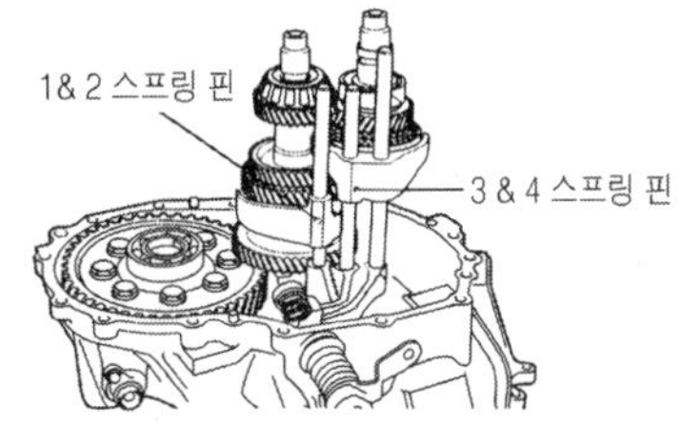

스프링 핀 분해

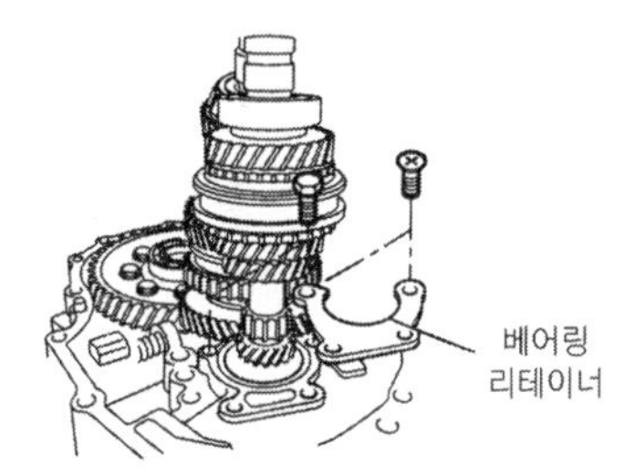

베어링 리테이너 분해

2. 변속레일 어셈블리와 디프렌셜 어셈블리 분해 순서

① 1단-2단 시프트 포크를 2단으로 변속한다.
② 3단-4단 시프트 포크를 4단으로 변속한다.
③ 5단-후진 시프트 레일 쪽으로 선택 레버를 밀면서 1단-2단 시프트 레일과 포크 어셈블리를 분리한다.
④ 1단-2단 쪽으로 선택 레버를 완전히 밀면서 3단-4단, 5단-후진 시프트 레일과 포크 어셈블리를 분리한다.

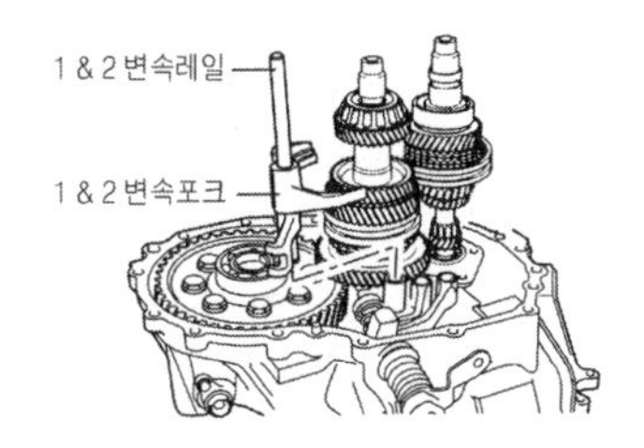

변속레일 및 포크 어셈블리 분리

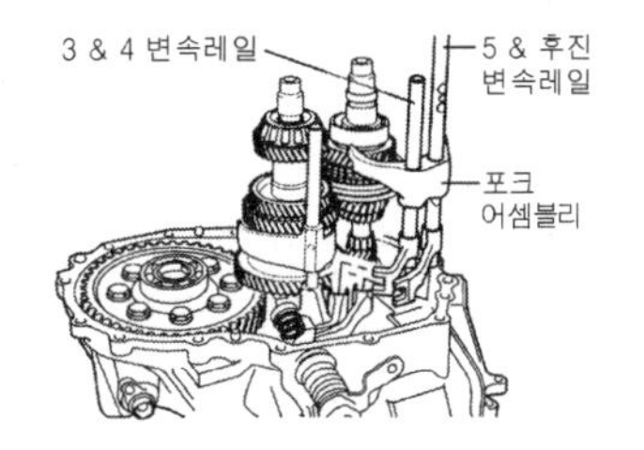

변속레일 및 포크 어셈블리 분리

입력축과 출력축 기어 분리

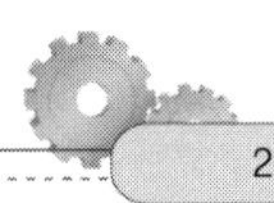

⑤ 베어링 리테이너를 분리한다.
⑥ 입력축 기어 어셈블리를 들어 올리고 출력축 기어 어셈블리를 분리한다.
⑦ 차동장치 어셈블리를 분리한다.

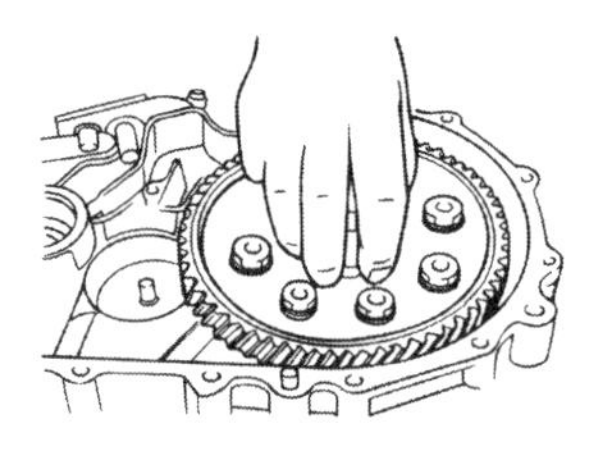
차동장치 어셈블리 분리

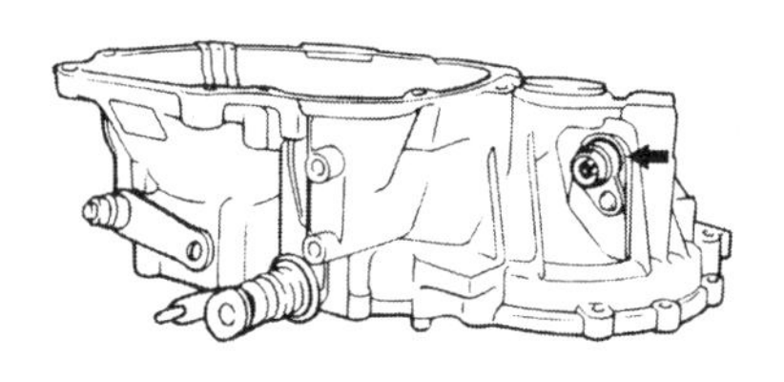
스피드 미터 드리븐 기어 분리

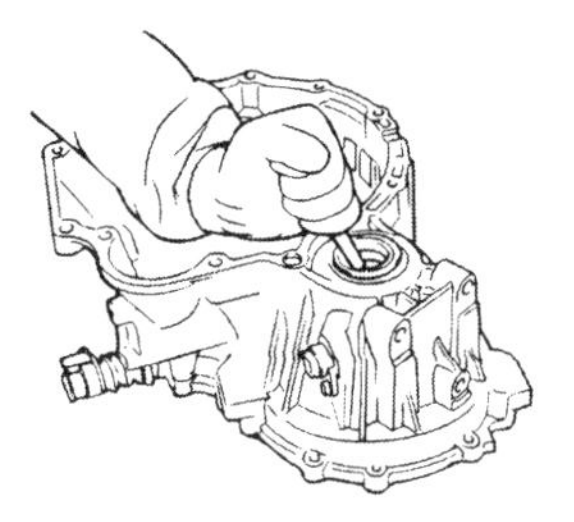
차동장치 오일 실 분리

⑧ 특수공구를 사용하여 출력축 베어링 아웃 레이스, 스페이서 및 오일 가이드를 분리한다.
⑨ 차동장치 베어링, 오일실 및 베어링 아웃 레이스를 분리한다.
⑩ 입력축 오일실을 분리한다.

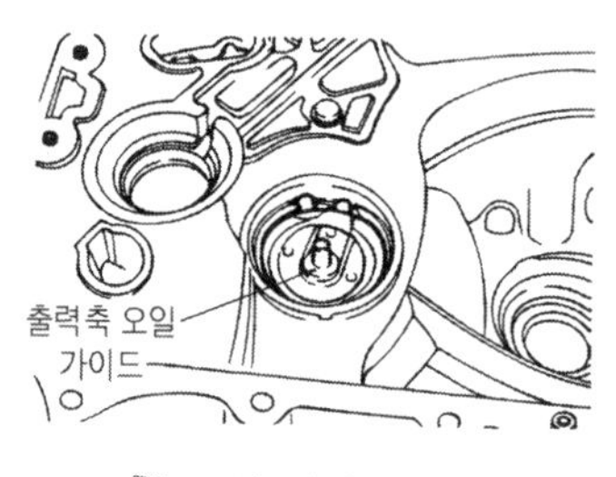

오일 가이드 분리

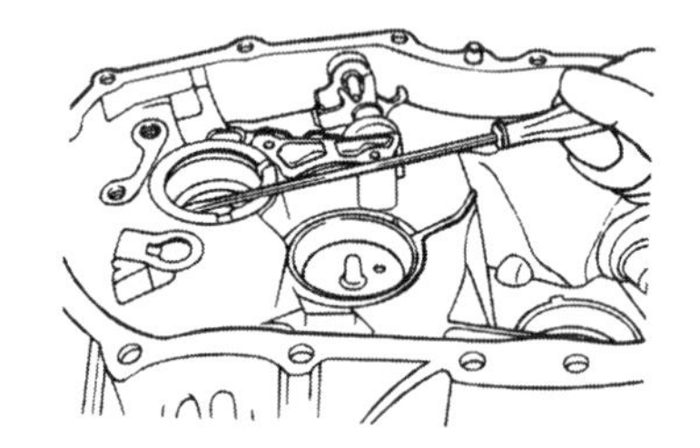
오일 실 분리

3. 입력축 기어 어셈블리 분해 및 점검

1) 분해

㉮ 입력축을 로크 너트가 위로 향하게 바이스에 물린다.
㉯ 스냅 링 플라이어를 사용하여 앞 베어링의 스냅 링을 탈거한다.
㉰ 특수 공구를 사용하여 프런트 베어링을 탈거한다.
㉱ 4단 기어, 니들 롤러 베어링, 싱크로나이저 링, 3&4단 싱크로나이저 슬리브와 니들 롤러 베어링 슬리브, 3 & 4단 싱크로나이저 허브, 싱크로나이저 링, 3단 기어, 니들 롤러 베어링을 특수 공구를 사용하여 탈거한다.

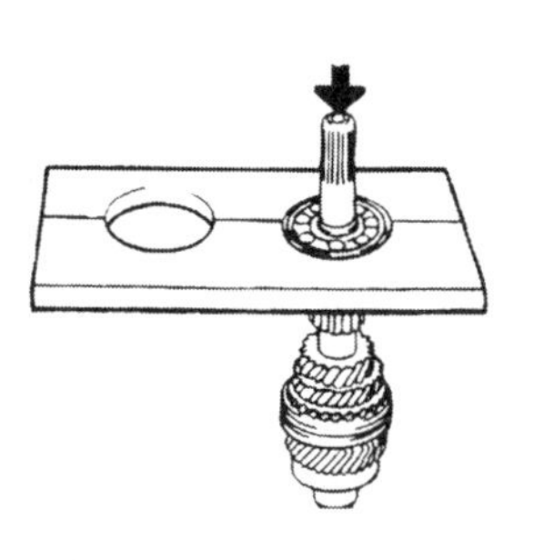
프런트 베어링 탈거

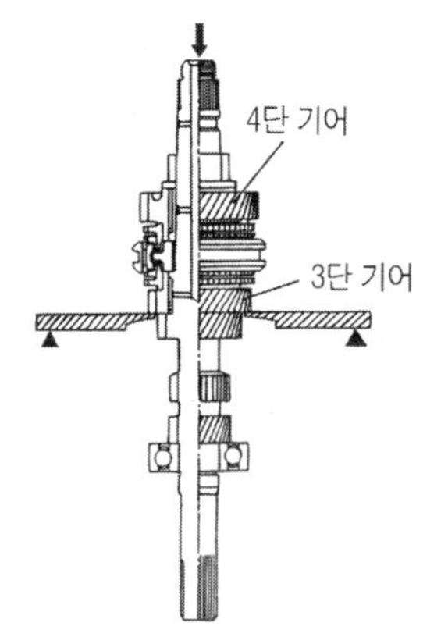

기어 어셈블리 탈거

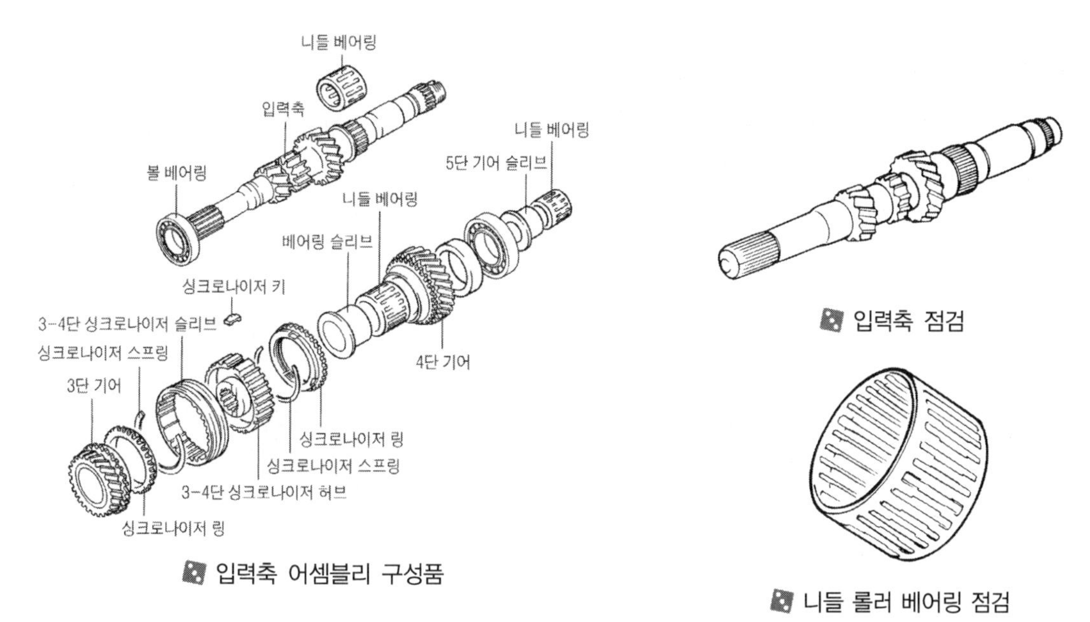

입력축 어셈블리 구성품

입력축 점검

니들 롤러 베어링 점검

2) 점검

㉮ 입력축의 스플라인 및 기어의 손상 및 마모를 점검한다.

㉯ 니들 베어링을 입력축 또는 베어링 슬리브에 끼우고 비정상적인 소음 또는 유격이 없이 부드럽게 회전하는지 확인한다.

㉰ 니들 베어링 케이스의 변형을 점검한다.

㉱ 싱크로나이저 링의 클러치 기어 이빨의 손상 및 파손을 점검한다.

㉲ 싱크로나이저 링 내면의 손상, 마모, 나사산의 파손을 점검한다.

㉳ 싱크로나이저 링을 클러치 기어 쪽으로 밀면서 시크니스 게이지로 간극을 점검하여 한계값을 벗어나면 싱크로나이저 링을 교환한다.

4. 출력축 기어 어셈블리 및 시프트 포크와 레일의 분해

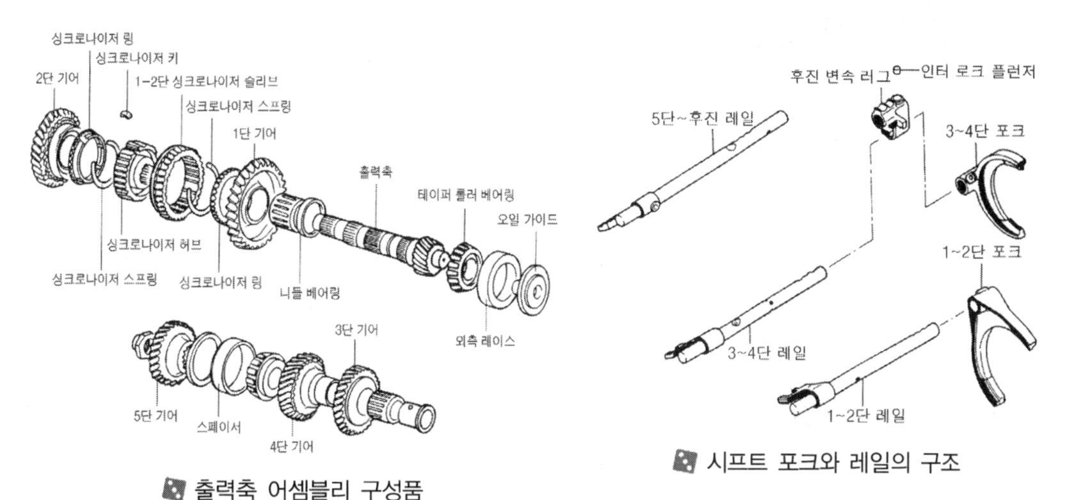

출력축 어셈블리 구성품

시프트 포크와 레일의 구조

1) 출력축 어셈블리 분해

㉮ 특수 공구를 사용하여 베어링, 1단 기어, 베어링 슬리브, 1단 & 2단 싱크로나이저 어셈블리, 2단 기어, 3단 기어, 4단 기어를 함께 분해한다.

㉯ 특수 공구를 사용하여 베어링을 탈거한다. 이때 출력축에서 탈거한 베어링은 재사용하지 않는다.

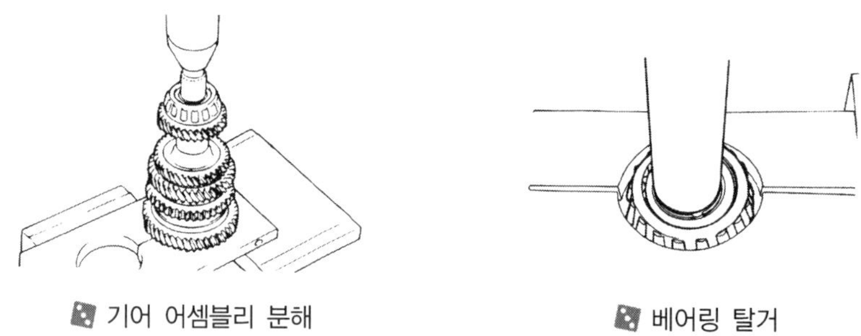

기어 어셈블리 분해　　　베어링 탈거

2) 출력축 기어의 점검

㉮ 출력축 기어의 니들 베어링이 장착부의 손상, 비정상적인 마모를 점검한다.

㉯ 스플라인의 손상 및 마모를 점검한다.

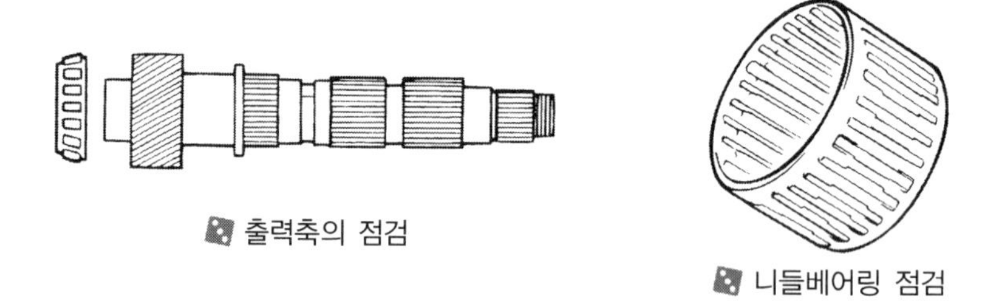

출력축의 점검　　　니들베어링 점검

3) 니들 베어링 점검

㉮ 니들 베어링과 샤프트 또는 베어링 슬리브와 기어를 결합하고 비정상적인 소음 및 유격을 점검한다.

㉯ 니들 베어링 케이지의 변형을 점검한다.

4) 스피드 기어의 점검

㉮ 헬리컬 기어와 클러치 기어 이빨의 손상 및 마모를 점검한다.

㉯ 싱크로나이저 콘의 면이 거칠거나 손상 또는 마모 여부를 점검한다.

㉰ 기어 내부와 앞, 뒤 끝의 손상 및 마모를 점검한다.

5) 출력축 어셈블리의 조립

㉮ 니들 베어링을 넣고 1단 기어를 조립한다.

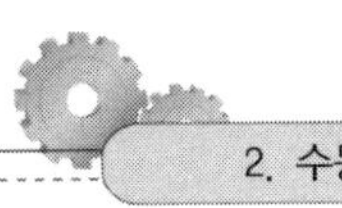

㉯ 1단 & 2단 싱크로나이저 허브 및 슬리브를 조립한다.

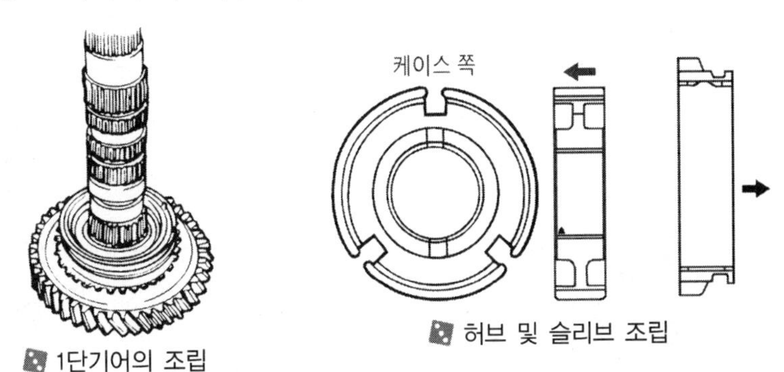

1단기어의 조립

허브 및 슬리브 조립

㉰ 싱크로나이저 슬리브의 기어 이빨이 없는 곳에 허브, 슬리브를 조립할 때 슬리브의 중앙 "T"에 싱크로나이저 키가 접촉되도록 조립한다.

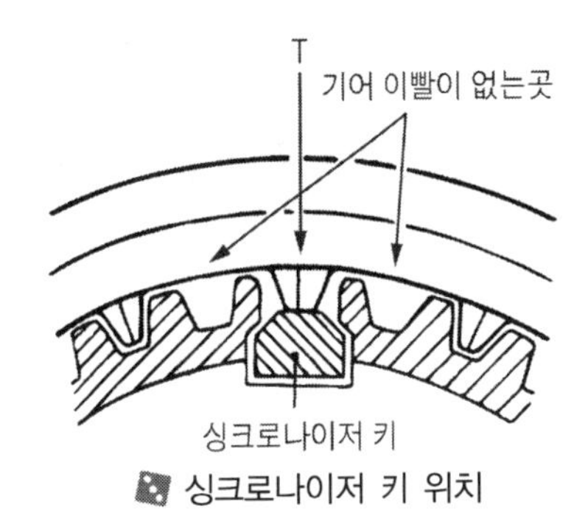

싱크로나이저 키 위치

㉱ 싱크로나이저 스프링의 끝단이 싱크로나이저 키에 놓이도록 조립한다. 이때 싱크로나이저 스프링을 조립할 때 프런트 스프링과 리어 스프링이 동일 방향으로 향하지 않도록 한다.

㉲ 특수 공구를 사용하여 출력축에 1단 & 2단 싱크로나이저 어셈블리를 조립한다. 이때 싱크로나이저를 조립할 때 3개의 싱크로나이저 키가 각각의 싱크로나이저 링의 홈에 조립되었는가를 확인하여야 하며, 싱크로나이저 어셈블리를 조립한 후 1단 기어가 부드럽게 회전하는지 확인하여야 한다.

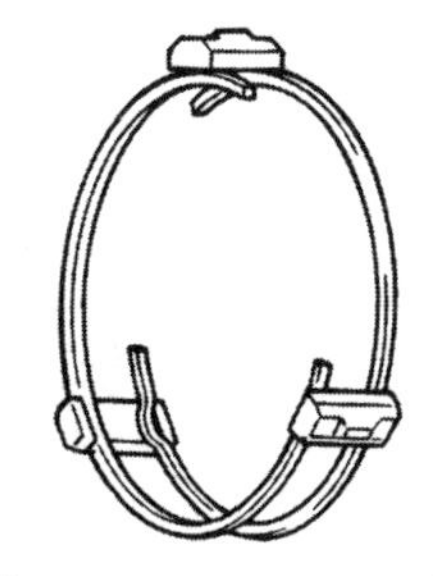

싱크로나이저 스프링 조립

㉳ 특수 공구를 사용하여 2단 기어와 베어링 슬리브를 함께 조립한다.

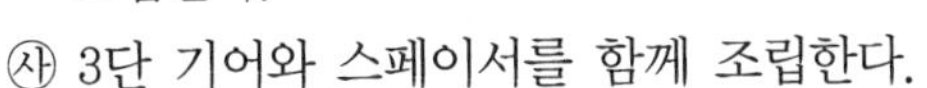

㉴ 3단 기어와 스페이서를 함께 조립한다.

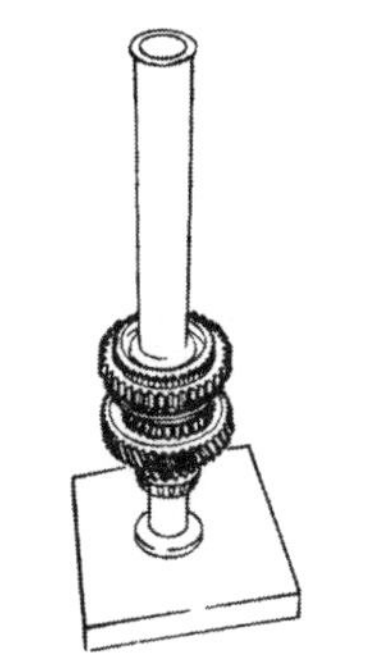

싱크로나이저 어셈블리 조립

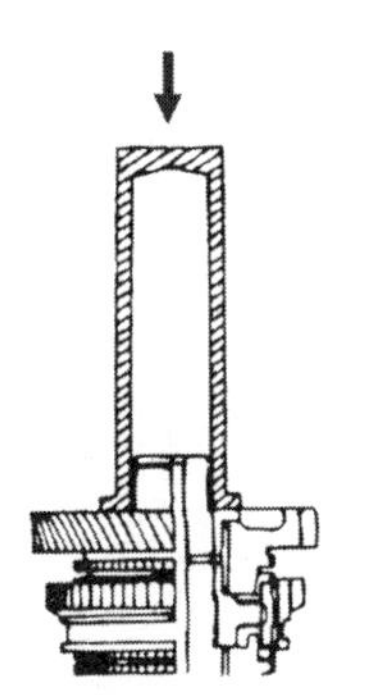

2단 기어와 베어링 슬리브 조립

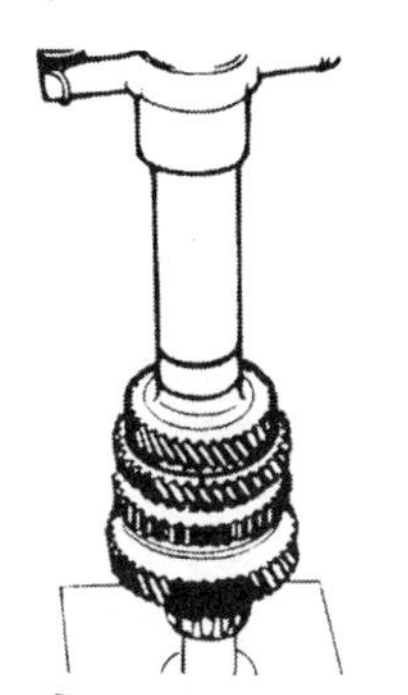

3단 기어 조립

㉾ 4단 기어를 조립한다.
㉿ 특수 공구를 사용하여 베어링을 조립한다. 이때 축에서 탈거한 베어링은 재 사용하지 않는다.
㊀ 테이퍼 롤러 베어링을 조립한다.

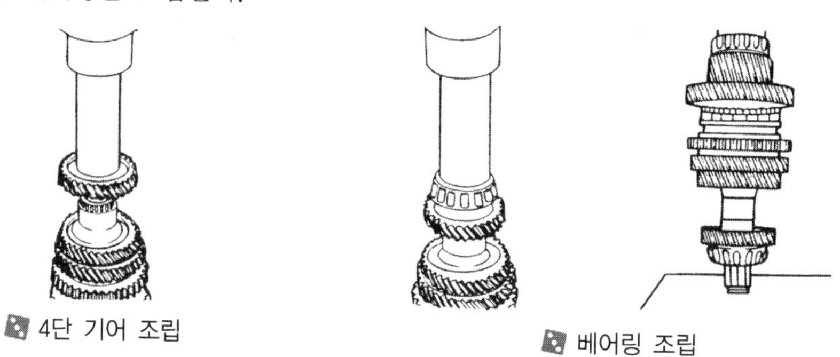

4단 기어 조립

베어링 조립

5. 차동장치(디퍼렌셜 : Differential) 분해

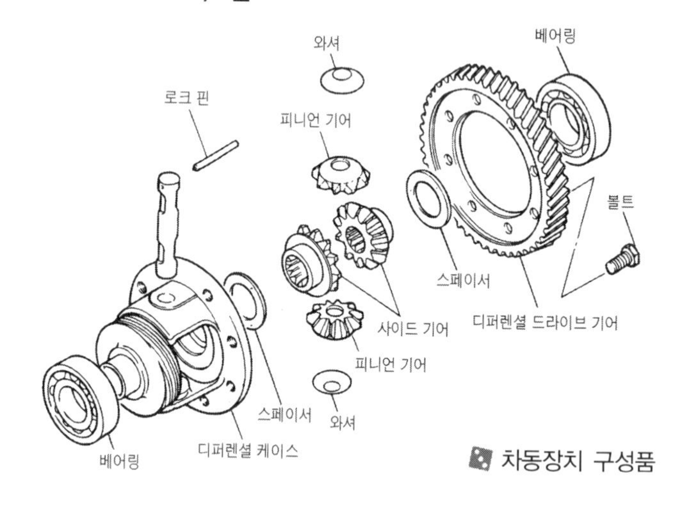

차동장치 구성품

1) 분해

㉮ 바이스에 디퍼렌셜 케이스를 고정시킨다.
㉯ 디퍼렌셜 드라이브 기어 고정 볼트를 풀고 디퍼렌셜 케이스에서 링 기어를 탈거한다.
㉰ 핀 펀치를 이용하여 피니언 샤프트의 로크 핀을 탈거한다.
㉱ 디퍼렌셜 케이스에서 피니언 기어 샤프트를 탈거한다.

링 기어 탈거

로크 핀 탈거

피니언 샤프트 탈거

㉲ 피니언 기어 및 사이드 기어를 탈거한다. 이때 사이드 기어에서 유격 조정 심을 분리한다.

㉶ 특수 공구를 사용하여 디퍼렌셜 우측 베어링 및 스피드 미터 드라이브 기어를 탈거한다.
㉷ 특수 공구를 사용하여 디퍼렌셜 좌측 베어링을 탈거한다.
㉸ 조립 순서는 분해 순서의 역순으로 한다.

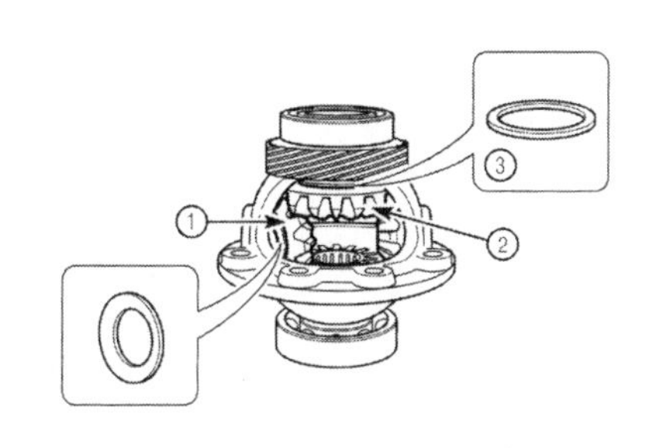

피니언 및 사이드 기어 탈거

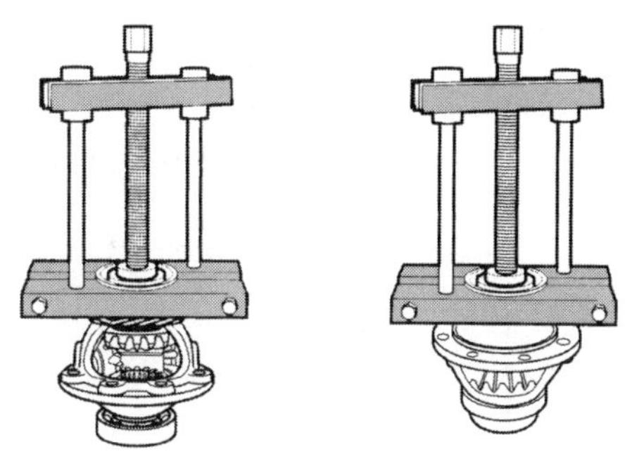
베어링 및 스피드 미터 드라이브 기어/베어링 탈거

2) 사이드 기어 유격 및 백래시 점검

㉮ 사이드 기어의 축방향 유격을 측정하여 기준값 이상이면 조정 심을 선택하여 교환한다.
㉯ 유격 조정 심을 점검하여 긁힘 및 마모 흔적이 있는 경우 교환한다.
㉰ 사이드 기어와 피니언 기어의 백래시를 측정하여 기준값 이상이면 조정 심을 교환한다.

사이드 기어 유격 기준값	0.05~0.33mm	사이드 기어 백래시 기계값	0.025~0.15mm

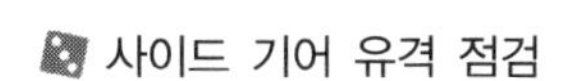
사이드 기어 유격 점검

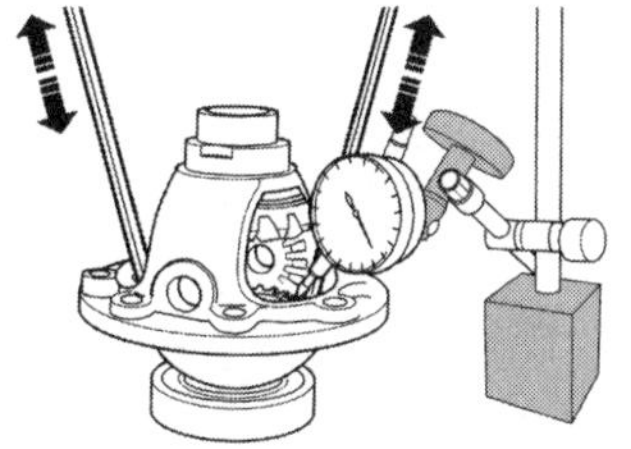
사이드 기어 유격 점검

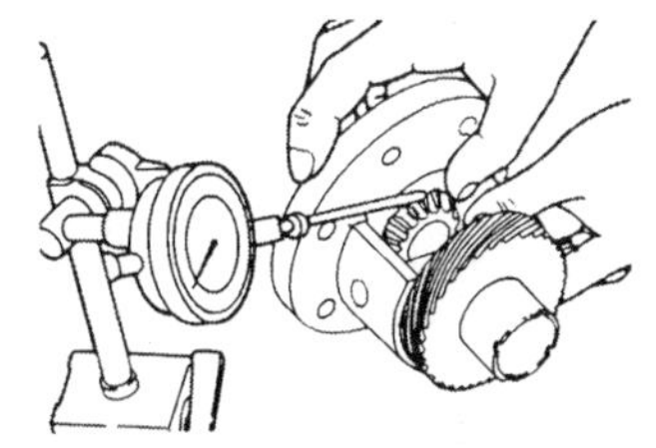
사이드기어 백래시 점검

NO.9 싱크로라이저 링과 기어 간극 점검방법

1. 싱크로나이저(Synchronizer ring) 점검 및 조립

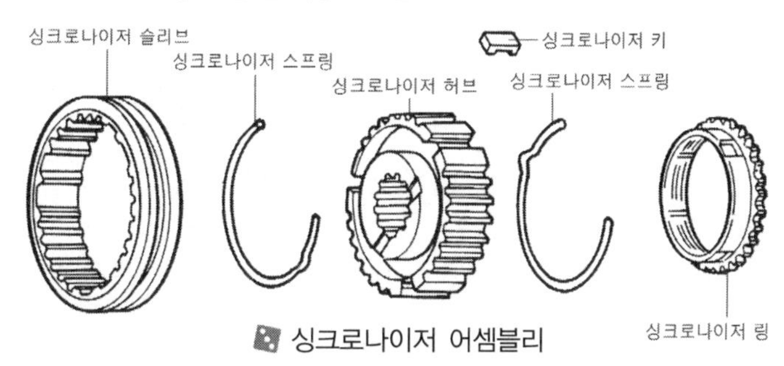

싱크로나이저 어셈블리

1) 점검

㉮ 싱크로나이저 슬리브와 허브를 결합 후 부드럽게 작동하는가를 점검한다.

㉯ 슬리브 안쪽 앞부분과 뒤쪽 끝의 손상유무를 점검한다.

㉰ 허브 앞쪽 끝부분(5단 기어와 접촉하는 면)의 마멸유무를 점검한다.

㉱ 싱크로나이저 키 중앙 돌출부 마멸 유무를 점검한다.

㉲ 스프링의 약화, 변형, 파손 유무를 점검한다.

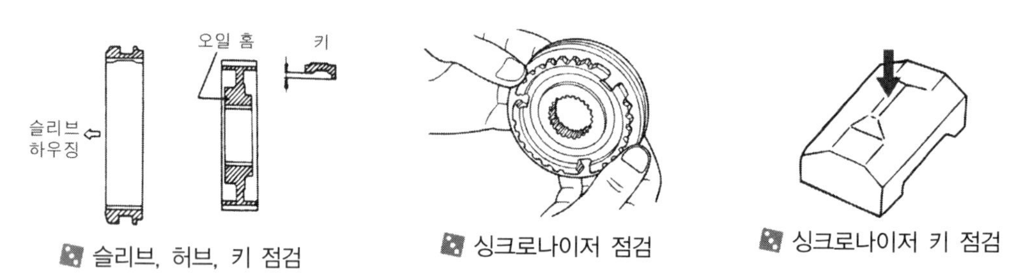

슬리브, 허브, 키 점검 / 싱크로나이저 점검 / 싱크로나이저 키 점검

2) 조립

㉮ 싱크로나이저 허브, 슬리브, 키를 방향에 주의하여 조립한다.

㉯ 싱크로나이저 슬리브의 6군데에는 이빨이 없다. 허브와 슬리브를 설치할 때 기어 이빨이 없는 2곳의 중앙에 싱크로나이저 키가 접촉하도록 한다.

㉰ 싱크로나이저 스프링의 단층부위가 싱크로나이저 키에 놓이도록 설치하여야 한다. 그리고 싱크로나이저 스프링을 설치할 때 앞쪽 스프링과 뒤쪽 스프링이 같은 방향으로 향하지 않도록 한다.

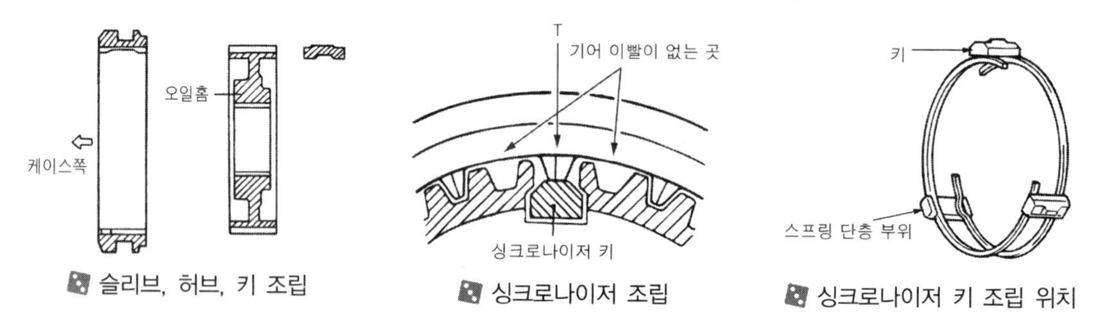

슬리브, 허브, 키 조립 / 싱크로나이저 조립 / 싱크로나이저 키 조립 위치

2. 싱크로나이저링과 기어와의 간극 점검 방법

① 싱크로나이저 링을 기어 쪽으로 밀면서 간극 A를 점검하여 규정값을 벗어난 경우에는 싱크로나이저 링을 교환한다. 규정값은 0.5mm이다.

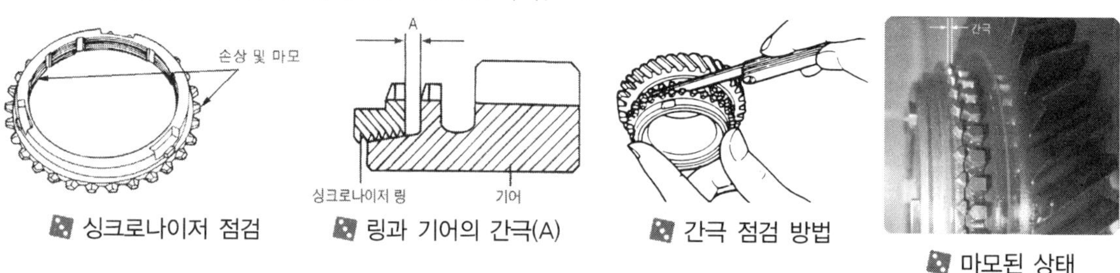

싱크로나이저 점검 / 링과 기어의 간극(A) / 간극 점검 방법 / 마모된 상태

3. 입력축 싱크로나이저링과 3~4단 기어와의 간극 점검 위치

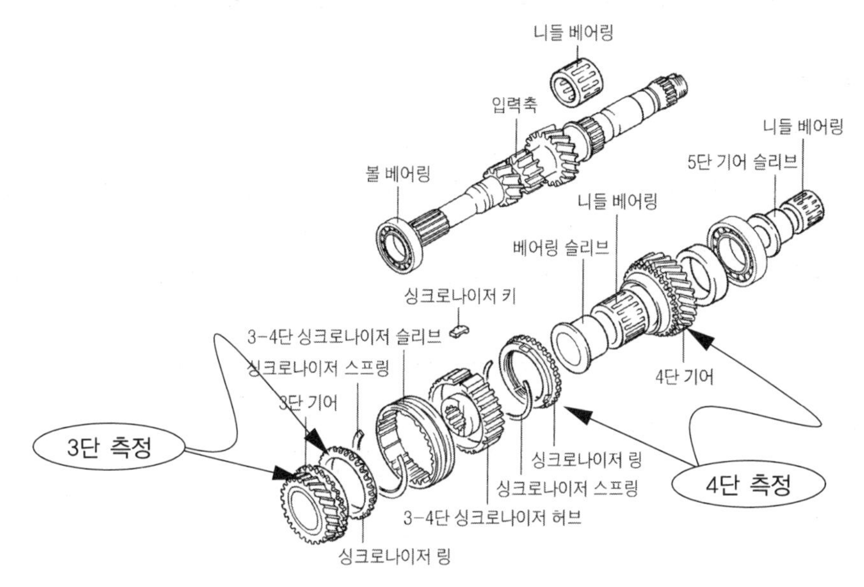

입력축에서 싱크로나이저링과 3,4단 기어 간극 측정 위치

4. 출력 싱크로나이저링과 1~2단, 5단 기어와의 간극 점검 위치

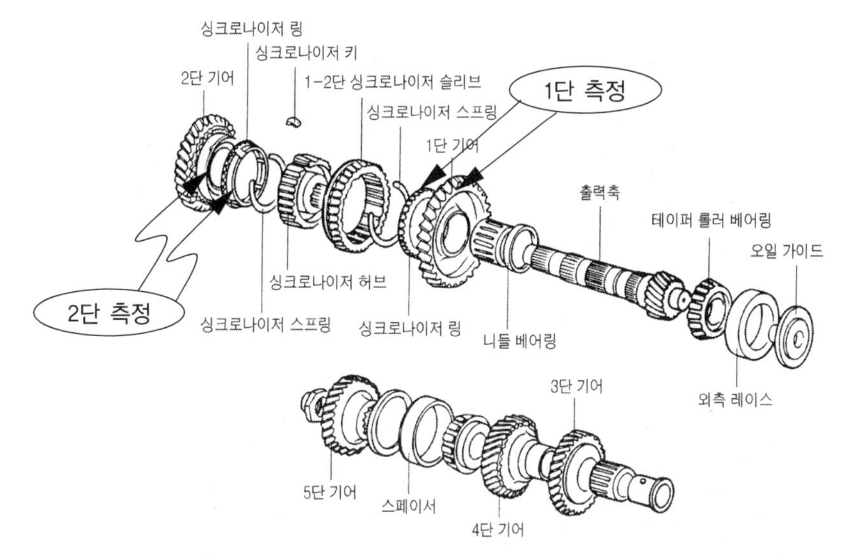

출력축에서 싱크로나이저링과 1, 2단 기어 간극 측정 위치

■ 차종별 엔드 플레이 및 싱크로나이저 링과 기어와의 간극 규정값(mm)

차 종	싱크로나이저 링과 기어와 간극	차 종	싱크로나이저 링과 기어와 간극
베르나, 엑셀	0.5(한계값)	엘란트라	0.5(한계값)
쏘나타	0.5(한계값)	쏘나타 II	0.5(한계값)
아반떼 XD	0.5(한계값)	그랜저	0.5(한계값)
크레도스	1.5(0.8)		

NO.10 입력축 엔드 플레이(In put Shaft end play) 점검방법

1. 입력축 엔드 플레이 점검방법

① 트랜스 액슬 하우징의 입력축 베어링 레이스에 스페이서를 장착한다.

② 직경이 3mm이고 길이가 10mm인 납(Solder) 2개를 베어링 입력축 베어링 외부 레이스 밑에 장착하고 볼트를 규정된 토크로 조여 트랜스 액슬 하우징을 조립한다.

③ 트랜스 액슬 하우징을 탈거하고 납작해진 납을 마이크로미터로 두께를 측정하여 엔드 플레이를 측정한다.

항 목	정비기준
입력축 리어 베어링의 엔드 플레이	0.01 ~ 0.09mm
출력축 베어링의 엔드 플레이	0.05 ~ 0.10mm
디퍼렌셜축 베어링의 엔드 플레이	0.05 ~ 0.17mm
디퍼렌셜 피니언의 백래시	0.025 ~ 0.15mm
입력축 프론트 베어링의 엔드 플레이	0.01 ~ 0.12mm

④ 규정치로 조정해주는 두께의 스페이서를 장착한다.

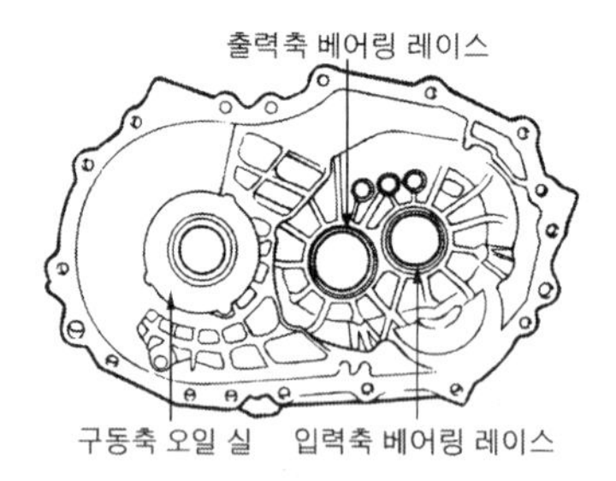

입력축 베어링 레이스 위치

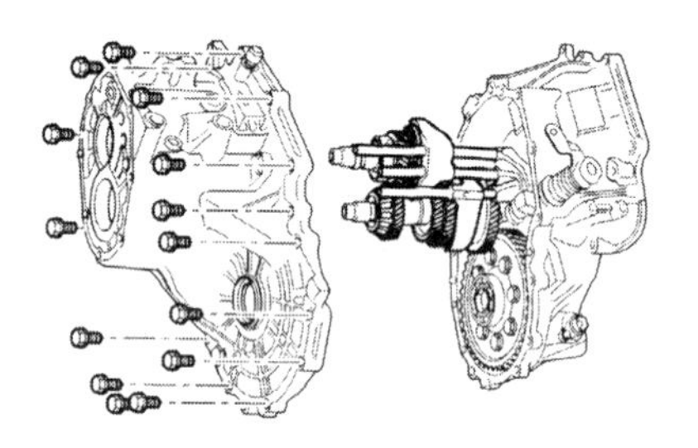

트랜스 액슬 하우징 분리

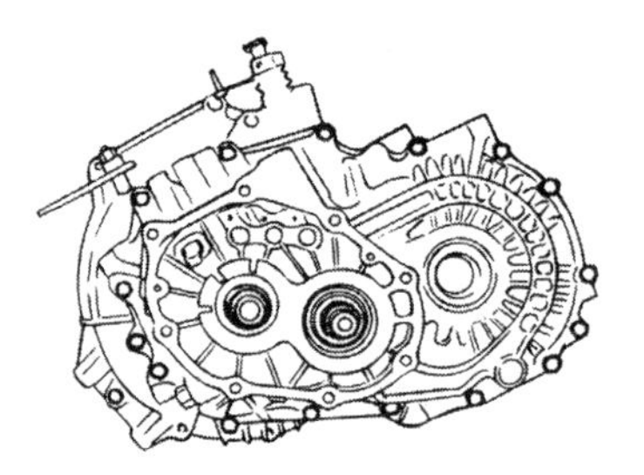

하우징 규정 토크 조립

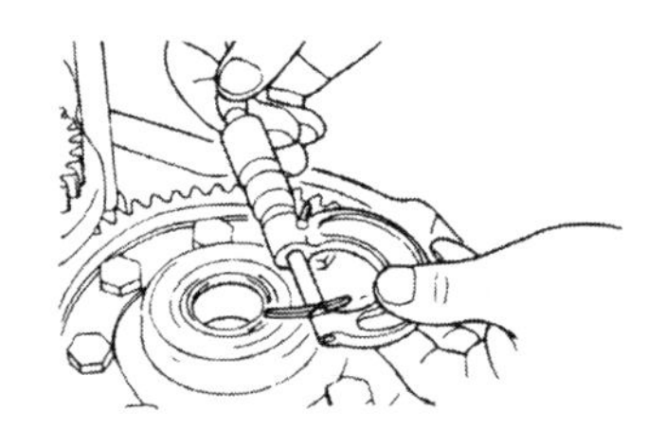

납의 두께 측정

■ 스페이서의 규격

품 명	두께(mm)	식별 표시
스냅링 (입력축 프론트 베어링 엔드 플레이 조정용)	2.15	주황
	2.23	−
	2.31	황색
	2.39	적색
	2.47	회색
스페이서 (출력축 베어링 엔드 플레이 조정용)	1.43	43
	1.46	46
	1.49	49
	1.52	52
	1.55	55

■ 차종별 엔드 플레이 규정값(mm)

차 종	프런트 베어링 엔드 플레이	리어 베어링 엔드 플레이	비고
베르나, 엑셀	0.01~0.12	0.01~0.09	L : LOOSE FITTING T : TIGHT FITTING
아반떼 XD	0.01~0.12	0.01~0.09	
크레도스	0.05	0.05	
EF 쏘나타	−	0.01~0.12	
엘란트라	0.01~0.12	0.01~0.12	
쏘나타Ⅱ	0.01~0.12	0.01~0.12	
그랜저 XG	0.01~0.12L	0.01~0.12L	
투스가니	0.01L~0.12L	0.01L~0.09L	

NO.11 후진 아이들 기어(Revers Idle gear) 탈·부착방법

1. 수동 변속기 후진 아이들 기어 탈·부착 방법

① 후진 변속레버를 탈거한다.
② 후진기어 축과 후진아이들 기어를 탈거한다.
③ 조립은 분해의 역순으로 한다.

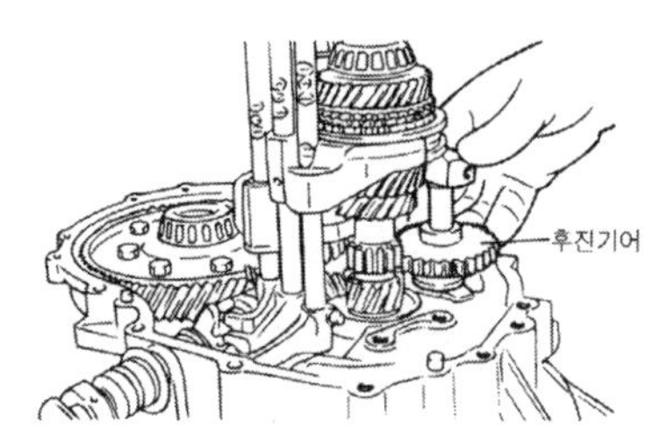

후진기어 축/아이들 기어 탈거

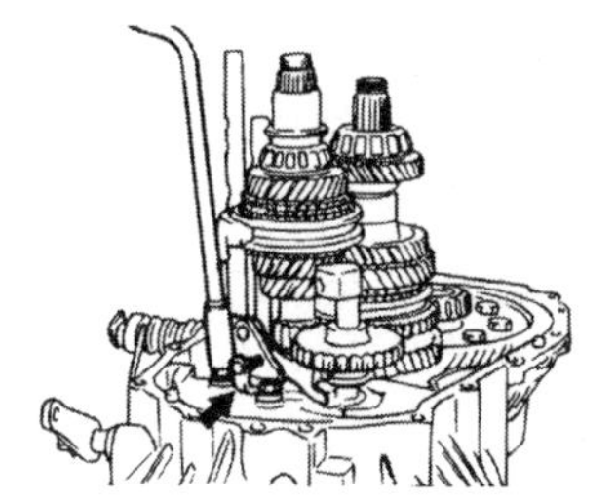
후진 변속레버 탈거

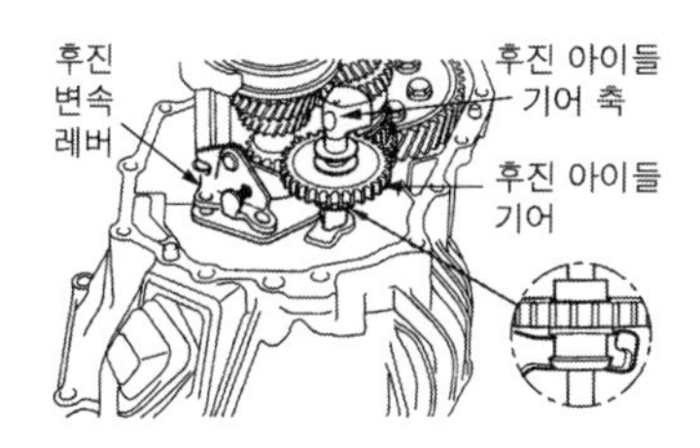

후진 아이들 기어의 설치위치

NO.12 속도계(Speed meter) 시험방법

1. 속도계 시험 측정 조건

① 자동차는 공차상태에서 운전자 1인이 승차한 상태로 한다.
② 타이어의 공기압은 표준 공기압으로 한다.
③ 자동차의 바퀴는 흙 등의 이물질을 제거한 상태로 한다.
④ 속도계 시험기 지침의 진동은 ±3km/h 이하이어야 한다.

2. 디지털 테스터기를 이용한 측정 방법

① 컨트롤 박스의 우측 하단에 있는 브레커 스위치를 ON시킨 후 앞 패널에 있는 전원 스위치를 ON시킨다.

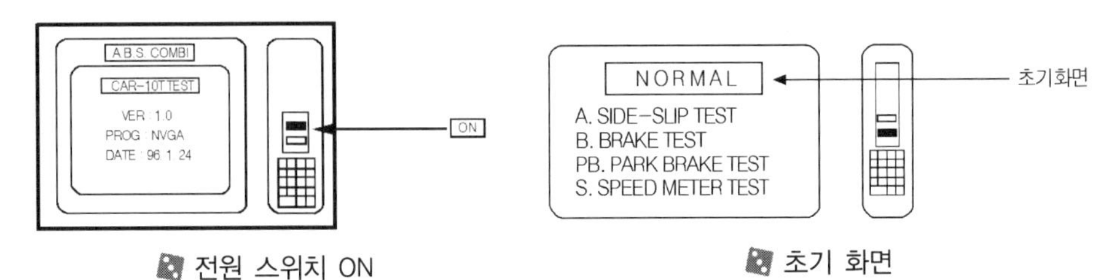

전원 스위치 ON

초기 화면

② 모니터에 초기화면이 표시될 때까지 워밍업을 한다.

③ 검사차량을 속도계 시험기의 리프트에 진입시킨다.

④ 키 보트의 S 버튼을 누른다. 이때 모니터에는 스피드 미터의 화면이 나타나고 리프트는 하강한다.

⑤ 차량을 시동하여 1단부터 변속시키면서 서서히 가속시켜 자동차의 속도계가 40km/h가 되면 키보드의 S 신고 버튼을 누른다.

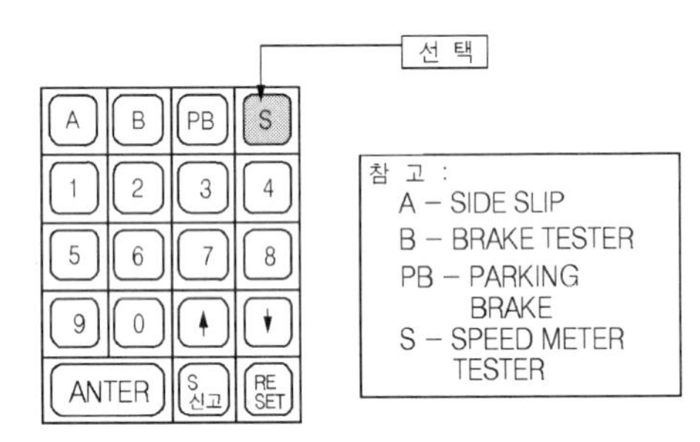

속도계 측정 버튼

① 핸들을 잡고 가속을 하여야 하며, 조향 핸들을 급조작하지 말 것
② 전륜 구동 장치의 경우 리프트 하강 후에 주차 브레이크를 최대한 당기고 1단부터 서서히 가속시킨다.

⑥ 모니터에 판정이 나타나면 RESET 버튼을 누른다.

⑦ 이 때 리프트는 상승하며, 모니터에는 초기화면이 나타난다.

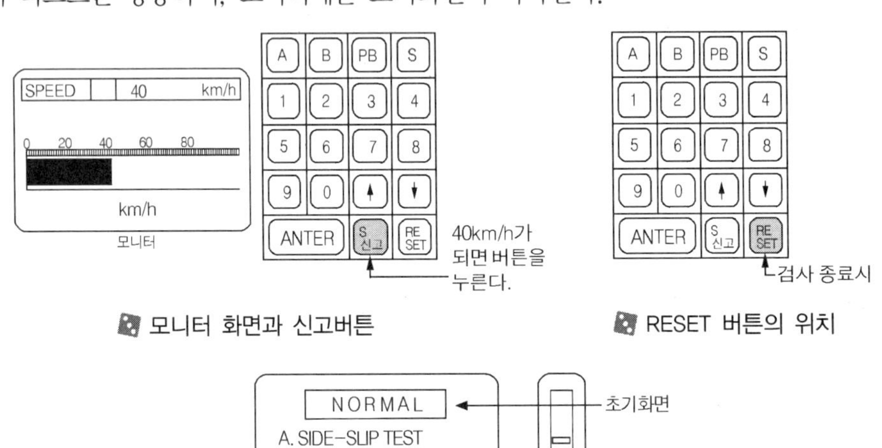

모니터 화면과 신고버튼

RESET 버튼의 위치

NORMAL
A. SIDE-SLIP TEST
B. BRAKE TEST
PB. PARK BRAKE TEST
S. SPEED METER TEST
초기화면

초기 화면

3. 아날로그 테스터기를 이용한 측정 방법

1) 아날로그 방식의 구조

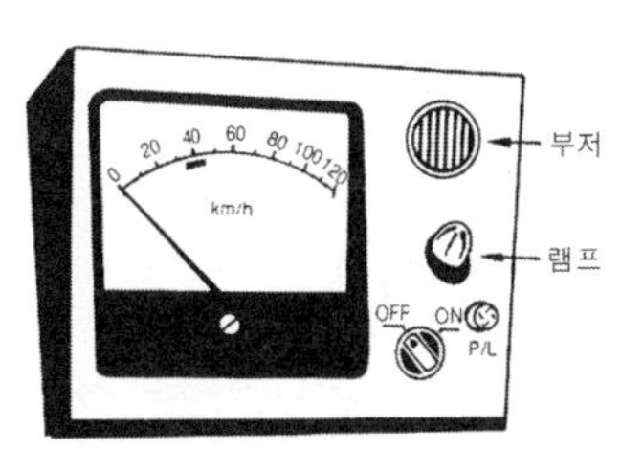

속도계 패널

① **눈금판** : 속도(km/h)를 나타낸다.
② **부저** : 시험기의 속도가 40km/h가 되었을 때 부저가 울린다.
③ **전원 스위치** : 전원을 ON, OFF하는 스위치이다.
④ **파일럿 램프(P/L)** : 전원 스위치를 ON으로 하면 점등된다.
⑤ **롤러** : 시험 자동차의 타이어와 함께 회전한다.
⑥ **리프트** : 밸브 스위치에 의해 구동되며, 상하로 이동한다.
⑦ **밸브 스위치** : 압축 공기를 이용하여 리프트를 상하로 이동시키는 스위치이다.

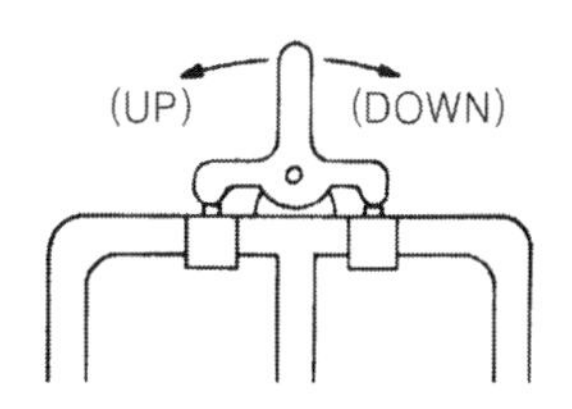

밸브 스위치

2) 아날로그 테스터를 이용한 측정 방법

① 계기판의 전원 스위치를 눌러 ON시킨다. 이때 파일럿램프(P/L)의 점등을 확인한다.
② 측정하고자 하는 자동차의 구동 바퀴를 롤러와 직각이 되도록 진입시키고 구동 바퀴가 아닌 곳에는 고임목을 고인다.
② 밸브를 조작하여 리프트를 하강시킨다.
③ 계기판의 전원 스위치를 눌러 ON시킨다.(P/L 점등 확인)
④ 엔진을 시동하여 변속레버를 1단에서 서서히 가속시켜 3단 정도에 두고 차량(운전석) 계기판이 40km/h를 지시할 때 테스터의 눈금을 읽는다. 측정한 실제 속도를 이용하여 자동차 속도계의 오차 값이 다음 산식에서 구한 값에 적합한지를 확인한다.
⑤ 측정 후 차량을 서서히 속도를 낮추어 정지시킨다.
⑥ 밸브 스위치를 조작하여 리프트를 상승시킨 후 전원 스위치를 OFF로 한다.

4. 판정 방법

1) 판정기준

속도계는 수평 노면에서의 속도가 40km/h(최고 속도가 40km/h미만인 자동차에 있어서는 그 최고 속도)인 경우 그 지시오차가 정 15%, 부 10% 이내일 것.

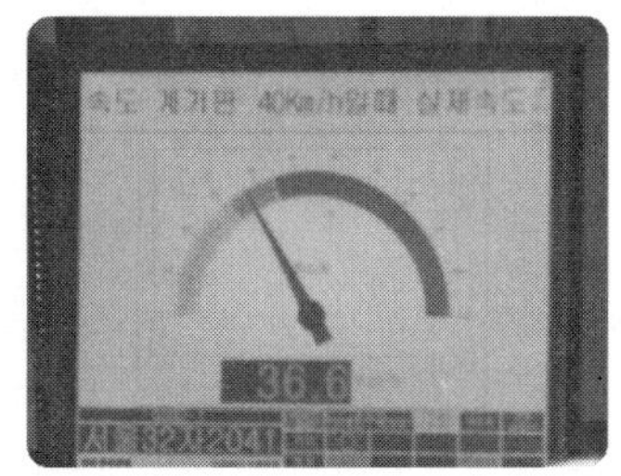

속도계 검사 상태

■ 자동차관리법 시행규칙 제73조 관련(별표 15)

항 목	검 사 기 준	검 사 방 법
계기장치	① 모든 계기가 설치되어 있을 것. ② 속도계 지시오차는 정 25%, 부 10% 이내일 것 ③ 최고속도 제한장치 및 운행 기록계의 설치상태가 양호할 것.	① 계기장치의 설치여부 확인 ② 40km/h의 속도에서 자동차 속도계의 지시오차를 속도계 시험기로 측정 ③ 최고속도제한장치·운행기록계의 설치상태 및 작동여부 확인

2) 판정 계산 방법의 예(측정 차량의 속도계 40km/h를 기준으로 하였을 때)

① $\text{오차}(\%) = \dfrac{\text{자동차의 속도}(40) - \text{테스터의 지시값}}{\text{테스터의 지시값}} \times 100$

∴ 지시 오차의 합격범위는 정 25%, 부 10% 이하이다.

② +25%일 때 테스터의 지시값 계산 : $\dfrac{40\text{km/h}}{1.25(125\%)} = 32\text{km/h}$

③ −10%일 때 테스터의 지시값 계산 : $\dfrac{40\text{km/h}}{0.9(90\%)} = 44.4\text{km/h}$

따라서 합격범위는 32∼44.4km/h이다.

운전석에서 차량의 속도계가 40km/h일 때 테스터의 속도계 눈금을 읽는다.

예제 01 **자동차의 속도가 40km/h 일 때 시험기의 속도가 48km/h가 나왔다면 속도계의 오차는?**

① **계산방법** : $\dfrac{\text{자동차속도} - \text{시험기속도}}{\text{시험기속도}} \times 100 = \dfrac{40-48}{48} \times 100 = -16.6\%$

② **판 정** : 즉 시험기 속도가 48km/h 이므로 자동차의 속도도 48km/h가 나와야 하나 16.6%가 감소된 40km/h가 나왔으므로 부적합임.

예제 02 **시험기의 속도가 40km/h 일 때 자동차의 속도가 46km/h가 나왔다면 속도계의 오차는?**

① **계산방법** : $\dfrac{\text{자동차속도} - \text{시험기속도}}{\text{시험기속도}} \times 100 = \dfrac{46-40}{40} \times 100 = 15\%$

② **판 정** : 즉 시험기 속도가 40km/h이므로 자동차의 속도도 40km/h가 나와야 하나 15%가 증가된 46km/h가 나왔으므로 적합임.

① 2011년 4월 11일부터 자동차 관리법 시행규칙에서 "속도계 지시오차는 정 25%, 부 10% 이내일 것" 으로 개정 되었으므로 이 기준을 적용한다.
② 검사소에서는 측정차량의 속도계를 기준으로 측정하고 있으므로 32∼44.4km/h로 계산하여 산출한다.

5. 자동차 기능종합 진단서

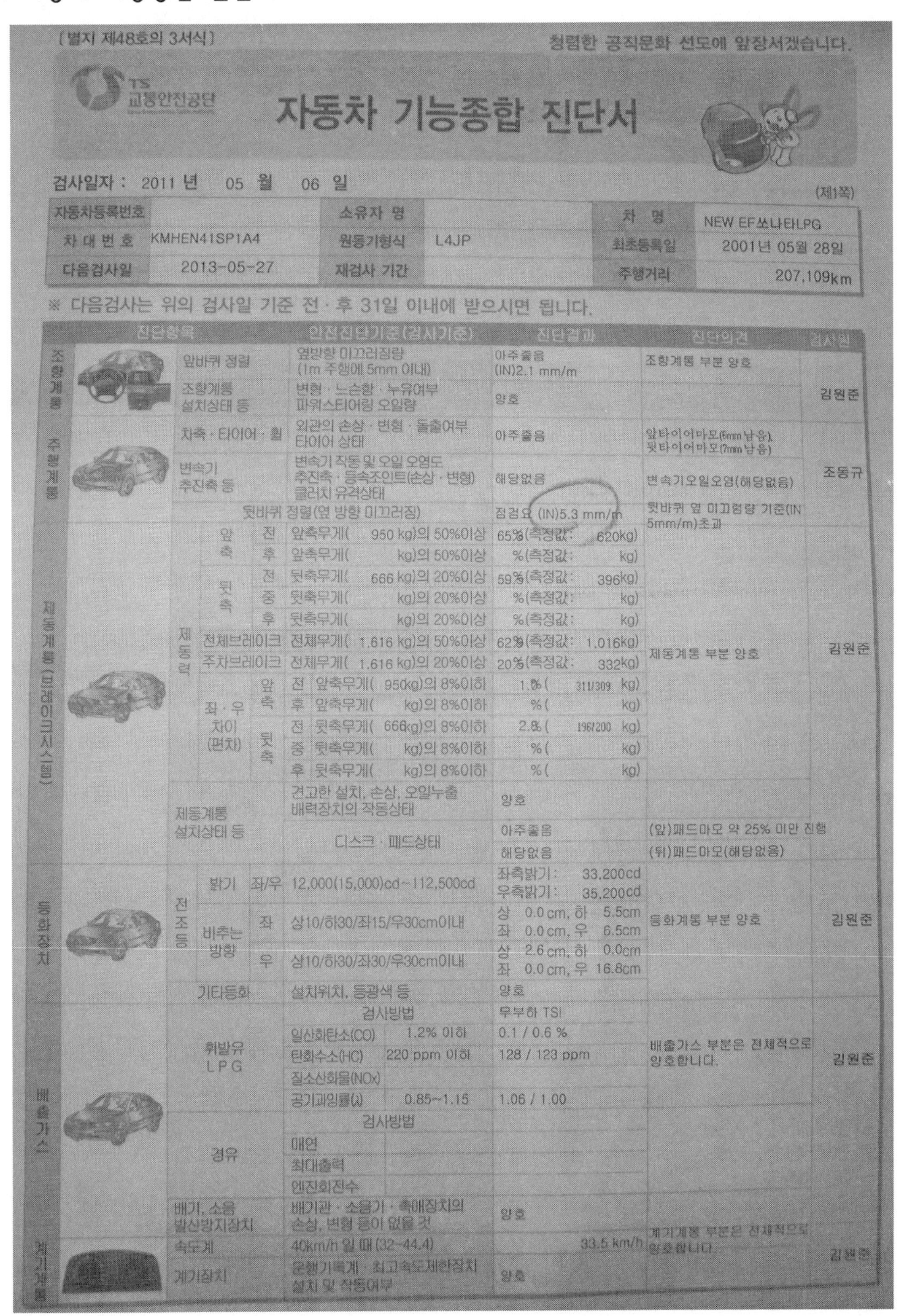

[별지 제48호의 3서식]

청렴한 공직문화 선도에 앞장서겠습니다.

TS 교통안전공단

자동차 기능종합 진단서

검사일자 : 2011 년 05 월 06 일

(제1쪽)

자동차등록번호		소유자 명		차 명	NEW EF쏘나타LPG
차 대 번 호	KMHEN41SP1A4	원동기형식	L4JP	최초등록일	2001년 05월 28일
다음검사일	2013-05-27	재검사 기간		주행거리	207,109km

※ 다음검사는 위의 검사일 기준 전 · 후 31일 이내에 받으시면 됩니다.

구분	진단항목	안전진단기준(검사기준)	진단결과	진단의견	검사원
조향계통	앞바퀴 정렬	옆방향 미끄러짐량 (1m 주행에 5mm 이내)	아주좋음 (IN)2.1 mm/m	조향계통 부분 양호	김원준
	조향계통 설치상태 등	변형 · 느슨함 · 누유여부 파워스티어링 오일량	양호		
주행계통	차축 · 타이어 · 휠	외관의 손상 · 변형 · 돌출여부 타이어 상태	아주좋음	앞타이어마모(6mm남음), 뒷타이어마모(7mm남음)	조동규
	변속기 추진축 등	변속기 작동 및 오일 오염도 추진축 · 등속조인트(손상 · 변형) 클러치 유격상태	해당없음	변속기오일오염(해당없음)	
	뒷바퀴 정렬(옆 방향 미끄러짐)		점검요 (IN)5.3 mm/m	뒷바퀴 옆 미끄럼량 기준(IN 5mm/m)초과	
제동계통(브레이크시스템)	제동력 앞축 전	앞축무게(950 kg)의 50%이상	65%(측정값: 620kg)	제동계통 부분 양호	김원준
	제동력 앞축 후	앞축무게(kg)의 50%이상	%(측정값: kg)		
	제동력 뒷축 전	뒷축무게(666 kg)의 20%이상	59%(측정값: 396kg)		
	제동력 뒷축 중	뒷축무게(kg)의 20%이상	%(측정값: kg)		
	제동력 뒷축 후	뒷축무게(kg)의 20%이상	%(측정값: kg)		
	제동력 전체브레이크	전체무게(1,616 kg)의 50%이상	62%(측정값: 1,016kg)		
	제동력 주차브레이크	전체무게(1,616 kg)의 20%이상	20%(측정값: 332kg)		
	좌 · 우 차이(편차) 앞축 전	앞축무게(950kg)의 8%이하	1.%(311/309 kg)		
	좌 · 우 차이(편차) 앞축 후	앞축무게(kg)의 8%이하	%(kg)		
	좌 · 우 차이(편차) 뒷축 전	뒷축무게(666kg)의 8%이하	2.8%(196/200 kg)		
	좌 · 우 차이(편차) 뒷축 중	뒷축무게(kg)의 8%이하	%(kg)		
	좌 · 우 차이(편차) 뒷축 후	뒷축무게(kg)의 8%이하	%(kg)		
	제동계통 설치상태 등	견고한 설치, 손상, 오일누출 배력장치의 작동상태	양호		
		디스크 · 패드상태	아주좋음	(앞)패드마모 약 25% 미만 진행	
			해당없음	(뒤)패드마모(해당없음)	
등화장치	전조등 밝기 좌/우	12,000(15,000)cd~112,500cd	좌측밝기: 33,200cd 우측밝기: 35,200cd	등화계통 부분 양호	김원준
	전조등 비추는 방향 좌	상10/하30/좌15/우30cm이내	상 0.0 cm, 하 5.5cm 좌 0.0 cm, 우 6.5cm		
	전조등 비추는 방향 우	상10/하30/좌30/우30cm이내	상 2.6 cm, 하 0.0cm 좌 0.0 cm, 우 16.8cm		
	기타등화	설치위치, 등광색 등	양호		
배출가스	휘발유 LPG	검사방법	무부하 TSI	배출가스 부분은 전체적으로 양호합니다.	김원준
		일산화탄소(CO) 1.2% 이하	0.1 / 0.6 %		
		탄화수소(HC) 220 ppm 이하	128 / 123 ppm		
		질소산화물(NOx)			
		공기과잉률(λ) 0.85~1.15	1.06 / 1.00		
	경유	검사방법			
		매연			
		최대출력			
		엔진회전수			
	배기, 소음 발산방지장치	배기관 · 소음기 · 촉매장치의 손상, 변형 등이 없을 것	양호		
계기계통	속도계	40km/h 일 때(32~44.4)	33.5 km/h	계기계통 부분은 전체적으로 양호합니다.	김원준
	계기장치	운행기록계 · 최고속도제한장치 설치 및 작동여부	양호		

자동 변속기의 점검

학습목표

1. 자동 변속기의 구조와 작동원리를 알아본다.
2. 자동 변속기 떼어내기와 장착, 분해, 조립 방법에 대하여 알아본다.
3. 자동 변속기 각 부품의 이상 유무를 판명하고 진단하는 방법에 대하여 알아본다.
4. 자동 변속기 고장진단과 점검 및 정비방법에 대하여 알아본다.

NO.1 자동변속기(Automatic Transmission)의 조작 및 고장진단

1. 자동 변속기의 조작방법

1) 시동걸기

① 변속 레버를 「P」(주차) 위치에 놓은 후 반드시 오른발로 브레이크 페달을 밟고 계십시오. 변속레버 「N」(중립) 위치에서도 시동을 걸 수 있으나 안전을 위하여 「P」(주차)위치에서만 시동을 건다.

② 모든 전기장치를 (OFF)로하고 시동 스위치를 「START」 위치까지 돌리고 엔진 시동이 걸리면 (최대 1 0초까지)키에서 손을 뗀다.

변속레버의 "P"위치

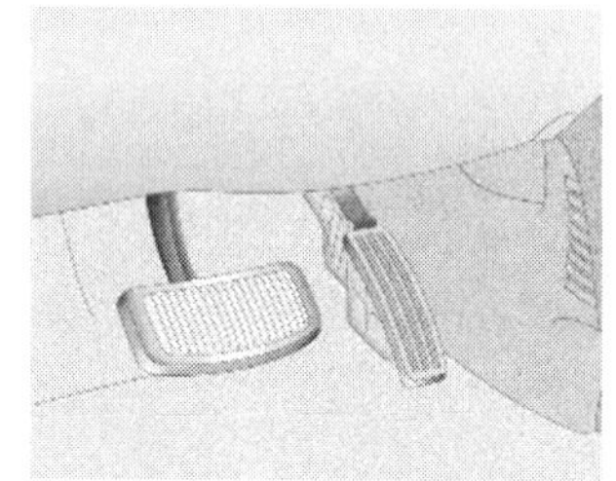

브레이크 페달위치

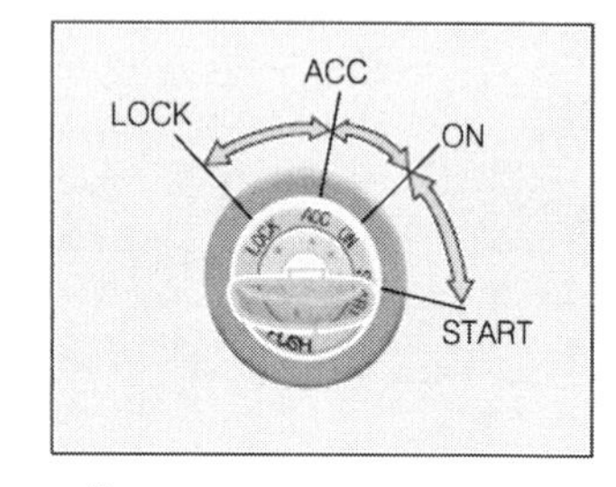

시동키에서 START 위치

① 겨울철에는 기온이 낮아 초기 RPM (분당 엔진 회전수)이 다소 높을 수 있다. 이때는 엔진을 예열(공회전)시켜 엔진회전이 정상범위로 떨어진 후에 출발 한다.
② 키를 10초 이상 「START」 에 위치시키지 않는다. 엔진이 한 번에 시동되지 않을 때는 약 30초간 기다린 후 재시도 한다.
③ 엔진이 시동되어 있을 때는 키를 「START」 로 하지 않는다. 스타트 모터에 손상을 줄 수 있다.
④ 고속 공회전을 시키지 않는다. 10분 이상 고속 공회전시 배기장치에 손상을 줄 수 있다.
⑤ 변속레버 잠금장치(Shift Lock)가장착된 차량의 경우, 브레이크 페달을 밟아야만 변속레버가(주차)에서 다른 위치로 움직여진다.
⑥ 변속레버 잠금장치(Shift Lock)란 자동변속기의 변속레버를 P(주차)위치에서 다른 위치로 변속하고자 할 때, 운전자의 오조작을 방지하기 위하여 브레이크 페달을 밟아야만 변속이 가능하도록 고안된 안전장치이다.

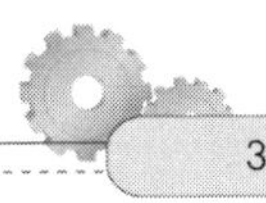

2) 변속레버의 위치기능

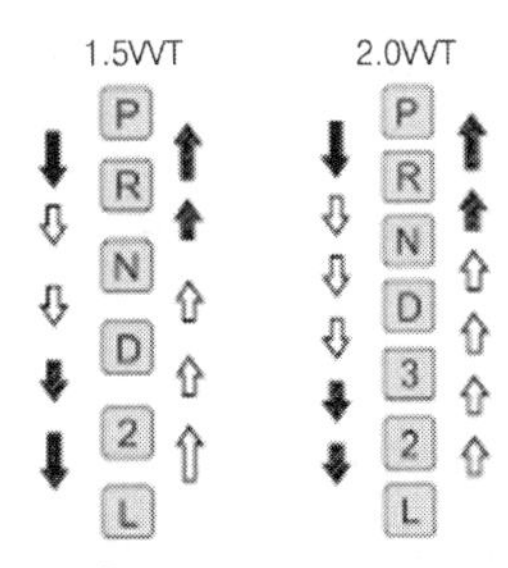

변속레버 위치

오버드라이브 스위치 위치

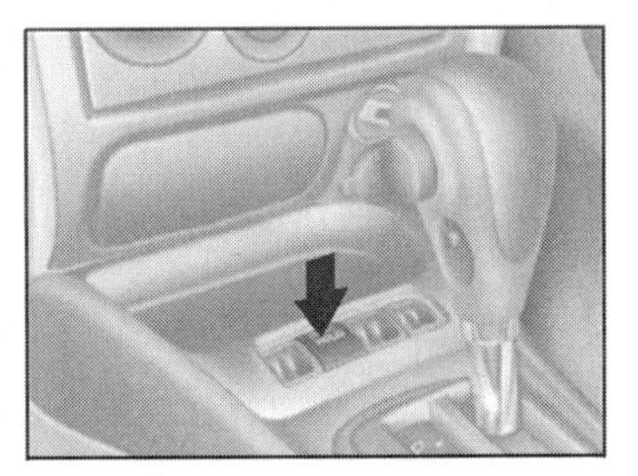

홀드 스위치 위치

- 브레이크 페달을 밟고 버튼을 눌러 조작
- 버튼을 누른 상태로 조작한다.
- 버튼을 누르지 않고 조작한다.

① **주차** (P : Parking) : 주차시나 엔진 시동시 차량이 움직이지 않도록 변속기가 잠기는 위치이다. 주차시 주차 브레이크를 당기고 변속 레버를 「P」 위치로 옮긴다.

② **후진** (R : Reverse) : 차량을 후진시킬 때 사용한다. 반드시 차량을 완전히 정지시킨 후 「R」 위치로 변속한다.

③ **중립** (N : Neutral) : 변속기의 기어가 체결되지 않은 중립 상태에 있음을 나타내며 교통체증 등에 의한 일시 정지시 사용할 수 있다.

④ **주행** (D : Drive) : 통상 주행시 사용하며, 「1단」 에서 「4단」 까지 변속 패턴에 따라 자동적으로 변속된다.

⑤ **3단 기어** (3 : hird gear) : 3단까지만 자동으로 변속된다. 엔진 브레이크 효과를 얻을 수 있다.

⑥ **2단 기어** (2 : Second gear) : 미끄러운 길이나 언덕길을 올라갈 때, 언덕길을 내려가며 엔진 브레이크를 걸고자 할 때 사용하며, 자동적으로 「1단」 과 「2단」 기어로 변속된다. 그러나 차속이 일정속도를 초과하면 「3단」 으로 변속되어 엔진의 오버 런닝을 방지한다.

⑦ **1단 기어** (L : Low) : 「1단」 기어로 고정되며, 아주 가파른 언덕을 오를 때나, 어느 정도 속도가 떨어졌을 때 엔진 브레이크를 걸고자 할 때 사용한다. 그러나 차속이 일정속도 이상을 초과하면 차속에 따라 「2단」 , 「3단」 으로 변속되어 엔진의 오버 런닝을 방지한다.

① 「P」 (주차) 위치로 변속할 때는 반드시 차량이 정지한 상태에서 변속한다. 차량이 움직이는 상태에서 변속하면 자동변속기가 파손될 수 있다.
② 「R」 (후진)의 위치로 변속할 때나 「R」 (후진)위치에서 다른 위치로 변속하고자 할 때는 차량을 완전히 정차시킨 후 변속한다. 움직이고 있는 도중에 「R」 (후진)로 변속시키면 변속기가 손상될 수 있다.
③ 주행중에는 선택 레버를 「N」 (중립)위치로 변속시키지 않는다. 엔진 브레이크가 작동되지 않게 된다.
④ 95km / h이상의 차속에서는 절대 임의로 선택 레버를 「2단」, 혹은 「L」 위치로 이동하지 않는다.
⑤ 주행중 잠시 멈출 경우, 브레이크페달을 확실히 밟지 않으면 차량이 움직일 수 있으니 주의한다.
⑥ 언덕길에서 멈춘 후 출발할 경우에는 변속레버가 「D」에 있어도 가속 페달 또는 브레이크 페달을 밟지 않으면 상황(등판각)에 따라 차량이 뒤로 밀릴 수 있고 이로 인해 중대한 사고가 발생할 수도 있다.
⑦ 자동변속기를 「2단」 , 「L」 위치에 두고 「3단」 이상의 무리한 속도를 내면, 자동변속기에 큰 손상을 줄 수 있다.
⑧ 미끄러지기 쉬운 도로에서의 급격한 엔진 브레이크 조작(변속 레버를 D→2→L위치로 내리는 것)은 미끄러질 위험이 있으므로 사용하지 않는다.

3) 오버 드라이브의 사용

① 「ON」 위치 : 통상주행시 사용하며 차속에 따라 「1단」에서 「4단」 (OVER - DRIVE)까지 자동 변속된다.

② 「OFF」 위치 : 계기판에 「O/D OFF」 표시등이 점등되고 「1단」 에서 「3단」 까지 변속된다.

4) 홀드 스위치의 사용

① 눈길 같은 미끄러운 도로나 산길을 주행 할 때 기어 변속을 줄이고 용이하게 출발 하고자 할 때 사용한다. 스위치를 누르면 「HOLD」 표시등이 점등되며 다음과 같이 변속 레버에 따른 변속범위가 자동으로 선택된다. 눈길에서 출발할 때는 변속 레버를 「D」 위치에 놓고 「HOLD」 모드에서 가볍게 출발한다.

2. 자동 변속기의 고장진단

예상원인 \ 고장			주행이 불가능하거나 비정상적이다(출발전)												연속시 충격이 발생함(시동후)			
			스타터모터 작동불량	전진/후진 이동이 불가능함	전진 이동이 불가능함	후진 이동이 불가능함	N→D 혹은 R로 변속시 엔진이 정지함	D에서 클러치슬립(스톨 rpm이 너무 높음)	R에서 클러치슬립(스톨 rpm이 너무 높음)	스톨 rpm이 너무 낮음	차량이 P나 N에서 움직임	N-D, N-R 사이에서 엔진이 시동되거나 차량이 움직임	주차가 되지 않음	D-2-L-R로 변속시 비정상적인 진동 충격이 있음	2단에서 3단으로 변속이 안됨	4단으로 변속이 안됨	OD 스위치가 작동되지 않음	변속패턴과 같이 변속되지 않음(변속은 가능함)
엔진	1	공회전 속도가 비정상임					×											
	2	성능이 불량함					×			×								
트랜스액슬	3	매뉴얼 링키지의 조정불량	×	×	×	×		×	×		×	×	×	×		×		
	4	토크 컨버터 작동불량		×	×	×				×								
	5	오일 펌프의 작동불량		×	×	×		×	×									
	6	원웨이 클러치 작동불량			×			×										
	7	기어 혹은 기타 회전 부위의 손상, 마모 혹은 프리로드의 조정불량																
	8	주차 메커니즘의 작동불량									×		×					
	9	드라이브 플레이트 균열, 벨트 풀림		×														
	10	프론트 클러치 리테이너 내부 마모				×			×						×	×		
오일압력계통 (마찰부품포함)	11	오일 수준이 낮음		×	×	×		×	×									
	12	라인압력이 너무 낮음(씰 손상, 누설풀림 등)		×	×	×		×	×									
	13	밸브보디의 작동불량(밸브 고착, 조정불량)		×	×	×	×	×	×		×	×		×				
	14	프론트 클러치 혹은 피스톤의 작동불량				×			×					×				
	15	리어 클러치 혹은 피스톤의 작동불량			×			×						×				
	16	킥다운 밴드 혹은 피스톤의 작동불량																
	17	킥다운 서보의 작동불량																
	18	로우리버스 브레이크 혹은 피스톤의 작동불량		×		×			×					×				
	19	밸브보디와 케이스 사이의 로우 리버스 브레이크 회로의 O-링이 장착되지 않았음				×			×									
	20	엔드클러치 혹은 피스톤의 작동불량 (볼 구멍 점검)																

예상원인 \ 고장		주행이 불가능하거나 비정상적이다(출발 전)												연속시 충격이 발생함(시동 후)			
		스타터모터 작동불량	전진/후진 이동이 불가능함	전진 이동이 불가능함	후진 이동이 불가능함	N→D 혹은 R로 변속시 엔진이 정지함	"D" 에서 클러치스립(스톨 rpm이 너무 높음)	"R" 에서 클러치스립(스톨 rpm이 너무 높음)	스톨 rpm이 너무 낮음	차량이 "P" 나 "N" 에서 움직임	N-D, N-R 사이에서 엔진이 시동되거나 차량이 움직임	주차가 되지 않음	D-2-L-R로 변속시 비정상적인 진동 충격이 있음	2단에서 3단으로 변속이 안됨	4단으로 변속이 안됨	OD 스위치가 작동치 않음	변속패턴과 같이 변속되지 않음(변속은 가능함)
오일압력계통 (마찰부품포함)	21 인히비터 스위치의 작동불량, 와이어링의 손상 배선분리, 조정불량	X								X	X		X	X	X		
	22 TPS 작동불량 혹은 조정불량									X	X	X					
	23 펄스제너레이터(A)가 손상, 혹은 배선 분리, 회로가 단락됨																
	24 펄스제너레이터(B)가 손상, 혹은 배선 분리, 혹은 단락됨				X												X
	25 킥다운 서보 스위치의 작동불량																
	26 SCSV-S나 B가 손상되었거나 배선이 분리 혹은 회로단락 혹은 밸브가 고착됨(밸브개방)																
	27 점화신호 계통의 작동불량																
	28 접지시킨 접지 스트랩 불량																
	29 PCSV가 손상, 회로단락, 배선이 분리됨												X				
	30 PCSV가 손상되거나 밸브 개방 혹은 고착됨		⊗	⊗	⊗			X					X		X		
	31 DCCSSV가 손상되거나 와이어링 분리됨 (밸브 폐쇄)																
	32 DCCSSV의 회로가 단락되었거나 고착됨 (밸브 개방)					⊗											
	33 OD 스위치의 작동불량														X	X	
	34 아이들 스위치의 작동불량 혹은 조정불량												X				
	35 오일 온도 센서의 작동불량																
	36 리드 스위치의 작동불량																
	37 점화 스위치의 접촉불량																
	38 TCU의 작동불량												X	X	X		X

예상원인 \ 고장			주행이 불가능하거나 비정상적이다(출발전)												비정상적인 소음, 기타			
			출발이 부적절함(2단등에서 출발됨)	끌림이 과도하거나 공회전이 불안정함	1-2단 혹은 3-4단 변속시 과도한 충격진동이 발생함	2-3단 혹은 4-3단 변속시 과도한 진동충격이 발생함	고단 변속시 과도한 진동 충격이 발생함	D-2, 저단 변속시 과도한 진동 충격이 발생함	고단 변속시 엔진 rpm이 갑자기 증가함	3-2변속시 엔진 rpm이 갑자기 증가하거나 진동이 과도함	변간시 과도한 진동, 충격이 있음	과도한 진동, 충격이 있음(앞에서 서술한 것을 제외함)	댐퍼 클러치가 작동치 않음	저단기어일 때 부하 작동시 비정상적인 소음이 있음	컨버터 하우징에서 비정상적인 소음이 발생함	컨버터 하우징에서 기계적인 소음이 발생함	트랜스액슬케이스 내부에서 비정상적인 소음이 발생함	3단 기어에 고정됨
엔진	1	공회전 속도가 비정상임		X														
	2	성능이 불량함	X		X	X	X	X			X	X		X				
트랜스액슬	3	매뉴얼 링키지의 조정불량	X															X
	4	토크 컨버터 작동불량	X										X	X				
	5	오일 펌프의 작동불량							X						X			
	6	원웨이 클러치 작동불량																
	7	기어 혹은 기타 회전 부위의 손상, 마모 혹은 프리로드의 조정불량															X	
	8	주차 메커니즘의 작동불량																
	9	드라이브 플레이트 균열, 벨트 풀림														X		
	10	프론트 클러치 리테이너 내부 마모							X	X								X
오일압력계통 (마찰부품포함)	11	오일 수준이 낮음								X								X
	12	라인압력이 너무 낮음(씰 손상, 누설풀림 등)							X	X		X						X
	13	밸브보디의 작동불량(밸브 고착, 조정불량)	X	X		X	X	X	X	X	X	X	X	X				X
	14	프론트 클러치 혹은 피스톤의 작동불량					X	X		X								X
	15	리어 클러치 혹은 피스톤의 작동불량																X
	16	킥다운 밴드 혹은 피스톤의 작동불량				X				X	X							X
	17	킥다운 서보의 작동불량				X				X	X		X					
	18	로우리버스 브레이크 혹은 피스톤의 작동불량							X									X
	19	밸브보디와 케이스 사이의 로우 리버스 브레이크 회로의 O-링이 장착되지 않았음																X
	20	엔드클러치 혹은 피스톤의 작동불량 (볼 구멍 점검)				X				X								X

예상원인 \ 고장			주행이 불가능하거나 비정상적이다(시동 후)												비정상적인 소음, 기타			
			출발이 부적절함(2단 등에서 출발됨)	끌림이 과도하거나 공회전이 불안정함	1-2단 혹은 3-4단 변속시 과도한 충격진동이 발생함	2-3단 혹은 4-3단 변속시 과도한 진동충격이 발생함	고단 변속시 과도한 진동 충격이 발생함	D-2, 저단 변속시 과도한 진동 충격이 발생함	고단 변속시 엔진 rpm이 갑자기 증가함	3-2 변속시 엔진 rpm이 갑자기 증가하거나 진동이 과도함	냉간시 과도한 진동, 충격이 있음	과도한 진동, 충격이 있음(앞에서 서술한 것을 제외함)	댐퍼 클러치가 작동치 않음	저단기어일때 고부하 작동시 비정상적인 소음이 있음	컨버터 하우징에서 비정상적인 소음이 발생함	컨버터 하우징에서 기계적인 소음이 발생함	트랜스액슬케이스 내부에서 비정상적인 소음이 발생함	3단 기어에 고정됨
오일압력계통 (마찰부품포함)	21	인히비터 스위치의 작동불량, 와이어링의 손상 배선분리, 조정불량	X															X
	22	TPS 작동불량 혹은 조정불량			X	X	⊗	X	⊗	X		X	X	X				
	23	펄스제너레이터(A)가 손상, 혹은 배선 분리, 회로가 단락됨			X	X	X	X	⊗	X		X	X	X				X
	24	펄스제너레이터(B)가 손상, 혹은 배선 분리, 혹은 단락됨											X	X				X
	25	킥다운 서보 스위치의 작동불량			X					X								X
	26	SCSV-S나 B가 손상되었거나 배선이 분리 혹은 회로단락 혹은 밸브가 고착됨(밸브개방)																X
	27	점화신호 계통의 작동불량			X	X	X	X	X	X		X	X					
	28	접지시킨 접지 스트랩 불량											X					X
	29	PCSV가 손상, 회로단락, 배선이 분리됨			X	X	X	X										X
	30	PCSV가 손상되거나 밸브 개방 혹은 고착됨							X	X								X
	31	DCCSSV가 손상되거나 와이어링 분리됨 (밸브 폐쇄)											X					
	32	DCCSSV의 회로가 단락되었거나 고착됨 (밸브 개방)											X	X				X
	33	OD 스위치의 작동불량																
	34	아이들 스위치의 작동불량 혹은 조정불량	X	X										X				
	35	오일 온도 센서의 작동불량											X	X	X			
	36	리드 스위치의 작동불량																
	37	점화 스위치의 접촉불량																X
	38	TCU의 작동불량	X	X	X	X	X	X	X	X	X	X	X	X	X			X

NO.2 자동 변속기(Automatic Transmission)의 관계지식

1. 자동 변속기의 특징

① 클러치 및 주행 중 기어의 변속 조작을 하지 않기 때문에 운전이 편리하다.
② 출발, 가속 및 감속이 원활하게 이루어져 승차감이 좋다.
③ 엔진과 동력 전달 장치를 유체의 매개체로 연결하기 때문에 진동 및 충격이 흡수된다.
④ 내리막길에서 저속으로 주행할 때 엔진의 과부하를 방지한다.
⑤ 항상 엔진의 출력에 알맞은 변속을 할 수 있다.
⑥ 저속측 구동력이 크기 때문에 발진 및 최대 등판 능력이 크다.
⑦ 기어 변속 중 엔진 스톨(Engine Stall)이 줄어 안전 운전이 가능하다.
⑧ 수동 변속기에 비해 연료의 소비량이 10% 정도 많다.
⑨ 구조가 복잡하고 가격이 비싸며, 자동차를 밀거나 끌어서 시동할 수 없다.

2. 자동 변속기(A/T)와 수동 변속기(M/T)의 비교

NO	항 목	자동 변속기(A/T)	수동 변속기(M/T)
1	기어변속	자동 조절	수동 조절
2	엔진동력 → 변속기 조절	토크 컨버터(유압)	기계식 건식 마찰 클러치
3	토크 증배 기능	토크 컨버터+기어박스	기어작스
4	변속기어	유성기어	외접기어(싱크로 매시기구)
5	클러치 페달	없음	있음
6	초기 구동력	크다(경사로 출발시 용이)	적다(경사로 출발시 어려움)
7	구동계의 완충 작용	T/C 내에서 유체/ 스프링에 의해 완충	클러치 커버 압축 스프링
8	운전성	조작이 용이하다.	숙련을 요함
9	플라이 휠	무(드라이브 플레이트와 토크 컨버터)	있음
10	ATF 오일 쿨러	있음	없음
11	주행중 엔진 정지	없음	발생가능
12	가·감속시 충격	적다	크다
13	중량	무겁다(56~96kg)	가볍다(25~42kg)
14	고장시 원인규명	어렵다	비교적 용이하다
15	소음수준	낮다	높다
16	연비	M/T에 비해 불리(5~10%)	A/T에 비해 양호함
17	급발진	어렵다	용이하다.
18	정비성	전문적인 지식이 필요함	비교적 보편화 되었음
19	가격	M/T에 비해 고가	저가

3. 자동 변속기의 구성부품

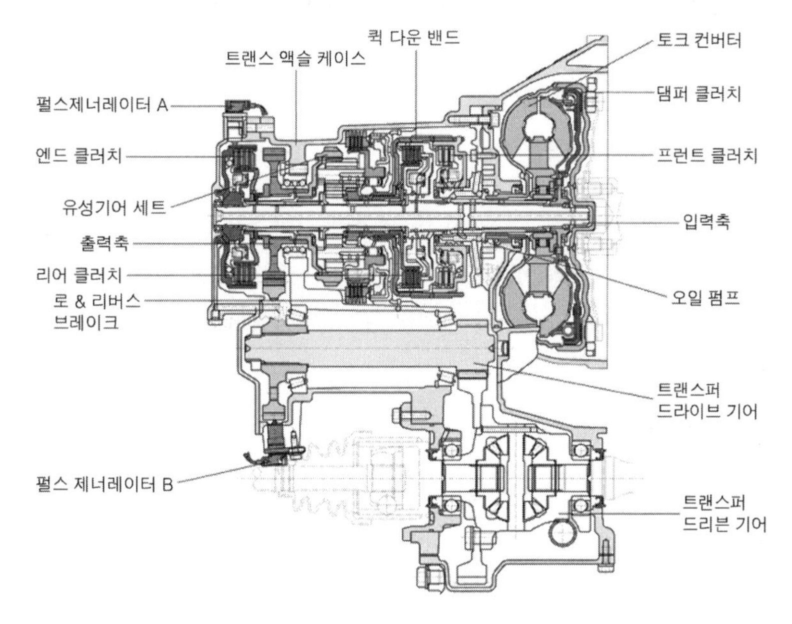

① **댐퍼 클러치**(Damper Clutch) : 댐퍼 클러치는 슬립으로 인한 연비(燃比) 저하를 방지하기 위하여 댐퍼 클러치가 직결되어 토크 컨버터의 저속영역에서도 실용연비를 개선한다.

② **프런트 클러치**(Front Clutch) : 앞 클러치는 3단 및 후진에서 작용하며 입력축으로 부터의 구동력을 유성기어의 후진 선기어로 전달한다.

③ **리어 클러치**(Rear Clutch) : 뒤 클러치는 1−3단에서 작동하며 입력축으로 부터의 구동력을 유성기어의 전진 서브 기어(sub gear)로 전달한다.

④ **엔드 클러치**(End Clutch) : 엔드 클러치는 4단(Over Drive)시에 작동하며 구동력을 유성 캐리어에 전달하여 4단을 부드럽게 하며 디스크와 판(plate) 사이에 앞 클러치와 뒤 클러치 작동시 처럼 미끄럼 없이 밀착시킨다.

⑤ **킥 다운 브레이크**(Kick down Brake) : 2단 및 4단에서 작동하며 킥 다운 브레이크로 드럼을 고정함으로써 킥 다운 드럼에 연결된 유성기어 시트 후진 선기어를 고정한다.

⑥ **저속과 후진 브레이크**(Low & Reverse Brake) : L레인지의 1단 및 후진시 작동하고 긴 피니언과 짧은 피니언 축을 고정하여 피니언이 선기어의 둘레를 회전하지 않도록 한다.

⑦ **일 방향 클러치**(One way clutch) : D 또는 2레인지의 1단일 경우 작동하며 토크컨버터의 스테이터가 반시계방향으로 회전하는 것을 억제함으로써 토크를 증대시킨다.

⑧ **압력조정 밸브**(Pressure control valve) : 마찰요소의 작동유압이나 토크컨버터의 유압을 제어하는 것이며 압력제어밸브, 토크 컨버터 밸브, 스로틀 밸브, 거버너 밸브, 리듀싱 밸브 등이 있다.

⑨ **방향전환 밸브**(Direction change valve) : 유압회로나 흐르는 방향을 전환하는 밸브이며 유압의 균형이나 수동으로 왕복(ON−OFF)이동하며 매뉴얼 밸브, 1−2/2−3 시프트 밸브, 시프트 제어 밸브, 레인지 제어 밸브, 셔틀 밸브 등이 있다.

⑩ **오일펌프**(Oil Pump) : 토크컨버터 허브에 의하여 구동되며 운전중 항상 유압을 발생하며 유압제어기구에 작동 유압을 공급하며 각 요소의 마찰부분에 오일을 공급한다.

⑪ **펄스 제너레이터 A**(Pulse generator A) : 변속시 유압제어를 위하여 킥 다운 드럼 회전수를 검출하는 자기유도형 발전기 형식이다.

⑫ **펄스 제너레이터 B**(Pulse generator B) : 주행속도 감지를 위하여 트랜스퍼 구동기어의 회전속도를 검출한다.

⑬ **인히비터 스위치**(Inhibitor switch) : N, P 레인지 이외에서 엔진 기동이 되지 않도록 하는 기동안전 기능을 한다. 그리고 R레인지에서 후진 등을 점등시키는 변환 접점식 스위치이다.

⑭ **오버 드라이브 스위치**(Over driver switch) : 운전자의 뜻에 따른 오버 드라이브(4단) 모드의 선택을 검출하는 접점식 스위치형식이다.

4. 변속제어 용어 정의

① **시프트 다운**(Shift Down) : 변속비가 큰 기어에서 변속비가 작은 기어로 변속되는 것을 말한다.

② **시프트 업**(Shift Up) : 변속비가 작은 기어에서 변속비가 큰 기어로 변속되는 것을 말한다.

③ **히스테리시스**(Hysteresis) : 시프트 업과 시프트 다운의 변속점 차이를 말하며, 변속점 부근에서 자동차가 주행할 때 증속 및 감속이 빈번하게 이루어지는 것을 방지한다.

④ **킥 다운**(Kick Down) : 일정한 차속으로 주행 중 추월 등을 필요로 할 때 스로틀 개도를 갑자기 증가시키면 (85%이상) 감속 변속되어 큰 구동력을 얻을 수 있다.

⑤ **킥 업**(Kick Up) : K/D 시켜 큰 구동력을 얻은 후 스로틀 개도를 계속 유지할 때 트랜스퍼 드라이브 기어 회전수가 증가되면서 증속 변속 시점을 지나 증속 변속이 실시된다.

⑥ **리프트 풋 업**(Lift Foot Up) : 스로틀 밸브를 많이 열어놓은 주행상태에서 갑자기 스로틀 개도를 낮추어 (가속 페달을 놓는다) 증속 변속선을 지나 고속기어로 변속된다.

⑦ **스톨 테스트**(Stall Test) : D 나 R 레인지 위치에서 엔진의 최고 회전속도를 측정하여 변속기와 엔진의 종합적인 성능을 시험하는 것으로 가속 페달을 밟는 시간은 5초 이내이어야 한다. 스톨 테스트 결과 규정 스톨 회전수보다 낮은 원인은 엔진이 규정 출력을 발휘하지 못하기 때문이다.

NO.3 자동 변속기(Automatic Transmission)의 오일량 점검 방법

1. 오일량 점검 방법

① 자동차를 평탄한 지면에 주차시킨다.

② 오일 레벨 게이지를 빼내기 전에 게이지 주위를 깨끗이 닦는다.

③ 변속(시프트)레버를 P 레인지로 선정한 후 주차 브레이크를 걸고 엔진을 시동한다.

④ 변속기 내의 오일 온도가 70~80℃에 이를 때까지 정상 작동온도로 운전을 실시한다.

⑤ 변속레버를 차례로 각 레인지로 이동시켜 토크 컨버터와 유압 라인에 오일을 채운 후 변속레버를 N 레인지로 선정한다. 이 작업은 오일량을 정확히 판단하기 위해 반드시 하여야 한다.

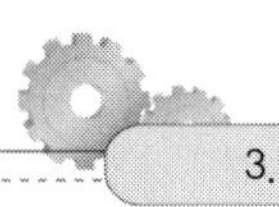

⑥ 게이지를 빼내어 오일량이 "HOT" 범위에 있는지 확인하고, 오일이 부족하면 "HOT" 까지 보충한다.

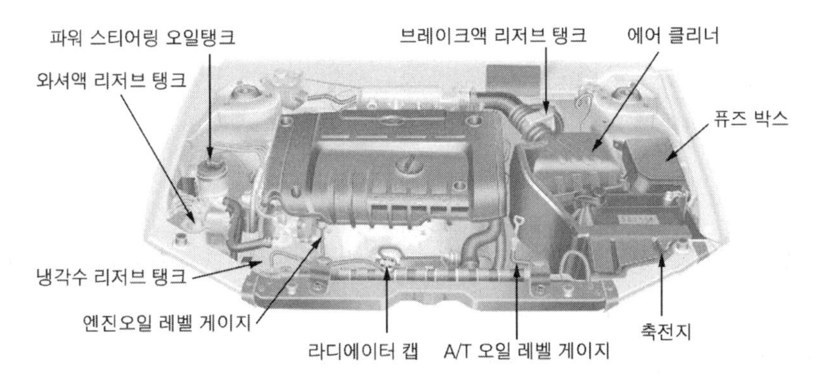

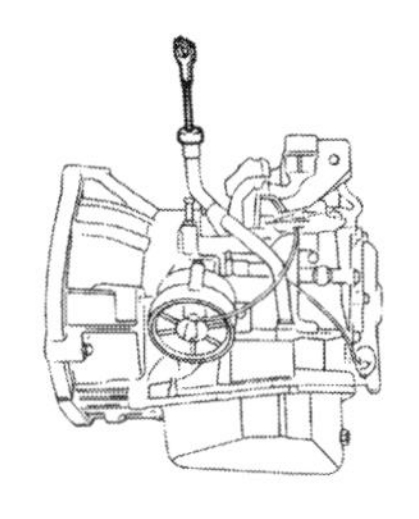

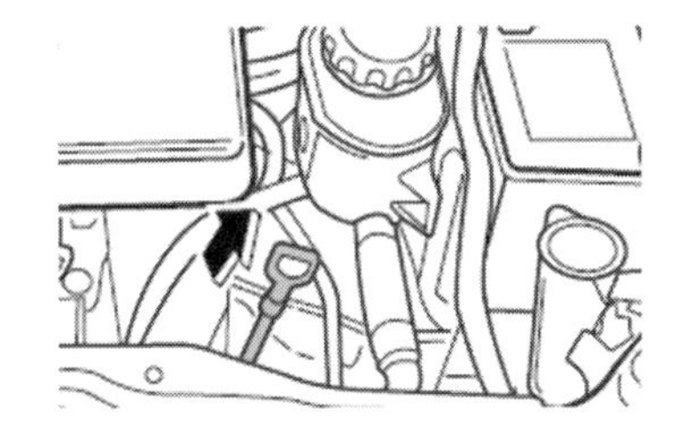

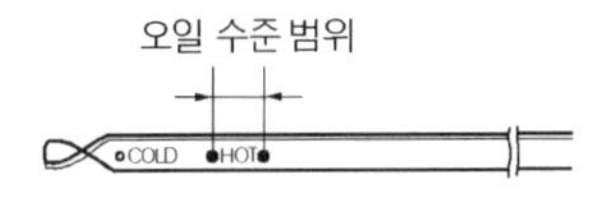

오일 레벨 게이지

■ **초기오일 주입량**

기종	드레인 플러스탈거시 (오일팬측)	드레인 플러스탈거시 (드퍼렌설측)	오일팬 탈거시	밸브보디 볼트이완시 (오일필터분리)	벨브보디 탈거시	T/C압에 압축공기 인입시	초기오일 주입량
KM175-5	2.3	1	0.5	0.3	1.1	0.1	5.3
KM175	2.5	1.1	0.5	0.4	1.3	0.2	5.8
KM176	2.5	1.1	0.5	0.5	1.5	0.2	6.0
α-TA	2.5	1.0	0.65	0.65	1.45	0.10	6.0
F4A3	2.6	1.5	0.70	0.70	1.4	0.1	6.4

2. 오일의 상태 점검 방법

① **정상** : 투명도가 높은 붉은 색이다.

② **갈색인 경우** : 오일이 장시간 고온에 노출되어 열화를 일으킨 경우이며, 이 경우 색깔뿐만 아니라 점도가 낮아져 깔깔하게 느껴진다. -신속히 오일을 교환하여야 한다.

③ **투명도가 없어지고 검은색을 띠는 경우** : 변속기 내부의 클러치 판의 마멸된 분말에 의한 오손, 부싱 및 기어의 마멸 등을 생각할 수 있다. -이 경우 조치는 오일 팬을 탈거하고 오일 팬의 금속분말이나 클러치 판의 마멸된 분말 등을 닦아내고 스트레이너를 세척한 다음 오일을 교환한다. 또 운전 중에 이상음이 나고 클러치가 미끄러지는 느낌이 있으면 즉시 분해수리를 하여야

한다.

④ 니스 모양으로 된 경우 : 오일이 매우 고온에 노출된 경우이며 "갈색인 경우"에서 변화를 거쳐 바니시화 된 것이다.

⑤ 백색인 경우 : 수분의 혼입이다. -이 경우에는 오일 냉각기나 라디에이터를 수리하고 오일을 교환한 다음 사용하여야 한다.

NO.4 자동 변속기(Automatic Transmission)의 차체에서 탈거방법

1. 자동 변속기 어셈블리의 차체에서의 탈거방법

① 배출 플러그를 탈거하여 ATF를 배출시킨다.

② 에어클리너 어셈블리를 분리시켜 탈거한다.

③ 리턴호스와 공급 호스의 장착 클램프를 풀고 호스를 분리시킨다.

이물질이 유입되지 않도록 분리된 호스 끝과 트랜스액슬 피팅부위를 플러그로 막는다.

④ 컨트롤 케이블을 탈거한다.

⑤ 스피드미터 케이블을 탈거한다.

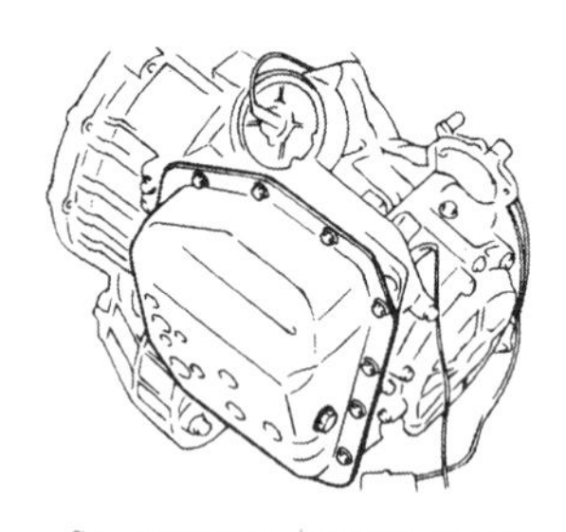

오일배출 플러그 탈거

리턴/ 공급 호스 분리

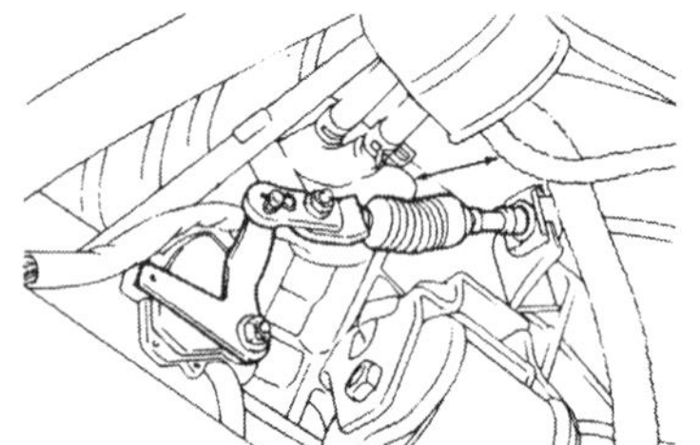

컨트롤 케이블 분리

⑥ 펄스 제너레이터 커넥터, 인히비터 스위치 커넥터, 킥다운 서보스위치 커넥터, 솔레노이드 밸브 커넥터, 유온 센서 커넥터를 분리시킨다.

⑦ 트랜스액슬의 윗부분에서 트랜스액슬과 엔진을 체결하는 볼트를 탈거한다.

⑧ 엔진지지용 공구를 장착한다.

⑨ 기어박스, 타이로드 엔드, 드라이브 샤프트, 너클 마운팅 볼트를 탈거한다.

⑩ 기어박스 유니버설 조인트와 리턴튜브 마운팅 볼트를 탈거한다.

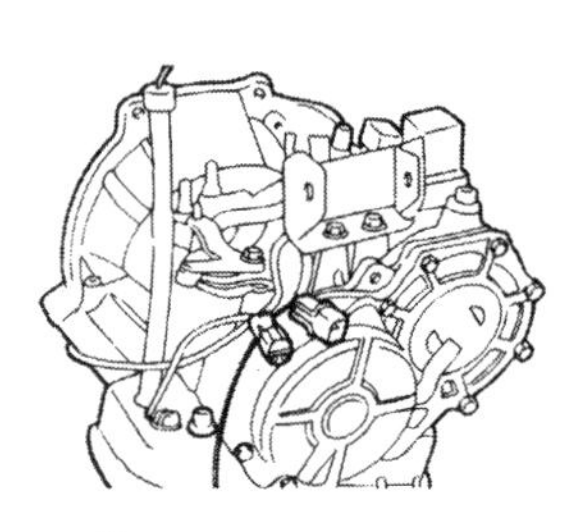

각종 커넥터 탈거

⑪ 서브 프레임 마운팅 볼트를 풀고 서브 프레임을 탈거한다.

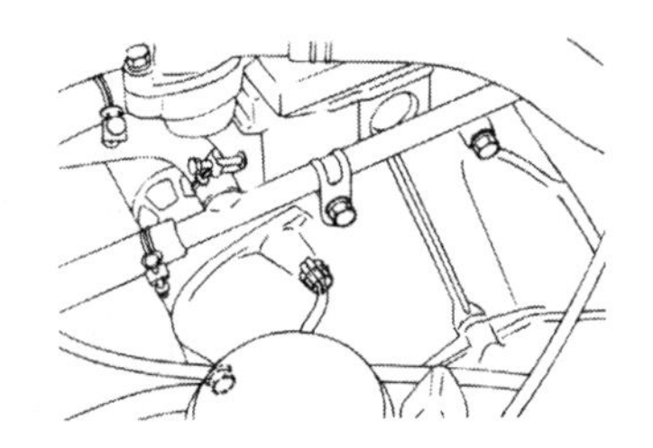
A/T 체결볼트 탈거

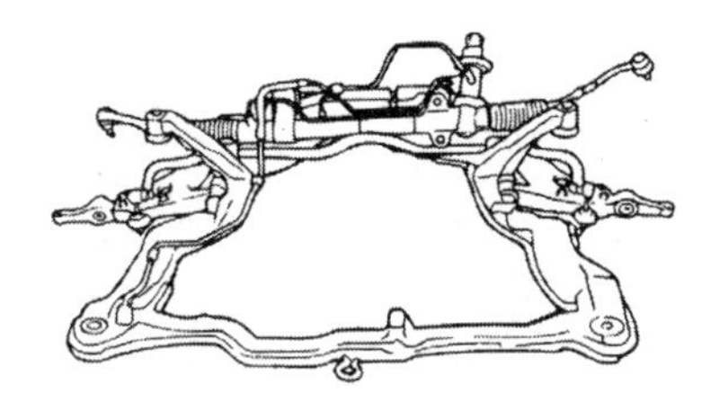
서브 프레임의 탈거

⑫ 스타터 모터를 탈거한다.
⑬ 자동변속기 마운팅 브래킷을 탈거한다. (앞, 뒤쪽 및 옆쪽)
⑭ 엔진과 변속기를 체결하는 볼트를 푼다.
⑮ 잭(변속기 지지대)으로 변속기를 지지하면서 변속기를 탈거한다.

NO.5 자동 변속기(Automatic Transmission)의 분해조립

1. 자동 변속기 어셈블리의 분해조립

① 변속기에 묻어 있는 모래, 오물 등을 청소한다.
② 오일 팬이 아래에 위치하도록 변속기를 작업대에 놓는다.

- 변속기의 모든 접촉면은 매우 정밀하게 기계 가공되어 있으므로 부품을 다룰 때 패이거나 흠집이 발생되지 않도록 조심한다.
- 분해·조립 작업 중에는 필히 청결을 유지하여야 한다.
- 각 부품을 분해한 후 세척할 경우 적절한 솔벤트로 닦은 뒤 압축공기로 건조시켜야 하며, 타월 등으로 닦아서는 안된다.
- 클러치 디스크, 브레이크 디스크, 플라스틱 스러스트와 고무제 부품은 ATF로 청소하여야 하며, 청결을 유지하여야 한다.

③ 전용공구를 이용하여 토크 컨버터를 탈거한다.
④ 분해 전에 입력축의 엔드 플레이를 점검하여 스러스트 와셔를 교환하여야 할 곳을 알아낸다.
㉮ 다이얼 인디케이터 서포트를 사용하여 토크 컨버터 하우징에 다이얼 인디케이터를 장착한다.
㉯ 엔드 플레이를 측정할 경우 핀을 사용하여 입력축을 밀고 당긴다.
㉰ 입력축이 긁히지 않도록 주의하며, 측정값을 기록하여 조립시 참고한다.

※ 엔드 플레이 조정
- 스러스트 와셔(Thrust Washer) 로 조정한다.
- 스러스트 와셔1은 리액션 샤프트 서포트와 리어 클러치 리테이너 사이에 설치되어 있다.
- 스러스트 와셔2는 리액션 샤프트 서포트 및 프런트 클러치 리테이너 사이

⑤ 펄스 제너레이터 A와 B를 탈거한다.

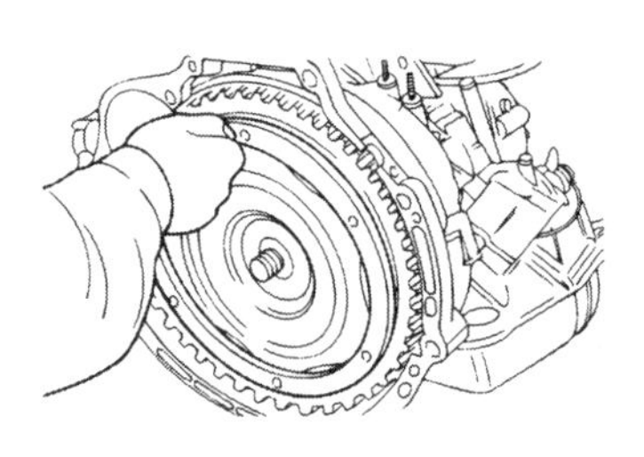

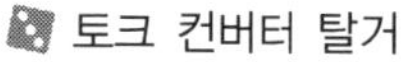

토크 컨버터 탈거

입력축 엔드 플레이 점검

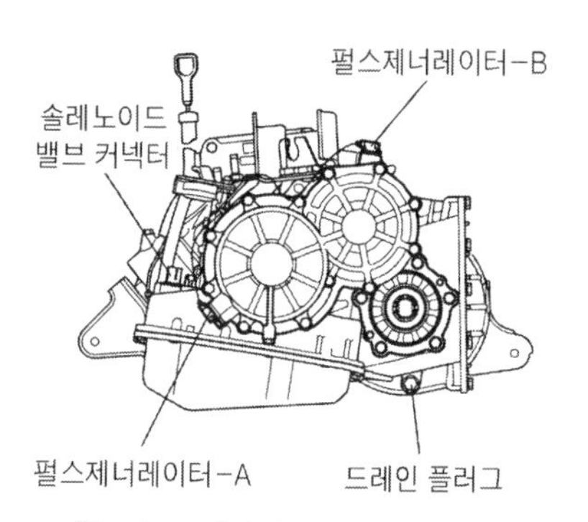

펄스 제너레이터 A와 B 탈거

⑥ 매뉴얼 컨트롤 레버와 인히비터 스위치를 탈거한다.
⑦ 스냅링을 탈거하고 킥다운 서보 스위치를 탈거한다.
⑧ 볼트를 풀고 특수 공구를 사용하여 오일 펌프를 탈거한다.

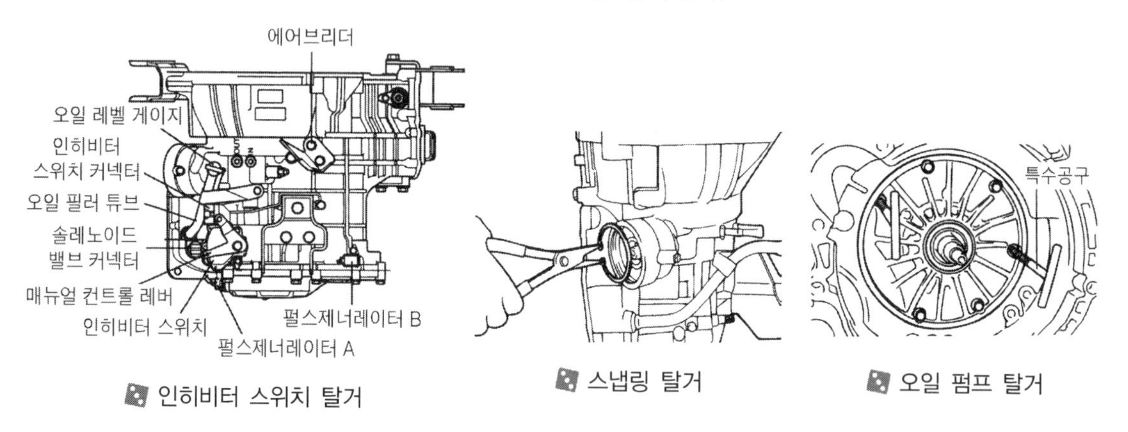

인히비터 스위치 탈거

스냅링 탈거

오일 펌프 탈거

⑨ 파이버 스러스트 와셔를 탈거한다.
⑩ 입력축을 들어 올려 프런트 클러치 어셈블리와 리어 클러치 어셈블리를 함께 탈거한다.
⑪ 스러스트 베어링을 탈거한다.

파이버 스러스트 와셔 탈거

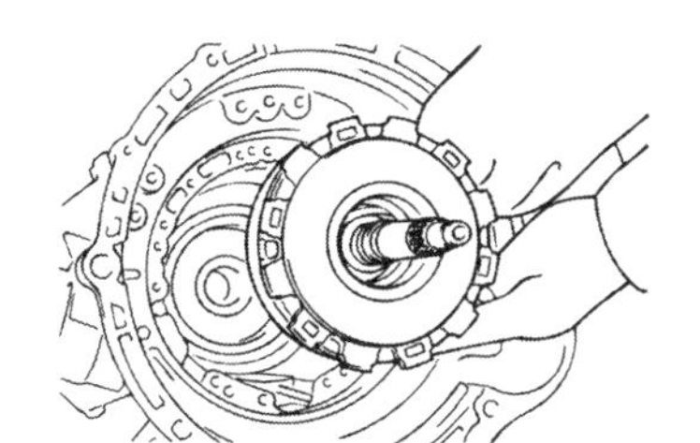

프런트 및 리어 클러치 탈거

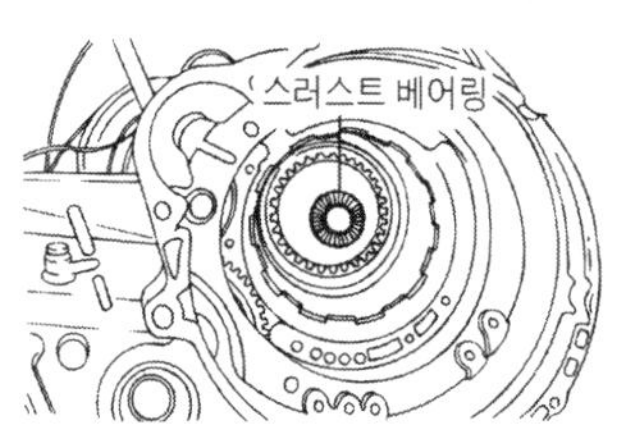

스러스트 베어링 탈거

⑫ 클러치 허브를 탈거한다.
⑬ 스러스트 레이스와 베어링을 탈거한다.

⑭ 킥다운 드럼을 좌우로 돌리면서 탈거한다.

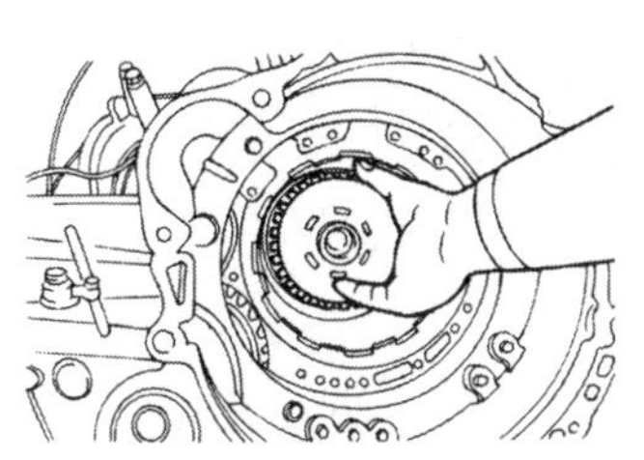

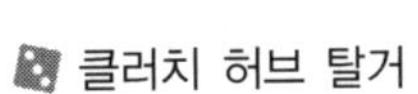
클러치 허브 탈거

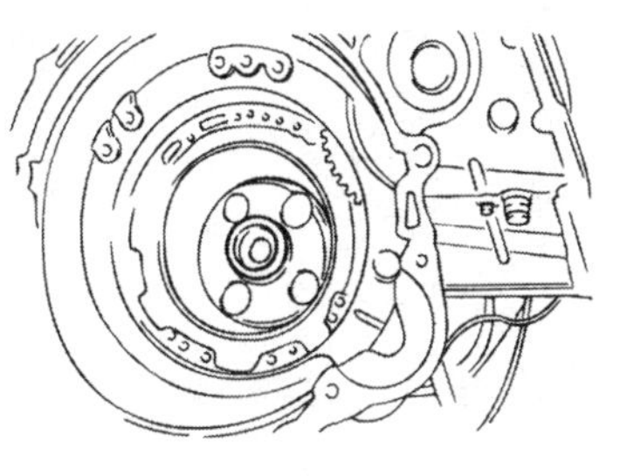
스러스트 베어링 탈거

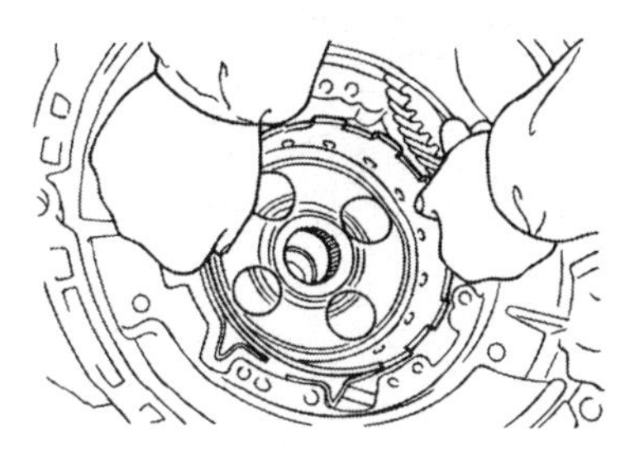
킥다운 드럼 탈거

⑮ 킥다운 밴드를 탈거한다.

⑯ 로 리버스 서포트 고정 스냅링을 탈거한다.

⑰ 센터 서포트에 특수 공구를 설치하여 센터 서포트를 들어 올린다.

밴드 탈거

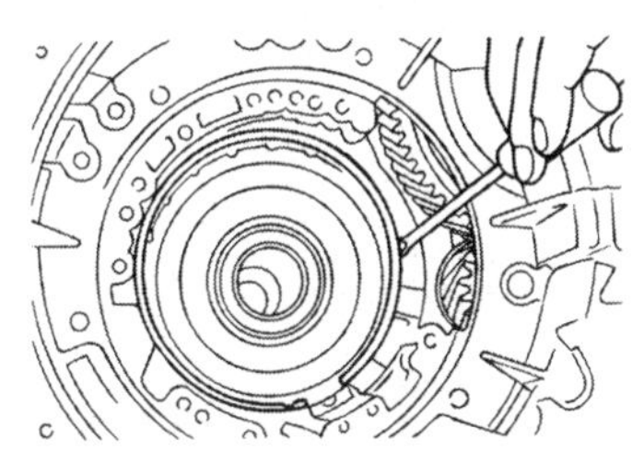
스냅링 탈거

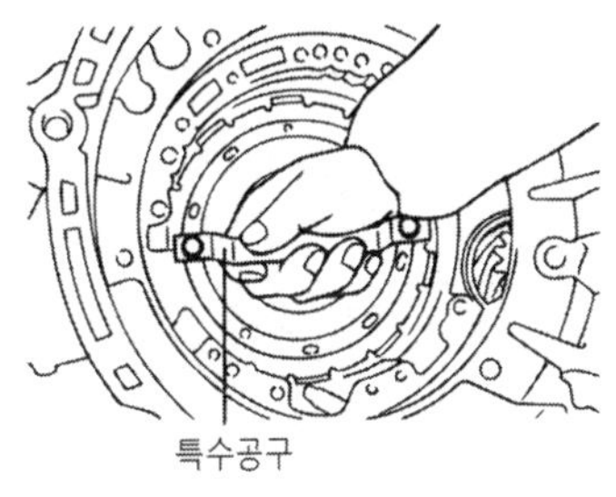

센터 서포트 탈거

⑱ 후진 선 기어와 전진 선 기어를 함께 탈거한다.

⑲ 유성기어 캐리어 어셈블리와 스러스트 베어링을 함께 탈거한다.

⑳ 웨이브 스프링, 리턴 스프링, 리액션 플레이트, 브레이크 디스크, 브레이크 플레이트를 탈거한다.

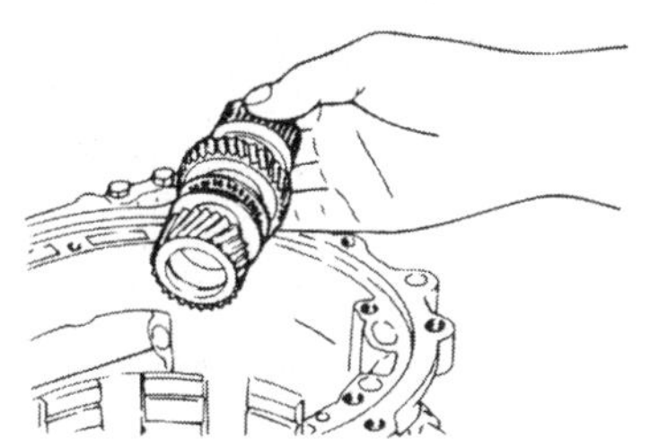
선 기어 탈거

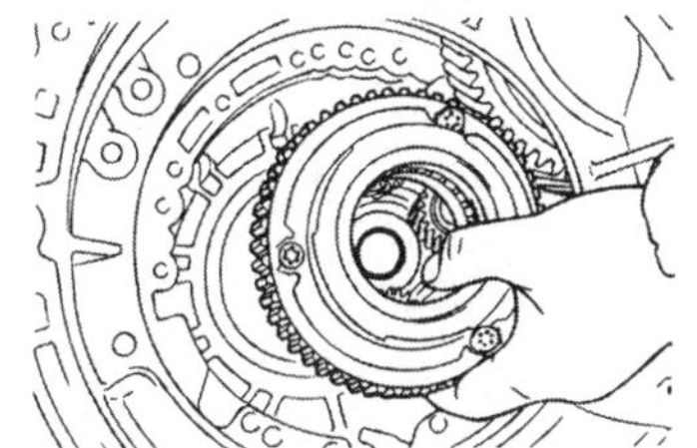
유성기어 캐리어 탈거

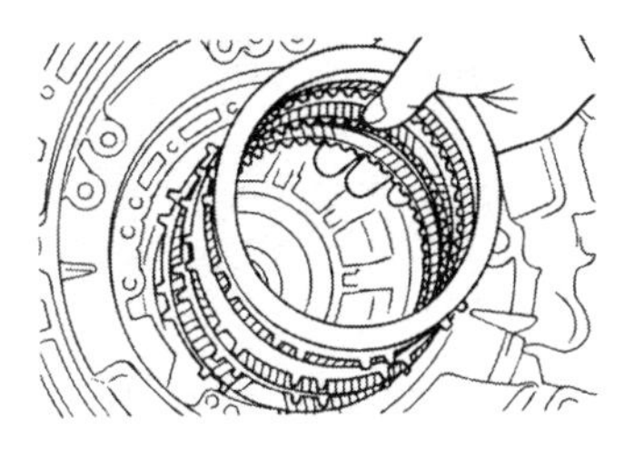
브레이크 디스크 탈거

㉑ 엔드 클러치 커버 볼트, 커버 홀더, 엔드 클러치 커버를 탈거한다.

㉒ 엔드 클러치 어셈블리를 탈거한다.

㉓ 스러스트 플레이트를 탈거한다.

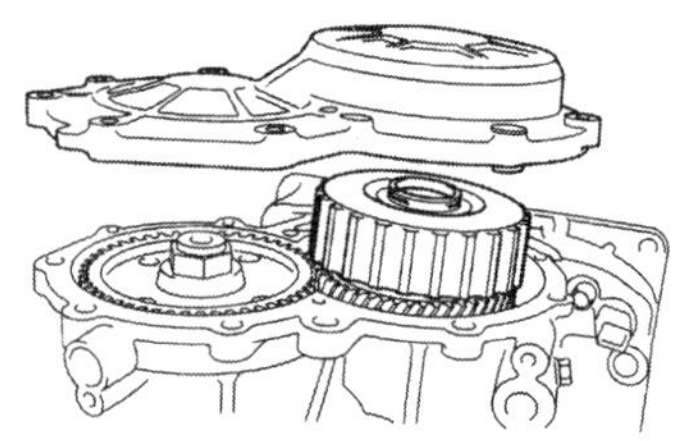
엔드 클러치 커버 탈거

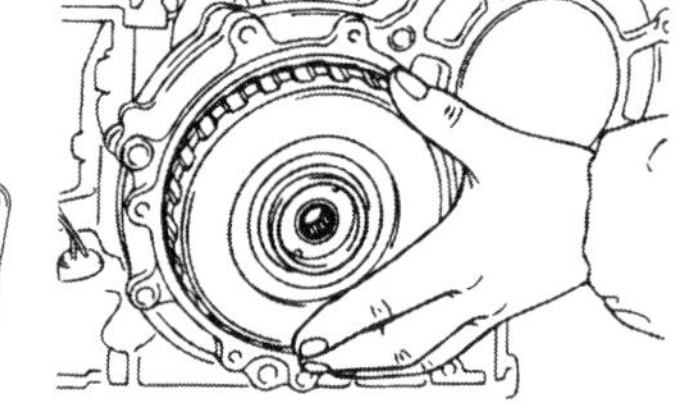
엔드 클러치 어셈블리 탈거

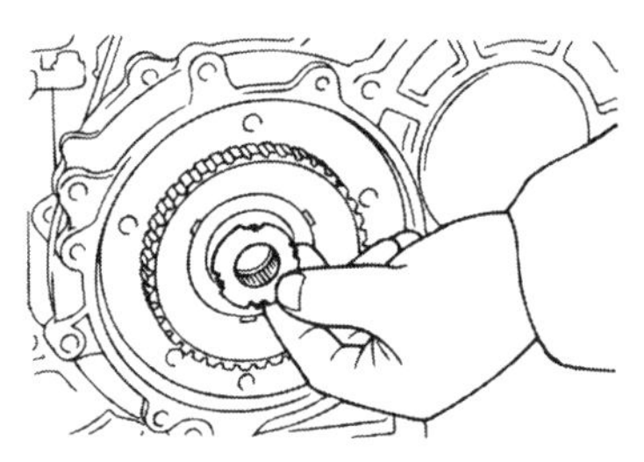
스러스트 플레이트 탈거

㉔ 엔드 클러치 허브와 스러스트 베어링을 탈거한다.
㉕ 엔드 클러치 샤프트를 빼낸다.
㉖ 오일 팬과 개스킷을 탈거한다.

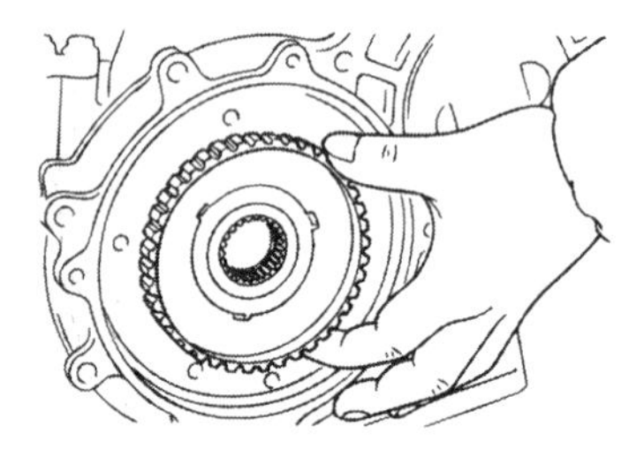
엔드 클러치 허브 탈거

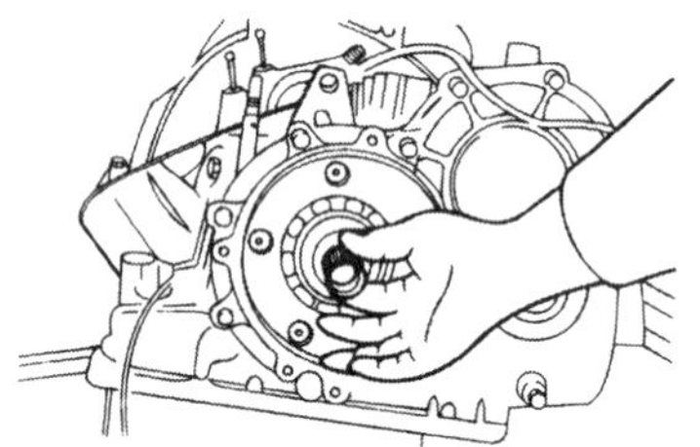
엔드 클러치 샤프트 탈거

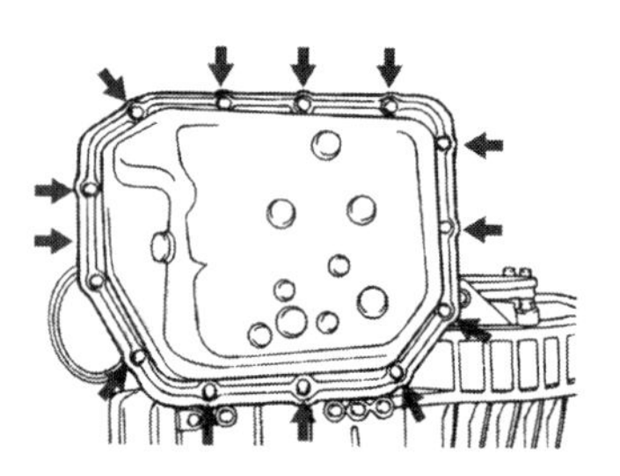
오일 팬 탈거

㉗ 밸브 보디에서 오일 필터를 탈거한다.
㉘ 유온 센서를 브래킷에서 탈거한 후 커넥터 쪽으로 빼낸다.
㉙ 클립 제거 후 솔레노이드 밸브 커넥터를 탈거한다.

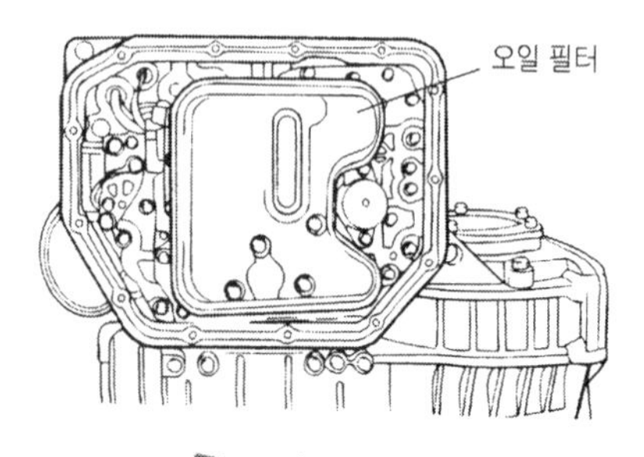

오일 필터 탈거

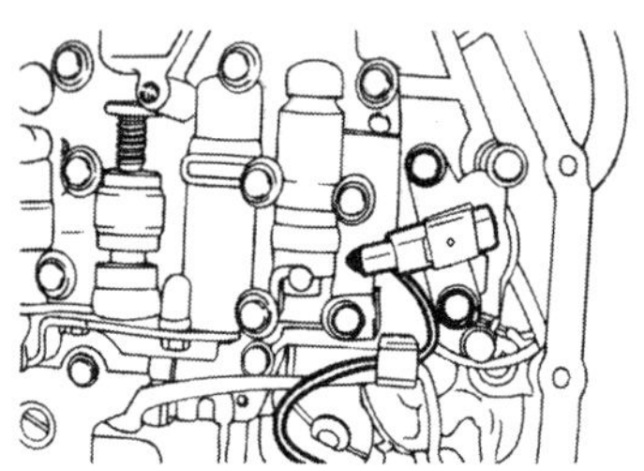
유온센서 탈거

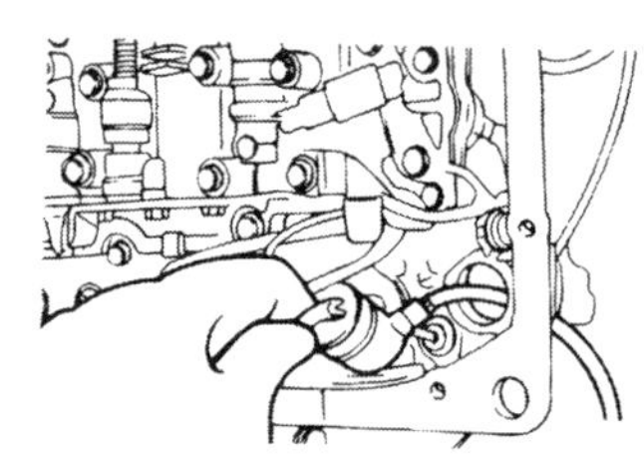
솔레노이드 밸브 커넥터 탈거

㉚ 밸브 보디를 탈거한다.

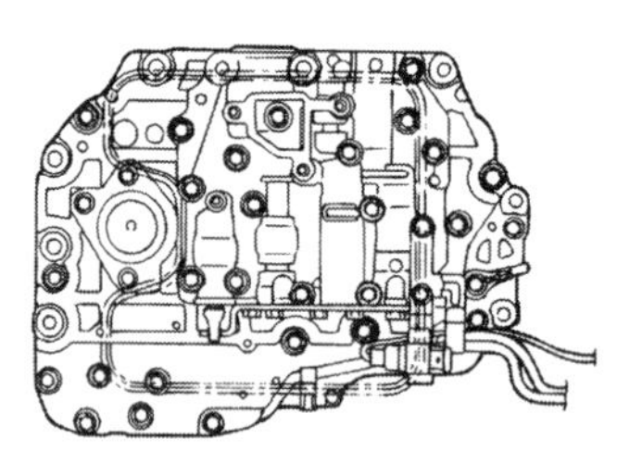
밸브 보디 탈거

㉛ 트랜스퍼 샤프트 로크 너트에 코킹을 펀치로 펴고 너트를 탈거한다.
㉜ 특수 공구를 사용하여 트랜스퍼 드리븐 기어를 탈거한다.
㉝ 테이퍼 롤러 베어링의 외측 레이스를 탈거한다.
㉞ 스냅링 플라이어로 스냅링을 탈거한다.

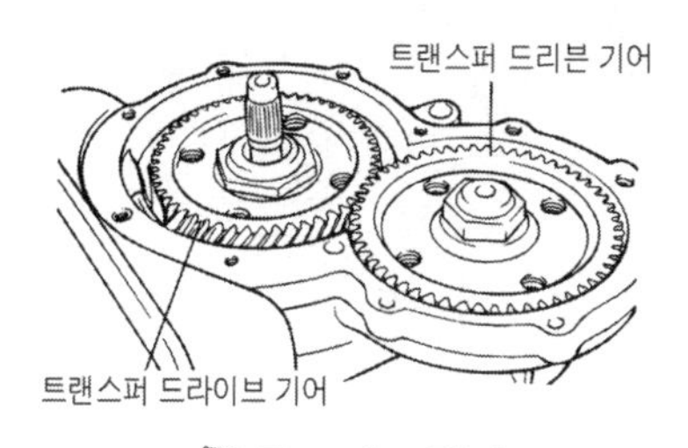

로크 너트 탈거

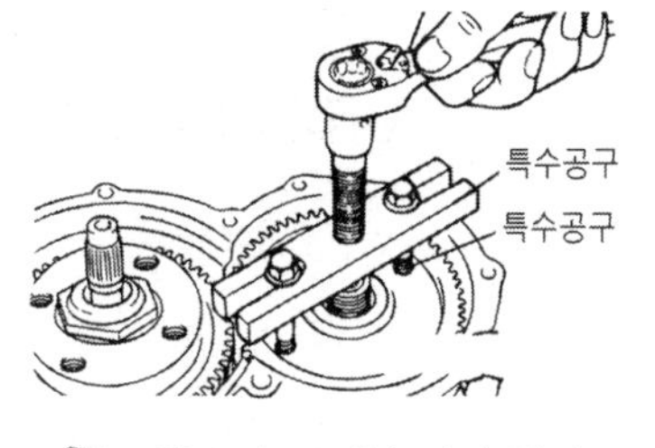

트랜스퍼 드리븐 기어 탈거

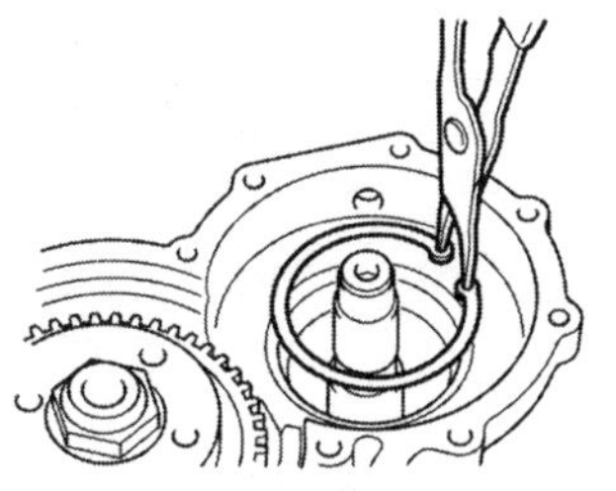
스냅링 탈거

㉟ 트랜스퍼 샤프트 및 테이퍼 롤러 베어링 외측 레이스를 탈거한다.
㊱ 트랜스퍼 드라이브 기어 로크 너트 및 체결 볼트를 탈거한 후 트랜스 퍼 드라이브 기어를 탈거한다.
㊲ 디퍼렌셜 커버 및 개스킷을 탈거한다.
㊳ 스피드 미터 슬리브를 탈거한다.

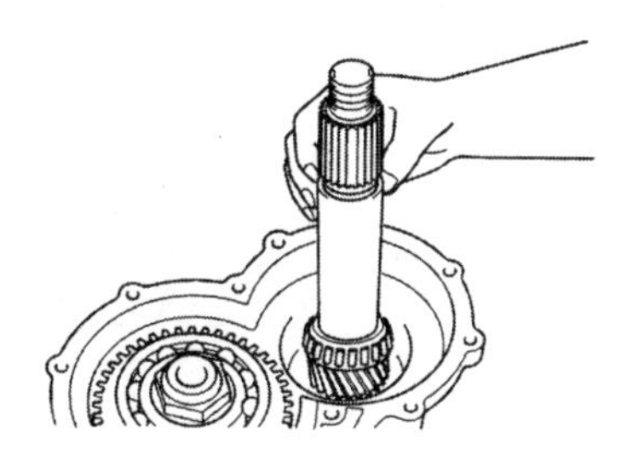
트랜스퍼 샤프트 탈거

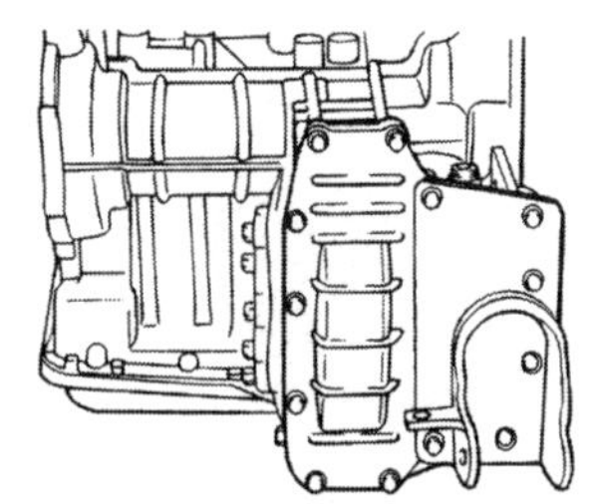
디퍼렌셜 커버 탈거

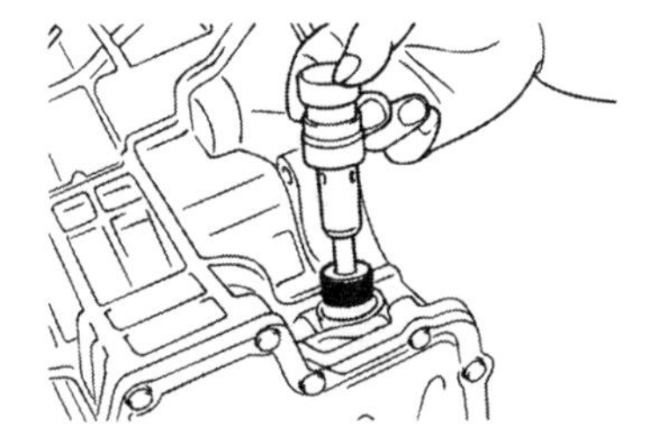
스피드 미터 슬리브 탈거

㊴ 다이얼 게이지를 설치하고 엔드 플레이를 측정한 후 기록하여 조립시 참고한다.
㊵ 디퍼렌셜 베어링 리테이너 장착 볼트를 탈거한다.
㊶ 특수 공구를 이용하여 디퍼렌셜 베어링 리테이너를 탈거한다.

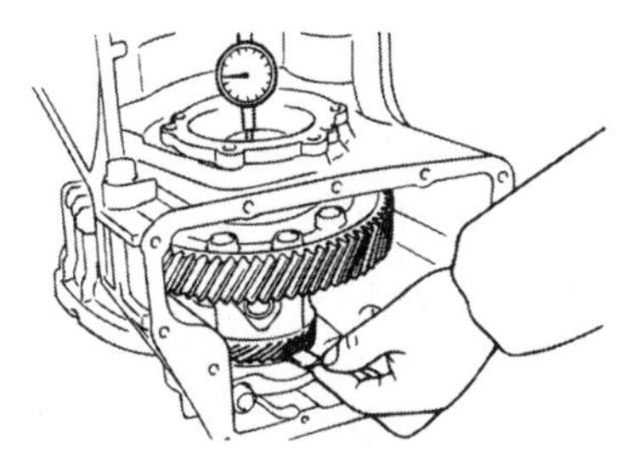
엔드 플레이 측정

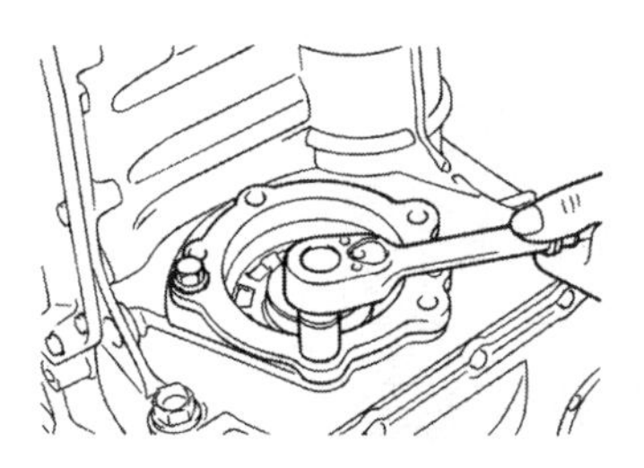
베어링 리테이너 장착 볼트 탈거

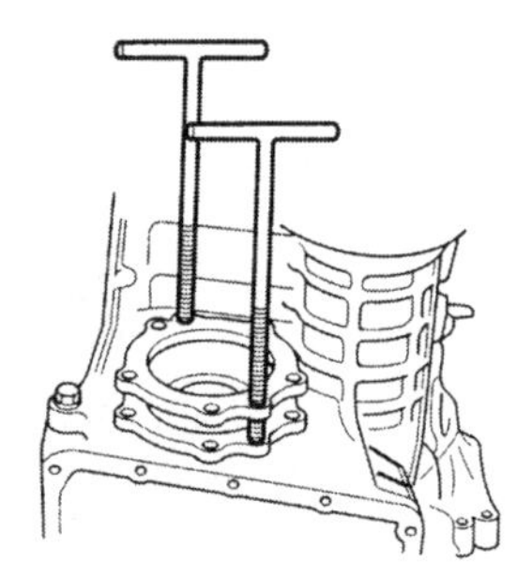
리테이너 탈거

㊷ 디퍼렌셜 베어링 캡 볼트를 풀고 베어링 캡을 탈거한다.
㊸ 디퍼렌셜 어셈블리를 탈거한다.
㊹ 2개의 볼트를 풀고 주차 스프래그 로드를 탈거한다.

베어링 캡 탈거 / 디퍼렌셜 어셈블리 탈거 / 스프래그 로드 탈거

㊺ 고정 스크루와 매뉴얼 컨트롤 샤프트 어셈블리를 탈거한 후 스틸 볼, 시트, 스프링을 동시에 탈거한다.
㊻ 킥다운 서보의 스냅링을 탈거한다.
㊼ 킥다운 피스톤을 탈거한다.
㊽ 조립은 분해의 역순에 의한다.

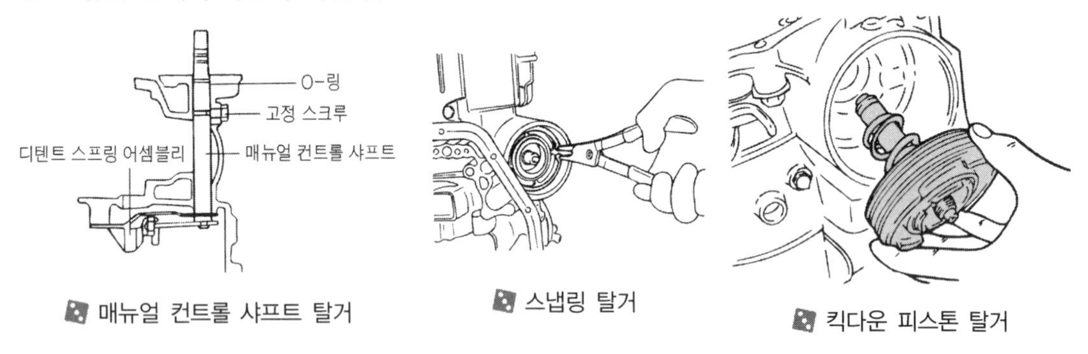

매뉴얼 컨트롤 샤프트 탈거 / 스냅링 탈거 / 킥다운 피스톤 탈거

2. 밸브 보디의 분해조립

① 6개의 솔레노이드 밸브와 유온 센서 브래킷을 탈거한다.
② 매뉴얼 밸브를 탈거한다.

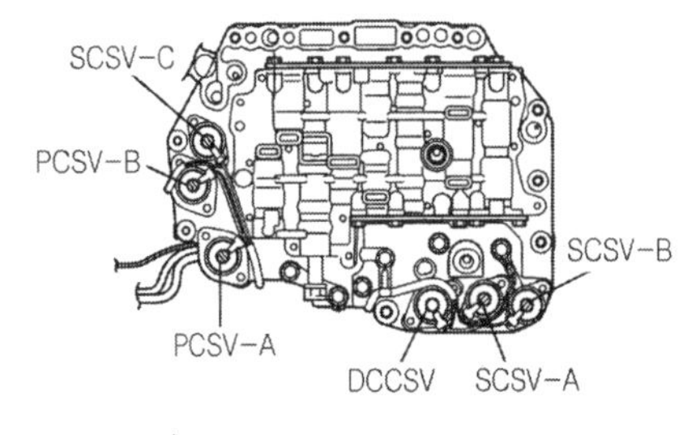

솔레노이드 밸브 탈거

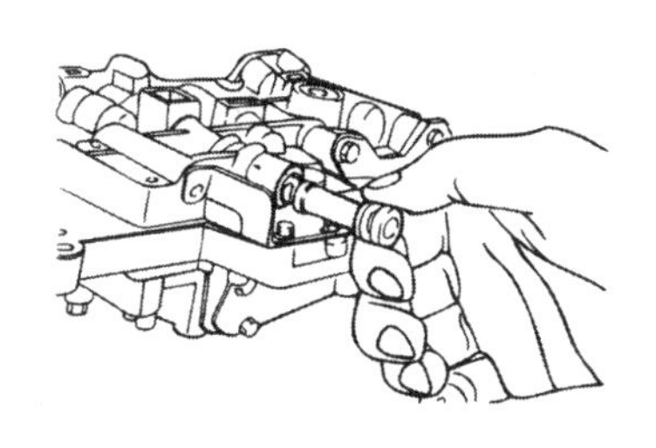

매뉴얼 밸브 탈거

※ 각 솔레노이드 밸브의 기능

① 시프트 컨트롤 솔레노이드 밸브(SCSV : Shift Control Solenoid Valve)A, B, C : 라인 압력을 조절하여 각 변속단에 맞는 위치로 이동시켜 유로를 절환하는 역할을 한다.

② 압력 조절 솔레노이드 밸브(PCSV : Pressure Control Solenoid Valve)A, B : TCU의 전기적인 듀티 신호(35Hz)를 유압으로 변환시켜 각 작동 요소에 공급되는 유압을 공급 또는 차단하며 변속시에 충격의 발생을 방지하는 역할을 한다.

③ 댐퍼 클러치 컨트롤 솔레노이드 밸브(DCCSV : Damper Clutch Control Solenoid Valve) : TCU의 전기적인 듀티 신호(35Hz)를 유압으로 변환시켜 댐퍼 컨트롤 밸브에 공급 또는 차단한다.

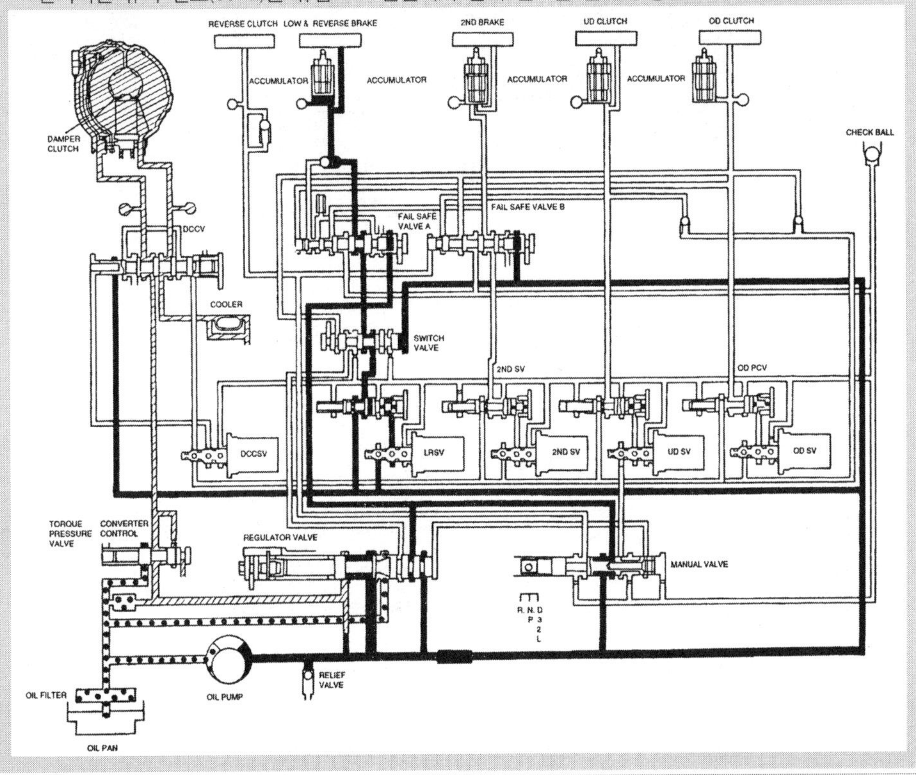

③ 어큐뮬레이터 하우징, 스프링, 피스톤을 탈거한다.

④ 어퍼 밸브 보디와 로워 밸브 보디와의 탈거한 후 로워 밸브 보디를 탈거한다.

⑤ 로워 세퍼레이팅 플레이트를 탈거한다.

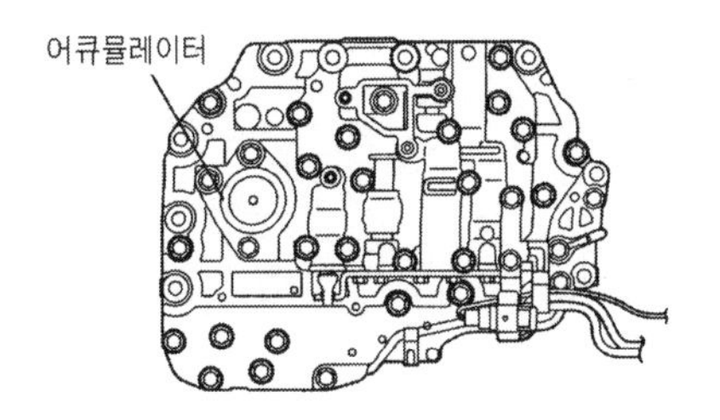

어큐뮬레이터 탈거

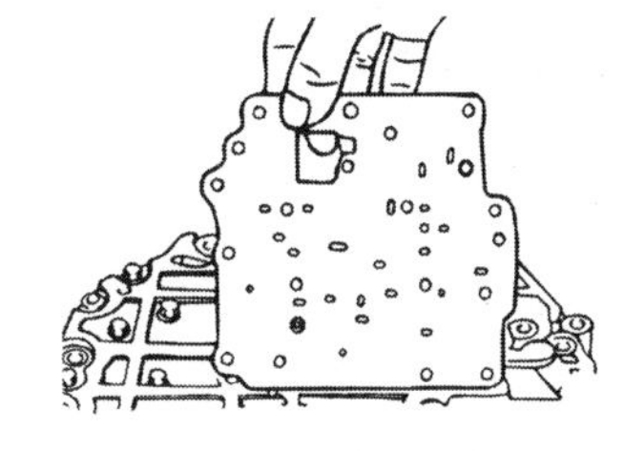

로워 세퍼레이팅 플레이트 탈거

⑥ 인터미디어트 플레이트에서 릴리프 스프링, 2개의 스틸 볼, 오일 필터를 탈거한다.

⑦ 인터미디어트 플레이트와 세퍼레이팅 플레이드를 탈거한다.

⑧ 블록을 탈거한다.

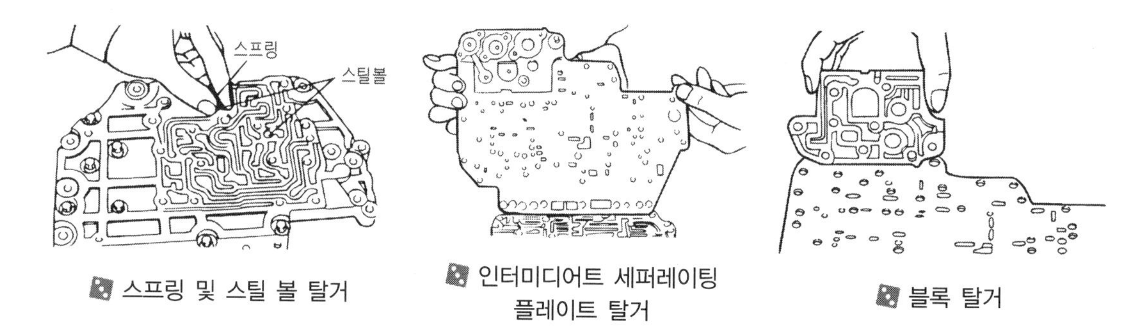

스프링 및 스틸 볼 탈거 / 인터미디어트 세퍼레이팅 플레이트 탈거 / 블록 탈거

⑨ 어퍼 세퍼레이팅 플레이트를 탈거한다.

⑩ 어퍼 밸브 보디에서 스틸 볼, 스프링 스토퍼 플레이트를 탈거한다.

⑪ 어퍼 밸브 보디에서 프런트 엔드 커버와 조정 스크루를 탈거한다.

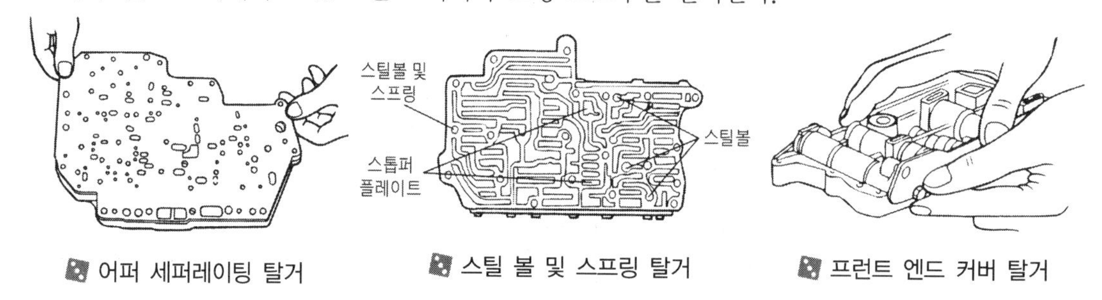

어퍼 세퍼레이팅 탈거 / 스틸 볼 및 스프링 탈거 / 프런트 엔드 커버 탈거

⑫ 압력 제어 밸브 스프링과 압력 제어 밸브를 탈거한다.

⑬ 토크 컨버터 조절 밸브 스프링과 토크 컨버터 조절 밸브를 탈거한다.

⑭ 레귤레이터 밸브 스프링과 레귤레이터 밸브를 탈거한다.

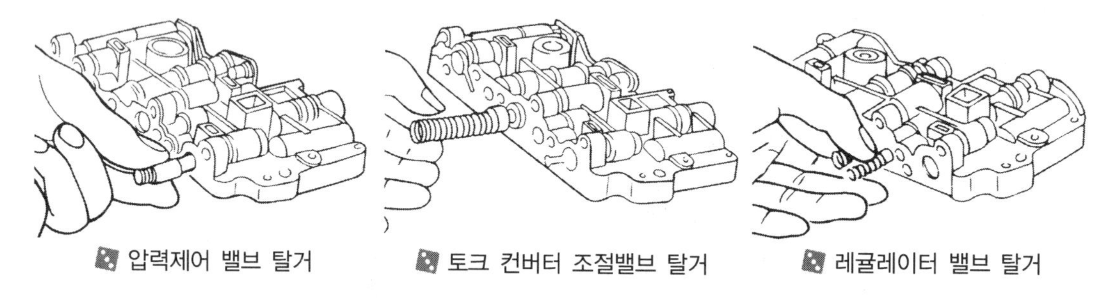

압력제어 밸브 탈거 / 토크 컨버터 조절밸브 탈거 / 레귤레이터 밸브 탈거

⑮ 변속 제어 밸브 스프링과 변속 제어 밸브를 탈거한다.

⑯ 리어 클러치 해방 밸브 스프링과 리어 클러치 해방 밸브 A와 B를 탈거한다.

⑰ 2-3/4-3 변속 밸브 스프링과 2-3/4-3 변속 밸브를 탈거한다.

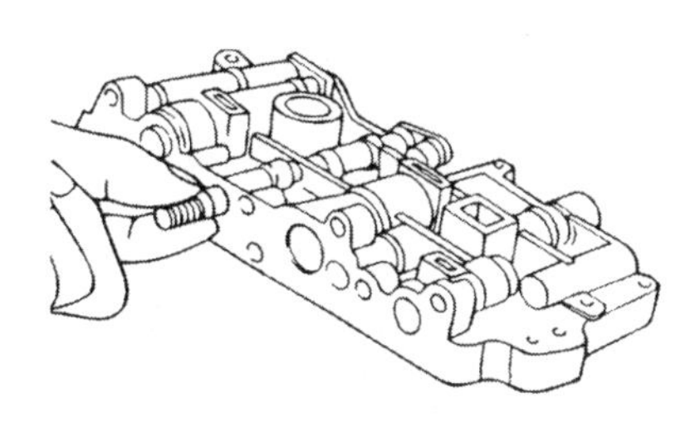
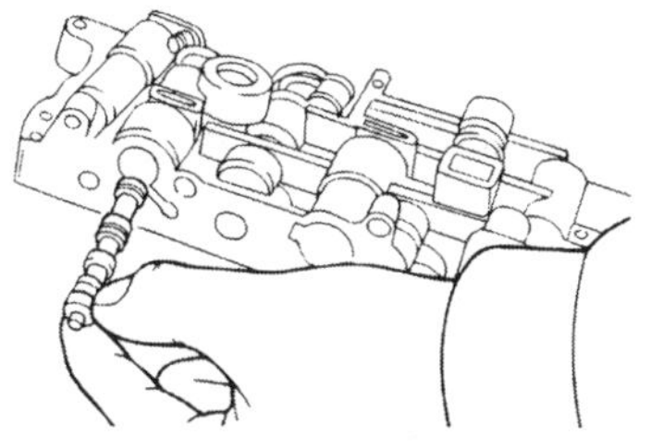
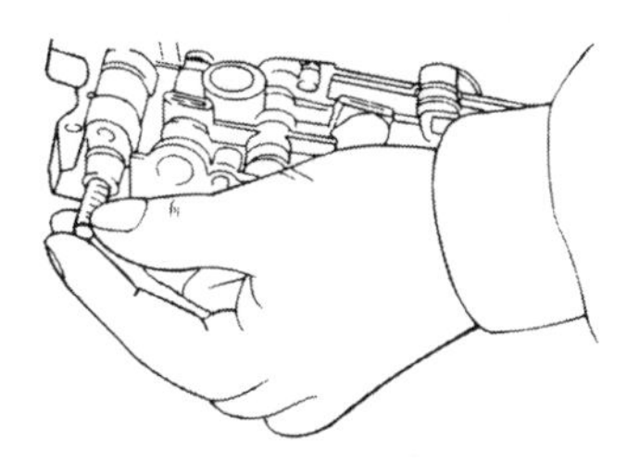

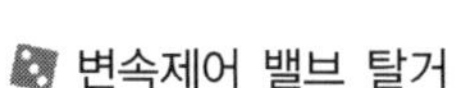
변속제어 밸브 탈거 / 클러치 해방 밸브 탈거 / 2-3/4-3 변속밸브 탈거

⑱ 어퍼 밸브 보디의 뒤쪽에서 자석을 이용하여 핀을 제거한 후 압력 조절 밸브의 스토퍼와 압력 조절 밸브를 탈거한다.

⑲ 리어 엔드 커버를 탈거한다.

⑳ 1-2 변속 밸브 스프링과 1-2 변속 밸브를 탈거한다.

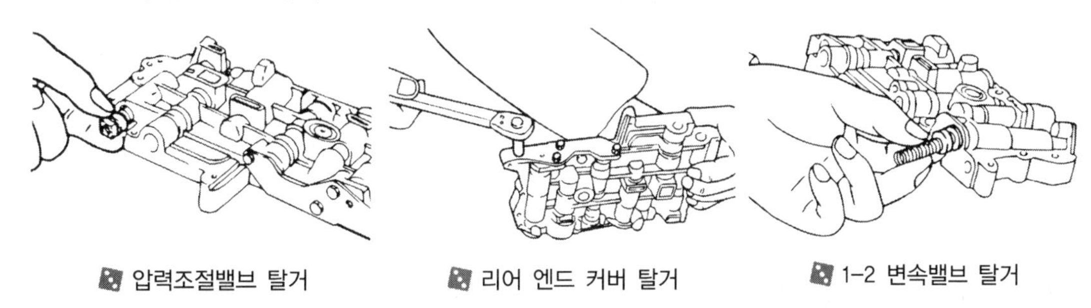

압력조절밸브 탈거 / 리어 엔드 커버 탈거 / 1-2 변속밸브 탈거

㉑ 변속 제어 밸브의 플러그 B를 탈거한다.

㉒ 변속 제어 밸브와 하이 로 압력 밸브를 탈거한다.

㉓ 자석을 이용하여 로워 밸브 보디에서 핀을 제거한 후 스토퍼를 탈거한다.

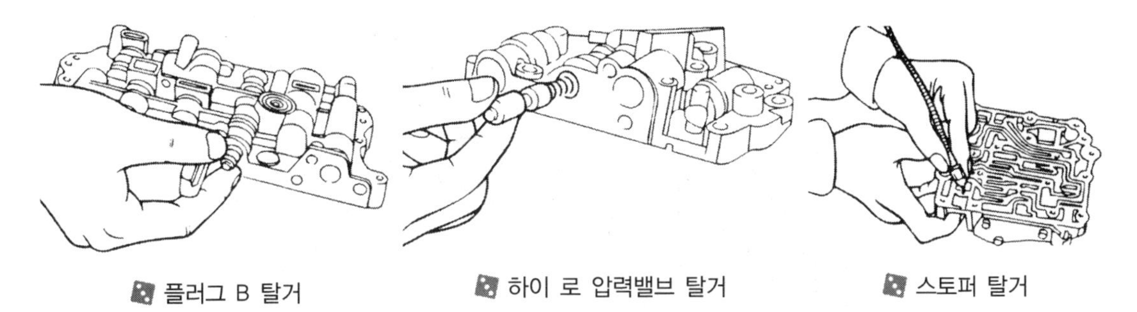

플러그 B 탈거 / 하이 로 압력밸브 탈거 / 스토퍼 탈거

㉔ 엔드 클러치 밸브의 플러그, 스토퍼 플레이트, 엔드 클러치 밸브 스프링, 엔드 클러치 밸브를 탈거한다.

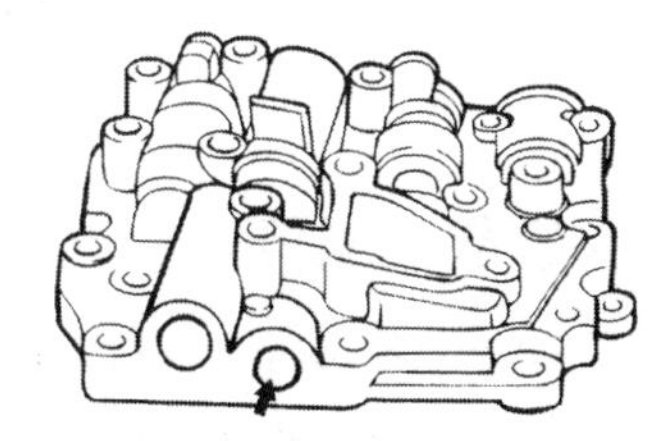

엔드 클러치 밸브 플러그 탈거

㉕ 로워 밸브 보디에서 엔드 커버, 조정 스크루, 감압 밸브 스프링을 탈거한다.
㉖ 감압 밸브를 탈거한다.
㉗ N-R 제어 밸브와 N-R 제어 밸브의 스프링을 탈거한다.

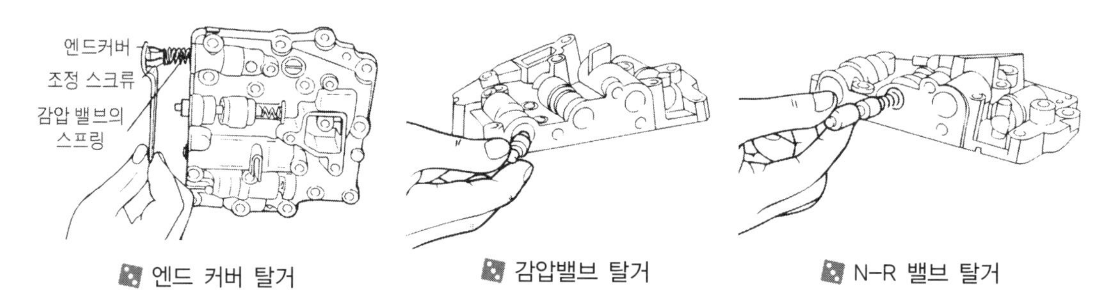

엔드 커버 탈거 감압밸브 탈거 N-R 밸브 탈거

㉘ 댐퍼 클러치 제어 밸브의 슬리브, 댐퍼 클러치 제어 밸브, 댐퍼 클러치 제어 밸브 스프링을 탈거하고 페일 세이프 밸브를 탈거한다.
㉙ 조립은 분해의 역순에 의한다.

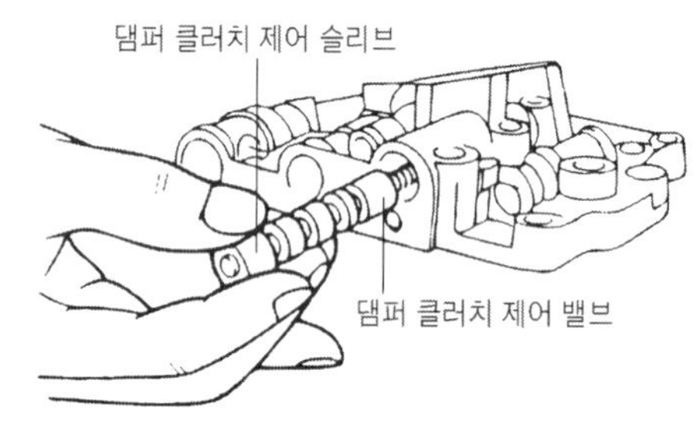

댐퍼 클러치 제어 밸브 탈거

NO.6 오일펌프(Oil Pump)의 점검방법

1. 오일펌프의 구성부품

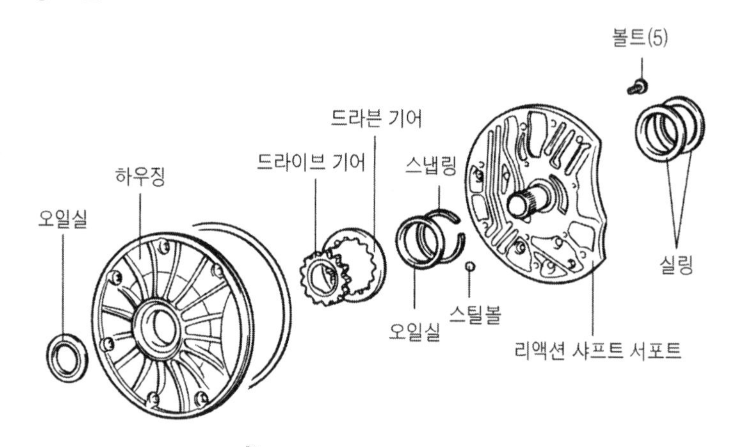

오일 펌프의 구성 부품

2. 오일 펌프 분해

① 오일 펌프 하우징에서 O링을 탈거한다.
② 하우징에서 리액션 샤프트 서포트를 탈거한다.

③ 조립시 참조하기 위하여 드라이브 기어와 드리븐 기어에 일치 마크를 표시해 둔다.
④ 펌프 하우징에서 오일 펌프 드라이브 기어와 드리븐 기어를 탈거한다.
⑤ 하우징에서 스틸 볼을 탈거한다.
⑥ 오일 펌프 드라이브 기어에서 스냅링과 오일 실을 탈거한다.
⑦ 리액션 샤프트에서 2개의 실링을 탈거한다.

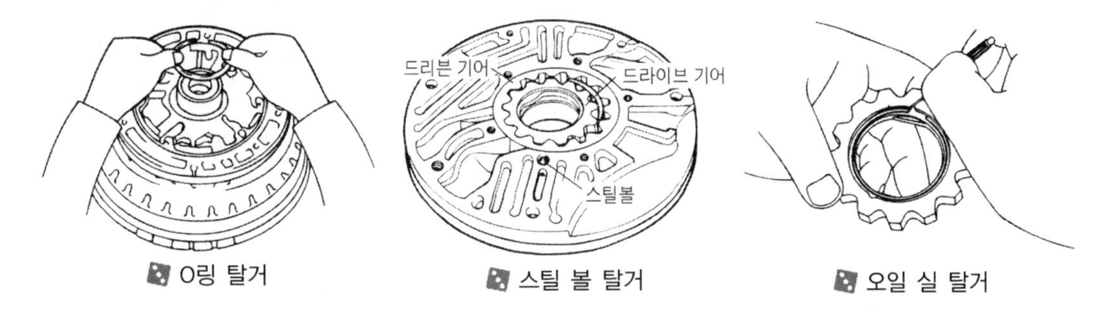

O링 탈거 스틸 볼 탈거 오일 실 탈거

3. 오일 펌프의 점검 첨단

① 오일 펌프 기어의 측면 간극을 측정하여 규정값을 초과하거나 오일 펌프 기어와 접촉되는 오일 펌프 하우징 면을 점검하여 간섭한 흔적이 있으면 오일 펌프 어셈블리를 교환한다. 일반적인 간극은 0.02~0.048mm이다.
② 오일 펌프 기어와 접촉하는 리액션 샤프트 서포트의 면을 점검하여 간섭된 흔적이 있으면 오일 펌프 어셈블리를 교환한다.

4. 오일 펌프의 조립

① 오일 펌프 드라이브 기어에 오일 실을 홈에 일치시켜 장착한다.
② 스냅링을 장착한다.
③ 드라이브 기어와 드리븐 기어를 펌프 하우징에 장착한다. 이때 기어를 재사용하는 경우 일치 표시를 정확히 정렬한다.
④ 드라이브 기어 내측 둘레에 있는 홈에 신품 O링을 끼운다.
⑤ 스틸 볼을 장착한다.

오일 실 장착 스냅링 장착 펌프 장착

⑥ 실링 2개에 자동변속기 오일을 도포하여 리액션 서포트에 장착한다.

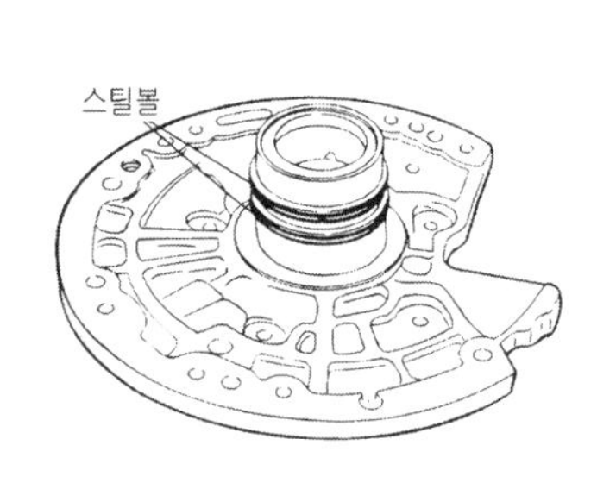

스틸 볼 장착

가이드 핀과 오일펌프 밴드

오링 및 오일 실

⑦ 오일 펌프 기어가 자연스럽게 회전하는지 점검한다.
⑧ 펌프 하우징 둘레에 있는 홈에 O링을 장착하고 O링 둘레에 오일을 도포한다.
⑨ 펌프 하우징에 리액션 샤프트를 가볍게 장착한다.
⑩ 가이드 핀과 오일 펌프 밴드를 사용하여 펌프 하우징을 규정 토크로 조인다.

NO.7 엔드클러치(End Clutch)의 점검방법

1. 엔드 클러치의 구성부품

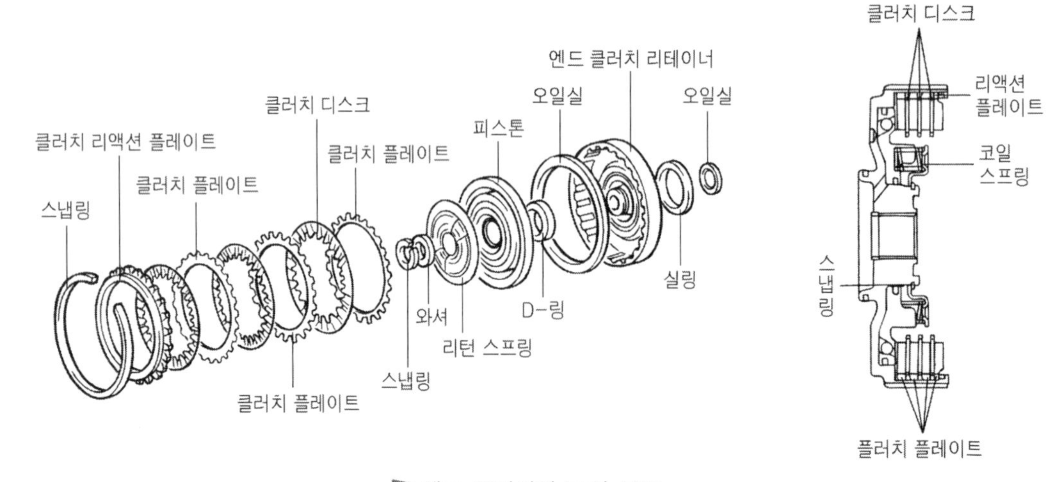

엔드 클러치의 구성 부품

2. 엔드 클러치 어셈블리의 분해

① 스냅링을 탈거한 후 클러치 리액션 플레이트, 클러치 디스크, 클러치 플레이트를 탈거한다. 이때 디스크와 플레이트를 재사용할 경우에는 방향이 바뀌지 않도록 주의한다.

② 스냅링 플라이어를 이용하여 스냅링을 탈거한 후 와셔와 코일 스프링을 탈거한다.
③ 피스톤을 탈거한다. 이때 피스톤을 탈거할 때는 피스톤이 밑으로 가도록 하고 뒷면의 오일 통로에 공기를 불어 넣어 피스톤을 탈거한다.
④ 리테이너에서 실링을 탈거한다.
⑤ 피스톤에서 2개의 D링과 오일 실을 탈거한다.

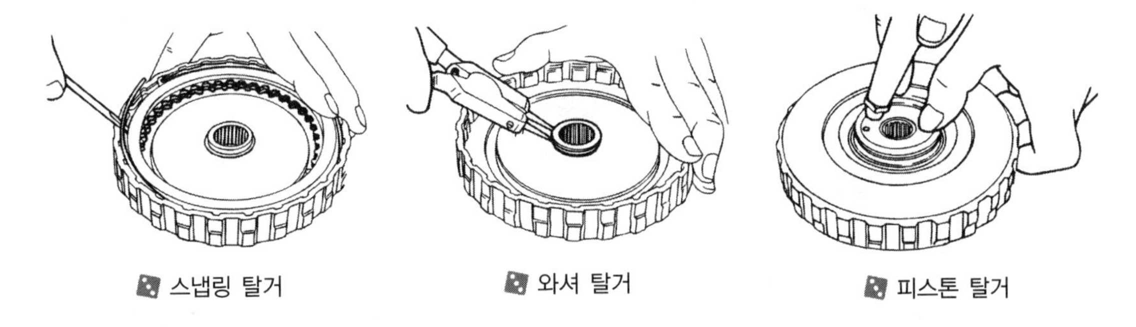

스냅링 탈거 / 와셔 탈거 / 피스톤 탈거

3. 엔드 클러치 어셈블리의 조립

① 피스톤의 외측 및 내측에 D링과 오일 실을 장착한다.
② D링의 외부에서 자동변속기 오일을 도포하여 손으로 피스톤을 엔드 클러치 리테이너에 눌러 넣는다.
③ 코일 스프링과 와셔를 장착한다.
④ 특수 공구의 가이드에 스냅링을 리테이너에 장착하고 특수 공구를 이용하여 스냅링이 홈 안으로 들어갈 때까지 누른다.
⑤ 엔드 클러치 리에티너에 클러치 플레이트, 클러치 디스크, 리액션 플레이트를 재사용할 경우에는 분해시와 같은 순서로 장착해먀 하며, 장착전에 자동변속기 오일을 도포해야 한다. 또한 신품 디스크를 사용하는 경우2시간 이상 자동변속기 오일에 담궈 놓은 후 장착한다.
⑥ 스냅링을 장착하고 스냅링과 리액션 플레이트 사이의 간극을 점검한다. 일반적인 간극은 0.4~0.6mm 이며, 이때 클러치 리액션 플레이트를 5kgf의 힘으로 누르면서 점검하고 측정값이 규정값을 벗어나면 적당한 스냅링으로 교환한다. 스냅링의 규격은 0.25mm 간격으로 5종이 있다.

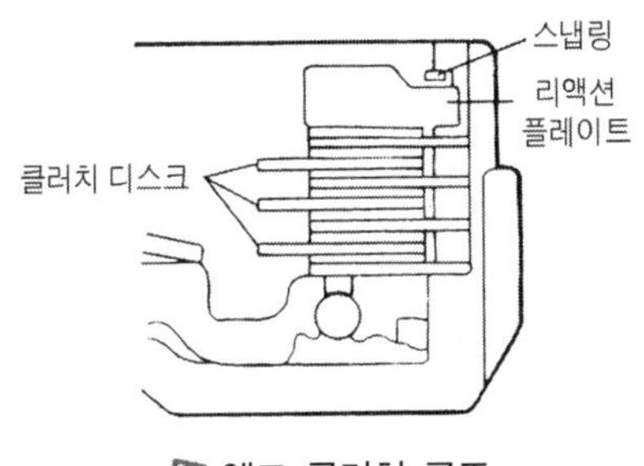

엔드 클러치 구조

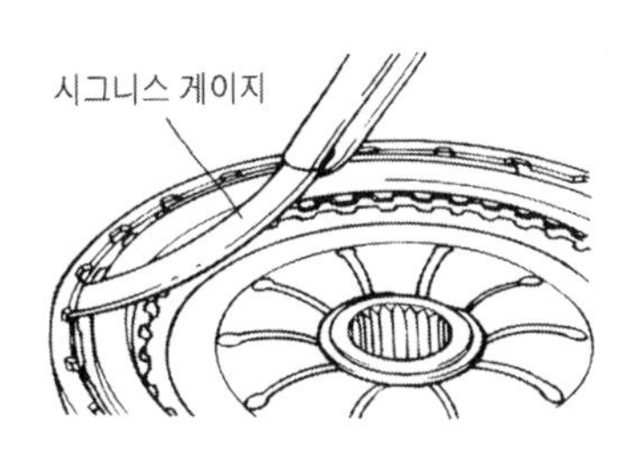

스냅링 사이의 간극 점검

NO.8 프런트 클러치(Front Clutch)의 점검방법

1. 프런트 클러치의 구성부품

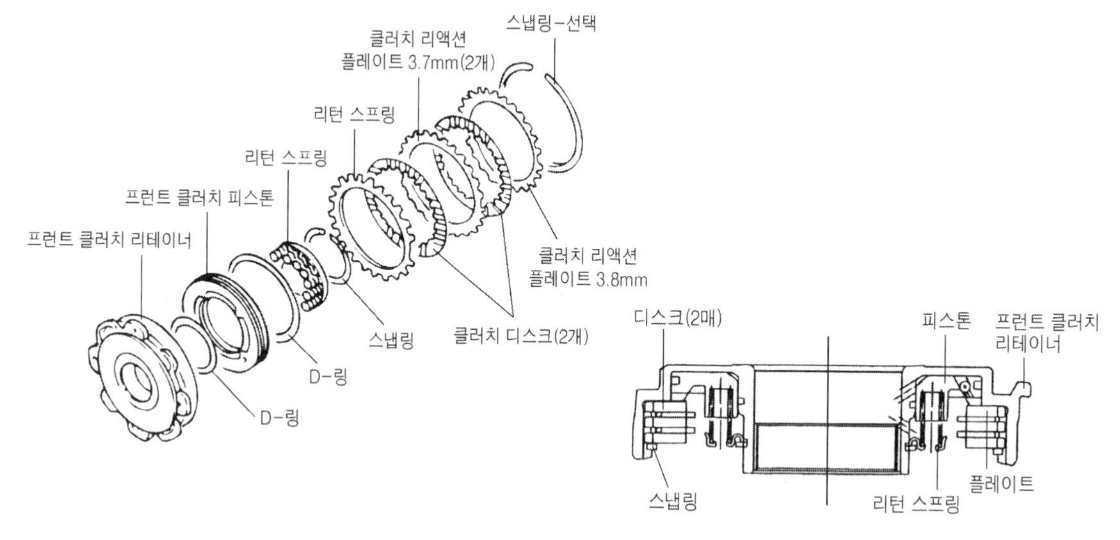

프런트 클러치의 구성 부품

2. 프런트 클러치의 분해

① 클러치 리테이너에서 스냅링을 탈거한다.

② 3개의 클러치 리액션 플레이트, 2개의 클러치 디스크를 빼낸다. 이때 클러치 리액션 플레이트와 클러치 디스크를 재사용할 경우에는 장착 순서나 방향이 바뀌지 않도록 주의한다.

③ 스프링 컴프레서를 이용하여 스프링을 압축하면서 스냅링을 탈거하고 스프링 리테이너와 리턴 스프링을 탈거한다.

④ 리테이너에서 피스톤을 탈거한다.

⑤ 피스톤의 내측 및 외측 둘레에서 D링을 탈거한다.

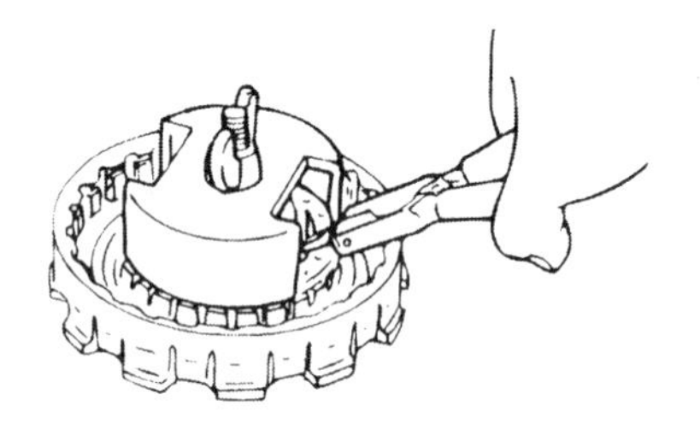

스냅링 탈거

3. 프런트 클러치의 조립

① 피스톤 외측면에 있는 홈에 D링의 둥근쪽이 바깥쪽을 향하도록 장착하고 또 한 개의 D링은 프런트 클러치 리테이너에 장착한다.

② D링의 외측에 자동변속기 오일을 도포한 후 손으로 피스톤을 프런트 클러치 리테이너에 밀어 넣는다.

③ 리턴 스프링과 스프링 리테이너를 장착한다.

④ 스프링 컴프레서를 이용하여 스프링을 압축시키면서 스냅

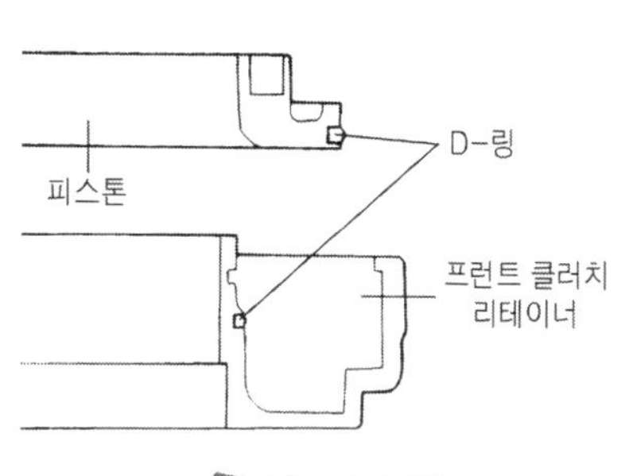

피스톤 조립

링을 장착한다.

⑤ 3개의 클러치 리액션 플레이트와 2개의 클러치 디스크에 자동변속기 오일을 도포하여 장착한다. 이때 신품의 클러치 디스크를 사용하는 경우에는 디스크를 자동변속기 오일에 2시간 이상 담궈 놓아야 한다. 클러치 리액션 플레이트는 이빨이 없는 곳에 3개를 일치시켜 장착한다.

⑥ 스냅링을 장착한 후 스냅링과 클러치 리액션 플레이트 사이의 간극을 점검한다. 일반적인 간극은 0.4~0.6mm이며, 이때 클러치 리액션 플레이트를 5kgf의 힘으로 누르면서 점검하여 규정값을 벗어나면 적당한 스냅링으로 교환하여야 한다. 스냅링의 규격은 0.1mm 간격으로 14종이 있다.

NO.9 리어 클러치(Rear Clutch)의 점검방법

1. 리어 클러치의 구성부품

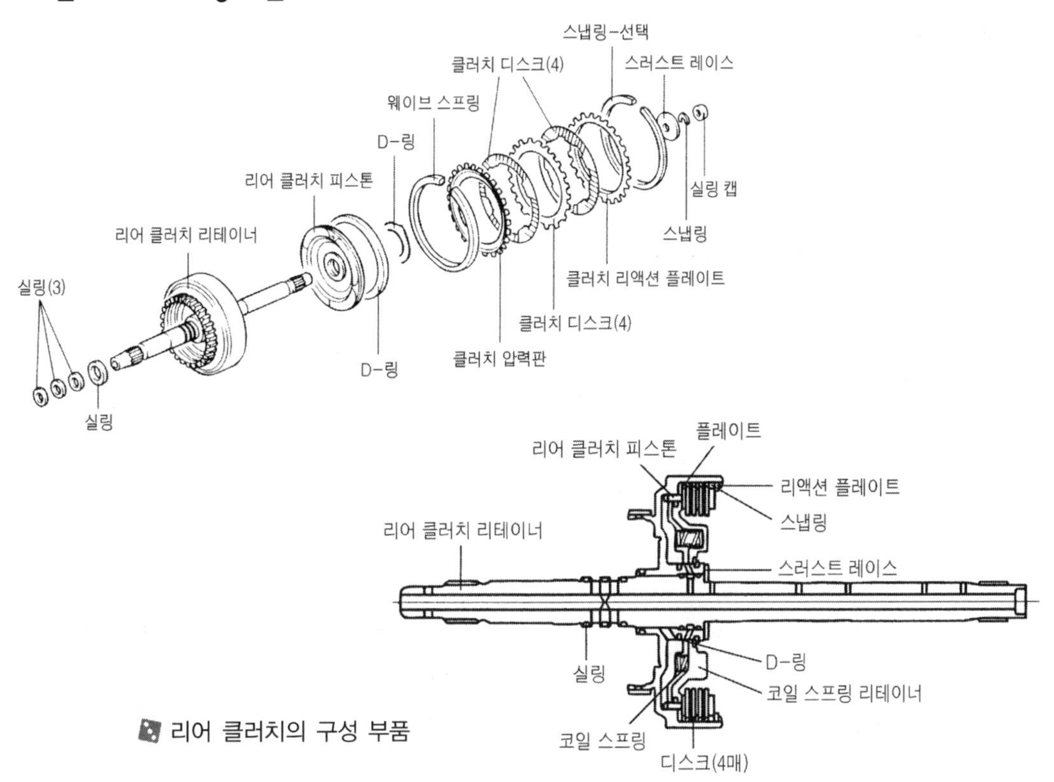

리어 클러치의 구성 부품

2. 리어 클러치 분해

① 스냅링을 탈거하면서 스러스트 레이스를 탈거한다.

② 리어 클러치 리테이너에서 입력 샤프트를 탈거한다.

③ 클러치 리테이너에서 스냅링을 탈거한다.

④ 클러치 리액션 플레이트, 4개의 클러치 플레이트, 4개의 클러치 디스크, 클러치 압력판을 리테이너에서 탈거한다.
⑤ 스프링 컴프레서를 이용하여 코일 스프링을 압축한다.
⑥ 스크루 드라이버를 사용하여 코일 스프링을 탈거한다.
⑦ 코일 스프링과 피스톤을 탈거한다.
⑧ 피스톤에서 2개의 D링을 탈거한다.

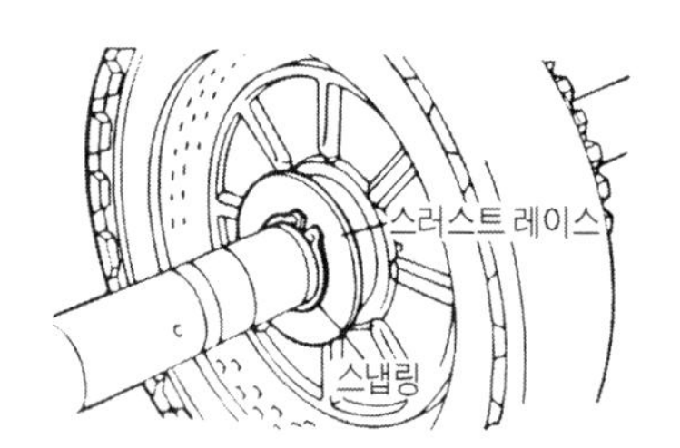

스러스트 레이스 및 스냅링 탈거

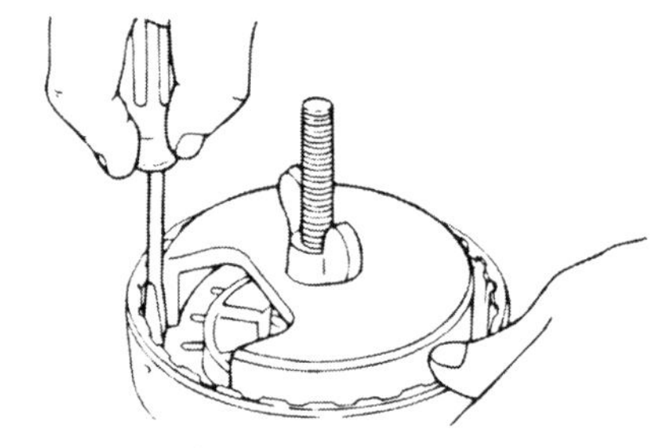
코일 스프링 탈거

3. 리어 클러치 조립

① 피스톤의 내측면 및 외측면의 홈에 D링을 장착한다.
② D링의 외측면에 자동변속기 오일을 도포한 후 손으로 피스톤을 리어 클러치 리테이너에 밀어 넣는다.
③ 피스톤에 코일 스프링을 장착한다.
④ 스크루 드라이버를 밑으로 눌러 스냅링과 함께 코일 스프링을 눌러서 스냅링을 홈 안에 고정시킨다.
⑤ 클러치 압력판, 클러치 디스크, 클러치 플레이트, 클러치 리액션 플레이트를 리어 클러치 리테이너에 장착한다. 이때 리액션 플레이트, 클러치 플레이트, 클러치 디스크를 장착할 때는 탈거의 역순으로 작업하며, 플레이트와 디스크에는 자동변속기 오일을 도포한다. 신품 클러치 디스크일 경우에는 2시간 이상 자동변속기 오일에 담궈 놓은 후 장착한다.

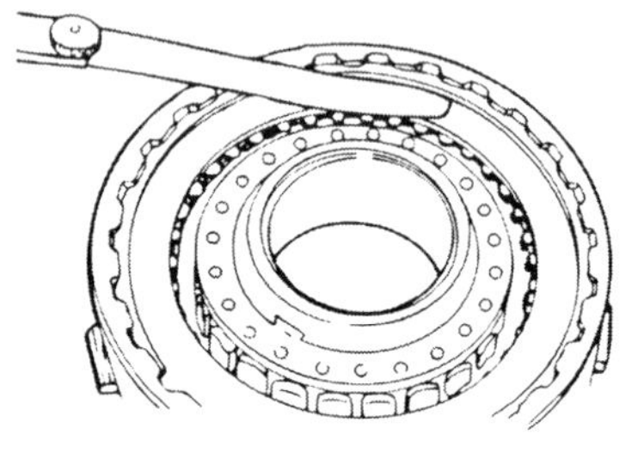
간극 점검

⑥ 스냅링을 장착한 후 스냅링과 클러치 리액션 플레이트의 간극을 점검한다. 일반적인 간극은 0.7～0.9mm이며, 이때 클러치 리액션 플레이트의 전 둘레를 5kgf의 힘으로 누르면서 측정하며 규정값과 일치하지 않으면 적당한 스냅링으로 교환하여야 한다. 스냅링의 규격은 0.1mm 간격으로 14종이 있다.
⑦ 입력 샤프트를 리어 클러치 리테이너에 장착한다.
⑧ 스러스트 레이스를 장착하고 스냅링을 장착한다.
⑨ 입력 샤프트에 있는 3개의 홈에 실링을 장착한다.

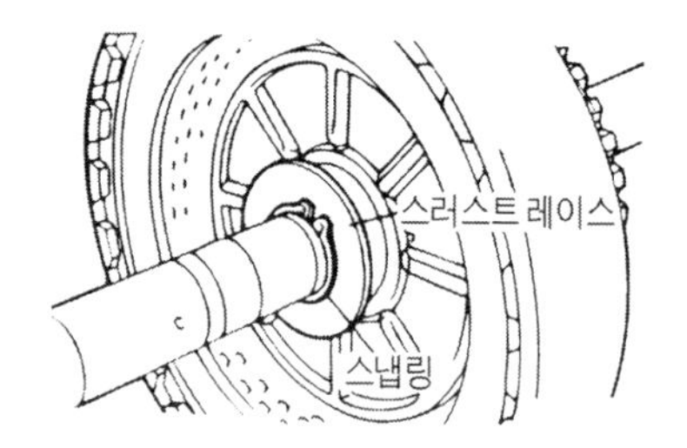

스러스트 레이스 및 스냅링 장착

NO.10 컨트롤 케이블(Control cable)의 탈거와 장착방법

1. 컨트롤 케이블의 탈거

① 콘솔박스 어셈블리를 탈거한다.
② 노브 장착 스크루를 탈거한다.
③ 오버드라이브 스위치 커넥터를 분리시키고 노브를 탈거한다.
④ 변속레버 인디케이터 어셈블리를 탈거한다.
⑤ 위치 표시등 커넥터를 분리시킨다.
⑥ 클립을 탈거하고 변속레버 측에서 너트를 탈거한다.
⑦ 대시 패널에 설치되어 있는 볼트 및 와셔 어셈블리를 탈거한다.

운전석에서의 콘솔박스와 레버의 분해

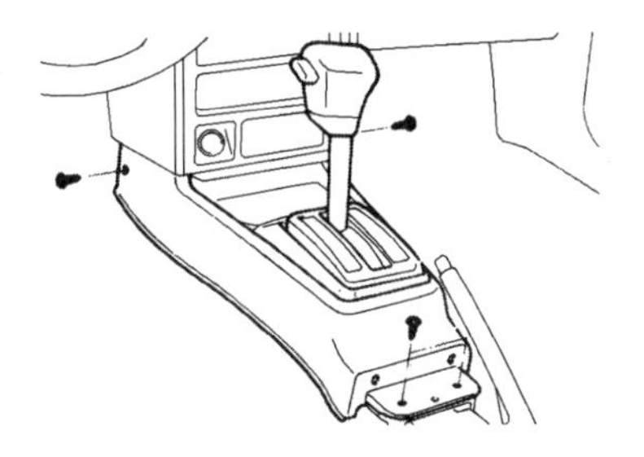

콘솔박스 탈거

⑧ 클립을 탈거한다.
⑨ 시프트 로크 케이블을 탈거한다.
⑩ 트랜스액슬 컨트롤 케이블 어셈블리를 탈거한다.

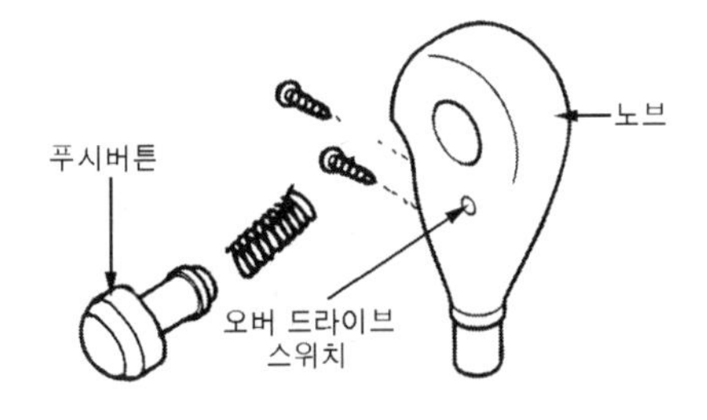

선택 레버

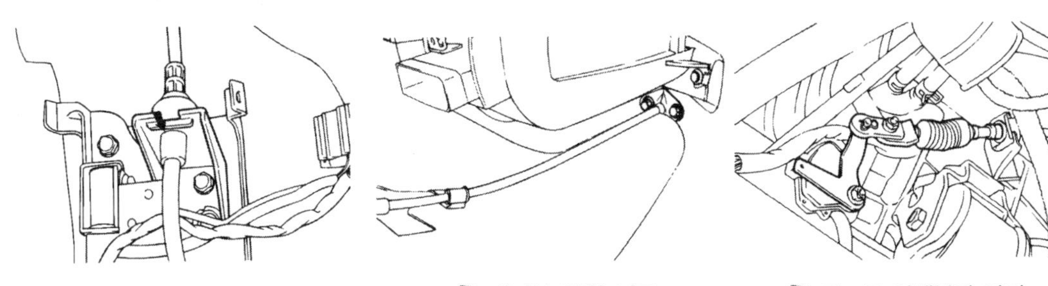

클립의 탈거 케이블 장착 너트 컨트롤 어셈블리 탈거

2. 컨트롤 케이블 장착

① 부싱의 내부에 규정된 그리스를 도포한다(규정 그리스 : 섀시 그리스 SAE J310, NLGI NO.0).
② 변속 레버를 움직여 인히비터 스위치를 "N" 위치에 놓고 컨트롤 케이블을 장착한다.

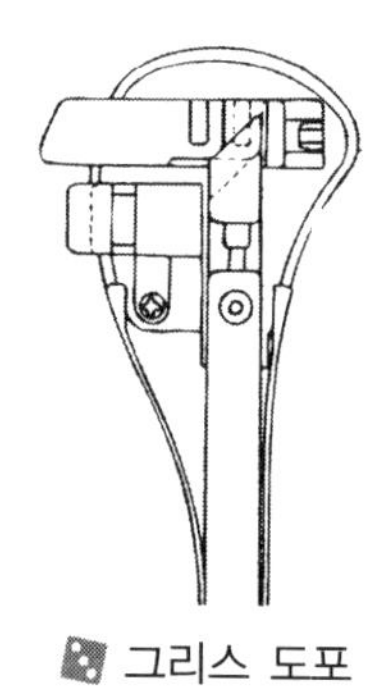

그리스 도포

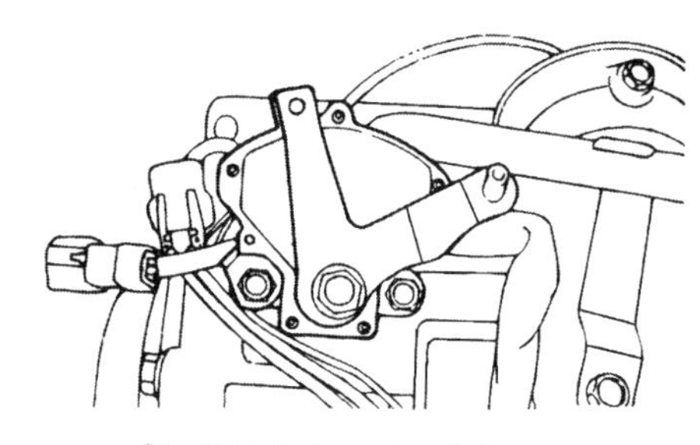

인히비터 스위치 "N" 위치

③ 컨트롤 케이블을 트랜스액슬 마운팅 브래킷에 장착할 때 클립을 컨트롤 케이블의 제 위치에 넣는다.
④ 볼트 와셔 어셈블리와 너트를 장착한다.
⑤ 클립 핀과 스플리트 핀을 장착한다.
⑥ 위치 표시등 커넥터, 오버 드라이브 스위치 커넥터를 연결한다.
⑦ 변속레버 인디케이터를 장착한다(캡 조정기의 B면이 푸시 버튼 쪽(운전자석 측)을 향하도록 한다).
⑧ 선택 노브를 장착한다.

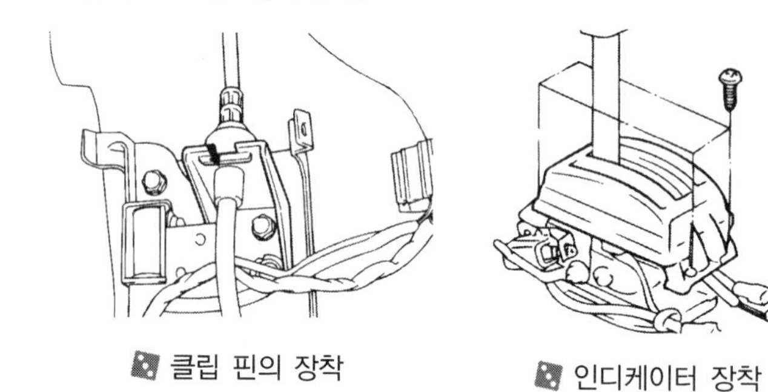

클립 핀의 장착

인디케이터 장착

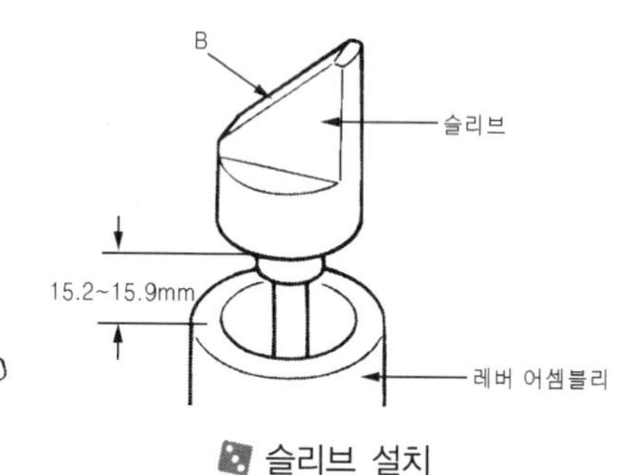

슬리브 설치

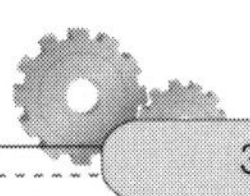

NO.11 인히비터 스위치(Inhibitor Switch)의 탈거와 장착방법

1. 인히비터 스위치의 탈거

① 변속 레버를 "N" 레인지로 선정한다.

② 매뉴얼 컨트롤 레버 플랜지 너트를 풀고 케이블과 레버를 분리한다.

③ 인히비터 스위치 설치 볼트를 풀고 몸체에서 인히비터 스위치를 탈거한다.

2. 인히비터 스위치의 장착하기

① 매뉴얼 컨트롤 레버를 "N" 레인지로 선정한다.

② 조정 너트를 조정하여 컨트롤 케이블이 끌리지 않도록 하고 변속 레버가 부드럽게 작동하는가를 점검한다.

③ 변속 레버를 작동시킬 때 변속 레버의 각 레인지와 상응하는 레인지로 매뉴얼 컨트롤 레버가 움직이는가를 점검한다.

④ 매뉴얼 컨트롤 레버를 "N"레인지 위치로 둔다.

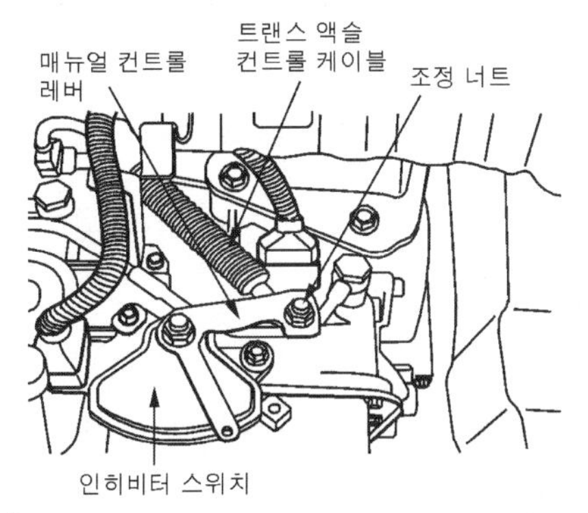

매뉴얼 컨트롤 레버와 케이블의 분리

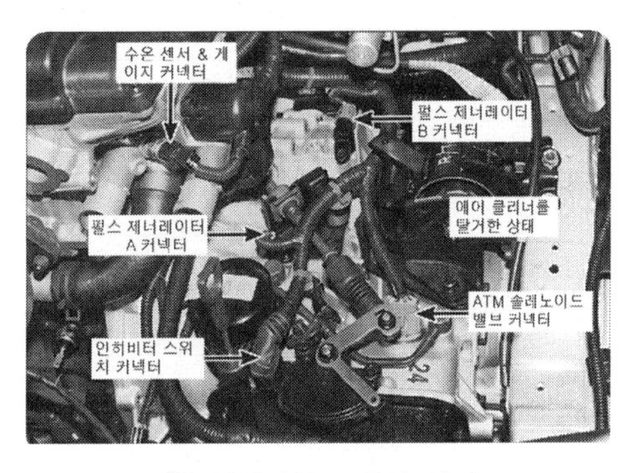

인히비터 스위치 위치

⑤ 인히비터 스위치 보디 고정 볼트를 풀고 매뉴얼 컨트롤 레버 선단의 구멍과 인히비터 스위치 보디의 플랜지부 구멍(좌측 그림 단면 A-A부)이 일치되도록 인히비터 스위치 보디를 회전시켜 조정한다.

⑥ 인히비터 스위치 보디 고정 볼트를 규정토크로 조인다(스위치 보디가 어긋나지 않도록 주의할 것).

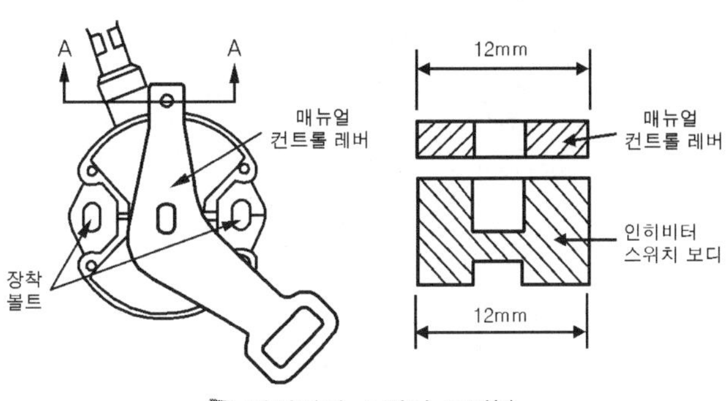

인히비터 스위치 조정(1)

NO.12 A/T 변속레버(Shaft Lever)의 위치 점검방법

1. 변속레버의 작동 점검방법

① 운전석 선택 레버를 각 위치로 변속시키면서 레버가 부드럽게 움직이고 적절히 조절되는지와 위치 표시가 정확한지 점검한다.

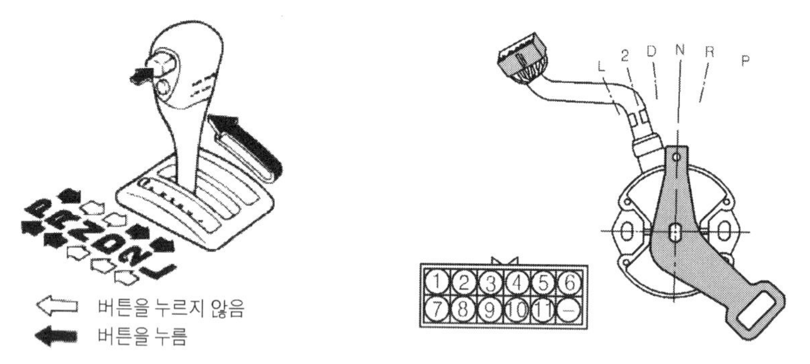

② 운전석 선택레버 위치와 인히비터 스위치 매뉴얼 컨트롤 레버위치가 일치하는지를 점검한다.

③ 엔진의 시동을 거로 선택레버를 "N"에서 "D"로 이동 시켰을 때 차량이 앞쪽으로 움직이고 "R"로 놓았을 때 뒤로 움직이는가를 점검한다.

④ 변속레버의 작동이 불량하면 컨트롤 케이블과 슬리브를 조정하고 변속레버 어셈블리의 섭동부를 점검한다.

2. 인히비터 스위치 및 컨트롤 케이블과 슬리브 조정방법

① 변속레버를 N 레인지로 선정한다.

② 트랜스 액슬 컨트롤 케이블과 매뉴얼 컨트롤 레버 결합 부위의 너트를 풀고 케이블과 레버를 분리한다.

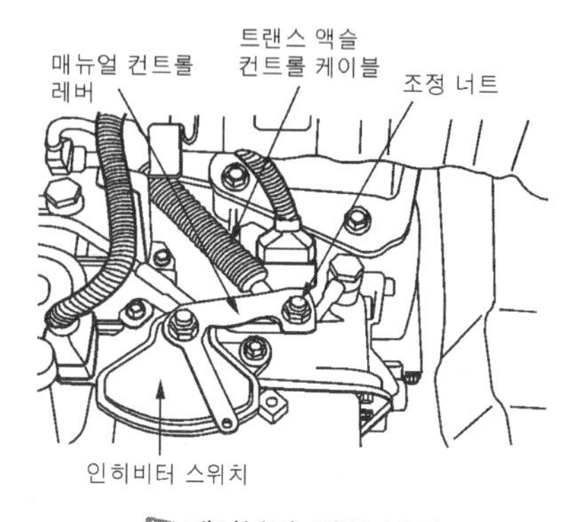

케이블과 레버 분리

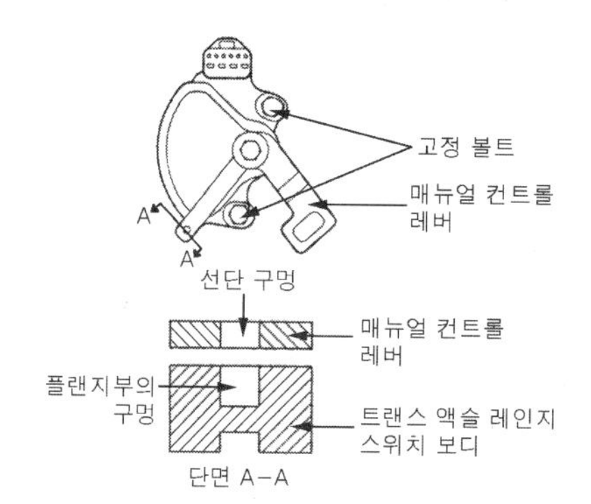

사각면과 보디 플랜지 일치

③ 매뉴얼 컨트롤 레버를 N 레인지로 선정한다.

④ 매뉴얼 제어 레버의 사각면과 인히비터 스위치 보디 플랜지가 일치할 때까지 인히비터 스위치

보디를 돌린다. 스위치 보디를 조정할 때 스위치 보디에서 O-링이 떨어지지 않도록 주의한다.

⑤ 설치 볼트를 1.0~2.0 kgf·m의 토크로 조인다. 이때 설치 볼트는 스위치 보디가 제 위치에서 이탈하지 않도록 조심해서 조인다.

⑥ 변속레버가 N 레인지에 있는가 점검한다.

⑦ 조정 너트를 조정하여 컨트롤 케이블이 끌리지 않도록 하고 변속레버가 부드럽게 작동하는가를 점검한다.

⑧ 변속 레버를 작동시킬 때 변속레버의 각 레인지와 상응하는 레인지로 매뉴얼 컨트롤 레버가 움직이는가를 점검한다.

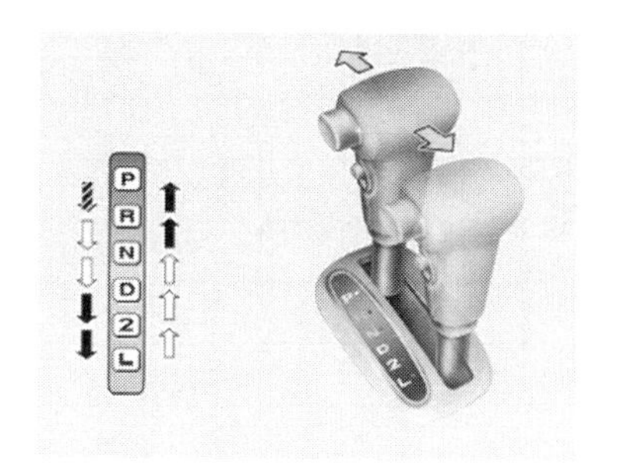

베르나

제네시스/오피러스

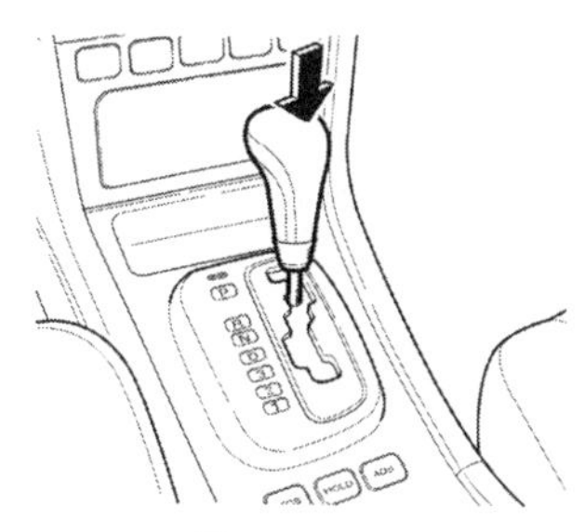

매그너스

NO.13 인히비터 스위치(Inhibitor Switch)의 점검방법

1. 인히비터 스위치의 기능

인히비터 스위치는 변속레버를 P 레인지 또는 N 레인지의 위치에서만 엔진이 시동되도록 하고 그 외의 레인지 위치에서는 시동이 안 되도록 하며, R 레인지에서는 후퇴 등이 점등되도록 하는 것이다.

2. 인히비터 스위치의 위치

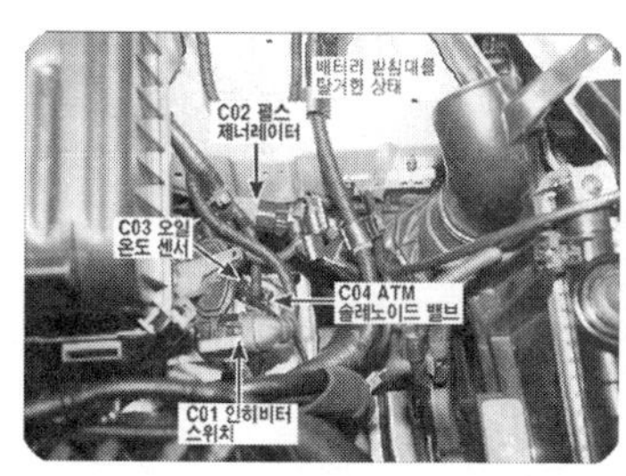

아반떼 XD (1.5)

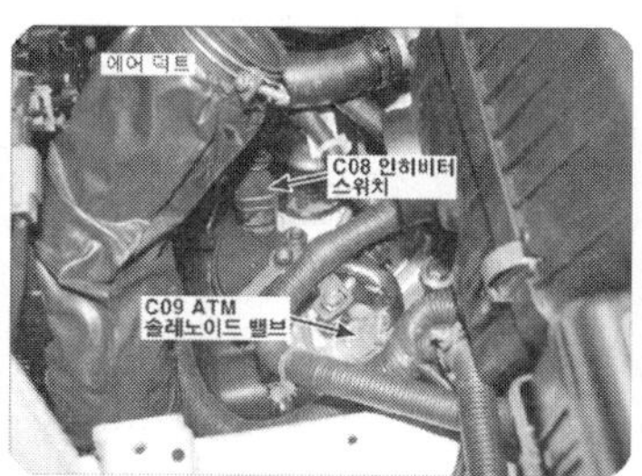

싼타페 2.0 2.7

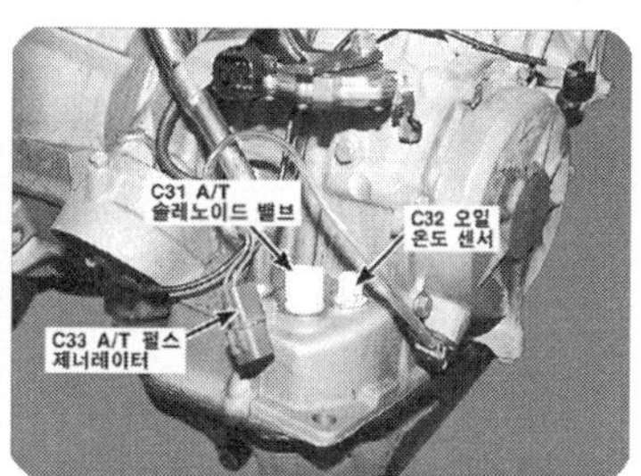

베르나

3. 인히비터 스위치 쪽 커넥터에서 점검 방법

1) F4A2 계열

F4A2 계열

단자번호	P	R	N	D	2	L	연결단자
1					○		TCU
2			○				TCU
3	○						TCU
4	○	○	○	○	○	○	점화 스위치
5						○	TCU
6				○			TCU
7		○					TCU
8	○		○				점화 스위치
9	○		○				스타터 모터
10		○					점화 스위치
11		○					후진등

2) F4A3 계열

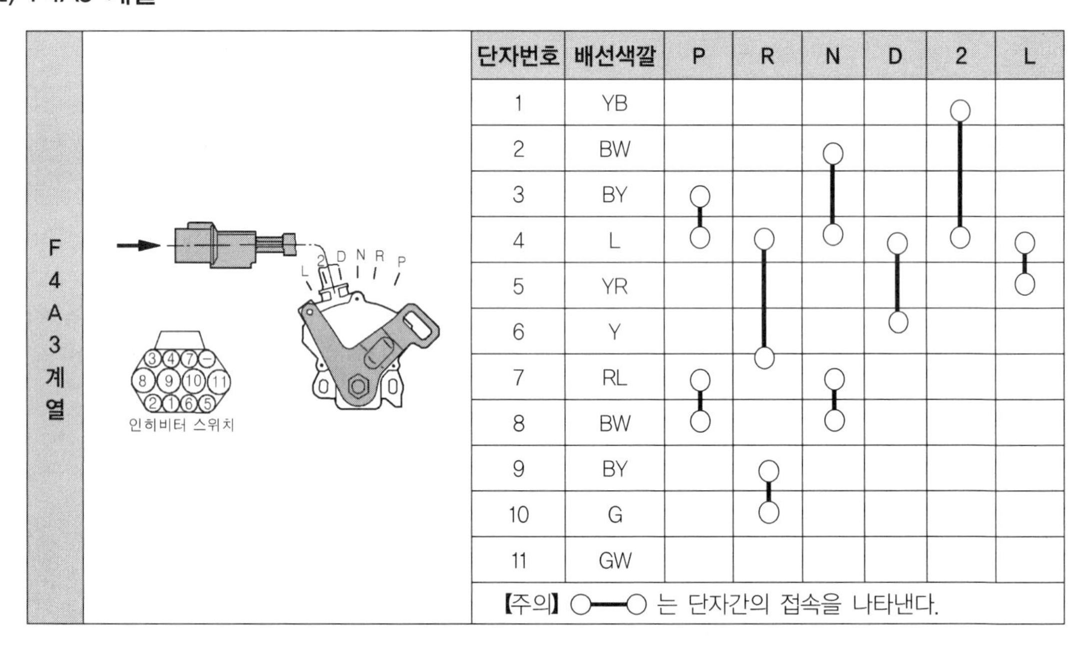

단자번호	배선색깔	P	R	N	D	2	L
1	YB					○	
2	BW			○			
3	BY	○					
4	L	○	○	○	○	○	○
5	YR						○
6	Y				○		
7	RL	○	○	○			
8	BW	○		○			
9	BY		○				
10	G		○				
11	GW						

【주의】 ○—○ 는 단자간의 접속을 나타낸다.

4. 검사 블록 선도

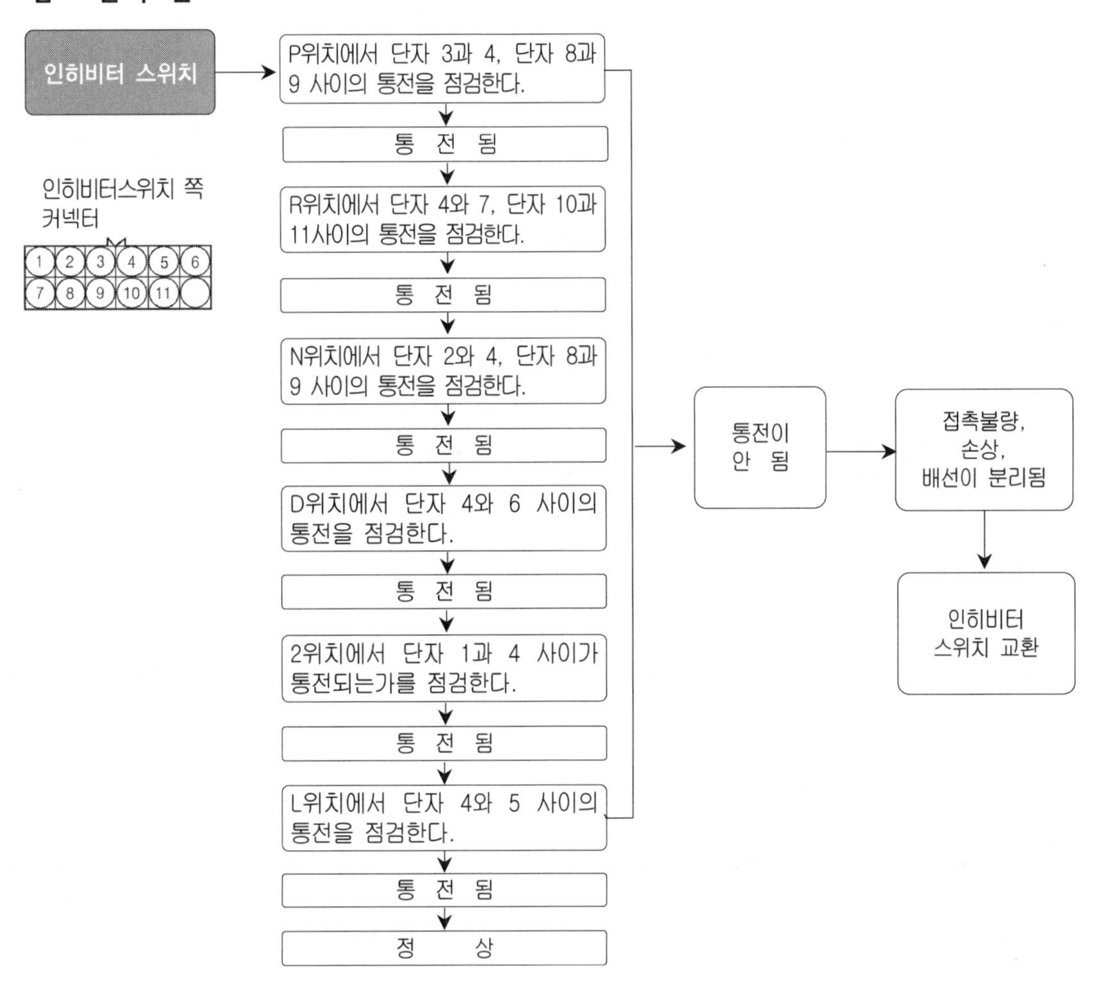

NO.14 입·출력 센서 A, B(Pulse Generator A, B)의 점검방법

1. 입·출력 센서의 기능

① 펄스 제너레이터 A : 변속시 유압 제어를 위하여 킥다운(급가속시 강제 다운 시프트 되는 현상) 드럼의 회전수를 검출하는 자기 유도형 발전기형식이다. 배선 색깔이 연두색이며, 길이가 약간 길다.

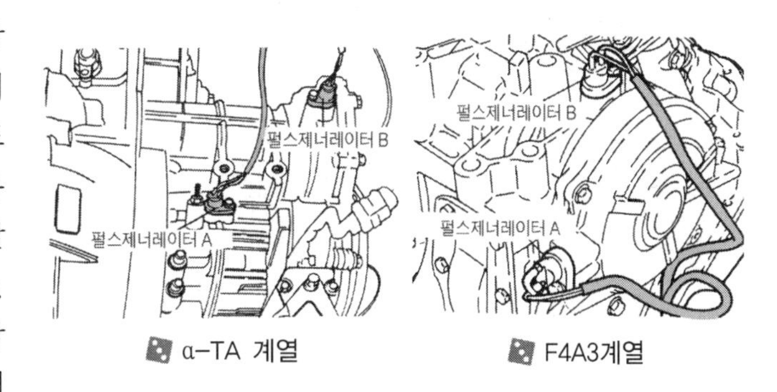

α-TA 계열　　F4A3계열

② 펄스 제너레이터 B : 주행속도 감지를 위하여 트랜스퍼 구동기어의

회전속도를 검출한다. 배선 색깔이 연두색 바탕에 검정색이 삽입되어 있다.

2. 점검 방법

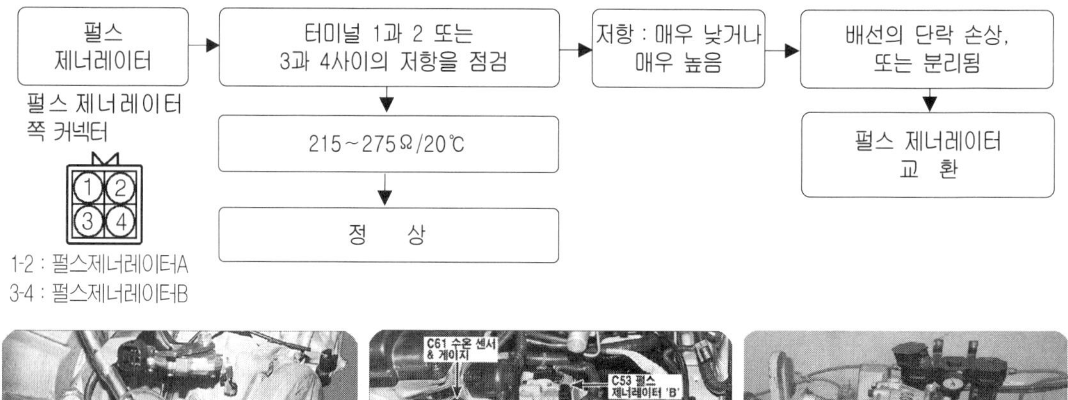

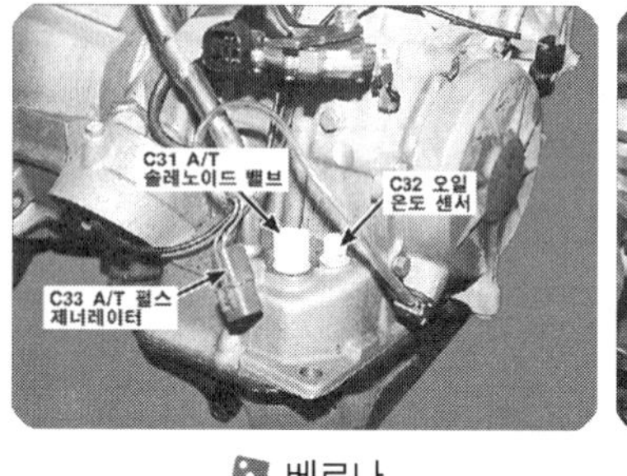

베르나

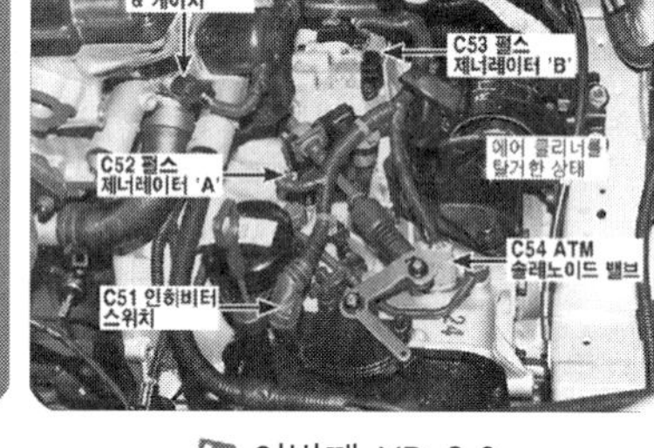

아반떼 XD 2.0

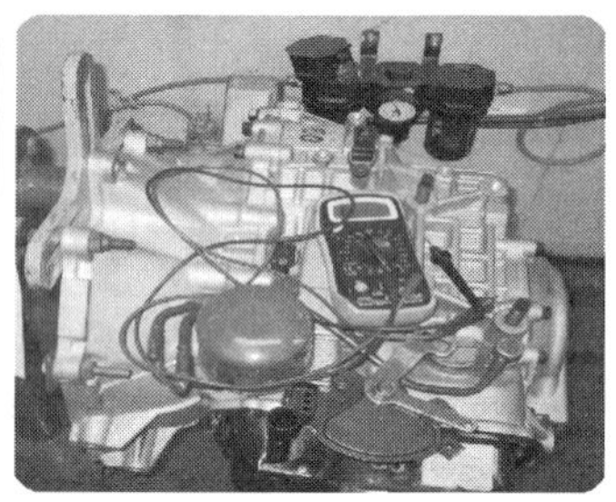

입·출력 센서 점검 사진

NO.15 각종 솔레노이드 밸브(Solenoid Valve)의 점검방법

1. 유온센서의 점검

유온 센서 커넥터의 단자간 저항값을 멀티 테스터로 측정하여 온도에 따라 저항값의 변화를 점검한다.

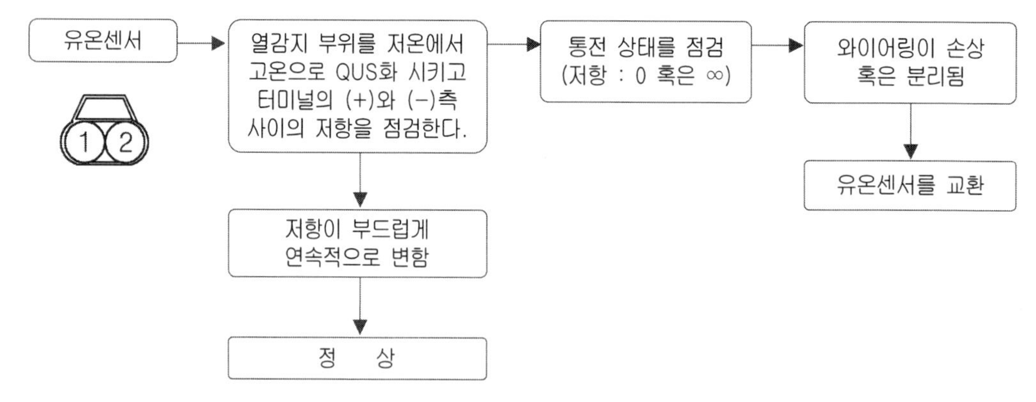

2. 압력제어 솔레노이드 밸브(PCSV : Pressure Control Solenoid Valve)의 저항 점검 방법

① 압력제어 솔레노이드 밸브(PCSV-A) : 솔레노이드 밸브 커넥터의 2번 단자와 트랜스 액슬 케이스 사이의 저항을 점검한다.

② 압력제어 솔레노이드 밸브(PCSV-B) : 솔레노이드 밸브 커넥터의 3번 단자와 트랜스 액슬 케이스 사이의 저항을 점검한다.

③ 트랜스 액슬 케이스와 커넥터의 2번 단자 또는 3번 단자 사이에 12V를 연결하고 스위치를 ON/OFF 시키면서 작동음을 점검한다.

구 분	단자와 케이스간 저항	작동상 점검	솔레노이드 밸브
PCSV-A, B	2.9±0.3Ω/20℃	해당 단자와 케이스간 12V 전원 ON/OFF시 마다 작동음 발생시 정상	SCSV-C, PCSV-B, SCSV-B, PCSV-A, DCCSV, SCSV-A
SCSV-A, B, C	22.3±1.5Ω/20℃		
DCCSV	3Ω/20℃	"R", "D" 에서 공회전시 정상	

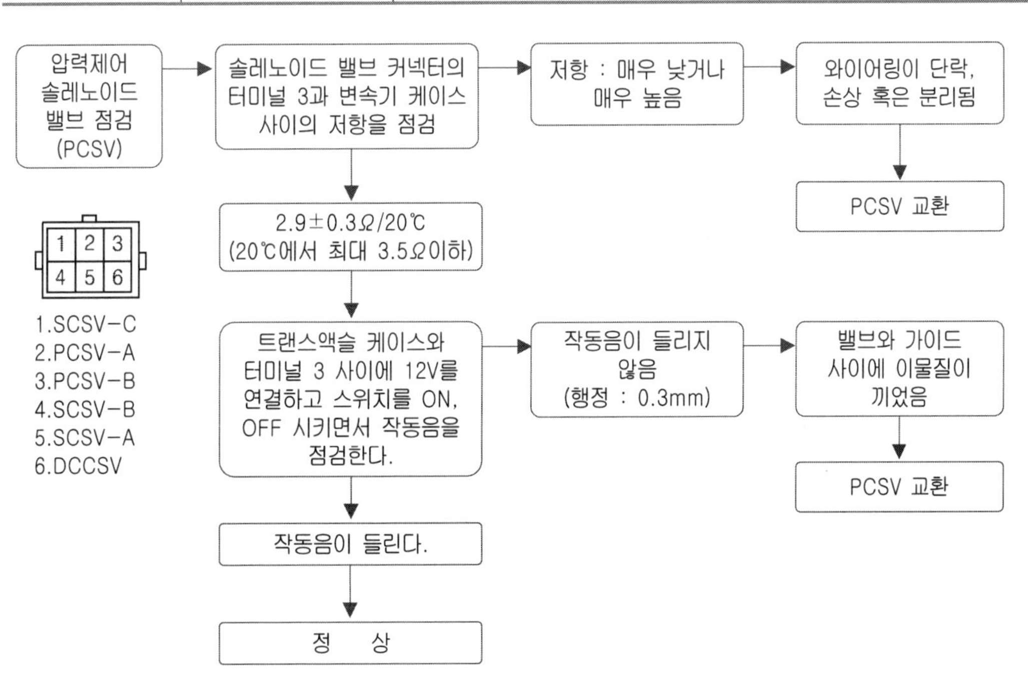

3. 변속제어 솔레노이드 밸브(SCSV : Shift Control Solenoid Valve)의 저항 점검 방법

① 변속제어 솔레노이드 밸브(SCSV-A) : 솔레노이드 밸브 커넥터의 5번 단자와 트랜스 액슬 케이스 사이의 저항을 점검한다.

② 변속제어 솔레노이드 밸브(SCSV-B) : 솔레노이드 밸브 커넥터의 4번 단자와 트랜스 액슬 케이스 사이의 저항을 점검한다.

③ 변속제어 솔레노이드 밸브(SCSV-C) : 솔레노이드 밸브 커넥터의 1번 단자와 트랜스 액슬 케이스 사이의 저항을 점검한다.

④ 트랜스 액슬 케이스와 커넥터의 1번 단자, 4번 단자, 5번 단자 사이에 12V를 연결하고 스위치를 ON/OFF 시키면서 작동음을 점검한다.

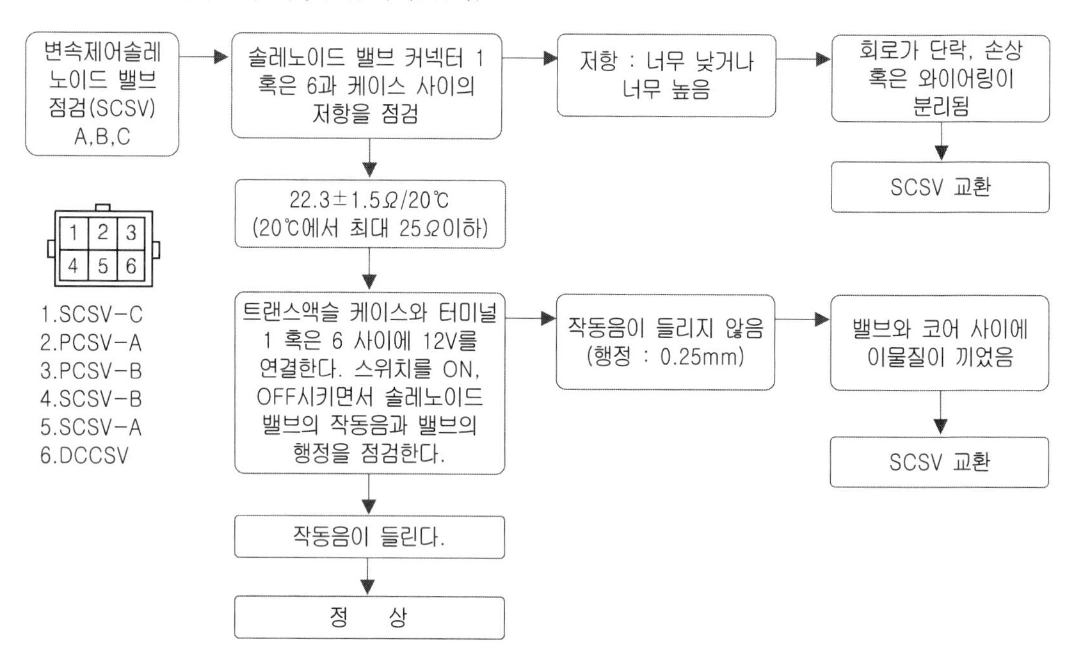

4. 댐퍼 클러치 솔레노이드 밸브(DCCSV : Damper Clutch Control Solenoid Valve)의 저항 점검방법

① 댐퍼 클러치 컨트롤 솔레노이드 밸브(DCCSV) : 솔레노이드 밸브 커넥터의 6번 단자와 트랜스 액슬 케이스 사이의 저항을 점검한다.

② 트랜스 액슬 케이스와 커넥터의 6번 단자 사이에 12V를 연결하고 스위치를 ON/OFF 시키면서 작동음을 점검한다.

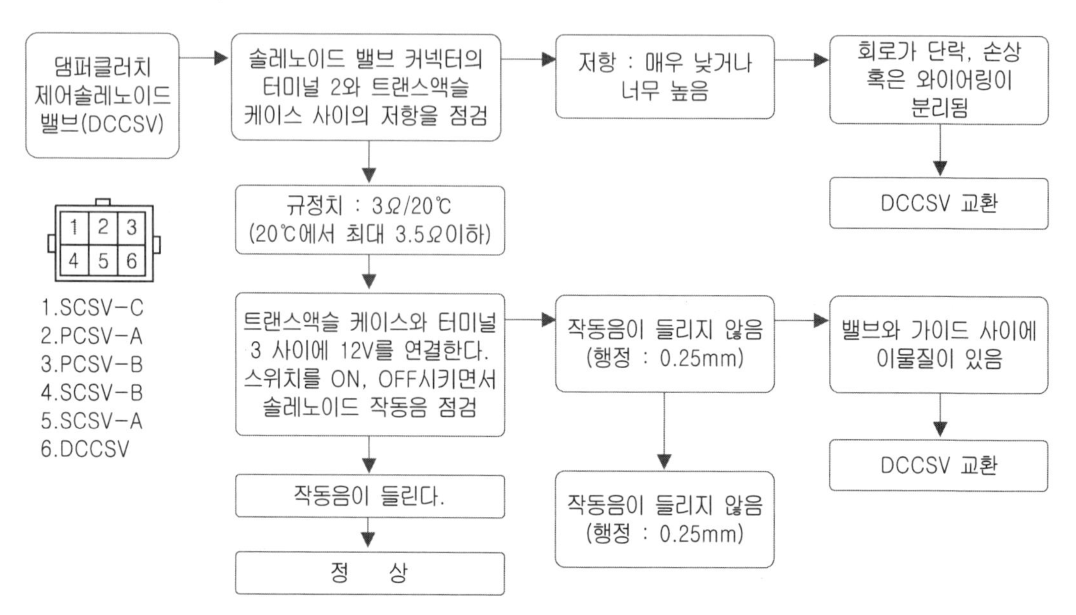

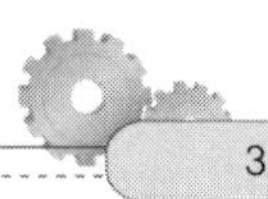

NO.16 킥다운 서보 스위치(Kick Down Switch)의 점검방법

1. 킥다운 서보 스위치의 기능

킥다운 밴드 브레이크 작동시 유압을 제어하기 위해 밴드의 작동시점 검출(1속에서 2속 증속시) 변속시의 느낌을 좋게 하기 위해 킥다운 브레이크 작동 직전까지는 킥 다운 서보에 높은 유압을 보내어 작동시간을 줄이고, 그 이후는 적정한 유압을 작용시켜 킥다운 드럼을 잡을 때 충격이 발생하지 않도록 한다.

킥다운 브레이크의 작동전까지는 킥다운 서보 스위치가 "ON"되고, 작동이 완료되면 OFF되어 그 신호를 TCU에 전달하며, 그 시점에서 서보 작동압(SA)을 저하시킨 후 마지막에는 높은 유압을 보내어 킥다운 드럼을 고정시킨다.

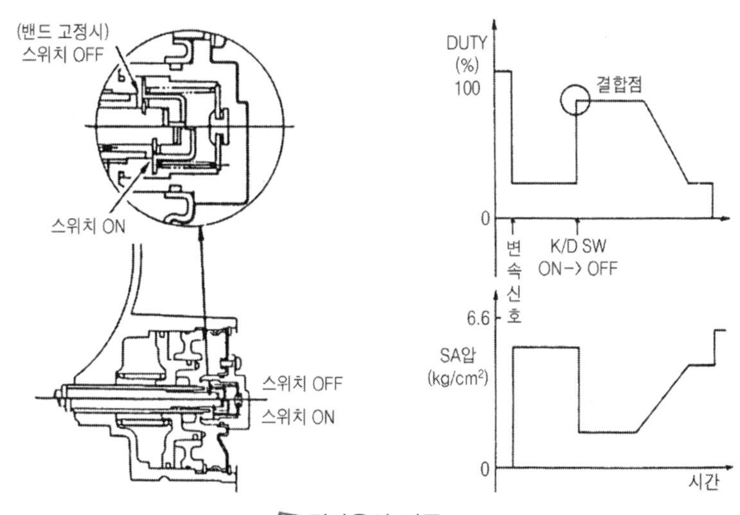

킥다운의 작동

2. 킥다운 서보 스위치 점검

1) 차상 상태에서의 점검

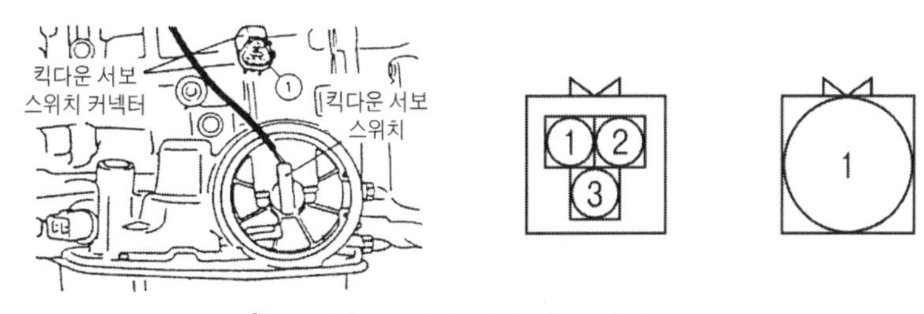

킥다운 스위치 위치 및 커넥터

① 킥다운 스위치 터미널과 변속기 케이스 사이의 통전을 점검하여 0 Ω이면 정상이다.

② 엔진의 시동을 걸고 선택 레버를 L 레인지 위치시킨 후 엔진을 공회전 시키면서 킥다운 스위치 터미널과 변속기 케이스 사이의 통전을 점검하여 ∽ Ω이면 정상이다.

2) 단품 점검

① 킥다운 서보 스위치를 분해한다.

② 멀티 테스터로 킥다운 서보 스위치 커넥터의 단자와 A 지점을 연결했을 때 통전이 되면 정상, 통전이 되지 않으면 불량이다.

킥다운 스위치 설치위치

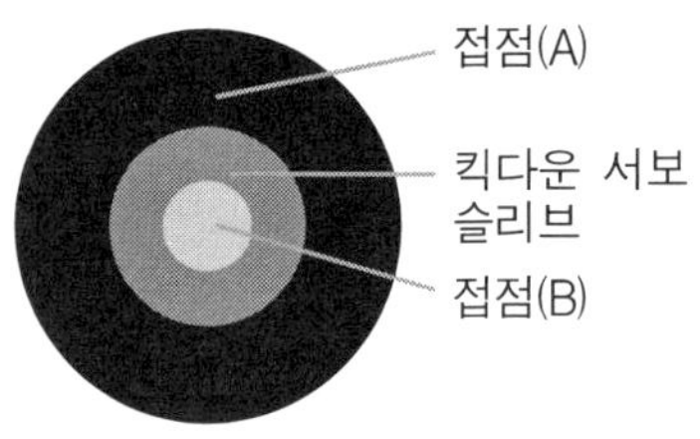

킥다운 서보 스위치 점검 위치

③ 볼펜이나 뾰족한 공구로 B 지점을 누른 다음, 멀티 테스터로 킥 다운 서보 스위치 커넥터의 단자와 A 지점에 연결했을 때 불통되면 정상, 통전이 되면 불량이다.

3) 킥다운 서보의 조정

① 킥다운 조정 스크루 주변의 이물질을 깨끗이 닦아낸다.

② 로크 너트를 풀고 조정 스크루의 끝까지 손으로 돌린다.

③ 조정 스크루를 푼 후 0.5kgf·m의 토크로 조인다. 이와 같은 작업을 2회 반복한다.

④ 조여진 조정 스크루를 3~3 1/3회전 푼다.

⑤ 조정 스크루가 회전되지 않도록 렌치로 고정시킨 상태에서 로크 너트를 규정 토크로 조인다.

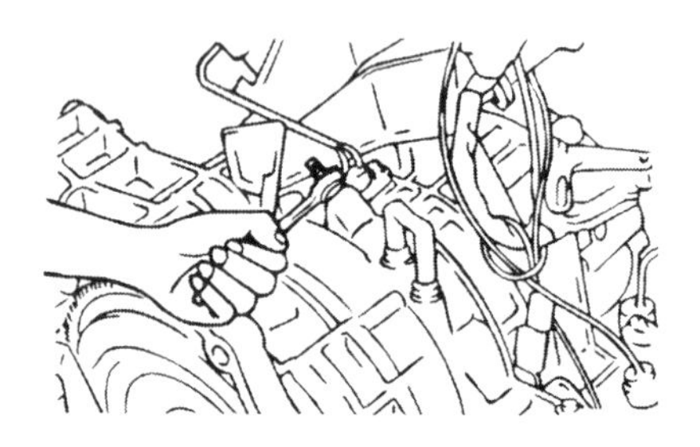

조정 스크루 위치

NO.17 A/T 오일 필터(A/T Oil Filter)의 교환방법

1. A/T 오일 필터 교환 방법

① 자동차를 리프트로 들어 올린다.

② A/T 변속기에 묻어 있는 모래, 이물질 등을 청소한다.

③ 드레인 플러그를 분리하고 오일을 배출시킨다.

리프트로 들어 올린다

오일팬 위치

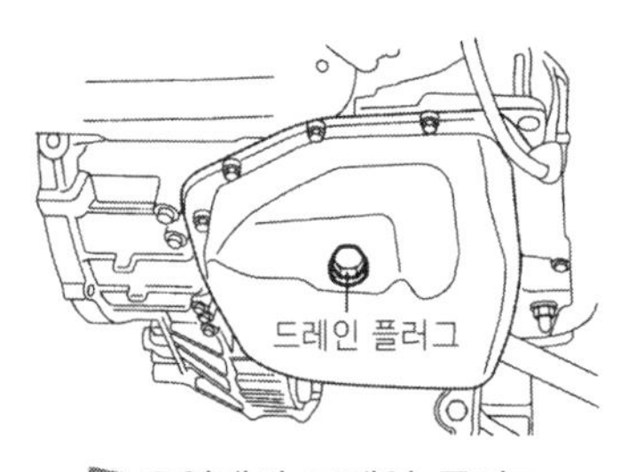

오일팬의 드레인 플러그

④ 오일 팬과 가스켓을 탈거한다.
⑤ 밸브 보디에서 오일 필터를 탈거한다.
⑥ 조립은 탈거의 역순이다.

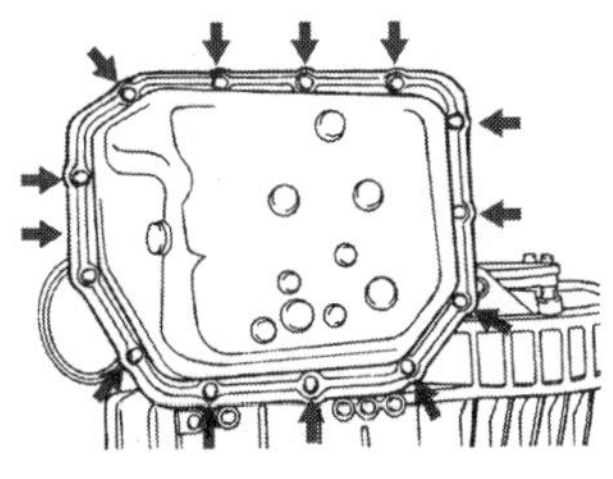
오일 팬 탈거

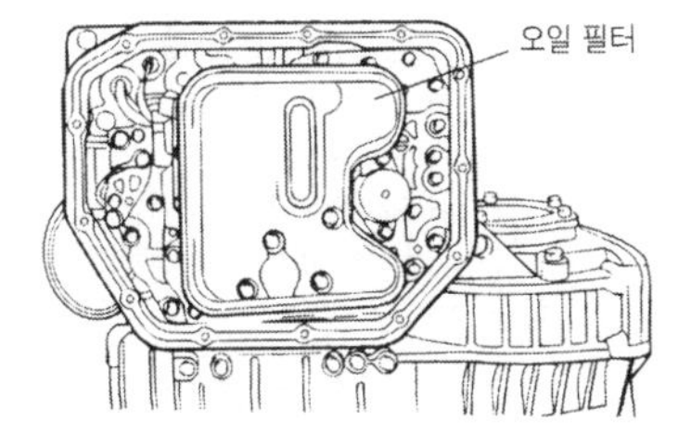

오일 필터 탈거

오일 필터 설치상태

NO.18 A/T 자기진단 방법

1. 진단기(HI-SCAN)를 사용한 자동변속기 점검 방법

① 점화스위치를 OFF시킨다.
② 진단기의 커넥터 리드선을 점검 대상 차량의 자기진단 커넥터에 연결한다.
③ 차 실내에서 점검할 경우에는 담배 라이터를 빼내고 테스터의 전원을 연결하고, 외부에서 점검할 경우에는 축전지의 ⊕단자 기둥과 ⊖단자 기중에 연결한다.
④ 점화 스위치를 ON으로 하고 하이스캔의 ON/OFF 스위치를 0.5초 동안 누른다.

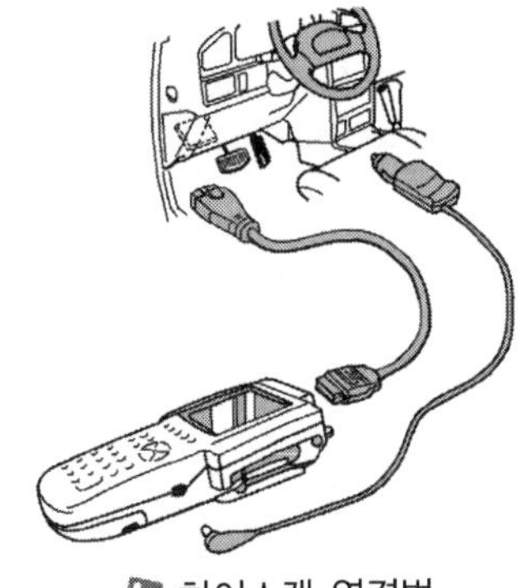
하이스캔 연결법

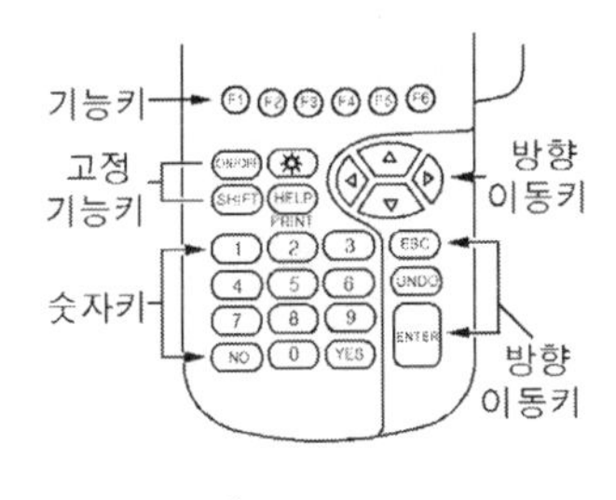

키 보드

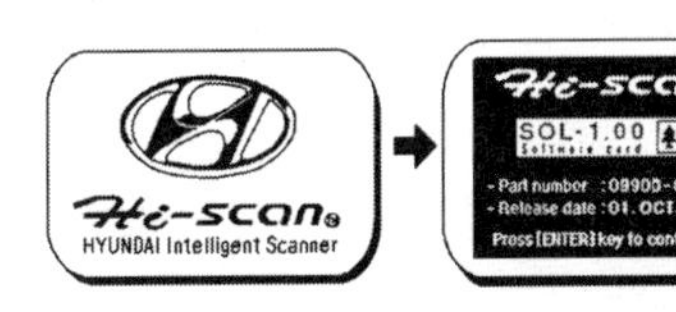

기본 로고 소프트웨어 카탈로그

⑤ 잠시 후 하이스캔 기본 로고와 소프트웨어 카탈로그가 화면에 나타난다.
⑥ 로고 화면에서 엔터(Enter↵)키를 누른 다음 아래 순서에 맞추어서 측정한다.

기능 선택
01. 차종별 진단 기능
02. CARB OBD-II
03. 주행 데이터 검색기능
04. 공구상자
05. 하이스캔 사용환경
10. 응용 진단기능

기능 선택

1. 차종별진단기능
01. 현대 자동차
02. 대우 자동차
03. 기아 자동차
04. 쌍용 자동차

제작회사 선택

1. 차종별진단기능
01. 엑센트
02. 엑 셀
03. 스쿠프
04. 아반떼
05. 티뷰론
10. 쏘나타 II

차종 선택

1. 차종별진단기능
차 종 : 엑센트 01. 엔진제어 SOHC 02. 엔진제어 DOHC 03. 자동 변속 04. 제동제어 05. 에어백

점검 항목 선택

1. 차종별기능선택
차 종 : 엑 센 트 사 양 : 자동 변속 01. 자기 진단 02. 센서 출력 03. 주행 검사 04. 액츄에이터 검사 05. 센서출력&시뮬레이션

자기진단 선택

1.1 자기 진단
85. PCSV 이상 83. SCSV-A이상 03. PCSV 단선 04. DCCSV 단선 05. SCSV-A단선
고장 항목 갯수 : 5개
[TIPS] [ERAS]

불량일 때

⑦ 불량 화면에서 F1 키를 누르면 커서가 위치한 고장 코드의 정비 지침 내용이 있으며 F2 키를 누르면 기억을 소거할 수 있다.

85. PCSV 이상
PCSV 배선 단락 / 단선 점검 PCSV 단품 고장 검출 고장코드 45번과 46번이 4번 이상 발생시 Fail safe : D위치에서 3속 고정 : 2, L위치에서 2속 고정

PCSV의 서비스 데이터

2. 자기진단 항목 및 조치방법

1) 현대 F4A2 계열 94년형 이전 모델

코드 NO	항목	작동조건	조치방법
21	• TPS의 쇼트, 또는 센서 접지선의 단선, 액셀러레이터 스위치 조정불량	• 400rpm 〈 Ne 〈 1000rpm • 액셀러레이터 SW : ON 상태 에서 A/D 컨버터 출력이 4.8V 이상의 상태로 4초 이상 유지할 것	• TPS 커넥터 점검 • TPS 단품 점검 • TPS 조정 • 액셀러레이터 스위치 점검 (NO.28출력의 유무) ※ 코드 NO.21, 22발생 후 TCU는 TPS출력을 2.5V 일정 전압으로 간주한다.(TH=50%)
22	• TPS의 단선, 또는 센서 접지선의 단선, 액셀러레이터 스위치 조정불량	• Ne 〈 2000rpm • 액셀러레이터 SW : OFF 상태에서 A/D 컨버터 출력이 0.2V 이하로 된 상태를 4초 이상 유지할 것	
23	• TPS센서 조정 불량	• 스로틀 전압 학습보정량이 20회 연속하여 ±0.2V이상일 것	
24	• 유온센서의 단선	• Ne 〉 1000rpm, No 〈 1000rpm 의 상태를 10분간 누적 경과 후 출력 전압이 4.3V이상의 상태로 1초 이상 유지할 것	• 유온센서 커넥터 점검 • 유온센서 단품 점검 ※ 코드NO.24 발생 후 TCU는 유온센서 출력을 80℃로 간주한다.
25	• 킥다운 서보 SW 단선	• Ne〉900rpm, 유온 60℃ 상태에서 1속 또는 3속으로의 변속지령에서 5초 후 신호가 OFF로 되는 상태를 1초 이상 유지할 것	• 킥다운 서보스위치 커넥터 점검 • 킥다운 서보스위치 단품 점검
26	• 킥다운 서보 SW 쇼트	• Ne〉900rpm, 유온 60℃ 상태 에서 2속, 4속으로의 변속지령 에서 5초 후 신호가 ON으로 되는 상태를 1초 이상 유지할 것	
27	• 이그니션 펄스 픽업 케이블의 단선	• "D", "2", "L"레인지, No〉1500rpm 의 상태에서 IG펄스가 5초간 입력 없을 것	• 이그니션 펄스 신호선의 점검

코드 NO	항목	작동조건	조치방법
28	• 액셀러레이터 스위치의 쇼트 또는 조정 불량	• Ne〉200rpm, 300rpm 〈 No 〈 900rpm 스로틀개도 30%이상 ON 신호가 1초 이상 유지 할 것	• 액셀러레이터 스위치 • 커넥터 점검 • 액셀러레이터 스위치 단품점검 • 액셀러레이터 스위치 조정
31	• TCU 내부 불량	• TCU 내부 원인으로 프로그램의 초기화 처리를 2초간 하여도 이상이 해제되지 않을 때	• TCU 교환
32	• 고속주행중의 1속 지령	• 차속 리드 SW에서 검출된 차속이 83km/h 상당 이상으로 이 신호가 100주기 이상 연속하고 있을 때 1속지령을 0.01초 이상 검출	• TCU 교환
33	• 펄스 제너레이터 B의 단선	• 차속리드 SW출력 차속이 45km/h이상일 때 펄스 제너레이 터 B출력 차속이 그때의 30% 이하로 된 상태가 1초 이상 연속	• 펄스 제너레이터 B단품 점검 • 차속 리드 스위치 점검 (채터링 현상)
41	• 변속조절 솔레노이드 밸브 A의 단선	• 변속조절 솔레노이드 밸브 A의 단선이 0.3초 이상 연속	• 솔레노이드 밸브 커넥터 점검 • 변속 조절 솔레노이드 밸브A 단품점검
42	• 변속조절 솔레노이드 밸브 A의 쇼트	• 변속조절 솔레노이드 밸브 A의 쇼트가 0.3초 이상 연속	
43	• 변속조절 솔레노이드 밸브 B의 단선	• 변속조절 솔레노이드 밸브B의 단선이 0.3초 이상 연속	• 솔레노이드 밸브 커넥터 점검 • 변속조절 솔레노이드 밸브 B 단품 점검
44	• 변속조절 솔레노이드 밸브 B의 쇼트	• 변속조절 솔레노이드 밸브B의 쇼트가 0.3초 이상 연속	
45	• 압력조절 솔레노이드 밸브의 단선	• 압력조절 솔레노이드 밸브의 단선이 0.3초 이상 연속	• 솔레노이드 밸브 커넥터 점검 • 압력조절 솔레노이드 밸브 B 단품점검
46	• 압력조절 솔레노이드 밸브의 쇼트	• 압력조절 솔레노이드 밸브의 쇼트가 0.3초 이상 연속	
47	• 댐퍼 클러치 컨트롤 솔레노이드 밸브의 단선	• 댐퍼 클러치 컨트롤 솔레노이 드 밸브의 단선이 0.3초 이상 연속	• 솔레노이드 밸브 커넥터 점검 • 댐퍼 클러치 컨트롤 솔레노이드 밸브 단품점검 ※코드 No.47, 48, 49 발생 후 TCU는 DCCSV의 듀티 제어를 중지한다.
48	• 댐퍼 클러치 컨트롤 솔레노이드 밸브의 쇼트	• 댐퍼 클러치 조절 솔레노이드 밸브의 쇼트가 0.3초 이상 연속	
49	• 댐퍼 클러치 시스템 의 불량	• 댐퍼 클러치 조절 듀티율이 100%의 상태를 10초 이상 연속	• 댐퍼 클러치 유압 계통 점검 • 댐퍼 클러치 컨트롤 솔레노이드 밸브 단품점검 • TCU교환
51	• 클러치(1속)	• Ne〉0, No〉900rpm 유온 60℃ 이상 1속으로의 변속 완료 후 2초 이후로 Nd=2.18×No의 관계가 1초 이상 성립하지 않을 때	• PG-A, PG-B 커넥터 점검 • PG-A, PG-B 단품점검 • 리어 클러치 불량
52	• 클러치(2속)	• Ne〉0, No〉900rpm 유온 60℃ 이상 2속으로의 변속 완료 후 2초 이후로 Nd=0rpm의 관계가 1초 이상 성립하지 않을 때	• PG-A, PG-B 커넥터 점검 • PG-A, PG-B 단품점검 • 킥다운 브레이크 불량
53	• 클러치(3속)	• Ne 〉 0, No 〉 900rpm 유온 60℃ 이상 3속으로의 시프트 완료 후 2초 이상 이후로 Nd=No의 관계가 1초 이상 성립하지 않을 때	• PG-A, PG-B 커넥터 점검 • PG-A, PG-B 단품점검 • 프런트 클러치 불량, 리어 클러치 불량
54	• 클러치(4속)	• Ne〉0, No〉900rpm 유온 60℃ 이상 4속으로의 시프트 완료 후 2초 이후로 Nd=0rpm 관계가 1초 이상 성립하지 않을 때	• PG-A, PG-B 커넥터 점검 • PG-A, PG-B 단품 점검 • 킥다운 브레이크 불량

2. F4A3계열 및 F4A2계열 94년형 이후 모델(Feed Back Control Type)

점검항목	점검내용		불량시 추정 원인 (또는 조치)
	점검조건	정상 판정치	
TPS • 데이터 리스트 • 항목 NO.11	액셀러레이터 페달 전폐	0.5~0.6V	• 전폐 또는 전개시 전압이 높을 때는 TPS 조정불량 • 변화가 없을 때는 TPS 또는 회로 하네스 불량 • 변화가 부드럽지 않을 때는 TPS 또는 액셀러레이터 페달 스위치 불량
	액셀러레이터 페달을 천천히 밟는다.	개도에 따라 변화	
	액셀러레이터 페달 전개	4.5~5.0V	
유온 센서	엔진 냉간시(시동 전)	외기온도 상당	• 유온센서 또는 회로 하네스 불량
	엔진 주행 중	점차 증가	
	엔진 정상 가온 후	80~110℃	
킥다운 서보 스위치 • 데이터 리스트 • 항목 NO.21	L레인지 공회전	ON	• 킥다운 서보조정 불량 • 킥다운 서보 스위치 또는 회로 하네스 불량 • 킥다운 서보 불량
	D레인지, 1속 또는 3속	ON	
	D레인지, 2속 또는 4속	OFF	
점화 신호선 • 데이터 리스트 • 항목 NO.23	N레인지, 공회전	650~900rpm	• 점화 계통불량 • 점화 신호 픽업 회로 하네스 불량
	N레인지, 2500rpm	2400~600rpm	
액셀러레이터 페달 스위치 • 데이터 리스트 • 항목 NO.24	액셀러레이터 페달 전폐	ON	• 액셀러레이터 페달 스위치 조정불량 • 액셀러레이터 페달 스위치 및 하네스 불량
	액셀러레이터 페달을 밟는다.	OFF	
공회전 스위치 • 데이터 리스트 • 항목 NO.25	액셀러레이터 페달 전폐	ON	• 공회전 스위치 조정불량 • 공회전 스위치 또는 회로 하네스 불량
	액셀러레이터 페달을 밟는다.	OFF	
에어컨 릴레이 신호 • 데이터 리스트 • 항목 NO.26	D레인지 에어컨 공회전 상승 상태	ON	• 에어컨 파워 릴레이 ON신호 검출 회로 하네스 불량
	D레인지 에어컨 스위치 OFF 상태	OFF	
T/M 기어 포지션 • 데이터 리스트 • 항목 NO.27	D레인지 공회전	C	• TCU불량 • 액셀러레이터 페달 스위치 계통, 불량 • 인히비터 스위치 계통불량 • TPS 계통불량
	L레인지 공회전	1ST	
	2레인지 2속	2ND	
	D레인지, O/D-OFF, 3속	3RD	
	D레인지, O/D, 4속	4TH	
펄스 제너레이터 A* • 데이터 리스트 • 항목 NO.31 (F4A2 계열)	D레인지, 2속, 30km/h로 주행	0rpm	• 펄스 제너레이터 A 또는 회로 하네스 불량 • 펄스 제너레이터 A 실드선 불량 • 외부 노이즈 침입 • 킥다운 브레이크의 미끌림
	D레인지, 3속, 50km/h로 주행	1600~000rpm	
	D레인지, 4속, 50km/h로 주행	0rpm	

점검항목	점검내용		불량시 추정 원인 (또는 조치)
	점검조건	정상 판정치	
펄스 제너레이터 A • 데이터 리스트 • 항목 NO.31 (F4A3 계열)	D레인지 정지상태	0rpm	• 펄스 제너레이터 A 또는 회로 하네스 불량 • 펄스 제러레이터 A 실드 선 불량 • 외부 노이즈 침입 • 킥다운 브레이크의 미끌림
	D레인지, 3속, 50km/h로 주행	1600~2000rpm	
	D레인지, 4속, 50km/h로 주행	1100~1400rpm	
펄스 제너레이터 B • 데이터 리스트 • 항목 NO.32	D레인지, 정지상태	0rpm	• 펄스 제너레이터 B 또는 회로 하네스 불량 • 펄스 제러레이터 B 실드 선 불량 • 외부 노이즈 침입
	D레인지, 3속, 50km/h로 주행	1600~000rpm	
	D레인지, 4속, 50km/h로 주행	1600~000rpm	
오버드라이브 스위치 • 데이터 리스트 • 항목 NO.35	오버드라이브 스위치를 ON에 위치	OD	• 오버드라이브 스위치 또는 회로 하네스 불량
	오버드라이브 스위치를 OFF에 위치	OD-OFF	
파워/이코노미 절환 스위치 • 데이타 리스트 • 항목 NO.36	파워패턴을 선택한다. (저유온시의 패턴 제어시를 포함)	파워	• 파워/이코노미 절환 스위치 또는 회로 하네스 불량
	이코노미 패턴을 선택	이코노미	
인히비터 스위치 • 데이터 리스트 • 항목 NO.34	"P" 레인지 시프트	P	• 인히비터 스위치 조정불량 • 인히비터 스위치 또는 회로 하네스 불량 • 매뉴얼 컨트롤 케이블 불량 ★ 선택레버가 작동되지 않을 때는 파킹 시프트 로크 장치를 점검할 것
	"R" 레인지 시프트	R	
	"N" 레인지 시프트	N	
	"D" 레인지 시프트	D	
	"2" 레인지 시프트	2	
	"L" 레인지 시프트	L	
차속 리드 스위치 • 데이터 리스트 • 항목NO.33	차량 정지 상태	0km/h	• 차량 정지 상태에서 고속신호가 출력 되는 경우는 차속 리드 스위치 불량 • 그 밖에 경우는 차속리드 스위치 및 회로 하네스 불량
	30km/h로 주행시	30km/h	
	50km/h로 주행시	50km/h	
PCSV 듀티 • 데이터 리스트 • 항목 NO.45	D레인지, 공회전	50~70%	★ D레인지, 공회전 상태에서 셀러레이터를 약간 밟으면 듀티가 30~50%로 될 것. • TCU 불량 • TPS 계통 불량 • 액셀러레이터 페달스위치 계통불량
	D레인지, 1속	30~50%	
	D레인지, 변속시	상황에 따라 변화	
댐퍼 클러치 슬립량 • 데이터 리스트 • 항목 NO.47	D레인지, 3속 1500rpm	200~300rpm	• 댐퍼 클러치 불량 • 점화신호 또는 펄스 제너레이터 B 계통 불량 • 트랜스미션 유압 부적정 • DCCSV 불량
	D레인지, 3속 3500rpm	30~50rpm	
DCCSV 듀티 • 데이터 리스트 • 항목 NO.49	D레인지, 3속 1500rpm	0%	• TCU 불량 • TPS 계통 불량 • 펄스 제너레이터 B계통 불량
	D레인지, 3속 3500rpm	부하에 의한 변화	

3. 차종별 TCU 설치위치

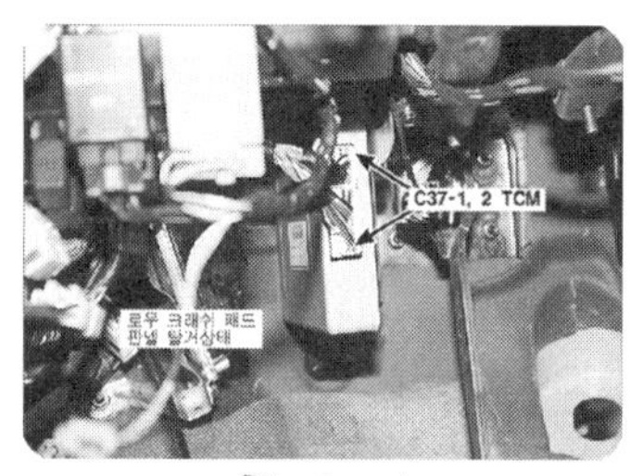

베르나

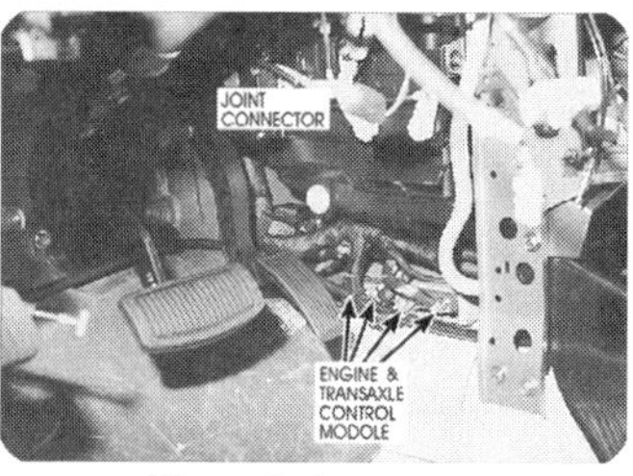

그랜저 XG 3.0

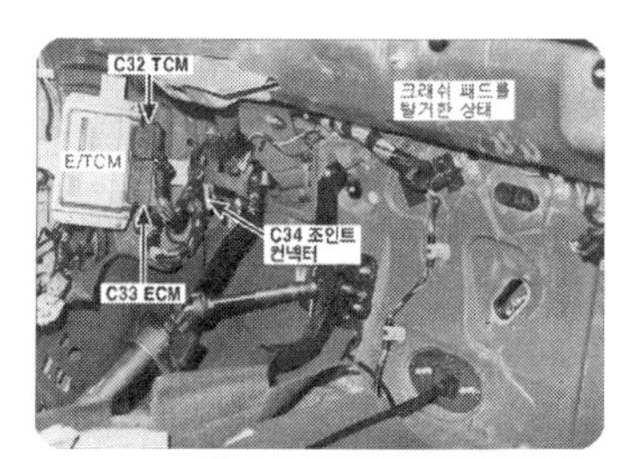

아반떼 XD

NO.19 A/T 오일 압력 점검 방법

1. 자동변속기 오일 압력 시험 방법

① 트랜스 액슬을 완전히 워밍업 시킨다.

② 잭으로 차량을 들어 올려 앞바퀴가 돌아갈 수 있도록 한다.

③ 엔진 태코미터를 연결하고 보기 좋은 곳에 위치시킨다.

④ 오일 압력 게이지와 어댑터를 각 오일압력 배출구에 연결한다. 후진압력, 프런트 클러치 압력, 로 리버스 브레이크 압력을 측정할 때는 30kgf/cm²용 게이지를 사용하여야 한다.

⑤ 다양한 조건에서 오일압력을 점검하여 측정값이 "규정 압력표"에 있는 규정 범위 내에 있는가를 확인한다. 오일압력이 규정범위를 벗어나면 "오일압력이 정상이 아닐 때 조치방법"을 참조하여 수리한다.

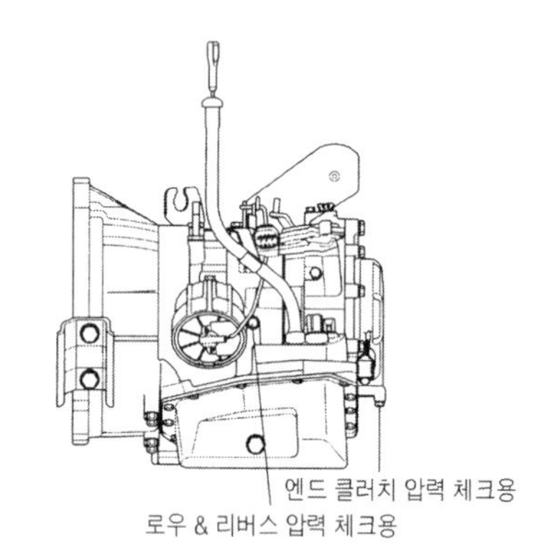

압력 플러그 위치(1)

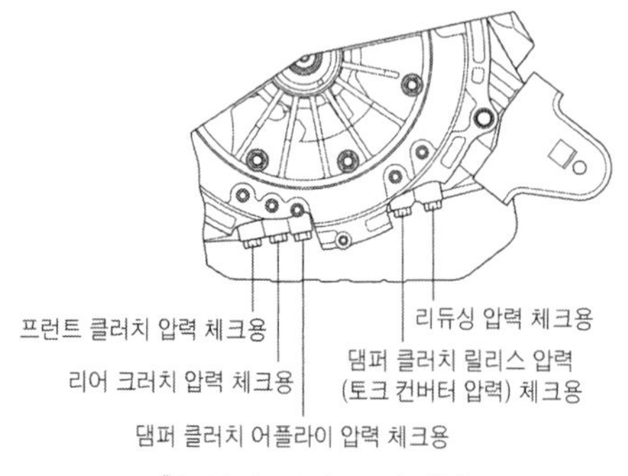

압력 플러그 위치(2)

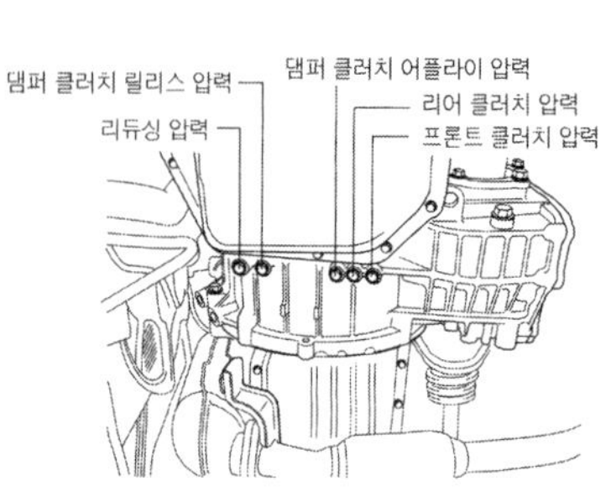

압력 플러그 위치(3)

■ 오일 압력 규정값(아반떼 XD 1.5)

번호	조 건			규정 오일 압력(kgf/cm²)							
	선택 레버 위치	엔진 속도 (rpm)	변속 위치	① 감압	② 서보 공급압	③ 리어 클러치압력	④ 프런트 클러치 압력	⑤ 엔드 클러치 압력	⑥ 로우리버스 브레이크 압력	⑦ 토크 컨버터압력	⑧ 댐퍼클러치 압력
1	N	공회전	중립	4.1 ~4.3	–	–	–	–	–	–	–
2	D(스위치ON)	약 2,500	4단 기어	4.1 ~4.3	8.7 ~9.1	–	–	8.5 ~8.9	–	–	6.4~7.0 (D/C작동시)
3	D	약 2,500	3단 기어	4.1 ~4.3	8.6 ~9.0	8.6 ~9.0	8.4 ~8.8	8.6 ~9.0	–	–	6.4~7.0 (D/C작동시)
4	D	약 2,500	2단 기어	4.1 ~4.3	8.7 ~9.1	8.6 ~9.0	–	–	–	–	6.4~7.0 (D/C작동시)
5	L	약 2500	1단 기어	4.1 ~4.3	–	8.6 ~9.0	–	–	3.5~4.3	4.3 ~4.9	2.4~2.8 (D/C작동시)
6	R	약 2,500	후진	4.5 ~4.7	–	–	18.5 ~19.5	–	18.5 ~19.5	4.4 ~5.0	2.7~3.5 (D/C작동시)

※ ① –는 0.2(0.3)kg$_f$/cm²이하임. (　)는 후진　② 스위치 ON : 오버 드라이브 스위치를 ON 시킨다.
③ 스위치 OFF : 오버 드라이브 스위치 OFF 시킨다.　④ 상온에서의 유압은 규정치를 초과할 수 있다.

2. 라인상의 압력측정 위치

■ 작동 요소표

선택레버 위치	오버드라이브 컨트롤스위치	변속기어	엔진시동	주 차 매카니즘	클 러 치				브레이크	
					C1	C2	C3	OWC	B1	B2
P	–	중립	가능	O						
R	–	후진			O					O
N	–	중립	가능							
D	ON	1단				O		O		
		2단				O			O	
		3단			O	O	O			
		4단					O		O	
D	OFF	1단				O		O		
		2단				O			O	
		3단			O	O	O			
2	–	1단				O		O		
		2단				O			O	
L	–	1단				O				O

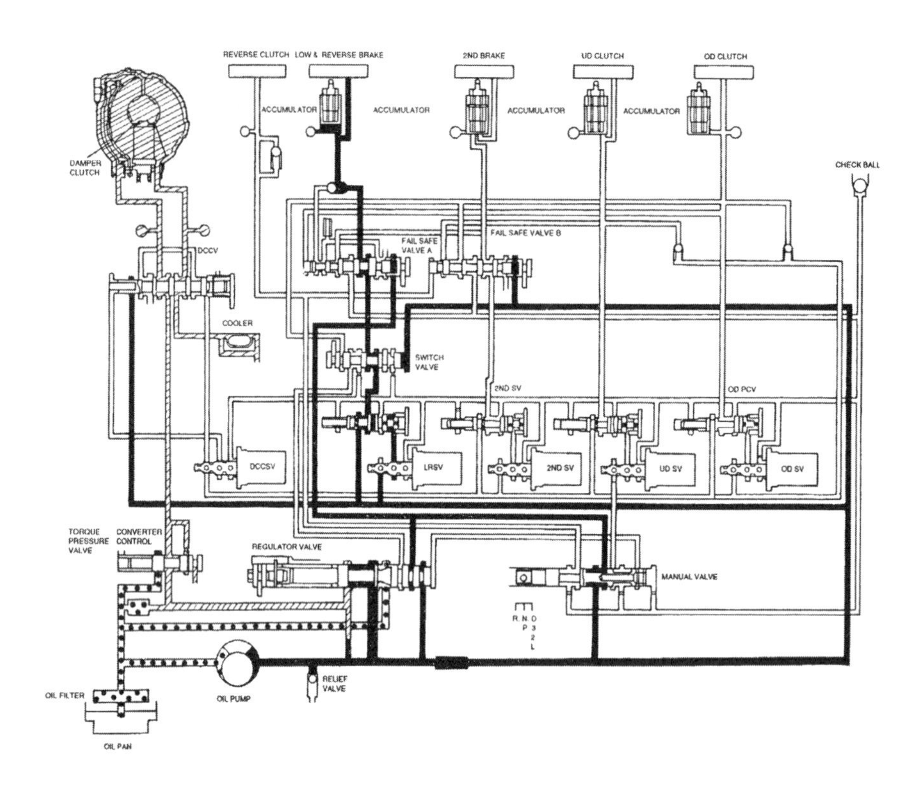

3. 오일 압력이 정상이 아닐 때 조치방법

고장현상	가능한 원인	정　　비
1. 라인 압력이 너무 낮다(혹은 너무 높다.) 【참고】 라인 압력은 "규정 오일 압력표"의 ②, ③, ④, ⑤, ⑥번의 오일압력을 의미한다.	① 오일 필터의 막힘 ② 레귤레이터 밸브 오일 압력(라인 압력)의 조정이 불량함 ③ 레귤레이터 밸브가 고착됨 ④ 밸브보디의 조임부가 풀림 ⑤ 오일펌프 배출 압력이 부적당함	① 오일 필터를 점검하여 막혔으면 오일 필터를 교환한다. ② 라인압력3(리어 클러치 압력)을 측정하여 압력이 규정치와 일치하지 않으면 라인압력을 재조정하거나 필요시에는 밸브 보디를 교환한다. ③ 레귤레이터 밸브의 작동을 점검하여 수리하고 필요시에는 밸브보디 어셈블리를 교환한다. ④ 밸브보디의 조임 볼트와 장착볼트를 조인다. ⑤ 오일 펌프기어의 측면간극을 점검하여 필요시에는 오일펌프 어셈블리를 교환한다.
2. 감압이 부적당함	① 라인압력이 부적당함 ② 감압회로의 필터 (L-형상)가 이동 ③ 감압의 조정이 불량함 ④ 감압밸브가 고착됨 ⑤ 밸브보디의 조임 부위가 풀림	① 리어 클러치 압력(라인압력)을 점검하여 라인 압력이 규정치를 벗어나면 1번에서 서술한 항목을 점검한다. ② 밸브보디 어셈블리를 분해하여 필터를 점검하고 필터가 막혔으면 교환한다. ③ 감압을 점검하여 규정치를 벗어나면 1번 에서 서술한 항목을 점검한다. ④ 감압밸브의 작동을 점검하여 필요시에는 수리 혹은 밸브 보디 어셈블리를 교환한다. ⑤ 밸브보디 조임 볼트와 장착볼트를 조인다.

고장현상	가능한 원인	정비
3. 킥다운 브레이크 압력이 부적당하다.	① 슬리브 혹은 킥다운 서보 피스톤의 D-링 혹은 실링의 기능이 불량함 ② 밸브보디 조임부위가 풀림 ③ 밸브보디 어셈블리의 기능이 불량함	① 킥다운 서보를 분해하여 실링 혹은 D-링이 손상되었는가를 점검하고 실링 혹은 D-링이 잘라졌거나 파인 흔적이 있으면 교환한다. ② 밸브보디 조임 볼트와 장착볼트를 조인다. ③ 밸브보디 어셈블리를 교환한다.
4. 프런트 클러치 압력이 부적당하다.	① 슬리브 혹은 킥다운 서보 피스톤의 D링 혹은 실링의 기능이 불량함 ② 밸브보디 장착부위가 풀림 ③ 밸브보디 어셈블리의 기능이 불량함 ④ 프런트 클러치 피스톤, 리테 이너가 마모되거나 1번 D-링의 기능이 불량함. ⑤ 오일펌프 개스킷 손상 확인 ⑥ 오일펌프 실링 2개 손상 확인	① 킥다운 서보를 분해하여 실링 혹은 D-링이 손상되었는가를 점검하고 잘라졌거나 파인 흔적이 있으면 실링이나 D-링을 교환한다. ② 밸브보디 조임 볼트와 장착볼트를 조인다. ③ 밸브보디 어셈블리를 교환한다. ④ 트랜스액슬을 분해하여 프런트 클러치, 피스톤과 리테어너 내부의 마모여부 및 D-링의 손상여부를 점검하여 마모나 손상이 되었으면 피스톤, 리테이너, D-링, 실링을 교환한다.
5. 엔드 클러치 압력	① 4번 혹은 6번 D링, 엔드 클러치의 5번 실링 혹은 파이프의 7번 O-링이 불량함 ② 밸브보디 조임 부위가 풀림 ③ 밸브보디 어셈블리의 기능이 불량함	① 엔드 클러치를 분해하여 실링, 피스 톤의 D-링, 리테이너의 실링을 점검 하여 절단, 패인흔적, 긁힘 혹은 손상 되었으면 교환한다. ② 밸브보디의 조임 볼트 및 장착볼트를 조인다. ③ 밸브보디의 조임 볼트 및 장착볼트를 조인다.
6. 로우-리버스 브레이크 압력이 부적당하다.	① 밸브보디와 트랜스 액슬 사이의 O-링이 손상되거나 분실됨 ② 밸브보디 조임 부위가 풀림 ③ 밸브보디 어셈블리의 기능이 불량함 ④ 로우-리버스 브레이크의 3번 O-링이나 리테이너의 2번 O-링의 기능이 불량함	① 밸브보디 어셈블리를 탈거하여 어퍼 밸브보디의 상부면에 있는 O링이 손상이나 분실되지 않았는지 점검하고 필요시에는 O링을 교환한다. ② 밸브보디 조임 볼트와 장착볼트를 조인다. ③ 밸브보디 어셈블리를 교환한다. ④ 트랜스 액슬을 분해하여 O-링의 손상 을 점검하고 O-링이 절단, 패인흔적, 긁힘, 혹은 손상이 있으면 교환한다.
7. 토크 컨버터의 압력이 부적당하다.	① 댐퍼클러치 조절솔레노이드밸브 혹은 댐퍼 클러치 조절 밸브가 고착됨 ② 오일 쿨러 및 혹은 파이프가 막히거나 누설됨 ③ 입력샤프트의 실링이 손상됨 ④ 토크 컨버터의 기능 불량	① 댐퍼 클러치 장치와 DCCSV의 작동을 점검한다. ② 필요에 따라 쿨러 및 파이프를 수리 혹은 교환한다. ③ 트랜스액슬을 분해하여 실리의 손상을 점검하고 손상되었으면 실링을 교환한다.

※ 거버너 압력은 현재 사용하고 있는 전자제어 자동변속기에는 거버너가 없는 방식이다. 거버너는 전진 3단 유압제어 자동 변속기에 장착되어 있고 현재 사용하고 있는 자동변속기는 전진 4단 후진 1단 전자제어 자동변속기로서 거버너가 없으므로 거버너 압력을 측정할 수 없다. 시험장에서는 거버너 압력 측정 대신 다른 라인압 측정으로 대체 할 것이다.

3. 오일 압력을 측정하기 위한 시뮬레이터

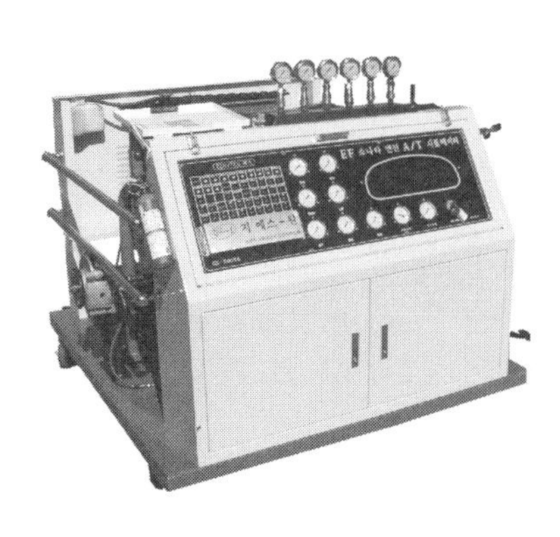

엔진 / 자동변속기 시뮬레이터

프런트 클러치

리어 클러치

킥다운 브레이크

로우리버스 브레이크

엔드 클러치

토크컨버터 공급

NO.20 A/T 스톨 테스터(Stall Test) 방법

1. 스톨 테스터를 하는 이유

스톨시험은 선택레버가 "D" 혹은 "R" 위치에 있고 스로틀을 완전 개방시켰을 때 최대 엔진 속도를 측정하여 토크 컨버터 오버 런닝 클러치의 작동과 트랜스 액슬 클러치류와 브레이크류의 체결 성능을 점검하는데 이용한다.

2. 스톨 테스터 방법

① 자동변속기 오일의 온도가 정상 작동온도(80~90℃)가 되고 엔진 냉각수 온도가 정상 작동 온도(80~90℃)가 되었을 때 자동변속기 오일의 수준을 점검한다.

② 뒷바퀴 양쪽에 고임목을 고여 차량의 이동을 방지한다.

③ 엔진 태코미터를 연결한다(자기 진단기 or 태코미터 : 점화코일 ⊖단자에 연결).

④ 주차 브레이크를 당기고 브레이크 페달을 완전히 밟는다.

⑤ 엔진의 시동을 건다.

⑥ 선택레버를 "D" 레인지에 놓고 액셀러레이터 페달을 완전히 밟은 상태로 엔진의 최대속도를 측정한다. 이때 필요 이상으로 스로틀을 완전히 열고 있거나 5초 이상 지속시키지 않는다. 만일 스톨 시험을 다시 행해야 할 때는 선택레버를 중립에 놓고 엔진을 1,000rpm으로 2분 정도 운전하며, 자동변속기 오일이 냉각된 후에 재시험한다.

⑦ 선택레버를 "R"위치에 놓고 위에서 행한 방법으로 스톨시험을 한다.

■ **차종별 스톨 회전수 규정값(rpm)**

차 종	형 식	엔진스톨 회전수	차 종	형 식	엔진스톨 회전수
베르나 아반떼 XD	직결형 4속 A4AF3	2,500±200	라비타	직결형 4속 A4AF3(1.5)	2,600~3000
				직결형 4속 A4BF2(1.8)	2,300~2,700
EF 쏘나타	직결형 4속 F4A42-1	2,000~2,900	트라제 XG 싼타페	하이백 4속 F4A42-2	2,100~2,900
				하이백 4속 F4A51-2	2,100~2,900
에쿠스	F4A51-2(2.5 V6)	1800~2600	쏘나타 II	KM 175	2200~2800
	F5A51-2(3.0 V6)	1800~2600	티뷰론	A4 BF1(1.8/2.0 DOHC)	2300~2700
	F5A51-3(3.5 V6)	1800~2600	뉴그랜저	F4 A33	2200~2500
	F5AH1(4.5 V6)	1800~2600	스포티지	03-72LE	2000~2300
쏘나타 III	KM 175	2200~2600	아벨라	F3A-HL/FA3(1.3 SOHC)	2200~2450
	F4 BF1	2200~2600		F3A-HL/FA3(1.5 SOHC)	2200~2450
마르샤	KM 175(2.0 DOHC)	2200~2800	리오	F4A-EL(A3 SOHC)	2000~2500
	F4 A33(2.5 V6)	2300~2700		F4A-EL(A5)	2000~2500
크레도스	G4A-EL(FE SOHC)	2500~2700	포텐샤	N4A-EL,03-71LE(LPG)	2100~2500
	G4A-EL(FE DOHC)	2350~2550		03-70LE(EGI)	1850~2100
엔터 프라이즈	JZD(30-41LE)	2200~2500	프린스	AW03-7L(1.8E DOHC)	2050~2450
	J2D(30-41LE)	2050~2350		AW03-7L(2.0E DOHC)	2200~2600
	J6D(30-41LE)	2320~2620		AW03-7L(2.2E DOHC)	2250~2650
라노스	ZF	1950~2250	레간자	ZF	1950~2250
누비라	ZF	1950~2250	누비라 II	4HP-16	2100~2400
싼타모	KM 175-5(1.8)	2200~2600	세피아 Ⅱ	BF(F4A-EL)	2200~2500
	KM 175-6(2.0)	2300~2700		TE DOHC(F4A-EL)	2200~2500
그랜저 XG	하이백 4속 F4A42-1	1,800~2,600	EF 쏘나타	2.5TCI	2,350
	하이백 4속 F4A42-2	1,800~2,600		2.9TCI	2,630
	하이백 5속 F5A51-2	1,800~2,600		3.5Gasoline	2,520

- 차량이 갑자기 움직일 수 있으므로 이 시험중 차량의 앞뒤에는 사람이 서있지 않도록 한다.

3. 스톨 테스터 판정 방법

① **"D"레인지 위치에서 스톨속도가 규정값 이상일 때 :** 리어 클러치나 자동변속기의 오버런닝 클러치가 슬립(Slip)되고 있으므로 이러한 경우 슬립이 일어나는 곳에서 유압을 측정한다.

② **"R"레인지 위치에서 스톨속도가 규정값 이상일 때 :** 프런트 클러치나 로 리버스 브레이크가 슬립되는 것이므로 프런트 클러치나 로 리버스 브레이크의 압력을 점검한다.

③ **"D"와 "R"레인지 위치에서 스톨속도가 규정값 이하일 때 :** 엔진의 출력이 부족하거나 토크 컨버터의 고장이 예상되므로 엔진의 실화, 점화시기, 밸브 간극을 점검하여 이상이 없으면 토크 컨버터에 이상이 있는 것으로 판단된다.

NO.21 A/T 속도센서의 출력파형 분석 방법

1. 속도센서(Pulse Generator A, B)의 기능

① 펄스 제너레이터 –A 의 기능 : K/D DRUM(킥다운 드럼)의 회전수를 검출하여 TCU 에 보내면 킥다운 브레이크가 작동할 때 충격 없이 서서히 킥다운 드럼을 잡을 수 있도록 제어한다.

② 펄스 제너레이터 –B 의 기능 : 최종 출력되는 회전수를 감지하여 각 클러치에서 감지하여 각 클러치에서 작동시에 미끄러지지 않도록 유압을 제어한다.

2. Hi-DS를 이용한 속도센서(Pulse Generator A, B) 파형 측정법

1) 테스터 리드의 명칭

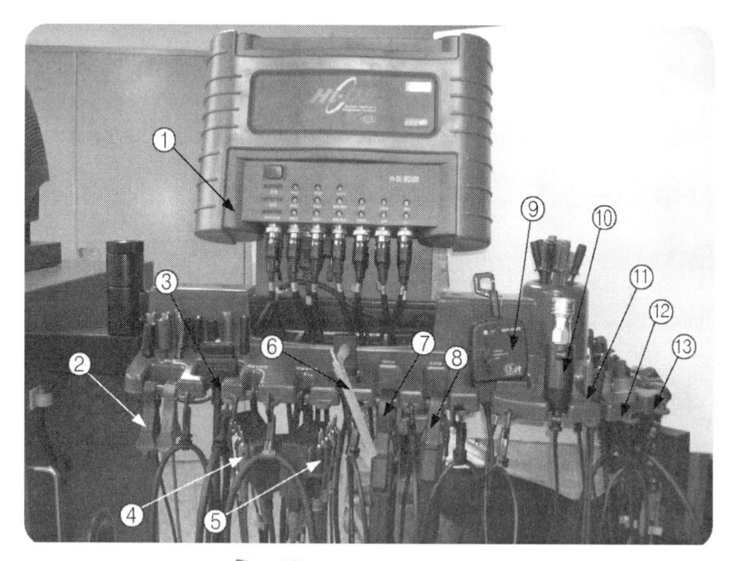

계측 모듈과 테스터 리드

① 계측 모듈(Intelligent Box, I) : 장비에서의 모든 신호의 측정과 계측을 담당

② 배터리 케이블 : 모듈에 전원연결

③ DLC 케이블 : 스캔툴 기능 사용시 자기진단 커넥터에 연결되는 케이블

④ 오실로스코프 프로브 1 : 스코프 파형을 위한 프로브로 보통 6개의 프로브가 공급되며 1~3번 채널

⑤ 오실로스코프 프로브 2 : 스코프 파형을 위한 프로브로 보통 6개의 프로브가 공급되며 4~6번 채널

⑥ 진공 프로브 : 매니폴드 진공과 같은 부압을 측정

⑦ 대전류 프로브 : 30A 이상의 큰 전류 측정시 사용 최대 1,000A까지 측정이 가능하다.

⑧ 소전류 프로브 : 30A 이하의 전류 측정

⑨ 압력센서 : 각종 압력측정(압축압력, 오일압력, 연료압력, 베이퍼라이저 1차 압력)센서

⑩ **압력 측정 커넥터** : 각종 압력측정(압축압력, 오일압력, 연료압력, 베이퍼라이져 1차 압력) 연결구

⑪ **멀티미터 프로브** : 전압, 저항, 주파수, 듀티, 펄스 측정시 사용

⑫ **점화2차 프로브(적색/흑색)** : 점화2차를 측정하는 프로브로 정극성 고압선에 연결

⑬ **트리거 픽업** : 고압선의 점화 신호를 이용하여 트리거를 잡을 때 사용하며 1번 플러그 고압선에 연결하여 1번 실린더 점화 위치를 판단한다.

2) 측정전 준비사항

① **파워 서플라이 전원을 켠다** -DC 전원 케이블 (+), (-)를 파워 서플라이에 연결 후(항시 연결시켜 놓는다) 파워 서플라이 전원 스위치를 ON으로 한다.

② **IB 스위치를 켠다** - 배터리 케이블을 IB에 연결하고, 다른 한쪽은 차량의 배터리(+), (-)단자에 연결한다. DC 전원 케이블을 IB에 연결한다. IB 스위치를 누른다.

③ **모니터와 프린터 전원을 켠다** - 전원 스위치를 ON으로 한다.

④ **PC 전원을 켠다** - PC 전원 스위치를 ON하면 부팅을 시작한다.

⑤ **Hi-DS 실행** - 부팅이 완료된 상태에서 모니터 바탕 화면에 Hi-DS 아이콘을 더블 클릭한다.

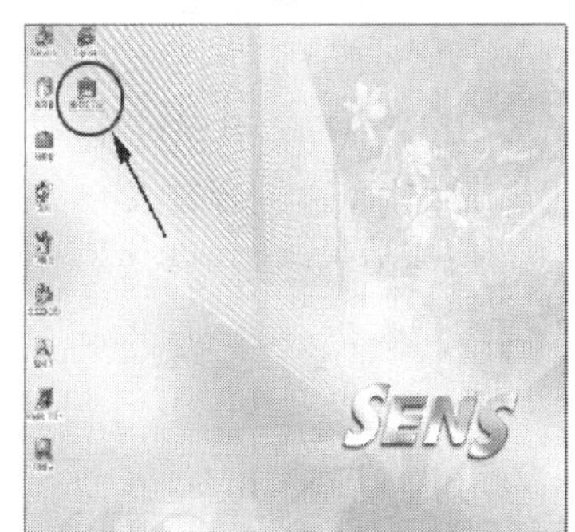

모니터 바탕화면

⑥ **차종선택** - 차종 선택 버튼을 클릭하여 차량의 정보를 입력한다.

㉮ 저장되어 있는 차량 : 차대번호(지공용), 차량번호(일반용)창에 있는 해당 데이터를 클릭하면 저장되어 있는 정보가 자동 설정된다.

㉯ 새로운 차량 : 차대번호(지공용) 또는 차량번호(일반용)창에서 일반차량을 선택 후 고객정보와 차종을 입력한다.

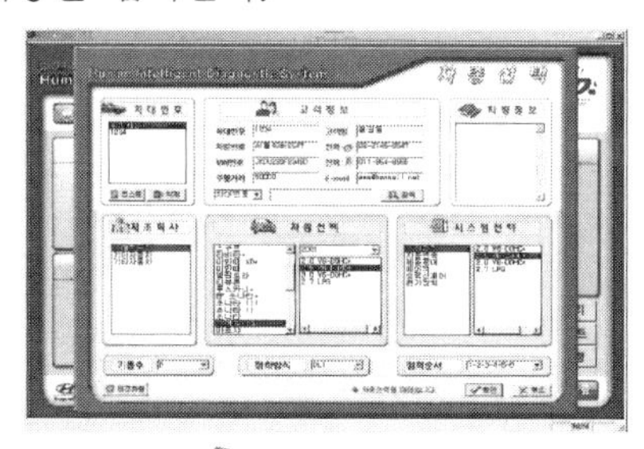

차량선택 창

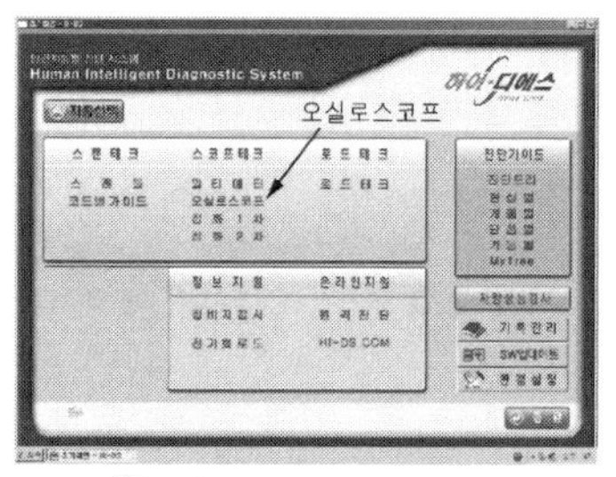

멀티메타 선택 화면

⑦ **차량 번호 및 차대 번호 입력**-글자를 붙여서 입력한다.

예 경기 55 마 3859로

⑧ 고객명, 전화번호, VIN 번호, 주행거리 입력 및 검색방법은 차량번호 입력, 검색하는 방법과 동일하다.

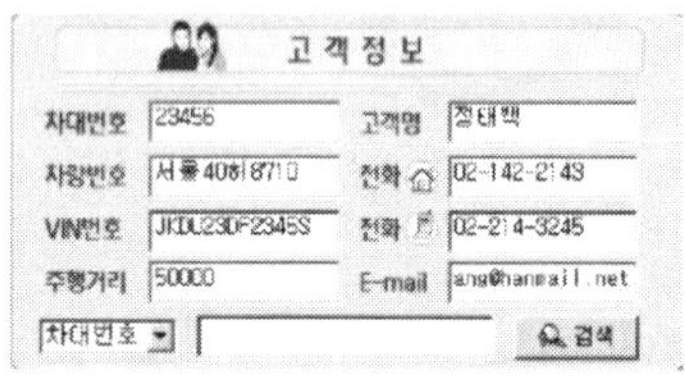

고객 정보 창

3) 측정 방법

① <u>오실로스코프 프로브</u>(1번~6번중 1개 배선 선택) : 흑색 프로브는 차체에 접지, 칼라 프로브는 펄스 제너레이터 A 단자 또는 B 단자에 검침을 한다.

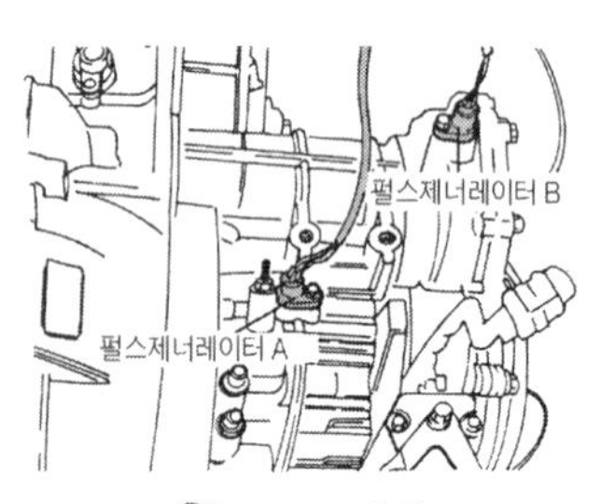

α-TA 계열

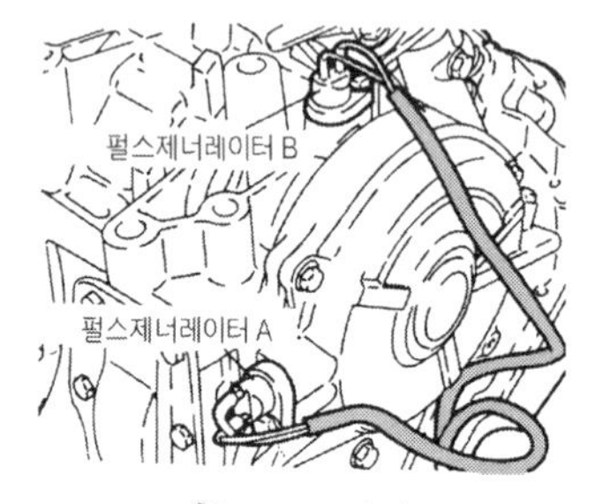

F4A3계열

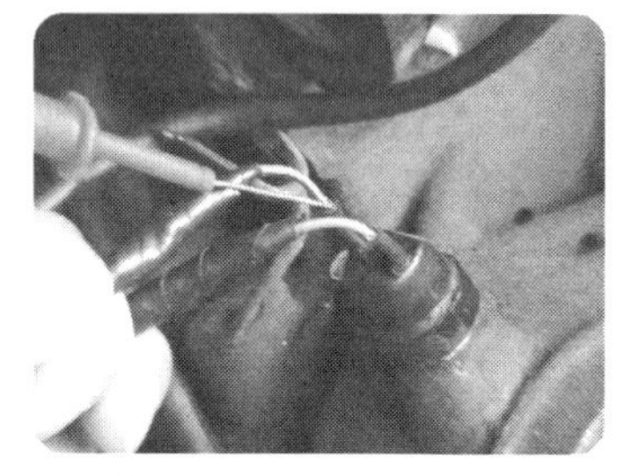

탐침봉으로 점검방법

② 엔진을 워밍업 시킨 후 공회전 시킨다(측정시 선택 레버의 위치를 D 레인지 또는 L레인지에 선택해야만 펄스 파형을 측정할 수 있다.).

③ 오실로스코프 항목을 선택한다.

④ 환경설정 버튼을 눌러 측정 제원을 설정한다(UNI, 1V, AC, 시간 축 : 1.0~1.5ms, 일반 선택). 모니터 하단의 채널 선택을 펄스 제너레이터 A 또는 B의 출

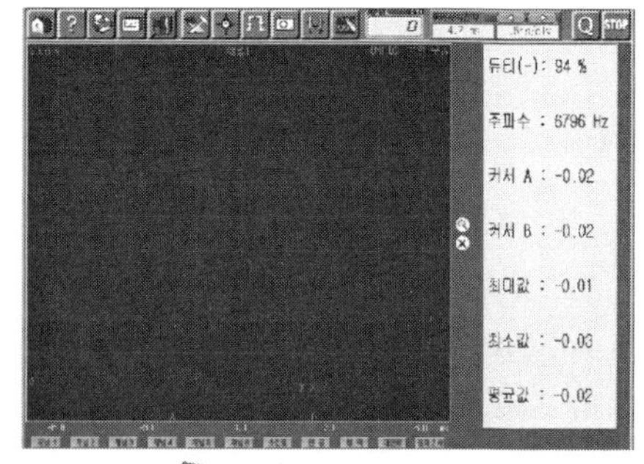

오실로스코프 화면

력 단자에 연결한 채널선과 동일한 채널선으로 선택한다(확인 필수).

⑤ 마우스의 왼쪽과 오른쪽 버튼을 번갈아 눌러 커서 A와 커서 B의 실선 안에 펄스 제너레이터 출력 파형이 들어오도록 하면 투 커서 기능이 작동되어 모니터 오른쪽에 데이터가 지시된다. 표시된 파형과 데이터를 가지고 내용을 분석하여 판정

4) 펄스 제너레이터 파형의 분석법

① 전압이 매우 낮을 때 - 펄스 제너레이터의 불량 또는 장착 불량하다.

② 파형에 잡음이 생길 때 - 센서 부분에 이물질 부착 또는 와이어 링의 접지가 불량하다.

③ 전압이 없음 - 센서의 불량 또는 배선의 단선

3. Hi-DS 스캐너를 이용한 속도센서(Pulse Generator A, B) 파형 측정법

1) 스캐너 사용법

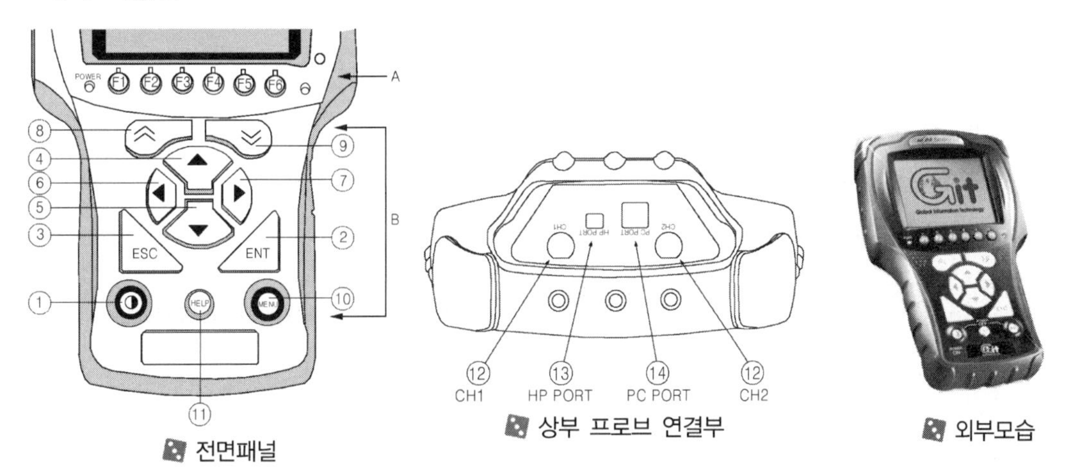

전면패널 / 상부 프로브 연결부 / 외부모습

① Power 버튼(◉) : 화면의 밝기를 조정, 이 키를 누름과 동시에 상하, 좌 우 화살표를 이용하여 조정

② Enter 버튼(ENT) : 선택된 메뉴와 기능의 수행

③ Escafe 버튼(ESC) : 실행중인화면을 이전으로 이동

④ 커서 상향 버튼(▲) : 커서를 위로 이동

⑤ 커서 하향 버튼(▼) : 커서를 아래로 이동

⑥ 커서 좌 방향 버튼(◀) : 커서를 좌측으로 이동

⑦ 커서 우방향 버튼 (▶) : 커서를 우측으로 이동

⑧ Page Up 버튼(⌃) : 화면이 2개로 분리되었을 경우 커서를 분리된 화면에서 위로 이동. 페이지업 기능

⑨ Page Down 버튼 (⌄) : 화면이 2개로 분리되었을 경우 커서를 분리된 화면에서 아래로 이동. 페이지 다운 기능

⑩ Help 버튼(HELP) : 각 화면의 도움 기능

⑪ Manu 버튼(⊖) : 각종 선택 메뉴 표시

⑫ 채널CH1, CH2 커넥터 : 본체 윗면의 채널 연결 커넥터에 사용할 프로브의 돌려서 연결한다.

⑬ HP PORT : 기능 확장을 위한 통신 포트

⑭ PC PORT : 인터넷 업데이트를 위한 PC와의 통신과 특수 프로브 사용에 연결한다.

2) 테스터기 연결법

① 배터리 전원선 : 붉은색을 (+), 검은색을 (-)에 연결한다.

② 멀티테스터 리드 : 테스터 리드를 발전기 "B"단자에 연결하고 접지선을 엔진본체에 접지시킨다.

3) 측정순서

① 엔진을 워밍업 시킨 후 공회전 시킨다.

② 전원 ON : Hi-DS 스캐너에 전원을 연결한 후 POWER ON 버튼(◎)을 선택하면 LCD 화면에 제품명 및 제품 회사의 로고가 나타나며, 3초 후 제품명 및 소프트웨어 버전 출력 화면이 나타난다. 이때 Enter 버튼(ENT)을 누르면 기능선택 화면으로 진입된다.

제품명

Hi-DS Scanner
S/W Version : GS120KOR
Release Date : 2001 . 10 . 10
Press any key to continue ...

소프트 웨어 버전

기능선택
01. 차량통신
02. 스코프/미터/출력
03. 주행 DATA 검색
04. PC통신
05. 환경설정
06. ECU 업그레이드

기능 선택 화면

③ 기능 선택 화면에서 커서를 2번 스코프 / 미터 / 출력 위에 놓고 엔터 키를 치면 공구상자 모드로 들어가게 되고 다시 커서를 1번 오실로스코프 위에 놓고 엔터 키를 치면 스코프 모드로 들어가게 된다.

스코프/미터/출력
01. 오실로스코프
02. 자동설정스코프
03. 접지/제어선 테스트
04. 멀티미터
05. 액츄에이터 구동
06. 센서 시뮬레이션
07. 점화파형
08. 저장화면 보기

오실로스코프 화면

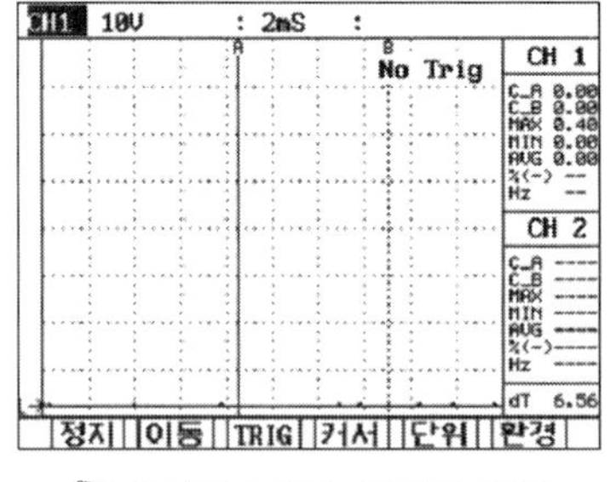

오실로스코프 측정전 화면

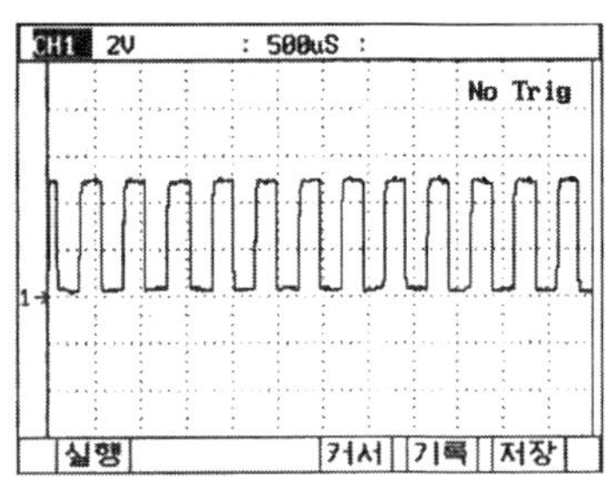

입력축 센서

전륜 구동장치의 점검

학습목표

1. 전륜구동장치의 구조와 작동원리를 알아본다.
2. 전륜 구동장치의 떼어내기와 장착, 분해, 조립 방법에 대하여 알아본다.
3. 전륜 구동장치의 고장진단과 점검 및 정비방법에 대하여 알아본다.

NO.1 전륜구동장치의 기능, 설치위치 및 고장진단

1. 전륜 구동장치(Front Engine Front Drive)의 기능 및 설치위치

드라이브 샤프트는 앞 기관 앞바퀴 구동(FF : Front Engine Front Driver)식 자동차에서 변속기 출력을 종감속기어를 거쳐 바퀴에 전달하여 견인력을 얻도록 하는 기능을 한다.

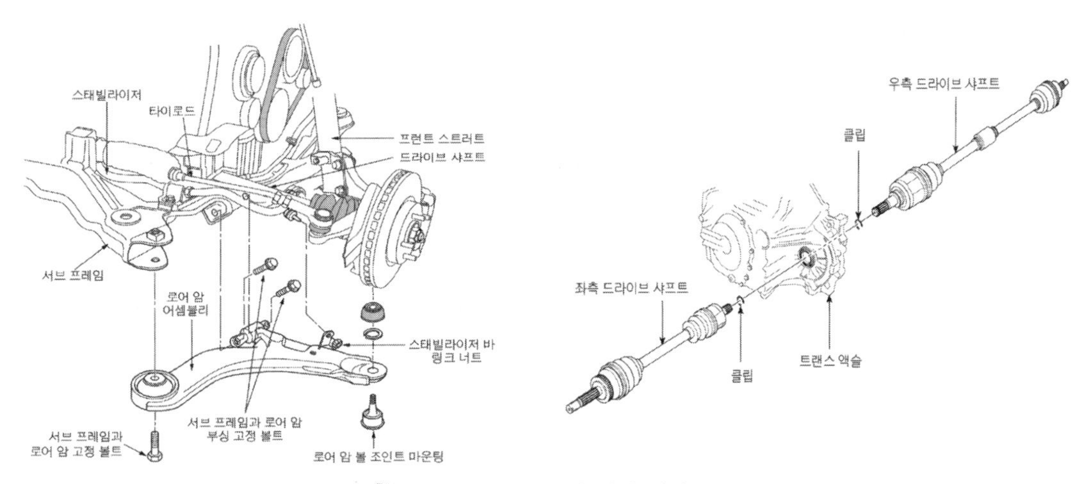

드라이브 샤프트의 설치 위치

2. 전륜 구동장치의 고장진단

현상	가능한 원인	정비
차량이 한쪽으로 쏠린다.	• 드라이브샤프트 볼 조인트의 굵힘	교환
	• 휠 베어링의 마모, 소음 혹은 소착	교환
	• 프론트 서스펜션과 스티어링의 결함	조정 혹은 교환

현상	가능한 원인	정비
진동	• 드라이브샤프트의 마모, 손상 혹은 굽음	교환
	• 드라이브샤프트의 소음과 허브의 돌출	교환
	• 휠 베어링의 마모, 소음 혹은 열화	교환
시미	• 부적절한 휠 밸런스	조정 혹은 교환
	• 프론트 서스펜션과 스티어링의 결함	조정 혹은 교환
과도한 소음	• 드라이브샤프트의 마모, 손상 혹은 굽음	교환
	• 드라이브샤프트의 소음, 허브의 돌기	교환
	• 드라이브샤프트 떨림 소음, 사이드 기어의 돌기	교환
	• 휠 베어링의 마모, 소음 혹은 긁힘	교환
	• 허브 너트의 느슨해짐	조정 혹은 교환
	• 프론트 서스펜션과 스티어링의 결함	조정 혹은 교환

NO.2 전륜구동장치의 탈·부착 및 점검방법

1. 전륜 구동(Front Engine Front Drive)장치의 탈거

① 프런트 휠 및 타이어를 탈거한다.
② 트랜스 액슬 하단부의 드레인 플러그와 와셔를 분리하여 오일을 배출시킨다.
③ 브레이크를 작동시킨 상태에서 프런트 허브의 분할 핀을 탈거한 후 허브 너트를 탈거한다.
④ 타이로드 엔드(볼 조인트) 풀러를 사용하여 조향 너클에서 타이로드 엔드를 탈거한다.

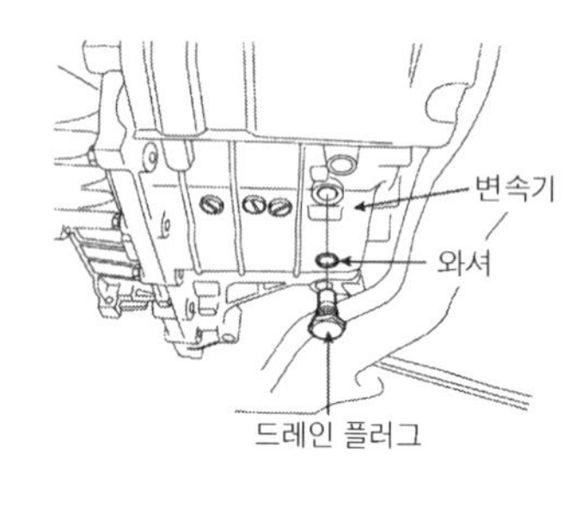

변속기 오일 배출

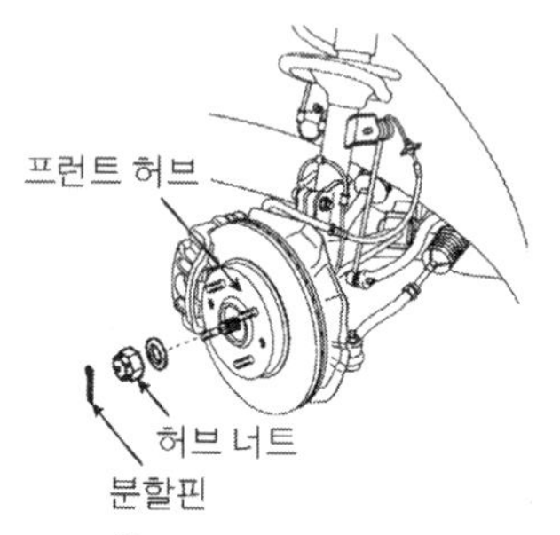

허브 너트 탈거

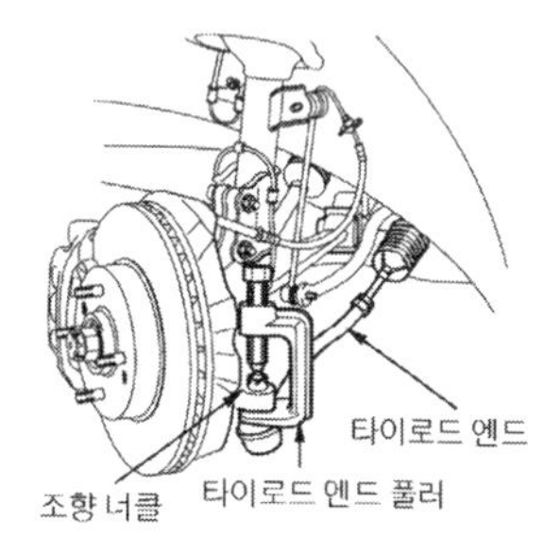

타이로드 엔드 탈거(1)

⑤ 조향 너클에서 휠 스피드 센서를 탈거한다.
⑥ 조향 너클에서 로어 암 고정 볼트를 탈거한다.
⑦ 플라스틱 해머를 이용하여 디스크 허브에서 드라이브 샤프트를 탈거한다. 이 때 디스크 허브를 차량의 바깥쪽으로 밀어서 드라이브 샤프트를 탈거한다.

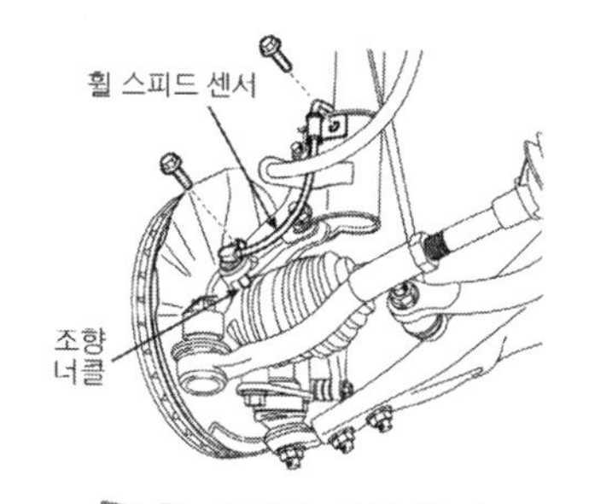

휠 스피드 센서 탈거

⑧ 변속기 케이스와 조인트 케이스 사이에 드라이버를 끼워서 드라이브 샤프트를 탈거한다.

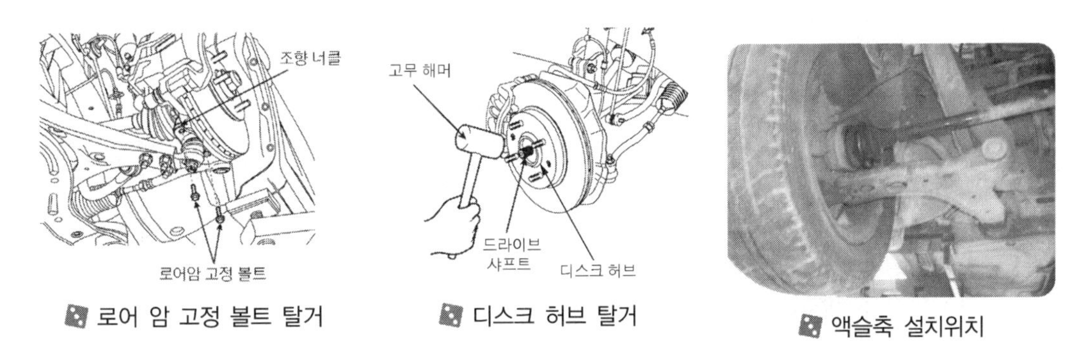

로어 암 고정 볼트 탈거

디스크 허브 탈거

액슬축 설치위치

⑨ 반대편의 변속기 케이스와 조인트 케이스 사이에도 드라이버를 끼워서 드라이브 샤프트를 탈거한다.

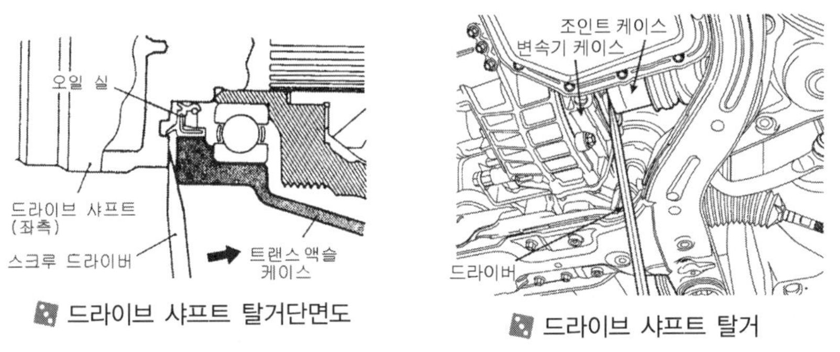

드라이브 샤프트 탈거단면도

드라이브 샤프트 탈거

2. 드라이브 샤프트 점검 방법

① 버필드 조인트(B.J) 부분에 심한 유격이 있는지 점검한다.

② 벤딕스 와이스 유니버셜 조인트(T.J) 부분이 축방향으로 부드럽게 움직이는지 점검한다.

③ 벤딕스 와이스 유니버셜 조인트(T.J) 부분이 반경 방향으로 돌아가는지 점검한다. 느껴질 정도의 유격이 있으면 안된다.

벤딕스 와이스 유니버셜 조인트(T.J) 점검

④ 다이내믹 댐퍼의 균열 및 마모를 점검한다.

⑤ 드라이브 샤프트 부트의 균열 및 마모를 점검한다.

3. 드라이브 샤프트 조립 방법

① 드라이브 샤프트 스플라인부와 트랜스 액슬(변속기) 접촉면에 기어오일을 바른다.

② 드라이브 샤프트를 조립한 후 손으로 잡아 당겨 빠지지 않는지 점검한다.

③ 조향 너클에 드라이브 샤프트를 조립한다.

④ 조향 너클과 로어암 어셈블리 고정 볼트를 체결한다.

⑤ 조향 너클에 타이로드 엔드를 조립한다.

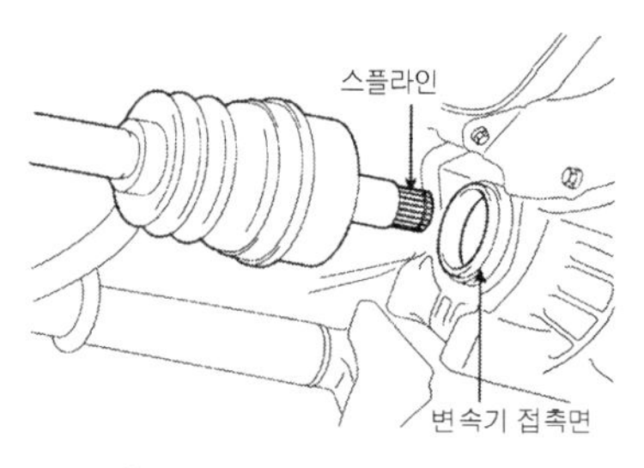

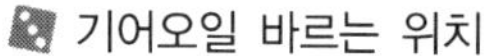
기어오일 바르는 위치

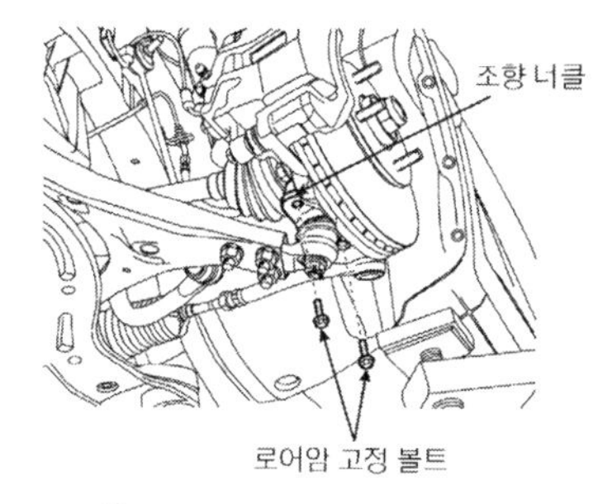

로어 암 고정 볼트 체결

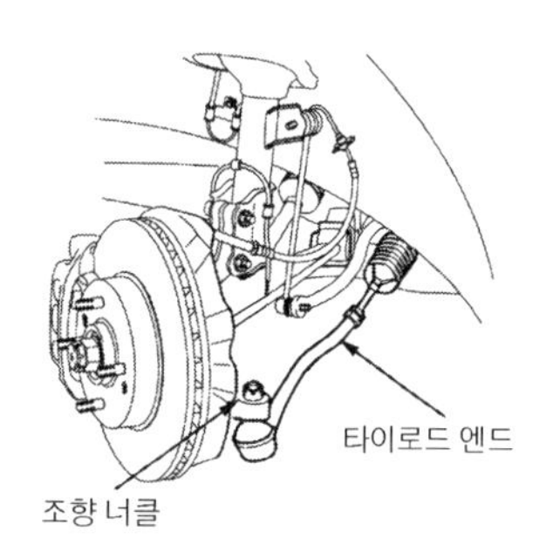

타이로드 엔드 조립

⑥ 조향 너클에 휠 스피드 센서를 조립한다.
⑦ 와셔의 볼록면이 바깥쪽을 향하도록 하고 허브 너트와 분할 핀을 조립한다.
⑧ 프런트 휠 및 타이어를 장착한다.

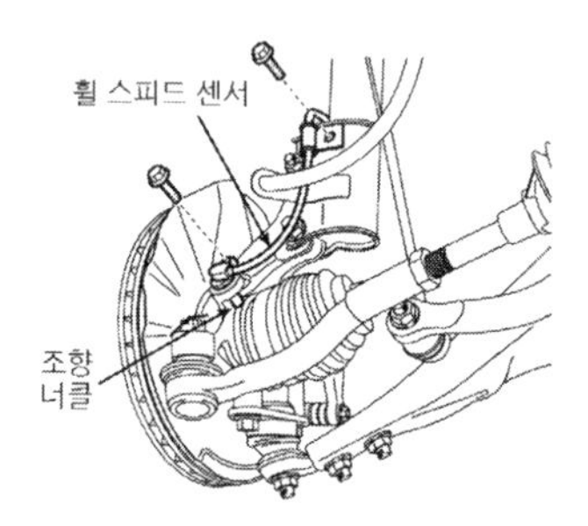

휠 스피드 센서 조립

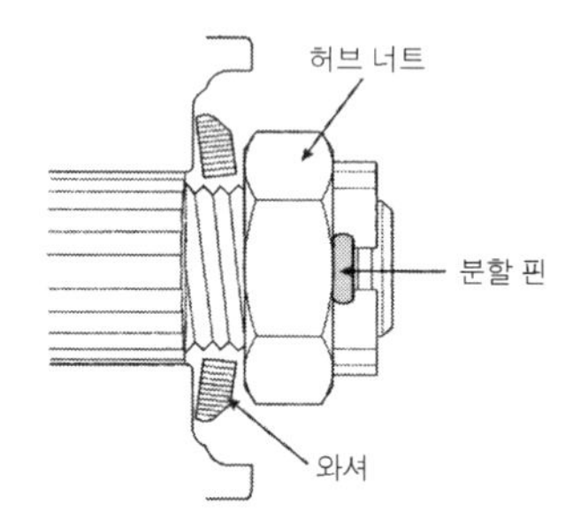

허브너트/분할핀 체결

① 조인트가 손상되지 않도록 하기 위해 플라이 바를 사용한다.
② 드라이브 샤프트를 바깥에서 무리한 힘으로 당길 경우 조인트 키트 내부가 이탈되어 부트가 찢어지거나 베어링부가 손상된다.
③ 오염을 방지하기 위해 변속기 케이스의 구멍을 깨끗한 걸레나 오일 실 캡으로 막아둔다.
④ 드라이브 샤프트를 적절하게 지지한다.
⑤ 변속기 케이스에서 드라이브 샤프트를 탈거할 때마다 리테이너 링을 교환한다.
⑥ 드라이브 샤프트 너트를 푸는 동안 휠 베어링에 자동차의 하중이 걸리지 않게 한다.

4. 드라이브 샤프트의 부트 교환 방법

1) 분해

① 더블 오프셋 조인트(D.O.J) 부트 밴드를 탈거하고 더블 오프셋 조인트 아웃 레이스에서 부트를 당겨 분리한다.
② ⊖드라이버를 이용하여 서클립을 탈거한다.
③ 더블 오프셋 조인트 아웃 레이스에서 드라이브 샤프트를 빼낸다.

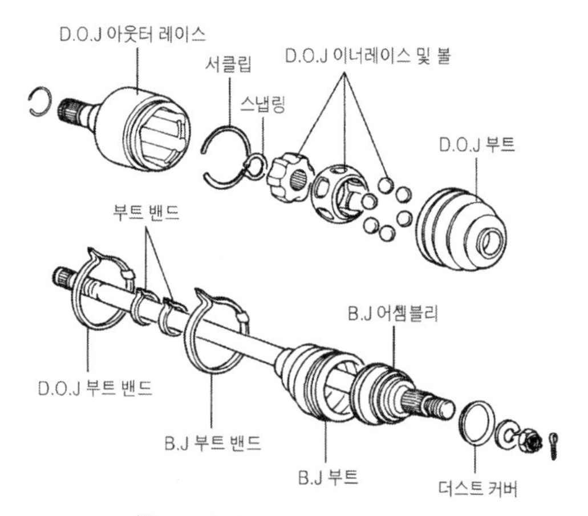

드라이브 샤프트의 구성품

④ 스냅링을 탈거하고 이너 레이스, 케이지, 볼 어셈블리를 빼낸다.

⑤ 분해하지 않고 이너 레이스, 케이지, 볼을 청소한다.

⑥ 버필드 조인트(B.J) 부트 밴드를 탈거하고 더블 오프셋 조인트(D.O.J) 부트와 버필드 조인트 부트를 빼낸다. 이때 부트를 재사용하는 경우 테이프를 드라이브 샤프트의 스플라인부에 감아 부트를 보호한다.

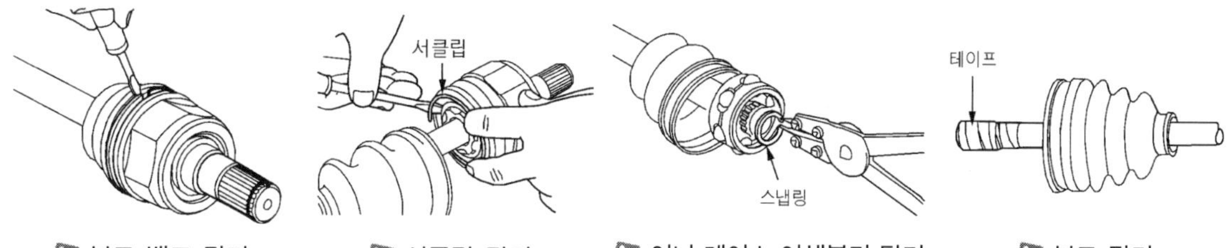

부트 밴드 탈거 | 서클립 탈거 | 이너 레이스 어셈블리 탈거 | 부트 탈거

2) 점검

① 더블 오프셋 아웃 레이스, 이너 레이스, 케이지, 볼의 녹 발생 및 손상을 점검한다.

② 스플라인의 마모를 점검한다.

③ 버필드 조인트 부트에 물이나 이물질이 유입되었는지 점검한다.

3) 조립

① 드라이브 샤프트의 스플라인(D.O.J측)에 테이프를 감아 부트의 손상을 방지한다.

② 그리스를 드라이브 샤프트에 도포한 후 부트를 장착한다.

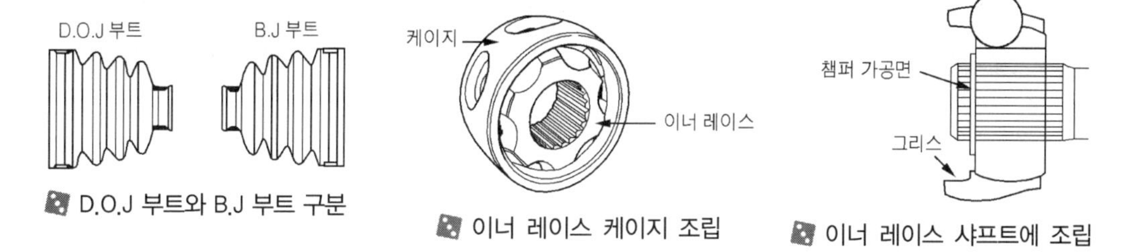

D.O.J 부트와 B.J 부트 구분 | 이너 레이스 케이지 조립 | 이너 레이스 샤프트에 조립

③ 규정의 그리스를 이너 레이스와 케이지에 도포하고 이너 레이스와 케이지를 장착한다.

④ 규정의 그리스를 케이지에 도포하고 볼을 케이지에 장착한다.

⑤ 챔퍼 가공면에 그림에 나타낸 상태로 이너 레이스를 드라이브 샤프트에 장착하고 스냅링을 장착한다.

⑥ 버필드 조인트 아웃 레이스에 규정의 그리스를 도포하고 아웃 레이스를 드라이브 샤프트에 장착한다.

구분	EF쏘나타 1.8/2.0M/T	EF쏘나타 2.5M/T	아반떼 XD 1.5L	아반떼 XD 2.0L
조인트	55 ± 3gr	60 ± 3gr	60 ± 3gr	60 ± 3gr
부트	55 ± 3gr	55 ± 3gr	35 ± 3gr	40 ± 3gr

⑦ 더블 오프셋 조인트 아웃 레이스에 규정의 그리스를 도포하고 클립을 장착한다.

구분	EF쏘나타 1.8/2.0M/T	EF쏘나타 2.5M/T	아반떼 XD 1.5L	아반떼 XD 2.0L
조인트	60 ± 3gr	60 ± 3gr	65 ± 3gr	100 ± 3gr
부트	40 ± 3gr	40 ± 3gr	40 ± 3gr	45 ± 3gr

⑧ 규정의 그리스를 검사할 때 닦아낸 양만큼 버필드 조인트에 첨가한다.

⑨ 부트를 장착한다.

⑩ 버필드 부트 밴드를 조인다.

- 대단부에 부트를 끼우고 스테인리스 스틸 클램프를 둘러댄다.
- 스테인리스 스틸 클램프를 끼우고 스냅링 플라이어로 단단히 조여준다.

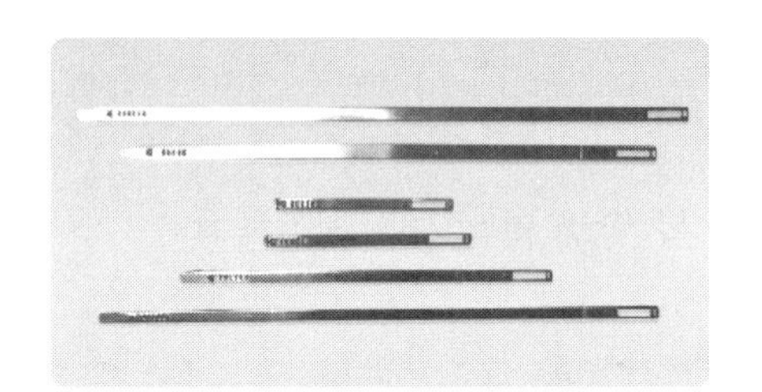

스테인리스 스틸 클램프

액슬축 고무부트

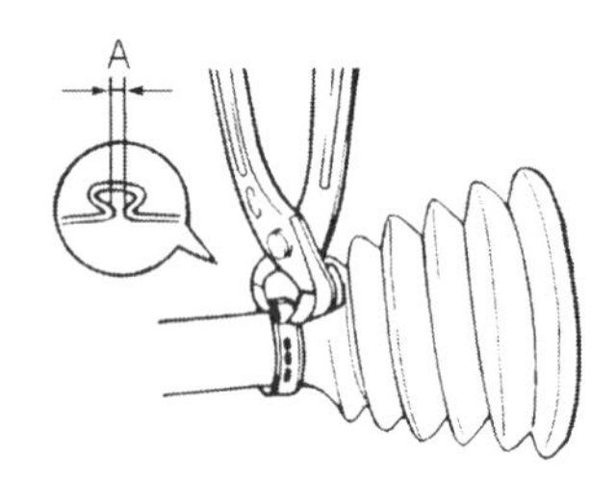

소단부 클램프 장착

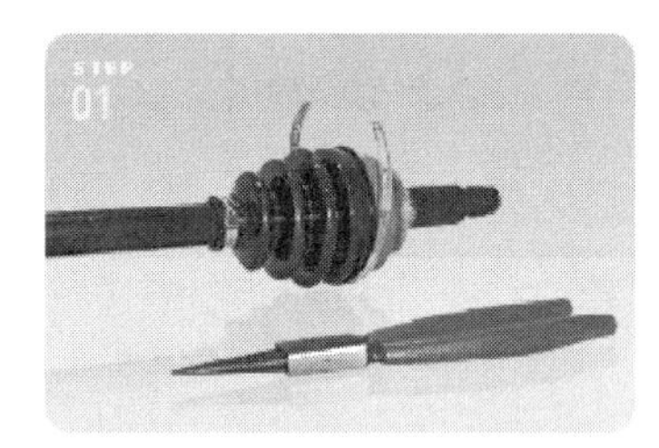

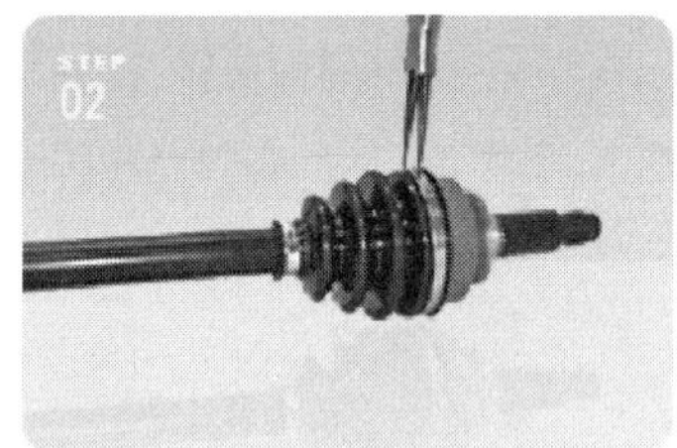

대단부 클램프 장착

⑪ 더블 오프셋 내의 공기를 조절하기 위하여 부트 밴드를 조일 때 부트 밴드간의 거리를 규정값으로 한다.

구 분	좌측(LH)	우측(RH)
그랜저XG 2.0 M/T	521.2mm	538.9mm
그랜저XG 2.5 M/T	520.2mm	539mm
아반떼 XD 1.5L 수동	512.7±2	795.7±2
아반떼 XD 2.0L 수동	513.2±2	796.2±2

05 후륜 구동드라이브 라인 점검

학습목표

1. 후륜구동 드라이브 라인의 구조와 작동원리를 알아본다.
2. 후륜구동 드라이브 라인의 떼어내기와 장착, 분해, 조립 방법에 대하여 알아본다.
3. 후륜구동 드라이브 라인의 고장진단과 점검 및 정비방법에 대하여 알아본다.

NO.1 드라이브 라인(Drive Line)의 기능, 설치위치 및 고장진단

1. 드라이브 라인의 기능 및 설치위치

드라이브 라인은 앞 기관 뒷바퀴 구동(FR)식 자동차에서 변속기의 출력을 종감속기어로 전달하는 기능을 한다.

변속기 출력축에서 종감속 기어장치까지의 구성부품으로 슬립이음, 자재이음, 추진축 등으로 구성되어 있다.

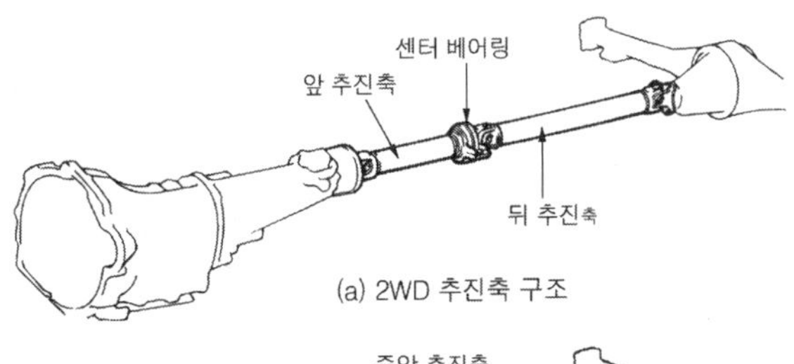

(a) 2WD 추진축 구조

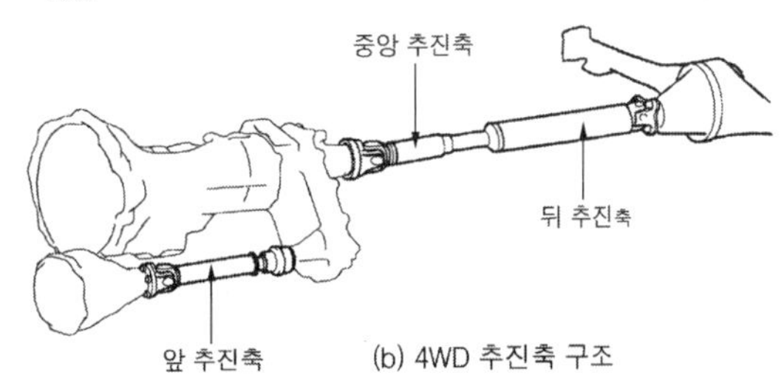

(b) 4WD 추진축 구조

드라이브 라인(테라칸)

2. 드라이브 라인의 고장진단

고장 현상		원 인	조 치
프로펠러 샤프트	이음	• 저어널 베어링의 마모, 손상 • 슬리이브 요크 스플라인의 마모 • 플랜지 요크의 마모, 손상 • 프로펠러 샤프트 장착 불량	부품 교환 부품 교환 부품 교환 재조임
	소음	• 저어널의 마모, 손상 • 슬리이브 요크 스플라인의 마모 • 프로펠러 샤프트의 휨이나 요철(Convose) 등의 의한 밸런스 불량 • 슬리이브 요크, 플랜지 요크의 역위상 • 스냅링의 선택 불량 • 프로펠러 샤프트 장착볼트의 헐거움	부품 교환 부품 교환 부품 교환 부품 교환 간극조정 재조임

고장 현상		원 인	조 치
드라이브 샤프트 및 인너샤프트	드라이브샤프트나 인너 샤프트가 휠이 돌아가는 동안 소리가 난다.	• 하우징 튜브가 굽었다. • 인너 샤프트가 굽었다. • 인너 샤프트 베어링이 마모 손상	교환 한다 교환 한다
	드라이브샤프트나 인너 샤프트가 회전 방향에서 휠의 과도한 동작으로 인해 소리가 난다.	• 인너 샤프트와 사이드 기어 톱니와의 맞물림 동작 • 드라이브샤프트와 사이드 기어 톱니와의 맞물림 동작	교환 한다 교환 한다

NO.2 드라이브 라인(Drive Line)의 관계지식

1. 드라이브 라인의 구성부품

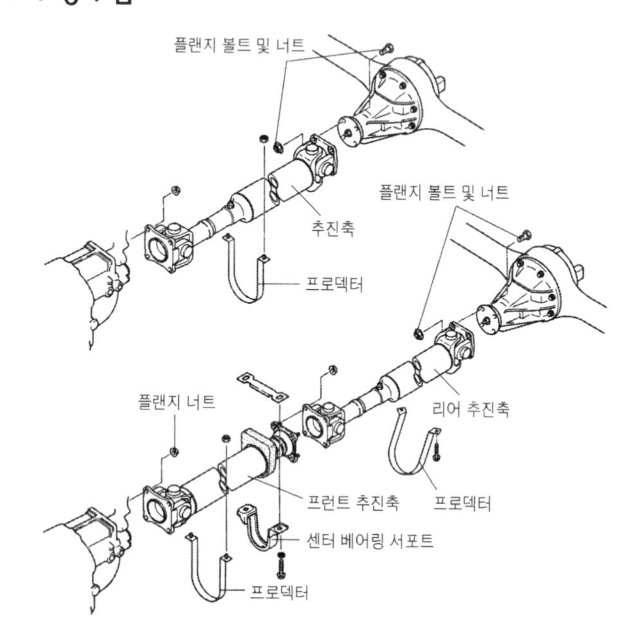

2. 슬립이음(slip joint)

이 이음은 변속기 주축 뒤끝부분에 스플라인을 통하여 설치되며, 뒤차축의 상하 운동에 따라 변속기와 종감속기어 사이의 길이 변화를 수반하게 되는데 이때 추진축의 길이 변화를 주는 것이다.

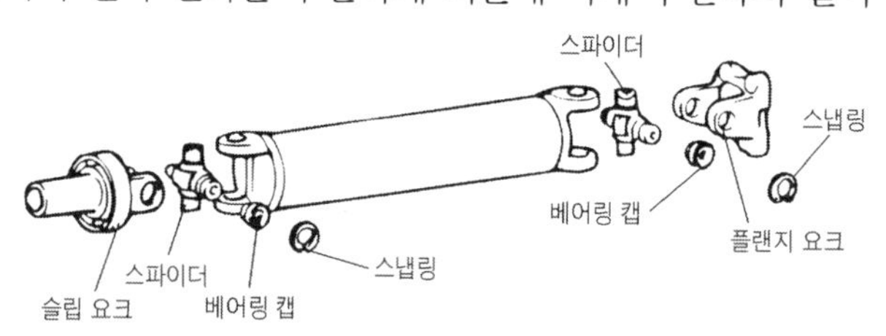

3. 자재이음(Universal Joint)

자재이음은 변속기와 종감속기어 사이의 구동각의 변화를 주는 장치이며 그 종류에는 십자형 자재이음, 플렉시블이음, 볼엔드 트러니언 이음, 등속도 자재이음 등이 있다.

① **십자형 자재 이음**(Cross Universal Joint) : 이 형식은 중심부의 십자축과 2개의 요크(yoke)로 구성되어 있으며, 십자축과 요크는 니들롤러 베어링을 사이에 두고 연결한다. 또 십자형 자재이음은 구동축(변속기 주축)이 등속 운동을 하여도 피동축(추진축)은 90°마다 가속과 감속이 되어 진동을 일으키며 이 진동을 방지하려면 동력 전달 각도는 12~18°이하로 하여야 하며, 추진축의 앞뒤에 자재이음을 두어 회전속도 변화를 상쇄하여야 한다.

② **플렉시블 이음**(Flexible Joint) : 이 형식은 3가닥의 요크 사이에 가죽이나 경질 고무로 만든 커플링을 끼우고 볼트로 조인 것이며, 동력 전달 각도는 3~5°이상 되면 진동을 일으키기 쉽다.

③ **등속도(CV)자재 이음**(Constant Velocity Joint) : 이 형식은 드라이브 라인의 각도와 동력전달 효율이 높으며, 일반적인 자재이음에서 발생하는 진동을 방지하기 위해 개발된 것이며, 주로 앞바퀴 구동 자동차의 앞차축에서 사용된다. 그 종류에는 트랙터형(Tractor Type), 벤딕스 와이스형(Bendix weiss type), 제파형(Rzeppa Type), 파르빌레형(Parville Type) 등이 있다.

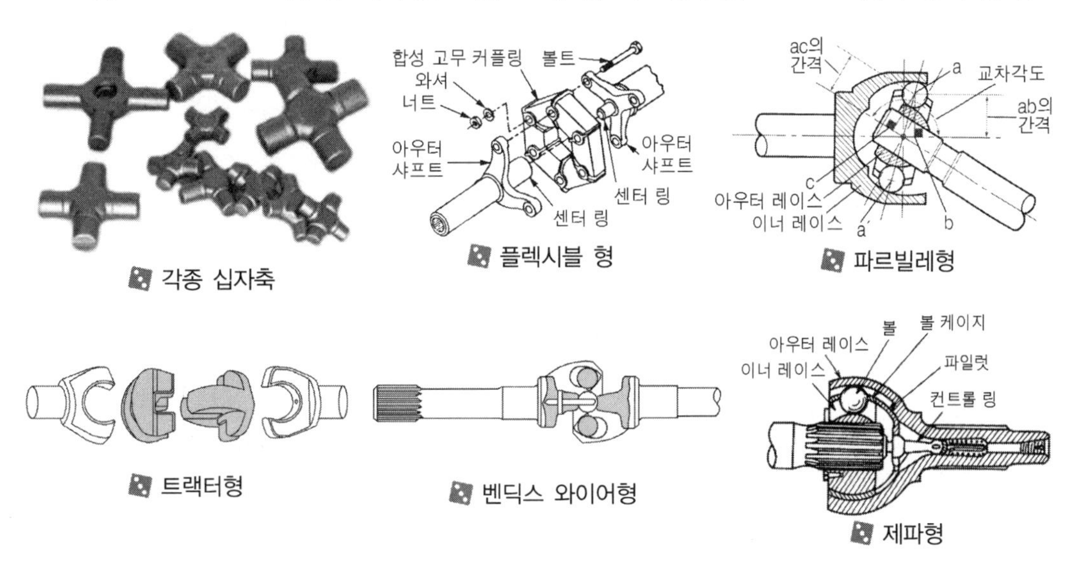

각종 십자축

플렉시블 형

파르빌레형

트랙터형

벤딕스 와이어형

제파형

4. 추진축(Propeller Shaft)

추진축은 강한 비틀림을 받으면서 고속 회전하므로 이에 견딜 수 있도록 속이 빈 강철제 파이프를 사용한다. 또 회전 평형을 유지하기 위한 평형추(밸런스 웨이트)가 부착되며 그 양쪽에는 자재이음용 요크가 마련되어 있다.

5. 센터 베어링(Center Bearing)

축거(휠 베이스)가 긴 자동차에서는 추진축을 2~3개로 분할하고 각 축의 뒤쪽을 중간(센터) 베어링으로 프레임에 지지하며, 또 어떤 형식에서는 비틀림 진동을 방지하기 위한 토션댐퍼(비틀림 진동 방지기)두기도 한다.

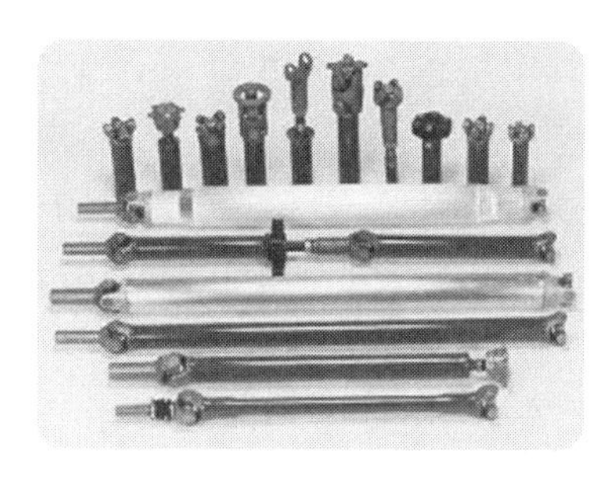
각종 추진축

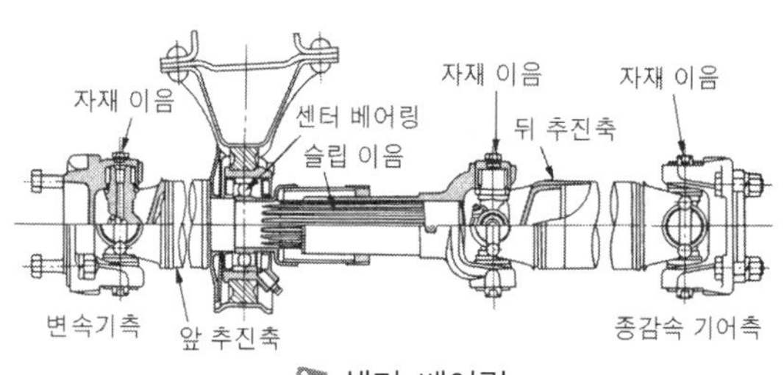

센터 베어링

NO.3 추진축(Propeller Shaft) 탈거, 분해 및 점검 방법

1. 차상에서 추진축의 탈거 방법

① 종감속 기어의 구동 피니언 플랜지와 자재 이음 요크에 일치 마크를 한 후 요크 볼트를 분리하여 추진축을 약간 아래로 기울여 뒤쪽으로 당겨 탈착한다. 이때 주의사항은 다음과 같다.
㉮ 차량의 뒤쪽을 낮추면 변속기 오일이 유출되므로 낮추지 않도록 한다.
㉯ 변속기 오일 실 립 부분이 손상되지 않도록 한다.
㉰ 변속기 내에 이물질이 들어가지 않도록 커버를 부착한다.

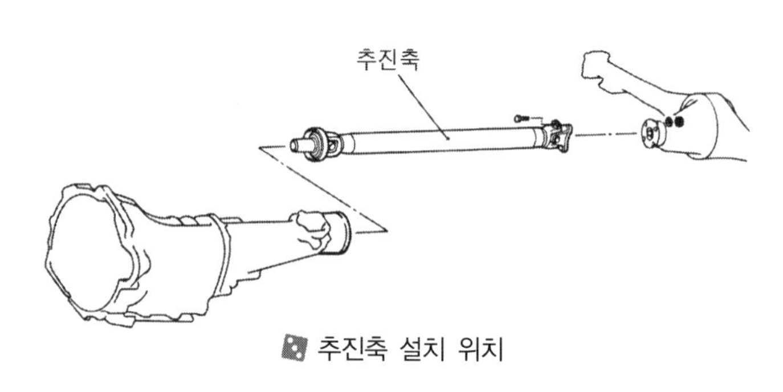

추진축 설치 위치

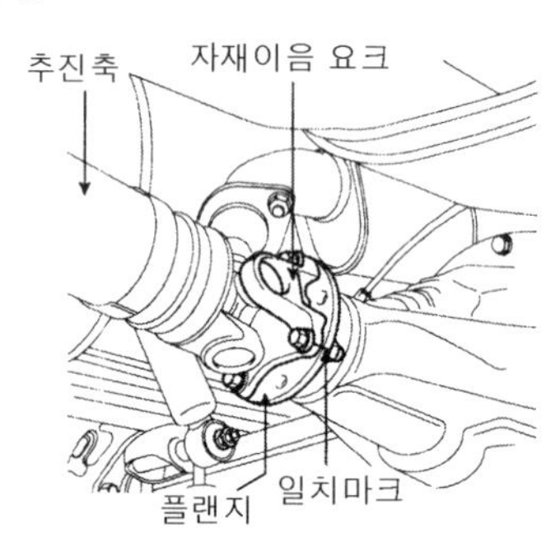

일치마크 표시

2. 추진축의 점검

① 슬리브 요크, 센터요크, 플랜지 요크부의 마모, 파손, 균열을 검사한다.
② 프로펠러 샤프트 요크부의 마모, 파손, 균열을 검사한다.
③ 프로펠러 샤프트의 굽힘, 비틀림, 파손을 검사한다.
④ 유니버셜 조인트의 각 방향 작동을 검사한다.
⑤ 센터 베어링 회전이 부드러운지 검사한다. (2WD)

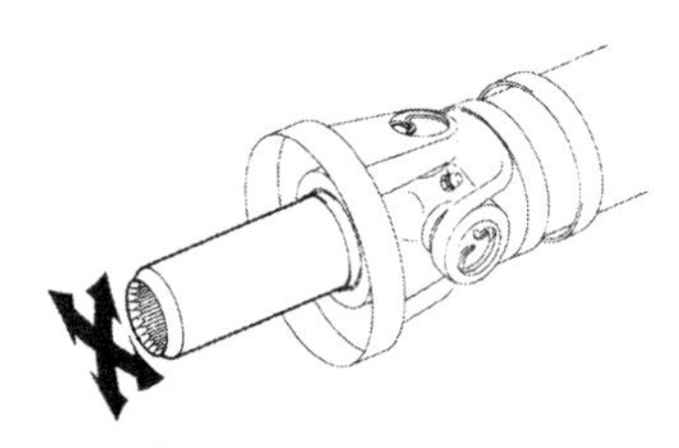
슬리브요크 점검

⑥ 센터 베어링 장착 러버의 파손, 변형을 검사한다. (2WD)

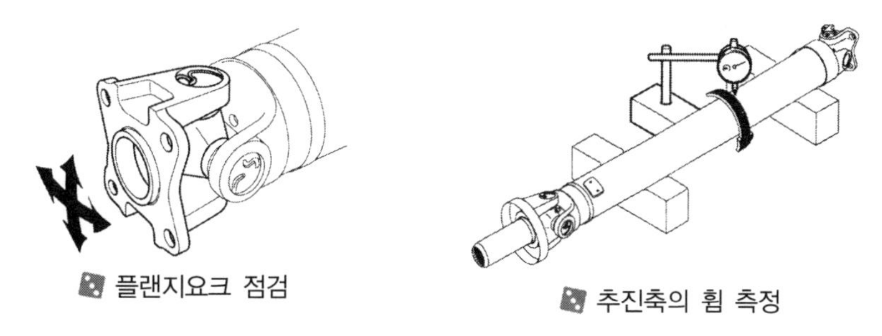

플랜지요크 점검

추진축의 휨 측정

3. 자재이음의 분해 조립방법

1) 자재이음의 분해 방법

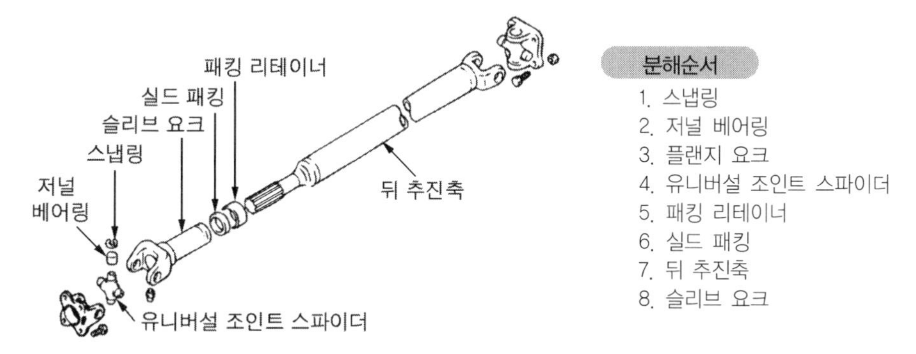

① 요크와 유니버설 조인트부에 일치 표시를 한 다음 플라이어로 요크에서 스냅링을 탈거한다.
② 저널 베어링 탈거

• 프로펠러 샤프트의 불균형을 일으킬 수 있으므로 저널 베어링을 두드려서 탈거하지 마시오.

③ 센터 베어링 브라켓트를 탈거하고 특수공구를 이용해서 센터 베어링을 빼낸다.

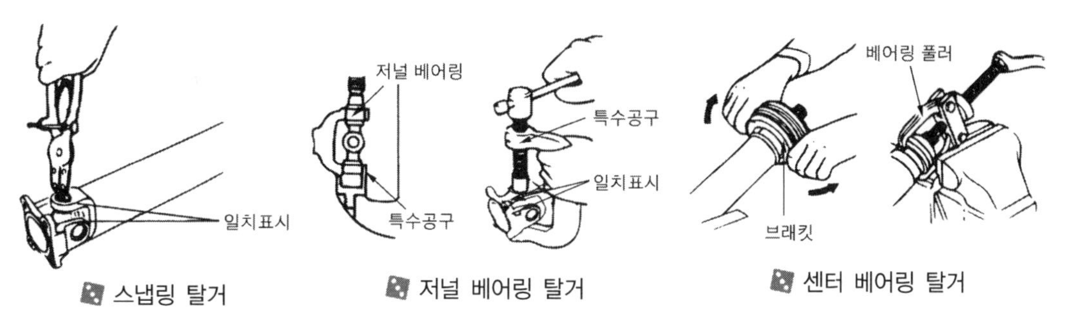

스냅링 탈거

저널 베어링 탈거

센터 베어링 탈거

2) 자재이음의 조립 방법

① 요크의 양쪽에 동일두께의 스냅링을 끼워 넣는다.

② 브라스 바를 사용하여 베어링을 한쪽 방향으로 압착한다.
③ 시크니스 게이지로 스냅링 홈과 스냅링의 간극을 측정한다. (표준치 : 0.03mm 이하) 간극이 표준치를 넘을 때는 스냅링을 교환한다.
④ 그림과 같이 프론트 프로펠러 샤프트에 센터 베어링 어셈블리를 장착한다.

베어링 압착　　스냅링 간극 측정　　센터베어링 장착

⑤ 센터 요크와 프론트 프로펠러 샤프트의 일치 마크에 일치 시킨다.
⑥ 셀프 록킹 너트를 조이면서 센터 베어링을 센타 요크에 장착한다.
⑦ 센터 마운팅 브래킷에 있는 스페이셔의 플랜지부가 위로 향하도록 조립해야 한다.
⑧ 리어 프로펠러 샤프트 어셈블리 장착 후 그리스 니플에 그리스를 슬리브 요크 플러그 구멍까지 나오도록 충분히 주입해야 한다.

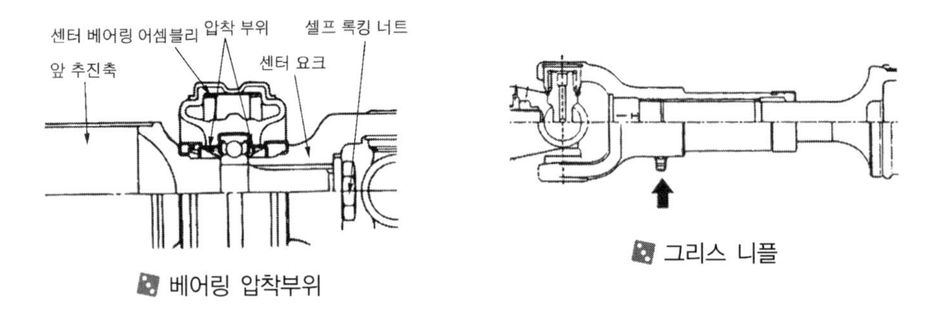

베어링 압착부위　　그리스 니플

종감속 & 차동기어장치의 점검 06

학습목표

1. 차동장치의 구조와 작동원리를 알아본다.
2. 차동장치의 떼어내기와 장착, 분해, 조립 방법에 대하여 알아본다.
3. 차동장치의 고장진단과 점검 및 정비방법에 대하여 알아본다.

NO.1 전륜구동 종감속&차동기어 장치의 기능 및 설치위치

1. 전륜 구동 종감속&차동기어장치의 기능 및 설치위치

① 종감속기어(Final Reduction) 장치 : 회전력의 증대를 위하여 최종적인 감속을 하기 때문에 종감속 장치라고 한다.

② 차동기어(Differential Gear) 장치 : 자동차가 선회할 때 양쪽 바퀴가 미끄러지지 않고 원활하게 선회하려면 바깥쪽 바퀴가 안쪽 바퀴보다 더 많이 회전하여야 하며, 또 울퉁불퉁한 노면을 주행할 경우에도 양쪽 바퀴의 회전속도가 달라져야 한다. 즉 차동 장치는 노면의 저항을 적게 받는 구동바퀴쪽으로 동력이 더 많이 전달되도록 하는 장치이다.

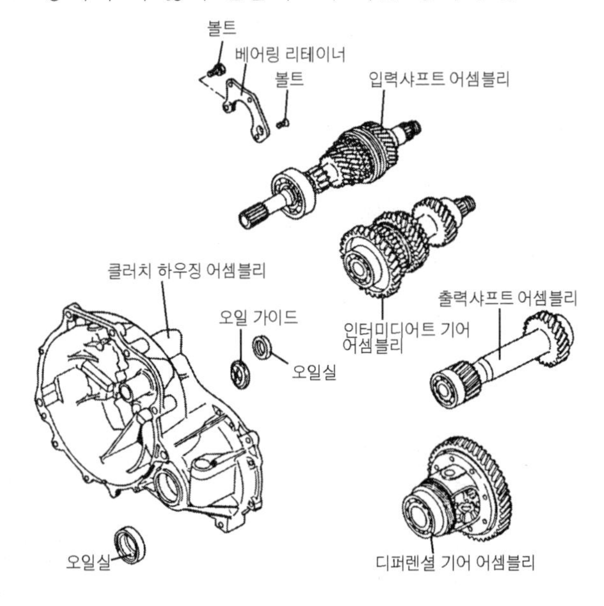

종감속기어장치 & 디퍼렌셜 기어 어셈블리

NO.2 전륜구동 종감속 & 차동기어 장치의 분해 조립방법

1. 전륜 구동 종감속&차동기어장치의 분해조립

① 1단-2단 시프트 포크를 2단으로 변속한다.

② 3단-4단 시프트 포크를 4단으로 변속한다.

③ 5단-후진 시프트 레일 쪽으로 선택 레버를 밀면서 1단-2단 시프트 레일과 포크 어셈블리를 분리한다.

④ 1단-2단 쪽으로 선택 레버를 완전히 밀면서 3단-4단, 5단-후진 시프트 레일과 포크 어셈블리를 분리한다.

⑤ 베어링 리테이너를 분리한다.

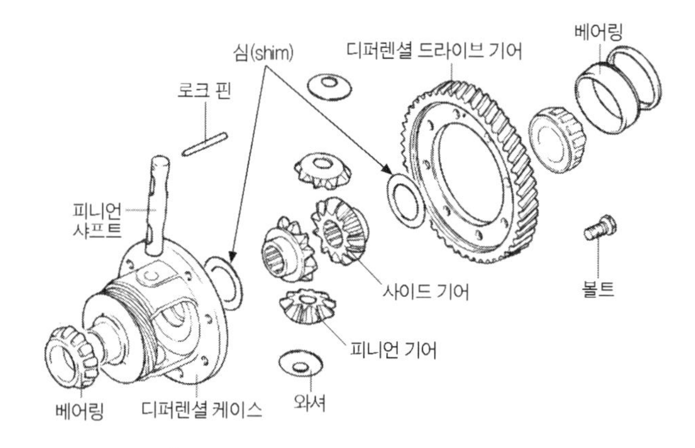

종감속 & 차동기어 장치 분해도

⑥ 입력축 기어 어셈블리를 들어올리고 출력축 기어 어셈블리를 분리한다.

스프링 핀 분해

변속레일 분해

입력축과 출력축 기어 분리

⑦ 차동장치 어셈블리를 분리한다.

⑦ 바이스에 차동기어 장치 케이스를 고정시킨다.

⑧ 차동기어장치 드라이브 기어 지지 볼트를 탈거하고 차동기어장치 케이스에서 탈거한다.

⑨ 특수공구를 사용하여 베어링을 탈거한다.(탈거한 베어링을 재사용하지 않는다.)

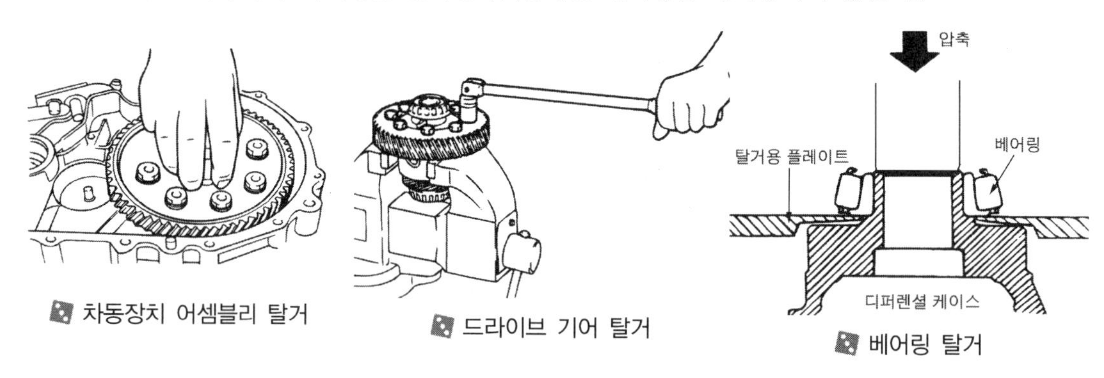

차동장치 어셈블리 탈거

드라이브 기어 탈거

베어링 탈거

⑩ 펀치를 사용하여 로크 핀을 빼낸다.
⑪ 피니언 샤프트를 빼낸다.
⑫ 피니언 기어, 와셔, 사이드 기어와 스페이서를 탈거한다.
⑬ 조립은 분해의 역순이다.

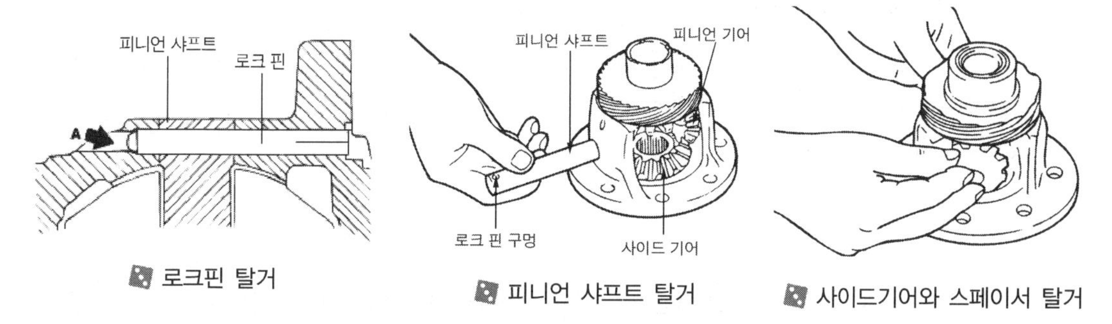

로크핀 탈거 / 피니언 샤프트 탈거 / 사이드기어와 스페이서 탈거

NO.3 전륜구동 차동기어장치의 사이드기어와 피니언기어의 백래시 점검방법

1. 사이드 기어와 피니언 기어의 백래시 측정

백래시 점검은 사이드 기어와 구동 피니언이 회전하지 못하도록 고정한 후 다이얼 게이지 스핀들을 를 사이드기어에 직각으로 접촉시킨 후 사이드 기어를 좌우로 가볍게 움직이면서 측정한다. 백래시는 일반적으로 0.025~0.150mm이다. 백래시가 규정치를 벗어나면 다시 분해한 후 적정한 심과 와셔를 선택하여 조립한다.

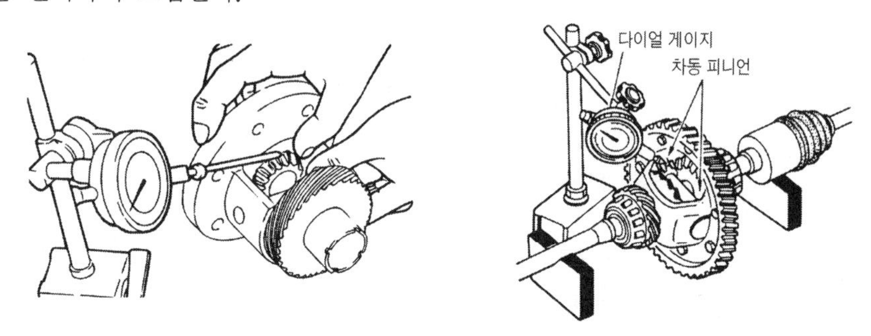

사이드기어와 피니언 기어의 백래시 측정

NO.4 후륜구동 종감속 & 차동기어 장치의 기능 및 설치위치

1. 전륜 구동 종감속 & 차동기어장치의 기능 및 설치위치

① 종감속기어(Final Reduction) 장치 : 추진축에서 받은 동력을 직각이나 또는 직각에 가까운 각도로 바꾸어 뒷차축에 전달함과 동시에 자동차의 용도에 따른 회전력의 증대를 위하여 최종적인 감속을 하기 때문에 종감속 장치라고 한다.

② 차동기어(Differential Gear) 장치 : 자동차가 선회할 때 양쪽 바퀴가 미끄러지지 않고 원활하게 선회하려면 바깥쪽 바퀴가 안쪽 바퀴보다 더 많이 회전하여야 하며, 또 울퉁불퉁한 노면을 주행할 경우에도 양쪽 바퀴의 회전속도가 달라져야 한다. 즉 차동 장치는 노면의 저항을 적게 받는 구동바퀴쪽으로 동력이 더 많이 전달되도록 하는 장치이다.

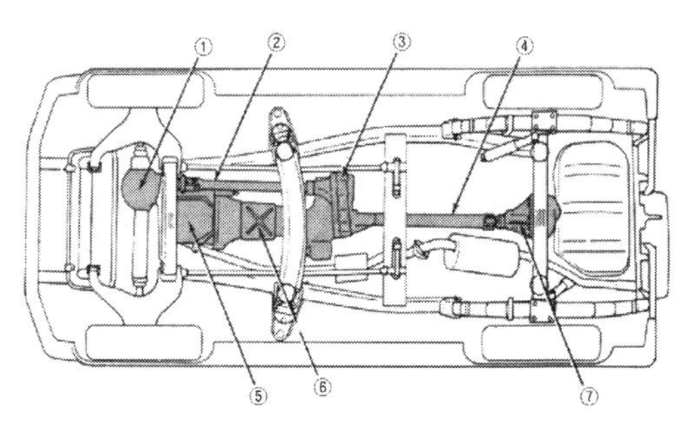

종감속기어 & 차동기어장치 설치위치

NO.5 후륜구동 종감속 & 차동기어 장치의 고장진단

1. 전륜 구동 종감속 & 차동기어장치의 고장진단

고장 현상	원 인	조 치
상시소음	• 드라이브 기어와 드라이브 피니언의 잇빨 접촉불량(맞물림 불량)	조정
	• 사이드 베어링의 헐거움, 마모, 손상 드라이브 피니언 베어링의 유격, 마모, 손상	조정 또는 부품 교환
	• 드라이브기어, 드라이브 피니언의 마모 사이드기어의 쓰러스트 스페이서 또는 피니언 샤프트의 마모, 드라이브 기어, 디프렌셜 케이스의 변형 기어의 손상	부품 교환
	• 이물질 유입	이물의 제거 및 점검 필요하면 부품 교환
	• 유량부족	보충
구동시의 기어소음	• 기어의 접촉불량, 기어의 조정불량	조정 또는 부품 교환
	• 드라이브 피니언 회전토크 불량	조정
	• 이물질 혼입	이물의 제거 및 점검 필요하면 부품 교환
	• 유량부족	보충
주행시의 기어소음	• 드라이브 피니언 회전토크 불량	조정 또는 부품 교환
	• 기어의 파손	부품 교환
구동, 주행시의 베어링 소음	• 드라이브 피니언 베어링의 균열, 손상	부품 교환
선회시에 생기는 소음	• 사이드 베어링의 마모, 손상, 사이드 기어, 피니언 기어, 피니언 샤프트의 손상	부품 교환
발열	• 기어의 백래시 과소	조정
	• 프리로드 과대	조정
	• 유량부족	보충
오일 누유	• 디퍼렌셜 캐리어의 조임불량, 씰 불량	조임씰제 도포 또는 개스킷 교환
	• 오일 씰의 마모, 손상	부품 교환
	• 유량과다	조정

NO.6 후륜구동장치의 종감속 & 차동기어장치의 분해조립 방법

1. 후륜 구동장치의 종감속&차동기어장치의 분해조립 방법

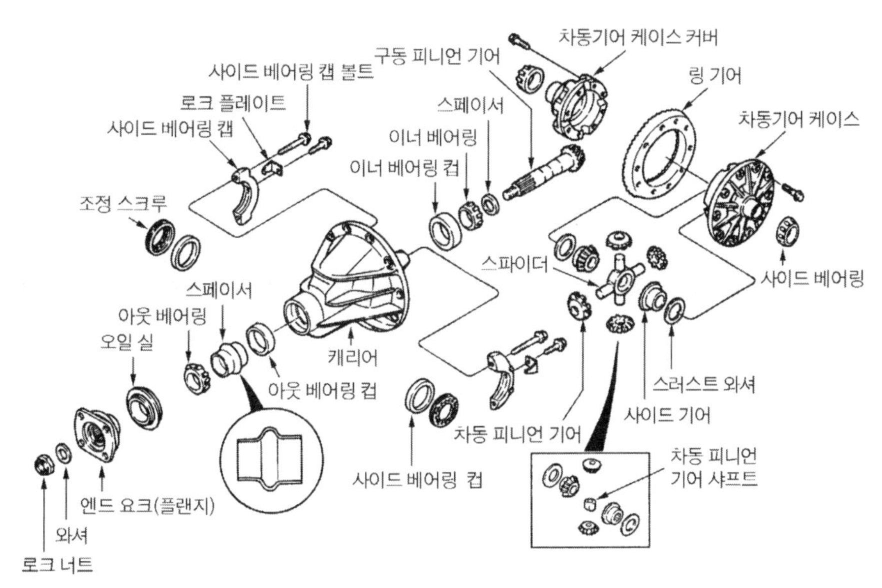

종감속기어 & 차동기어 장치 분해도

① 사이드 베어링 캡이 좌·우가 바뀌지 않도록 표시를 하고 캡을 분해한다.

② 링 기어와 차동기어 케이스를 떼어낸다.

③ 링 기어와 차동기어 케이스를 바이스에 물리고 링 기어 고정 볼트를 풀고 링 기어를 떼어낸다.

④ 차동 피니언 샤프트 고정 핀을 핀 펀치로 빼낸 다음 바이스에서 링 기어와 차동기어 케이스를 분리한다.

⑤ 차동 피니언 샤프트를 밀어서 빼낸 후 피니언과 사이드 기어 와셔 및 스러스트 와셔, 스페이서를 빼낸다.

⑥ 그림과 같이 플랜지 로크 너트를 풀고 엔드 요크를 풀러로 분리한다.

⑦ 구동 피니언을 연질 해머로 가볍게 타격하여 뒤쪽으로 빼낸다.

⑧ 조립은 분해의 역순으로 한다.

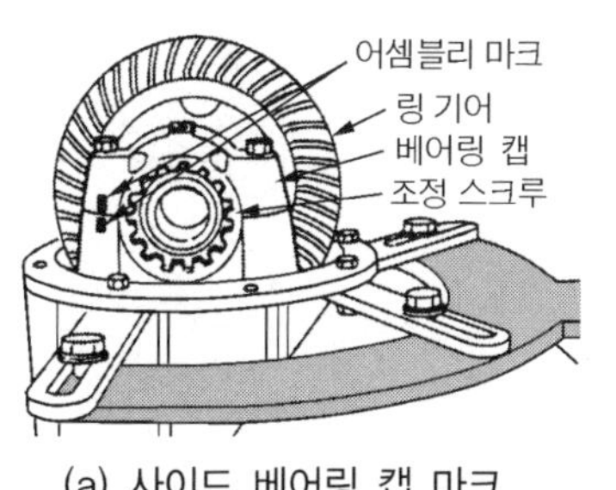

(a) 사이드 베어링 캡 마크

(b) 차동장치 고정판 분리

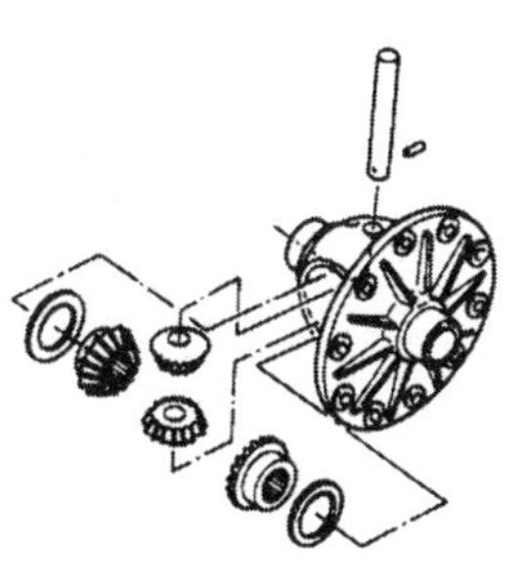

(c) 사이드 기어 분해

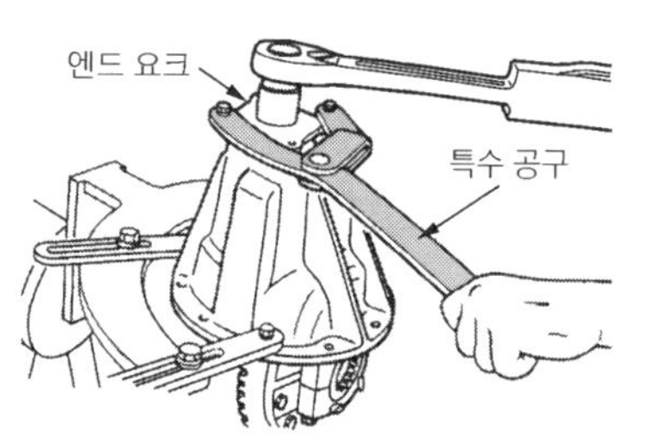

(d) 엔드 요크(플랜지) 너트 분해

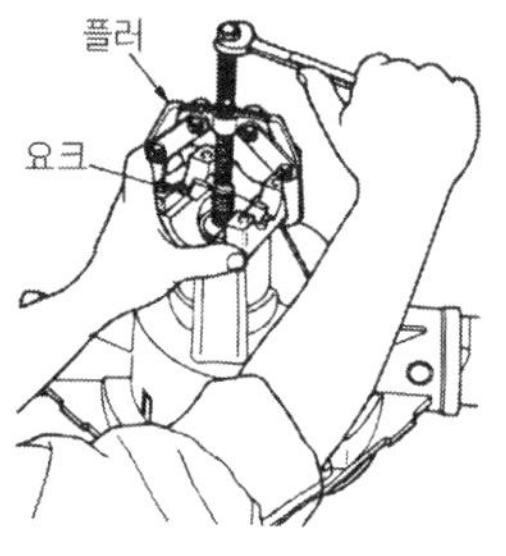

(e) 엔드 요크 분해

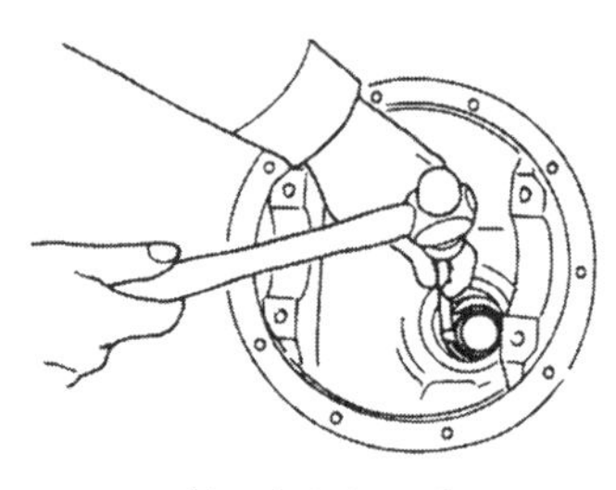
(f) 베어링 분해

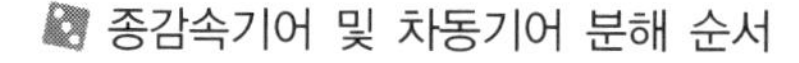
종감속기어 및 차동기어 분해 순서

NO.7 후륜구동 종감속&차동기어장치의 백래시, 런아웃 점검방법

1. 후륜 구동 종감속 기어장치의 백래시 점검 방법

1) 측정 방법

백래시 점검은 링 기어와 구동 피니언이 회전하지 못하도록 플랜지를 바이스 등에 고정한 후 다이얼 게이지를 캐리어에 부착하고 다이얼 게이지 스핀들을 링 기어에 직각으로 접촉시킨 후 링 기어를 좌·우로 가볍게 움직이면서 측정한다. 백래시는 일반적으로 0.13~0.18mm이다.

2) 조정 방법

백래시 조정 방법에는 조정 나사식과 심(seam) 조정 방식이 있다. 링 기어를 구동 피니언 쪽으로 이동시키면 백래시가 작아지며, 반대로 멀리하면 백래시가 커진다.

■ **차종별 규정값**

차 종	링 기어	
	백래시	런아웃
갤로퍼/ 테라칸	0.11~0.16mm	0.05mm 이하
록스타	0.09~0.11	-
마이티	0.20~0.28mm	0.05mm 이하
그레이스	0.11~0.16	0.05mm 이하
에어로버스	0.25~0.33mm(한계 0.6mm)	0.2mm 이하

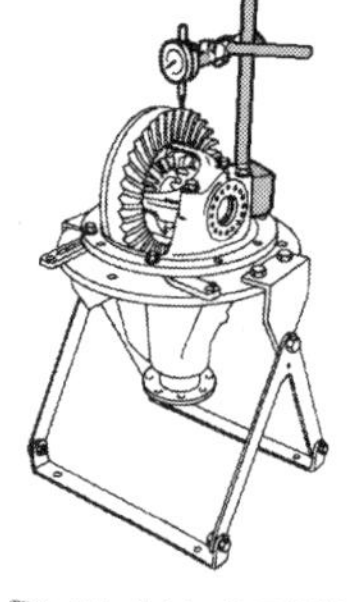
백래시 측정방법

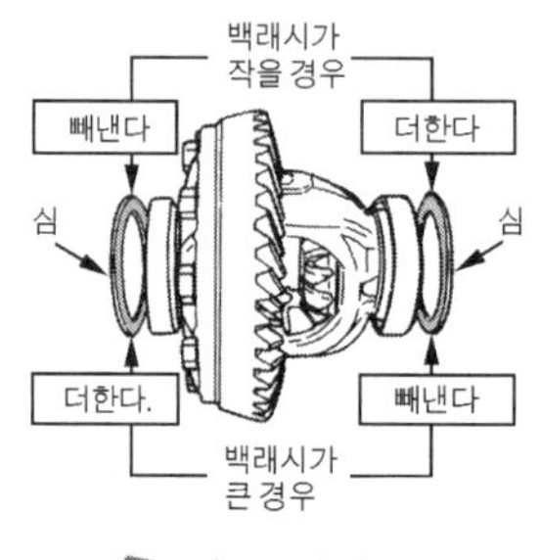

심 조정 형식

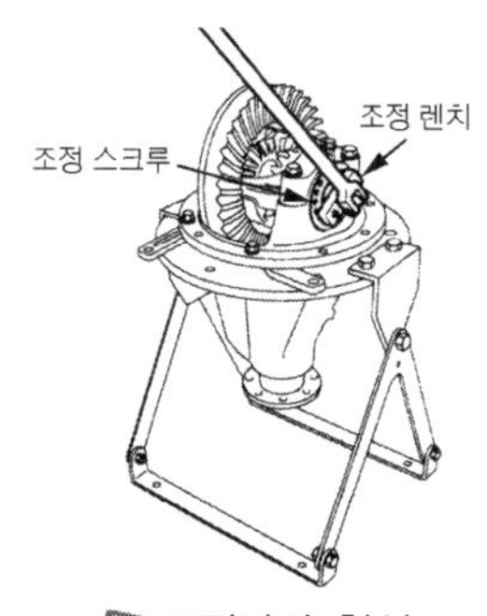

조정나사 형식

2. 후륜 구동장치의 종감속 기어장치의 런아웃 점검 방법

1) 측정 방법

링기어의 런 아웃 측정은 링기어 뒷면에 다이얼 게이지의 스핀들을 직각으로 설치한 후 링기어를 천천히 1회전 시켰을 때 다이얼 게이지 지침의 움직임 값을 읽는다. 링기어의 런 아웃은 일반적으로 0.05mm 이하이다.

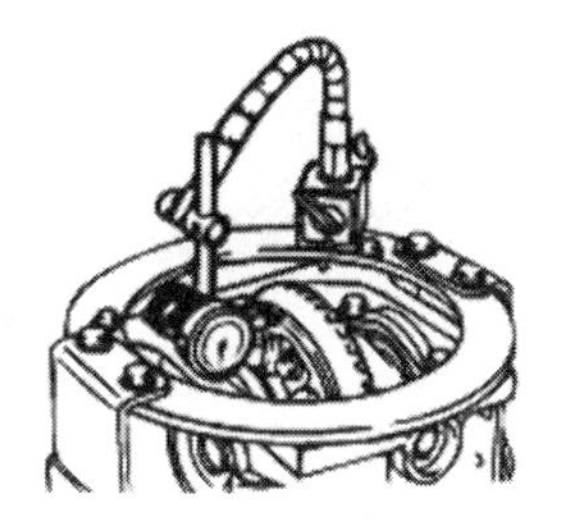

링기어 런 아웃 측정방법

NO.8 후륜구동 종감속기어장치의 링기어와 구동 피니언 접촉 점검방법

1. 후륜 구동 종감속 기어장치의 링기어와 구동 피니언 접촉 점검방법

1) 점검 방법

접촉 점검은 링 기어와 구동 피니언을 깨끗이 세척한 후 링 기어의 잇면에 광명단(또는 인주)을 바른 후 구동 피니언을 회전시켜 기어 잇면의 접촉상태를 보고 판정한다.

2) 접촉 상태

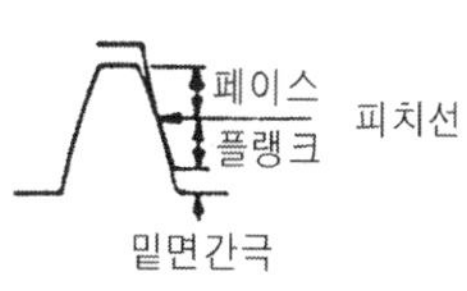

토우
힐

기어의 명칭

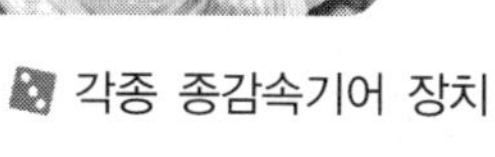

각종 종감속기어 장치

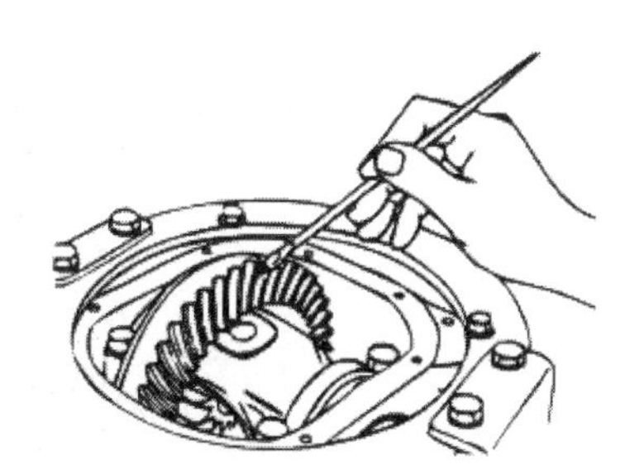

광명단 바르는 방법

① **정상 접촉** : 정상 접촉상태는 구동 피니언이 링 기어 중심부와 50~70% 접촉된 상태이다.
② **힐 접촉** : 구동 피니언이 링 기어의 대단부(링 기어의 기어 이빨 폭이 넓은 바깥쪽)와 접촉하는 상태이다.
③ **페이스 접촉** : 백래시 과대로 인하여 링 기어 이빨 끝에 구동 피니언이 접촉하는 상태이다.

• 구동 피니언을 안쪽으로 이동시키고 링 기어를 밖으로 이동시켜 조정한다.

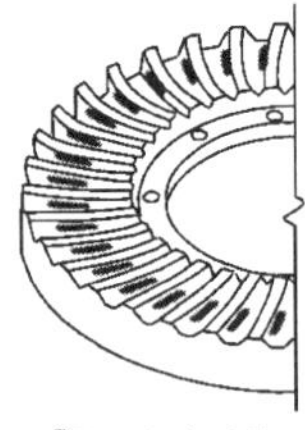

정상접촉

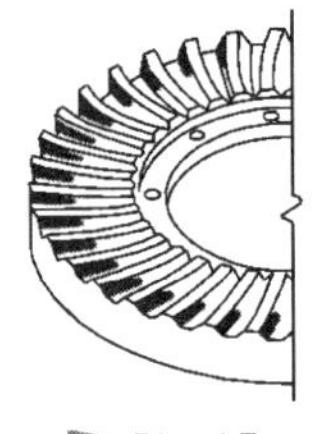

힐 접촉

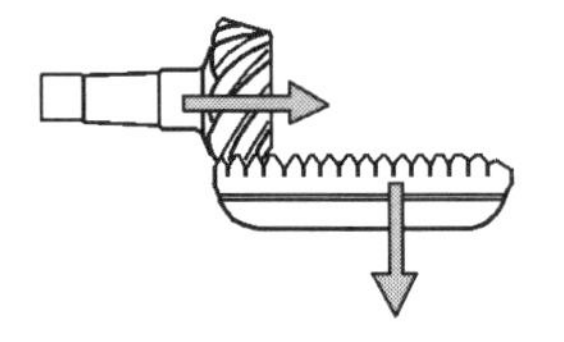

힐 및 페이스 접촉 수정방법

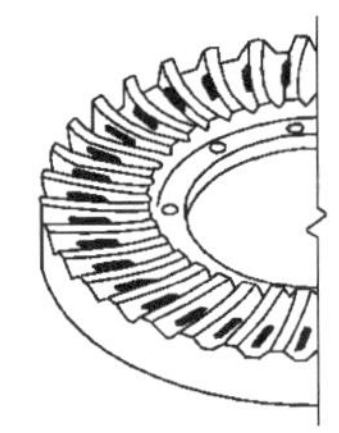

페이스 접촉

④ **토우 접촉** : 구동 피니언이 링 기어의 소단부(기어 이빨사이의 폭이 좁은 안쪽)와 접촉하는 상태이다.
⑤ **플랭크 접촉** : 백래시 과소로 인하여 링 기어의 이뿌리쪽에 구동피니언이 접촉하는 상태이다.

• 구동 피니언을 밖으로 이동시키고 링 기어를 안으로 이동시켜 조정한다.

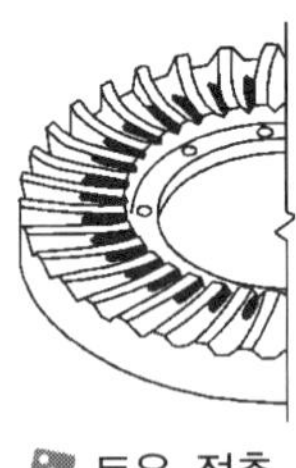

토우 접촉

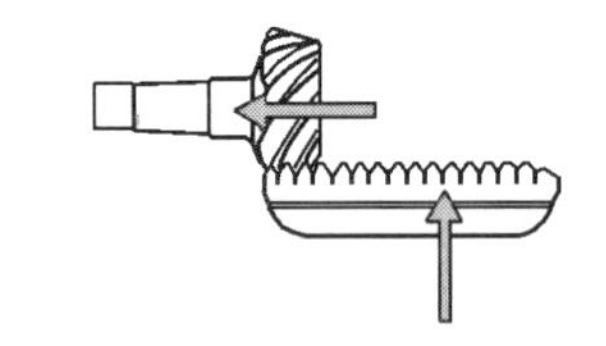

토우 및 플랭크 접촉 수정방법

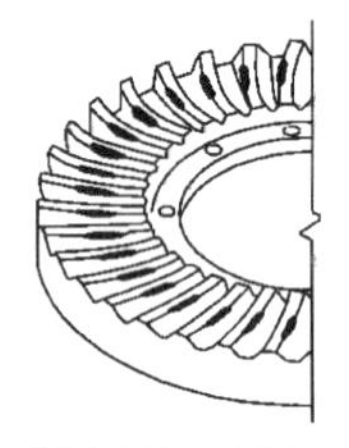

플랭크 접촉

3. 구동피니언의 이동 & 링기어의 이동

① 구동 피니언 이동 : 구동피니언을 안으로 이동시키고자 할 경우에는 그림(a) 심 삽입 위치와 같이 심을 첨가하고, 밖으로 이동시키고자 할 경우에는 심을 빼낸다.

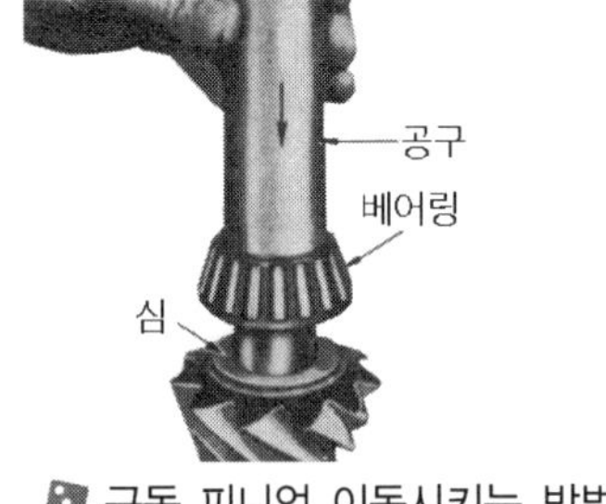

구동 피니언 이동시키는 방법

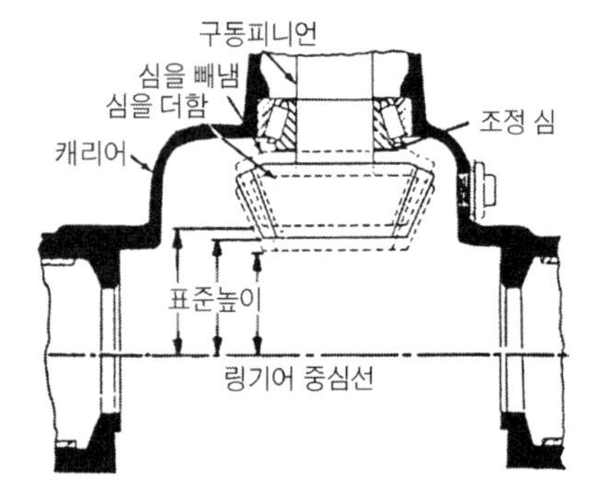

② **링기어의 이동** : 또 링기어를 안으로 이동 시키고자할 경우에는 조정나사(또는 심)를 이용하여 링기어 반대쪽 나사를 풀고(심을 빼내고) 링기어 쪽 나사를 조이며(심을 첨가한다.), 밖으로 링기어를 이동시키고자 할 경우에는 링기어 쪽 나사를 풀고(심을 빼내고) 반대 쪽 나사를 조인다(심을 첨가한다).

(a) 나사 조정 형식

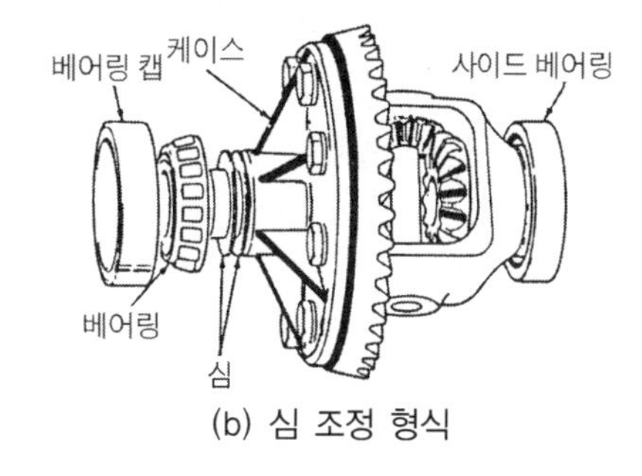

(b) 심 조정 형식

링기어 이동시키는 방법

NO.9 후륜구동 종감속기어장치의 사이드 베어링과 캐리어의 간극 점검방법

1. 후륜구동 종감속기어장치의 사이드 베어링과 캐리어의 간극 점검 방법

사이드 베어링과 캐리어의 간극은 필러 게이지나 다이얼 게이지로 점검하며, 플라이 바를 이용하여 밀면서 측정한다. 일반적으로 간극 규정값은 0.05~0.1mm이다. 조정은 조정나사나 심을 삽입하여 조정한다.

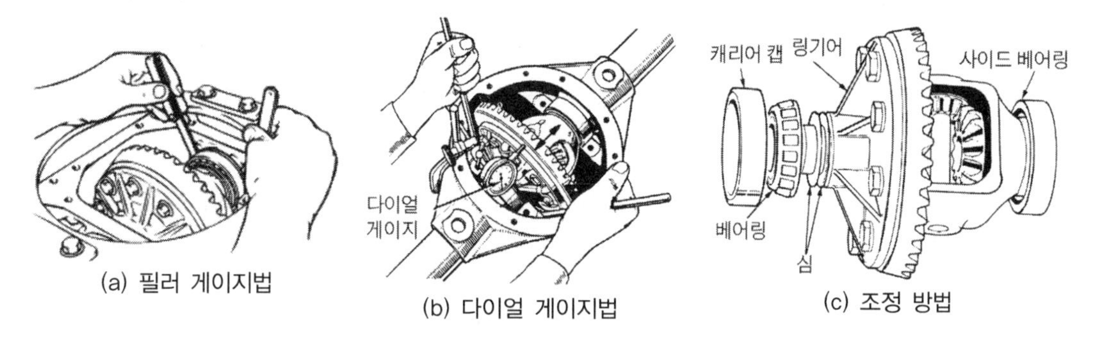

(a) 필러 게이지법 (b) 다이얼 게이지법 (c) 조정 방법

사이드 베어링과 캐리어의 간극 점검 및 조정 방법

NO.10 후륜구동 종감속기어장치의 구동피니언 프리로드 점검방법

1. 후륜구동 구동 피니언 베어링의 프리로드 점검

구동 피니언의 프리로드는 스프링 저울이나 토크렌치를 사용하여 측정한다. 스프링 저울을 사용할 경우에는 플랜지 볼트 구멍에 끼워 축과 직각방향으로 당겨 회전하려고 할 때의 힘을 측정하여 축의 중심에서 플랜지 구멍 중심사이의 거리×스프링 저울 값으로 한다.

프리로드 값은 일반적으로 1.5~2.5kg·cm 이다. 조정은 구동 피니언 스페이서의 심으로 조정하며, 심을 더하면 프리로드가 작아진다.

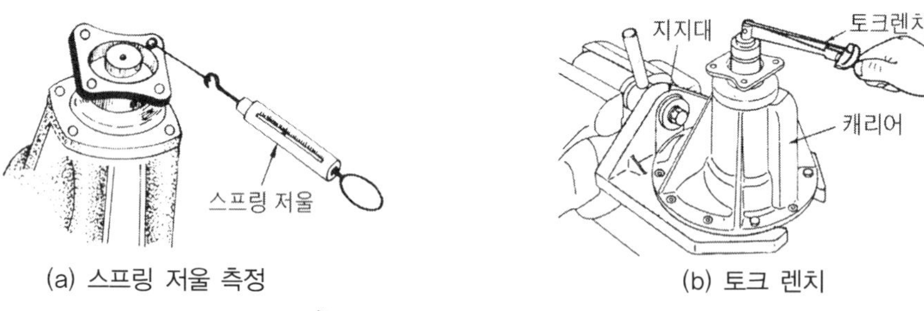

(a) 스프링 저울 측정　　(b) 토크 렌치

프리로드 점검 방법

NO.11 후륜구동 종감속기어장치의 사이드기어 차동피니언 백래시 점검방법

1. 후륜구동 종감속기어장치의 사이드 기어와 차동피니언 백래시 점검

사이드 기어와 피니언 샤프트의 사이에 목제 쐐기를 끼우고 다른쪽의 사이드 기어를 고정한 후 피니언 기어에 다이얼 게이지(측정봉을 연장한다)를 대어서 디퍼렌셜 기어의 백래시가 표준치 인가를 측정한다. 규정값은 일반적으로 0.025~0.15mm이다. 백래시가 한계치를 넘는 경우는 사이드 기어 스페이서를 선택하여 조정한다.

- 조정 후는 백래시가 한계치 내에 있는가와 디퍼렌셜 기어가 원활히 회전하는가를 확인한다. 조정이 불가능한 경우는 사이드 기어와 피니언 기어를 세트로 교환한다.

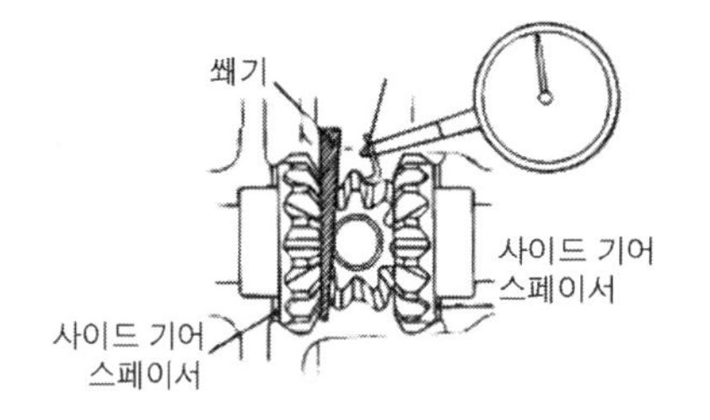

사이드기어와 차동피니언의 백래시 점검방법

휠 & 타이어 장치의 점검

07

학습목표

1. 휠 및 타이어의 구조와 기능에 대하여 알아본다.
2. 휠 및 타이어의 떼어내기와 장착, 조립 방법에 대하여 알아본다.
3. 휠 및 타이어의 점검 및 정비방법에 대하여 알아본다.

NO.1 휠(Wheel) & 타이어(Tire)의 기능 및 설치위치

1. 휠 & 타이어의 기능 및 설치위치

타이어는 직접 노면과 접촉하면서 회전하여 타이어와 노면 사이에 생기는 마찰에 의해 구동력과 제동력을 전달하고 노면으로부터 받는 충격을 완화시키는 일을 한다. 또, 타이어 내부의 공기에 의해 자동차의 무게를 받쳐 주고 주행시에 받는 충격을 흡수하여 승차감을 좋게 한다.

NO.2 타이어(Tire)의 관계지식

1. 타이어의 구조

① 트레드(Tread)부 : 트레드 부는 타이어의 바깥 둘레는 카커스를 보호하기 위하여 고무층이 덮여 있고 이 고무층은 트레드부, 숄더부, 사이드 월부로 나뉘어진다. 이 부분은 직접 노면과 접하는 곳이며, 브레이커를 보호하고 타이어의 마멸, 외부 손상, 충격 등에 의한 내구성을 높이기 위해 두꺼운 고무층으로 만든다. 또 타이어의 사용 목적에 알맞도록 표면에 여러 가지

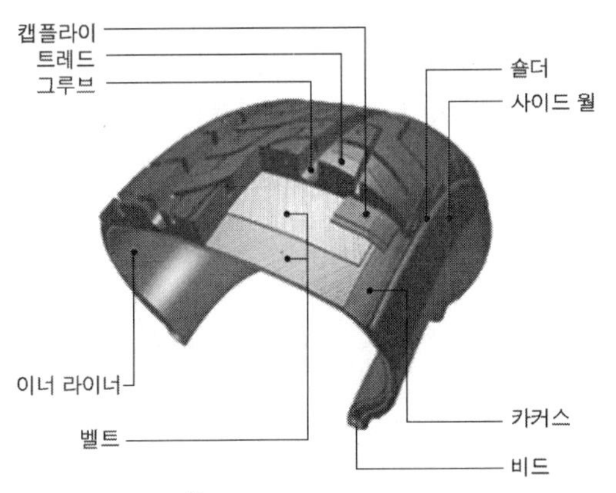

타이어의 구조

모양의 트레드 패턴이 가공되어 있다. 트레드 패턴의 필요성은 다음과 같다.

㉠ 타이어 내부의 열을 발산한다.
㉡ 트레드에 생긴 절상 등의 확대를 방지한다.
㉢ 구동력이나 선회 성능을 향상시킨다.
㉣ 타이어의 옆 방향 및 전진 방향의 미끄럼을 방지한다.

리브 패턴

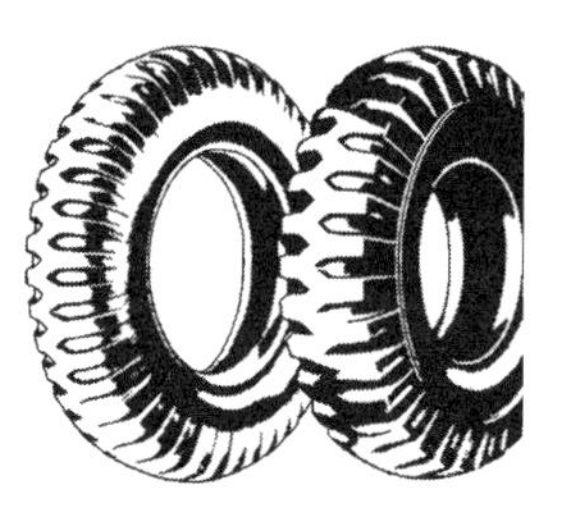
러그 패턴

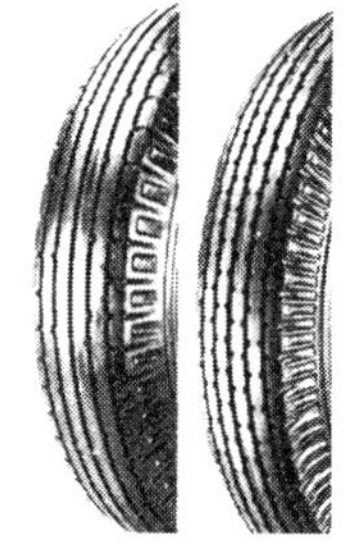
리브러그 패턴

② **숄더부(Shoulder)** : 트레드 가장자리로부터 사이드 월의 윗부분을 말하며 카커스를 보호함과 동시에 주행 시 발생한 열을 발산하는 역할을 하는 부분
③ **사이드 월 부(Side Wall)** : 숄더 아랫부분부터 비드 사이의 고무 층을 말하며 내부의 카커스를 보호하는 역할을 하는 부분
④ **벨트(Belt)** : 트레드와 카커스를 강하게 묶어 트레드의 강성을 높여주는 역할을 하는 띠
⑤ **카커스부(Carcass)** : 고무로 토핑(Topping)한 코드를 여러 겹으로 겹친 타이어의 골격을 이루는 부분
⑥ **비드부(Bead)** : 코드의 끝 부분을 감아주어 타이어를 림에 장착시키는 역할을 하는 부분

2. 타이어 취급시 주의사항

① 자동차의 용도에 알맞은 크기, 트레드 패턴, 플라이수의 것을 선택한다.
② 타이어의 공기 압력과 하중을 규정대로 지킬 것.
③ 급출발, 급정지에서 타이어 마멸이 촉진되므로 가능한 피한다.
④ 앞바퀴 얼라인먼트를 바르게 조정한다.
⑤ 과부하를 걸지 말고 고속 운전을 삼가한다.
⑥ 타이어의 온도가 120~130℃(임계 온도)가 되면 강도와 내마멸성이 급감된다.
⑦ 알맞은 림을 사용한다.

3. 튜브 타이어(Tube Tire)와 튜브리스 타이어(Tubeless Tire)의 비교

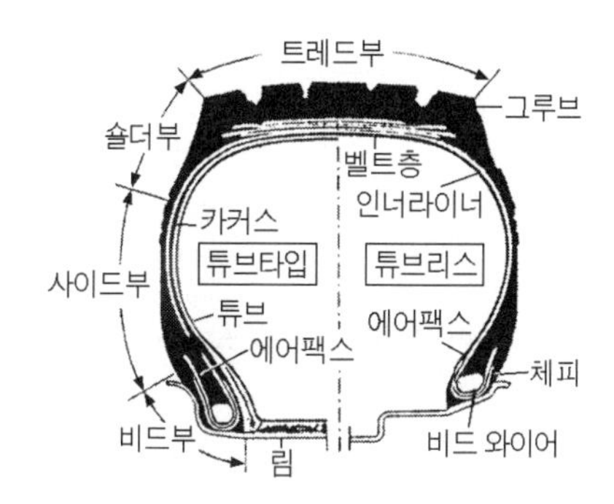

튜브 타이어(Tube Tire)	항목	튜브리스 타이어(Tubeless Tire)
냉각효과 적음	열 발산 능력	냉각효과 우수
급격한 공기 누출	펑크 안정성	공기가 서서히 누출
6가지 부품 필요	관리 편리성	2가지 부품으로 장 · 탈착 편리
여러 부품의 불균형, 튜브 접힘 등에 의한 낮은 밸런스	밸런스	튜브, 플랩, 고정링 등에 의한 불균형 없이 우수한 밸런스
튜브, 플랩 등 사용으로 인한 중량 증채	중량	타이어와 림만의 사용으로 중량 절감, 연비 향상

3. 타이어의 호칭

타이어의 호칭

타이어의 호칭(Radial)–(1)	
155 S R 13	185/70R14 87H
• 155 : 단면 폭(mm) • S : 최대속도표시 • R : 레이디얼 구조 • 13 : 림 직경(inch)	• 185 : 타이어의 너비(265mm) • 70 : 평편비 • R : 타이어의 종류(레이디얼) • 14 : 림의 지름(14inch) • 87 : 최대 하중치수 • H : 최고속도 기호
타이어의 호칭(Bias)–(2)	
5.60S-13-4PR	10.00-20 14PR
• 5.60 : 타이어의 너비(5.6inch) • S : 최대속도표시 • 13 : 타이어의 안지름(inch) • 4PR : 타이어의 강도(면사코드 4PLY에 해당)	• 10.00 : 단면폭(inch) • 20 : 림 직경(inch) • 14PR : 플라이 레팅 수

① 레이디얼 타이어(RADIAL TIRE) : 레이디얼 타이어는 카커스의 코드 방향이 중심선에 대해 약 90도 방향으로 배열되어 있고 또 그 위에 강력한 벨트를 부착하여 고속 및 안전주행에 적합하도록 설계되어 있다.

② 바이어스 타이어(BIAS TIRE) : 카커스의 코드 방향이 타이어의 중심선과 약 35°의 각을 이루고 있는 타이어를 말한다.

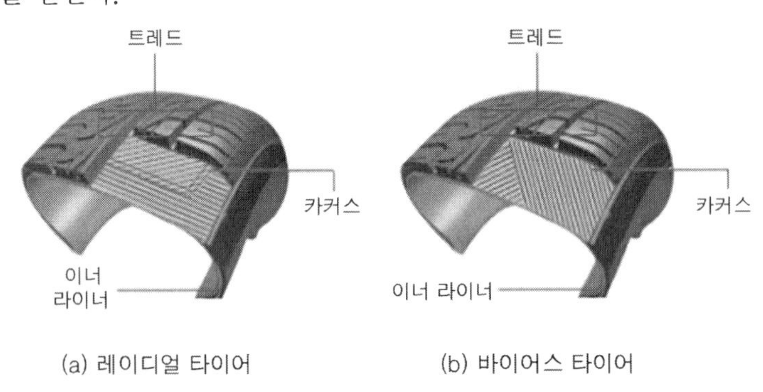

(a) 레이디얼 타이어 (b) 바이어스 타이어

4. 타이어의 옆면 표시

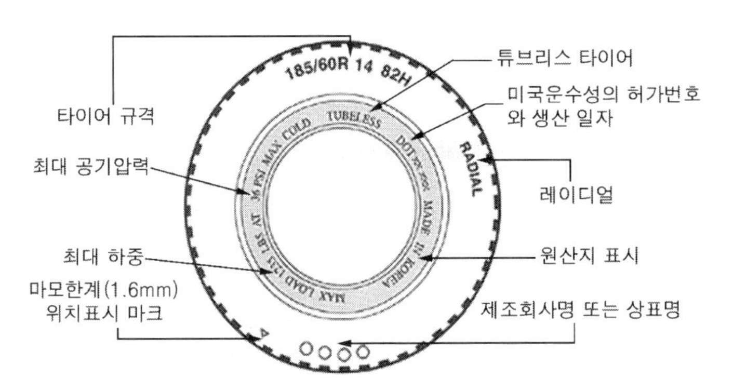

5. 타이어의 평형(휠 밸런스)

① 정적 평형(Static balancing) : 정적 평형은 타이어를 세워 놓은 상태에서 상하의 무게가 서로 다른 것으로 정적 불평형이 발생하면 주행 중 휠 트램핑(바퀴의 상하 진동) 현상이 발생된다.

② 동적 평형(Dynamic balancing) : 동적 평형은 타이어를 수직·수평으로 나누어 대각선의 합이 서로 다른 것으로 동적 불평형이 발생하면 주행 중 시미(바퀴의 좌우 흔들림) 현상이 생긴다.

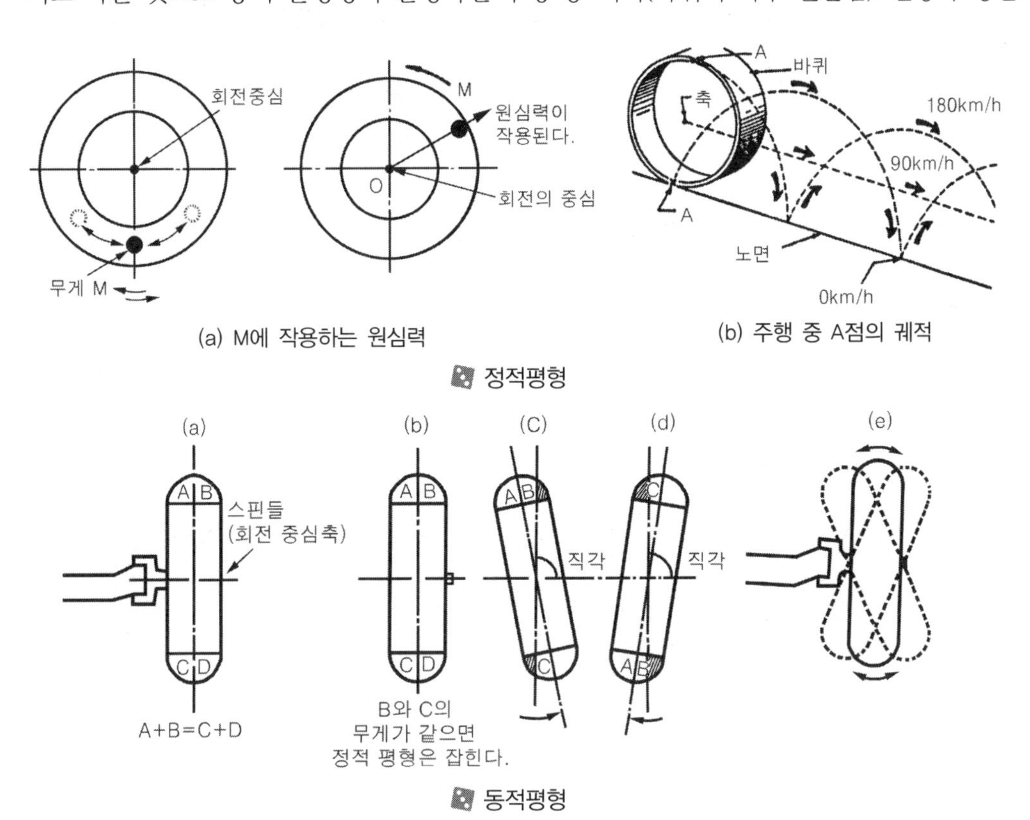

정적평형

동적평형

6. 주행시 타이어의 이상 현상

① 스탠딩 웨이브(Standing Wave) : 자동차가 고속 주행시에 타이어가 회전하면서 노면과 접촉하여 주행하므로 접지부가 변형되었다가 접지 면을 지나면 공기압력에 의하여 처음 형태로 되돌아오는 성질을 가지고 있다. 그러나 주행 중 타이어 접지 면에서의 변형이 처음의 형태로 되돌아오는 빠르기보다도 타이어의 회전 속도가 빠르면 처음의 형태로 복원되지 않고, 파도(wave) 모양으로 변형된다. 또, 트레드부에 작용하는 원심력은 회전 속도가 증가할수록 커지므로, 복원력이 커지면서 지나친 진동파가 타이어 둘레에 전달된다. 이와 같이 물결 모양의 변형 및 흐름 속도가 타이어의 회전 속도와 일치하면 진동파는 움직이지 않고 정지 상태로 된다. 이것을 스탠딩 웨이브 현상이라 한다.

② 하이드로 플래닝(수막현상 : Hydroplaning) : 노면에 물이 괴어 있을 때에 노면을 고속으로 주행하면 타이어의 트레드가 물을 완전히 밀어 내지 못하고 물 위를 떠 있는 상태로 되어 노면과 타

이어의 마찰이 없어지는데 이러한 현상을 하이드로 플래닝(수막현상)이라 한다.

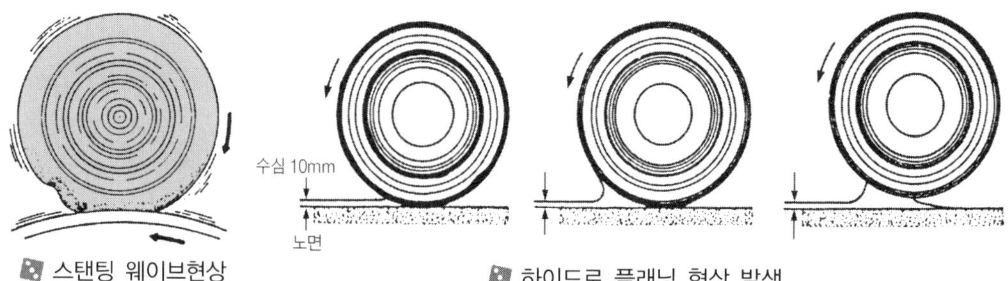

스탠팅 웨이브현상

하이드로 플래닝 현상 발생

NO.3 타이어(Tire) 펑크시 교환방법

1. 타이어 펑크시 교환방법

① 고임목 설치 : 차를 평탄한 곳에 주차하고 엔진 시동을 끈 후 변속레버를 「P」 위치(수동변속기는 1단)에 놓고 주차 브레이크를 완전히 체결하고 교환할 타이어 반대 대각 방향의 타이어 앞, 뒤에 고임목을 설치한다.

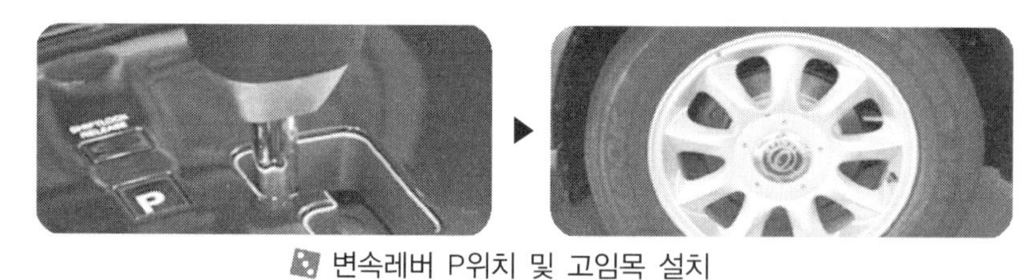

변속레버 P위치 및 고임목 설치

② 스페어 타이어 분리 : 테일 게이트를 열고 고정 볼트를 반 시계방향으로 풀어 스페어타이어를 탈거한다.

스페어 타이어 탈거

③ 잭 분리 : 잭의 끝 부분을 손 또는 드라이버를 사용하여 반 시계방향으로 돌려 잭을 분리한다.

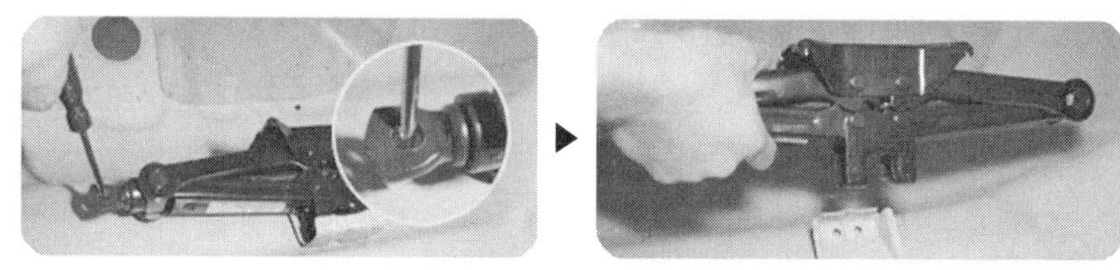

고정된 잭 분리

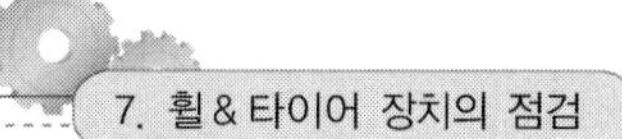

④ 잭, 스페어 타이어 및 차량 정비 공구를 펑크가 난 타이어 가까운 곳에 놓는다.

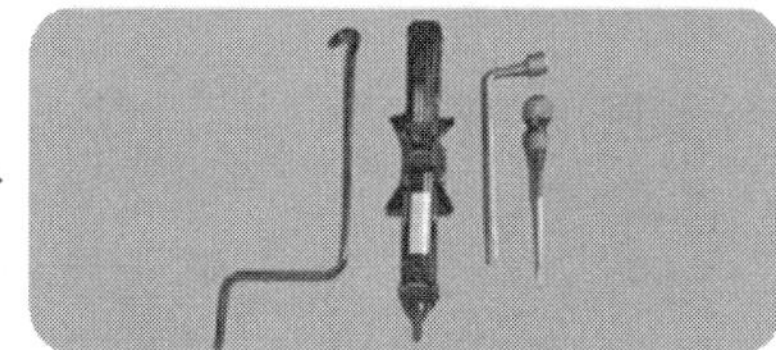

공구 준비

⑤ **휠 커버 분리(장착차량만 해당)** : 드라이버(−) 끝 부분을 휠 커버 돌기 부분에 넣어 휠 커버를 분리한다.

휠 커버 분리

⑥ **잭 설치** : 잭의 고리 부분이 바깥쪽으로 향하게 하고 교환할 타이어에서 가까운 잭 포인트에 잭을 위치한 후 손으로 고리 부분을 시계방향으로 돌려 고정시킨다.

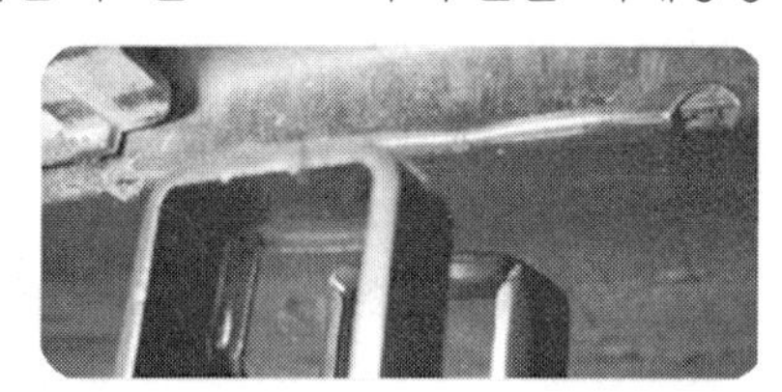

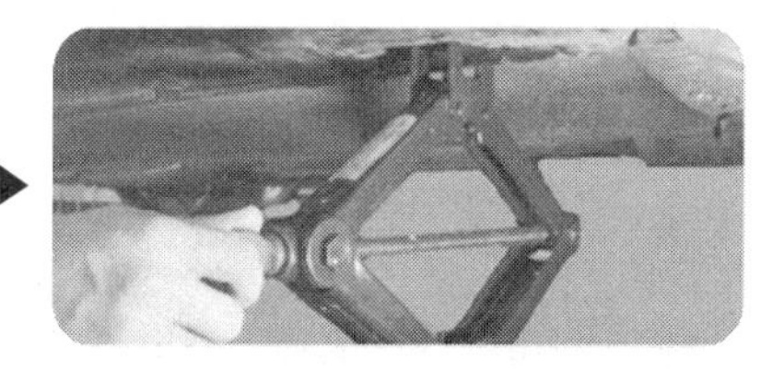

잭 설치

⑦ **휠 너트를 약간 풀어 준다** : 스페어타이어를 잭에 가까운 차 밑 부분에 놓고, 휠 너트 렌치를 이용하여 휠 너트를 약간(약 1바퀴) 풀어 준다.

휠 너트 약간 풀기

⑧ **잭의 올림** : 고정된 잭의 고리에 바를 연결하여 타이어가 지면에서 약간 뜰 때까지 시계방향으로 돌려 잭을 들어 올린다.

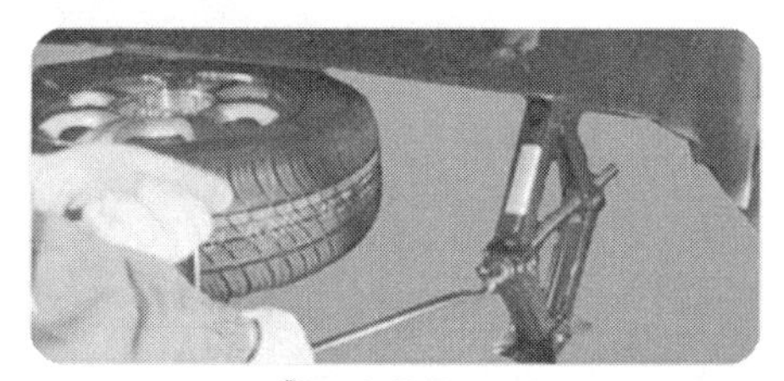

잭 올림

⑨ **휠 너트 및 타이어 분리** : 타이어를 들어 올린 후 휠 렌치를 이용하여 휠 너트를 분리하고, 타이어를 빼낸다.

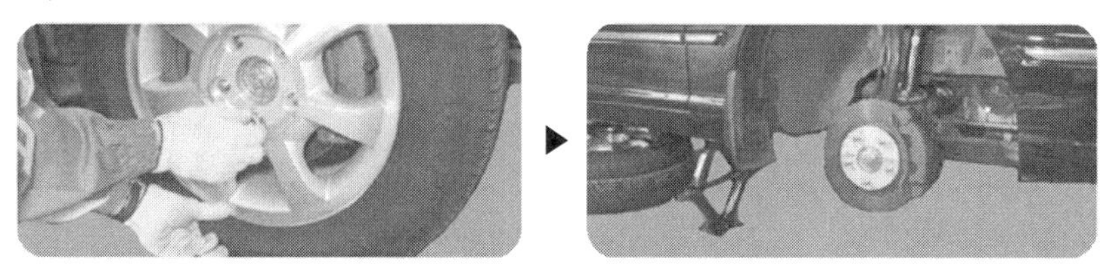

휠너트 타이어 분리

⑩ **타이어 장착, 휠 너트 조임** : 스페어타이어를 휠 볼트에 맞춰서 장착 후 휠 너트의 테이퍼 부가 휠 구멍에 닿거나 덜컹거리지 않을 정도로 휠 너트를 손으로 조여 준다.

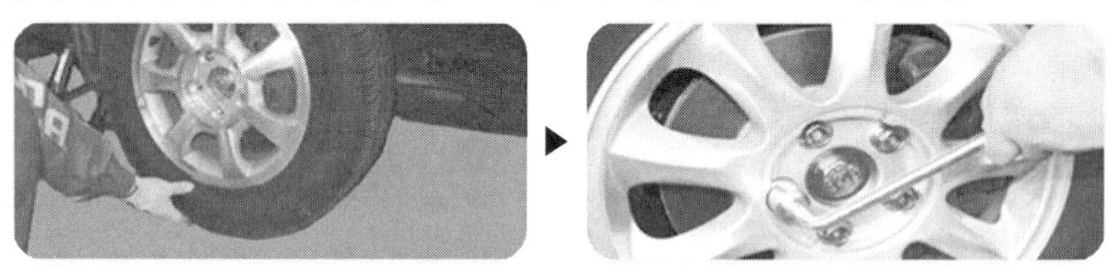

타이어 장착/휠너트 조임

⑪ 차량을 지면에 내림 타이어가 지면에 닿을 때까지 바를 반 시계방향으로 돌려 잭을 내리고, 휠 너트를 반드시 대각선 순서로 2~3회에 걸쳐 여러 번 나누어 조인다.(조임 토크 : 9~11kgf·m)

⑫ **잭 탈거 및 휠 커버 장착** : 차량으로부터 잭을 탈거하고 휠 커버를 장착한다.

잭 탈거/커버 장착

⑬ 교환된 타이어는 테일 게이트 내부에 휠 구멍과 고정용 볼트 구멍을 일치시킨 후 타이어를 설치하고, 잭은 고리 부분을 시계방향으로 돌려가며 브래킷에 고정하고 타이어와 잭이 움직이지 않는지 확인하고 필요시에는 더 조인다.

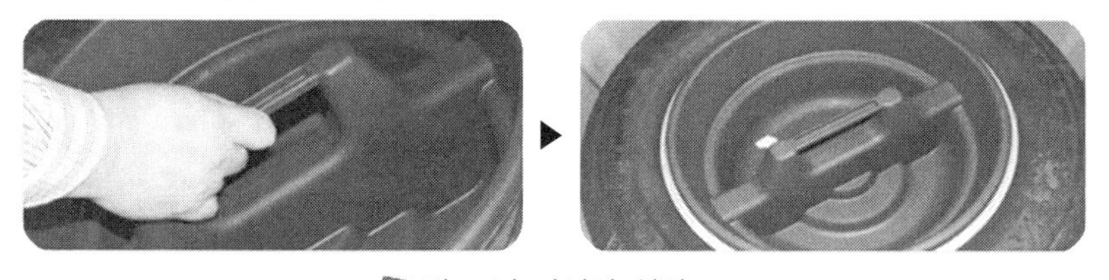

펑크 난 타이어 설치

2. 타이어 교환시 주의사항

① 타이어 교환은 반드시 경사 없는 평탄하고 안전한 장소에서 실시하고, 도로 옆으로 정차시 급브레이크를 밟지 않는다.

② 꺼낸 스페어타이어는 잭이 넘어지는 경우를 대비해서 잭에서 가까운 차 아래 놓는다. 차량이 잭에서 떨어지면 심각한 상해를 초래할 수도 있다.

③ 도로 한가운데서 잭을 사용하지 말고, 잭의 최대 하중을 초과하지 않는다. 또한, 반드시 지정된 잭 포인트에 사용한다.

④ 잭을 사용하는 동안 엔진 시동을 절대 걸지 말고, 차를 흔들리게 하는 행동은 절대로 하지 않는다.

⑤ 잭을 사용할 때는 탑승자는 모두 내리고, 잭이 사용되는 동안 차 밑으로 들어가지 않는다.

⑥ 잭의 높이를 높이는 경우 타이어가 지면으로부터 약간 위로 올라가게 한다. 차를 필요 이상으로 높이면 위험하다.

⑦ 잭을 용량 이상으로 사용하지 않는다.

NO.4 휠(Wheel) & 타이어(Tire)의 탈착방법

1. 휠(Wheel) & 타이어(Tire) 탈착방법

① 차량을 진입시켜 메인보드 위 중앙에 올려놓은 후 주차 브레이크를 당겨놓고 운전자는 차에서 내린다.

② 컨트롤 패널에 전원 스위치를 ON으로 한다.

③ 리모컨의 안전 스위치를 해제시킨다.

④ 리모컨의 메인보드 상승버튼 또는 컨트롤 패널의 상승 버튼을 눌러 메인보드를 원하는 높이까지 상승시킨다.

⑤ 안전을 위하여 컨트롤 패널의 잠금 버튼을 눌러서 메인보드를 로크 위치에 고정시킨다.

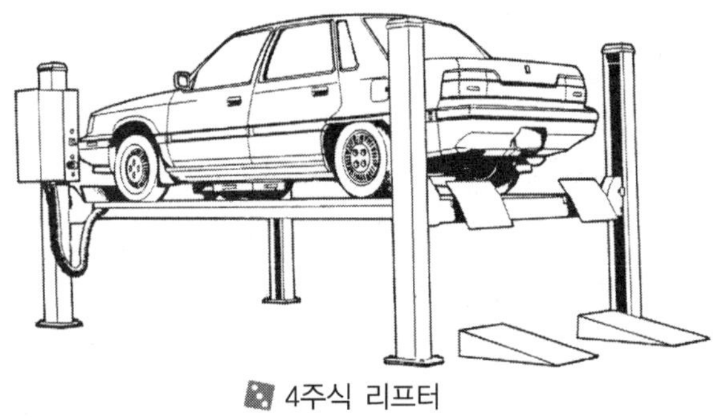

4주식 리프터

⑥ 2단 잭을 차량의 받침부분으로 이동시키고 필요한 넓이로 벌린 상판 슬라이드 위에 고무판을 올려놓는다.

⑦ 리모컨의 잭 상승버튼으로 2단 잭을 상승시킨다.

⑧ 안전을 위해 2단 잭의 안전 레버를 내려놓는다.

⑨ 리모컨의 안전 스위치를 물러놓고 휠을 탈·부착한다.

⑩ 작업 종료 후 내릴 때는 안전 스위치를 해제시킨 후 리모컨의 하강 버튼을 눌러서 하강시킨다. 이때 잠시 올라갔다 내려오는데 이것은 안전장치를 풀기위한 것이다.

2. 4주식 리프터 사용방법

1) 리프트 구조

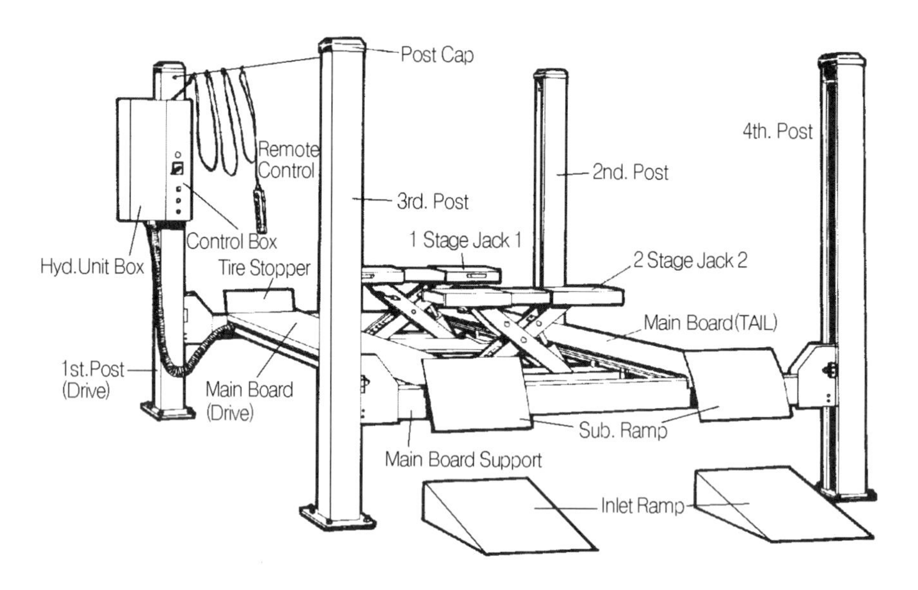

2) 컨트롤 패널 조작방법

① **전원 램프** : 파워 스위치를 ON 위치로 하면 점등된다.

② **전원 스위치** : 전원을 연결, 차단한다.

③ **상승 버튼** : 메인 보드가 상승한다.

④ **잠금 버튼** : 메인 보드를 포스트에 록킹이 된다.

⑤ **하강 버튼** : 메인보드가 하강한다. 이때 잠시 올라갔다 내려오는데 이것은 안전장치를 풀기위한 것이다.

3) 리모컨의 사용법

① **안전 스위치(적색 버튼)** : 모든 동작을 정지시킨다.

② **메인 보드 상, 하 버튼** : 메인 보드를 상승, 하강시킬 때 사용한다.

③ **2단 잭 앞바퀴 상, 하스위치** : 앞쪽 2단 잭을 상승, 하강시킨다.

④ **2단 잭 뒷바퀴 상, 하스위치** : 뒤쪽 2단 잭을 상승, 하강시킨다.

① 안전 스위치를 OFF 시키면 컨트롤 패널과 리모컨의 모든 버튼은 작동되지 않는다.
② 메인보드 버튼과 2단 잭 버튼은 동시에 사용할 수 없다.
③ 2단 잭 1과 2의 상승, 하강 버튼은 동일하게 동작될 때만 동시 사용이 가능하다.
④ 리모컨의 메인보드 상승버튼 또는 컨트롤 패널의 상승 버튼을 눌러 메인보드를 원하는 높이까지 상승시킨다.

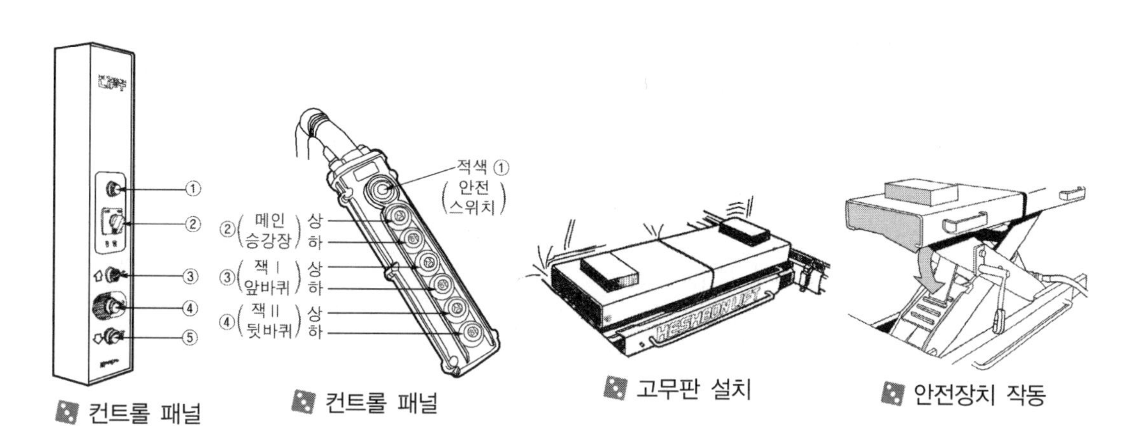

컨트롤 패널　　컨트롤 패널　　고무판 설치　　안전장치 작동

NO.5 휠(Wheel)에서 타이어(Tire)의 탈착방법

1. 휠(Wheel)에서 타이어(Tire) 탈착방법

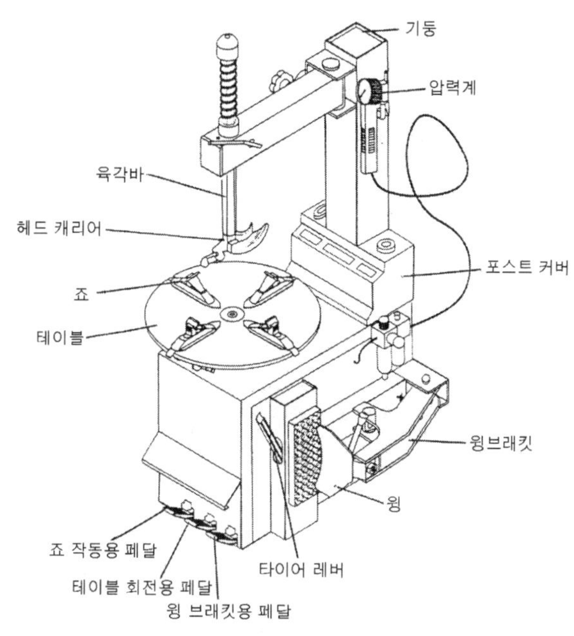

타이어 교환기의 구조

2. 휠에서 타이어의 탈거 방법

① 타이어의 공기를 빼낸다.

② 타이어를 고무판에 놓고 윙을 타이어 비드에 댄 후 윙 브래킷 페달을 밟아 림으로부터 타이어가 자유로워질 때까지 타이어를 수축한다.

③ 타이어를 테이블 위에 올려놓는다.

④ 죠 작동용 페달을 밟아 타이어를 고정시킨다.
⑤ 스크루를 돌려 헤드 캐리어가 림으로부터 3~4mm 떨어지도록 육각 바를 내린 후 고정시킨다.
⑥ 림과 타이어 비드부에 비눗물을 바른다.
⑦ 타이어 레버로 비드를 들어올린다.
⑧ 테이블 회전용 페달을 밟아 회전시키면 타이어가 림과 분리된다.
⑨ 반대쪽 비드도 같은 방법으로 작업을 한다.

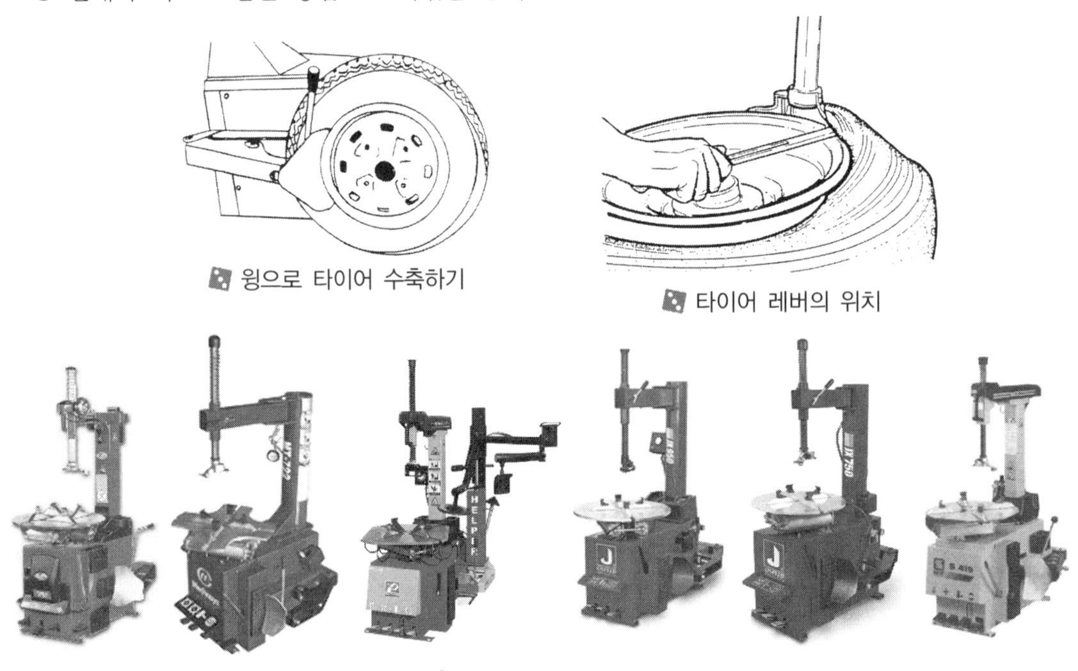

윙으로 타이어 수축하기

타이어 레버의 위치

각종 타이어 탈착기

NO.6 타이어(Tire)의 트레드 깊이 측정방법

1. 타이어(Tire) 트레드 깊이 측정방법

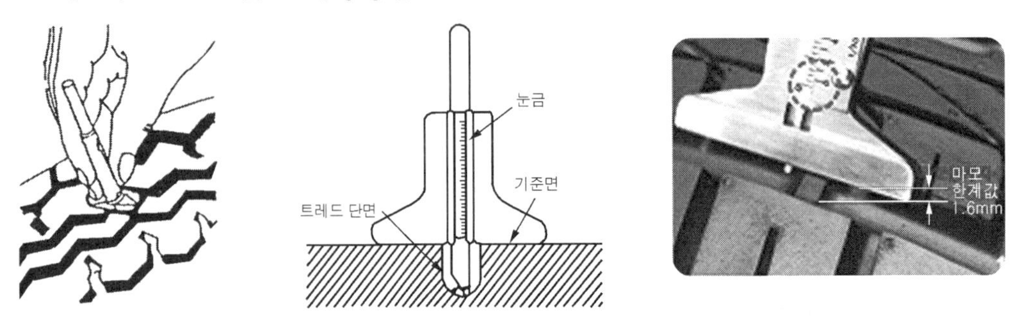

① 자동차는 공차상태로 하고 타이어의 공기압은 표준 공기압으로 한다. 타이어 접지부의 임의의 한 점에서 120도 각도가 되는 지점마다 접지부의 1/4 또는 3/4 지점 주위의 트레드 홈의 깊이를

측정한다.

② 트레드 마모 표시(1.6mm로 표시된 경우에 한한다)가 되어 있는 경우에는 마모 표시를 확인한다.

③ 각 측정점의 측정값을 산술 평균하여 이를 트레드의 잔여깊이로 한다.

■ 타이어 종류별 마멸한도

타이어의 종류	남은 홈 깊이
트럭 및 버스용 타이어	3.2mm
소형 트럭용 타이어	2.4mm
승용차용, 경트럭용 타이어	1.6mm

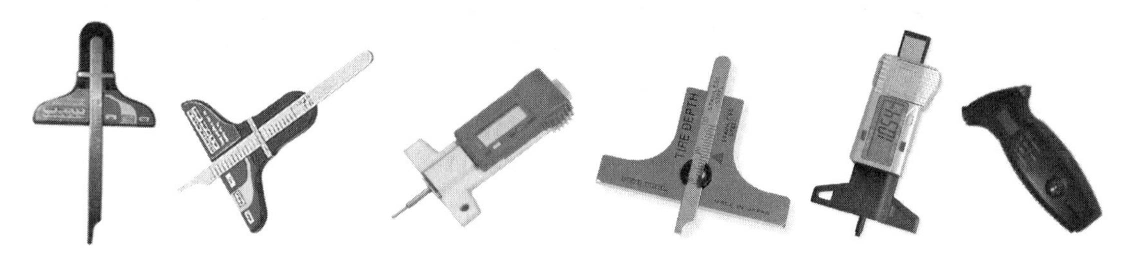

각종 타이어 깊이 게이지

2. 타이어의 마모와 원인

휠 및 타이어 고장진단				
트레드 중심의 마모		트레드 양 측면의 마모	타이어 찢어짐	타이어 한쪽면의 마모
공기 압력 과다	과도한 공기압으로 트레드 중심부가 보강 벨트 부위까지 마모	공기 압력 적음	트레드 부위 불균일 고속 주행시 원심력 으로 인하여 찢어짐	부정확한 캠버각
반점		깃털 마모	이물질 박힘	불균일한 마모
급제동시 타이어가 도로 표면에 미끌림	과도한 토인, 토아웃	이물질은 트레드의 뒤틀림을 발생시켜 카커스 부위의 손상	휠 밸런스 불량 서스 펜션, 스티어링 기어 또는 베어링의 손상	트레드의 한계치 이하 마모

3. 실제 차량에서의 타이어의 마모상태와 원인

① 타이어가 한계값까지 마모되었을 때 : 한계값까지 마모되어서 인디케이터가 마모면과 평면일 때

② 비정상적인 불균일 마모 : 부적절한 휠 얼라인먼트, 부적절한 휠 밸런스 및 부적절한 휠 로테이션이 원인이다.

③ 한쪽 숄더부의 리브 마모 : 캠버 불량이 원인이다.

④ 원주방향 편심 마모 : 현가 스트럿의 불량 및 휠 밸런스 불량이 원인이다.

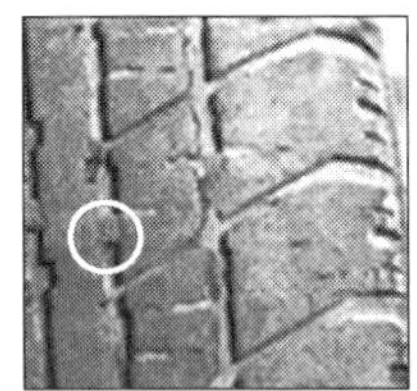
마모

불균일 마모

숄더부 마모

원주방향 마모

⑤ 숄더부의 다각형 마모 : 부적절한 휠 얼라인먼트, 부적절한 휠 밸런스 및 부적절한 휠 로테이션이 원인이다.

⑥ 숄더부의 불규칙 마모 : 부적절한 휠 얼라인먼트가 원인이다. 스티어링기어, 현가장치 불량 등이 원인이다.

⑦ 원주방향으로 깃털 마모 : 과도한 토인, 토아웃 원인이다.

⑧ 양쪽 숄더부의 마모 : 공기압 불량(부족)이 원인이다.

⑨ 트레드 부분의 상처 : 주행시 충격이나 외부 물체에 의한 손상이 원인이다.

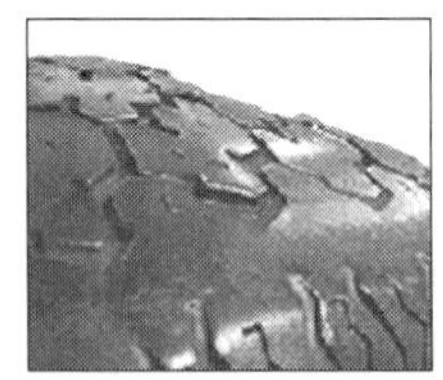
다각형 마모

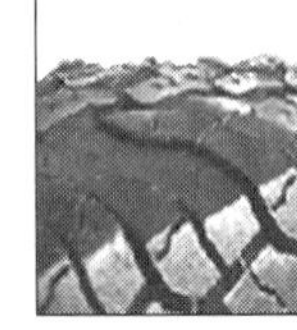
불규칙 마모

깃털 마모

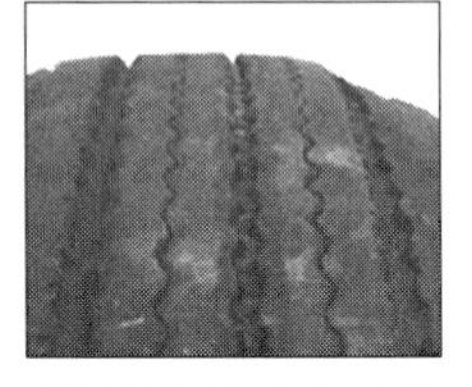
양쪽 숄더부 마모

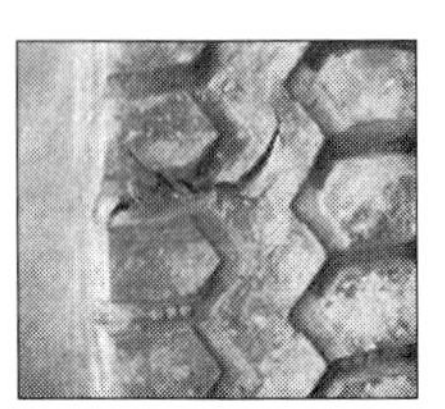
상처

4. 타이어 주기적 교환방법

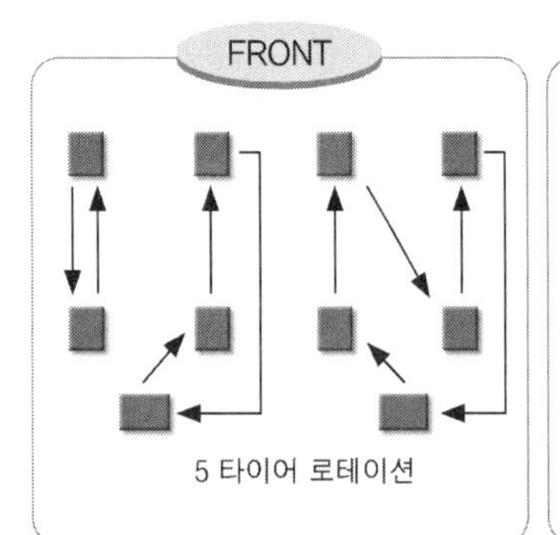

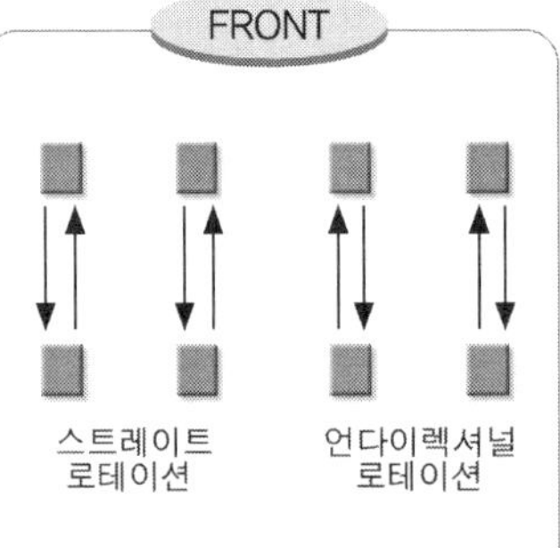

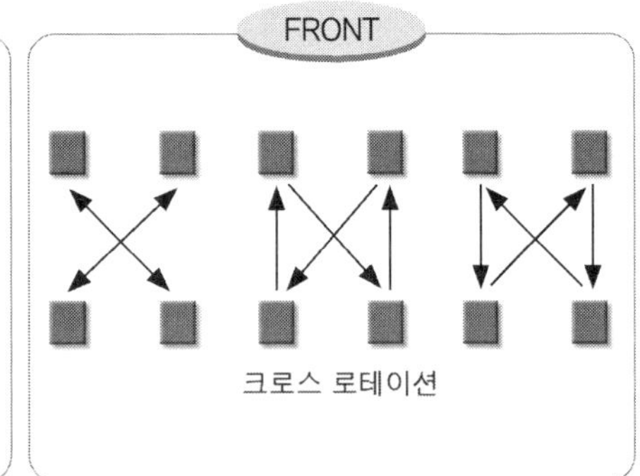

NO.7 휠 밸런스(Wheel Balance) 측정방법

1. 휠 밸런스(Wheel Balance) 측정방법

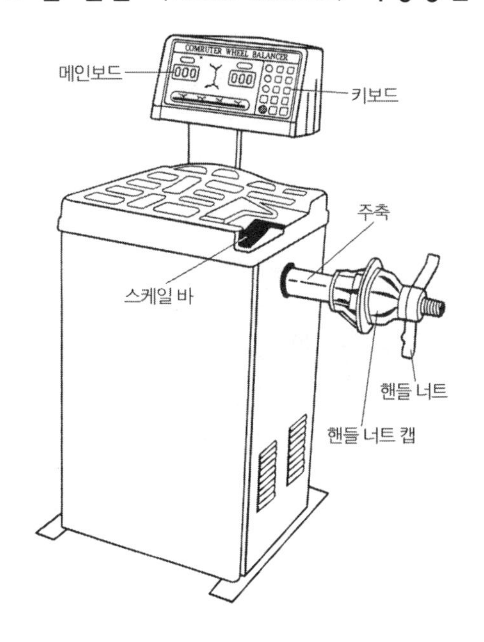

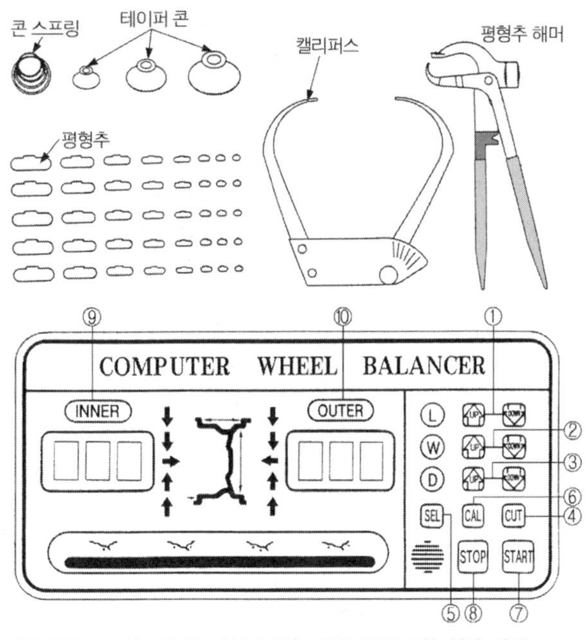

① 거리 조절 버튼
② 폭 조절 버튼
③ 직경 조절 버튼
④ 잔량 확인 버튼
⑤ STATIC, ALU1, ALU2, ALU3 또는 DYNAMIC 기능선택 버튼
⑥ 자기교정을 수행하는 버튼
⑦ 측정회전을 시작하는 버튼
⑧ 비상정지를 시키는 버튼
⑨ 측정한 불균형 값 중 휠의 안쪽
⑩ 측정한 불균형 값 중 휠의 바깥쪽

① 테이터 옆에 있는 전원 스위치를 ON으로 한다.

② 명판의 (a)(INNER) : 8.0(OUTER)이 나타나면 테스터에서 타이어까지 측정한 거리(a)를 키보드의 [UP], [DOWN]버튼을 눌러 원하는 값으로 맞춘다.

③ 휠폭(b) 키보드의 [UP], [DOWN]버튼을 눌러 b(INNER) : 5.7(OUTER)이 나타나면 측정한 휠폭 값을 [UP], [DOWN]버튼으로 맞춘다.

④ 휠지름(d) 키보드의 [UP], [DOWN]버튼을 눌러 d(INNER) : 14(OUTER)가 나타나면 휠지름 값을 [UP], [DOWN]버튼으로 맞춘다.

⑤ 순차적으로 ②, ③, ④번을 작동하여 원하는 수치를 맞추면 자동으로 입력된다. 입력된 수치 중 변경할 수치가 있으면 a, b, d의 [UP], [DOWN]버튼을 눌러 원하는 값으로 조정한다.

⑥ START 버튼을 누르면 5~6초 동안 회전 후 자동으로 멈추며 (INNER) : (OUTER)에 측정값이 나타난다.

⑦ INNER값을 확인하고 타이어를 손으로 돌려 IN의 수정위치에(왼쪽 불이 모두 점등될 때) 맞춘 후 IN에 나타난 값의 평형추를 휠 상단 안쪽에 부착한다.

⑧ OUTER값을 확인하고 타이어를 손으로 돌려 OUT의 수정위치에(오른쪽 불이 모두 점등될 때)

맞춘 후 OUT에 나타난 값의 평형추를 휠 상단 안쪽에 부착한다.

⑨ IN, OUT 수정값의 평형추를 모두 부착한 후 다시 START버튼을 누르면 회전 후 INNER(0) : OUTER(0)이 나타나면 수정이 끝난다.

• 승용차 용 휠 밸런스 측정값이 IN, OUT 어느 한쪽에 40g이상이 나타날 경우에는 휠의 상태가 불량일 경우가 많으며, 한 번 수정으로 완전히 0이 아닌 잔량이 나올 수 있으므로 한 번 더 수정하여야 하는 경우도 있다.

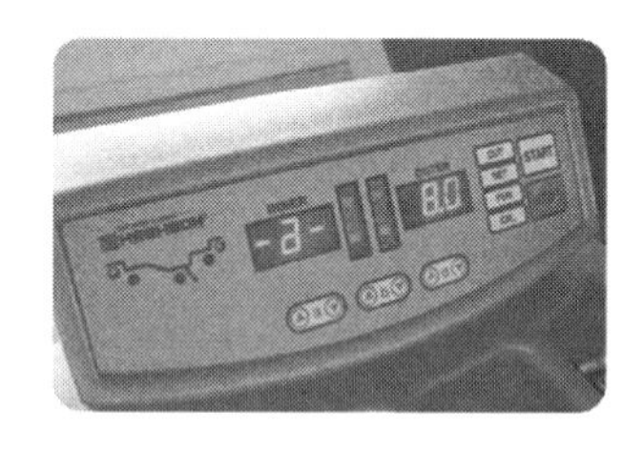

헤스본 112

헤스본 121

현가장치의 점검

학습목표

1. 현가장치의 구조와 기능에 대하여 알아본다.
2. 현가장치의 떼어내기와 장착, 조립 방법에 대하여 알아본다.
3. 현가장치의 점검 및 정비방법에 대하여 알아본다.

NO.1 현가장치(Suspension System)의 기능 및 설치위치, 고장진단

1. 현가장치의 기능 및 설치위치

현가장치란 자동차가 주행 중 노면으로부터 충격이나 진동을 받게 되는데, 이러한 충격이나 진동을 흡수하여 차체나 화물의 손상을 방지하고, 승차감을 향상시키며, 차축과 차체를 연결하는 장치이다.

전륜 더블 위시보운 형식 현가장치

후륜 듀얼링크형식 현가장치

2. 현가장치의 고장진단

현 상	가 능 한 원 인	정 비
조향이 어렵다.	부적절한 프런트 휠 얼라인먼트	수리
	로워 암 볼 조인트의 과도한 회전저항	교환
	타이어 공기압의 부족	조정
	파워 스티어링이 작동이 안된다	수리 혹은 교환
스티어링 휠의 복원 불량	부적절한 프런트 휠 얼라인먼트	수리
	로워암 볼조인트의 고착, 손상	교환
	조향장치의 불량	조정 또는 교환
승차감의 불량	부적절한 프런트 휠 얼라인먼트	수리
	쇽업 소버의 작동 불량	수리 혹은 교환
	스태빌라이저의 마모 혹은 파손	교환
	코일 스프링의 마모 혹은 파손	교환
	로워 암 부싱의 마모	로워암 교환
비정상적인 타이어의 마모	부적절한 프런트 휠 얼라인먼트	수리
	부적절한 타이어 공기압	조정
	쇽업소버의 작동불량	교환
조향핸들의 불안정	부적절한 프런트 휠 얼라인먼트	수리
	로워 암 볼 조인트의 회전저항 부족	수리
	로워 암 부싱 마모 및 풀림	재조임 혹은 교환
차량이 한쪽으로 쏠린다.	부적절한 프런트 휠 얼라인먼트	수리
	로워 암 볼 조인트의 과도한 회전저항	교환
	코일 스프링의 마모 혹은 파손	교환
	로워 암의 굽음	교환
스티어링 휠이 떨린다.	부적절한 휠 얼라인먼트	수리
	로워 암 볼 조인트의 회전저항 불량	교환
	스태빌라이저의 마모 혹은 파손	교환
	로워 암 부싱의 마모	교환
	휠 베어링의 마멸, 손상	조정 또는 교환
스티어링 휠이 떨린다.	쇽업소버의 작동불량	교환
	코일 스프링의 마모 혹은 파손	교환
차량이 내려앉는다.	코일 스프링의 마모 혹은 파손	교환
	쇽업소버의 작동불량	교환
차체의 롤링	스태빌라이저의 쇠손	교환
	스태빌라이저의 부시의 마멸, 쇠손	교환
	로워암 부시의 마멸, 쇠손	
	쇽업소버의 기능불량	
현가장치에서 이상음 발생	로워암 볼 조인트의 윤활부족, 마멸	윤활 또는 교환
	설치볼트 및 너트의 풀림	다시 죔
	쇽업소버의 기능불량	교환
	로워암/ 스태빌라이저 부시의 마멸, 쇠손	교환

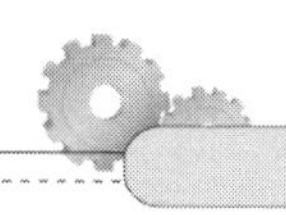

NO.2 현가장치(Suspension System)의 관계지식

1. 현가장치의 구비조건

① 상하 방향의 연결이 유연할 것
② 충격을 완화하는 감쇄 특성을 유지하여 승객 및 화물을 보호 할 것
③ 바퀴의 움직임을 적절히 제어하여 자동차를 최적의 운동 성능이 유지되도록 할 것
④ 가·감속시 구동력과 제동력에 견딜 수 있는 강도와 강성 및 내구성을 유지할 것
⑤ 선회시 수평 방향의 원심력에 견딜 수 있는 강성과 강도 및 내구성을 유지할 것
⑥ 프레임(또는 차체)에 대하여 바퀴를 알맞은 위치로 유지할 것

2. 현가장치의 종류

1) 일체차축 형식

이 형식은 일체로 된 차축의 양 끝에 바퀴가 설치되고, 차축이 스프링을 거쳐 차체에 설치된 형식이다.

① 일체 차축 현가장치 장점
- 자동차가 선회할 때 차체의 기울기가 적다.
- 구조가 간단하고 부품수가 적다.
- 차축 위치를 정하는 링크나 로드가 필요 없다.

② 일체 차축 현가장치 단점
- 스프링 밑 질량이 크기 때문에 승차감이 저하된다.
- 스프링 상수가 너무 작은 것을 사용할 수 없다.
- 앞바퀴에 시미가 발생되기 쉽다. 강도와 강성 및 내구성을 유지할 것

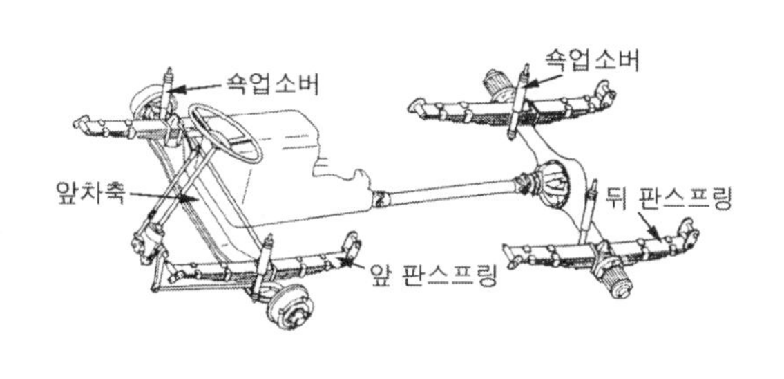

일체차축 현가장치

2) 독립 현가장치

프레임(또는 차체)에 컨트롤 암을 설치하고, 이것에 조향 너클을 결합한 것으로서, 양쪽 바퀴가 서로 관계없이 독립적으로 움직이게 함으로써 승차감이나 안정성을 향상시킨 현가장치이며, 승용

차에 많이 사용되고 있다.

① 독립 현가장치의 장점

- 스프링 밑 질량이 적어 승차감이 우수하다.
- 바퀴의 시미 현상이 적어 로드 홀딩이 우수하다.
- 스프링 상수가 적은 것을 사용할 수 있다.
- 승차감 및 안전성이 우수하다.

② 독립 현가장치의 단점

- 바퀴의 상하운동에 따라서 윤거나 앞바퀴 얼라인먼트가 변화되어 타이어의 마멸이 촉진된다.
- 구조가 복잡하고 취급 및 정비가 어렵다.
- 볼 이음이 많기 때문에 마멸에 의해 앞바퀴 얼라인먼트가 틀려지기 쉽다.

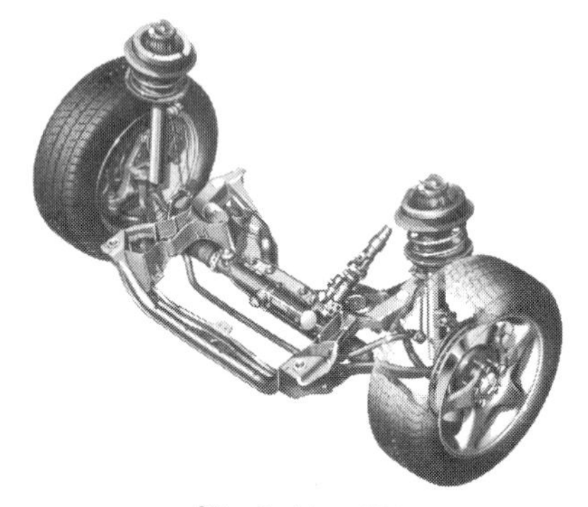

맥퍼슨 타입

더블 위시본 타입

3. 전륜 현가장치의 종류

1) 위시본 형식(Wishbone type)

이 형식은 위·아래 컨트롤 암, 조향 너클, 코일 스프링, 볼 조인트 등으로 되어 있으며, 바퀴가 받는 구동력이나 옆 방향 저항력 등은 컨트롤 암이 지지하고, 스프링은 상하 방향의 하중만을 지지하도록 되어 있다.

① **평행 사변형식** : 이 형식은 위·아래 컨트롤 암의 길이가 같으며, 윤거가 변화하는 결점이 있다.

② **SLA 형식**(Short Long Arm Type) : 이 형식은 아래 컨트롤 암이 위 컨트롤 암보다 긴 것이며, 컨트롤 암이 움직일 때마다 캠버가 변화된다. 또 과부하가 걸리면 더욱 부의 캠버가 된다. 그리고 위·아래 볼 조인트 중심선이 킹핀의 역할을 하며, 코일 스프링은 프레임과 아래 컨트롤 암 사이에 설치되어 있다.

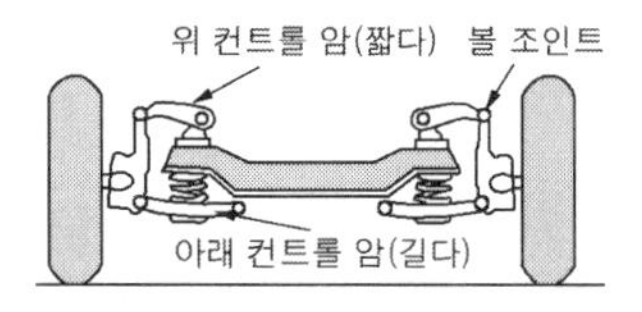

(a) SLA 형식

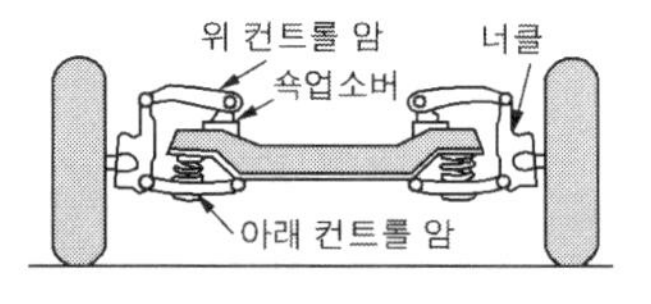

(b) 평행사변형 형식

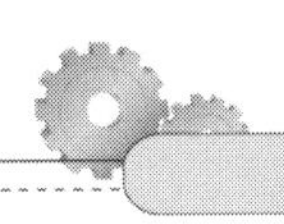

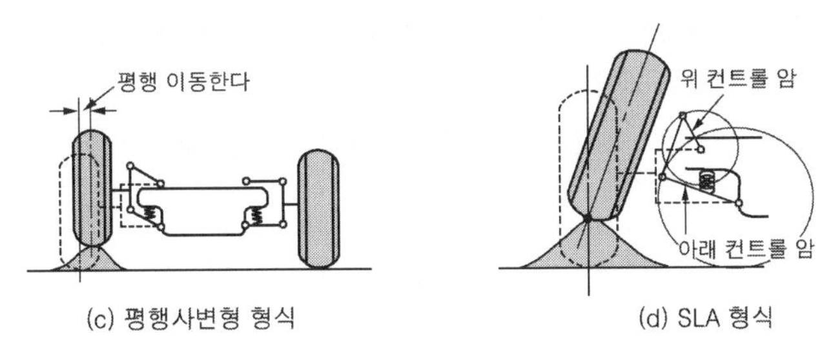

(c) 평행사변형 형식 (d) SLA 형식

위시본 형식

2) 맥퍼슨 형식(Macpherson type)

이 형식은 조향 장치와 조향 너클이 일체로 되어 있으며, 쇽업소버가 속에 들어 있는 스트럿(기둥), 볼 이음, 컨트롤 암, 스프링 등으로 구성되어 있다. 스트럿(strut) 위쪽은 현가 지지를 통해 차체에 설치되어 있으며, 현가 지지에는 스러스트 베어링(thrust bearing)이 설치되어 스트럿이 자유롭게 회전한다. 그리고 스트럿 아래쪽은 볼 이음을 통해 현가 암이 설치되어 있다. 또 조향할 때 조향 너클과 함께 스트럿이 회전한다. 맥퍼슨 형식의 특징은 다음과 같다.

① 구조가 간단하고 고장이 적으며, 보수가 쉽다.
② 스프링 밑 질량이 적기 때문에 로드 홀딩이 우수하다.
③ 기관실의 유효 체적을 넓게 할 수 있다.
④ 진동 흡수율이 크기 때문에 승차감이 양호하다.

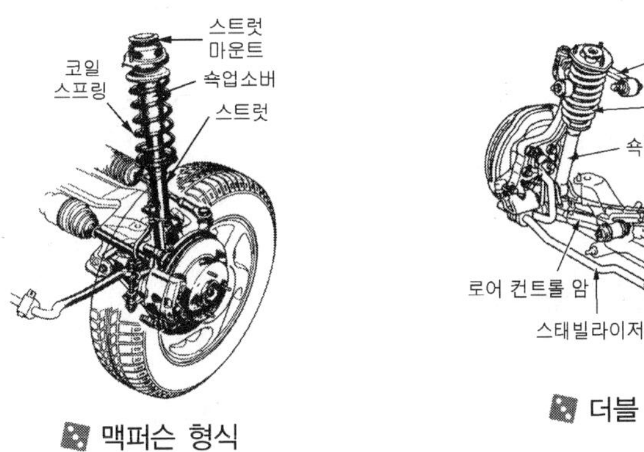

맥퍼슨 형식

더블 위시본 형식

3) 더블 위시보운 형식(Double Wishbone type)

더블 위시본은 상하 2개의 삼각형 위시본(새의 가슴뼈와 닮았다고 해서 붙여진 이름) 암과 한 개의 링크로 구성된 형식이다. 최근에는 위 아래 한 쌍의 컨트롤 암 또는 링크를 이용해 캠버각의 변화 등이 독립적으로 제어되는 것도 더블 위시본에 포함시킨다. 특징은 다음과 같다.

① 바퀴의 상하움직임에 따라 휠 얼라인먼트의 변화를 상대적으로 자유롭게 선정할 수 있다. 어퍼암(upper arm)과 로워암(lower arm)의 길이, 장착지점의 상하각, 좌우각, 2중 로워암 등을 사용해서 거의 무한한 선택을 할 수 있다.
② 상하좌우의 힘에 의해 탄성적으로 변형되는 정도가 덜하다.

③ 넓이는 많이 소요되지만 높이가 별로 필요하지 않으므로 차체의 높이를 낮출 수 있고 디자인과 공기저항 저감의 측면에서 유리
④ 댐퍼의 굽힘 응력이 없어 마찰이 적고, 마찰열에 의한 댐퍼의 감쇄력 변화가 낮아 수명이 길다.
⑤ 부품수가 많고 복잡하다
⑥ 공간을 많이 차지한다.
⑦ 내구성이 떨어진다.

4. 후륜 현가장치의 종류

1) 트레일링 암 형식(Trailing Arm Type)

이 트레일링 암형은 아래의 그림과 같이 차의 뒤쪽으로 향한 1개 또는 2개의 암에 의해 바퀴 지지하고 쇽업쇼버와 코일 스프링 및 토션 바로 구성되어 있다. 이 형식은 구조가 간단하고 휠 얼라인먼트의 변화나 타이어의 마모가 적은 것이 장점이다. 이 형식은 주로 소형 FF자동차의 뒤 현가장치로 많이 사용하고 있으며. FR차에서는 거의 사용하지 않고 있다.

2) 5-링크 트레일링 암 형식(5-Link Trailing Arm Type)

이 5링크형(5 Link Type)은 FR자동차의 뒤 현가장치에 많이 사용되는 형식으로, 그림과 같은 구조로 되어 있다. 이 형식은 앞, 뒤 하중을 받는 좌우 2개씩의 암과 가로 하중을 받는 래터럴 로드 등 5개의 링크와 코일 스프링 및 쇽 쇼버로 구성되어 있으며, 주로 차축 고정식에서 사용한다.

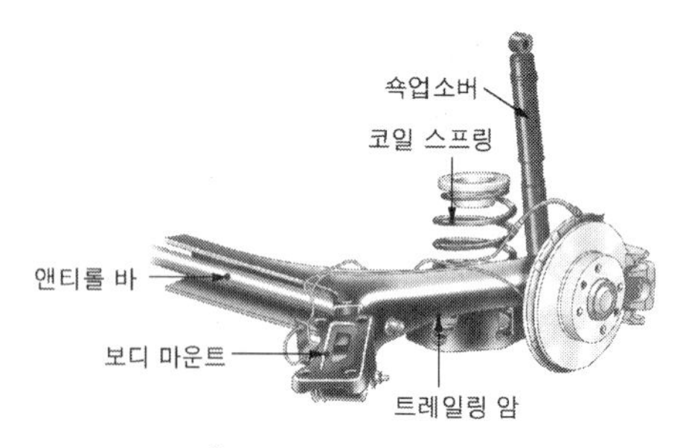

트레일링암 형식

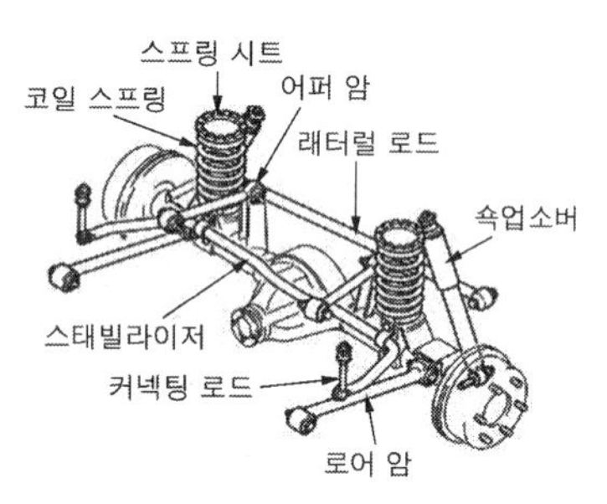

5링크 트레일링암 형식

3) 토션 빔 액슬형식(Torsion Beam Axle Type)

이 토션 빔 액슬형은 FF자동차 중 고급차의 뒤 현가장치로 많이 사용되고 있으며, 그림과 같은 구조로 되어 있다. 고강력 강판을 사용한 U자형 액슬 빔 양단의 트레일링 암, 래터럴 로드(Lateral Rod) 및 쇽업소버와 코일 스프링이 있고, 액슬 빔에 장치된 토션 바(Torsion bar)로 구성되어 있다.

이 형식의 특징은 차체로 전달되는 진동을 감소시켜 조향 안정성과 승차감이 좋다. 좌측 선회시 차체 경사

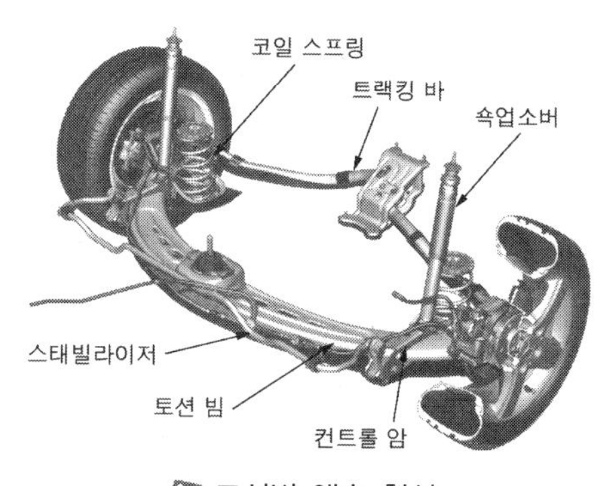

토션빔 액슬 형식

에 의해 우측 트레일링 암은 떠오르기 때문에 액슬 빔 및 토션 바가 세게 비틀어지고, 이 비틀림에 대한 반력이 좌우 트레일링 암의 반대로 보정하는 방향으로 작용하기 때문에 차체의 경사를 억제하여 변화하지 않는 노면 캠버와 함께 뛰어난 주행 승차감을 얻을 수 있는 방식이다.

4) 멀티 링크 형식(Multi Link Type)

이 형식은 바퀴가 지지하는 암을 차체에 경사지게 장착한 형식이므로 트레일링 암과 스윙 액슬형의 중간적인 성격을 가진 현가장치로 세미 트레일링 암형의 종류 이지만 이 형식을 보면 여러 개의 링크로 구성되어 있으므로 멀티 링크형이라고 한다. 이형식의 특징은 다음과 같다.

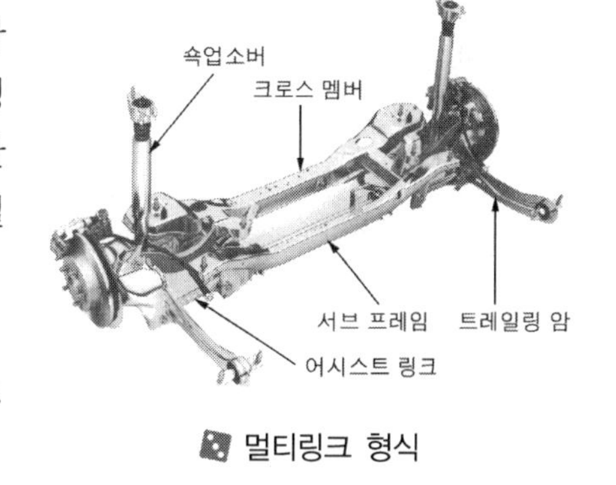

멀티링크 형식

① 경량이면서 접지성 양호하다
② 레이아웃 설계의 자유도가 있어 조종 안정성 양호하다.
③ 스프링 레이트를 낮게 조정 할 수 있다.
④ 불쾌한 소리나 진동 억제가능하다.
⑤ 서스펜션 설계의 강성 확보 양호하다.
⑥ 부품수 많고 고비용이다.
⑦ 각 링크의 움직임, 공진, 고무부싱의 신뢰성에 세심한 주의가 요구된다.
⑧ 고비용, 고중량이다.

5) 스윙차축 형식(Swing axle Type)

이 형식은 일체식 차축을 중앙에서 둘로 분할하여 바퀴의 상하운동에 따라 캠버 및 윤거가 크게 변화하기 때문에 뒤차축 현가에 사용되고 있다. 윤거의 변화는 타이어의 사이드 슬립을 발생케 하고 마멸을 촉진시킨다.

6) 듀얼링크 형식(Dual Link Type Suspension Type)

맥퍼슨 스트러트식 서스펜션의 일종으로 2개의 링크와 앞으로 뻗어있는 트레일링 암으로 구성되어 있다.

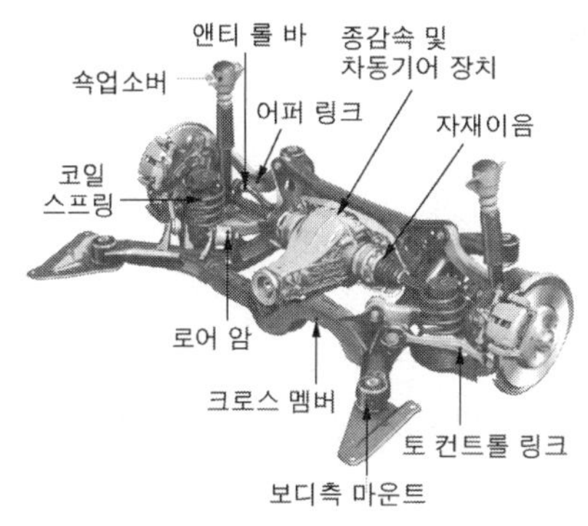

스윙 차축 형식

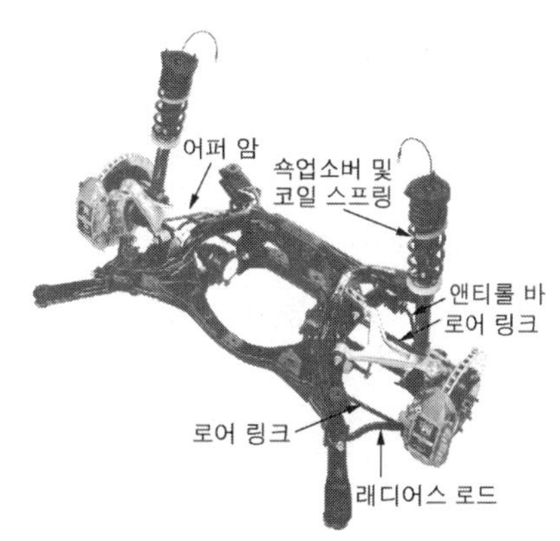

듀얼 링크 뒤 현가장치

5. 현가 스프링(Suspension Spring)의 종류

1) 판스프링(Leaf Spring)

얇고 긴 스프링 강판을 여러 장 겹쳐서 중심 볼트와 리바운드 클립으로 묶어서 사용하며, 주로 일체 차축 현가 장치에서 사용한다.

① 판스프링의 구조

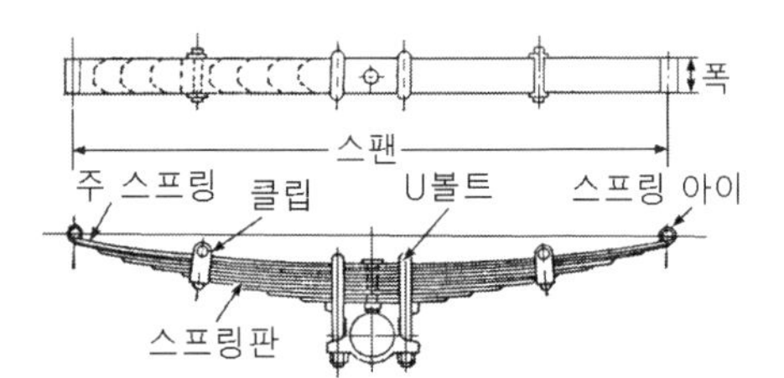

판 스프링의 구조

- 스팬(span) : 스프링의 아이와 아이의 중심거리이다.
- 아이(eye) : 주(main) 스프링의 양 끝부분에 설치된 구멍을 말한다.
- 캠버(camber) : 스프링의 휨 양을 말한다.
- 중심 볼트(center bolt) : 스프링의 위치를 맞추기 위한 볼트이다.
- U 볼트(U-bolt) : 차축 하우징을 설치하기 위한 볼트이다.
- 닙(nip) : 스프링의 양끝이 휘어진 부분이다.
- 섀클(shackle) : 스팬의 길이를 변화시키며, 스프링을 차체에 설치한다.
- 새클 핀(행거) : 아이가 지지되는 부분이다.

② 판 스프링의 장점

- 진동 억제 작용이 크다.
- 비틀림에 대하여 강하다.
- 구조가 간단하다.
- 내구성이 크다.

③ 판 스프링의 단점

- 작은 진동 흡수율이 낮다.
- 승차감이 저하된다.

2) 코일스프링(Coil Spring)

스프링 강을 코일 모양으로 감아서 비틀림에 의한 탄성을 이용한 것으로서, 독립 현가장치에 사용한다.

① 코일스프링의 장점

- 단위 중량당 에너지 흡수율(진동 흡수율)이 크다.
- 제작비가 적고, 스프링 작용이 유연하다.

② 코일스프링의 단점

- 판간 마찰이 없어 진동의 감쇄 작용을 하지 못한다.
- 비틀림에 대해 약하다.
- 옆 방향 작용력에 대한 저항력이 없어 보조장치(링크기구)가 필요하기 때문에 구조가 복잡하다.

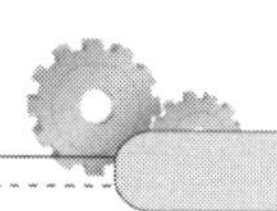

3) 토션바 스프링(Torsion bar Spring)

스프링 강으로 만든 가늘고 긴 막대 모양의 것으로서, 막대가 지지하는 비틀림 탄성을 이용하여 완충 작용을 한다.

- 스프링 장력은 막대의 길이와 단면적에 의해 정해진다.
- 구조가 간단하고 단위 중량당 에너지 흡수율이 크다.
- 좌·우의 것이 구분되어 있으며, 쇽업소버와 병용하여 사용하여야 한다.
- 현가 높이를 조절할 수 없다.

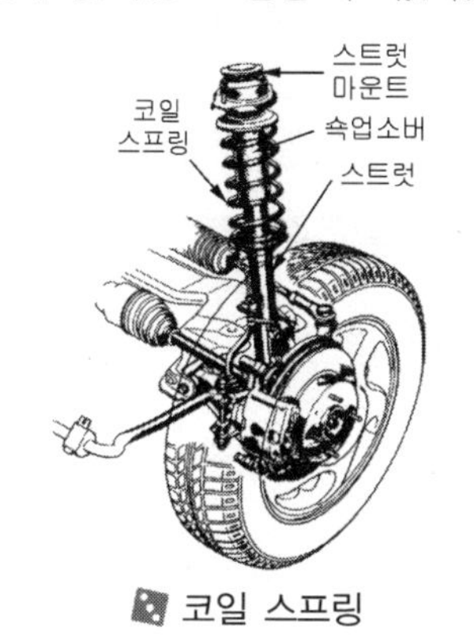

코일 스프링

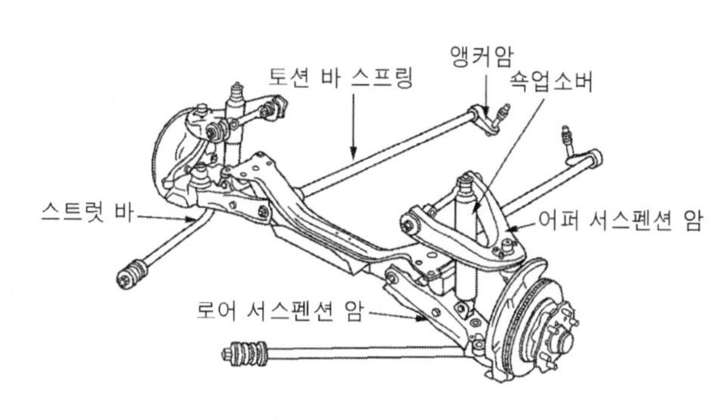

토션바 스프링

NO.3 전륜 현가장치의 쇽업소버 스프링 교환 방법

1. 전륜 현가장치(Front Suspension System) 쇽업소버 스프링 교환 방법(엘란트라 소나타III)

1) 탈거방법

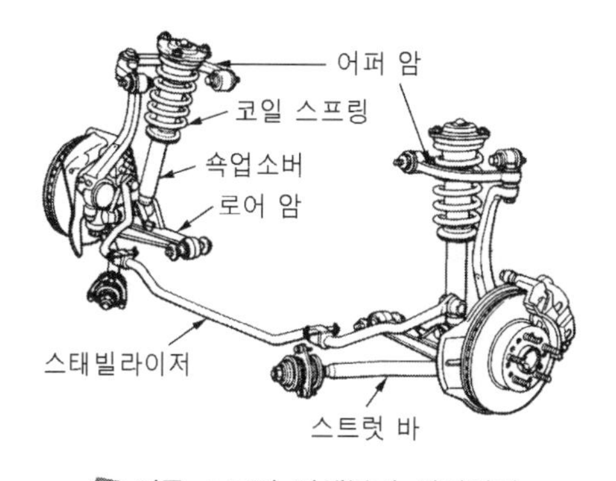

전륜 스트럿 어셈블리 설치위치

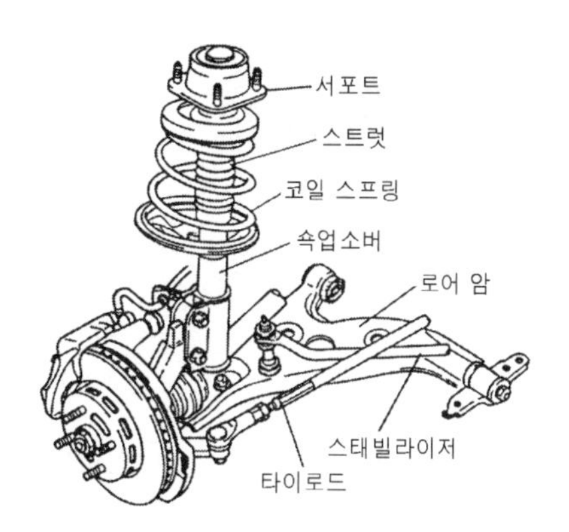

앞 현가장치의 구성부품

① 브레이크 호스 및 라인 클램프를 분리한다.

② 스트럿 및 조향 너클 사이의 유니언을 분리하고 로어 암을 들어올린다. 브레이크 호스, 브레이크 라인, 앞 스피드 센서, 배선 하니스 및 구동축이 튀어나가지 않도록 철사를 사용하여 조향 너

클에 묶는다.

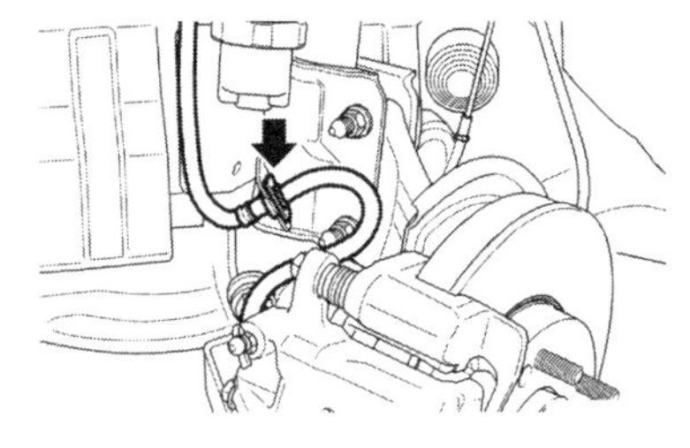

브레이크 호스 분리

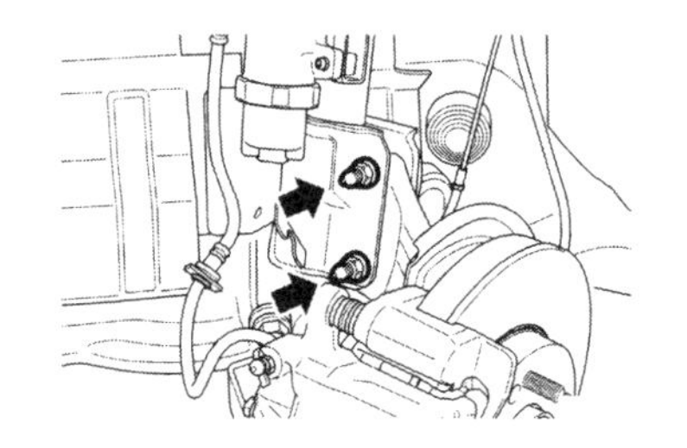
스트럿과 연결 볼트 분리

③ 보닛을 열고 어퍼 스트럿 장착 너트를 분리하고 스트럿 어셈블리를 탈거한다.

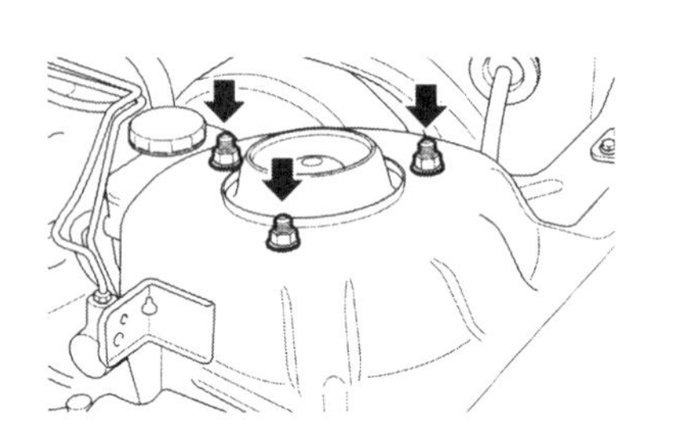

어퍼 스트럿 장착 너트 분리

2) 전륜 현가장치의 부착 방법

① 부착은 분해의 역순으로 한다. 어퍼 스트럿 장착 너트를 먼저 조일 때 완전히 조이지 않고 걸어 놓은 상태에서 너클과 스트럿 설치볼트를 먼저 설치한 후에 조인다.

2. 전륜 현가장치 쇽업소버 스프링 교환 방법(아반떼 XD)

1) 전륜 현가장치의 탈착

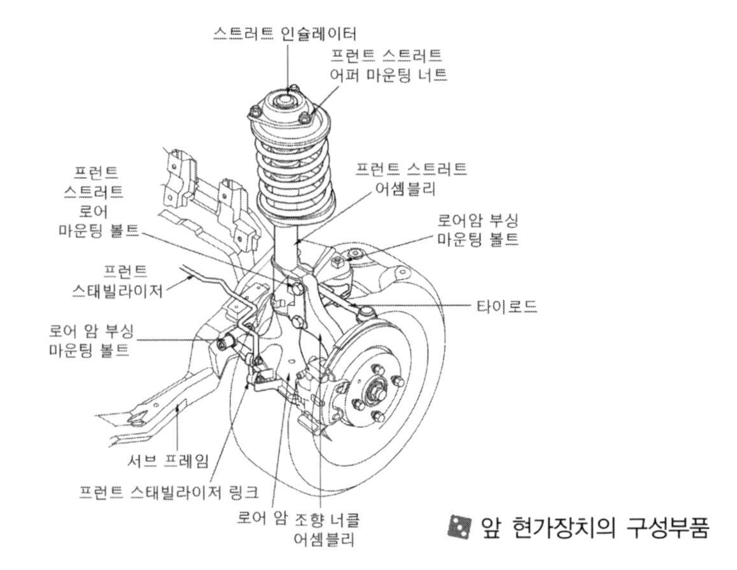

앞 현가장치의 구성부품

① 휠 및 타이어를 탈거한다.

② 스트럿 어셈블리에서 브레이크 호스 브래킷을 분리한다.

③ ABS 차량인 경우 휠 스피드 센서 케이블을 분리한다.

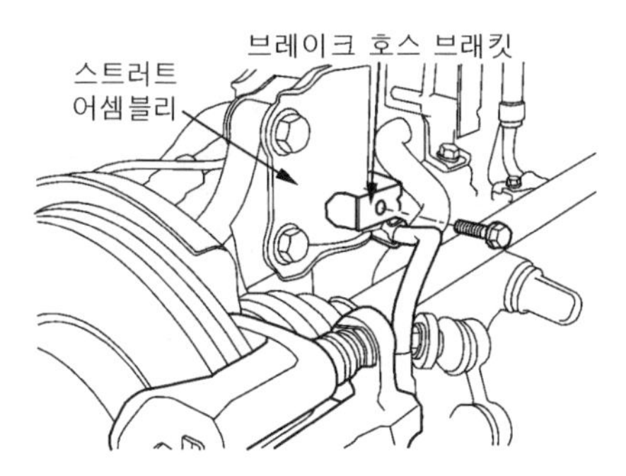

브레이크 호스 브래킷 분리

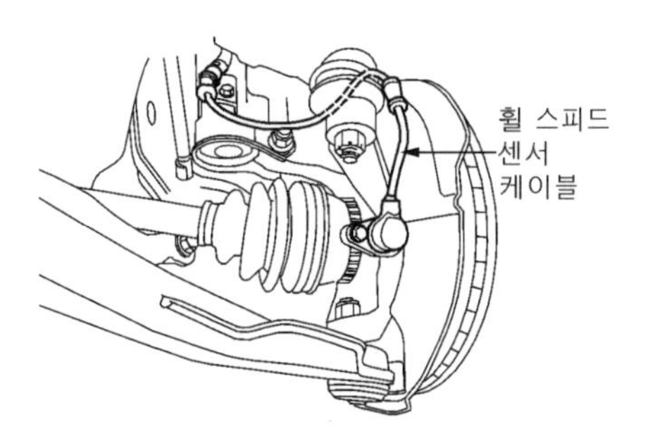

휠 스피드 센서 케이블 분리

④ 스트럿 상부 체결용 너트를 탈거한다.

⑤ 스트럿 하단부 마운틴 볼트를 탈거하고 스트럿 어셈블리를 탈거한다.

• 스트럿 및 조향 너클 사이의 연결 볼트를 분리할 때는 로어 암을 들어올린다. 브레이크 호스, 브레이크 라인, 휠 스피드 센서, 배선 하니스 및 구동축이 튀어나가지 않도록 철사를 사용하여 조향 너클에 묶는다.

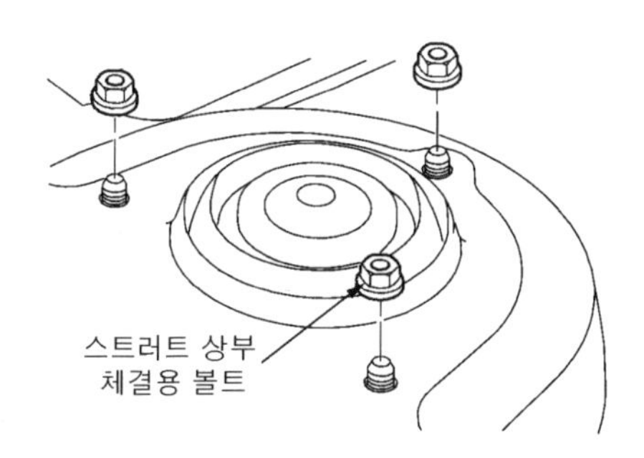

스트럿 상부 체결용 너트 분리

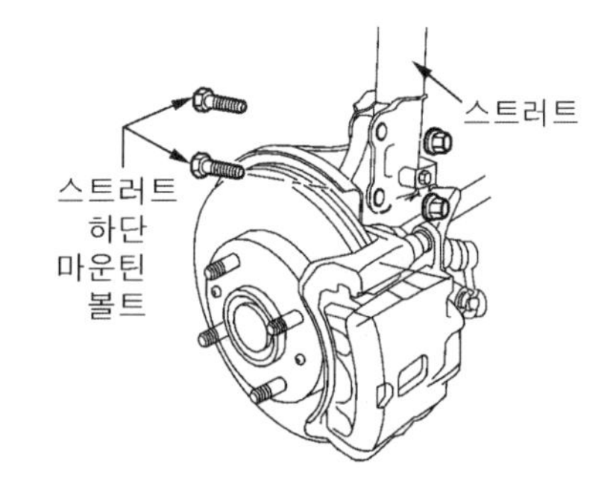

스트럿 하부 마운틴 볼트 분리

2) 전륜 현가장치의 부착

① 부착은 분해의 역순으로 한다. 어퍼 스트럿 장착 너트를 먼저 조일 때 완전히 조이지 않고 걸어 놓은 상태에서 너클과 스트럿 설치볼트를 먼저 설치한 후에 조인다.

3. 전륜 현가장치 쇽업소버 스프링 교환 방법(매그너스)

1) 전륜 현가장치의 탈착

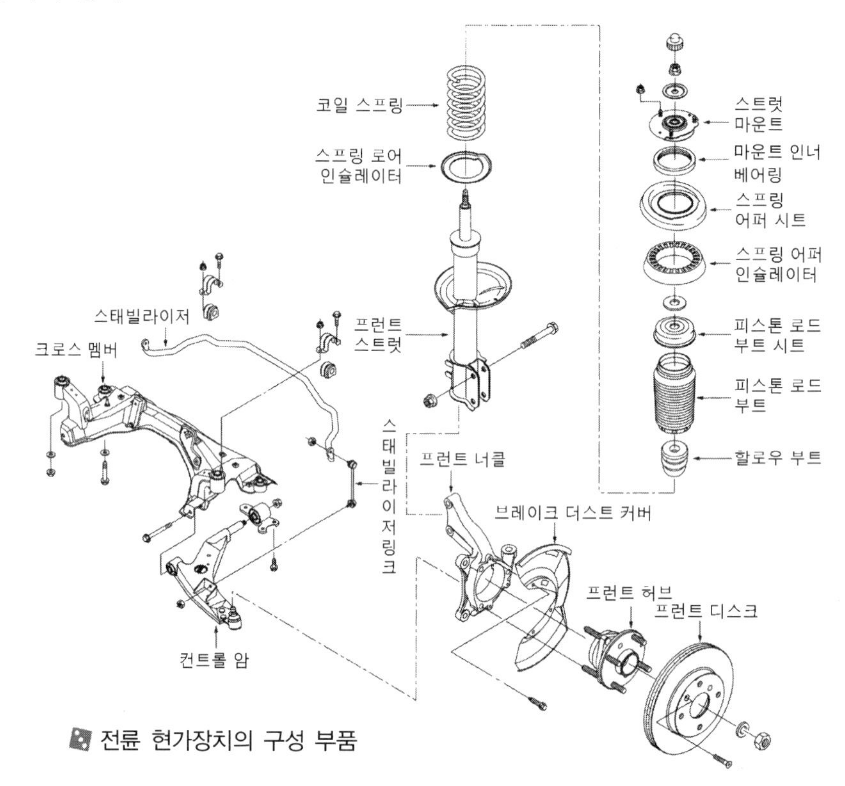

전륜 현가장치의 구성 부품

① 차량을 리프터로 들어 올리고 안전장치를 록킹한다.
② 스트럿 어퍼 장착 너트를 분리한다.
  ㉠ 캡을 탈거한다.
  ㉡ 장착 너트 3개를 분리한다.
③ 스트럿 어셈블리를 탈거한다.
  ㉠ 브레이크 호스 고정용 E-링을 빼낸다.
  ㉡ 브레이크 호스를 분리한다.
  ㉢ 스트럿 브래킷 볼트 2개를 분리한다.
  ㉣ 스트럿 어셈블리를 탈거한다.

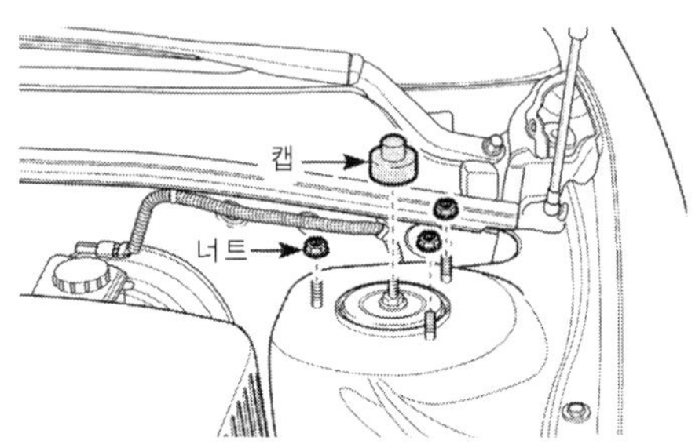

스트럿 어퍼 장착 너트 분리

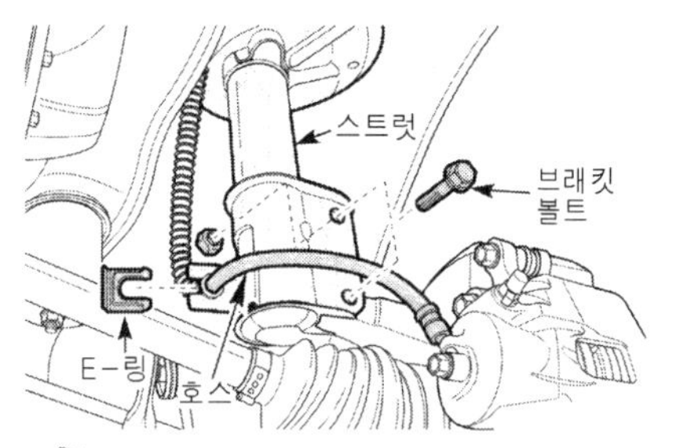

스트럿 브래킷 설치 볼트 분리

2) 전륜 현가장치의 부착

① 부착은 분해의 역순으로 한다. 어퍼 스트럿 장착 너트를 먼저 조일 때 완전히 조이지 않고 걸어 놓은 상태에서 너클과 스트럿 설치 볼트를 먼저 설치한 후에 조인다.

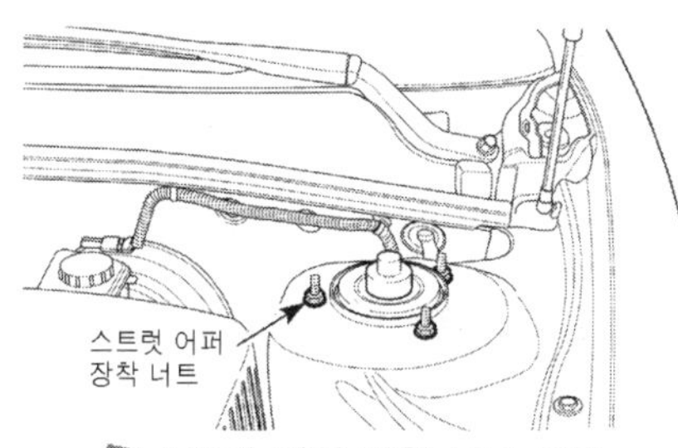

스트럿 어퍼 장착 너트 조립

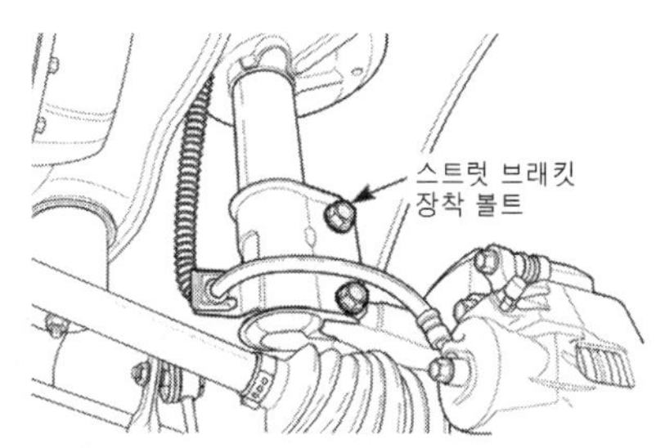

스트럿 브래킷 장착 볼트 조립

4. 전륜 현가장치 쇽업소버 스프링 교환 방법(크레도스)

1) 전륜 현가장치의 탈착

① 차량을 리프터로 들어 올리고 안전장치를 록킹한다.
② 타이어를 분리한다.
③ 브레이크호스 고정용 클립과 플랙시블 브레이크 호스를 분리한다.
④ 스트럿 하부 설치볼트 분리
⑤ 어퍼 스트럿 장착 너트를 분리하고 스트럿 어셈블리를 탈착한다.

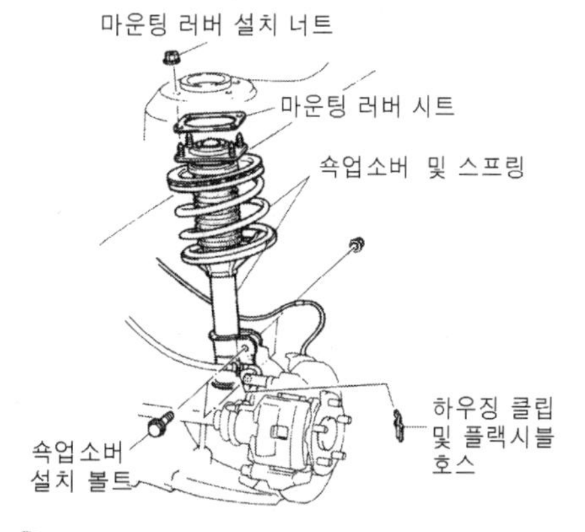

전륜 현가장치의 구성 부품(크레도스)

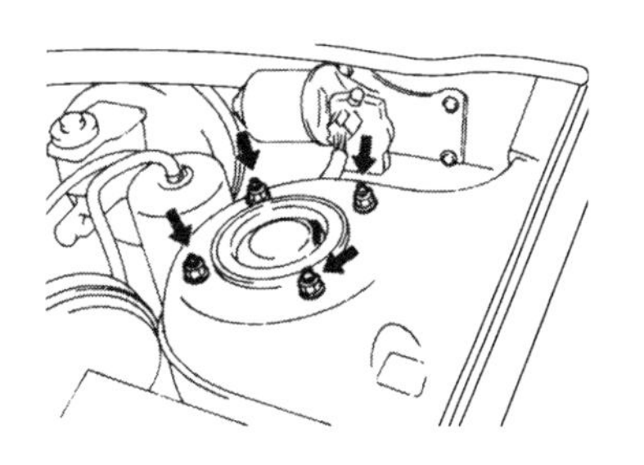

어퍼 스트럿 장착너트 분리

2) 전륜 현가장치의 부착

① 부착은 분해의 역순이며 조립 마크를 맞춘다. 어퍼 스트럿 장착 너트를 먼저 조일 때 완전히 조이지 않고 걸어놓은 상태에서 너클과 스트럿 설치볼트를 먼저 설치한 후에 조인다.

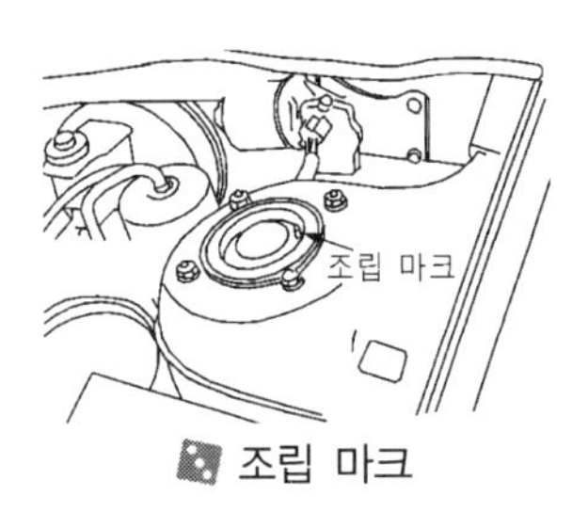

조립 마크

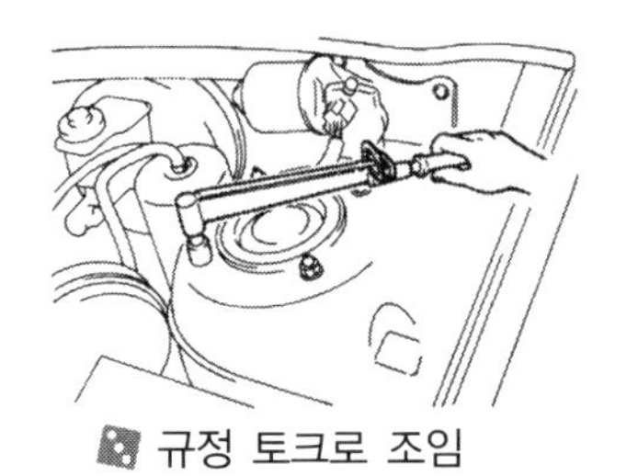
규정 토크로 조임

5. 전륜 현가장치 쇽업소버 스프링 교환 방법(그랜저 XG, EF 쏘나타, 옵티마)

1) 전륜 현가장치의 탈착

① 휠 및 타이어를 탈거한다.
② 포크에서 브레이크 호스를 분리한다.
③ 포크와 로어 암 커넥터 조립 볼트를 탈거한다.
④ 쇽업소버와 포크의 장착 볼트를 탈거하고 포크를 탈거한다.
⑤ 프런트 쇽업소버 컴플리트 장착 너트 3개를 탈거한다.
⑥ 프런트 쇽업소버 컴플리트를 탈거하는 동안 액슬 어셈블리를 위로 밀어올린다.

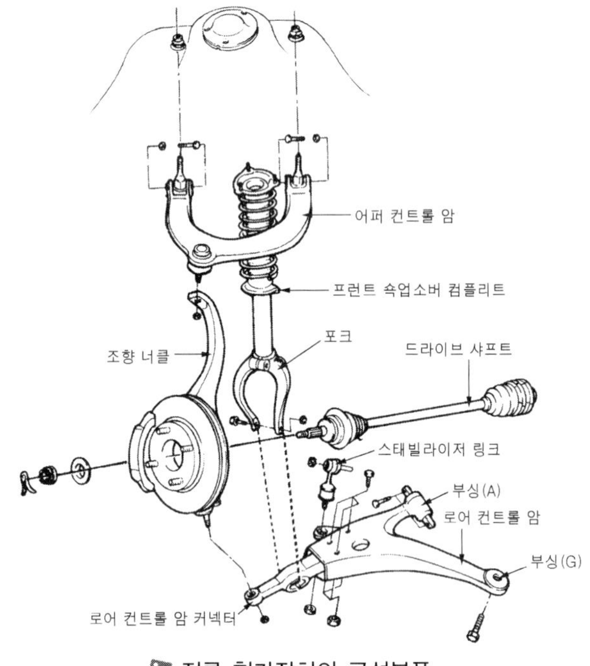

전륜 현가장치의 구성부품

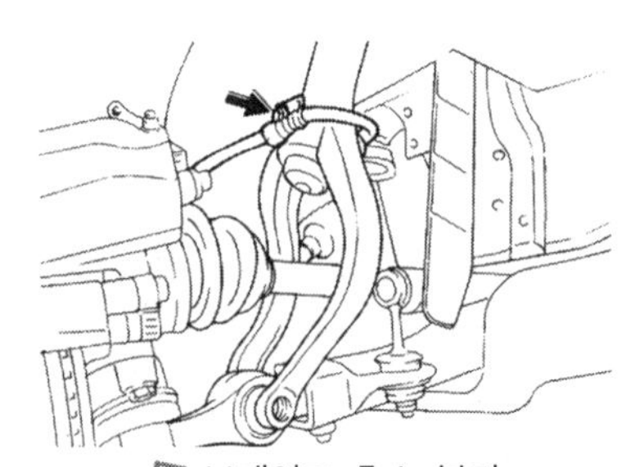
브레이크 호스 분리

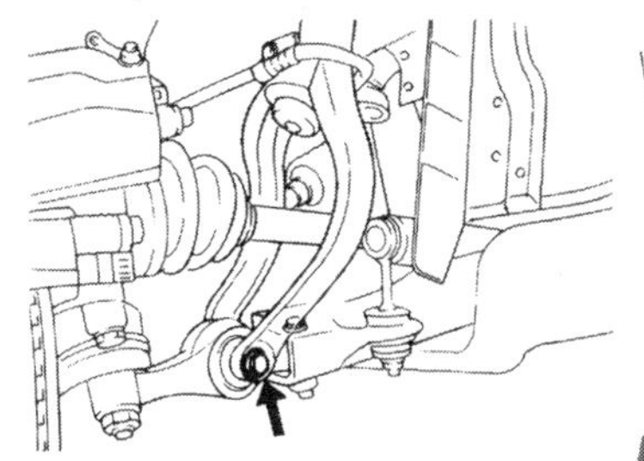
로어 암 조립 볼트 분리

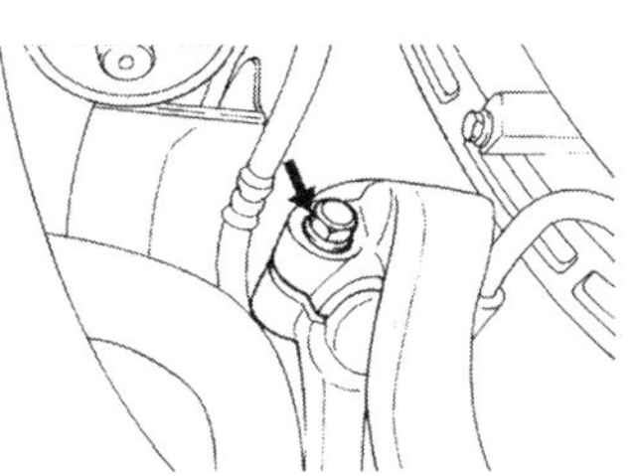
스트럿과 포크 장착볼트 분리

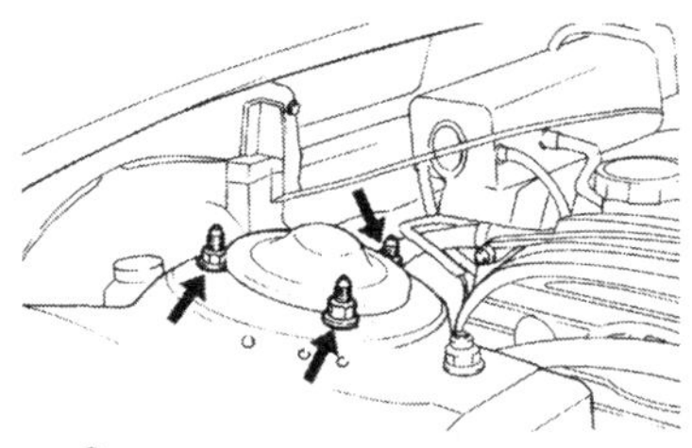
쇽업소버 컴플리트 너트 분

2) 전륜 현가장치의 부착

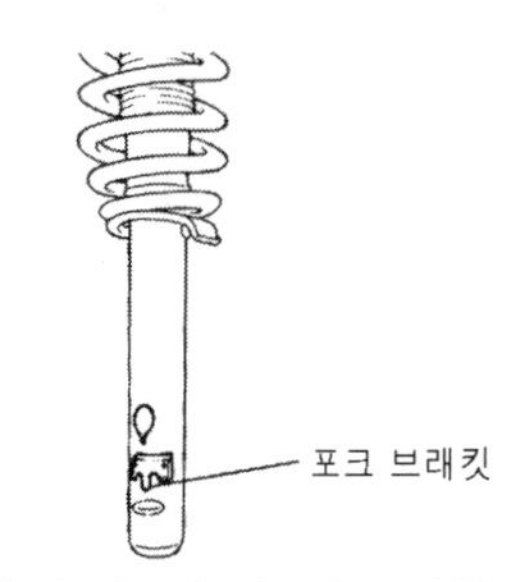

쇽업소버 컴플리트 장착

① 쇽업소버의 포크 브래킷 부분이 차량의 안쪽을 향하여 휠 하우스에 쇽업소버 컴플리트를 장착한다.

② 쇽업소버 컴플리트에 포크를 장착한다.

③ 브레이크 호스를 장착한 후 휠 및 타이어를 장착한다.

• 조립시 포크 브래킷 돌기부를 그림과 같이 일치시킬 것

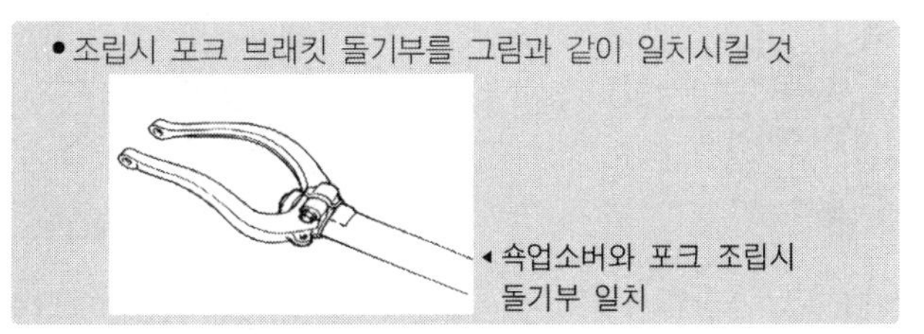

6. 전륜 현가장치 스트럿 어셈블리의 분해, 조립 방법

1) 분해 순서

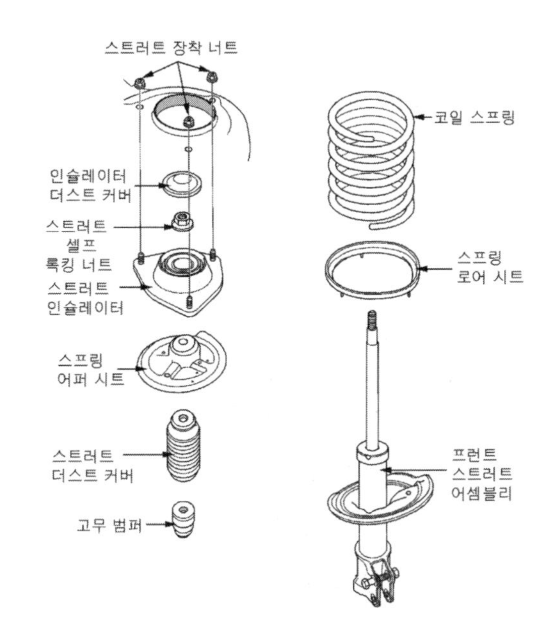

스트러트 어셈블리의 분해도

① 인슐레이터 더스트 커버를 (−) 드라이버로 분리한 후 도포되어 있는 방청유를 제거한다.

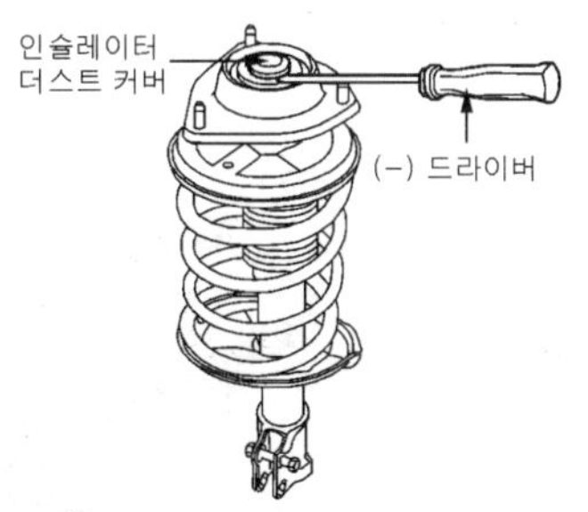

인슐레이터 더스트 커버

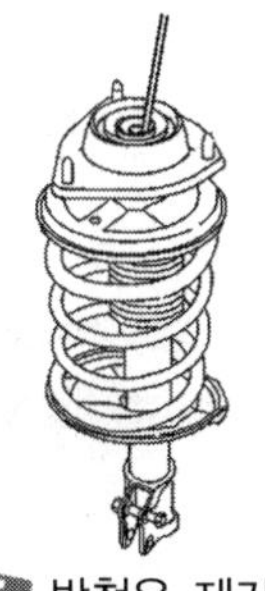

방청유 제거

② 코일 스프링 압축기를 사용하여 어퍼 스프링 시트를 고정시키고 스프링에 약간의 장력이 생길 때까지 코일 스프링을 압축한다.
③ 스트러트를 바이스에 고정시킨 상태에서 상부의 셀프 록킹 너트를 탈거한다.
④ 스트러트에서 인슐레이터, 스프링 시트, 코일 스프링 및 더스트 커버, 고무 범퍼 등을 탈거한다.

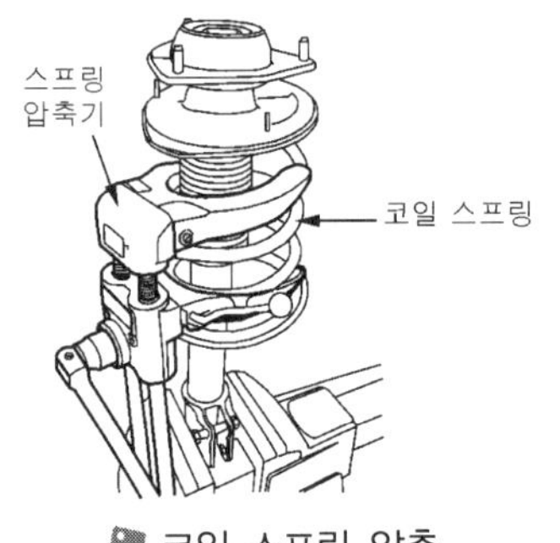

코일 스프링 압축

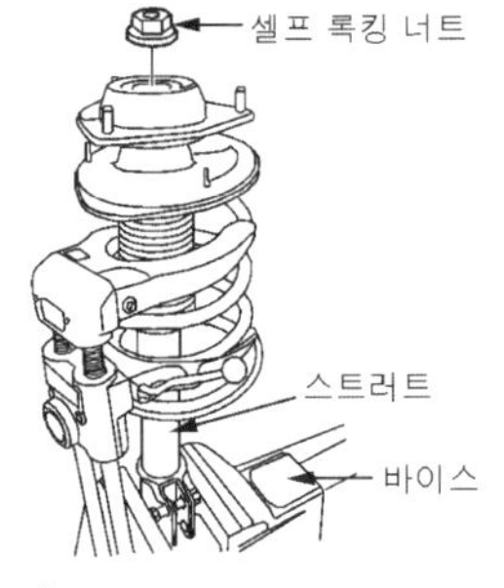

셀프 록킹 너트 탈거

2) 조립 순서

① 돌출부가 스프링 아래 시트의 구멍에 끼워지도록 아래 스프링 패드를 설치한다.
② 코일 스프링에 스프링 압축기를 끼운 후 스프링을 압축한다.
③ 더스트 커버 및 고무 범퍼를 끼운다.
④ 로드의 노치를 스프링 시트의 D형 구멍에 끼워 스프링 어퍼 시트를 피스톤 로드에 조립한다.
⑤ 코일 스프링을 로어 시트의 홈과 어퍼 시트의 홈을 일치시킨다. 이때 가이드 핀(지름 8mm, 길이 227mm)을 이용하면 편리하다.

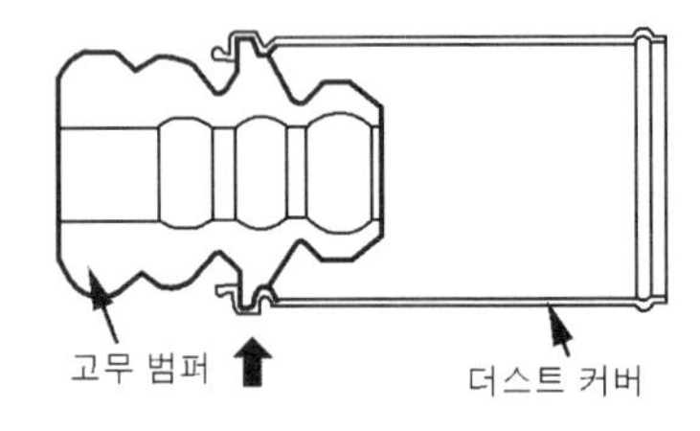

고무 범퍼와 더스트커버의 연결

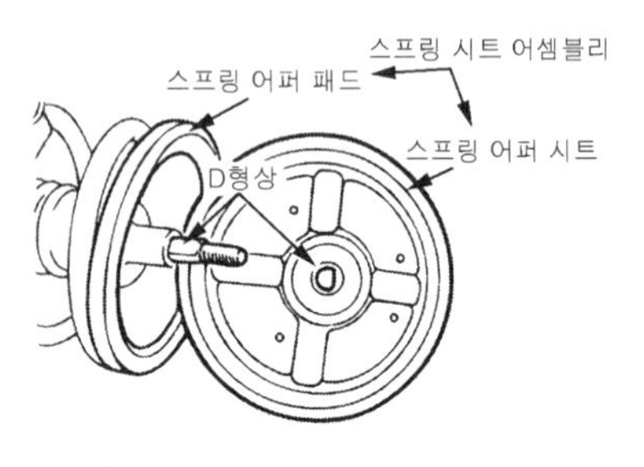

스프링 어퍼 시트의 조립

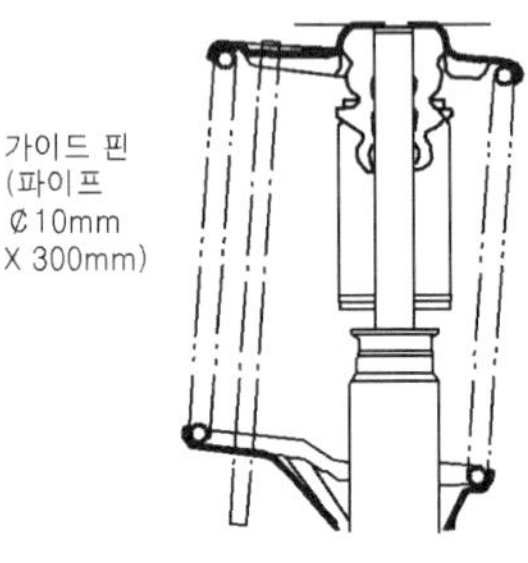

가이드 핀의 설치

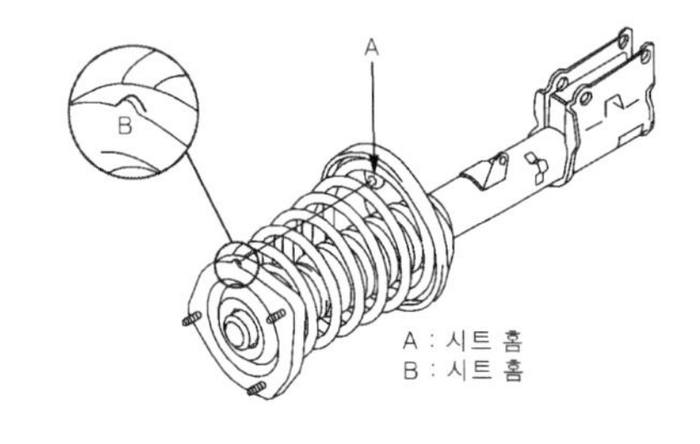

시프링 시트 홈 위치

3) 스트럿 어셈블리 스프링 압축기

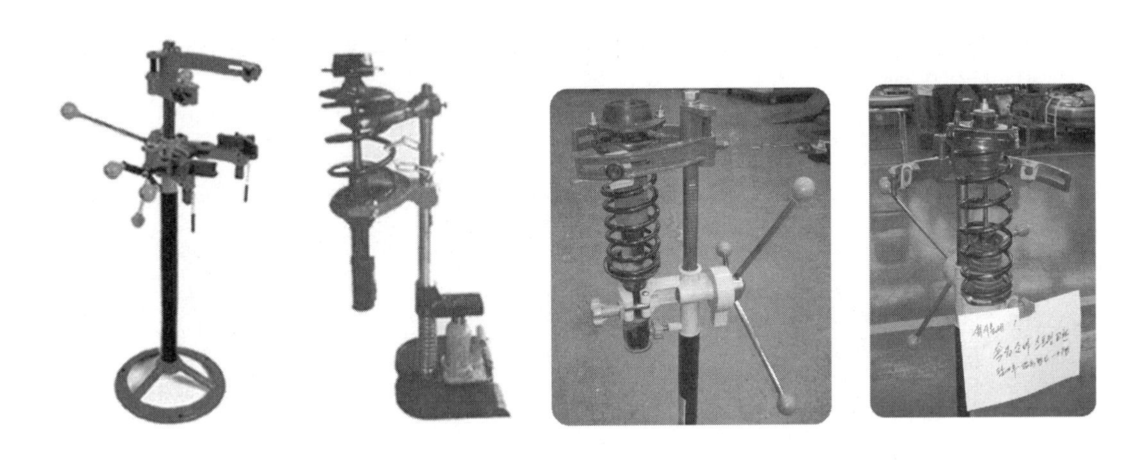

NO.4 전륜 허브 & 너클(Front Hub & Knuckle)의 교환 방법

1. 전륜 허브의 분해 방법

① 차량을 들어 올리고 휠 및 타이어를 탈착한다.

② 휠 스피드 센서 및 브레이크 호스를 분리한다.

③ 캘리퍼를 탈거한 후 와이어를 이용하여 떨어지지 않도록 묶는다.

④ 스플리트 핀 및 구동축 너트를 분리한다.

⑤ 너클에서 볼 조인트 조립용 볼트를 분리한다.

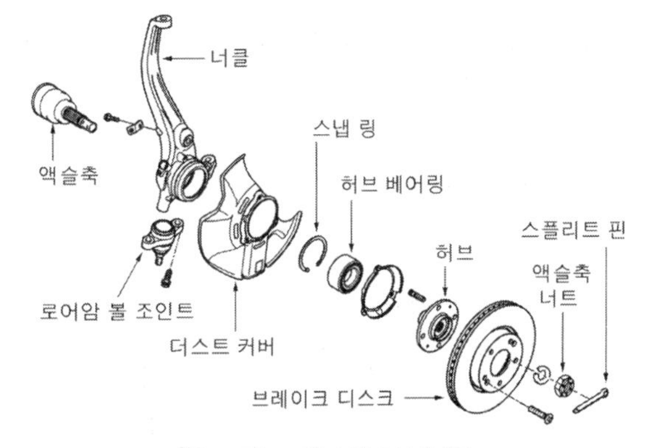

프런트 허브의 구성부품

⑥ 고무 해머 또는 플라스틱 해머를 이용하여 구동축을 허브에서 분리한다.

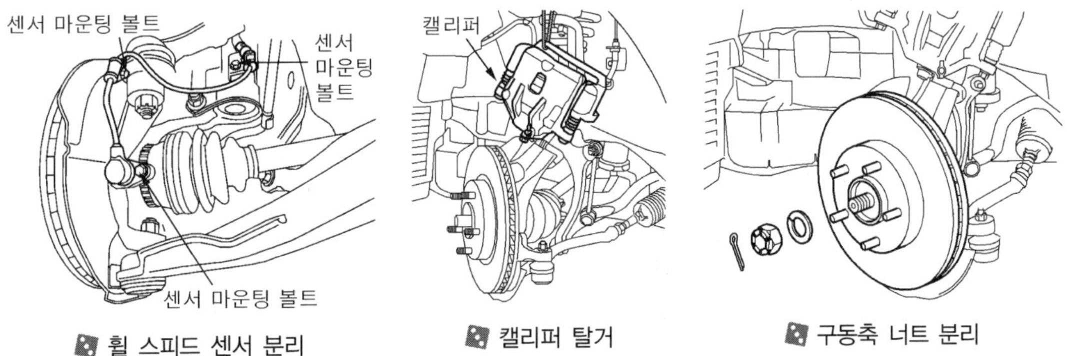

휠 스피드 센서 분리　　캘리퍼 탈거　　구동축 너트 분리

⑦ 타이로드 엔드 풀러를 이용하여 너클에서 타이로드 엔드를 분리한다.

⑧ 어퍼 컨트롤 암 마운팅 볼트를 느슨하게 푼 후 타이로드 엔드 풀러를 이용하여 너클에서 어퍼 컨트롤 암을 분리한다.

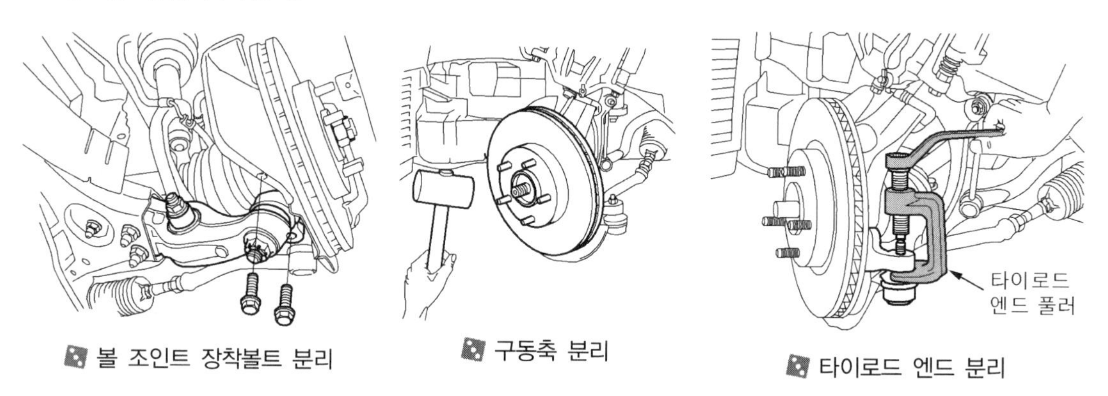

볼 조인트 장착볼트 분리

구동축 분리

타이로드 엔드 분리

⑨ 프런트 구동축 및 디스크를 함께 분리한다.
⑩ 허브와 브레이크 디스크를 분리한다.
⑪ 너클에서 스냅 링을 탈거한다.
⑫ 로어 암 부싱 리무버 인스툴(특수공구)을 이용하여 너클에서 허브를 분리한다.
⑬ 베어링 및 기어 풀러와 로어 암 부싱 리무버 인스툴을 이용하여 허브 베어링 인너 레이스를 허브에서 분리한다.
⑭ 부싱 리무버 인스툴러(특수공구)를 이용하여 허브 베어링 아웃 레이스를 너클에서 분리한다.

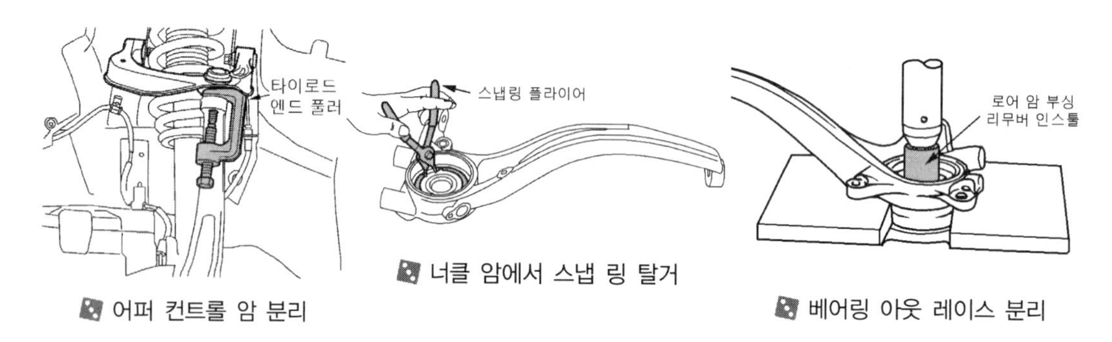

어퍼 컨트롤 암 분리

너클 암에서 스냅 링 탈거

베어링 아웃 레이스 분리

TIP •• 조립은 분해의 역순으로 한다.

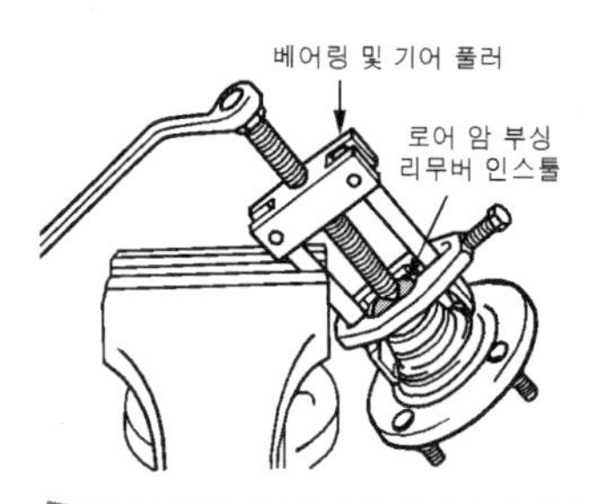

허브 베어링 인너 레이스 분리

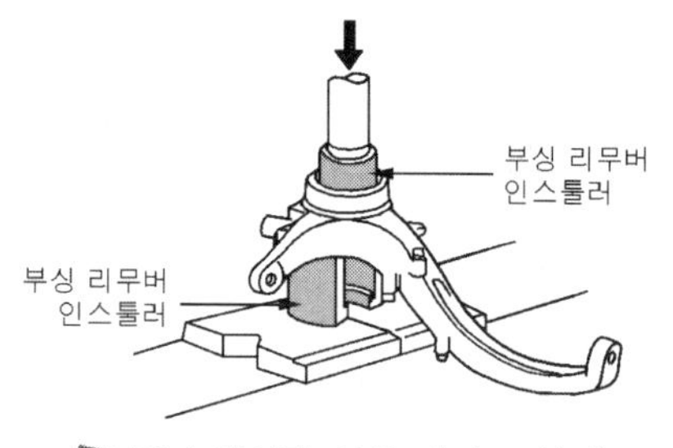

허브 베어링 아웃 레이스 분리

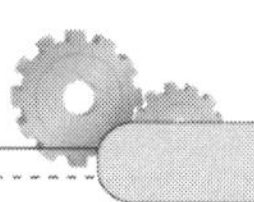

2. 전륜 허브와 너클의 점검 방법

① 허브의 균열 및 스플라인의 마모를 점검한다.
② 오일 실의 균열 및 손상을 점검한다.
③ 브레이크 디스크의 긁힘 및 손상을 점검한다.
④ 너클의 균열을 점검한다.
⑤ 허브 베어링의 결함을 점검한다.

3. 전륜 허브 베어링 및 허브의 조립 방법

① 너클과 베어링의 외부 접촉면에 그리스를 얇게 바른다.
② 부싱 리무버 인스툴러(특수공구)를 이용하여 너클에 허브 베어링을 조립한다. 이때 허브 베어링의 인너 레이스를 누르면 베어링이 손상될 수 있으므로 누르지 않도록 하며, 허브 베어링을 탈거 후 장착할 경우에는 항상 신품으로 교환하여야 한다.

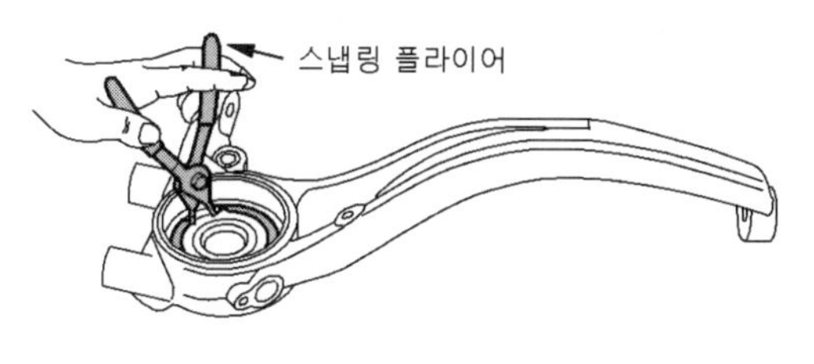

너클 암에 스냅링 조립

③ 너클 암에 스냅링을 조립한다.
④ 볼 조인트 더스트 커버 인스툴러를 이용하여 허브를 너클에 조립한다. 이때 허브 베어링의 아웃 레이스를 누르면 베어링이 손상될 수 있으니 누르지 않도록 주의한다.
⑤ 프런트 허브 리무버 인스툴러를 이용하여 허브를 너클에 20kgf-m의 토크로 조립한다.

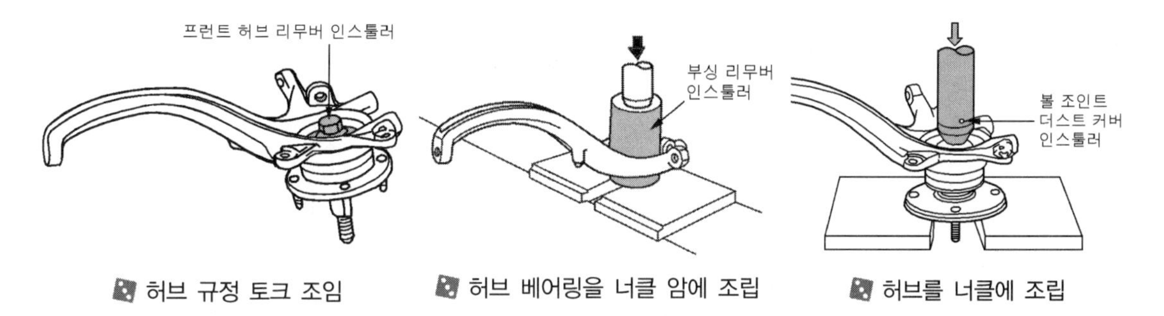

허브 규정 토크 조임 / 허브 베어링을 너클 암에 조립 / 허브를 너클에 조립

⑥ 베어링을 안착시키기 위해 허브를 회전시킨다.
⑦ 허브 베어링의 기동 토크를 측정한다.

항목	규 정 값
기동 토크	0.18kgf · m

⑧ 다이얼 게이지를 설치하여 허브의 엔드 플레이를 점검한다.

항목	규 정 값
엔드 플레이	0.008mm

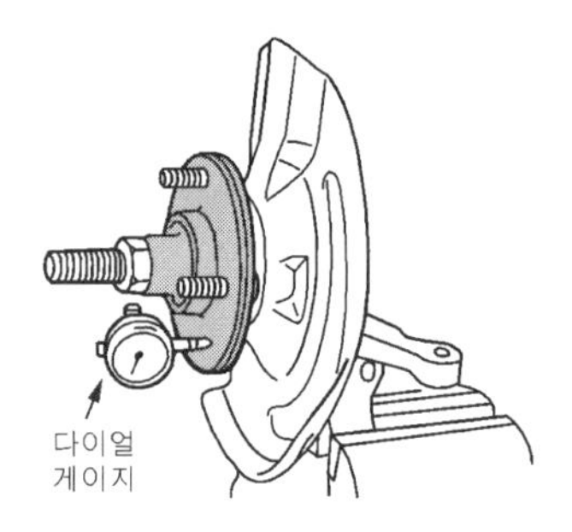

허브 베어링 엔드 플레이 점검

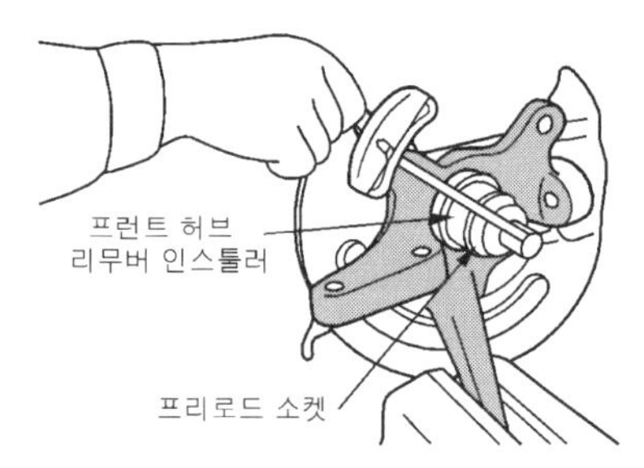

허브 베어링 기동 토크 측정

4. 전륜 허브의 조립 방법

① 와셔 및 허브 베어링 너트를 규정된 방향으로 설치한다.
② 휠을 조립한 후 차량을 내려놓고 허브 베어링 너트를 최종적으로 조인다.
③ 스플리트 핀 홀이 맞지 않으면 너트를 최종적으로 조인다.
④ 스플리트 핀을 구멍에 끼우고 구부린다.

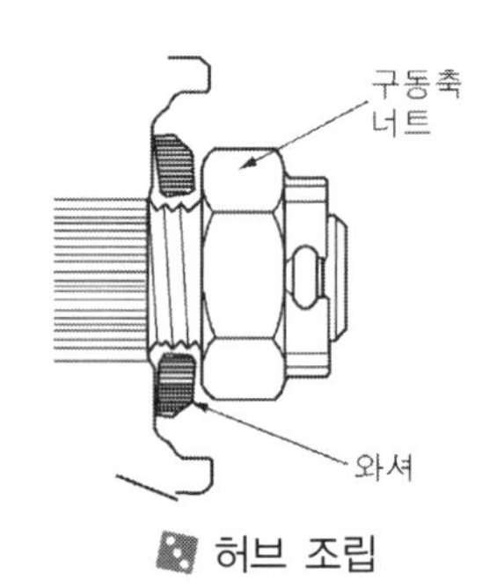

허브 조립

NO.5 로워 암(Lower Arm)의 교환 방법

1. 맥퍼슨 타입(Macpherson Type)의 로어 암의 교환 방법

1) 분쇄방법

① 휠 및 타이어를 분리한 후 분할 핀, 캐슬 너트 및 와셔를 분리한다.
② 로어 암 조인트 너트를 풀고(너트를 풀기만 하고 분리하지 않는다) 스트럿 어셈블리에서 스트럿 하부 고정 볼트를 분리한다.
③ 액슬 허브를 바깥쪽으로 밀어서 타이로드 엔드 플러를 장착할 수 있는 공간을 확보한 후 타이로드 엔드 풀러를 이용하여 로어 암에서 볼 조인트를 분리한다. 이때 타이로드 엔드 플러의 코드를 근처 부품에 묶는다.

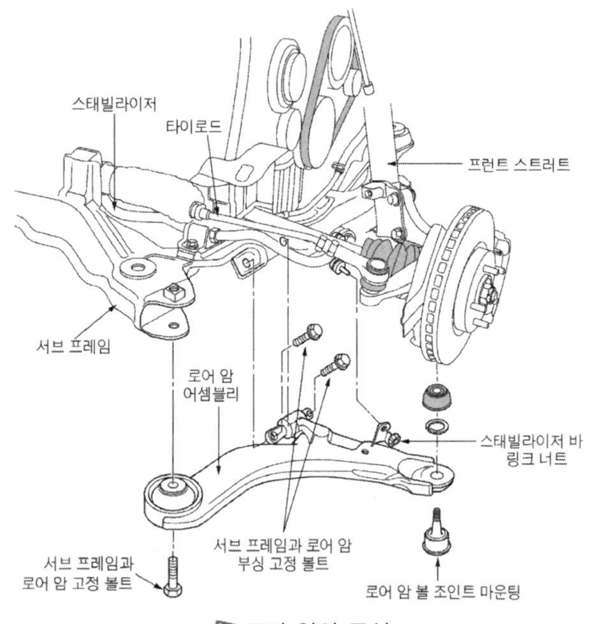

로어 암의 구성

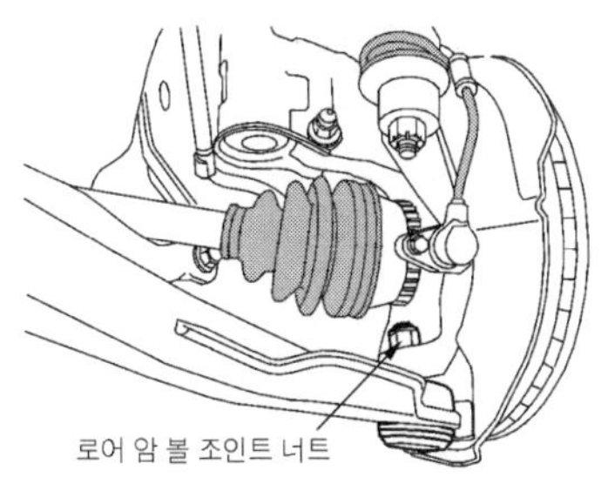

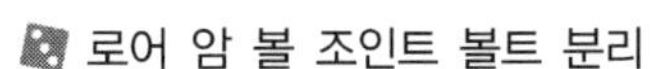
로어 암 볼 조인트 볼트 분리

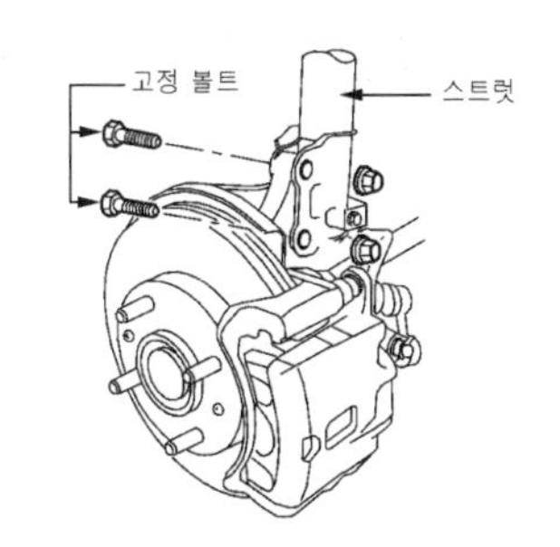

스트럿 하부 고정 볼트 분리

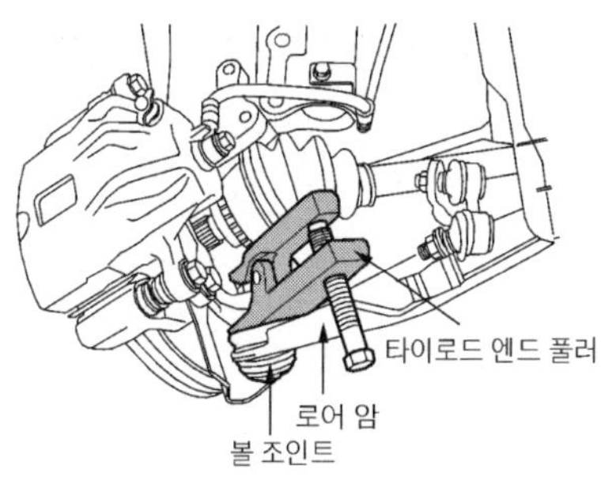

볼 조인트 분리

④ 스태빌라이저 링크 너트를 탈거한 후 스트럿 하부 고정 볼트를 임시로 체결한다.
⑤ 조수석 사이드 커버를 분리한 후 마운팅 볼트를 분리한다.
⑥ 임시 풀어둔 로어 암 볼 조인트 너트를 완전히 분리하고 로어 암 어셈블리를 분리한다.

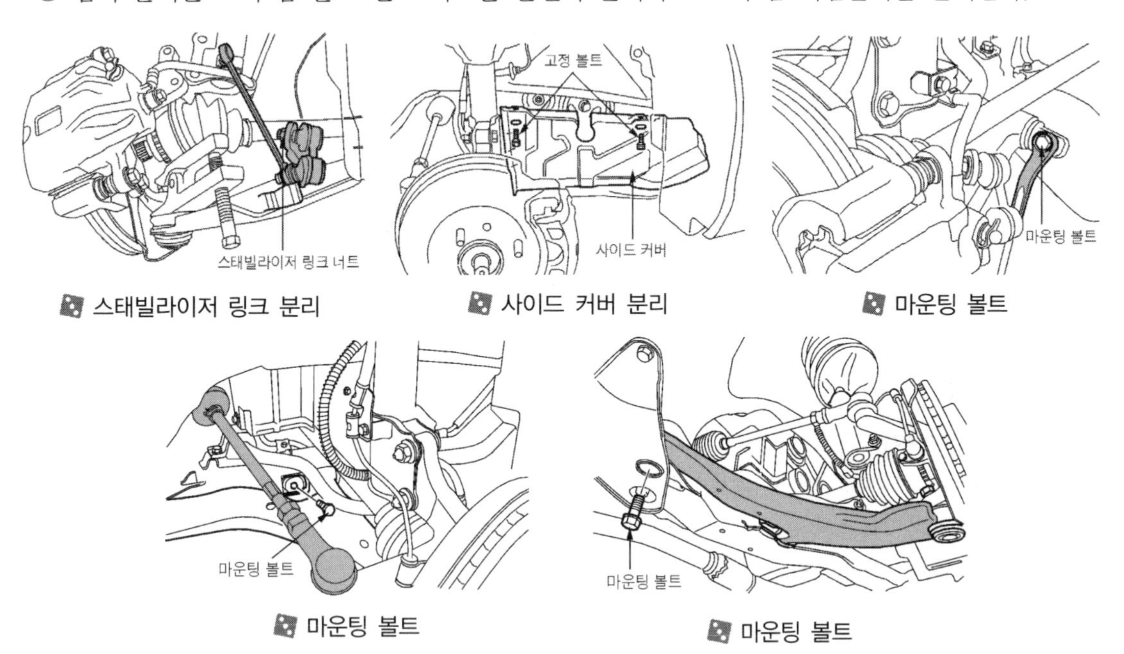

스태빌라이저 링크 분리

사이드 커버 분리

마운팅 볼트

마운팅 볼트

마운팅 볼트

2) 로어 암의 점검

① 부싱의 마멸 및 부식을 점검한다.
② 로어 컨트롤 암의 휨, 파손을 점검한다.
③ 볼 이음 더스트 커버의 균열을 점검한다.
④ 모든 볼트를 점검한다.
⑤ 클램프의 파손, 손상을 점검한다.

2. 더블위시보운 타입의 로어 암의 교환그랜저 XG, 옵티마, EF 쏘나타

1) 구성부품

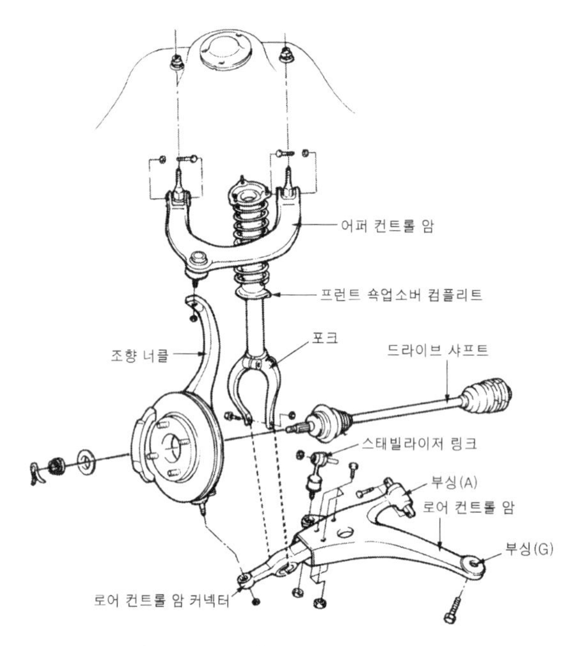

전륜 현가장치의 구성부품

2) 로어 암의 탈거

① 휠 및 타이어를 탈거한다.
② 볼 조인트 너트를 탈거되지 않게 풀어준다.
③ 특수공구를 사용하여 로어 암 커넥터에서 로어 암 볼 조인트를 분리한다.
④ 볼 조인트 어셈블리를 탈거한다.
⑤ 포크와 로어 암 커넥터 조립 볼트를 탈거한다.

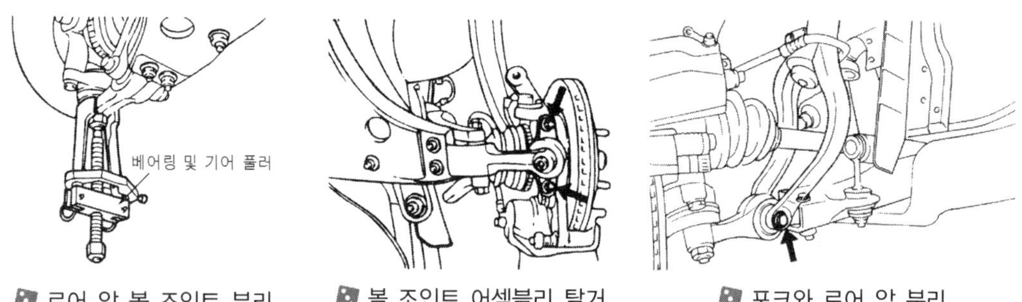

로어 암 볼 조인트 분리 　 볼 조인트 어셈블리 탈거 　 포크와 로어 암 분리

⑥ 로어 암에서 스태빌라이저 링크를 탈거한다.

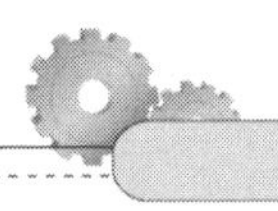

⑦ 로어 암 부싱(A)에서 볼트 2개를 탈거한다.

⑧ 로어 암 부싱(G)에서 볼트를 탈거한다.

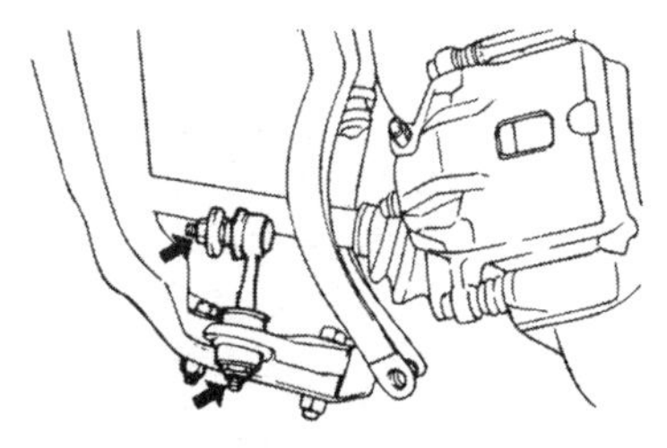

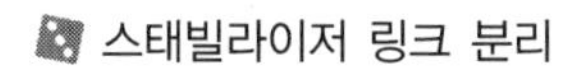
스태빌라이저 링크 분리

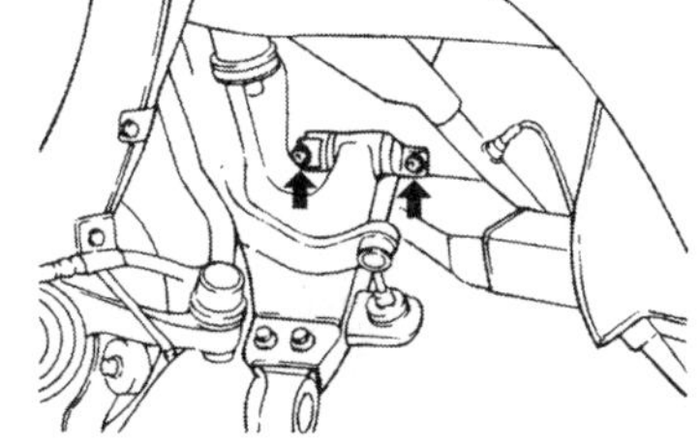

로어 암 부싱(A)볼트 분리

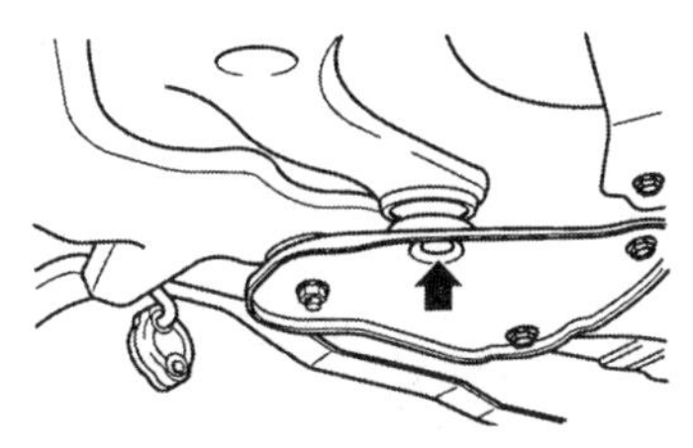

로어 암 부싱(G)볼트 분리

3) 로어 암의 점검

① 부싱의 마모 및 노화 상태를 점검한다.

② 로어 암의 휨 또는 손상 상태를 점검한다.

③ 볼 조인트 더스트 커버의 균열 상태를 점검한다.

④ 모든 볼트를 점검한다.

⑤ 로어 암 볼 조인트의 회전 토크를 점검한다.

⑥ 더스트 커버에 균열이 생겼을 경우 볼 조인트 어셈블리를 교환한다.

⑦ 볼 조인트 스터드를 몇 번 흔든다.

⑧ 볼 조인트 회전 토크를 측정한다.-기준치 : 2~10kgf·m

⑨ 스태빌라이저 링크 볼 조인트의 회전 토크를 점검한다.

⑩ 더스트 커버에 균열이 생겼을 경우 교환하고 그리스를 주입한다.

⑪ 스태빌라이저 링크 볼 조인트 스터드를 몇 번 흔든다.

⑫ 볼 조인트에 셀프 로킹 너트를 장착한 후 볼 조인트 회전 토크를 측정한다.-기준치 : 17~32 kgf·m

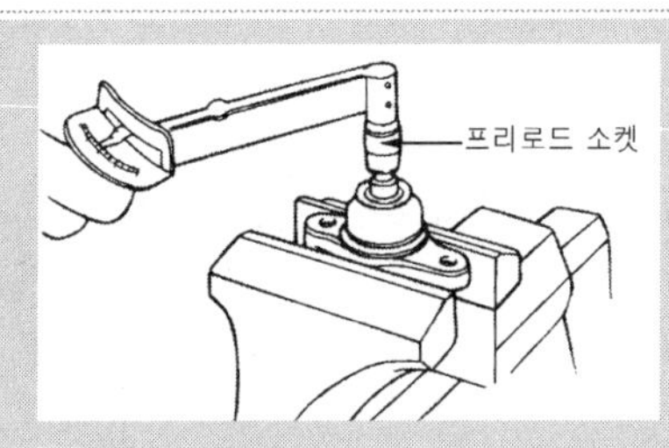

로어 암 볼 조인트 회전토크 점검

① 조립 후 약 24시간 경과 후 상온에서 요동 3°, 회전 30°로 5회 실시 후 0.5~2rpm에서 측정할 것.

② 측정치가 기준치 미만일 경우에는 볼 조인트 어셈블리를 교환한다.

③ 회전 토크가 기준치를 초과했을지라도 15kgf · cm 이상인 경우 외에는 볼 조인트를 재사용 할 수도 있다.

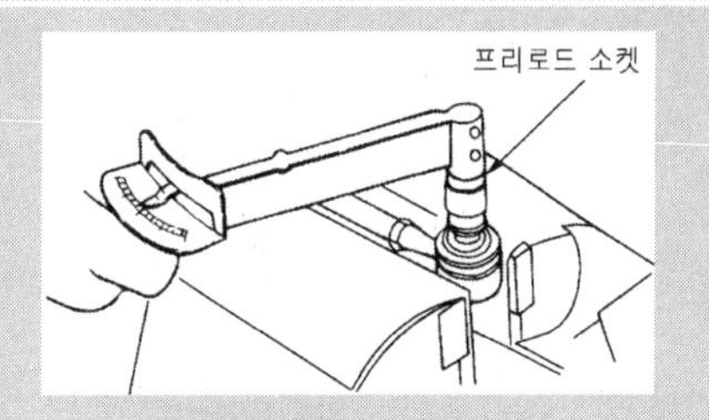

타이로드 엔드 회전토크 점검

① 조립 후 약 24시간 경과 후 상온에서 요동 3°, 회전 30°로 5회 실시 후 0.5~2rpm에서 측정할 것.

② 측정치가 기준치 초과했을 경우 스태빌라이저 링크를 교환한다.

③ 회전 토크가 기준치 미만일지라도 이상 마모 및 헐거움이 과다한 경우 외에는 볼 조인트를 재사용 할 수도 있다.

3. 더블위시보운 타입의 로어 암의 교환(테라칸, 스타렉스)

1) 탈거순서(2WD)

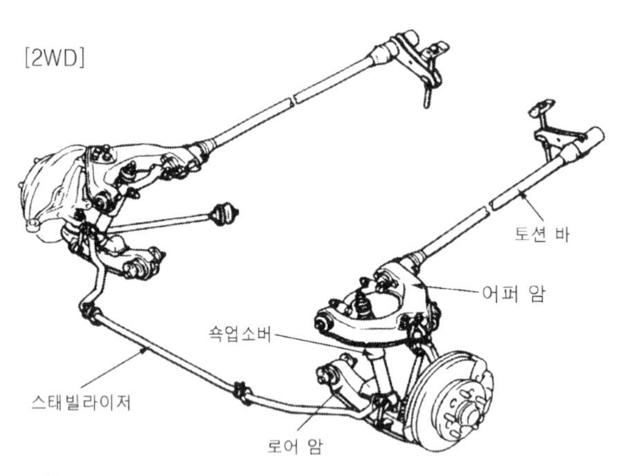

더블 위시보운 토션바 타입의 구성부품(스타렉스)

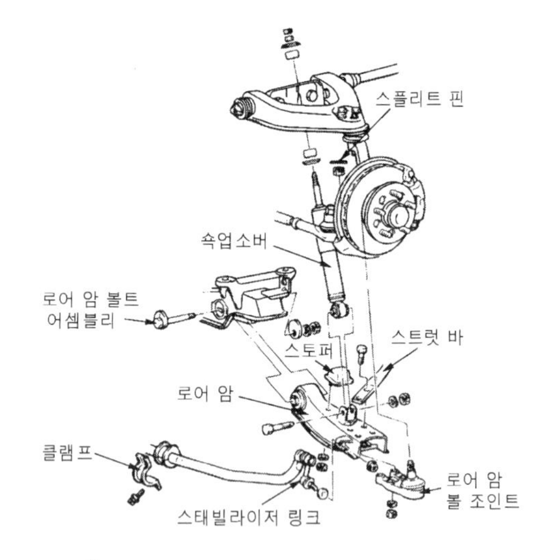

로어 암의 탈거(2WD-스타렉스)

① 클램프 ② 스태빌라이저 링크 ③ 쇽업소버
④ 스트럿 바 ⑤ 스플리트 핀 ⑥ 로어 암 볼 조인트 연결부
⑦ 로어 암 볼 조인트 어셈블리 ⑧ 로어 암 ⑨ 스토퍼
⑩ 로어 암 볼 조인트

2) 탈거순서(4WD)

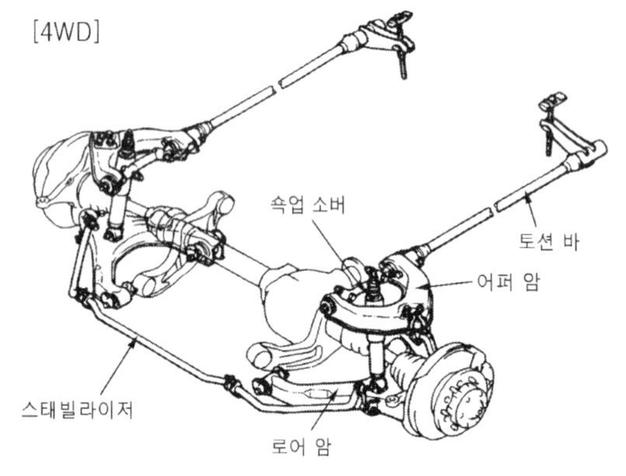

더블 위시보운 토션바 타입의 구성부품(스타렉스)

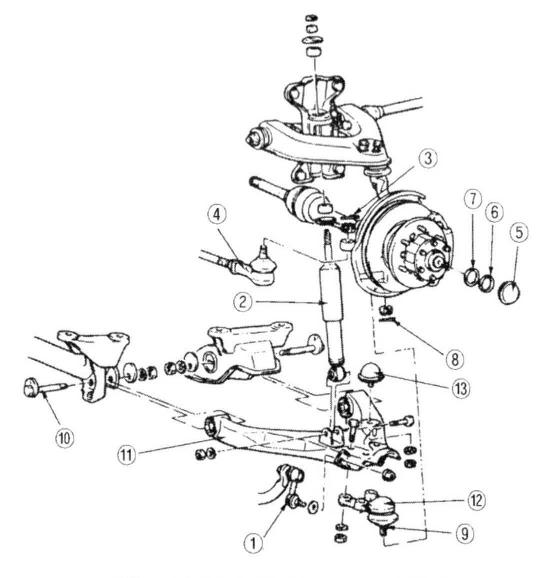

로어 암의 탈거(4WD-스타렉스)

① 스태빌라이저 링크 ② 쇽업소버 ③ 스플리트 핀
④ 타이로드 엔드 연결부 ⑤ 허브 캡 ⑥ 스냅링
⑦ 심 ⑧ 스플리트 핀 ⑨ 로어 암 볼 조인트 연결부
⑩ 로어 암 볼 조인트 어셈블리 ⑪ 로어 암 ⑫ 로어 암 볼 조인트
⑬ 스토퍼

4. 더블 위시보운 타입의 로어 암의 교환(맥퍼슨 타입-레간자)

1) 탈거순서(2WD)

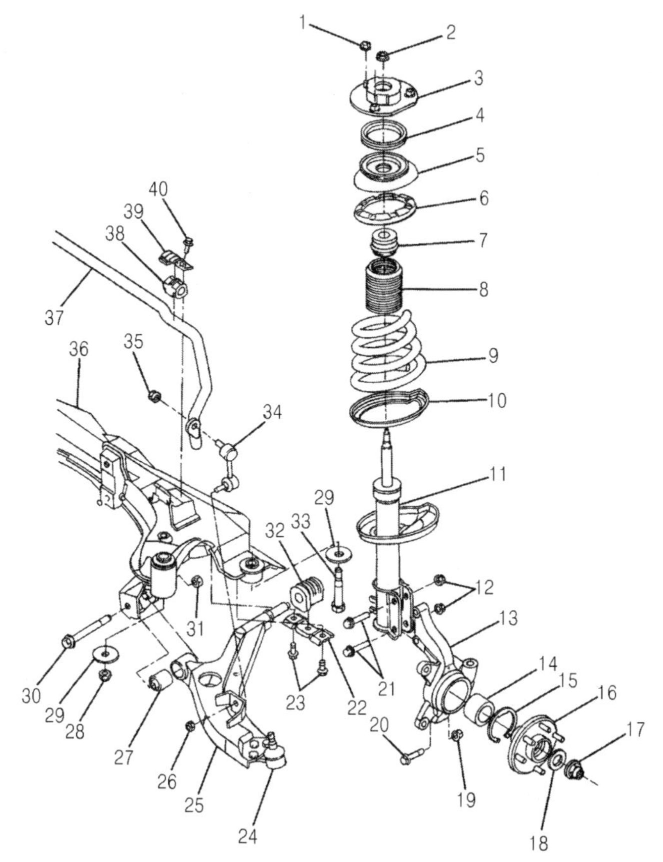

1. 스러스트 마운트 바디 연결 너트
2. 피스톤 로드 너트
3. 스러스트 마운트
4. 스러스트 마운트 베어링
5. 어퍼 스프링 시트
6. 어퍼 스프링 인슐레이터
7. 할로우 범퍼
8. 피스톤 로드 부트
9. 프런트 스프링
10. 로어 스프링 인슐레이터
11. 스러스트 댐퍼
12. 너클 어셈블리와 스트러트 어셈블리 연결 너트
13. 스티어링 너클
14. 프런트 휠 베어링
15. 외측 스냅링
16. 프런트 허브
17. 코킹 너트
18. 코킹 너트 와셔
19. 볼 조인트 핀치 너트
20. 볼 조인트 핀치 볼트
21. 너클 어셈블리와 스트러트 어셈블리 연결 볼트
22. 컨트롤 암 리어 부싱 클램프
23. 컨트롤 암 리어 부싱 클램프 볼트
24. 볼 조인트
25. 컨트롤 암
26. 스태빌라이저 링크와 컨트롤 암 연결 너트
27. 컨트롤 암 프런트 댐핑 부싱
28. 크로스 멤버와 바디 프런트 연결 너트
29. 와셔
30. 컨트롤 암 프런트 부싱 볼트
31. 컨트롤 암 프런트 부싱 너트
32. 컨트롤 암 리어 댐핑 부싱
33. 크로스 멤버와 보디 리어 연결 볼트
34. 스태빌라이저 링크
35. 스태빌라이저 샤프트와 스태빌라이저 링크 연결 너트
36. 크로스 멤버 어셈블리
37. 스태빌라이저 샤프트
38. 스태빌라이저 샤프트 부싱
39. 스태빌라이저 샤프트 부싱
40. 스태빌라이저 샤프트 부싱 클램프 볼트

① 차량을 리프터로 안전하게 지지하고 들어 올린다.

② 타이어 및 휠 어셈블리를 탈거한다.

③ 스태빌라이저 링크와 로어 컨트롤 암 연결 너트를 풀고 로어 컨트롤 암에서 스태빌라이저 링크를 분리한다.

④ 볼 조인트에서 핀치 너트를 푼다.

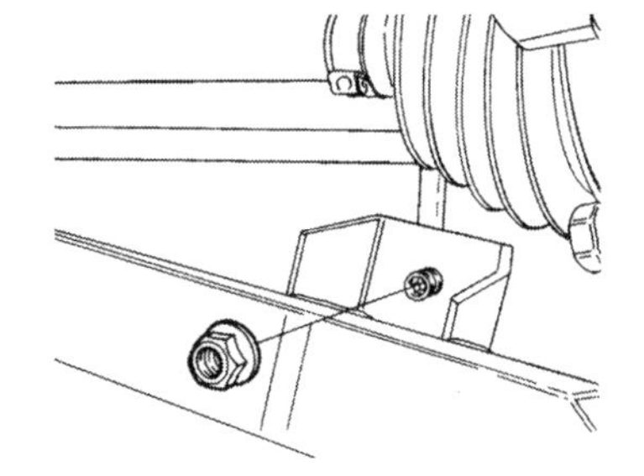

스태빌라이저와 컨트롤 암 연결 너트 분리

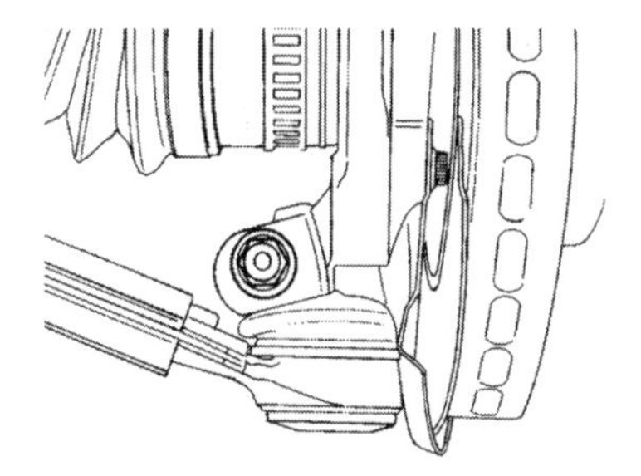

핀치 너트 분리

⑤ 엔드 풀러로 너클 어셈블리에서 로어 컨트롤 암 볼 조인트를 분리한다.
⑥ 크로스 멤버와 로어 컨트롤 암 프런트 부싱 연결 볼트를 푼다.
⑦ 크로스 멤버와 로어 컨트롤 암 리어 부싱 클램프 볼트를 풀고 클램프와 부싱을 탈거한다.
⑧ 차량에서 로어 컨트롤 암을 탈거한다.

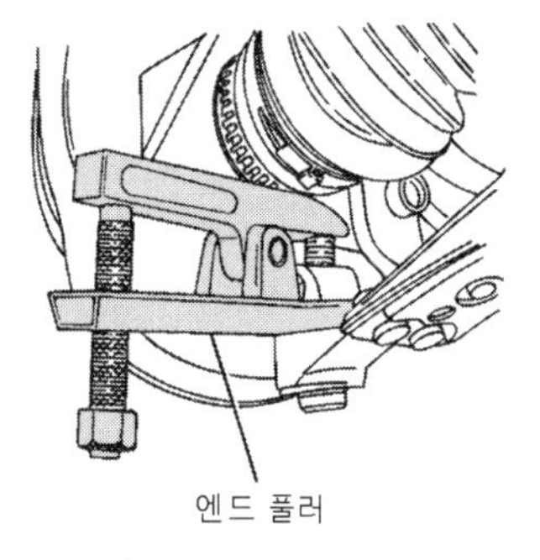

핀치 너트 분리

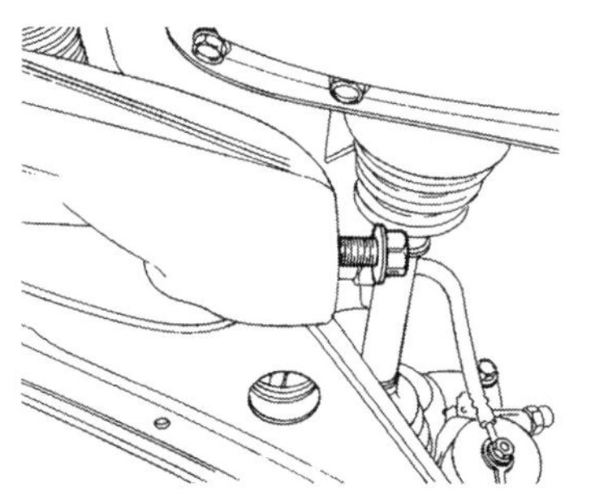
프런트 부싱 연결 볼트 분리

2) 조립 순서

① 차량에 컨트롤 암을 프런트 부싱 볼트 또는 크로스 멤버와 로어 컨트롤 암 리어부싱 클램프 볼트를 조이기 전에 차량의 하중이 로어 컨트롤 암에 의해 지지되도록 잭 스탠드를 로어 컨트롤 암에 지지한다.
② 크로스 멤버와 로어 컨트롤 암 프런트 부싱 연결 볼트를 헐겁게 조인다.
③ 로스 멤버와 로어 컨트롤 암 리어 부싱 클램프 볼트를 헐겁게 조인다.

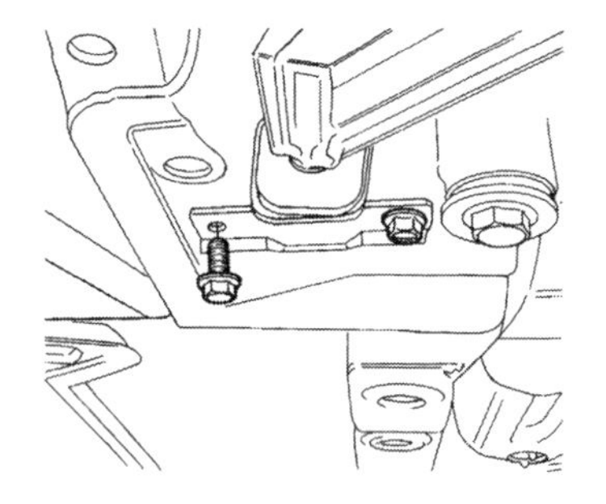
리어 부싱 클램프 볼트 조립

④ 스티어링 너클에 로어 암 볼 조인트를 연결한다.
⑤ 볼 조인트 핀치너트를 조인다.
⑥ 스태빌라이저 링크와 로어 컨트롤 암 연결하고 너트를 조인다.
⑦ 크로스 멤버와 로어 컨트롤 암 리어 부싱 클램프 볼트를 완전히 조인다.
⑧ 크로스 멤버와 로어 컨트롤 암 프런트 부싱 연결 볼트를 완전히 조인다.
⑨ 타이어 및 휠 어셈블리를 장착한다.
⑩ 잭 스탠드를 빼고 차량을 내린다.

NO.6 로워 암 볼 조인트의 유격/ 프리로드 점검 방법

1. 로어 암 볼 조인트(Lower Arm Ball Joint) 유격 점검 방법

① 부싱의 마모 및 변형 여부를 점검한다.
② 로어 암의 굽음 및 균열 여부를 점검한다.
③ 볼 조인트 더스트 커버의 손상 여부를 점검한다.
④ 모든 볼트의 손상 여부를 점검한다.
⑤ 이상 마모 및 헐거움이 과다한 경우에는 볼 조인트를 교환한다.

2. 로어 암 볼 조인트 프리로드 점검 방법

① 조립 후 약 24시간 경과 후 상온에서 요동 3°, 회전 30°로 5회 실시 후 0.5~2rpm에서 측정 할 것.
② 측정치가 기준치 미만일 경우에는 볼 조인트 어셈블리를 교환한다.
③ 회전 토크가 기준치 미만일지라도 이상 마모 및 헐거움이 과다한 경우 외에는 볼 조인트를 재사용 할 수도 있다.

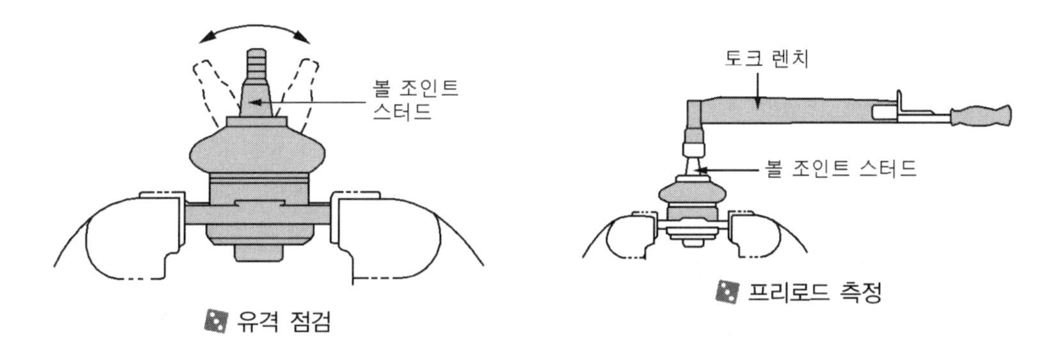

유격 점검 프리로드 측정

■ 차종별 기준값

차 종	규정치	비 고
엘란트라	0.2~0.9kgf · m	회전시작 토크
소나타	0.2~0.9kgf · m	
베르나, 아반떼	35~100kgf · ㎝	
EF 쏘나타	0.05~0.25kgf · m	
그랜져 XG	2~10kgf · ㎝	

NO.7 후륜 현가장치의 쇽업소버 스프링 교환 방법

1. 후륜 현가장치(Rear Suspension System)의 쇽업소버 스프링 교환 방법

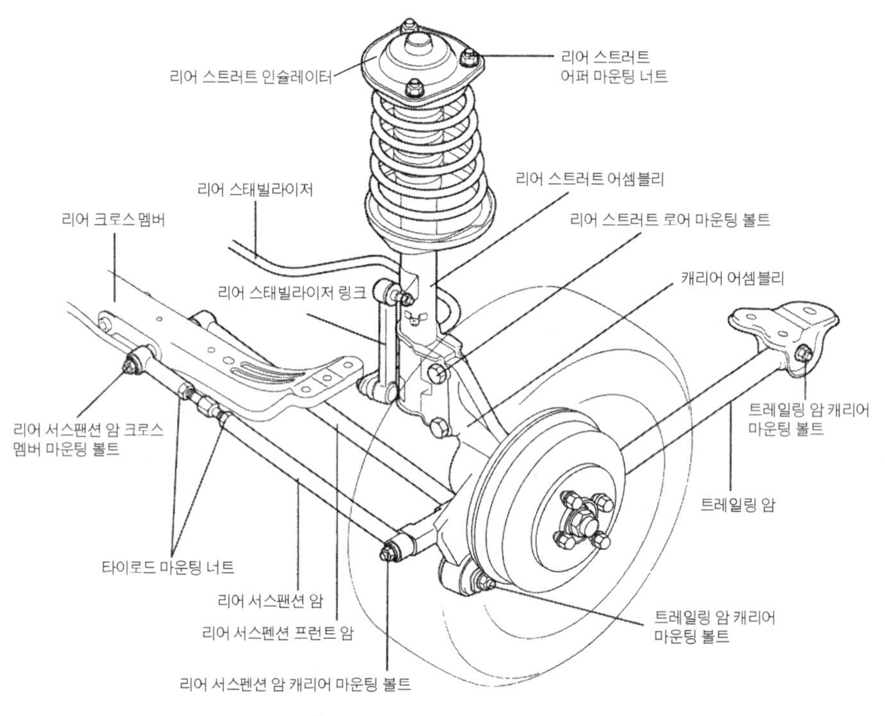

뒤 현가장치 구성 부품

2. 후륜 쇽업소버(스트러트) 탈착 방법

① 리어 시트 쿠션을 들어 올리고 리어 쿠션과 리어 시트백 사이의 마운팅 볼트를 푼 후 리어 시트 백 양 끝의 마운팅 볼트를 풀어 리어 시트를 탈거한다.

② 리어 스트러트 어퍼 마운팅 너트 3개를 분리한 후 리어 휠 및 타이어를 탈거한다.

③ 리어 스트러트에서 클립을 탈거하여 브레이크 호스를 분리한다.

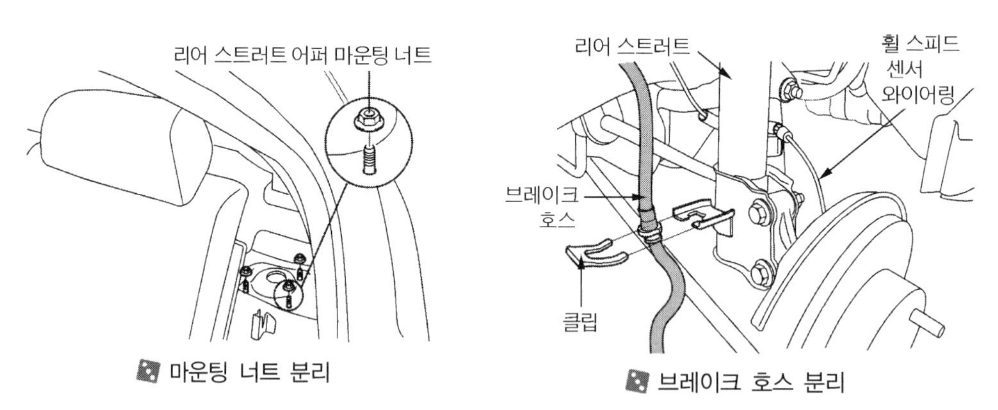

마운팅 너트 분리

브레이크 호스 분리

④ 리어 스트러트에서 볼트를 분리하여 휠 스피드 센서 와이어 링을 분리한다.
⑤ 스트러트에서 스태빌라이저 링크 너트를 풀고 스태빌라이저 링크를 탈거한다.
⑥ 스트러트 하부 체결 볼트를 풀고 리어 스트러트 어셈블리를 탈거한다.
⑦ 부착은 탈착의 역순에 의한다.

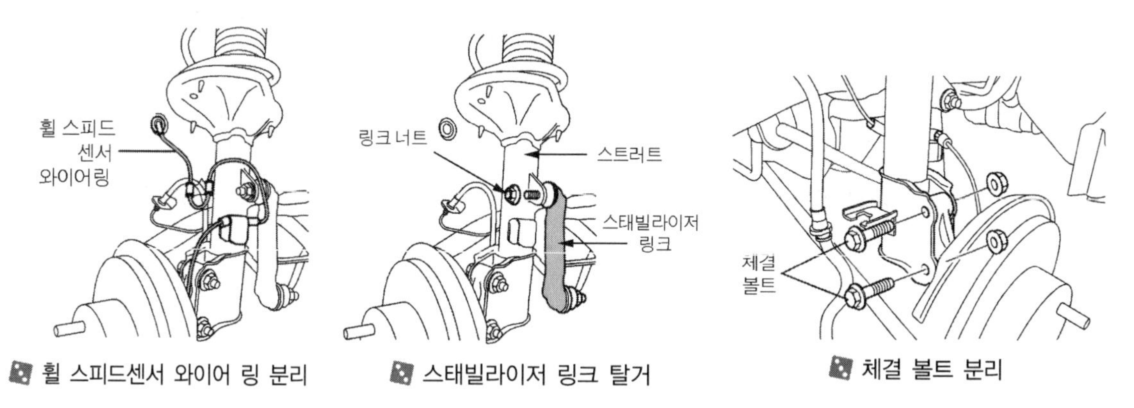

휠 스피드센서 와이어 링 분리 / 스태빌라이저 링크 탈거 / 체결 볼트 분리

3. 후륜 쇽업소버(스트러트) 분해 조립 및 작동 점검 방법

1) 쇽업소버 분해

① 스트러트 하단부의 브래킷에 1개의 볼트를 체결한 후 브래킷을 바이스에 또는 쇼바 스프링 잭에 고정시킨다.
② 스트러트 컴프레서를 이용하여 코일 스프링에 약간의 장력이 있을 때까지 압축한다.

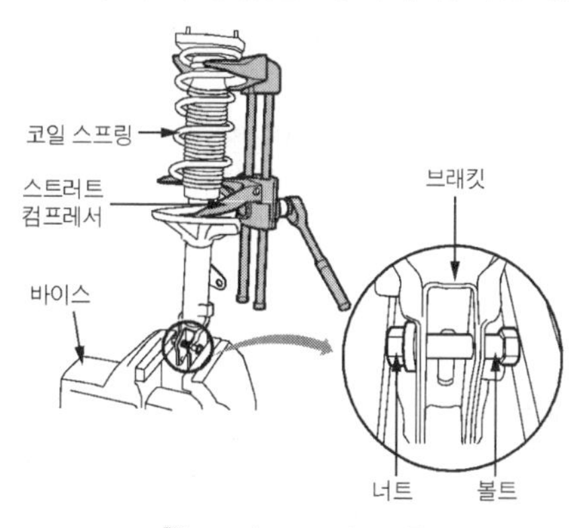

코일 스프링 압축

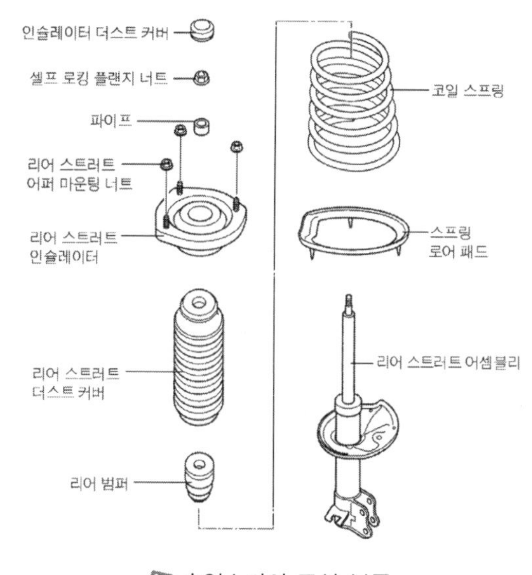

쇽업소버의 구성 부품

③ 인슐레이터 더스트 커버를 분리하고 스트러트 상부의 셀프 로킹 플랜지 너트를 분리한다.
④ 스트러트에서 인슐레이터, 코일 스프링, 스프링 로어 패드, 러버 범퍼 및 더스트 커버를 탈거한다.

2) 후륜 쇽업소버(스트럿) 작동 점검

① 스트러트 하단부의 브래킷에 1개의 볼트를 체결한 후 브래킷을 바이스(또는 스트러트 컴프레서)에 고정시킨다.
② 쇽업소버의 피스톤 로드를 손으로 잡고 일정한 속도로 압축, 인장시키면서 불규칙적인 작동이나 저항 및 소음을 점검한다.
③ 비정상적인 저항이나 소음이 느껴지면 쇽업소버(스트러트)를 신품으로 교환한다.

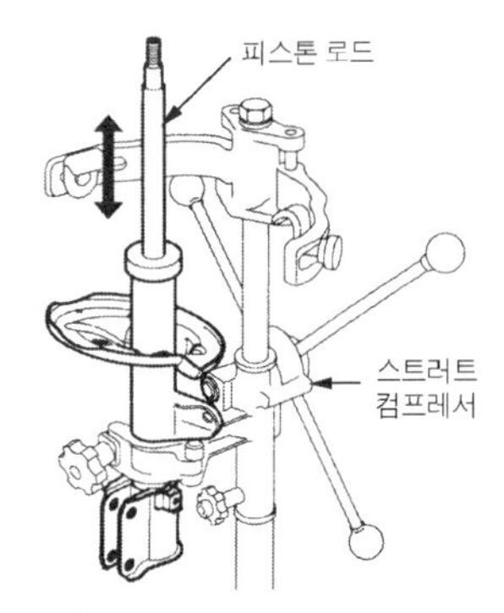

쇽업소버 작동 점검

3) 후륜 쇽업소버(스트럿) 조립

① 스프링 로어 패드 돌기 부분이 스프링 로어 시트의 구멍에 들어가도록 스프링 로어 패드를 설치한다.
② 스트러트에 러버 범퍼와 더스트 커버를 설치한다.
③ 스트러트 컴프레서를 이용하여 코일 스프링을 압축시킨다.
④ 피스톤 로드를 최대한 인장시켜 압축된 코일 스프링을 설치한다.
⑤ 코일 스프링 하단 부분을 스프링 시트의 홈에 일치시킨 후 셀프 로킹 플랜지 너트와 파이프를 임시로 설치한다. 셀프 로킹 플랜지 너트는 재사용하지 않는다.
⑥ 로어 스프링 시트의 구멍과 인슐레이터의 돌기 부분을 일치시킨 후 조립한다.
⑦ 스트러트 컴프레서를 탈거한 후 셀프 로킹 플랜지 너트를 규정 토크로 조인다.

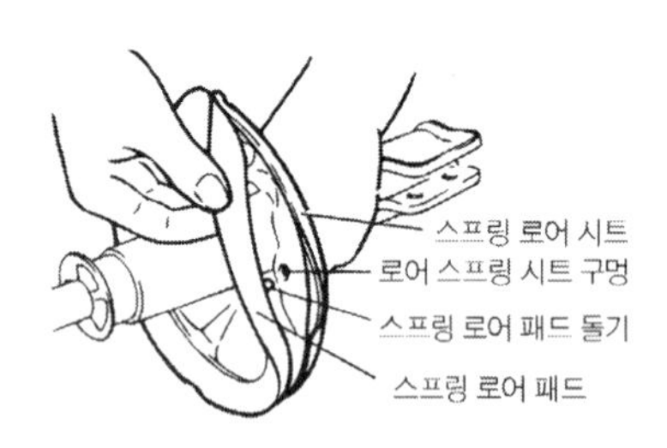

스프링 로어 패드 설치

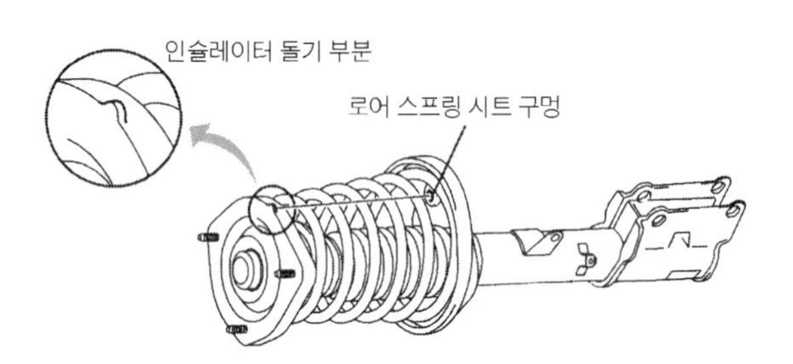

쇽업소버 어셈블리 조립

3. 각종 쇽업소버(스트러트)

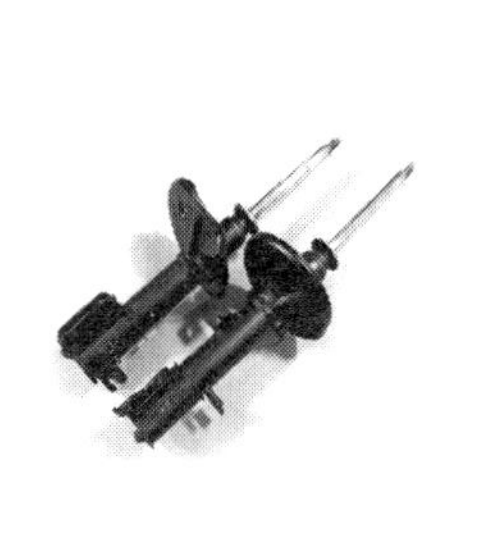
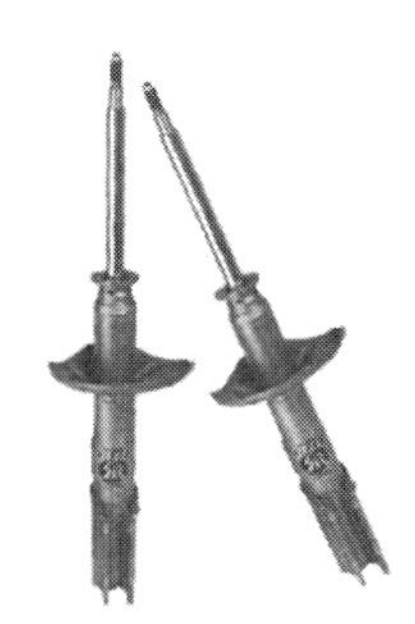
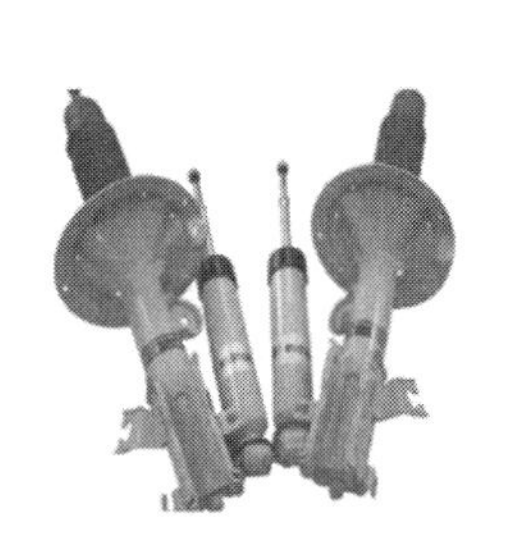
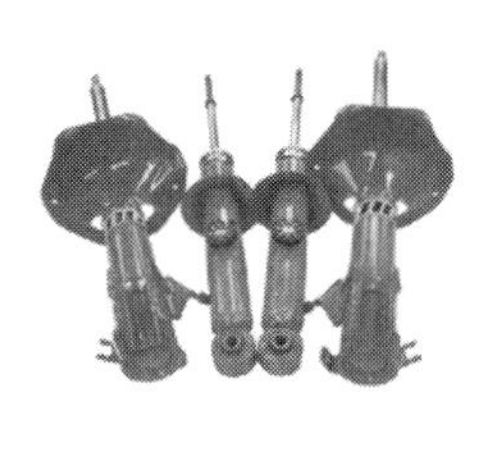

전자제어현가장치(ECS) 점검

학습목표

1. 전자제어 현가장치의 구조와 기능에 대하여 알아본다.
2. 전자제어 현가장치의 떼어내기와 장착, 조립 방법에 대하여 알아본다.
3. 전자제어 현가장치의 점검 및 정비방법에 대하여 알아본다.

NO.1 전자제어 현가장치(Electronic control Suspension System)의 개요

1. 전자제어 현가장치(ECS)의 개요

이 장치는 컴퓨터, 각종 센서, 액추에이터 등을 설치하고 노면의 상태, 주행조건, 운전자의 선택 등과 같은 요소에 따라 자동차의 높이와 현가특성(스프링 상수 및 감쇄력)이 컴퓨터에 의해 자동적으로 제어되는 현가방식이다. 전자제어 현가장치를 AAS(Auto Adjusting Suspension)라고도 하며 다음과 같은 특징을 가지고 있다.

① 급 제동시에 노즈 다운(nose down)을 방지한다.
② 급 선회시 원심력에 의한 차체의 기울기를 방지한다.
③ 노면의 상태에 따라서 차량의 높이를 조정할 수 있다.
④ 노면의 상태에 따라서 승차감을 조절할 수 있다.
⑤ 고속 주행시 차량의 높이를 낮추어 안전성을 증대시킨다.

2. 전자제어 현가장치의 조작법

1) Sport 모드

① SPORT 버튼을 누르면 작동표시등이 들어오고 SPORT 모드로 전환 된다. 서스펜션이 약간 딱딱하게 되어 조종 안정성이 향상된다.

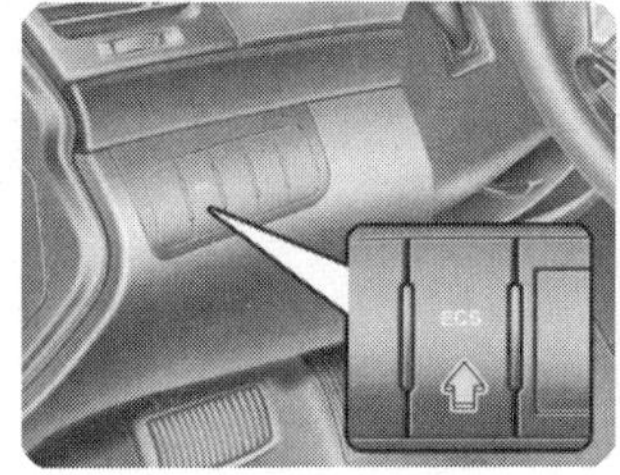

ECS 모드스위치

스포츠 모드

노멀 모드

② SPORT 버튼을 한 번 더 누르면 작동표시등이 꺼지고 자동 모드(AUTO)로 전환 된다. 안락한 승차감을 유지할 수 있다.

■ 모드위치와 주행상태

선택모드	감쇠력효과	주 행 상 태
AUTO (통상 주행)	SOFT	중속, 저속 주행시
	MEDIUM	요철도로 주행시
		저속에서 급가속시
		고소 주행시
	HARD	커브길 주행시
		중속에서 제동시
		감속하여10km/h이하일 때

선택모드	감쇠력효과	주 행 상 태
SPORT (산길, 고속 주행)	MEDIUM	저속, 중속, 고속 주행시
		요철도로 주행시
		저속에서 급가속시
	HARD	중속이상에서 제동시
		커브길 주행시
		감속하여 10km/h이하일 때

2) 차고 조절

① 차고 조절 버튼을 누르면 작동표시등이 들어오고 차고가 표준보다 높게 되어 높음 모드가 된다. 험로를 주행할 때에 사용한다.

② 차고 조절 버튼을 한 번 더 누르면 작동표시등이 꺼지고 보통 모드로 전환 된다.

③ 높음 모드로 주행 중 차속이 70km/h 이상이 되면 자동으로 보통 모드로 전환 된다.

④ 차속이 120km/h 이상이 되면 자동으로 일반상태보다 차고를 낮춰(낮음 모드) 주행안정성을 확보한다. 낮음 모드는 수동으로 선택할 수 없다.

⑤ 차량 정지 상태일 때 변속레버 「D」 (주행, 「R」 (후진 위치에서는 모드 변경이 되지 않는다.)

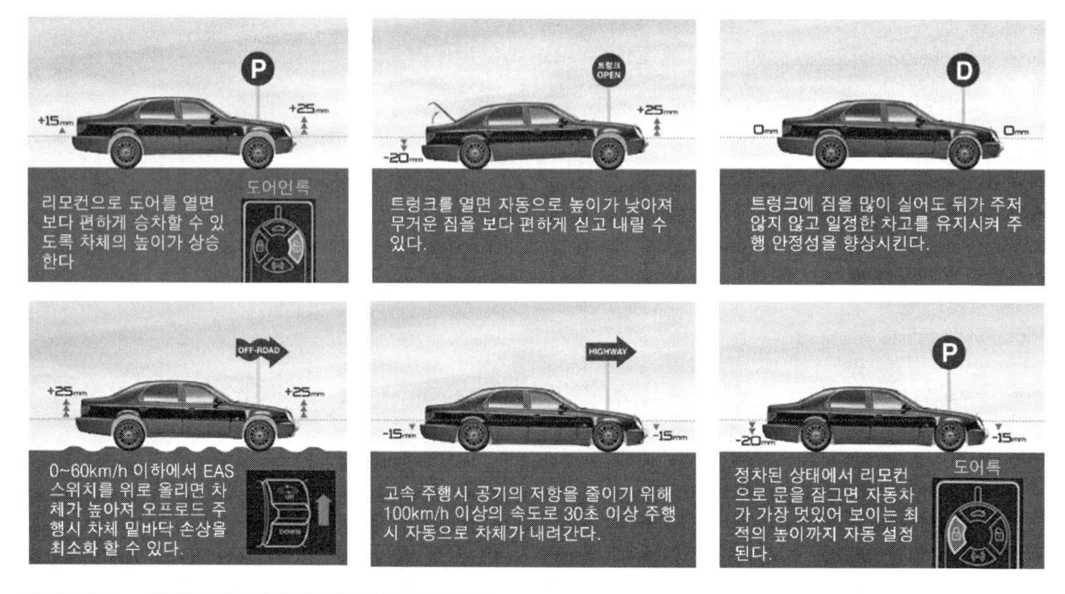

① 차속이 약70km/h 이상인 경우는 높음 모드로 주행 할 수 없다.

② 차량하부에 있는 컴프레서의 에어필터 부위가 침수상태 일 때 에는 시스템을 작동 시키지 말 것. 시스템 작동으로 인하여 컴프레서 내부에 수분이 유입되면 고장을 유발할 수 있다.

3) 경고등

① ECS 경고등이 계기판에 점등되면 전자제어 서스펜션 장치에 이상이 있는 것이므로 서비스센터나 지정정비협력업체에 의뢰하여 정비한다.

① 차고 조절시에는 반드시 차량하부 또는 상부에 장애물이 없는지 확인 후 작동한다. 시스템 작동시 공기 충진 또는 배출과정에서 약간의 작동 음이 발생 할 수 있으나 이는 정상적인 현상이다.
② 온도 및 주변 환경에 따라 상승 또는 하강하는 정도가 달라질 수 있다.
③ 전자제어 서스펜션장치 작동 중에는 시동을 끄거나 다른 위치로 전환하지 말 것. 관련 장치의 오작동이나 고장을 유발 할 수 있다.
④ ECS 경고등 점등시 고장모드에 따라 차량의 성능이 다르게 나타날 수 있다. 이는 차량의 2차 고장을 방지하기 위한 안전모드로 정상적인 현상이다.
⑤ 배터리 과전압 저전압 또는 시스템을 짧은 시간에 작동 작동해제를 반복 했을 경우 시스템 보호를 위해 작동을 중지하고 일시적으로 경고등이 점등될 수 있다.
⑥ 서스펜션 내부의 공기가 빠져나간 상태에서 ECS 경고등이 점등되었을 때 차고가 매우 낮아진 상태이므로 주행을 하면 노면의 돌출물에 의해 차량이 파손 될 수 있으니 주행하지 말고 견인차량을 이용하여 견인한다.

4) 전자제어 서스펜션 고장시 견인법

① 전자제어 서스펜션의 기능 고장으로 인하여 서스펜션 내부의 공기가 빠져나간 상태로 주행을 계속하면차량이 파손될 수 있다. 이러한 경우 주행을 하지 말고 견인차량을 이용하여 가까운 서비스 센터 또는 지정 정비협력업체로 이동하여 점검을 받는다.

② 차량의 견인이 필요한 경우 반드시 상차 견인을 한다. 일반적인 견인방법으로는 차량이 파손될 수 있다.

③ 상차 견인 요청시 차량적재 경사각 ①이 6° 이하의 세이프티 로더(Safety Loader)방식 견인차를 요청한다. 경사각이 큰 견인차량으로 견인시 차량이 파손 될 수 있다.

ECS 경고등

ECS 차량 견인 방법

ECS 차량 적재 경사각

NO.2 전자제어 현가장치(ECS) 관계지식

1. 전자제어 현가장치(Electronic control Suspension System)의 구성요소

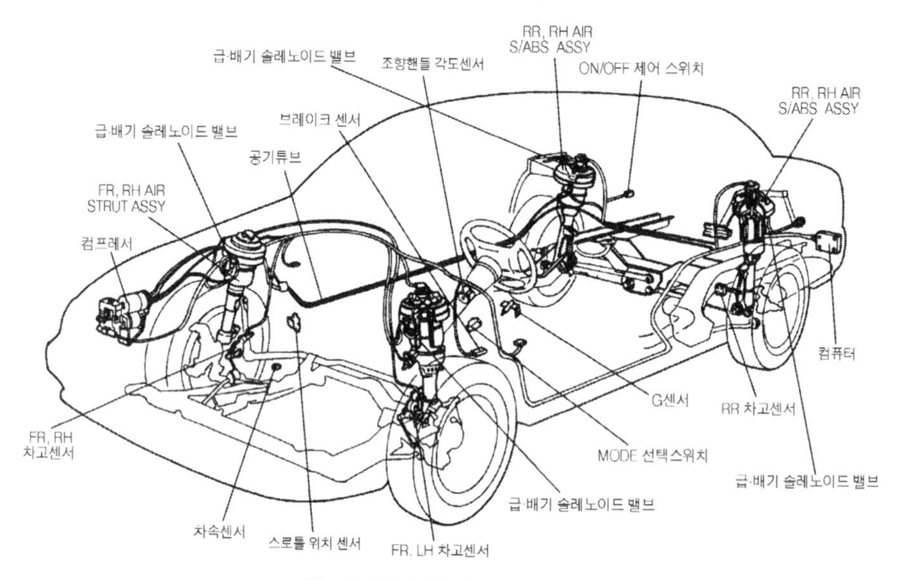

전자제어 현가장치 구성

① **공기 압축기 릴레이** : 공기 압축기 모터의 전원을 연결하거나 차단한다.

② **앞 솔레노이드 밸브** : HARD, SOFT 선택 에어밸브와 차고 조절 에어밸브로 구성되며 차고 조정 중 공기압력의 조절 및 솔레노이드 밸브를 개폐시킴으로서 현가 특성을 HARD(안락한 승차감), SOFT(안정된 조향성)로 선택하는 기능을 한다.

③ **앞스러스트 유닛** : 스프링(메인 및 보조)과 감쇠력 2단 절환 밸브가 내장되어 있으며 스프링 상수 및 감쇠력을 HARD 또는 SOFT로 선택하는 기능과 차고를 조정하는 기능이 있다.

④ **차속 센서** : 차량 속도를 감지하여 컨트롤 유닛으로 신호를 전송시킨다.

⑤ **조향 휠 각도 센서** : 조향 휠의 작동을 감지하여 ECU로 신호를 전송시킨다.

⑥ **뒤 솔레노이드 밸브** : 앞 솔레노이드와 같은 역할을 한다.

⑦ **에어 액추에이터** : 앞, 뒤 스트럿 유닛 상부에 장착되며 유닛의 스위칭 로드를 회전시켜 HARD 또는 SOFT 등 현가 특성을 선택하게 한다.

⑧ **뒤 쇽업소버 유닛** : 앞 스트럿 유닛과 동일함

⑨ **ECU** : 각종 센서로부터 입력 신호를 받아 차량 상태를 파악하여 각종 액추에이터를 작동시킨다.

⑩ **뒤차고 센서** : 차량 뒤쪽의 높이를 감지하여 ECU로 신호를 전송시킨다.

⑪ **전조등 릴레이** : 전조등이 "ON" 또는 "OFF" 되었는가를 ECU로 신호를 전송시킨다.

⑫ **스로틀 포지션 센서(TPS)** : 가속 페달의 작동 속도를 나타내는 신호를 ECU로 전송한다.

⑬ **차고 센서** : 차량 앞쪽의 높이를 감지하여 컨트롤 유닛으로 신호를 전송시킨다.

⑭ **배기 솔레노이드 밸브** : 공기 압축기에 장착되어 차고를 낮출 때 공기를 배출시키기 위하여 밸브

를 개방한다.

⑮ **압력 스위치** : 공기 탱크에 장착되며, 탱크 내의 공기 압력을 감지하여 압축기 릴레이를 ON, OFF한다.

⑯ **ECS인디케이터 패널** : 운전석에서 현가 특성 절환 신호와 차고 조정 모드 변환 신호를 ECU로 전송하며 각 기능이 제어 상태를 나타낸다.

⑰ **공기 압축기(컴프레서)** : 전동기를 사용하여 차고를 높이고 HARD, SOFT로 변환시키기 위한 압축 공기를 발생한다.

⑱ **공기 공급 밸브** : 공기 탱크에 장착되며 차고를 높일 때 공기 밸브를 개방하여 압축 공기를 공급한다.

⑲ **공기 탱크(리저버 탱크)** : 압축 공기의 수분 제거용 건조기가 내장되어 있고 압축 공기를 저장하는 역할을 한다.

⑳ **AC 발전기** : L 단자에서 ECU로 엔진 작동 또는 가동 정지 여부를 전송한다.

㉑ **제동등 스위치** : 브레이크 페달의 작동을 ECU로 전송한다.

㉒ **자기 진단 출력 커넥터** : 자기 진단 코드의 신호를 출력한다.

㉓ **도어 스위치** : 도어의 개폐를 ECU에 전송한다.

㉔ **G-센서** : 차량의 요철 노면을 검출하는 센서로 차체의 상·하 진동을 검출한다.

2. 전자제어 현가장치의 입출력 선도

3. 전자제어 현가장치의 시스템 선도

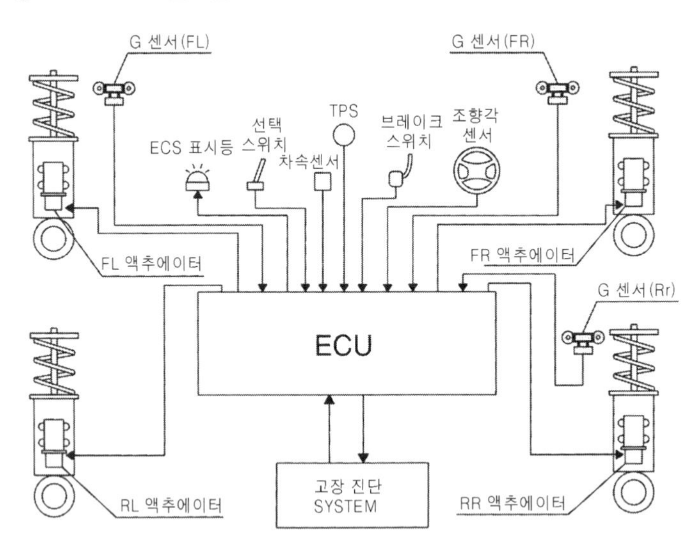

전자제어 현가장치 시스템도

4. 전자제어 현가장치 공기압의 회로도

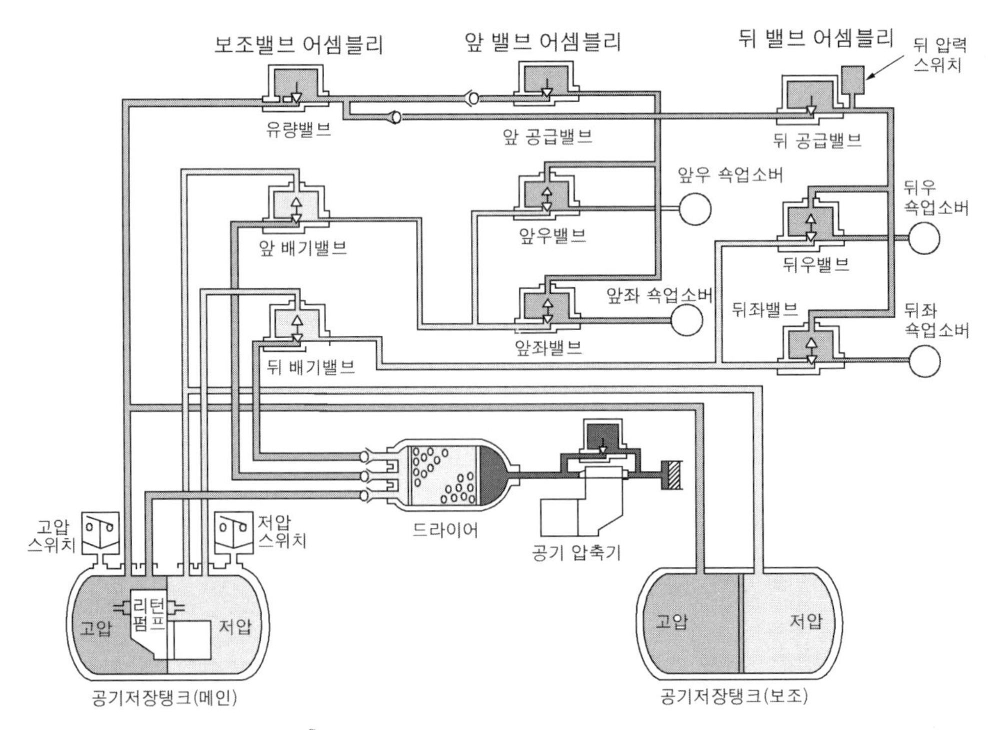

전자제어 현가장치 공기압의 회로도

5. 전자제어 현가장치의 제어기능

제어상황	측정항목	센 서	대 응
PITCH, BOUNCE	차체 상하 가속도	상하 가속도 센서	차체 속도 계산 → SKY HOOK 제어
DIVE	제동여부, 차속	브레이크 램프, 차속 센서	HARD로 절환
ROLL	조향각, 차속	조향각 센서, 차속 센서	HARD로 절환
비포장 주행	차속, 차체 상하 가속도	차속 센서, 상하 가속도 센서	HARD로 절환
고속 주행	차속	차속 센서	HARD로 절환

6. 전자제어 현가장치의 종류

1) 감쇠력 가변방식

감쇠력 가변 방식의 ECS는 쇽업소버의 감쇠력(damping force)을 다단계로 변화시킬 수 있다. 쇽업소버 감쇠력만을 제어하는 감쇠력 가변 방식은 구조가 간단하여 주로 중형 승용차에서 사용되며, 쇽업소버의 감쇠력을 Soft, Medium, Hard 등 3단계로 제어한다.

2) 복합방식

복합 방식은 쇽업소버의 감쇠력과 자동차의 높이 조절 기능을 지닌 것이다. 쇽업소버의 감쇠력은 Soft와 Hard 2단계로 제어하며, 자동차 높이는 Low, Normal, High 3단계로 제어한다. 특징은 코일 스프링이 하던 역할을 공기 스프링이 대신하기 때문에 하중 변화에도 일정한 승차감과 자동차의 높이를 유지할 수 있다.

3) 세미 액티브 방식

세미 액티브 방식은 스카이 훅(sky hook) 이론에 바탕을 두고 개발된 것이며, 역방향 감쇠력 가변 방식 쇽업소버를 사용하여 기존의 감쇠력 ECS의 경제성과 액티브 ECS의 성능을 만족시킬 수 있는 장치이다. 쇽업소버의 감쇠력은 쇽업소버 외부에 설치된 감쇠력 가변 솔레노이드 밸브에 의해 연속적인 감쇠력 가변 제어가 가능하고, 쇽업소버 피스톤이 팽창과 수축할 때에는 독립 제어가 가능하다. 또한 ECS 컴퓨터에 의해 256단계까지 연속 제어가 가능하다.

4) 액티브 방식

액티브 ECS 방식은 감쇠력 제어와 자동차 높이 조절 기능을 지니고 있으며, 자동차의 자세 변화에 능동적으로 대처함으로서 자세 제어가 가능한 장치이다. 쇽업소버의 감쇠력 제어에는 Super soft, Soft, Medium, Hard 등 4단계로 제어되며, 자동차 높이 조절은 Low, Normal, High, Extra High 등 4단계로 제어된다. 자세 제어 기능에는 앤티 롤(anti roll), 앤티 바운스(anti bounce), 앤티 피치(anti pitch), 앤티 다이브(anti dive), 앤티 스쿼트(anti squat) 제어 등을 수행한다. 액티브 ECS 방식은 구조가 복잡하고, 가격이 비싸므로 일부 대형 고급 승용차에서만 사용한다.

5) 차종별 전자제어 현가 시스템

형식		EF쏘나타 쏘나타 Ⅱ, Ⅲ	다이너스티 3.0 ECS(Ⅱ)	그랜저 XG 에쿠스 3.0,3.5	다이너스티 3.5 에쿠스리무진 4.5
		감쇄력 가변식	엑티브 ECS ECS(Ⅱ)	세미 – 엑티브 ECS (솔레노이드밸브방식)	엑티브 ECS ECS(Ⅲ)
감쇠력 전환		3단계 제어 •SOFT •MIDIUM •HARD	4단계 제어 •SOFT •SOFT(AUTO) •MIDIUM •HARD	무단 제어	4단계 제어 •SUPER SOFT •SOFT •MIDIUM •HARD
차고 조절		기능 없음	4단계 제어 •LOW •NORMAL •HIGH •EX–HIGH	기능 없음	4단계 제어 •LOW •NORMAL •HIGH •EX–HIGH
차고높이	EX–HIGH	기능 없음	N + 50	기능 없음	N + 50
	EX–HIGH		N + 50		N + 50
	HIGH		N + 30		N + 30
	NORMAL(전륜)		398 ± 5		396 ± 5
	NORMAL(후륜)		366.5 ± 5		397 ± 5
	LOW		N – 10		N – 10
감쇄력 제어 기능	앤티 롤 제어	있음	있음	있음	있음
자세제어	앤티 다이브 제어	있음	있음	있음	있음
	앤티 스커트제어	있음	있음	있음	있음
	피칭 제어	없음	있음	없음	있음
	바운싱 제어	있음	있음	있음	있음
	앤티 쉐이크 제어	있음	있음	있음	있음
	앤티 시프트 스커트 제어	없음	있음	없음	있음
	차속 감응제어	있음	있음	있음	있음
	앤티롤 제어	있음	있음	있음	있음
	앤티 다이브 제어	없음	있음	없음	있음
	앤티 스커트 제어	없음	있음	없음	있음
	피칭 제어	없음	있음	없음	있음
	바운싱 제어	없음	있음	없음	있음

7. 전자제어 현가장치의 제어방식

① 앤티 롤링 제어(Anti–rolling control) : 이것은 선회할 때 자동차의 좌우 방향으로 작용하는 가로 방향 가속도를 G센서로 감지하여 제어하는 것이다. 즉 자동차가 선회할 때에는 원심력에 의하여 중심 이동이 발생하여 바깥쪽 바퀴쪽은 목표 차고보다 낮아지고 안쪽 바퀴는 높아진다. 이에 따라 바깥쪽 바퀴의 스트럿의 압력은 높이고 안쪽 바퀴의 압력은 낮추어

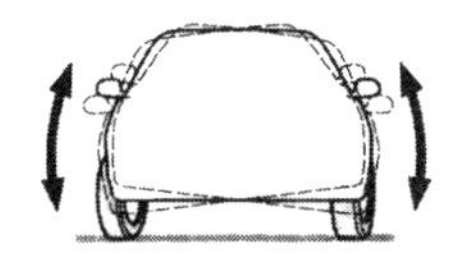
롤링

원심력에 의해서 차체가 롤링하려고 하는 힘을 억제한다.

② 앤티 스쿼트 제어(Anti-squat control) : 이것은 급출발 또는 급가속할 때에 차체의 앞쪽은 들리고, 뒤쪽이 낮아지는 노스 업(nose-up)현상을 제어하는 것이다. 작동은 컴퓨터가 스로틀 위치 센서의 신호와 초기의 주행속도를 검출하여 급출발 또는 급가속 여부를 판정하여 규정 속도 이하에서 급출발이나 급가속 상태로 판단되면 노스 업(스쿼트)를 방지하기 위하여 쇽업소버의 감쇠력을 증가시킨다.

③ 앤티 다이브 제어(Anti-dive control) : 이것은 주행 중에 급제동을 하면 차체의 앞쪽은 낮아지고, 뒤쪽이 높아지는 노스 다운(nose down)현상을 제어하는 것이다. 작동은 브레이크 오일 압력 스위치로 유압을 검출하여 쇽업소버의 감쇠력을 증가시킨다.

④ 앤티 피칭 제어(Anti - Pitching control) : 이것은 자동차가 요철 노면을 주행할 때 차고의 변화와 주행속도를 고려하여 쇽업소버의 감쇠력을 증가시킨다.

⑤ 앤티 바운싱 제어(Anti-bouncing control) : 차체의 바운싱은 G센서가 검출하며, 바운싱이 발생하면 쇽업소버의 감쇠력은 Soft에서 Medium이나 Hard로 변환된다.

⑥ 주행속도 감응 제어(vehicle speed control) : 자동차가 고속으로 주행할 때에는 차체의 안정성이 결여되기 쉬운 상태이므로 쇽업소버의 감쇠력은 Soft에서 Medium이나 Hard로 변환된다.

⑦ 앤티 쉐이크 제어(Anti-shake control) : 사람이 자동차에 승하차할 때 하중의 변화에 따라 차체가 흔들리는 것을 쉐이크라고 하며, 자동차의 속도를 감속하여 규정 속도 이하가 되면 컴퓨터는 승차 및 하차에 대비하여 쇽업소버의 감쇠력을 Hard로 변환시킨다. 그리고 자동차의 주행속도가 규정값 이상되면 쇽업소버의 감쇠력은 초기 모드로 된다.

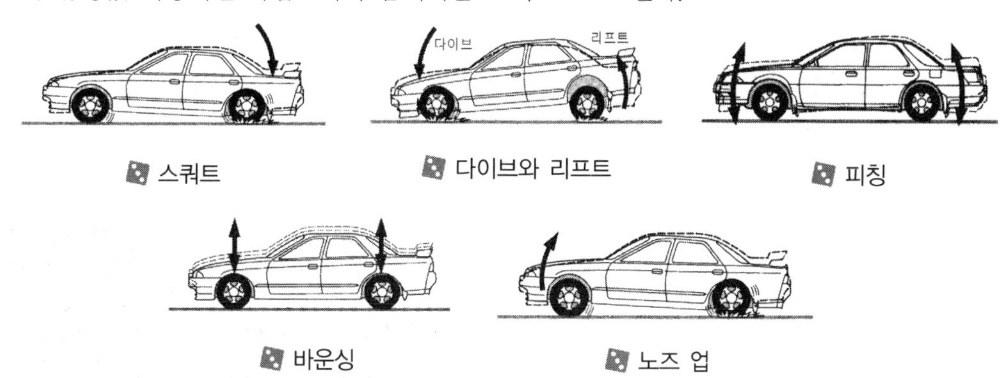

스쿼트 / 다이브와 리프트 / 피칭

바운싱 / 노즈 업

NO.3 전자제어 현가장치(ECS)센서시스템 작동상태 점검방법

1. 전자제어 현가장치(ECS)센서 시스템 스캐너를 이용한 자기진단 방법

1) 작업 전 준비사항

① 모든 현가 구성 부품의 커넥터와 튜브가 정확히 연결 되었는가 점검한다.

② 차량을 평탄한 면에 위치시킨다.

③ 별도의 경우를 제외하고는 모든 커넥터는 연결되어야 한다.

④ ECU의 접지가 정확한가 점검한다.

2) 주의 사항

① 교환 부품을 세부적으로 분해하지 않도록 한다.

② 센서나 전기회로 구성 부품은 분해하지 않도록 한다.

③ 축전지 (+), (-) 단자 기둥의 케이블을 반대로 연결하지 않도록 한다.

④ 축전지 단자 기둥의 케이블을 분리한 뒤 커넥터를 분리하도록 한다.

3) 자기 진단 시험기 설치

① 점화 스위치를 ON으로 하고 하이스캔의 ON/OFF 스위치를 0.5초 동안 누른다.

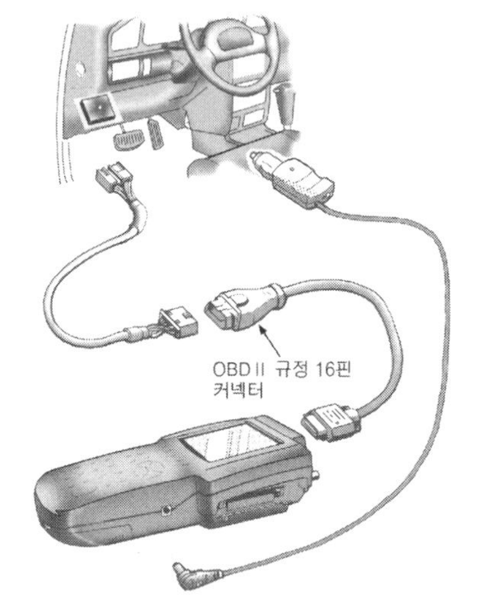

하이스캔 본체 연결

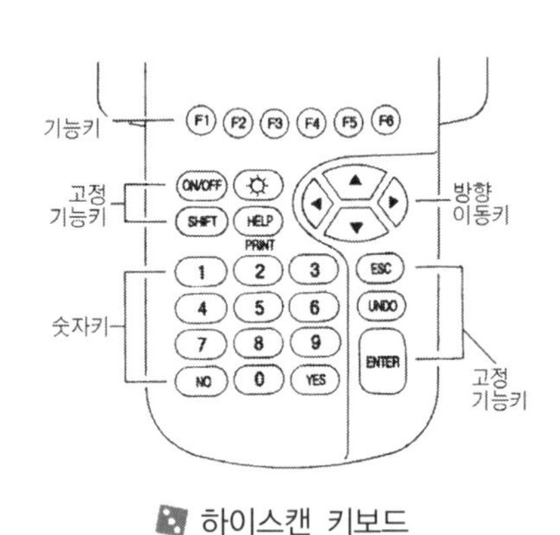

하이스캔 키보드

② 잠시 후 하이스캔 기본 로고와 소프트웨어 카탈로그가 화면에 나타난다.

③ 로고 화면에서 엔터(Enter↵)키를 누른 다음 아래 순서에 맞추어서 측정한다.

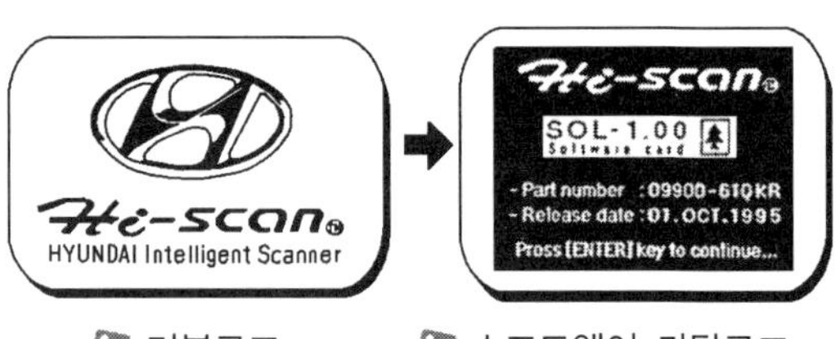

기본로고　　소프트웨어 카탈로그

기능 선택
01. 차종별 진단 기능
02. CARB OBD-II
03. 주행 데이터 검색기능
04. 공구상자
05. 하이스캔 사용환경
10. 응용 진단기능

기능 선택 화면

1. 차종별진단기능
01. 현대 자동차
02. 대우 자동차
03. 기아 자동차
04. 쌍용 자동차

제작사 선택 화면

1. 차종별진단기능

01. 엑센트
02. 엑 셀
03. 스쿠프
04. 아반떼
05. 티뷰론
06. 엘란트라
08. EF 소나타
10. 쏘나타 II

차종 선택화면

1. 차종별진단기능

차 종 : EF 소나타

01. 엔진제어 FBM
02. 엔진제어 DOHC
03. 엔진제어 V-6 DOHC
04. 자동변속
05. 자동제어
06. 에어백
08. 현가장치

점검 항목 선택화면

1. 차종별기능선택

차 종 : EF 소나타
사 양 : V-6 DOHC

01. 자기 진단
02. 센서 출력
03. 주행 검사
04. 액츄에이터 검사
05. 센서출력 & 시뮬레이션
06. 각종 학습치 소거
07. A/T & TCS 학습수정

자기진단 선택 화면

1.1 자기 진단

22. 앞 차고센서 이상

고장 항목 갯수 : 1개

[TIPS] [ERAS]

자기진단후의 화면

④ 불량 화면에서 F1 키를 누르면 커서가 위치한 고장 코드의 정비 지침 내용이 있으며 F2 키를 누르면 기억을 소거할 수 있다.

2. 고장 진단표

고장코드	문 제	원 인
솔레노이드 밸브 이상	앞 또는 리어 솔레노이드 밸브의 HARD/SOFT 스위치 절환용 에어밸브 드라이브 회로의 분리 또는 단락 및 컨트롤 유닛 내의 드라이브 트랜지스터의 회로 단락(경고등이 들어오고 SOFT상태)	• 앞 또는 뒤 솔레노이드 밸브 커넥터가 분리 • HARD/SOFT 스위치 절환용 솔레노이드의 손상 또는 분리 • 커넥터 분리 또는 하니스 단락
차속센서 이상	차속센서 입력회로가 분리 또는 단락되었거나 차속센서의 결함(경고등이 들어옴 HARD 상태)	• 차속센서 내의 단락 또는 분리 • 차속센서 입력회로 하니스의 단락 또는 분리 • 스로틀 포지션 센서 내측 회로의 단락
스티어링 각속도 센서 이상	스티어링 각 속도센서 입력회로가 단락되었거나 분리 또는 스티어링 각 속도 센서의 결함(경고등이 들어오고 HARD상태)	• 스티어링 각 속도센서 커넥터의 분리 • 스티어링 각 속도 센서의 결함 • 스티어링 각 속도센서의 출력회로 하니스의 분리 또는 커넥터의 분리
프론트 차고 센서 이상	앞차고 센서로부터 비정상 상태의 시그널이 입력 또는 컨트롤 유닛 내의 차고 조정 회로의 결함(경고등이 들어오고 HARD상태, 차고 조정 작동이 정지) 【참고】 에어컴프레서의 작동은 가능. 결함여부를 판단하기 위해서 약 32초가 소요	• 앞차고 센서 커넥터의 분리 • 앞차고 센서의 결함 • 앞차고 센서 회로 하니스의 단락 또는 분리 • 커넥터의 분리 • 컨트롤 유닛의 결함

고장코드	문제	원인
리어 차고 센서 이상	뒤차고 센서로부터 비정상상태 시그널이 입력되거나 컨트롤 유닛 내의 차고 조정회로의 결함(경고등이 들어오고 HARD상태, 차고 조정 작동이 정지	• 뒤차고 센서 커넥터의 분리 • 뒤차고 센서의 결함 • 뒤차고 센서 회로 하니스의 단락 또는 분리 • 커넥터의 분리 • 컨트롤 유닛의 결함
ALT "L"단자 이상	이그니션 키가 ON상태에서 올터네이터 L터미널의 출력 전압이 5V이하이며 차속은 약 40km/h이상[충전경고등이 들어오고, 차량이 정지되어 있을 때(약 3km/h의 차속)전자제어 서스펜션 기능이 작동되지 않음	• 올터네이터 L터미널 출력전압이 낮음 • 컨트롤 유닛과 올터네이터 L터미널간의 하니스가 단락
배기 솔레노이드 이상	에어 컴프레서 내의 배기솔레노이드 밸브가 단락 또는 분리되거나 컨트롤 유닛내의 드라이브 트랜지스터의 단락(경고등이 켜지고 SOFT모드 상태이며 차고조정 작동이 정지	• 배기솔레노이드 커넥터의 분리 • 배기솔레노이드 밸브 코일의 단락 또는 분리 • 회로 단락 또는 커넥터 분리 • 컨트롤 유닛의 결함 (출력 트랜지스터의 결함)
컴프레서 릴레이 이상	에어 컴프레서 릴레이 드라이브 회로의 단락 또는 컨트롤 유닛 내의 드라이브 트랜지스터의 단락	• 에어 컴프레서 릴레이의 분리 • 에어 컴프레서 릴레이 코일의 단락 • 회로 하니스의 단락 • 컨트롤 유닛의 결함
급기 솔레노이드 밸브 이상	에어 공급 솔레노이드 밸브 드라이브 회로의 단락 또는 컨트롤 유닛 내의 드라이브 트랜지스터 회로의 단락(경고등이 켜지고 SOFT모드 상태이며 차고조정 작동이 정지)	• 에어 공급 솔레노이드 밸브의 분리 • 에어공급 솔레노이드 밸브 코일의 단락 • 컨트롤 유닛의 결함 • 회로 하니스의 단락
프론트 차고 조정 솔레노이드 밸브 이상	앞 솔레노이드 밸브 차고조정 에어밸브의 회로 단락 또는 컨트롤 유닛 내의 드라이브 트랜지 스터의 단락(경고등이 켜지고 SOFT모드 상태 이며 차고 조정 작동이 정지	• 앞차고 조정 솔레노이드 밸브 코일의 단락 • 회로 하니스의 단락 • 컨트롤 유닛의 결함 (출력 트랜지스터의 결함)
리어 차고 조정 솔레노이드 밸브 이상	뒤 솔레노이드 밸브 차고 조정 에어 밸브의 드라이브 회로의 단락 또는 컨트롤 유닛 내의 드라이브 트랜지스터의 단락(경고등이 켜지고 SOFT 모드 상태이며 차고 조정 작동이 정지)	• 뒤차고 조정 솔레노이드 밸브 코일의 단락 • 회로 하니스의 단락 • 컨트롤 유닛의 결함 (출력 트랜지스터의 결함)
차고 조정 기능 이상	압력스위치가 OFF상태에서 리저버 탱크의 압력이 충분하더라도 3분이 경과하여도 차고 조정이 끝나지 않는다.(경고등이 켜지고 SOFT 모드 상태이며 차고 조정 작동이 정지).	• 과부하 • 앞 또는 뒤차고 센서의 부적절한 조정 • 차고 조정에 에어 압력 라인의 막힘 • 뒤 쇽업소버 에어 스프링 또는 앞 스트러트 유닛의 결함 • 컨트롤 유닛의 결함
리저브 탱크 압력 이상	리저브 탱크 내의 압력이 낮으며(압력 스위치는 ON)3분 경과 후에도 차고 조정이 완료되지 않거나 4분 이상 에어 컴프레서가 계속 작동됨(경고등이 켜지고 SOFT모드 상태이며 차고 조정 작동이 정지)	• 에어 누설 • 에어 컴프레서 비정상적 상태

NO.4 전자제어현가장치(ECS) Nomal시 G센서 출력전압 측정방법

1. 전자제어 현가장치(ECS) NORMAL시 G센서 출력 전압 측정

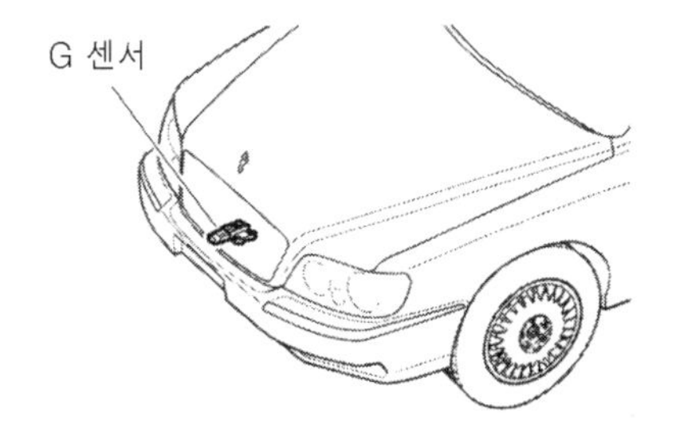

평면을 감지하기 위해서는 최소 3점이 필요하므로 G 센서는 앞쪽에 좌·우에 1개씩 2개가 장착되고, 뒤쪽에 1개가 장착되어 총 3개가 장착되어 있다. ECU는 G 센서의 출력전압을 감지하여 차량의 상, 하 움직임을 판단하게 된다. ECU는 G 센서의 입력 신호를 기준으로 앤티-바운스, 앤티-피치, 앤티-롤 제어시 주신호로 사용한다.

G센서 – 운전석쪽 워셔액 통 아래 프레임

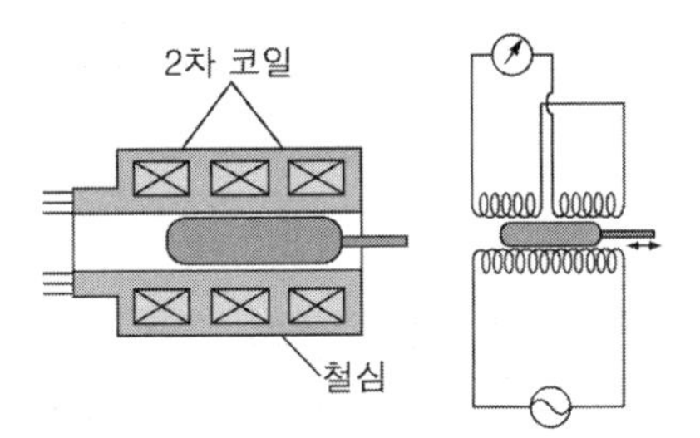

G 센서

① G 센서 제원

항　목	제　원
인가전압	12V
소비전류	MAX.10mA
사용온도	−30℃ ~ 100℃
0G시 출력	2.5V
검출 가속도 범위	−14.7 ~ 14.7m/s²
출력감도	1.0V / 9.8m/s²
중량	약 30g

② ECU 단자전압(커넥터 접속시) 측정

㉠ 차량을 공차상태로 평탄한 곳에 주차한다.

㉡ Hi-SCAN을 연결하고 엔진을 시동시킨다.

㉢ 전압계를 이용하여 key ON 상태에서 단자간 전압을 측정한다.

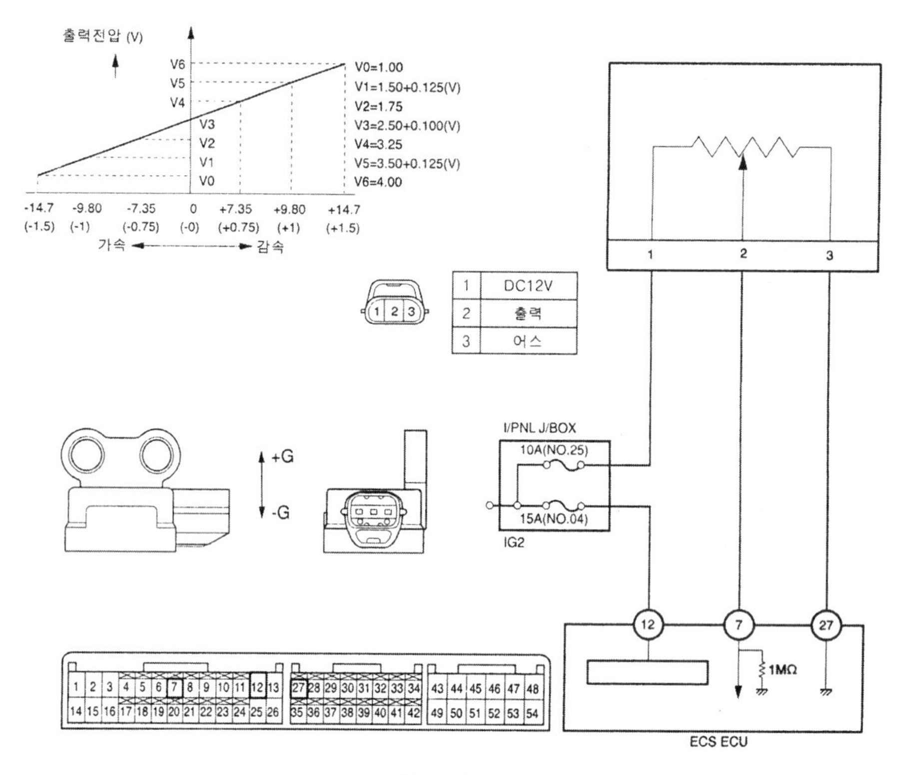

G센서 회로도

단자 NO.	신호명	조 건	단자전압	비 고
12	G센서용 전원	사용단자 전압	8~16V	
7	G센서 출력신호	정차시	2.4~2.6V	
		단선시	V	
27	센서 회로 어스	상 시	0V	

③ 스캐너를 이용한 점검

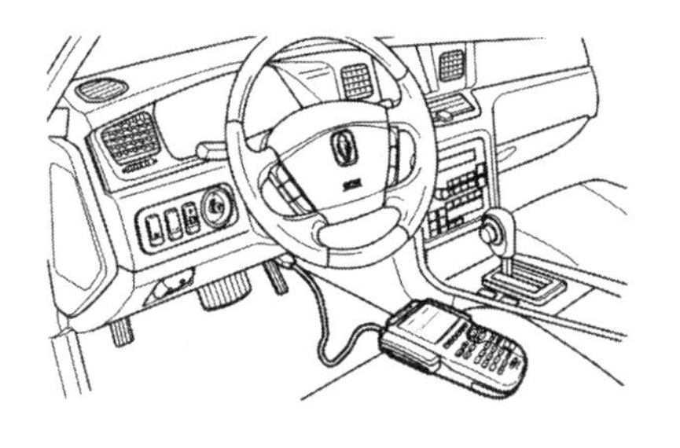

㉠ 차량을 공차상태로 평탄한 곳에 주차한다.

㉡ Hi-SCAN을 연결하고 엔진을 시동시킨다.

㉢ NORMAL 차고시 G 센서 출력 전압이 표준치인지 점검한다.

㉣ G센서 출력전압이 표준치를 벗어나면 G 센서 장착상태는 점검하여 볼트의 헐거워짐, 보디의 변형 등이 있으면 수리한다. 수리 불가시에는 G센서를 교환한다.

코드No.	표시내용	기준치	표 시	비 고
11	G 센서 출력전압	차량수평시 2.5±0.1V	11:G 센서 2.5V	정지시 2.5V, 차량 상하 운동시 1V ~ 4V

① 보디 변형 등에 의한 G 센서 장착면이 경사진 경우에는 출력전압이 표준치 내에 들도록 와셔나 심을 사용하여 조정한다.
② G 센서와 G 센서 브래킷 사이에 절연 부시의 단락, 분실하지 않도록 주의한다.

NO.5 전자제어현가장치(ECS) 차고센서 출력 전압 측정 방법

1. 전자제어 현가장치(ECS) 차고센서 출력값 측정 방법

① 가변 저항식으로 센서 보디와 레버로 구성되어 있다.
② 차량의 프런트 우측 로어 암에 1개가 설치되어 있다.
③ 차고 변화시 레버의 회전량이 센서로 전달되어 액슬과 차체의 위치를 감지한다.

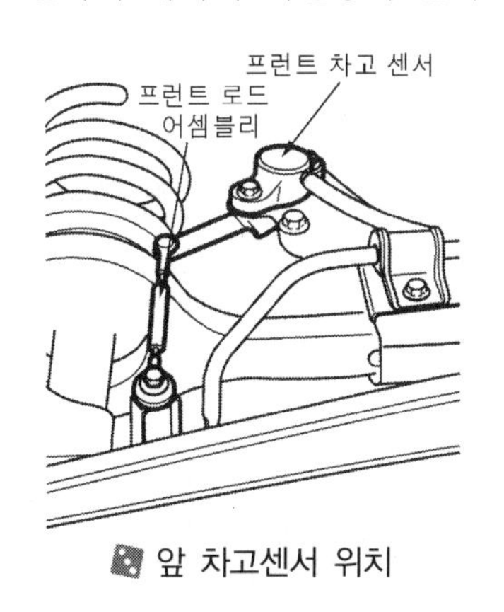

앞 차고센서 위치

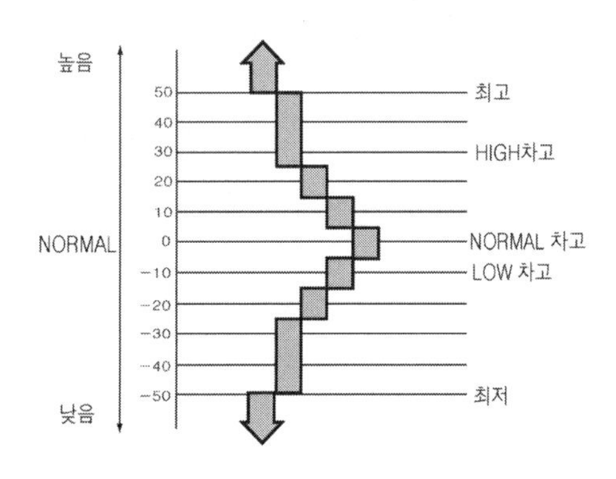

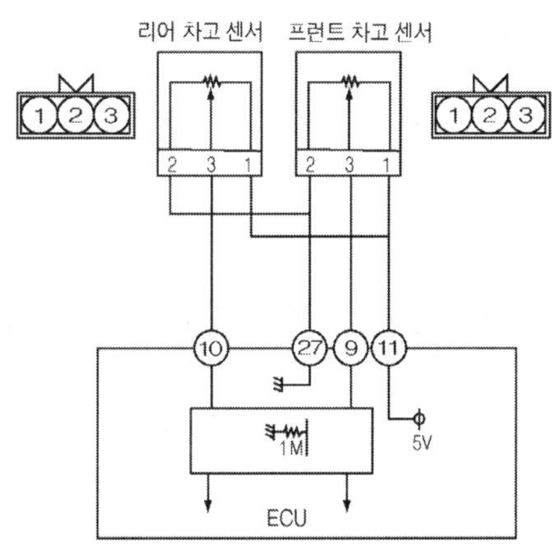

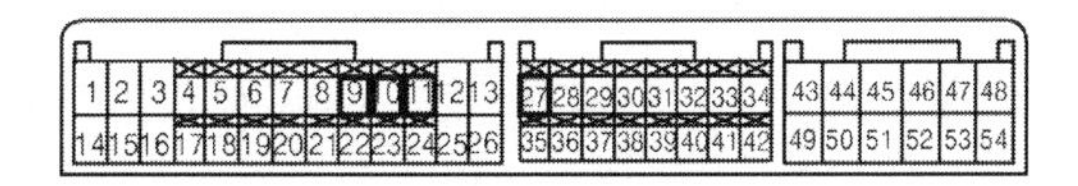

④ ECU 단자전압(커넥터 접속시) 측정

㉠ 차량을 공차상태로 평탄한 곳에 주차한다.

㉡ key ON 상태에서 전압계로 단자간 전압을 측정한다.

단자 NO.	신호명	조　　건	단자전압	비고
11	센서용 전원	ECU 작동시	4~8V	
9	프런트 차고 신호	포트 인터럽터 ON시	0V	
		포트 인터럽터 OFF시	4~8V	
27	센서 회로 어스	상시	0V	

⑤ 스캐너를 이용한 점검

㉠ 차량을 공차상태로 평탄한 곳에 주차한다.

㉡ Hi-SCAN을 연결하고 엔진을 시동시킨다.

코드NO.	표시내용	표　　시				
22	현재의 차고 레벨 (고장시 ERROR)	22 : mV		NORMAL : 2.28V		
		구분	차　고	출력(V)	측정값	비 고
			고 장	0.000~0.200		
		EH	최대 높음	0.200~1.340		
		HH	HIGH 보다 높음	1.340~1.645		
		H	HIGH(목표차고)	1.645~1.795		
		NH	NORMAL보다 높음	1.795~2.185		
		N	NORMAL(목표차고)	2.185~2.380		
		L	LOW(목표차고)	2.380~2.580		
		LL	LOW보다 낮음	2.580~3.330		
		EL	최대 낮음	3.330~4.800		
			고 장	4.800~5.00		

NO.6 전자제어현가장치(ECS) 공차시 뒤 압력센서 출력전압 측정방법

1. 전자제어 현가장치(ECS) 공차시 뒤 압력센서 출력 전압값 측정방법

① 화물의 적재 또는 승차 인원에 의해 차체의 중량이 변화되면 에어 스프링에 가해지는 압력이 변화되며, 리어 압력 센서는 리어 에어 스프링 내의 변화를 감지한다.

② 리어 압력에 따른 제어는 높을 때, 낮을 때 또는 7kgf/cm²이상시 별도로 제어한다(리어 압력에 따른 급배기 제어 참조).

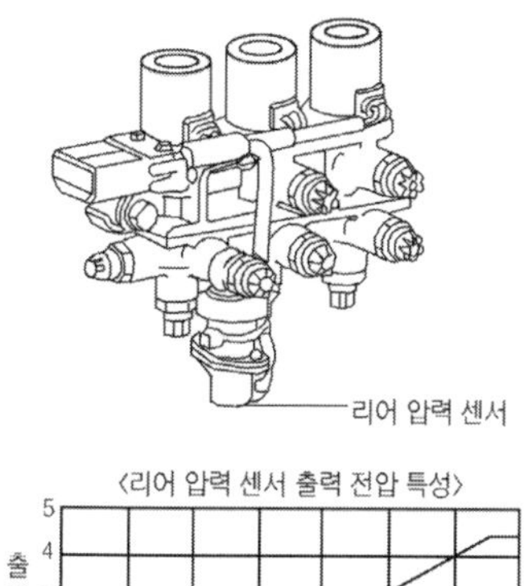

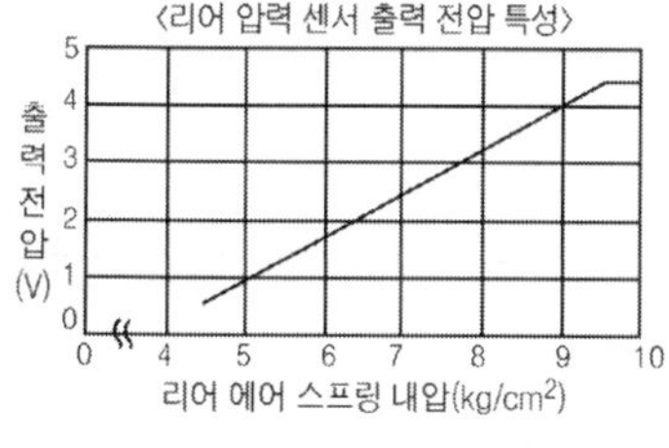

뒤 압력센서 위치

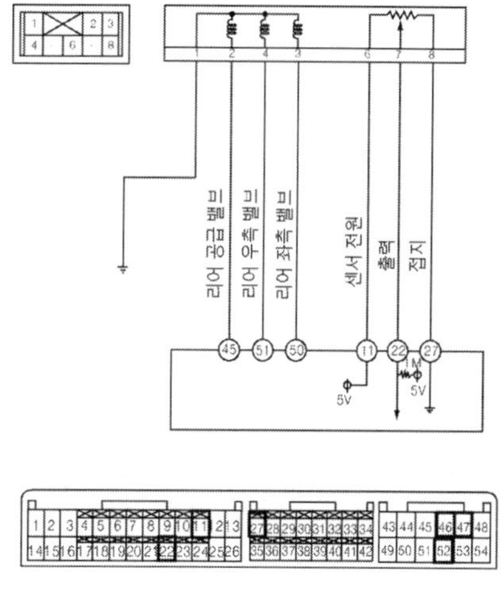

뒤 압력센서 회로도

③ 뒤 압력 센서 ECU 단자전압(커넥터 접속시) 측정

㉠ 차량을 공차상태로 평탄한 곳에 주차한다.

㉡ key ON 상태에서 전압계로 단자간 전압을 측정한다.

단자NO.	신호명	조 건	단자전압	비고
11	센서용 전원	프런트 좌/우측 밸브 ON 시	4~8V	
48	리어 에어 스프링 압력신호	리어 에어 스프링 압력이 낮음 리어 에어 스프링 압력이 낮음	0.5 ↕ 4.5V	
		단선시	4~8V	
27	센서회로 어스	상시	0V	

④ 뒤 압력센서 저항값(커넥터 분리한 상태) 측정

㉠ 차량을 공차상태로 평탄한 곳에 주차한다.

㉡ 커넥터 분리한 상태에서 전압계로 47번과 11번 단자와 접지간 저항값을 측정한다.

㉢ 커넥터 분리한 상태에서 전압계로 22번과 11번 단자와 접지간 저항값을 측정한다. 이때 에어 압력을 가감하여 변화값을 확인한다.

단자 NO.	접속전 또는 측정부품	측정 항목	테스터 접속	점검조건	기 준	비고
11 27	리어 압력 센서 전저항	저항	11-27	–	3.5~7.0Ω	
11 22	리어 압력 센서 출력	저항	22-27	리어 압력 센서로 증가하는 에어 압력 따라 우측의 기준값 내에서 원활하게 변화할 것	0~5Ω	

⑤ 하이스캔을 이용한 서비스 데이터 측정값

㉠ 차량을 공차상태로 평탄한 곳에 주차한다.

㉡ Hi-SCAN을 연결하고 key를 ON 상태로 하고 서비스 데이터 값을 읽는다.

코드NO.	표시내용	표 시	비 고
25	리어 압력 센서 출력 전압	25 : 리어 압력센서 2.25V	2.25V(7.0kgf/cm²) 이상시 리어 제어 정지

NO.7 전자제어 현가장치(ECS) Nomal 차고 측정 방법

1. 전자제어 현가장치(ECS) Nomal시 차고 측정 방법

① 평탄한 장소에 차량을 주차시킨다.

② 공차 상태로 엔진 시동 후 약 4분 정도 경과하면 차고 조정이 완전히 이루어진다.

③ 차축의 중심점과 휠 하우스 아치부분과의 거리를 측정한다.

앞 차고 A	413±5mm
뒤 차고 B	392±5mm

④ 차고의 높이가 정상과 다르면 차고 센서를 다시 조정한다.

⑤ 차고 센서 로드의 길이가 길어지면 차고는 높아진다.

⑥ 차고 조정은 엔진 공회전 상태에서 조정하여야 한다.

⑦ 앞 또는 뒤 한쪽만 조정하더라도 전체 차고의 변화가 올 수 있으므로 앞, 뒤 모두 재점검하여야 한다.

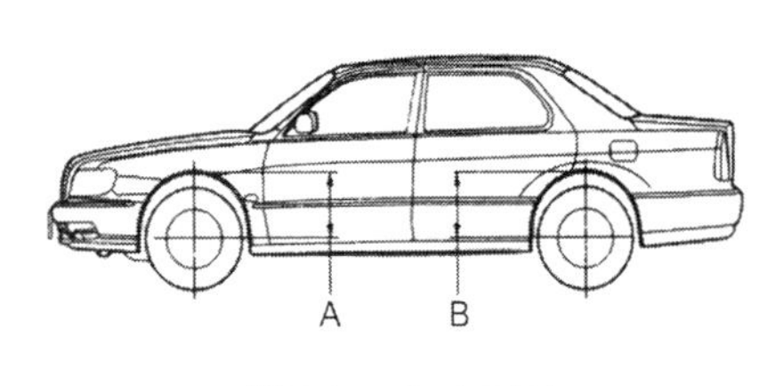

차고 측정 위치

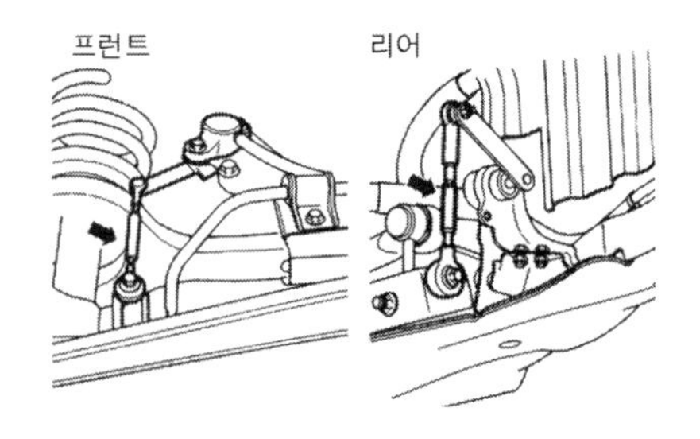

차고조정 위치

조향장치의 점검 정비

10

학습목표

1. 조향장치의 구조와 기능에 대하여 알아본다.
2. 조향장치의 떼어내기와 장착, 조립 방법에 대하여 알아본다.
3. 조향장치의 점검 및 정비방법에 대하여 알아본다.

NO.1 조향장치(Steering System)의 기능, 설치위치 및 고장진단

1. 조향장치(Steering System)의 기능

조향 장치는 자동차의 진행 방향을 운전자가 의도하는 바에 따라 조향 핸들을 돌려 앞바퀴의 방향을 임의로 바꾸는 장치이며, 조향 핸들을 조작하면 조향 기어에 그 회전력이 전달되고 조향기어는 이 회전력을 다시 감속하여 앞바퀴에 전달하므로 방향 전환이 이루어진다.

실내에서의 조향핸들

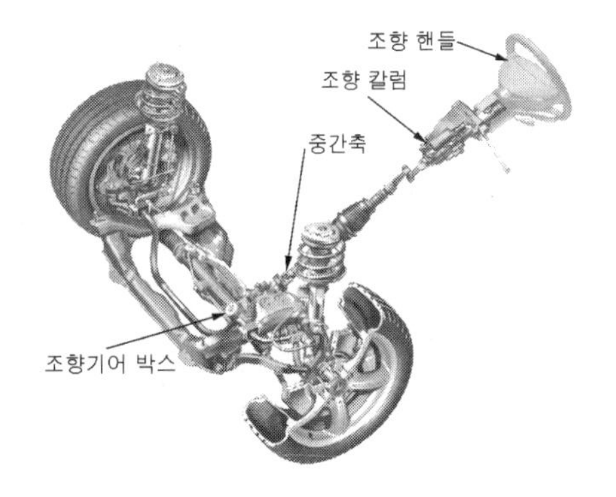

조향장치의 구성

2. 조향장치 고장진단

현 상	가능한 원인	정 비
스티어링 휠의 유격이 과다하다.	요크 플러그가 풀림	재조임
	스티어링 기어 장착 볼트의 풀림	재조임
	타이로드 엔드의 스터드 마모, 풀림	재조임 혹은 필요시 교환

현 상	가능한 원인	정 비
스티어링 휠의 작동이 무겁다.	V－벨트가 미끄러짐	점검
	V－벨트의 손상	교환
	오일수준이 낮음	오일을 채움
	오일 내에 공기가 유입됨	공기빼기 작업을 실시
	호스가 뒤틀리거나 손상됨	배관 수리 혹은 교환
	오일펌프의 압력부족	수리 혹은 오일 펌프 교환
	컨트롤 밸브의 고착	교환
	오일 펌프에서 오일이 누설됨	손상품 교환
	기어박스의 랙 및 피니언에서 과도한 오일이 누설됨	손상품 교환
	기어박스 혹은 밸브가 휘거나 손상됨	교환
스티어링 휠이 적절히 복원되지 않는다.	타이로드 볼 조인트의 회전저항이 과도함	교환
	요크 플러그의 과도한 조임	조정
	내측 타이로드 및 볼 조인트 불량	교환
	기어박스와 크로스 멤버의 체결이 풀림	조임
	스티어링 샤프트 및 보디 그로메트의 마모	수리 혹은 교환
	랙이 휨	교환
	피니언 베어링이 손상됨	교환
	호스가 비틀거리거나 손상됨	재배선 혹은 교환
	오일 압력 조절밸브가 손상됨	교환
	오일펌프 입력 샤프트 베어링의 손상	교환
소음	스티어링 기어에서는 "쉿" 하는 소음이 난다. 모든 파워 스티어링 계통에는 몇 가지 소음이 있다. 그중 가장 일반적인 소음은 차량이 정지한 상태에서 스티어링 휠을 회전시킬 때 나는 "쉿"하는 소음이다. 이 소음은 브레이크를 밟은 상태로 회전시킬 때 가장 크게 난다. 이 소음과 스티어링 성능과는 관계가 없으므로 소리가 아주 심하지 않을 때는 교환하지 않는다.	
랙과 피니언에서 덜거덕 거리거나 삐거덕 거리는 소음이 난다.	차체보디와 호스가 간섭됨	재배선함
	기어박스 브래킷이 풀림	재조임
	타이로드 엔드 볼 조인트의 풀림	재조임
	타이로드 엔드 볼 조인트의 마모	교환
오일펌프에서 비정상적인 소음이 난다.	오일이 부족함	오일 보충
	오일내 공기가 유입됨	오일빼기 작업
	펌프 장착볼트가 풀림	재조임
스티어링 휠 유격이 과다하다. (이그니션 키를 ON시켰을 때 솔레노이드에 전류가 흐르지 않는다.)	스티어링 기어 및 링키지 결함	솔레노이드 밸브 통전성 점검
		솔레노이드 또는 PCV 작동 결함
	하니스 또는 퓨즈 단선	퓨즈 점검, 오일을 채움
		컨트롤 유닛 커넥터 탈거 및 솔레노이드 하니스의 통전성 점검, 공기 빼기 작업을 실시
	컨트롤 유닛 결함	이그니션 키를 순간적으로 ACC 또는 LOCK로 돌리고 자기진단 기능이 작동되면 점검
		각 하니스의 통전성 및 컨트롤 유닛 파워 회로의 이상을 점검
중속 및 고속 주행시에 스티어링이 가볍다.	컨트롤 유닛 결함	테스터를 사용하여 조향력을 점검한다.
		차량속도의 변화에 관한 솔레노이드 전류를 점검한다.
	스티어링 기어 및 링키지 결함	솔레노이드 또는 PCV 작동 점검

NO.2 조향장치(Steering System)의 관계지식

1. 조향장치(Steering System)가 갖추어야할 조건

① 조향 조작이 주행 중 충격에 영향을 받지 않아야 한다.
② 조작하기 쉽고 방향 변환이 원활하게 이루어져야 한다.
③ 회전 반지름이 작아서 좁은 곳에서도 방향 변환을 할 수 있어야 한다.
④ 섀시 및 차체 각부에 무리한 힘이 작용되지 않아야 한다.
⑤ 고속 주행에서도 조향 핸들이 안정되어야 한다.
⑥ 조향 핸들의 회전과 바퀴 선회의 차이가 작아야 한다.
⑦ 수명이 길고 다루기나 정비가 쉬워야 한다.

2. 조향장치(Steering System)의 구조

① **조향 휠(조향 핸들 : Steering Wheel)** : 허브, 스포크, 림으로 구성되어 운전자의 조작력을 조향축에 전달하는 역할을 하며, 허브는 조향축과 세레이션에 의해 결합되어 있다.

② **조향축(Steering Shaft)** : 조향 축은 조향 칼럼 속에 들어 있으며, 조향핸들의 회전을 조향 기어의 웜(worm)으로 전달한다. 웜과 스플라인을 통하여 자재이음으로 연결되며 설치 각은 45~60°로 직접 연결 또는 플렉시블 조인트 연결 방식으로 설치되어 있다. 충돌사고가 발생하였을 때 운전자의 부상을 가볍게 하기 위한 충격흡수 안전장치를 두고 있다.

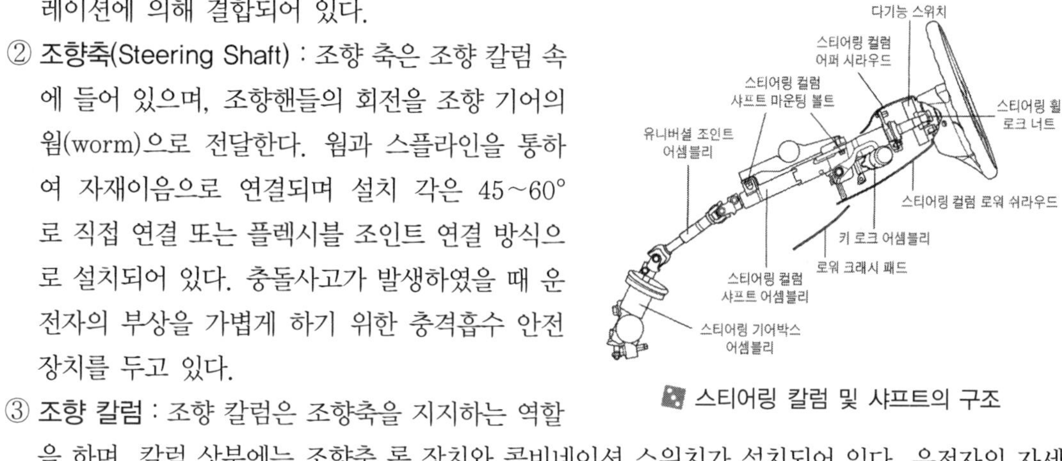

스티어링 칼럼 및 샤프트의 구조

③ **조향 칼럼** : 조향 칼럼은 조향축을 지지하는 역할을 하며, 칼럼 상부에는 조향축 록 장치와 콤비네이션 스위치가 설치되어 있다. 운전자의 자세를 조정할 수 있도록 조향 휠의 각도를 변화시키는 틸트 조향장치가 설치된 경우도 있다. 텔레스코프 기능을 첨가한경우도 있다. 가변 스티어링 휠의 일종으로서 스티어링 샤프트를 2중으로 하여 축방향으로 슬라이드시켜, 길이를 망원경과 같이 신축할 수 있는 형식을 말한다.

조향핸들 경사각도 조절장치(Tilting Handle)

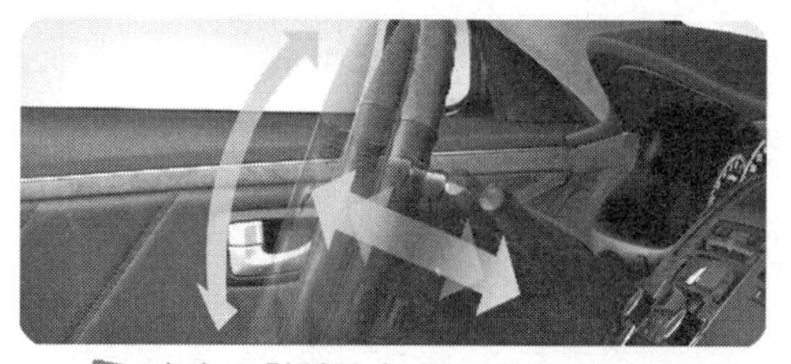

가변 조향핸들 (Telescopic Handle)

④ 조향 기어(Steering Gear) : 조향 기어 상자는 조향 핸들의 운동 방향을 바꾸고, 조향력을 증대시켜 피트먼 암에 전달하는 일을 하며 그 종류에는 웜 섹터형, 웜 섹터 롤러형, 볼 너트형, 웜 핀형, 스크류 너트형, 스크류 볼형, 래크과 피니언형, 볼 너트 웜 핀형 등이 있다. 그리고 조향 기어 상자의 구비조건은 다음과 같다.

㉠ 선회시 반력을 이길 수 있어야 한다.

㉡ 선회시 조향핸들의 회전각과 선회 반지름과의 관계를 느낄 수 있어야 한다.

㉢ 복원 성능이 있어야 한다.

㉣ 앞바퀴가 받는 충격을 느낄 수 있어야 한다.

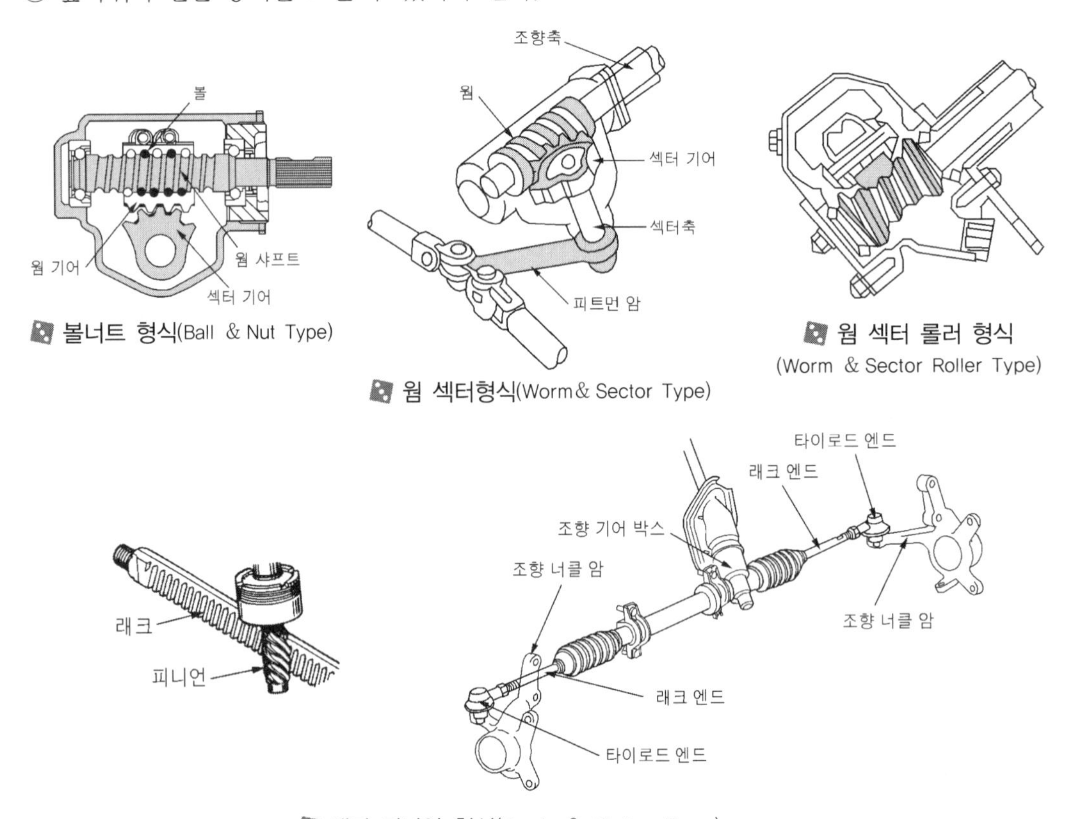

볼너트 형식(Ball & Nut Type)

웜 섹터형식(Worm& Sector Type)

웜 섹터 롤러 형식 (Worm & Sector Roller Type)

랙과 피니언 형식(Rack & Pinion Type)

3. 동력 조향장치(Power Steering System)의 개요

동력 조향 장치는 가볍고 원활한 조향 조작을 위하여 유압을 이용한 것으로서, 작동부, 제어부, 동력부의 세 부분으로 구성되어 있으며, 동력 실린더와 제어 밸브의 형상과 배치에 따라 일체형과 링키지형으로 나누며 다음과 같은 장점을 가지고 있다.

1) 장 점

① 적은 힘으로 조향 조작을 할 수 있다.

② 조향 기어비를 조작력에 관계없이 선정할 수 있다.

③ 노면의 충격을 흡수하여 조향핸들에 전달되는 것을 방지한다.

④ 앞바퀴의 시미 현상을 감쇄하는 효과가 있다.

⑤ 조향력이 경쾌하고 신속하다.

2) 단 점

① 구조가 복잡하고 가격이 비싸다.

② 고장발생 시 정비가 어렵다.

③ 오일 펌프 등에서 엔진의 출력을 소모하여 출력 손실이 발생한다.

4. 전자 제어식 동력 조향장치(Electronic Power Steering System)의 개요

일반적으로 자동차에 사용되는 조향 장치는 고속으로 주행할수록 조향 핸들의 조작력이 가벼워지며 특히 동력 조향 장치에서는 고속 운전에서 조향핸들이 너무 가볍게 되어 위험을 초래하는 경우가 있다. 따라서 이러한 위험으로부터 안전한 주행을 할 수 있도록 최근에는 기관의 회전수에 따라서 조향력을 변화시키는 회전수 감응식과 자동차의 주행속도에 따라 변화시키는 차속 감응식의 동력 조향 장치가 사용되고 있으며, 일반적으로 차속 감응식이 주로 사용되고 있다. 장점은 다음과 같다.

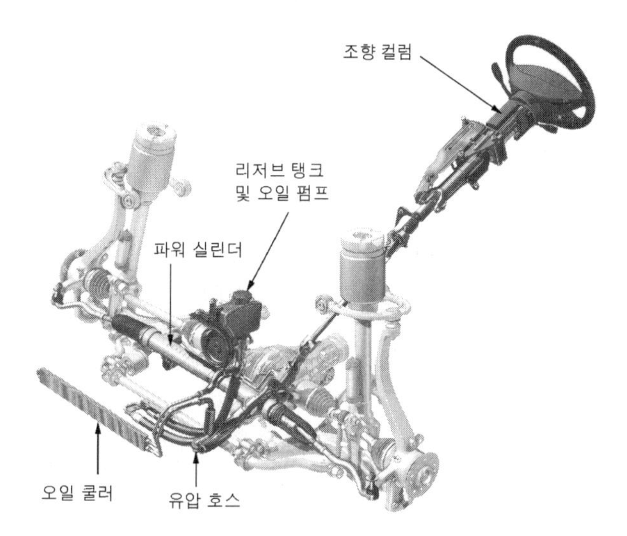

동력 조향장치(Power Steering)

① 차량 정지시와 저속에서의 조향이 보다 경쾌하게 된다.

② 차속에 따라서 스티어링 휠의 감각을 적절히 컨트롤할 수 있다.

③ 중고속시에는 스티어링 휠의 감각이 조향각에 대해 직선적으로 증가하기 때문에, 안정된 조향감을 얻을 수 있다.

④ 중고속시 스티어링 휠의 중립 부근에서는 반력 플런저의 작용에 의해 감각이 증가하고, 안정감을 얻을 수 있다.

⑤ 중고속으로 악로를 주행했을 때는 종래의 파워 스티어링과 마찬가지로 노면에서 큰 압력이 있어도 조향력에 대해 출력 유압이 높아지기 때문에 조향이 불가능해지는 일은 없다.

⑥ 컨트롤 유니트나 센서 등 전기계통에 고장이 나더라도 보통의 파워 스티어링 차량과 동일한 조향 특성을 얻을 수 있는 페일 세이프 기능을 추가했다. 일부 차종에는 시스템의 점검 및 고장진단을 용이하게 하기 위해 다이아그노시스 기능도 적용하고 있다.

NO.3 스티어링 컬럼&샤프트의 탈·부착 방법

1. 스티어링 컬럼 & 샤프트(Steering Column & Shaft)의 탈·부착방법

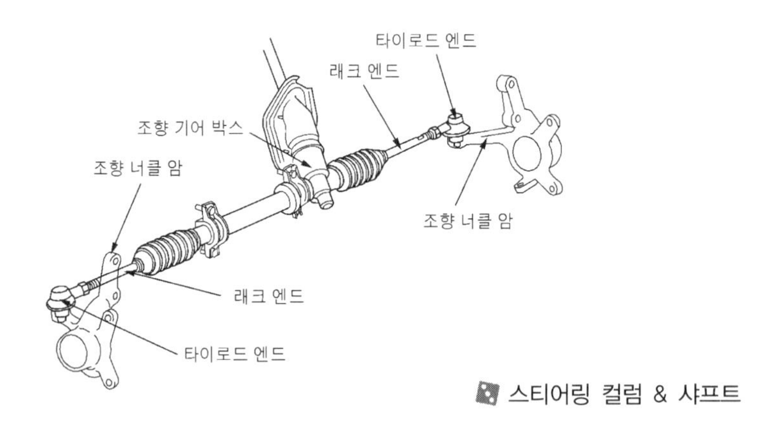

스티어링 컬럼 & 샤프트

1) 탈착 순서

① 배터리 ⊖터미널을 탈거한다.
② 스티어링 휠에서 에어백 모듈을 탈거한다.
③ 스티어링 휠 로크 너트를 탈거한다.

배터리 케이블 탈거 / 에어백 모듈 탈거 / 휠 로크 너트 탈거

④ 스티어링 샤프트와 휠의 일치 마크를 표시한 후 특수 공구를 이용하여 스티어링 휠을 탈거한다.
⑤ 스티어링 칼럼 시라우드를 탈거한다.
⑥ 에어백 클럭 스프링 및 다기능 스위치에 부착된 커넥터를 탈거한다.

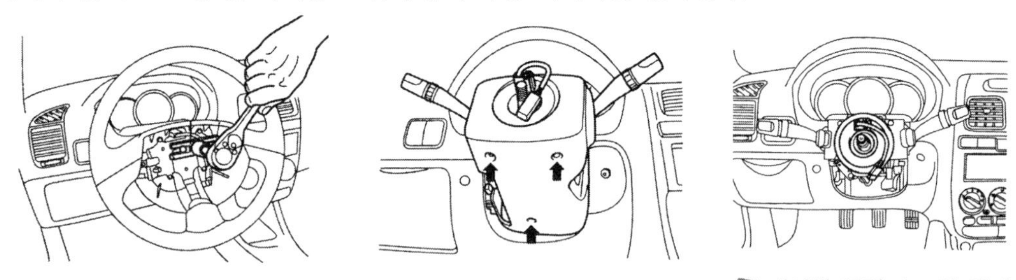

스티어링 휠 탈거 / 칼럼 시라우드 탈거 / 에어백 클럭 스프링 탈거

⑦ 스티어링 샤프트에서 콤비네이션 스위치 어셈블리를 탈거한다.
⑧ 로워 크래시 패드를 탈거한다.
⑨ 스티어링 칼럼 샤프트 고정 볼트를 탈거한다.

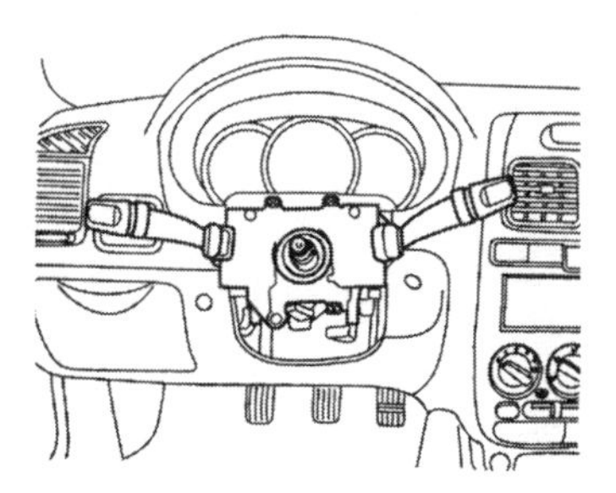
콤비네이션 스위치 어셈블리 탈거

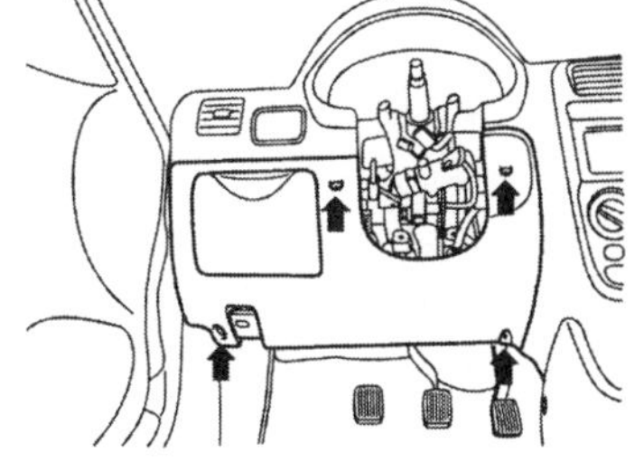
로워 크래시 패드 탈거

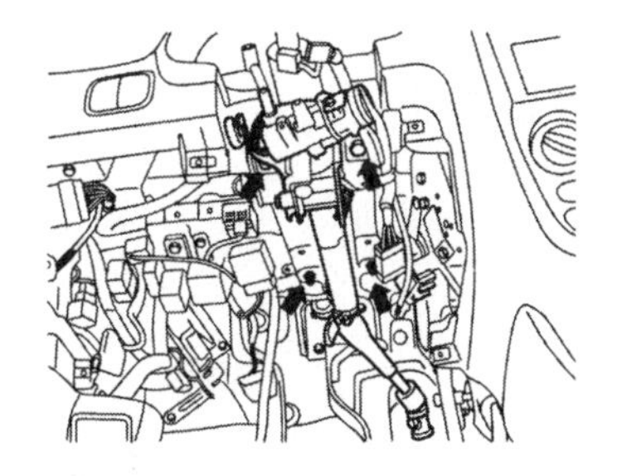
스티어링 칼럼 샤프트 고정 볼트 탈거

⑩ 유니버설 조인트와 기어 박스 연결 부분에 로크 볼트 1개를 탈거한다.
⑪ 스티어링 칼럼 샤프트 어셈블리를 탈거한다.

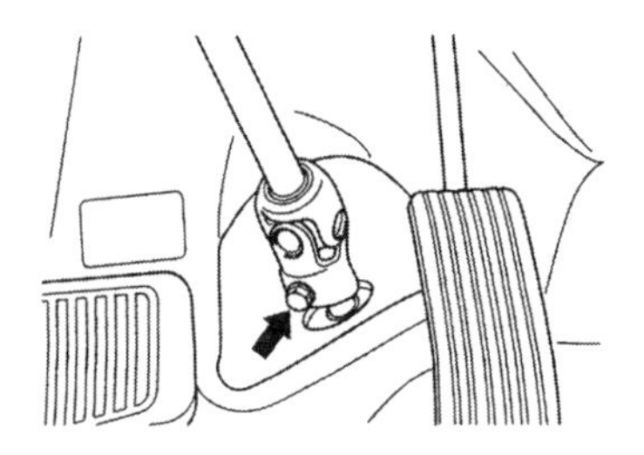
로크 볼트 탈거

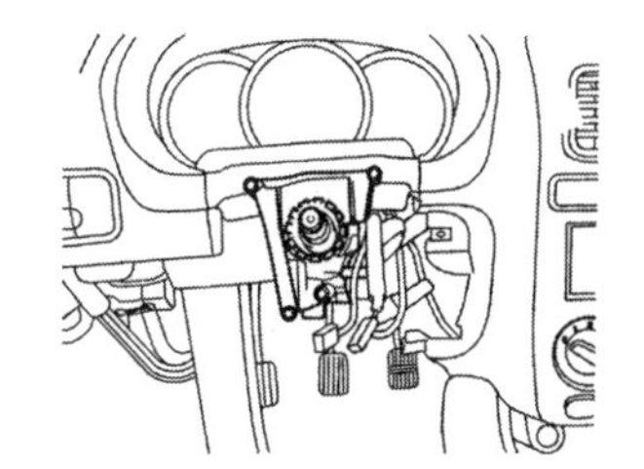
칼럼 샤프트 어셈블리 탈거

2) 칼럼 샤프트 어셈블리 점검

① 스티어링 칼럼 샤프트의 손상 및 변형을 점검한다.
② 연결부의 유격과 손상 및 작동이 원활한가를 점검한다.
③ 볼 조인트 베어링의 마모와 손상을 점검한다.

3) 스티어링 칼럼 샤프트 어셈블리의 장착

스티어링 칼럼 샤프트의 장착은 탈거 순서의 역순으로 한다.

NO.4 스티어링 기어박스(Steering Gear Box)의 탈·부착 방법

1. 스티어링 기어박스 탈·부착방법(랙과 피니언식– 크레도스)

1) 탈착 순서

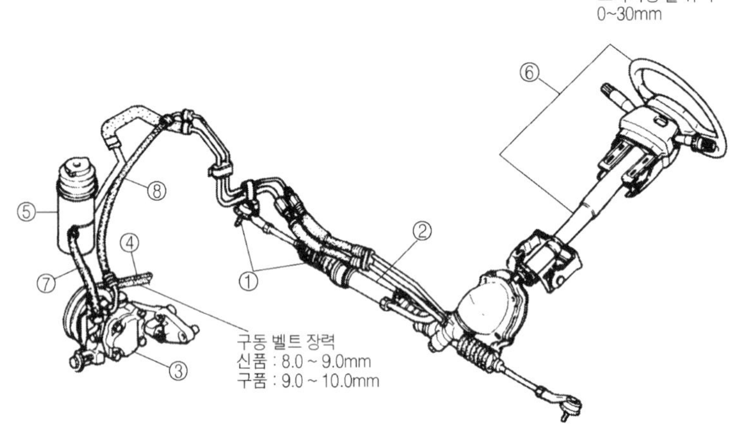

랙과 피니언 형식의 동력 조향장치

① 동력조향 장치의 오일을 배출시킨다.

② 압력호스와 튜브를 분리한다.

③ 자재이음 연결 볼트를 분리한다.

④ 타이로드 엔드 풀리를 이용하여 타이로드 엔드를 조향 너클 암에서 분리한다.

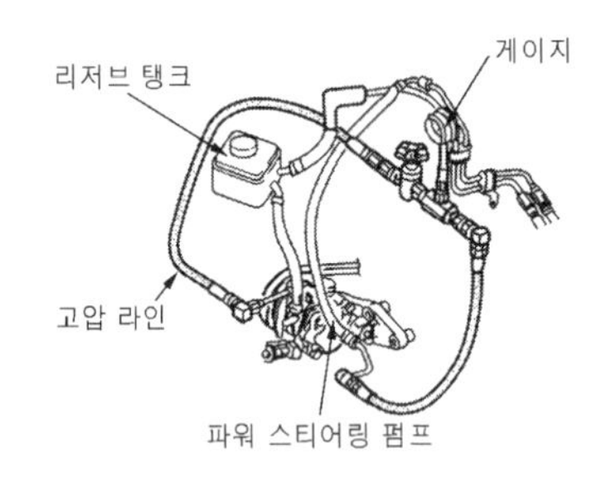

유압호스 라인

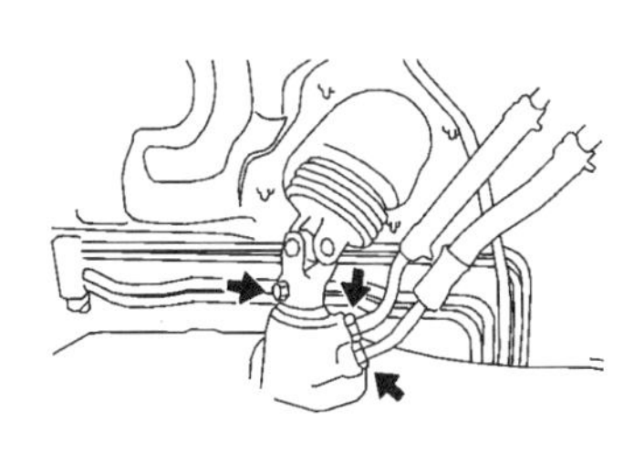

유압 호스 및 자재이음 연결 볼트 분리

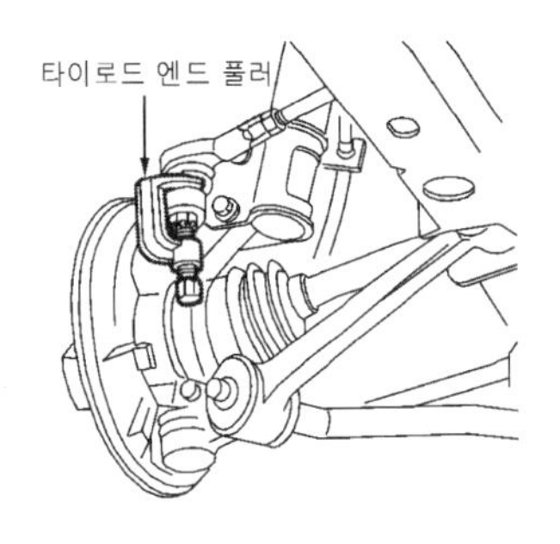

타이로드 엔드 풀러 설치

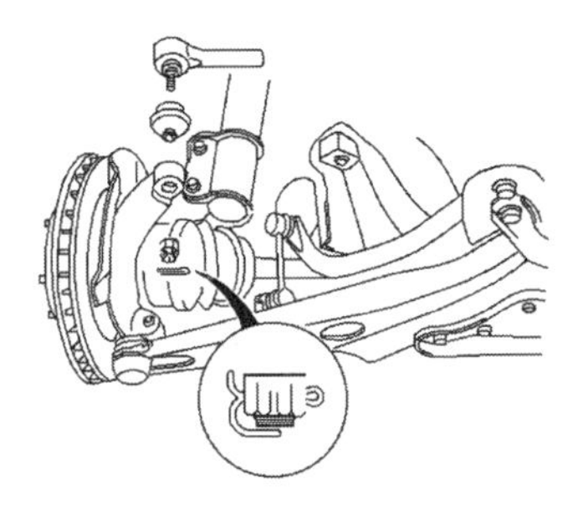

타이로드 엔드 분해도

⑤ 프런트 롤 스톱퍼와 함께 센터 멤버를 분리한다.

⑥ 소음기를 일시적으로 분리한다.

⑦ 스테이터를 분리하고 왼쪽 로어 암을 분리한다.

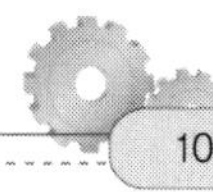

⑧ 스태빌라이저 바를 분리한다.

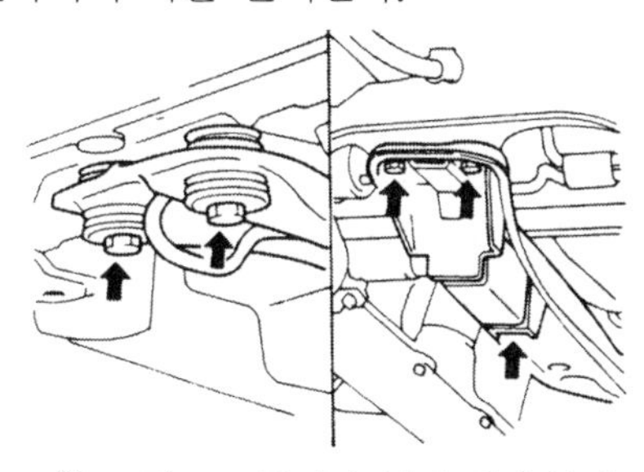

프런트 스톱퍼와 센터 멤버 분리

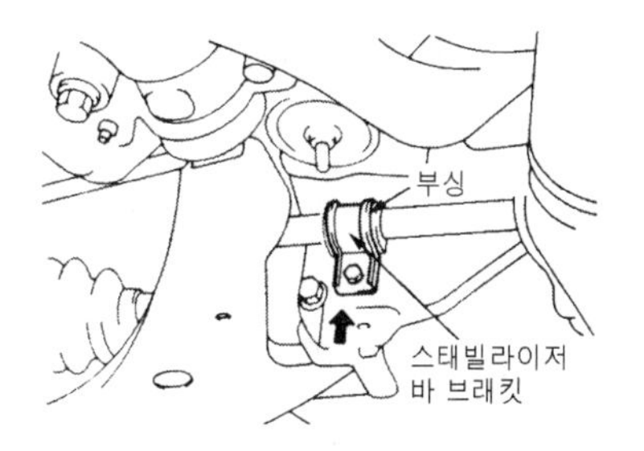

스태빌라이저 바 분리

⑨ 조향기어 박스 마운팅 브래킷을 분리한다. 마운팅 고무와 함께 조향기어 박스를 분리한다.
이때 래크를 오른쪽으로 이동시킨 후 기어박스를 크로스 멤버에서 왼쪽으로 분리한다. 그리고 기어박스를 분리할 때 부트가 손상되지 않도록 조심스럽게 천천히 빼낸다.

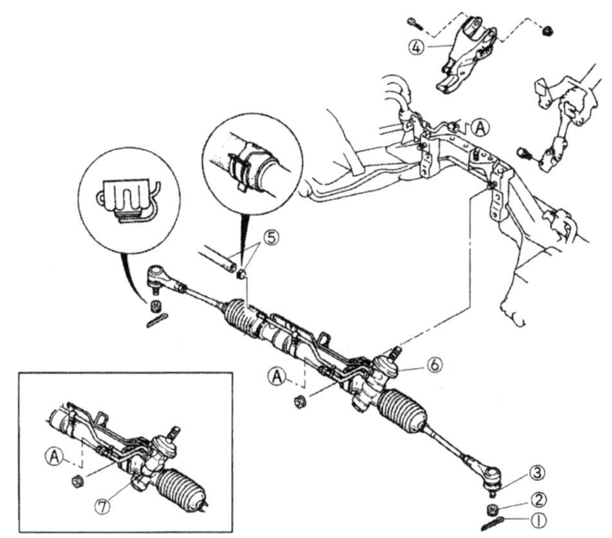

1. 코터 핀
2. 너트
3. 타이로드 및 볼 조인트
4. 엔진 마운트
5. 리턴 호스
6. 스티어링 기어 및 링키지
7. SSPS 솔레노이드 밸브

※ SSPS(Speed sensitive power steering): 속도감응식 파워 스티어링

2. 스티어링 기어박스 탈·부착방법(랙과 피니언식- 그랜저XG, 옵티마, EF쏘나타)

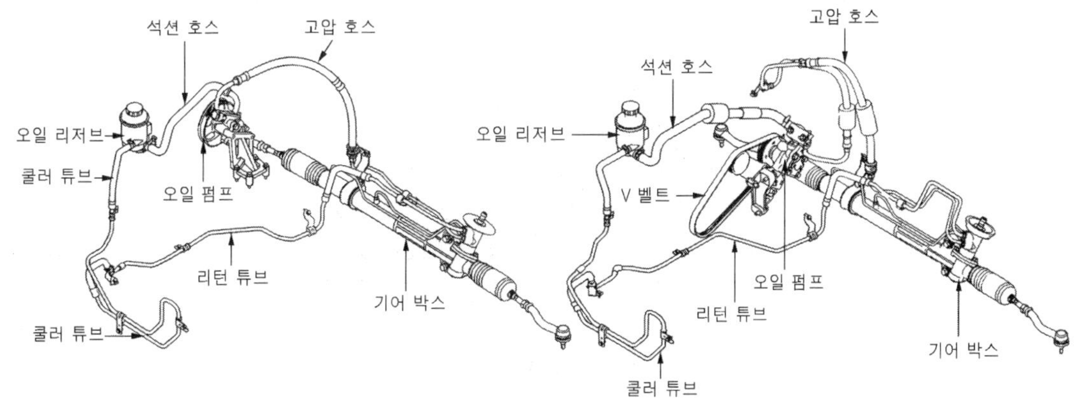

조향장치의 구성부품(그랜저 XG)

1) 탈착 순서

① 파워 스티어링 오일을 배출시킨다.

② 압력 호스 및 리턴 튜브를 분리시킨다.

③ 조인트 어셈블리 연결 볼트를 탈거한다.

④ 특수 공구(엔드 풀러)를 사용하여 타이로드 엔드를 너클 암에서 분리한다.

⑤ 프런트 머플러를 분리한다.

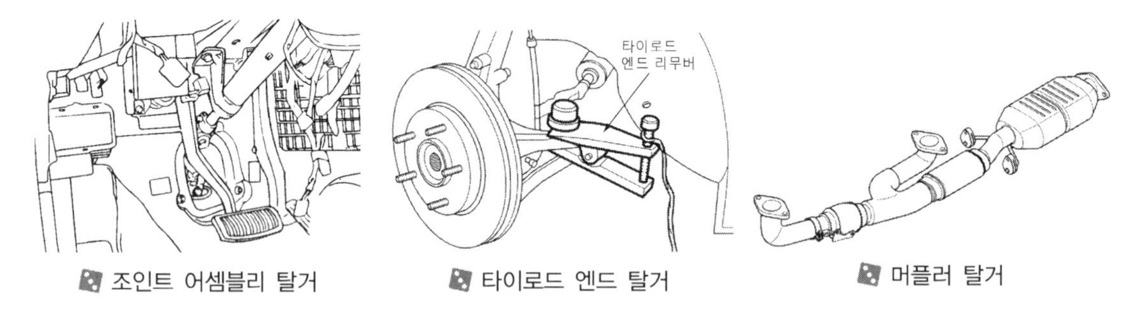

조인트 어셈블리 탈거 | 타이로드 엔드 탈거 | 머플러 탈거

⑥ 프런트 및 리어 롤 스토퍼의 연결 볼트를 탈거한다.

⑦ 크로스멤버의 마운팅 볼트를 풀어 크로스 멤버 어셈블리를 탈거한다.

⑧ 프레셔 호스 및 리턴 튜브를 탈거한다.

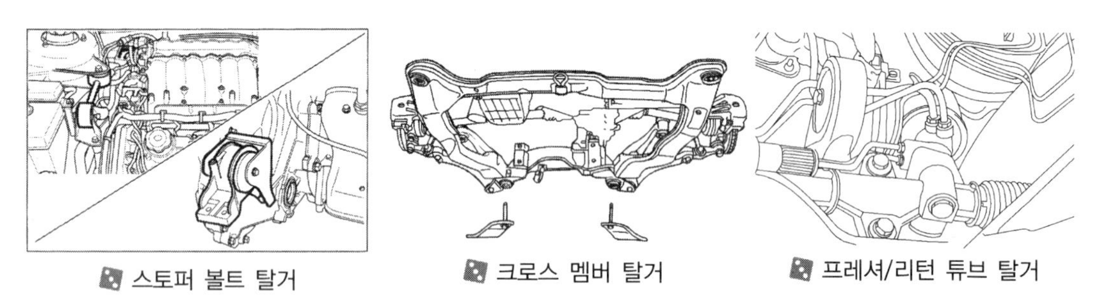

스토퍼 볼트 탈거 | 크로스 멤버 탈거 | 프레셔/리턴 튜브 탈거

⑨ 스티어링 기어박스의 마운팅 볼트를 풀고, 스티어링 기어박스와 마운팅 러버를 탈거한다.

- 기어박스 탈거시 부트가 손상되지 않도록 조심스럽게 천천히 빼낸다.

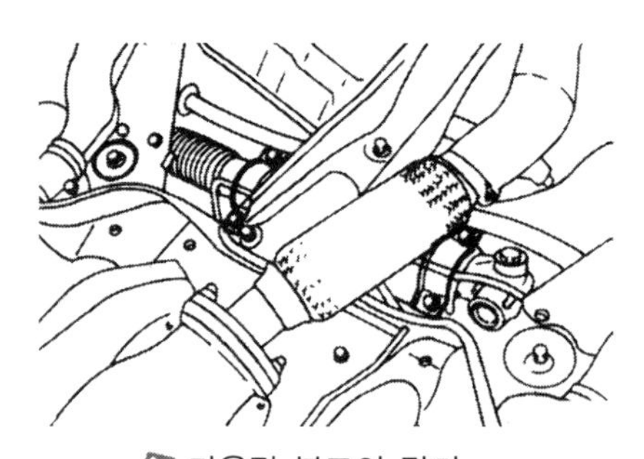

마운팅 볼트의 탈거

3. 스티어링 기어박스 탈·부착방법(볼너트 형식 – 테라칸)

1) 탈착 순서

① 스티어링 기어박스 탈거하기 전, 차량 장착 상태에서 스티어링 기어박스의 외관을 깨끗이 세척 후 완전히 건조된 상태에서 육안 및 현상액 도포하여 핸들을 좌, 우 회전하면서 작동유의 누유 및 이상 유무를 확인한다.

㉮ 인풋 샤프트 오일 실 부분 누유 확인
㉯ 기어박스와 밸브 하우징 조립부분 누유 확인
㉰ 기어박스와 사이드 커버 조립부분 누유 확인
㉱ 기어박스의 볼 코킹부분 누유 확인
㉲ 기어박스 하단 Y-패킹부분 누유 확인
㉳ 압력호스 및 리턴호스 조립부분 누유 확인
㉴ 기타 부위 이상 유무 확인

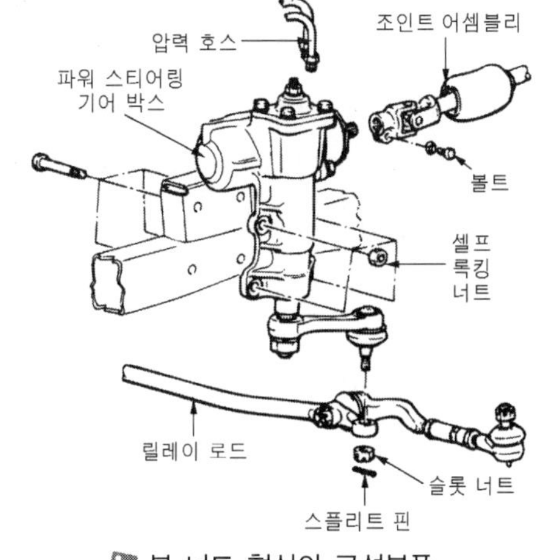

볼 너트 형식의 구성부품

② 스티어링 기어박스 탈거 전, 타이어 압력, 휠 밸런스 등 점검 후 스티어링 펌프 작동, 미작동 상태에서 핸들을 좌, 우로 부드럽게 회전하여 걸림 현상, 좌우 회전력 차이 등을 확인한다. 이상이 있을시 차량을 리프팅한 상태에서 재점검한다.

③ 상기 ①, ②항을 점검 및 확인 후 이상이 있을 경우, 탈거 및 분해 요령에 준하여 작업하며 점검 사항 확인 후 교환 가능 부품에 대하여 교체한다.

④ 파워 스티어링 오일을 배출한다.

- 파워 스티어링 오일은 리턴 호스측을 통하여 제거한다. 오일제거시에는 엔진 시동을 끈 상태에서 핸들을 좌, 우 끝단까지 반복 회전하여 제거한다.

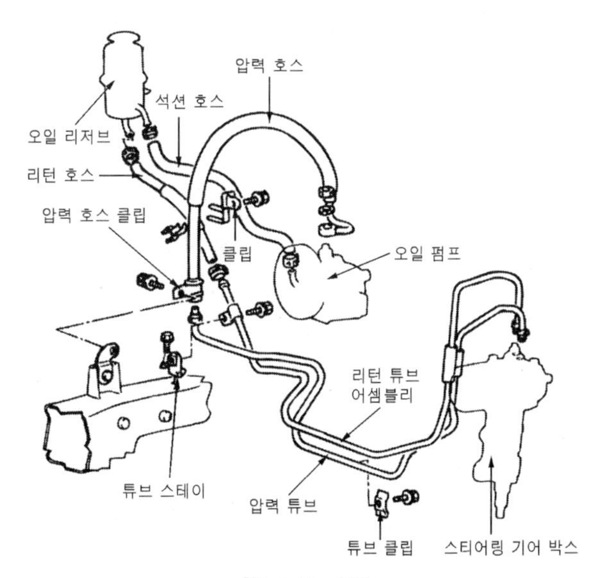

오일 라인

⑤ 파워 스티어링 압력/리턴 호스를 분리한다.

• 오일의 누유나 불순물 또는 다른 이물질의 유입을 방지하기 위해 각각의 호스 끝을 천으로 막는다.

⑥ 스티어링 기어박스에서 유니버설 조인트 어셈블리를 분리한다.

⑦ 릴레이 로드에서 피트만 암을 분리한다.

⑧ 기어박스 고정 볼트 4개를 제거한 후 파워 스티어링 기어박스를 탈거한다.

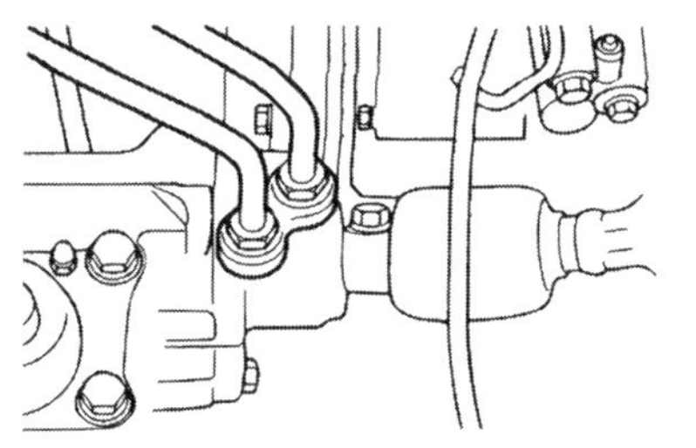

압력/ 리턴 호스 분리

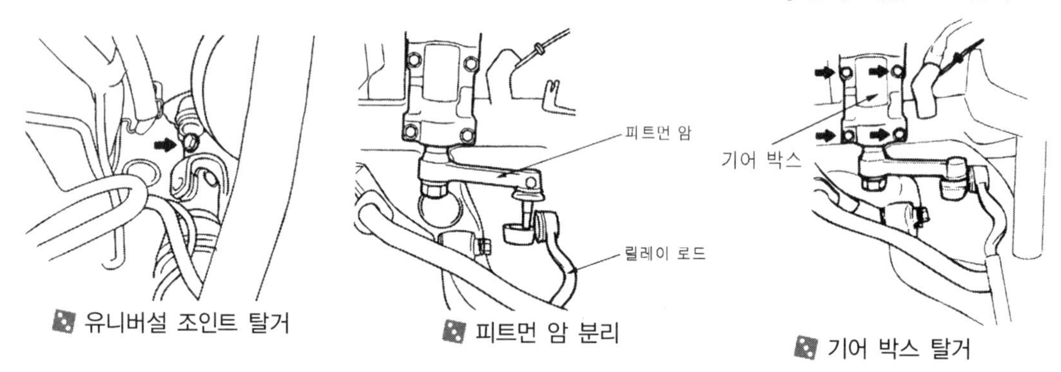

유니버설 조인트 탈거 / 피트먼 암 분리 / 기어 박스 탈거

4. 스티어링 기어박스 탈·부착방법(랙과 피니언식 –매그너스)

1) 탈착 순서

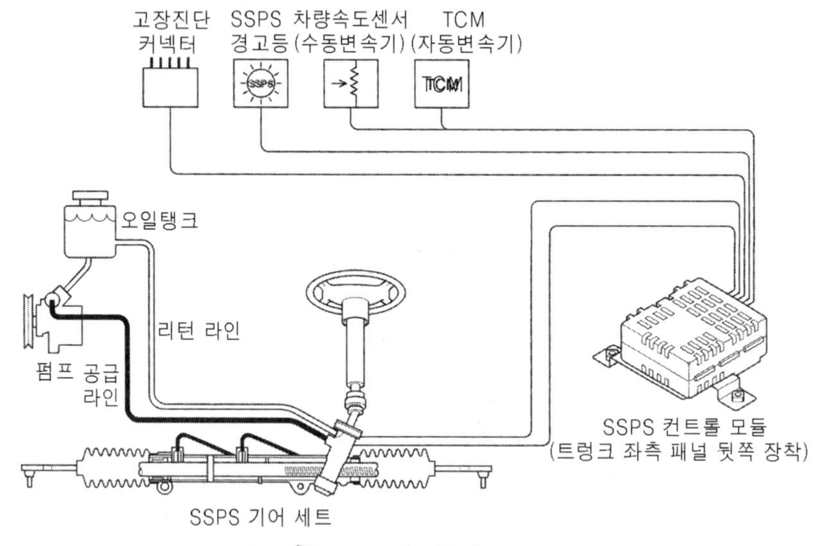

SSPS 시스템 개요도

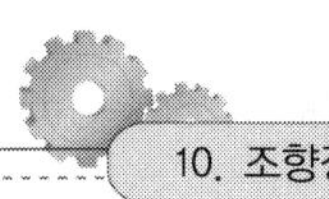

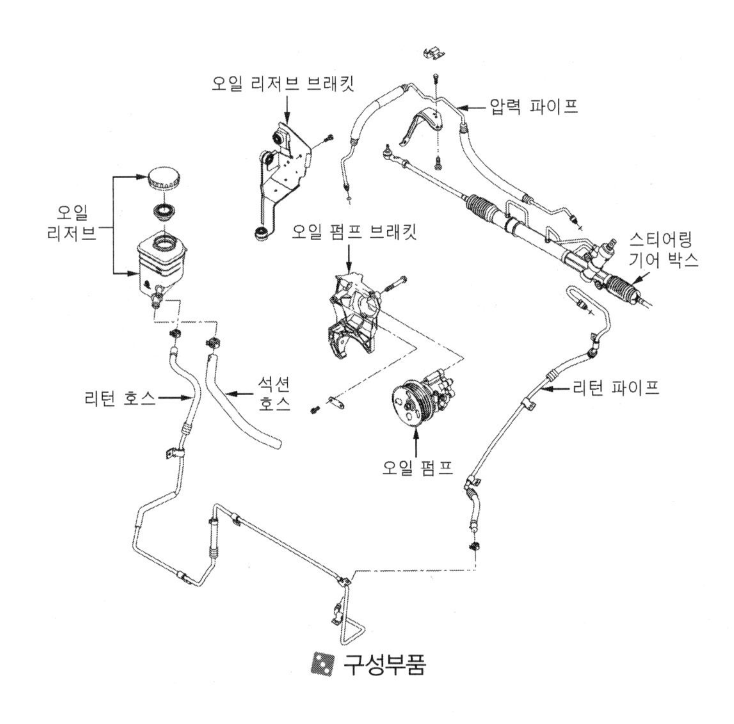

구성부품

① 동력조향 장치의 오일을 배출시킨다.

② 파워스티어링 공급/ 리턴 파이프 유니언 너트를 푼다.

③ 스티어링 인텀 샤프트 설치 볼트를 풀고 인텀 샤프트를 분리한다.

• 인텀 샤프트를 분리하기 전에 스티어링 휠의 직진방향을 위해서 스티어링 기어세트 하우징과 인텀 샤프트에 표시를 해둔다.

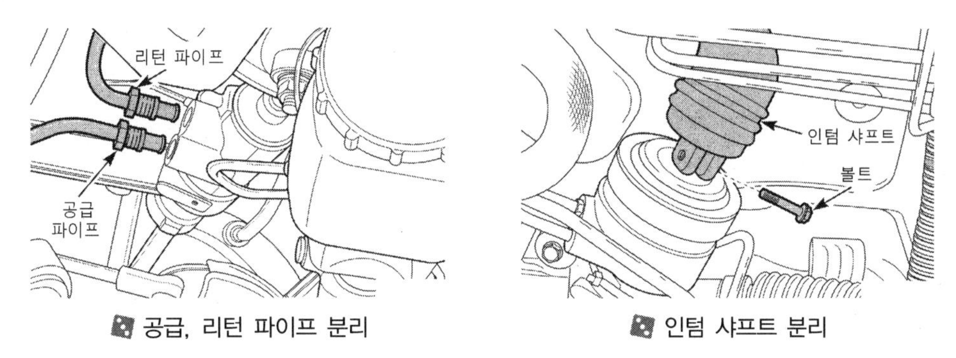

공급, 리턴 파이프 분리

인텀 샤프트 분리

④ 타이어를 탈거한다.

⑤ 타이로드 엔드 리무버를 이용하여 타이로드 엔드를 분리한다.

• 토인 점검 없이 장착 작업을 용이하게 하기 위해 타이로드 로크 너트와 타이로드에 정렬 표시를 한다.

⑥ 기어 시프트 컨트롤 브래킷을 분리한다. (수동 변속기)

타이로드 엔드 탈거

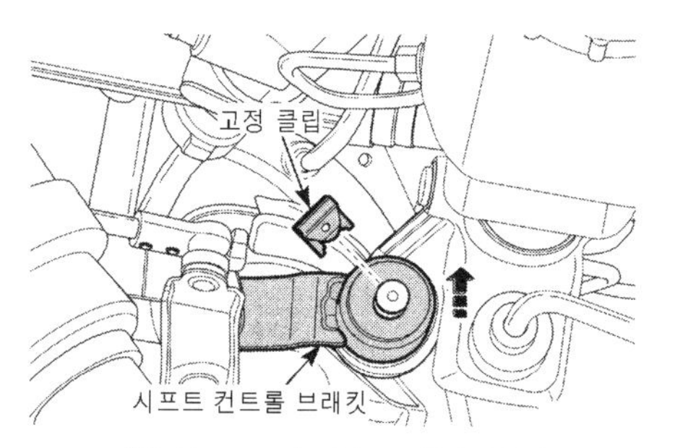

시프트 컨트롤 브래킷 분리

⑦ 센터 멤버를 탈거한다.

㉠ 언더 커버를 탈거한다.

㉡ 파워 스티어링 파이프 고정 볼트(2개)를 분리한다.

㉢ 센터 멤버 프런트 댐핑 블록/ 리어 댐핑 블록 볼트를 분리한다.

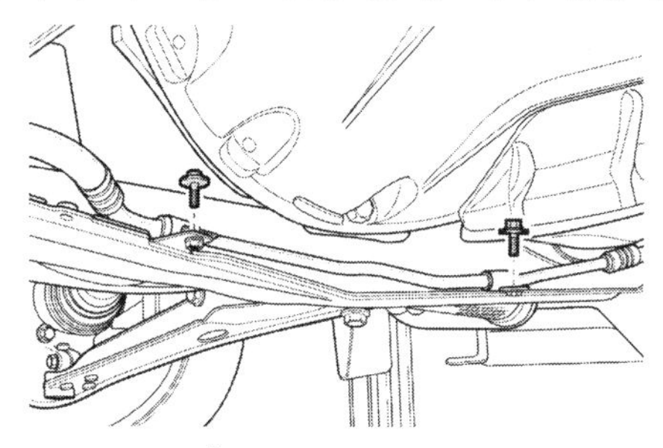

고정 볼트 분리

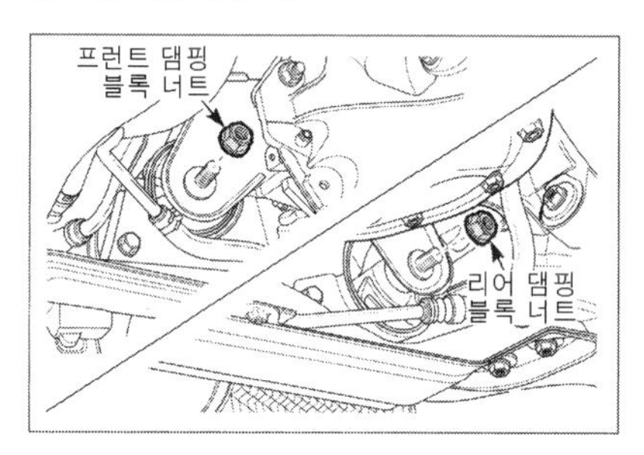

댐핑 블록 너트 분리

㉣ 센터 멤버를 탈거한다.

- 센터 멤버 볼트를 분리시 엔진이 아래로 처지므로 안전을 위해 반드시 잭으로 엔진을 지지한다.

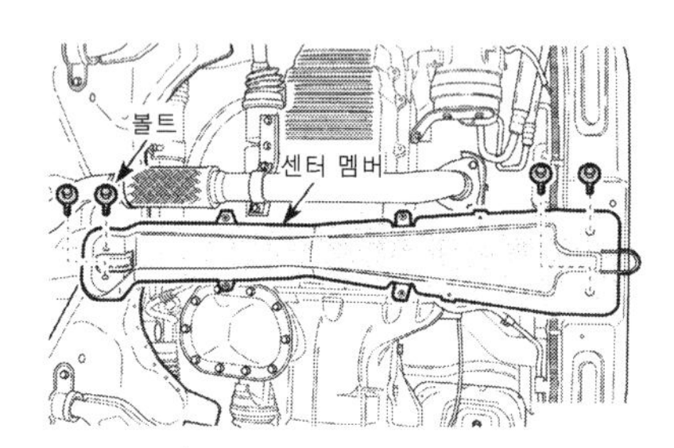

센터 멤버 탈거

⑧ 프런트 배기 파이프를 탈거한다.

⑨ 로어 컨트롤 암 볼 조인틀 분리 한다.

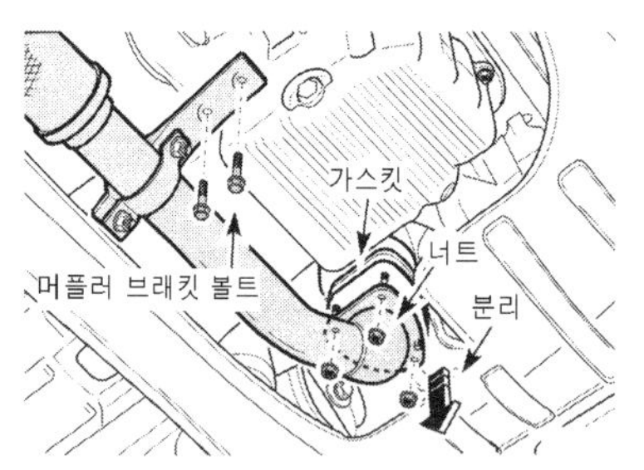

배기 파이프 분리

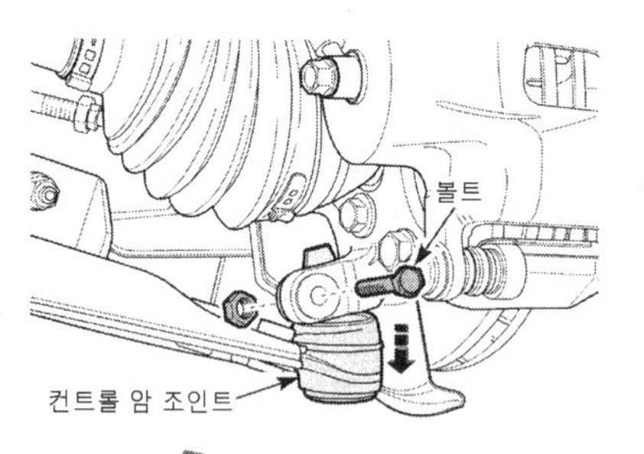

볼 조인트 분리

⑩ 크로스 멤버 설치 볼트를 분리한다.
⑪ 크로스 멤버를 탈거한다.

• 안전 고방지를 위하여 크로스 멤버 탈거 전에 반드시 잭으로 지지하여 작업한다.

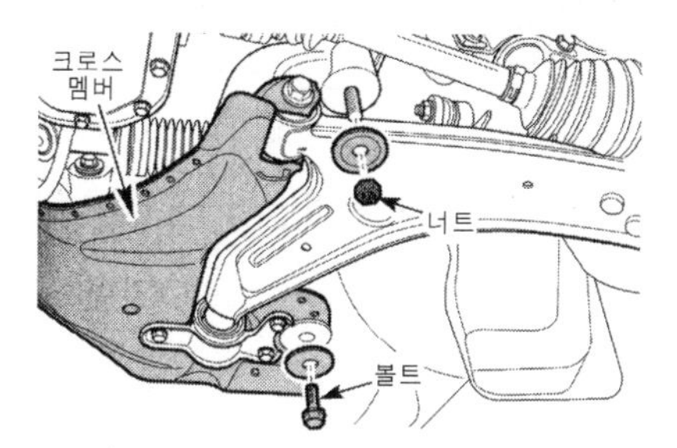

크로스 멤버 설치 볼트 분리

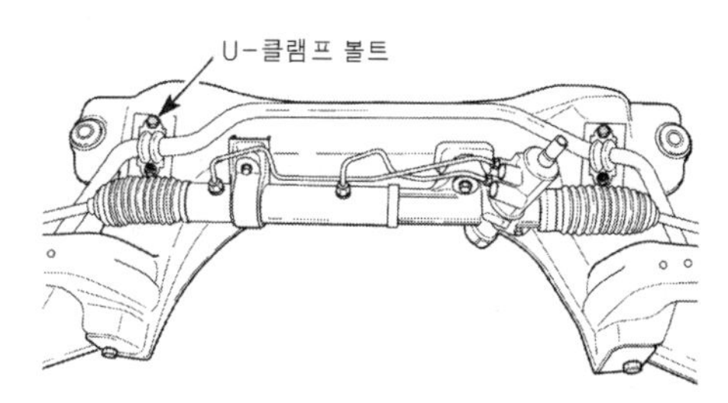

크로스 멤버 탈거

⑫ 파워 스티어링 기어 세트를 탈거한다.
㉠ U- 클램프와 고무 부싱을 함께 탈거한다.
㉡ 파워 스티어링 기어 설치 볼트를 분리한 후 파워 스티어링 기어 세트를 탈거한다.

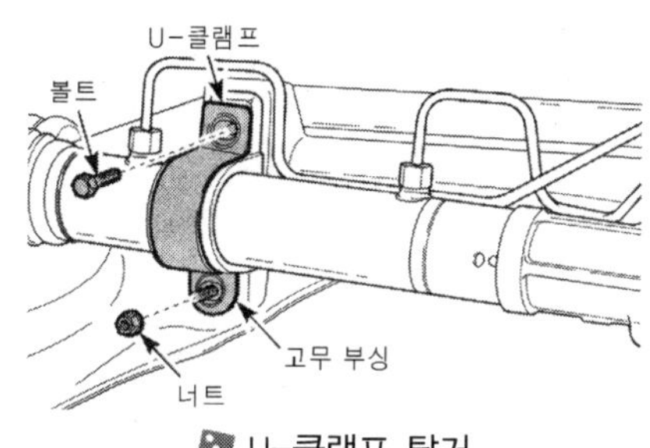

U-클램프 탈거

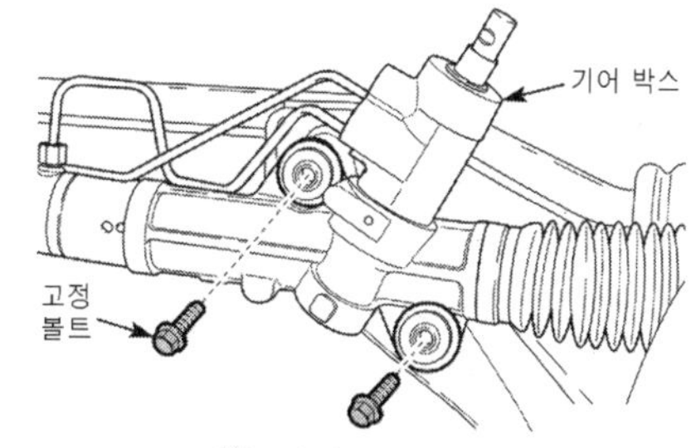

설치 볼트 분리

2) 조립 순서(공통)

모든 조립은 분해의 역순으로 한다.

NO.5 동력조향장치(Power Steering)의 공기 빼기 작업 방법

1. 동력 조향장치의 공기빼기 작업 방법

① 파워 스티어링 기어 박스 조립 후 이와 관련된 부품의 연결 및 장착 상태를 확인한다.
② 스티어링 휠을 좌우 끝까지 여러 번 돌린 다음 오일 탱크에 MAX 까지 오일을 보충한다.
③ 크랭킹만 되고 시동이 되지 않도록 한다.
㉠ 점화 코일 커넥터 분리
㉡ 배전기/점화코일에서 고압 케이블 분리

ⓒ CAS/ #TDC 센서 커넥터 분리
ⓔ ECU로 가는 퓨즈 분리 - 권장

① 시동 상태에서 에어빼기 작업을 실시하면 공기가 분해되어 오일이 흡수 되므로 크랭킹을 하면서 공기 빼기 작업을 하여야 한다.
② 크랭킹 상태를 만들 때 1차/ 2차 전압을 차단하고 크랭킹 하면 연료는 분사되므로 많은 시간 작동시 연료가 촉매 컨버터에 쌓여 시동걸 때 연소로 인하여 촉매 컨버터가 고장날 수 있으므로 ECU로 가는 퓨즈를 분리하는 것이 가장 좋다.

④ 크랭킹을 시키면서 스티어링 휠을 좌우로 끝까지 멈추지 말고 돌리면서 리저버 탱크에서 공기 방울이 없어질 때 까지 반복한다.(약 5~6회)
⑤ 오일 수준을 재점검한다.

① 공기빼기 중에 오일 수준이 MIN 아래 부분으로 떨어지지 않도록 주의한다.

⑥ 시동을 걸고 오일 탱크에서 공기 방울이 없어질 때까지 스티어링 휠을 좌우로 끝까지 계속하여 돌린다.
⑦ 스티어링 휠을 좌우로 돌렸을 때 오일 수준이 약간 변하는지 점검한다.

① 오일 수준이 5mm 이상 차이가 나거나, 엔진 정지 후 갑자기 오일 수준이 증가하면 공기 빼기 작업을 재실시 한다.
② 공기 빼기 작업을 완전하게 하지 않으면 소음 발생 및 스티어링 펌프의 수명이 단축된다.

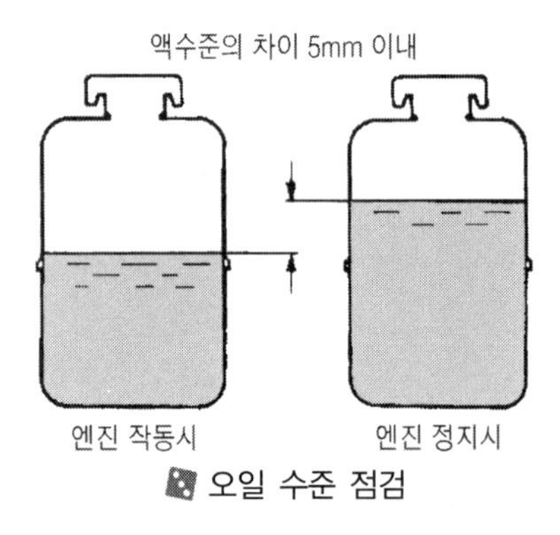

오일 수준 점검

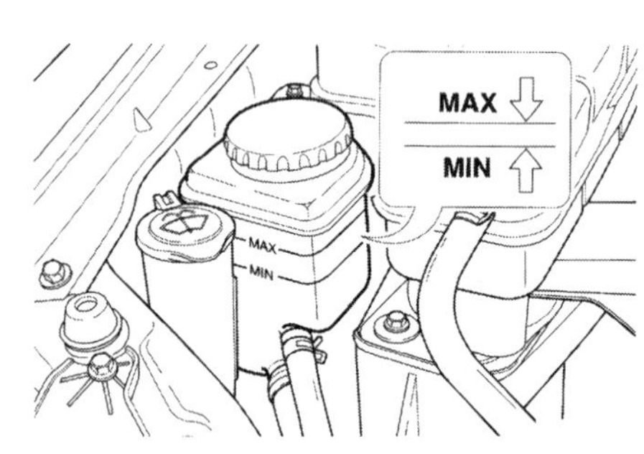

리저버 탱크 오일량 확인

NO.6 동력 조향장치(Power Steering) 오일펌프 탈·부착 방법

1. 동력조향장치 오일펌프 탈·부착 방법(엘란트라, 쏘나타Ⅲ)

1) 탈착 순서

오일펌프 설치 위치

오일펌프 풀리

① 오일펌프에서 유압호스를 분리한다.
② 흡입 커넥터에서 흡입호스를 분리하고 오일을 적당한 용기에 배출시킨다.
③ 오일펌프 설치 볼트를 풀고 구동벨트를 분리한다.

파워 펌프 및 벨트 위치

조정볼트 풀음

파워 벨트 탈거

파워벨트 조립

④ 오일펌프 브래킷 설치볼트를 풀고 유압스위치 커넥터를 분리한다.

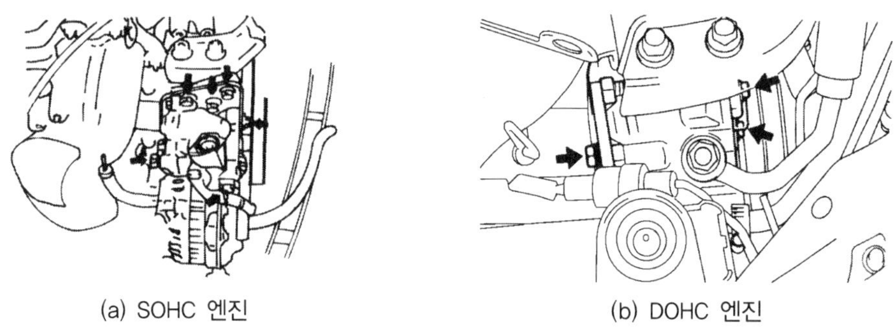

(a) SOHC 엔진　　　(b) DOHC 엔진

오일펌프 설치 브래킷의 위치

2) 조립순서

① 오일 펌프를 오일 펌프 브래킷에 장착한다.

② 흡입 호스를 장착한다.

③ V-벨트를 장착하고 장력을 조정한다.

④ 압력호스를 오일펌프에 장착하고 리턴호스를 오일 리저버에 끼운다.

• 호스를 끼울 때 비틀리거나 타 부품과 간섭되지 않도록 주의하여야 한다.

⑥ 라인 내에 공기빼기 작업을 한다.-동력 조향장치 기어박스 교환 참조

⑦ 오일펌프 압력을 점검한다.

⑧ 장력을 조정하고 토크 표를 참조하여 볼트를 규정 토크로 조인다.

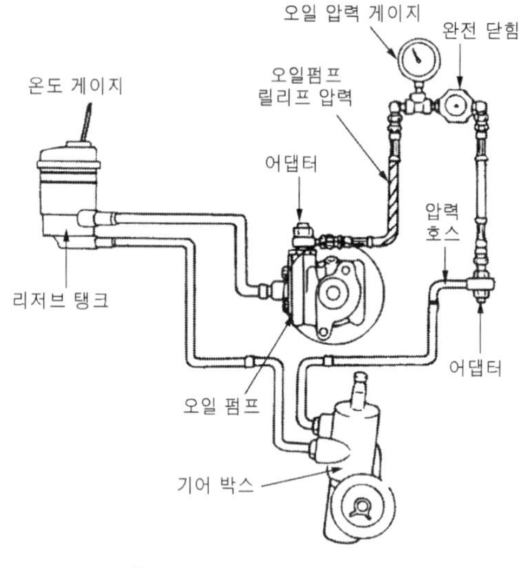

오일펌프의 압력시험

3) 동력 조향 장치 구동벨트의 장력점검 및 조정

① 그림과 같이 규정된 지점에 10kgf의 힘을 가하여 구동 벨트를 누르면서 장력을 점검한다. 이때 벨트 장력은 7~10mm정도이다.

② 벨트 장력을 조정할 때에는 오일 펌프 설치 고정 볼트를 풀고 펌프를 안이나 밖으로 움직인 후 볼트를 다시 조인다.

4) 동력 조향 장치 오일펌프의 압력시험

① 오일펌프에서 압력호스를 분리시키고 특수 공구를 연결한다.

② 공기빼기 작업을 실시한 후 엔진을 작동시키고 스티어링 휠을 좌우측으로 몇 번 돌려 오일의 온도가 50~60℃가 되게 한다.

③ 엔진을 시동시켜 약 1,000±100rpm으로 엔진속도를 조정한다.

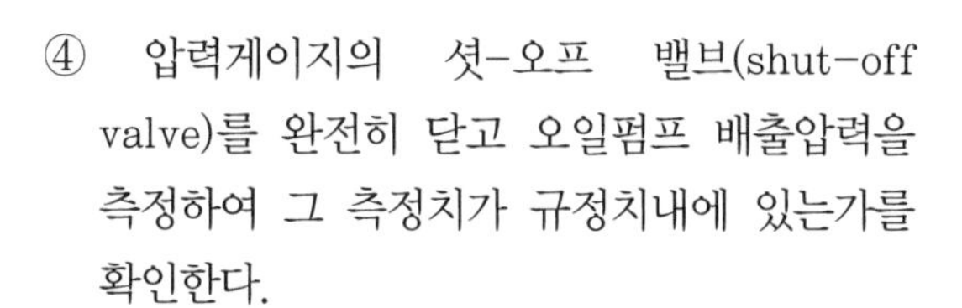

④ 압력게이지의 셧-오프 밸브(shut-off valve)를 완전히 닫고 오일펌프 배출압력을 측정하여 그 측정치가 규정치내에 있는가를 확인한다.

항 목	규정값
오일펌프 배출압력	85 ~ 90 kgf.cm²

•압력게이지의 셧-오프 밸브를 10초 이상 닫고 있으면 안된다.

⑤ 특수공구를 탈거하고 압력호스를 규정토크로 조인다.

⑥ 계통의 공기빼기 작업을 실시한다.

항 목	규정값
압력호스 설치볼트	5.5 ~ 6.5 kgf.cm

2. 동력조향장치 오일펌프 교환(크레도스)

1) 탈착 순서

① 오일펌프에서 압력 호스와 리턴 호스를 분리한다.

압력 호스와 리턴 호스를 분리할 때는 오일이 누설될 수 있으므로 적당한 용기로 받아 놓는다.

② 유압 스위치 커넥터와 오일펌프 설치 볼트를 풀고 구동 벨트를 분리한다.

③ 유압 스위치 커넥터와 오일펌프 브래킷 설치볼트를 탈거한다.

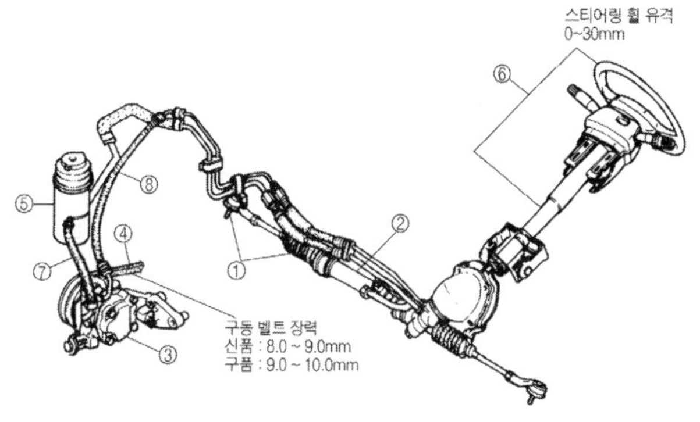

① 부트 ② 스티어링 기어 & 링키지
③ 파워 스티어링 오일 펌프 ④ 구동 벨트
⑤ 리저브 탱크 ⑥ 스티어링 휠 & 컬럼
⑦ 흡입 호스 ⑧ 고압 호스

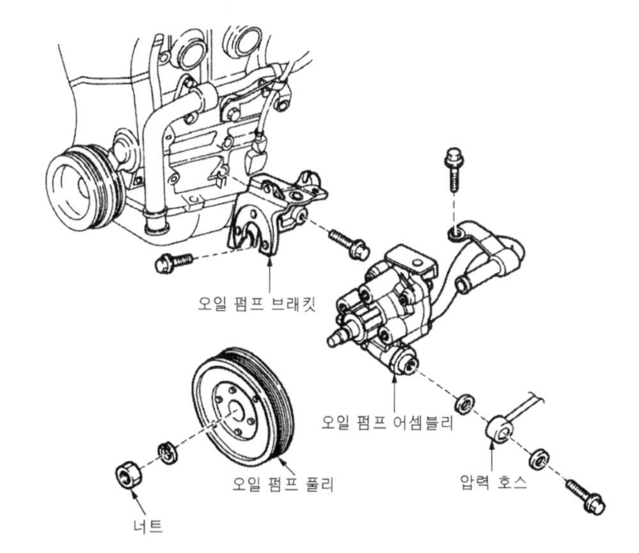

★ 분해순서

① 너트
② 오일펌프 플리 어셈블리
③ 압력 호스
④ 오일펌프 어셈블리
⑤ 오일펌프 브래킷

2) 동력 조향 장치 오일 펌프 부착

① 조립은 분해의 역순으로 한다.
② 장착 후에는 처짐량 조정, 공기빼기 작업과 오일 보충을 한다.
③ 오일 펌프와 호스 접속부에 오일 누설과 파이프의 간섭 등을 점검한다.

3. 동력조향장치 오일펌프 교환(매그너스)

1) 탈착 순서

① 벨트 텐셔너 풀리 볼트를 조임 방향으로 조여 주면서 텐셔너를 이격시킨다.
② 벨트를 탈거한다.
③ 파워 스티어링 오일펌프에서 오일라인(석션 호스, 압력파이프)을 분리하고 오일을 배출한다.

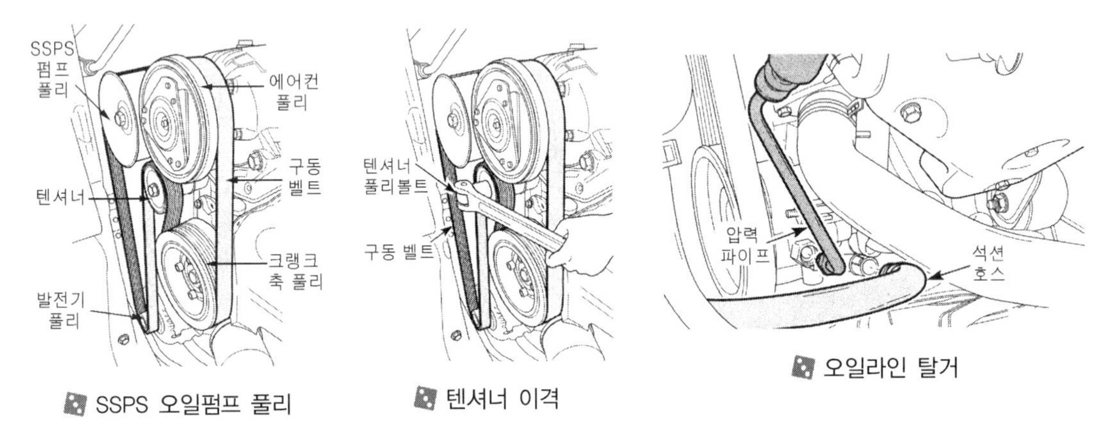

SSPS 오일펌프 풀리

텐셔너 이격

오일라인 탈거

④ 파워 스티어링 펌프를 탈거한다.
㉠ 펌프 브래킷 볼트(①-펌프측 1개)를 푼다.
㉡ 펌프 브래킷 볼트(②-브래킷-2개)를 푼다.
㉢ 펌프를 탈거한다.

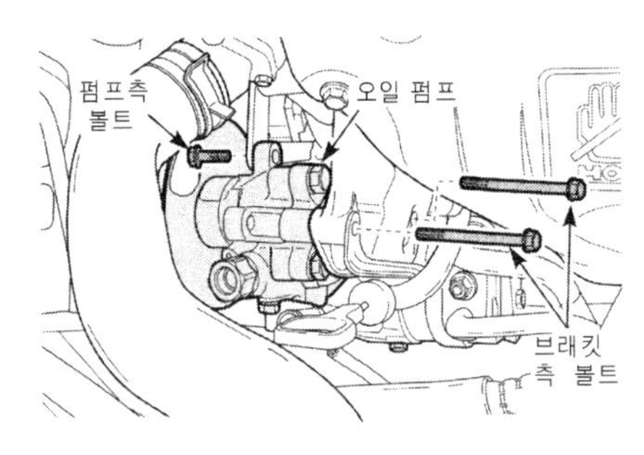

설치 볼트 탈거

2) 동력 조향 장치 오일 펌프의 부착

① 탈거의 역순으로 장착한다.
② 에어빼기 작업을 실시한다.

NO.7 타이로드 엔드(Tie Rod End)의 교환방법

1. 타이로드 앤드 교환 방법

1) 타이로드 엔드 탈거

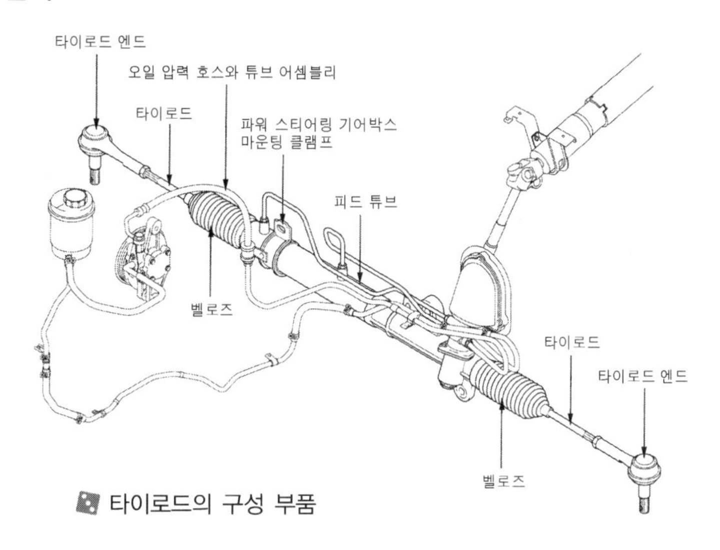

타이로드의 구성 부품

① 타이로드 엔드에서 타이로드 엔드 로크 너트를 푼다.

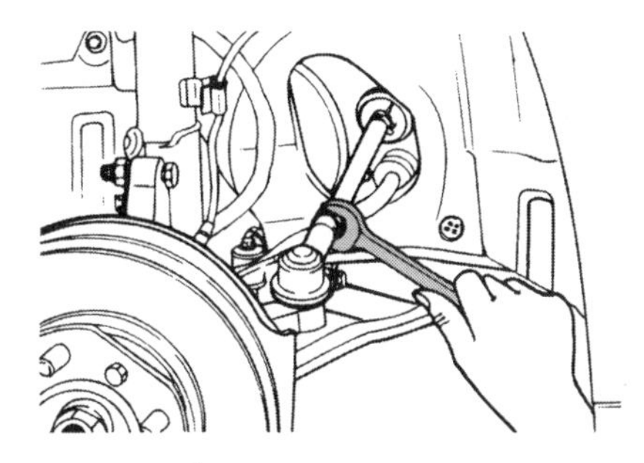

로크 너트의 분리

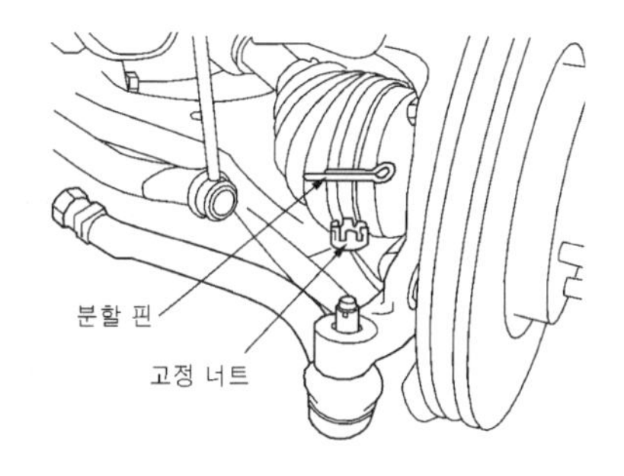

분할 핀과 고정너트 분리

분할 핀을 제거하고 홈 너트를 제거한다. 분할 핀은 결합용 기계요소로 물체를 결합할 때 핀을 꽂은 다음 분할된 끝을 벌려서 빠지지 않게 하는 핀이다. 1회용으로 한번 사용하고 난 후에는 새것으로 사용하여야 한다.

각종 홈 너트

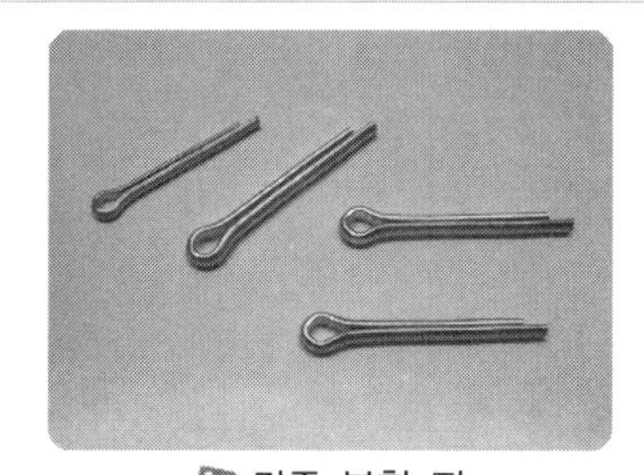

각종 분할 핀

② 클립 링과 더스트 커버를 밀어낸 후 특수 공구를 사용하여 타이로드 엔드를 너클 암에서 분리한다.

① 타이로드 엔드 플러에 끈을 스프링 등에 묶어서 볼 조인트가 너클 암에서 빠질 때 튕겨 나가지 않도록 하여야 한다.
② 타이로드 엔드에 너트는 볼트의 끝단에 일치할 때까지 풀고 타이로드 엔드 플러를 설치하여야 나사산이 망가지지 않는다.
③ 타이로드 로크너트를 풀 때 토인의 값을 맞추기 위해서는 나산 산에 로크너트의 위치를 표시하거나 나사산의 수를 세어 놓아 다시 조립할 때 분해하였던 위치에 오도록 하여야 토인의 값이 변화되지 않는다.

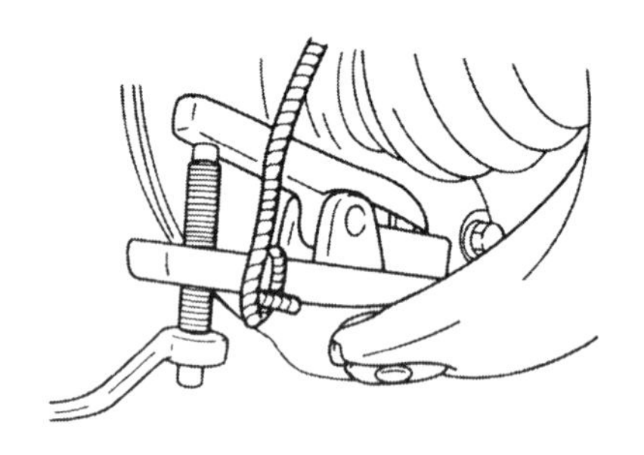
(a) 엔드가 아래에서 설치된 경우

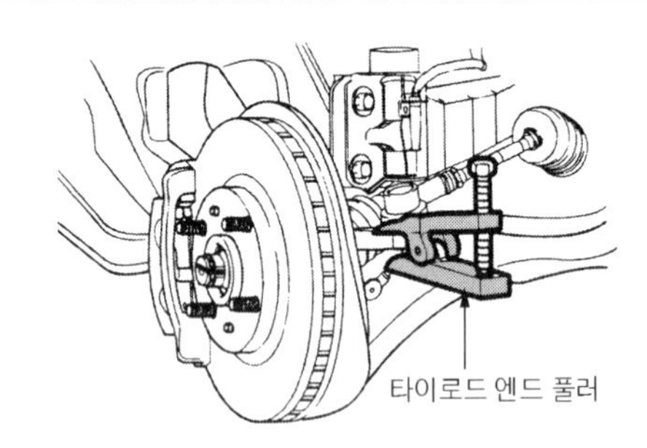

(b) 엔드가 위에서 설치된 경우

타이로드 엔드 플러를 이용한 분리

③ 타이로드 엔드를 돌려서 타이로드로부터 분리한다.

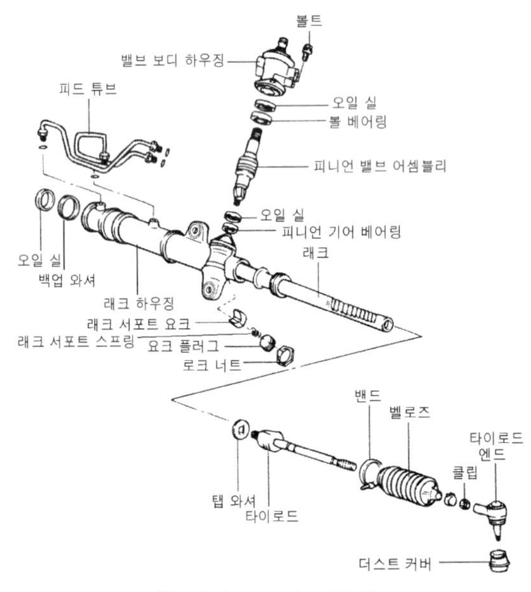

타이로드 엔드 분해도

2) 타이로드 엔드 부착

① 새 것의 타이로드 엔드를 타이로드에 설치한다.(표시하여 놓은 위치까지)

② 엔드 볼 조인트 나사를 조향 너클에 조립하고 너트를 규정 토크로 조이고 분할 핀으로 고정

한다.

③ 엔드 로크너트를 조인 후 사이드슬립을 측정하여 규정값 범위에 들도록 조정한다.

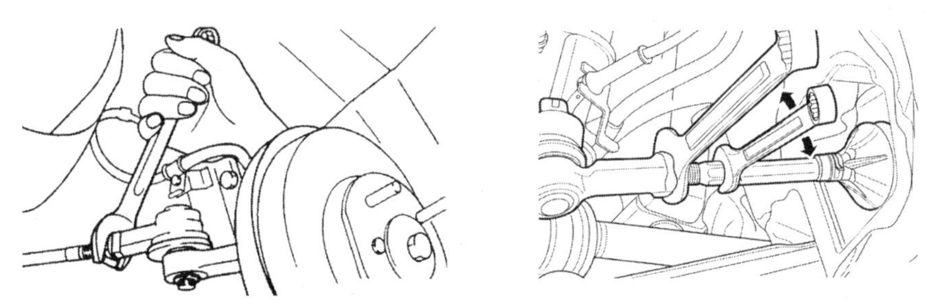

타이로드 부착 및 토인 조정

3) 타이로드 엔드 교환 현장사진

엔드 탈거 상태

타이로드 엔드 고정 볼트 풀기

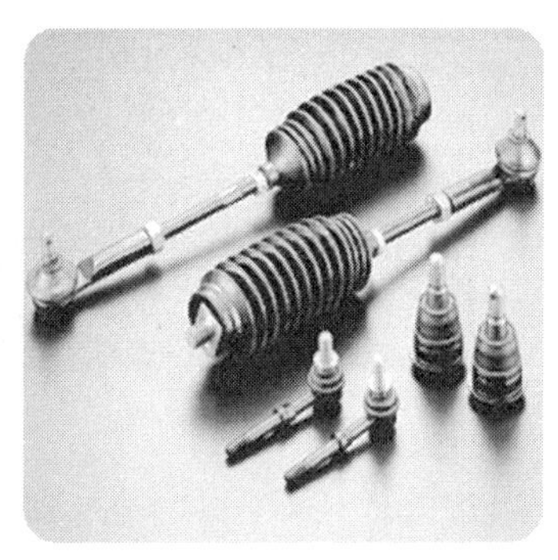

각종 타이로드 엔드

NO.8 조향 휠(Steering Wheel) 유격의 점검방법

1. 조향 휠 유격의 점검방법

1) 측정 조건

① 자동차는 공차상태의 자동차에 운전자 1인이 승차한 상태로 한다.

② 타이어의 공기압력은 표준 공기압력으로 한다.

③ 자동차를 건조하고 평탄한 기준면에 조향축의 바퀴를 직진위치로 정차시키고 기관은 시동한 상태로 한다.

④ 자동차의 제동장치(주차 제동장치 포함)는 작동하지 않은 상태로 한다.

2) 측정 방법

① 조향 휠을 움직여 직진의 위치로 한다.

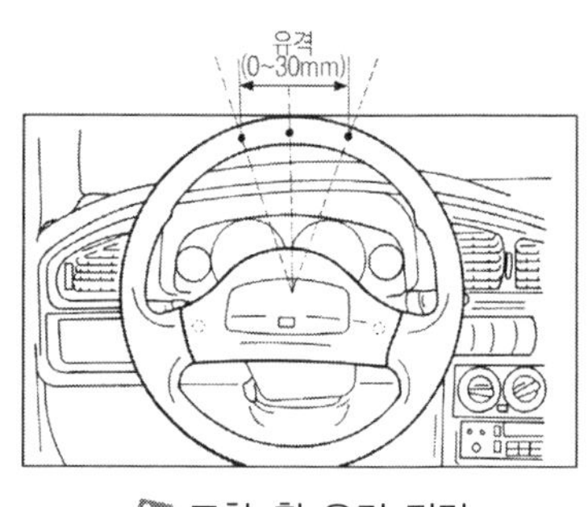

조향 휠 유격 점검

② 직진위치의 상태에 놓인 자동차 조향 바퀴의 움직임이 느껴지기 전까지 조향 휠을 좌회전시키고 이때 조향 휠 상의 한 점과 인스트루먼트 패널 한 부분에 표시한다.
③ ②항의 상태에서 조향 휠을 반대로 돌려 힘이 느껴지는 부분에서 조향 휠을 인스트루먼트 패널과 만난 점을 표시한다.
③ 조향 휠의 점과 점 사이의 직선거리가 유격이다.
④ 자동차 조향 휠의 유격(조향 바퀴가 움직이기 직전까지 조향 휠이 움직인 거리)의 규정값은 당해 자동차 정비기준(정비), 또는 조향 휠 지름의 12.5%(검사기준)이내여야 한다.

① 정비기준 일 때 : 제작사의 정비기준을 제시하고 있다.
② 검사기준 일 때 : 수검자가 자동차 안전에 관한규칙 제14조에 안전 기준값을 기입한다.
(조향핸들 직경의 12.5% 이내이므로 핸들의 직경이 380mm×12.5/ 100=47.5mm)

■ 차종별 기준값(정비기준임)

차종	핸들유격 기준값
엑셀	0~30mm
엘란트라	0~30mm
쏘나타 II	30mm
그랜저	10mm(한계30mm)
세피아	0~30mm
코란도, 무쏘	30mm이내
갤로퍼	25mm이내
크레도스	30mm이내
싼타모,	15mm
쏘나타	

■ 차종별 핸들 직경

차종	핸들유격 기준값
카렌스, 라노스	380
레토나, 프린스	390
마이티	420
엑셀, 르망	380
갤로퍼, 그레이스	384
브로엄	400

3) 유격이 커지는 원인

① 조향기어 백래시의 조정 불량
② 스티어링 기어의 마모 증대
③ 조향 링키지의 마모
④ 킹핀 또는 볼 조인트의 마모

2. 조향 휠 유격의 조정방법

1) 볼 너트 형식

고정 너트를 풀고 조정 스크루를 조이면 유격이 감소하고, 풀면 유격이 증가한다.

2) 랙과 피니언 형식

조향기어 박스의 아래에 있는 요크 플러그를 조이면 유격이 작아지고 풀면 유격이 증가한다.

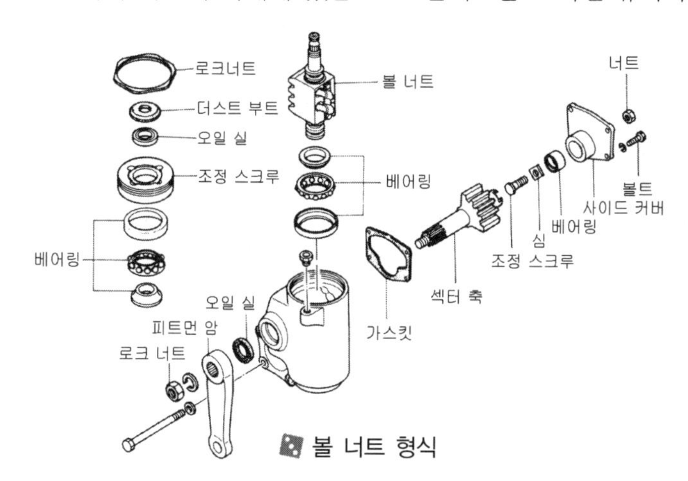

볼 너트 형식

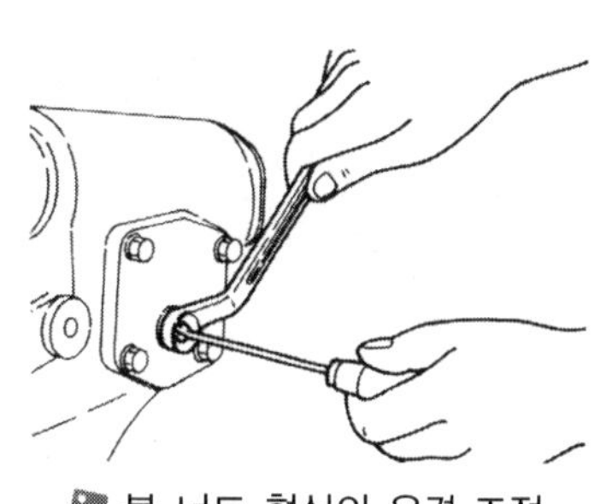

볼 너트 형식의 유격 조정

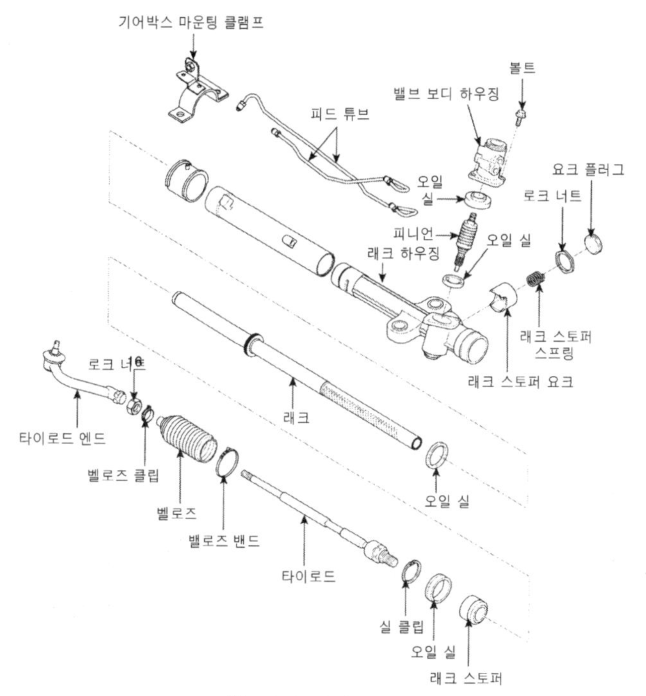

랙과 피니언 형식

랙과 피니언 형식의 유격조정

NO.9 축거 / 조향각 / 최소회전 반경 측정 방법

1. 축거(축간거리) 측정방법

축거 측정은 앞 · 뒤 차축 중심사이의 수평거리를 측정하며, 3축 이상의 자동차에 있어서는 앞쪽으로부터 제1 · 제2축 사이의 거리 등으로 분리하여 측정하여야 하며, 무한궤도형 자동차에 있어서는 무한궤도의 접지부 길이를, 피견인 자동차의 경우에는 연결부(제5륜)의 중심에서 뒤차축 중심까지의 수평거리를 측정한다.

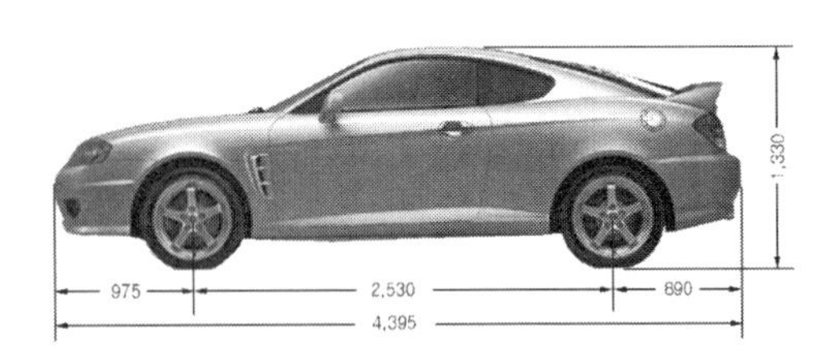

L : 축간거리, l : 제1축간거리,
l' : 제2축간거리, l'' : 제3축간거리

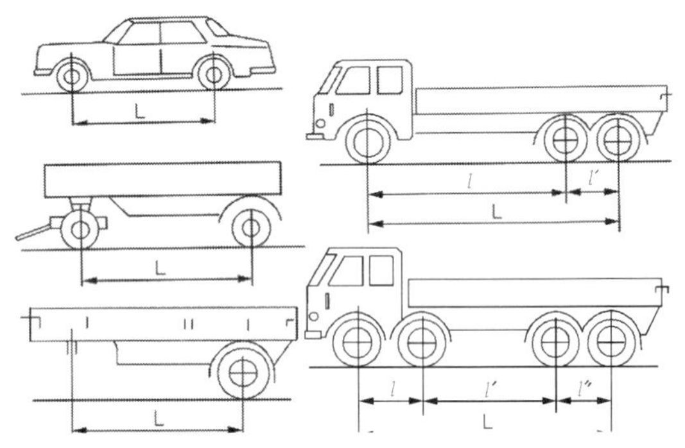

차종별 축거

■ 차종별 축간거리 및 조향각 기준값

차종	축거 (mm)	조향각 내측	조향각 외측	회전반경 (mm)
아토스	2,380	40°45′	34°06′	4,470
엘란트라	2,500	37°	30°30′	5,100
엑셀	2,385	–	–	4,830
코란도	2,480	33°37′	31°50′	5,800
누비라	2,570	36°	31°31′	5,300
티코	2,335	42°	32°	4,400
아반떼XD	2,610	40.1°±2°	32°45′	4,550
비스토	2,380	40°45′	34.6°	4,470
크레도스	2,665	36°17′	31°19′	5,300

차종	축거 (mm)	조향각 내측	조향각 외측	회전반경 (mm)
아반떼	2,550	39°17′	32°27′	5,100
쏘나타Ⅲ	2,700	39°67′	32°21′	–
그랜저	2,745	37°	30°30′	5,700
라노스	2,520	39°08′	39°67′	4,900
EF쏘나타	2,700	39.70°±2°	32.40°±2°	5,000
베르나	2,440	33.37°±1°30′	35.51°	4,900
카스타	2,720	36°30′	30°31′	5,500
세피아Ⅱ	2,500	39°30′	32°30′	–
엔터프라이즈	2,850	39 ±2°	33 ±2°	5,600

2. 최대 조향각 측정방법

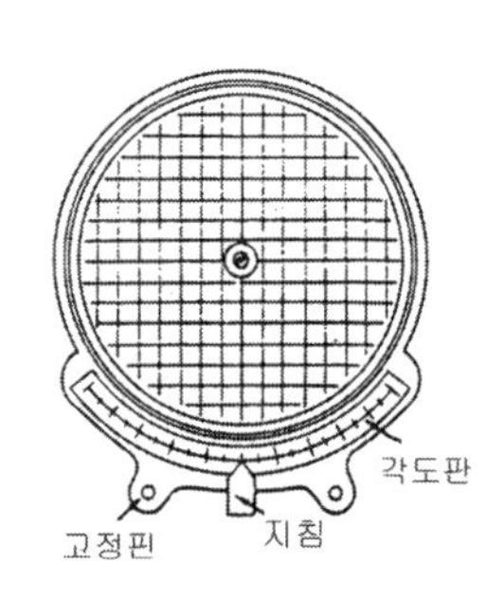

회전 반경 게이지

① 자동차 앞바퀴를 잭으로 들고 회전반경 게이지(turn table)의 중심에 올려놓는다. 이때 자동차를 수평으로 하기 위하여 뒤 바퀴에도 회전반경 게이지 두께의 받침판을 고인다.

② 앞바퀴를 직진상태로 한다.

③ 자동차 앞쪽을 2~3회 눌러 제자리를 잡을 수 있도록 한다.

④ 앞바퀴 허브 중심에서 뒷바퀴 허브 중심사이의 거리(축거)를 측정

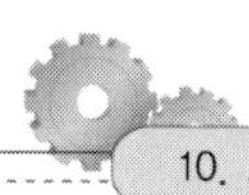

한다.

⑤ 회전반경 게이지의 고정 핀을 빼낸다.

⑥ 좌우로 조향핸들을 최대로 회전시킨 후 조향각을 읽는다. 이 때 조향각은 자동차에 따라서 다르나 일반적으로 안쪽이 크고, 바깥쪽은 안쪽보다 작다.

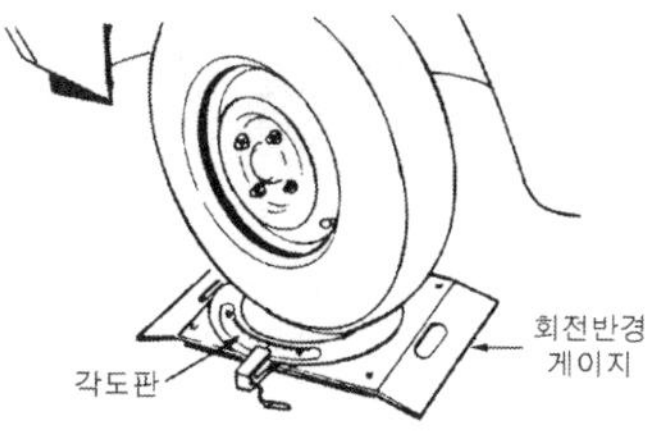

최대 조향각 측정

3. 최소 회전반경 측정방법

자동차의 최소회전반경은 바깥쪽 앞바퀴자국의 중심선을 따라 측정할 때에 12미터를 초과하여서는 아니된다.

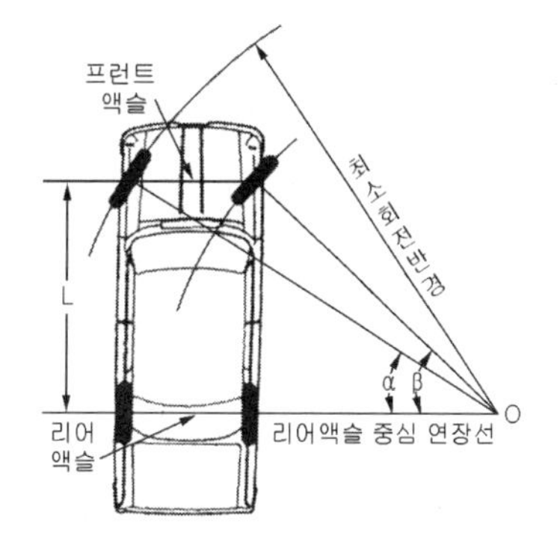

1) 측정 조건

① 측정 대상 자동차는 공차상태이어야 한다.

② 측정 대상 자동차는 측정 전에 충분한 길들이기 운전을 하여야 한다.

③ 측정 대상 자동차는 측정 전 조향륜 정렬을 점검하여야 한다.

④ 측정 장소는 평탄 수평하고 건조한 포장도로이어야 한다.

2) 측정 방법

① 변속기어를 전진 최하단에 두고 최대의 조향각도로 서행하며, 바깥쪽 타이어의 접지면 중심점이 이루는 궤적의 직경을 우회전 및 좌회전시켜 측정한다.

② 측정 중에 타이어가 노면에 대한 미끄러짐 상태와 조향장치의 상태를 관찰한다.

③ 좌회전 및 우회전에서 구한 반경 중 큰 값을 당해 자동차의 최소 회전 반경으로 하고 안전기준에 적합한지를 확인한다.

3) 최소 회전 반경 공식에 대입 하여 산출하는 방법

최소 회전 반경 구하는 공식에 측정한 축거와 바깥쪽 바퀴의 최대 조향각 값을 대입하고 계산하여 구한다.

$$R = \frac{L}{\sin\alpha} + r$$

R : 최소회전반경(m)　　sinα : 바깥쪽 앞바퀴의 조향각　　r : 바퀴 접지면 중심과 킹핀 중심과의 거리

측정한 축거가 2,500mm, 내측 조향각이 37°, 외측 조향각이 30° 일 때 최소 회전 반경은?(단, r 값은 100mm로 한다)

① 계산방법 : $R = \frac{2,500mm}{\sin 30°} + 100mm = 5,100mm$

② 판　　정 : 최소회전반경은 5.1m

NO.10 조향핸들 프리로드(Steering Wheel Preload) 측정 방법

1. 조향핸들 프리로드 측정 방법

① 잭을 이용하여 자동차를 들어 올린 후 안전 스탠드로 지지한다.

② 조향 핸들을 좌우로 완전히 돌렸다가 직진 상태로 한다.

③ 조향 핸들에 오른쪽 그림과 같이 스프링 저울을 조향 핸들 중심과 직각이 되도록 설치한다.

④ 스프링 저울을 일직선으로 잡아당겨 바퀴가 회전하기 직전의 최대 측정값(0.5~2.0kgf·m)을 읽는다.

⑤ 규정값 이상인 경우에는 앞 현가장치, 조향 링키지의 휨, 손상 유무를 점검하거나 피니언의 프리로드를 점검한다.

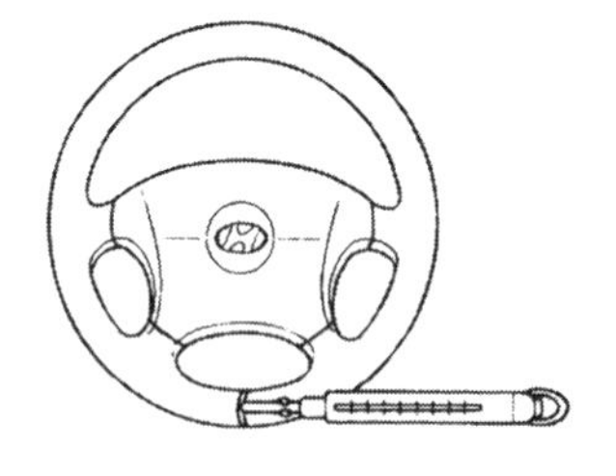

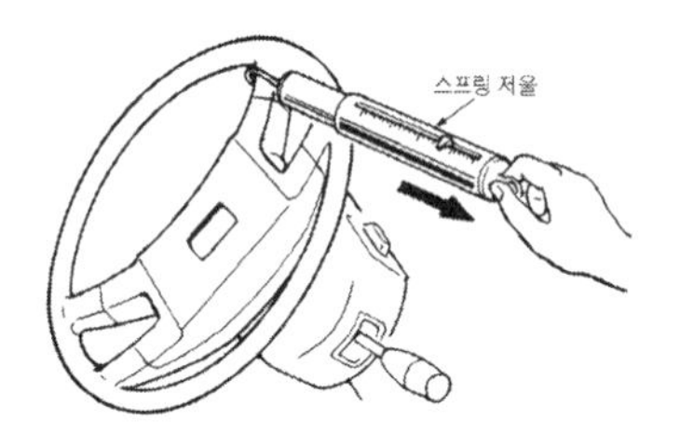

조향 핸들 프리로드 점검

■ **차종별 기준값**

차　종	핸들 유격기준값	프리로드 기준값	비　　고
아반떼 XD/ 투스카니	0~30mm	0.06~0.13 kg.m	파워 스티어링
엘란트라	0~30mm	3.8kg이하	동력조향장치
쏘나타Ⅱ	30mm	3kg 이하	-
그랜저	10mm(한계 30mm)	3.3kg이하	EPS
베르나	0~30mm	0.6~1.3Nm	파워스티어링
세피아	0~30mm	-	-
코란도, 무쏘	30mm이내	-	-
갤로퍼	25mm이내	3.7kg이하	-
크레도스	30mm이내	3kg 이하	1회전
싼타모,	15mm	3.7kg이하	-

전차륜 정렬의 점검 정비

11

학습목표

1. 전차륜 정렬의 종류와 기능에 대하여 알아본다.
2. 전차륜 정렬의 점검 정비방법에 대하여 알아본다.
3. 전차륜 정렬을 측정하기 위한 정비기기 시용방법에 대하여 알아본다.

NO.1 전차륜 정렬(Front Wheel alignment)의 기능 및 필요성

1. 전차륜 정렬(Front Wheel alignment)의 기능 및 필요성

자동차 앞바퀴는 조향 조작을 하기 위해 조향 너클과 함께 킹핀 또는 볼 이음을 중심으로 하여 좌·우로 방향을 바꾸도록 되어 있다. 따라서 자동차가 주행할 때 항상 올바른 방향을 유지하고 또 조향 핸들 조작이나 외부의 힘에 의해 주행 방향이 잘못되었을 때에는 즉시 직진상태로 되돌아가는 성질이 요구된다.

그리고 조향 장치의 조작을 쉽게 하고, 타이어의 마멸을 감소시켜 효과적인 주행을 하기 위하여 앞바퀴에 기하학적인 각도를 두고 앞차축에 설치되어 있다. 이와 같이 기하학적인 각도를 두는 것을 앞바퀴 얼라인먼트(전차륜 정렬)이라 하며, 그 요소에는 캠버, 캐스터, 킹핀 경사각(또는 조향축 경사각), 토인, 선회시 토아웃이 있으며 서로 보완 작용을 한다.

필요성은 다음과 같다.

① 조향 핸들의 조작을 작은 힘으로 쉽게 할 수 있도록 한다 : 캠버와 킹핀 경사각의 기능

② 조향 핸들의 조작을 확실하게 하고 안전성을 준다 : 캐스터의 기능

③ 조향 핸들에 복원성을 준다 : 캐스터와 킹핀 경사각의 기능

④ 타이어의 마멸을 최소로 한다 : 토인의 기능

NO.2 전차륜 정렬(Front Wheel alignment)의 관계지식

1. 캠버 각(Camber Angle)

1) 캠버의 정의

① 앞바퀴를 앞에서 보았을 때 타이어 중심선이 수선에 대해 어떤 각도를 이룬 것.

② 정의 캠버 : 타이어의 중심선이 수선에 대해 바깥쪽으로 기울은 상태.

③ 부의 캠버 : 타이어의 중심선이 수선에 대해 안쪽으로 기울은 상태.

④ 0 의 캠버 : 타이어 중심선과 수선이 일치된 상태.

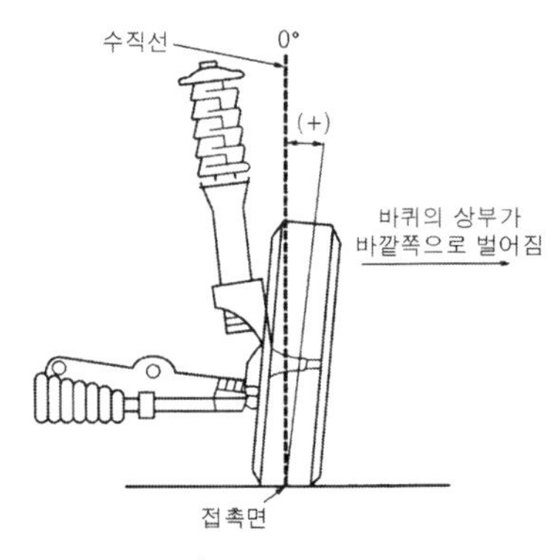

정의 캠버

2) 캠버의 필요성

① 조향 핸들의 조작을 가볍게 한다.

② 수직 방향의 하중에 의한 앞 차축의 휨을 방지한다.

③ 바퀴가 허브 스핀들에서 이탈되는 것을 방지한다.

④ 바퀴의 아래쪽이 바깥쪽으로 벌어지는 것을 방지한다.

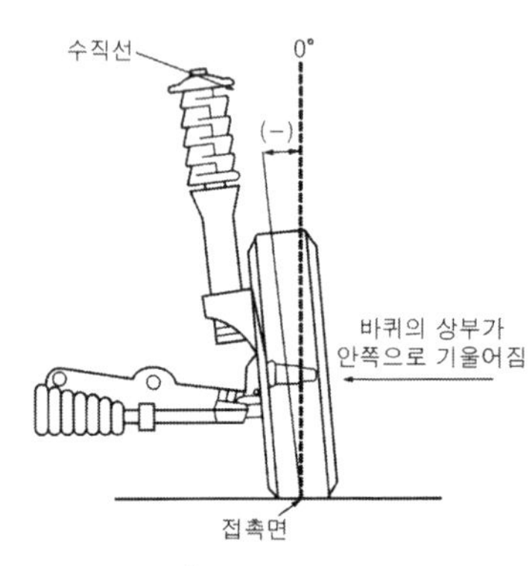

부의 캠버

2. 캐스터 각(Caster Angle)

1) 캐스터의 정의

① 앞바퀴를 옆에서 보았을 때 킹핀의 중심선이 수선에 대해 어떤 각도를 이룬 것.

② 정의 캐스터 : 킹핀의 상단부가 뒤쪽으로 기울은 상태.

③ 부의 캐스터 : 킹핀의 상단부가 앞쪽으로 기울은 상태.

④ 0 의 캐스터 : 킹핀의 상단부가 어느 쪽으로도 기울어지지 않은 상태.

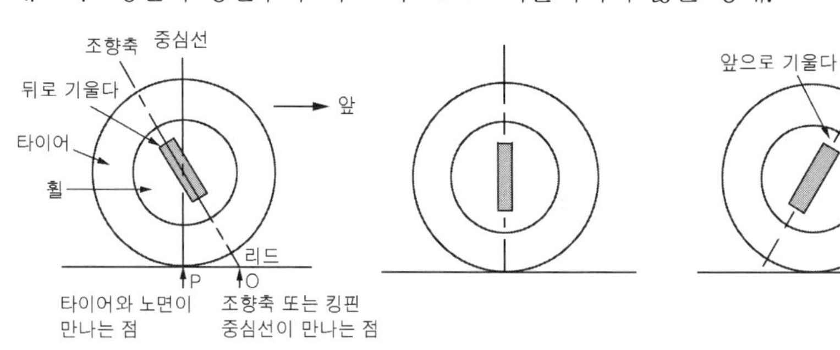

정(+)의 캐스터　　0의 캐스터　　부(−)의 캐스터

2) 캐스터의 필요성

① 주행 중 바퀴에 방향성(직진성)을 준다.
② 조향하였을 때 직진방향으로 되돌아오는 복원력이 발생된다.
③ 캐스터의 효과는 정의 캐스터에서만 얻을 수 있다.
④ 도로의 저항은 킹핀의 중심선보다 뒤쪽에 작용한다.

3. 토인(Toe – in)

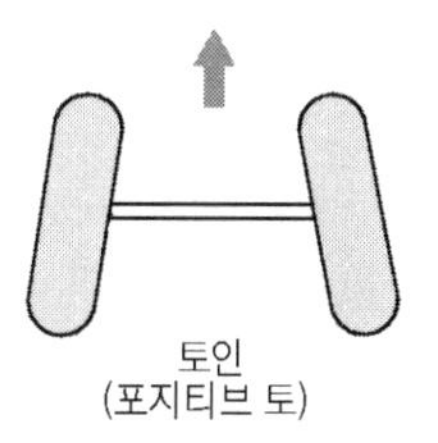

1) 토인의 정의

앞바퀴를 위에서 보면 좌우 타이어 중심 간의 거리가 앞부분이 뒷부분보다 2~6mm 정도 좁게 되어 있는 상태를 말한다.

2) 토인의 필요성

① 앞바퀴의 사이드 슬립과 타이어의 마멸을 방지한다.
② 캠버에 의해 토 아웃됨을 방지하며, 바퀴를 평행 회전시킨다.
③ 조향 링키지 마멸에 의한 토 아웃을 방지한다.

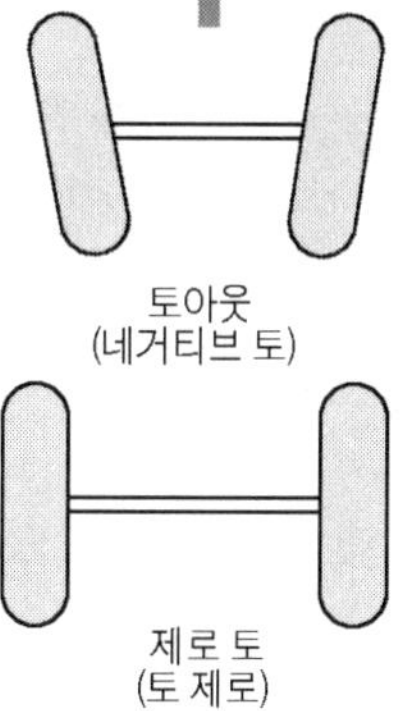

4. 킹핀 경사각(King Pin Angle)

1) 정 의

킹핀 경사각은 앞바퀴를 앞에서 보았을 때 킹핀의 중심선이 수선에 대해 5~ 8°의 각도를 이룬 것을 말한다.

2) 필요성

① 캠버와 함께 조향 핸들의 조작력을 작게 한다.
② 바퀴의 시미 현상을 방지한다.
③ 앞바퀴에 복원성을 주어 직진 위치로 쉽게 되돌아가게 한다.

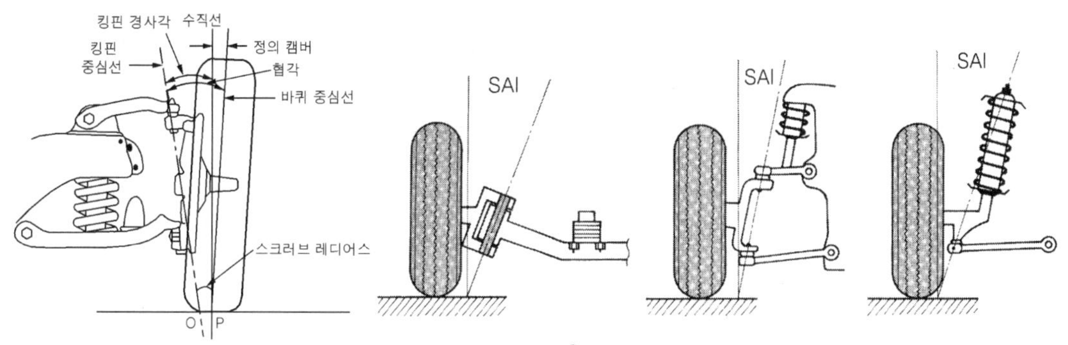

킹핀 경사각의 정의

현가장치 종류별 킹핀 경사각

5. 사이드 슬립(Side slip)

사이드 슬립이란 앞바퀴 얼라인먼트(캠버, 캐스터, 조향축 경사각, 토인 등)의 불균형으로 인하여 주행 중 타이어가 옆 방향으로 미끄러지는 현상을 말하며, 토 인(toe-in)과 토 아웃(toe-out)으로 표시된다. 그러나 토인을 측정하였을 때 규정값이 나왔다고 할지라도 캠버 등이 불량하면 사이드 슬립이 발생한다. 따라서 토인 값과 사이드 슬립 값은 서로 다르다고 본다. 사이드 슬립량은 mm로 나타내는 것이 일반적이나 이것은 1m의 답판을 진행할 때의 사이드 슬립량을 표시하는 것이므로 정상적인 단위는 mm/m이다.

6. 셋백(Set Back)

셋백이란 후퇴란 의미이다. 휠 얼라인먼트에서의 셋백이란 앞차축과 뒷차축의 평행도를 표시하는 것이다. 휠 얼라인먼트에 따라서 표시 방법이 다소 다르나 일반적으로 앞바퀴의 좌나 우의 어느 한쪽 바퀴를 기준으로 하여 반대쪽 바퀴가 앞으로 나왔는지 뒤로 갔는지를 (+) 또는 (−) 기호로 표시한다. 단위는 mm 또는 각도로 표시하나 주로 mm를 사용한다.

셋백은 휠 얼라인먼트 점검에서 캐스터, 캠버, 토우 등의 각도에 비하면 오히려 2차적인 요소로서 진단 상의 각도이다. 셋백이 0을 중심으로 약 8mm 정도가 벗어나면 실제의 자동차가 사고 등의 원인으로 프레임의 변형을 의심한다.

운전석 바퀴를 기준으로 조수석 바퀴가 뒤쪽으로 밀린 상태

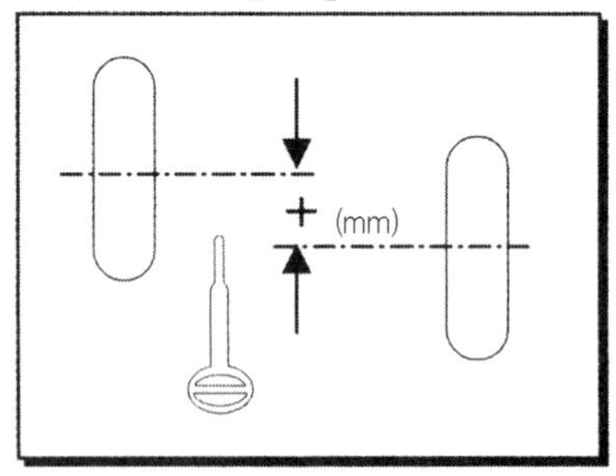

운전석 바퀴를 기준으로 조수석 바퀴가 앞쪽으로 나간 상태

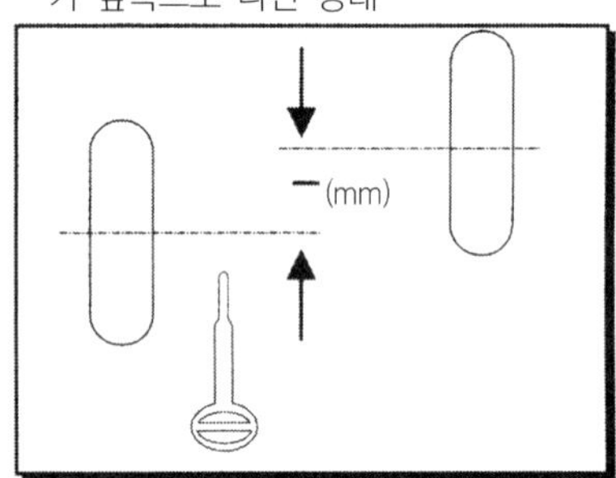

셋 백

① **앞바퀴** : 운전석 바퀴의 중심선을 기준으로 조수석 바퀴의 중심선이 앞쪽으로 있으면 마이너스 셋백, 뒤쪽에 있으면 플러스 셋백이라 부른다.

② **뒷바퀴** : 왼쪽 바퀴의 중심선을 기준으로 오른쪽 바퀴의 중심선이 앞쪽으로 있으면 마이너스 셋백, 뒤쪽으로 있으면 플러스 셋백이라 부른다.

그리고 "셋백이 크다"는 것은 프레임이 휘었거나 스프링의 중심 볼트가 부러져 차축이 앞 뒤 방향으로 어긋나 있거나 멤버의 앞 뒤 방향이 어긋남으로 인한 캐스터의 좌우 차이가 큰 것 등 차체에 상당 부분의 불량이나 좌우의 불균형을 나타내므로 셋백이 15mm이상일 경우에는 다른 각도의 좌우 차이와 치수를 세심하게 점검하여야 한다.

NO.3 캠버 각(Camber angle)의 점검 정비 방법

1. 캠버 각(Camber Angle)의 점검 방법

1) 캠버 측정 전 준비사항

측정하기 전에 준비 작업을 완벽하게 하여야 정확한 측정값을 얻을 수 있다.

① 점검 대상 차량을 공차 상태로 한다.

② 모든 타이어의 공기 압력을 규정값으로 주입하며, 트레드의 마모가 심한 것은 교환하여야 한다.

③ 휠 허브 베어링의 헐거움, 볼 조인트 및 타이로드 엔드의 헐거움이 있는가 점검한다.

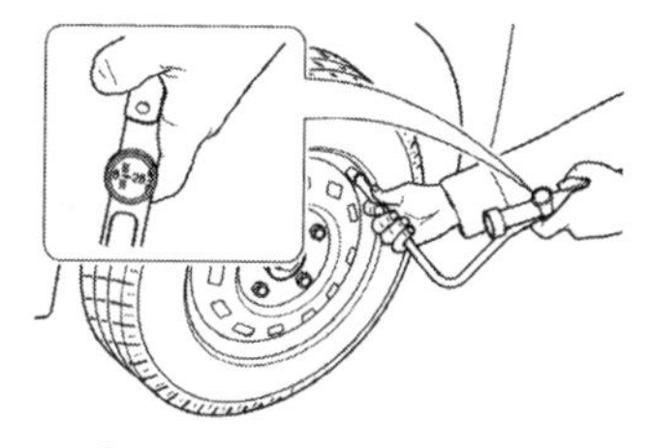

타이어 공기압력 점검

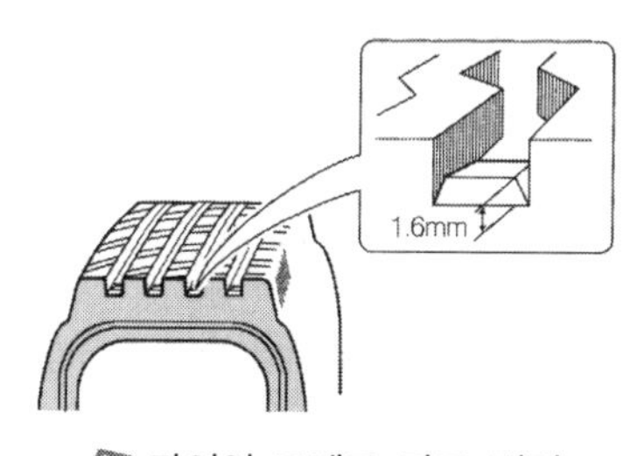

타이어 트레드 마모 점검

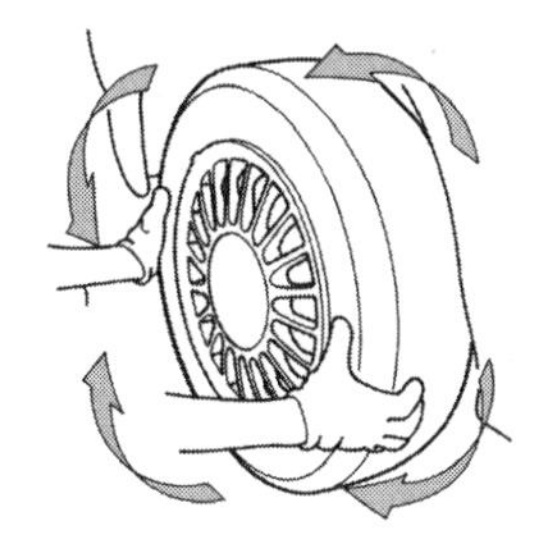

휠 허브 베어링 점검

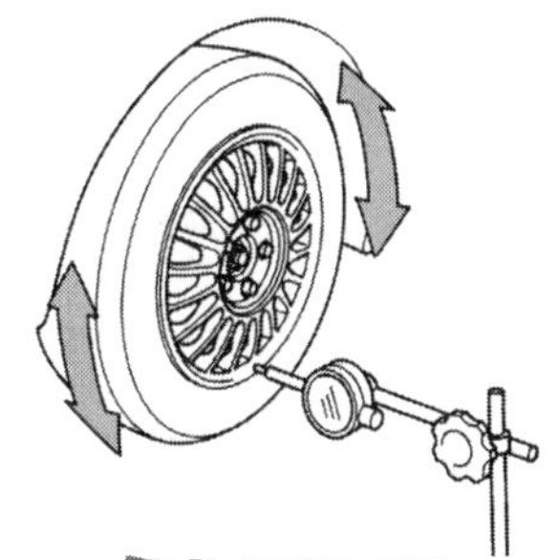

휠 런아웃 점검

④ 조향 링키지의 체결 상태 및 마모를 점검한다.

⑤ 쇽업소버의 오일 누출 및 현가 스프링의 쇠약 등을 점검한다.

⑥ 모든 바퀴에 턴테이블을 설치하여 수평을 유지할 것

Tip: 앞바퀴만 턴테이블을 설치할 경우 뒷바퀴에는 동일한 높이로 하여야 한다.

⑦ 점검 대상 차량을 앞·뒤를 흔들어 스프링 설치 상태가 안정되도록 한다.

2) 캠버 측정방법

① 바퀴를 직진 상태에 있도록 하고 턴테이블의 고정 핀을 제거한 다음 각도판의 지침을 0점에 맞춘다.

② 바퀴의 그리스 캡을 떼어내고 휠 허브를 깨끗이 닦는다.

③ 휠 허브의 접촉면이 손상되어 있지 않는가 점검한다.

④ 게이지의 보호판을 떼어내고 포터블 게이지의 센터 핀(셀프 센터

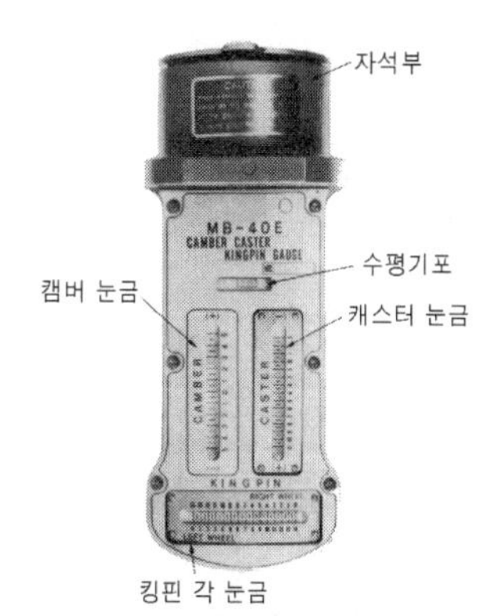

캠버 캐스터 게이지

링 플런저)을 스핀들의 중심과 일치시켜 휠 허브에 충격이 없도록 접촉시킨다.

⑤ 수평의 기포를 중앙의 라인 내에 위치하도록 좌우로 조정하여 게이지가 수평이 되도록 한다.

턴테이블 설치

게이지 설치

⑥ 캠버의 기포 중앙의 눈금을 읽는다.

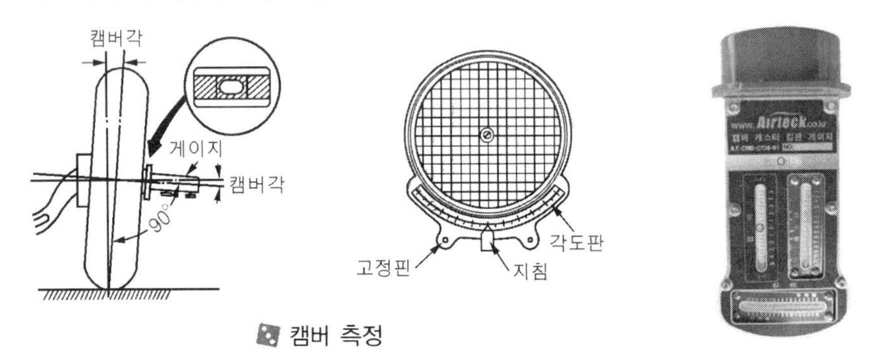

캠버 측정

3) 차종별 규정값

① 현대자동차

차 종	캠버(도)		차 종	캠버(도)	
	전차축	후차축		전차축	후차축
갤로퍼	1 ± 0.5		그랜저(2.0)	0.5 ± 0.5	0.5 ± 0.5
그랜저(3.0)	0.67 ± 0.5	0.67 ± 0.5	싼타모(2WD)	0.33 ± 0.5	(−)0.5 ± 0.5
그랜저TG	0 ± 0.5	(−)0.5 ± 0.5	싼타모(4WD)	0.66 ± 0.5	(−)0.5 ± 0.5
그랜저XG	0 ± 0.5	(−)0.5 ± 0.5	싼타페	0 ± 0.5	(−)0 ± 0.5
그레이스	0.5 ± 0.75		쏘렌토	0.36 ± 3	0.36 ± 3.75
뉴포터	0.5 ± 0.5		씨에로	(−)0.42 ± 0.75	(−)0.5 ± 0.5
뉴그랜저	0 ± 0.5	0 ± 0.5	아반떼	(−)0.25 ± 0.75	(−)0.83 ± 0.75
뉴그레이스(93이후)	0.52 ± 0.5	0.52 ± 0.5	아반떼XD	0 ± 0.5	0.92 ± 0.5
뉴포터	0.5 ± 0.5	0.5 ± 0.5	아토즈	0.53 ± 0.5	0 ± 0.5
다이너스티	0 ± 0.5	0 ± 0.5	에쿠스	0 ± 0.5	(−)0.5 ± 0.5
라비타	0 ± 0.5	(−)1 ± 0.5	엑센트	0 ± 0.5	(−)0.68 ± 0.5
리베로	0 ± 0.5	0 ± 0.5	엑셀	0.5 ± 0.5	
마르샤	0 ± 0.5	0 ± 0.5	엘란트라	0 ± 0.5	
베르나	0.17 ± 0.5	(−)0.68 ± 0.5	클릭(노파워)	0 ± 0.5	(−)1 ± 0.5
소나타	0.5 ± 0.5	0.5 ± 0.5	클릭(파워핸들)	0 ± 0.5	(−)1 ± 0.5

차 종	캠버(도)		차 종	캠버(도)	
	전차축	후차축		전차축	후차축
소나타II	0 ± 0.5	0 ± 0.25	테라칸	0 ± 0.5	0 ± 0.5
스쿠프	(−)0.17 ± 0.5	(−)0.66 ± 0.33	투스카니	0.22 ± 0.5	(−)1.18 ± 0.5
스타렉스(2WD)	0 ± 0.5	0 ± 0.5	투싼	0 ± 0.5	(−)0.92 ± 0.5
스타렉스(4WD)	(−)0.33 ± 0.5	(−)0.33 ± 0.5	트라제XG	0 ± 0.5	(−)0.5 ± 0.5
스펙트라	0 ± 0.5	(−)0.7 ± 0.5	티뷰론	0 ± 0.5	(−)0.7 ± 0.5
프레스토	0.5 ± 0.5	0.5 ± 0.5	포터(125)	1 ± 0.5	1 ± 0.5
EF소나타	0 ± 0.5	(−)0.5 ± 0.5	포터(1TON)	0.52 ± 0.5	0.52 ± 0.5
NF소나타	0 ± 0.5	(−)0.5 ± 0.5	포터Ⅱ	0 ± 0.5	0 ± 0.5
NEW 싼타페	(−)0.5 ± 0.5	(−)1 ± 0.5	포텐샤	1 ± 0.75	(−)0.25 ± 0.5

② 기아자동차

차 종	캠버(도)		차 종	캠버(도)	
	전차축	후차축		전차축	후차축
그랜드 카니발	0 ± 0.5	0 ± 0.5	카렌스	0 ± 0.5	(−)1.5 ± 0.5
뉴스포티지	0 ± 0.5	(−)0.92 ± 0.5	카렌스 Ⅱ	0 ± 0.5	(−)1 ± 0.5
뉴프라이드	0 ± 0.5	(−)1 ± 0.5	카스타	0.63 ± 0.5	0.16 ± 0.5
레토나	0.47 ± 0.5		캐피탈	0.37 ± 0.5	0.5 ± 0.5
록스타	1.5 ± 0.5		콤비	1.3 ± 0.5	1.3 ± 0.5
록스타II(수)	0.5 ± 0.5		콩코드	0.33 ± 0.5	0.08 ± 0.5
록스타II(파)	0.5 ± 0.5		크레도스	(−)0.7 ± 0.75	(−)0.35 ± 0.75
리오	0.6 ± 0.75	(−)0.88 ± 0.3	타우너	0.58 ± 0.5	0.58 ± 0.5
모닝	0 ± 0.5	(−)1 ± 0.5	토픽	0.25 ± 0.5	0.25 ± 0.5
베스타,파워봉고	0 ± 0.5		포텐샤	1 ± 0.75	(−)0.25 ± 0.5
복서	1.5 ± 0.5		프레지오	0.2 ± 0.5	0.2 ± 0.5
봉고	0 ± 0.5		프라이드	0.67 ± 0.92	(−)0.25 ± 0.75
봉고Ⅲ	0 ± 0.5		프론티어(2WD)	(−)0.25 ± 0.75	(−)0.25 ± 0.75
봉고Ⅲ1TON(2WD)	0.5 ± 0.5		프론티어(4WD)	0.02 ± 0.5	0.02 ± 0.5
봉고Ⅲ1TON(4WD)	0 ± 0.5		크레도스	(−)0.7 ± 0.75	(−)0.35 ± 0.75
비스토	0.53 ± 0.5	0 ± 0.25	타우너	0.58 ± 0.5	0.58 ± 0.5
세라토	0 ± 0.5	(−)0.92 ± 0.5	토픽	0.25 ± 0.5	0.25 ± 0.5
세레스	1.5 ± 0.5	1.5 ± 0.5	포텐샤	1 ± 0.75	(−)0.25 ± 0.5
세이블	(−)0.43 ± 0.75	0.9 ± 0.7	프레지오	0.2 ± 0.5	0.2 ± 0.5
세이블(90이후)	0.5 ± 0.6	(−)0.9 ± 0.7	프라이드	0.67 ± 0.92	(−)0.25 ± 0.75
세피아	0 ± 0.5	0.5 ± 0.5	프론티어(2WD)	(−)0.25 ± 0.75	(−)0.25 ± 0.75
세피아II	0 ± 0.5	(−)0.7 ± 0.5	프론티어(4WD)	0.02 ± 0.5	0.02 ± 0.5
세피아II&슈마	0 ± 0.5	(−)0.7 ± 0.5	오피러스	0 ± 0.5	(−)0.5 ± 0.5
스펙트라	0 ± 0.5	(−)0.7 ± 0.5	옵티마	0 ± 0.5	(−) 0.5 ± 0.5
스포티지	0.47 ± 0.5		옵티마리갈	0 ± 0.5	(−)0.5 ± 0.5
쏘렌토	0.36 ± 0.75		옵티마리갈(ECS)	0 ± 0.5	(−)0.5 ± 0.5
아벨라	0.83 ± 0.75	(−)0.25 ± 0.75	카니발	0.85 ± 0.5	0.85 ± 0.5
엔터프라이즈	(−)0.02 ± 0.75	(−)1.2 ± 0.75	카렌스	0 ± 0.5	(−)1.5 ± 0.5
엘란	0 ± 0.5	0.68 ± 0.5			

③ 대우자동차

차종	캠버(도)		차종	캠버(도)	
	전차축	후차축		전차축	후차축
누비라	(−)0.25 ± 0.75	(−)0.83 ± 0.75	매그너스	(−)0.5 ± 1	(−)0.83 ± 1
누비라Ⅱ	(−)0.4 ± 0.75	(−)0.83 ± 0.75	맵시	0.5 ± 0.5	0.5 ± 0.5
브로엄	(−)0.17 ± 0.75	0.5 ± 0.5	슈퍼살롱	(−)0.41 ± 0.5	(−)0.41 ± 0.5
라노스(M/S)	(−)0.42 ± 0.5	(−)1 ± 1.17	씨에로	(−)0.42 ± 0.75	(−)0.5 ± 0.5
라노스(P/S)	(−)0.42 ± 0.5	(−)1 ± 1.17	스테이츠맨	(−)0.2 ± 0.3	(−)0.8 ± 0.6
라보.다마스	1 ± 1	1 ± 1	아카디아	0 ± 1	(−)0.33 ± 1
라세티	(−)0.28 ± 0.7	(−)1 ± 0.5	아카디아	0 ± 1	(−)0.33 ± 1
레간자	(−)0.2 ± 1	(−)0.8 ± 1	에스페로	(−)0.25 ± 0.5	0.5 ± 0.5
레조	(−)0.3 ± 0.75	(−)1.75 ± 0.5	임페리얼	(−)0.41 ± 0.5	(−)0.41 ± 0.5
로얄살롱	(−)0.41 ± 0.5	(−)0.41 ± 0.5	젠트라	(−)0.4 ± 0.75	(−)1.5 ± 0.5
로얄프린스	(−)0.41 ± 0.5	(−)0.41 ± 0.5	칼로스	0.75 ± 1	(−)1.5 ± 0.5
로얄DUKE	(−)0.41 ± 0.5	(−)0.41 ± 0.5	토스카	(−)0.3 ± 1.0	(−)1.3 ± (−)1.0
로얄XQ	(−)0.41 ± 0.5	(−)0.41 ± 0.5	티코	0.5 ± 1	0.5 ± 1
르망	(−)0.42 ± 0.5	(−)0.42 ± 0.5	티코(94.10)	0.5 ± 1	0.5 ± 1
르망.씨에로	(−)0.42 ± 0.75	(−)0.42 ± 0.75	프린스(´91)	(−)0.1 ± 0.5	(−)0.1 ± 0.5
마티즈	0.5 ± 0.5	0 ± 0.3	NEW 마티즈	0.5 ± 0.75	(−)1.5 ± 0.5

④ 쌍용, 르노삼성자동차

차종	캠버(도)		차종	캠버(도)	
	전차축	후차축		전차축	후차축
뉴코란도	0 ± 0.5	0 ± 0.5	체어맨	−0.38 ± 0.22	−1 ± 0.5
뉴훼미리	0.35 ± 0.5	0.35 ± 0.5	코란도, 무쏘/SUT	0.0 ± 0.5	0.0 ± 0.5
렉스턴,뉴렉스턴	0 ± 0.5	0 ± 0.5	액티언, 카이런	(−)0.19 ± 0.25	(−)0.79 ± 0.18
렉스턴Ⅱ	좌 : 0.12 ± 0.25 우 : 0.0 ± 0.25	−0.5 ± 0.5	코란도훼미리	0.58 ± 0.75	0.58 ± 0.75
로디우스	0 ± 0.5	(−)1 ± 0.5	SM3	(−)0.33 ± 0.75	1 ± 0.75
무쏘	0 ± 0.5	0 ± 0.5	SM5	0 ± 0.5	(−)0.68 ± 0.5
삼성1TON(야무진)	0.08 ± 0.5	0.08 ± 0.5	SM7	(−)0.25 ± 0.75	(−)0.83 ± 0.5
액티언SPORT	(−)0.19 ± 0.3	(−)0.19 ± 0.3	New 체어맨(EAS)	0.98 ± 0.15	−1.7 ± 0.5
야무진	0.08 ± 0.5	0.08 ± 0.5	이스타나	0.8 ± 0.5	0.8 ± 0.5

2. 캠버 각(Camber Angle)의 수정 방법

1) 전륜 맥퍼슨 타입

일반적으로 맥퍼슨 타입의 현가장치는 규정 캠버로 조립되었기 때문에 조정이 필요 없다. 그러나 일부 차량에서는 마운팅 블록을 돌려서 장착하여 조정하도록 하였으며 현장에서는 캠버 볼트라는 것을 제작하여 조정하고 있기도 하다.

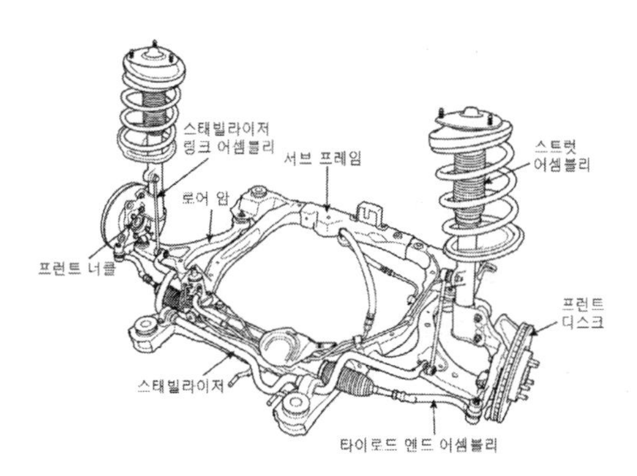

맥퍼슨 타입 현가장치

① **크레도스의 캠버 캐스터 조정**

㉮ 차량의 앞쪽을 들어 올린 다음 안전 스탠드로 지지한다.

㉯ 마운팅 블록 너트를 분리한다.

㉰ 마운팅 블록을 아래쪽으로 밀어내고 원하는 위치로 돌린다.

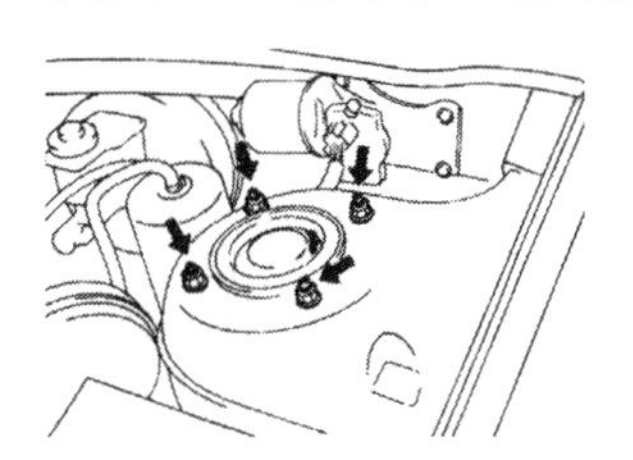

마운팅 블록 너트 분리

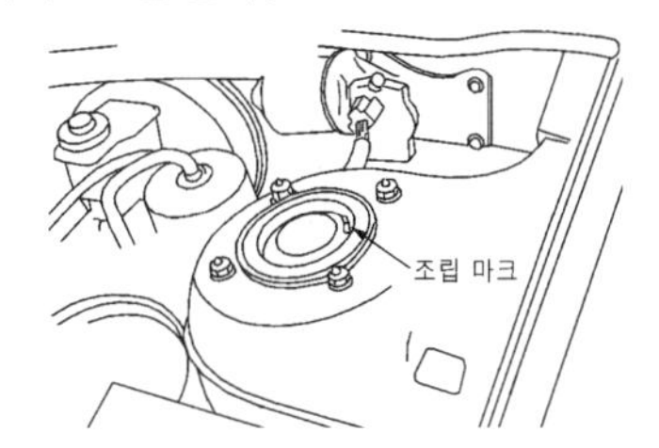

조정 후의 조립

2) 전륜 더블 위시보운 타입

어퍼 암에 심을 넣거나 빼서, 캠버 조정 볼트를 회전시켜서 캠버를 조정한다.

① **테라칸** : 캠버 조정용 심을 넣거나 빼서 조정한다.

조정 심의 두께는 4mm 이하로 조정한다. 조정 심의 최대 3장 이하로 조정한다.

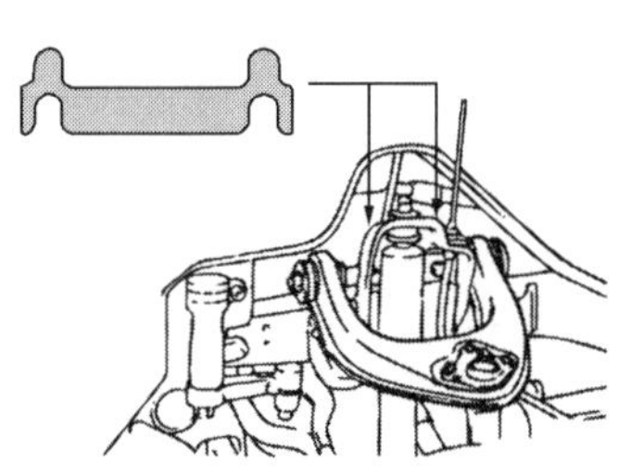

캠버 조정 심의 조립

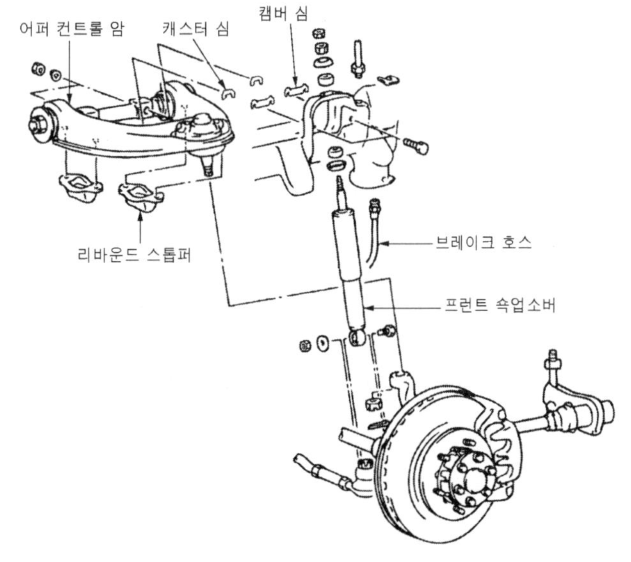

캠버 조정 심의 위치(테라칸)

품번	쉼 두께(mm)
MB176288A	1.0
MB176289A	2.0

② 스타렉스(토션바 스프링식) : 캠버값이 규정값에 벗어나면 로어 암 볼트를 회전시켜 조정한다. 시계방향으로 로어 암 볼트를 돌리면 증대하고 시계 반대방향으로 돌리면 감소한다. 1눈금당 15′변한다.

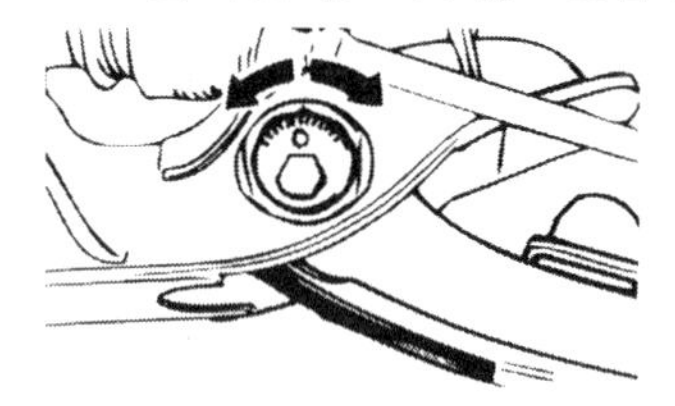

캠버, 캐스터 조정볼트(스타렉스)

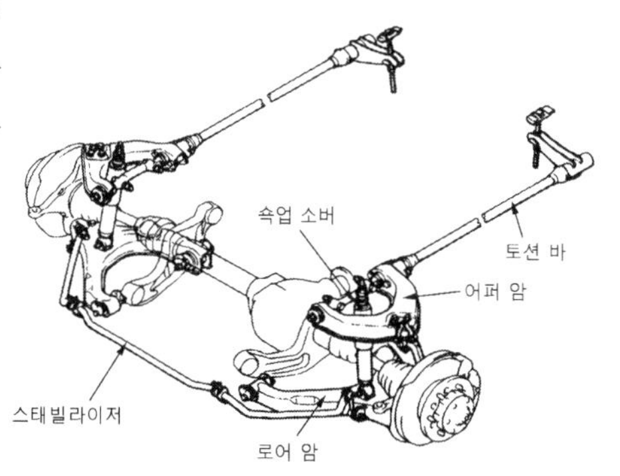

캠버, 캐스터 조정 볼트의 위치(스타렉스)

■ 캠버 캐스터 조정법

캠버, 캐스터의 표준치에 대한 측정치의 차를 산출하면, 표에 맞추어 어저스팅 캠의 이동량을 구한다. 예를 들어 규정값 보다 캠버가 30′많고 캐스터가 15′적은 경우 프론트 측 어저스팅 캠을 1.5 눈금을 A방향으로 이동하고 리어측 어저스팅 캠을 2눈금을 A방향으로 이동한다.

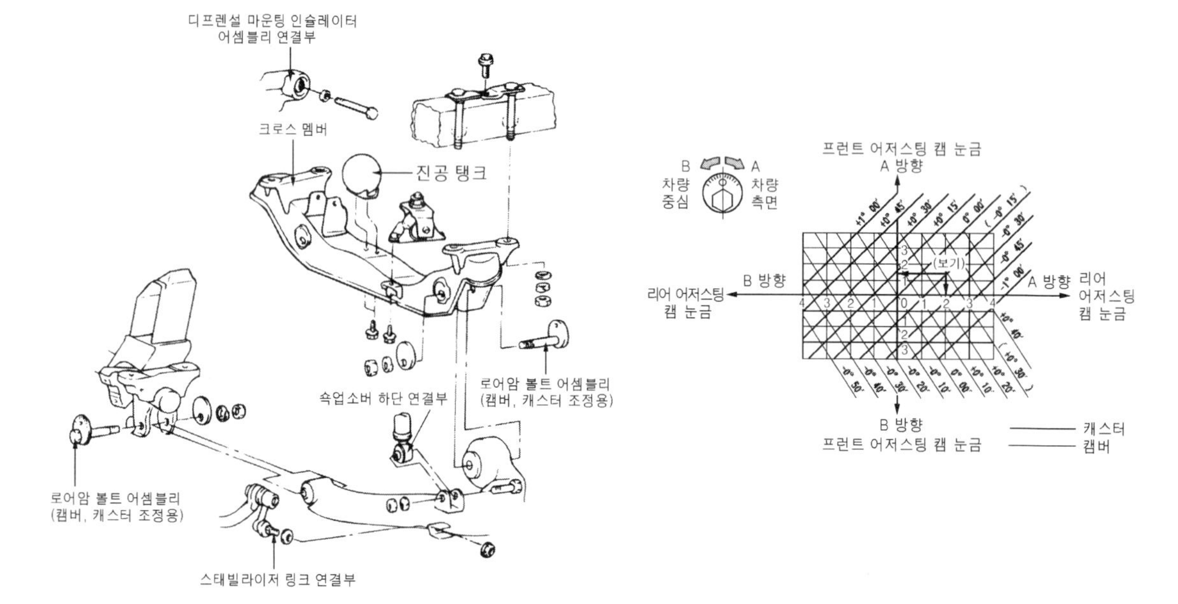

캠버, 캐스터 조정용 나사의 위치(스타렉스)

3) 후륜 더블 위시보운 타입

리어 서스펜션 암에 캠 볼트를 좌우로 돌려서 조정한다.

> ① 조정시 리어 서스펜션 어퍼 암 장착 캠 볼트는 반드시 양쪽으로 같은 양만큼 돌린다.
> ② 좌우의 하중 스프링색이 같은 스프링끼리 장착해야 한다.
> ③ 캠 볼트는 중심 위치에서 좌우 90°범위에서 조정해야 한다.

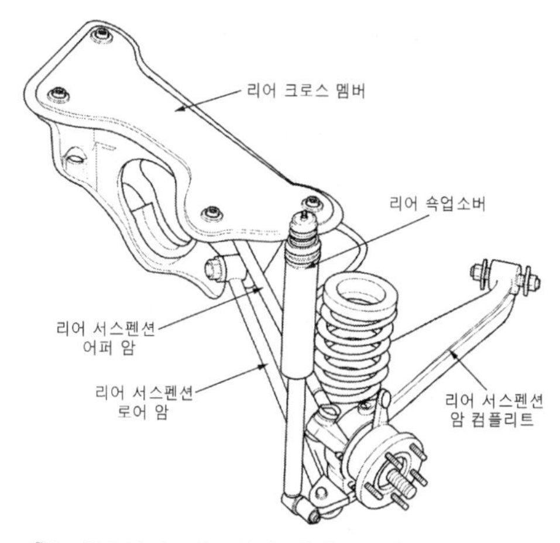

더블위시보운 타입 리어 액슬(싼타페)

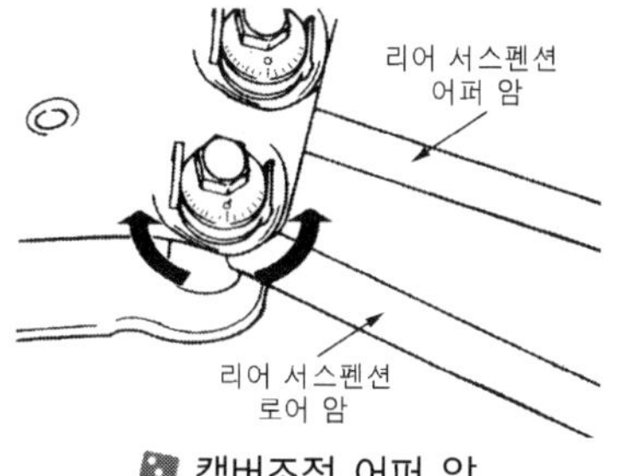

캠버조정 어퍼 암

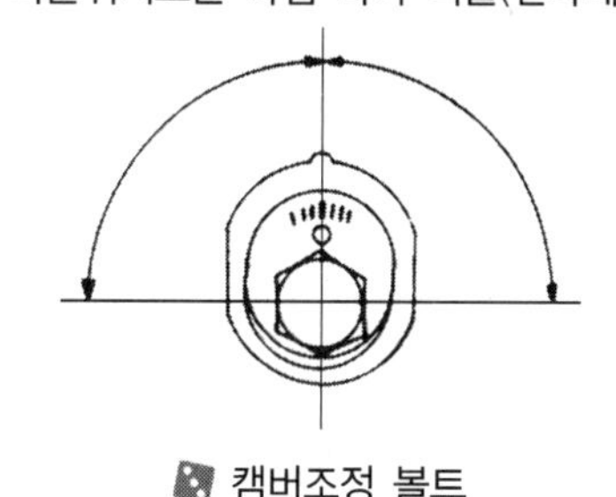

캠버조정 볼트

① 세미 트레일링 암 타입(트라제) : 캠버는 생산시 기준치로 조립됐으므로 조정이 필요 없다. 만일 캠버 각이 기준치 범위 내에 벗어나면 굽은 부품 또는 손상 부품을 교환한다.

② 듀얼 링크 타입(EF 쏘나타) : 캠버는 생산시 기준치로 조립됐으므로 조정이 필요 없다. 만일 캠버 각이 기준치 범위 내에 벗어나면 굽은 부품 또는 손상 부품을 교환한다.

② 멀티 링크 타입(그랜저 XG) : 캠버는 생산시 기준치로 조립됐으므로 조정이 필요 없다. 만일 캠버 각이 기준치 범위 내에 벗어나면 굽은 부품 또는 손상 부품을 교환한다.

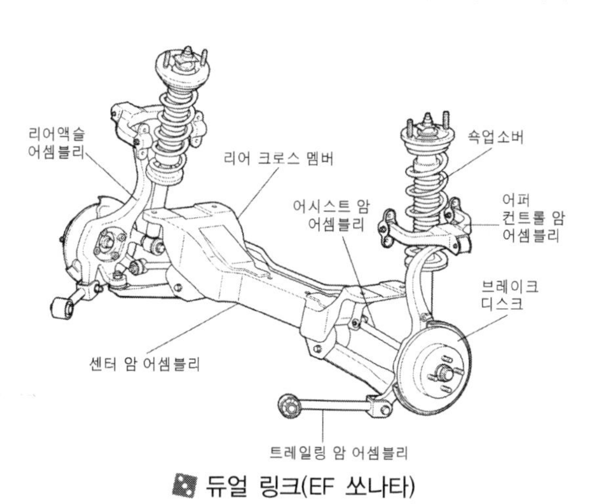

듀얼 링크(EF 쏘나타)

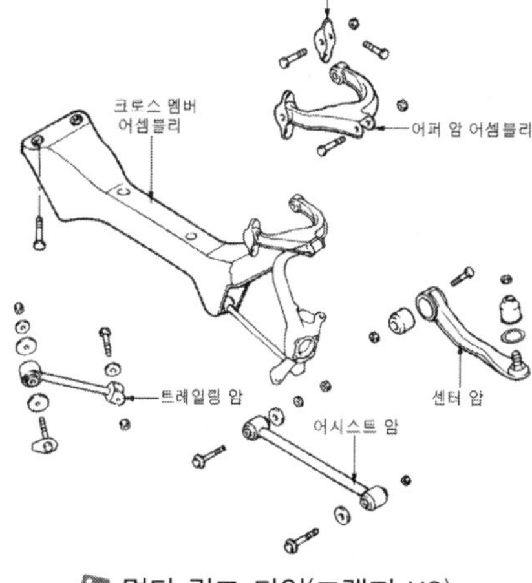

멀티 링크 타입(그랜저 XG)

④ 멀티 링크 타입(에쿠스) : 로어 암 장착 볼트를 돌려 좌·우륜의 차가 30′이하로 조정한다. 이때, 어시스트 링크 장착 볼트(크로스 멤버측)를 풀어 놓은 상태에서 조정한다.

항　목	조정값
1눈금	약 15′
좌륜 시계방향	(−) 캠버
우륜 시계방향	(+) 캠버

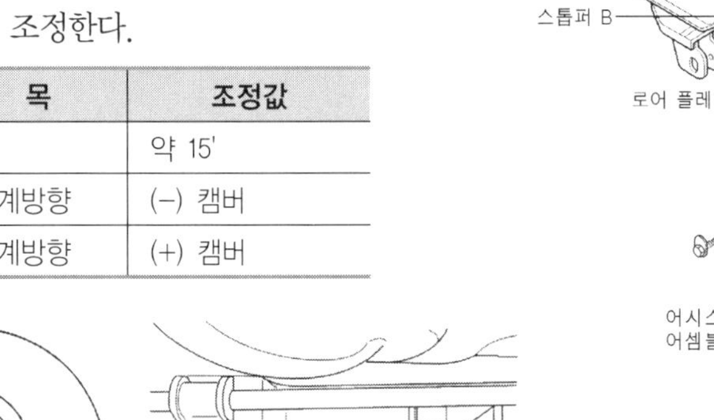

멀티링크 타입 로어 암 위치(에쿠스)

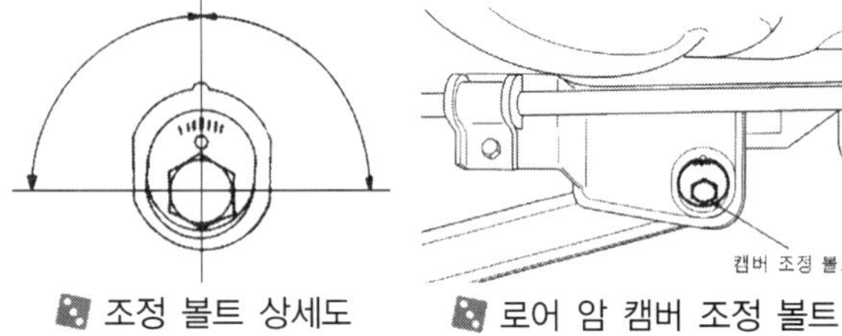

조정 볼트 상세도　　로어 암 캠버 조정 볼트

3. 실제차량에서 캠버 각(Camber Angle)의 점검 방법

① 바퀴를 직진 상태에 있도록 하고 턴테이블의 고정 핀을 제거한 다음 각도판의 지침을 0점에 맞춘다.
② 바퀴의 그리스 캡을 떼어내고 휠 허브를 깨끗이 닦는다.
③ 휠 허브의 접촉면이 손상되어 있지 않는가 점검한다.
④ 게이지의 보호판을 떼어내고 포터블 게이지의 센터 핀(셀프 센터링 플런저)을 스핀들의 중심과 일치시켜 휠 허브에 충격이 없도록 접촉시킨다.
⑤ 수평의 기포를 중앙의 라인 내에 위치하도록 좌우로 조정하여 게이지가 수평이 되도록 한다.
⑥ 캠버의 기포 중앙의 눈금을 읽는다.

캠버각 측정 현장 사진

NO.4 캐스터 각(Camber angle)의 점검 정비 방법

1. 캐스터 각(Caster Angle)의 점검 방법

1) 캐스터(caster) 측정방법

① 바퀴를 직진상태에 있도록 하고 턴테이블의 고정 핀을 제거한 다음 각도판의 지침을 0점에 맞춘다.
② 바퀴의 그리스 캡을 떼어내고 휠 허브를 깨끗이 닦는다.

③ 휠 허브의 접촉면이 손상되어 있지 않는가 점검한다.

④ 게이지 보호판을 떼어내고 포터블 게이지의 센터 핀(셀프 센터링 플런저)을 스핀들의 중심과 일치시켜 휠 허브에 충격이 없도록 접촉시킨다.

⑤ 턴테이블의 지침을 0점에 일치시킨 다음 턴테이블의 각도를 보면서 바퀴의 앞부분을 바깥쪽으로 20°회전시킨 후 게이지를 좌우로 움직여 수평기포를 중심에 오도록 조정한 다음 캐스터 게이지의 0점을 조정한다.

⑥ 바퀴의 앞부분을 안쪽으로 회전시켜 각도판의 0점을 지나 안쪽으로 20°회전(바깥쪽 20°→ 0°→ 안쪽 20°)시킨 후 게이지의 수평 기포를 중심에 오도록 조정한다. → 총 40°회전시킨다.

⑦ 캐스터 기포 중앙의 눈금을 읽는다.

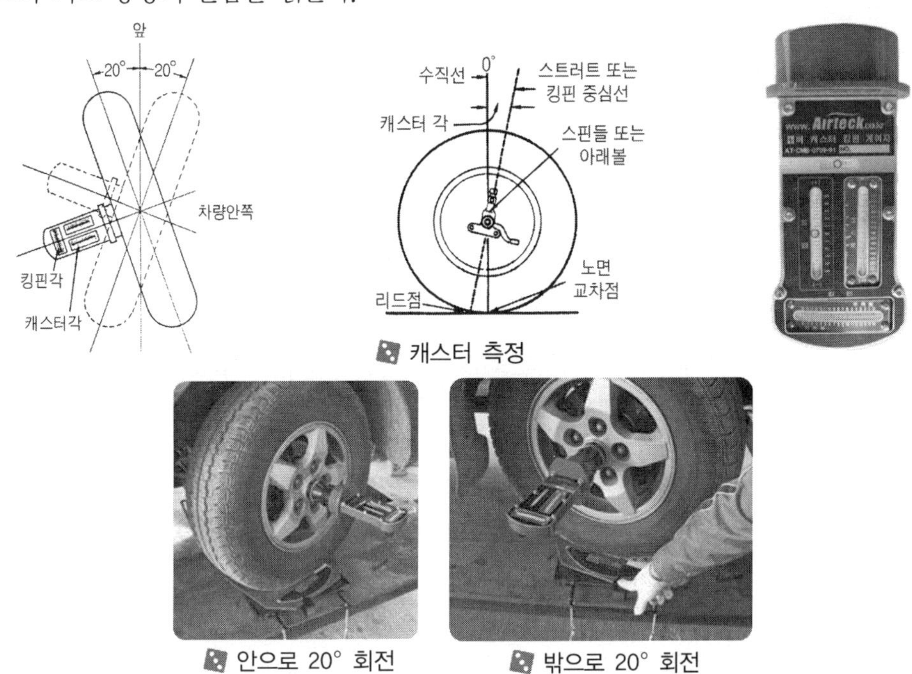

캐스터 측정

안으로 20° 회전

밖으로 20° 회전

4) 차종별 캐스터 규정값

① 현대자동차

차종	캐스터(도)	차종	캐스터(도)	차종	캐스터(도)
갤로퍼	2 ± 1.92	소나타	2 ± 0.5	에쿠스	3.5 ± 0.5
구스텔라	2.5 ± 0.5	소나타II	2.75 ± 0.5	엑센트	2.16 ± 0.5
그랜저(2.0)	1.25 ± 0.5	스쿠프	1 ± 0.33	엑셀	0.83 ± 0.33
그랜저(3.0)	1.4 ± 0.5	스타렉스(2WD)	3.42 ± 0.5	엘란트라	2.35 ± 0.5
그랜저TG	4.83 ± 0.75	티뷰론	2.35 ± 0.5	클릭(노파워)	1.90 ± 0.5
그랜저XG	2.7 ± 1	포니	1.75 ± 0.5	클릭(파워핸들)	2.40 ± 0.5
그레이스	3 ± 1	포터(125)	1.5 ± 0.5	테라칸	3.08 ± 0.5
뉴 포터	3 ± 1	포터(1TON)	3.13 ± 0.5	투스카니	2.97 ± 0.5
뉴그랜저	2.75 ± 0.5	싼타모(2WD)	2.17 ± 0.7	투싼	3.35 ± 0.5
뉴그레이스(93이후)	3.13 ± 0.5	싼타모(4WD)	2.08 ± 0.7	트라제XG	2.95 ± 0.5

차종	캐스터(도)	차종	캐스터(도)	차종	캐스터(도)
뉴포터	3 ± 1	싼타페	2.5 ± 0.5	스타렉스(4WD)	3.42 ± 0.5
다이너스티	2.75 ± 0.5	쏘렌토	3.30 ± 3	NEW 싼타페	4.4 ± 0.5
라비타	2.78 ± 0.5	씨에로	1.75 ± 1	포터Ⅱ	3.8 ± 0.5
리베로	3 ± 0.5	아반떼	2.35 ± 0.5	프레스토	0.83 ± 0.33
마르샤	2.7 ± 0.5	아반떼XD	2.82 ± 0.5	EF소나타	2.7 ± 1
베르나	1.75 ± 0.5	아토즈	2.73 ± 0.5	NF소나타	4.83 ± 1

② 기아자동차

차종	캐스터(도)	차종	캐스터(도)	차종	캐스터(도)
그랜드 카니발	3.46 ± 0.5	세라토	2.6 ± 0.5	오피러스	3.25 ± 1
뉴스포티지	3.53 ± 0.5	세레스	3.5 ± 0.5	옵티마	3.25 ± 1
뉴프라이드	4 ± 0.5	세피아	2 ± 0.75	옵티마리갈	3.25 ± 1
레토나	2.42 ± 0.5	크레도스	2.5 ± 0.75	옵티마리갈(ECS)	3.25 ± 1
록스타	6 ± 0.75	타우너	3 ± 0.5	카니발	1.95 ± 0.5
록스타II(수)	6 ± 0.75	토픽	3.3 ± 0.5	카렌스	2.45 ± 0.75
록스타II(파)	7.5 ± 0.75	포텐샤	4.95 ± 0.75	카렌스Ⅱ	2.42 ± 0.5
리오	1.68 ± 0.75	세피아II	2.45 ± 0.75	카스타	2.17 ± 0.5
모닝	2.71 ± 0.5	세피아II & 슈마	2.45 ± 0.75	캐피탈	1.65 ± 0.75
베스타,파워봉고	3.95 + 0.16	스펙트라	2.45 ± 0.75	콤비	2.3 ± 0.5
복서	2.5 ± 0.33	스포티지	3.64 ± 0.75	콩코드	1.66 ± 0.75
봉고	2 ± 1	쏘렌토	3.30 ± 0.75	프레지오	2.8 ± 0.5
봉고Ⅲ	3.17 ± 0.5	아벨라	1.67 ± 0.75	프라이드	1.62 ± 0.75
봉고Ⅲ1TON(2WD)	3.1 ± 0.5	엔터프라이즈	5.25 ± 0.75	프론티어(2WD)	1.92 ± 0.75
봉고Ⅲ1TON(4WD)	3.86 ± 0.5	엘란	1.7 ± 0.5	프론티어(4WD)	3.7 ± 1
비스토	2.23 ± 0.5				

③ 대우자동차

차종	캐스터(도)	차종	캐스터(도)	차종	캐스터(도)
누비라, 누비라Ⅱ	3 ± 0.75	로얄프린스	2.0 ± 0.5	아카디아	3.75 ± 1
NEW 마티즈	3.8 ± 1	로얄DUKE	2.0 ± 0.5	에스페로	1.45 ± 0.5
뉴프린스, 브로엄	4.25 ± 1	로얄XQ	2.0 ± 0.5	임페리얼	2.0 ± 0.5
라노스(M/S)	1.5 ± 1	르망, 씨에로	1.75 ± 1	젠트라	2.5 ± 0.75
라노스(P/S)	2 ± 1.75	마티즈	2.8 ± 0.5	칼로스	2.50 ± 1
라보, 다마스	5 ± 1	매그너스	3 ± 1	토스카	2.9 ± 1
라세티	4 ± 0.75	맵시	5.1 ± 1.25	티코	3.35 ± 1
레간자	3 ± 1	슈퍼살롱	2.0 ± 0.5	티코(94.10)	3.6 ± 1
레조	3 ± 0.5	씨에로	1.75 ± 1	프린스(´91)	1.7 ± 0.5
로얄살롱	2.0 ± 0.5				

④ 쌍용/삼성자동차

차종	캐스터(도)	차종	캐스터(도)	차종	캐스터(도)
뉴코란도	2.5 ± 0.5	삼성1TON(야무진)	1 ± 0.5	코란도, 무쏘/SUT	2.50 ± 0.5
뉴훼미리	2.25 ± 0.5	액티언SPORT	4.4 ± 0.5	액티언, 카이런	4.4 ± 0.4
렉스턴,뉴렉스턴	2.75 ± 0.5	New 체어맨(EAS)	10.75 ± 0.5	코란도훼미리	0.5 ± 0.75
렉스턴Ⅱ	좌 : 4.28 ± 0.4 우 : 4.38 ± 0.4	야무진	1 ± 0.5	SM3	1.42 ± 0.75
로디우스	4.5 ± 0.5	이스타나	2 ± 0.25	SM5	2.75 ± 0.75
무쏘	2.5 ± 0.5	체어맨	10.35 + 0.6	SM7	2.83 ± 0.75

2. 캐스터 각(Caster Angle)의 조정 방법

① 캠버와 같이 현재 맥퍼슨 차량들은 조정할 수 없는 구조로 되어 있다.

스트럿 바가 있는 경우는 스트럿 바로 조정한다.

② 심으로 조정하는 형식

㉮ 이너 샤프트는 너트를 조금 풀고 그림에서 심을 A에서 빼내어 B에 넣거나 B에서 빼내어 A에 넣는다.

㉯ B(앞)에서 빼내어 A(뒤)에 넣는다. : +(정)의 캐스터가 된다.

㉰ A(뒤)에서 빼내어 B(앞)에 넣는다. : −(부)의 캐스터가 된다.

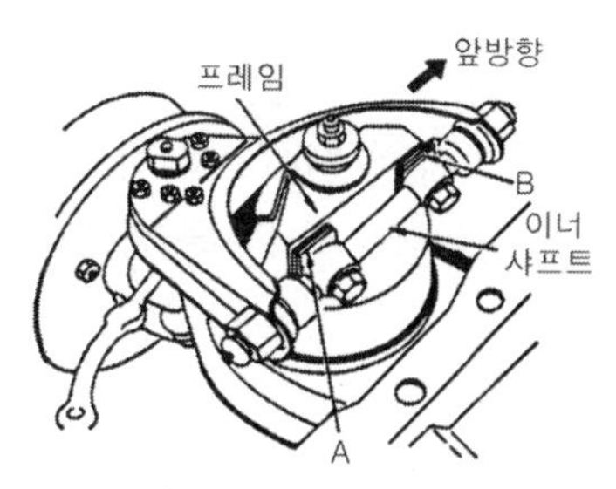

Shim 조정형식

③ 스트럿 바로 조정하는 형식

㉮ 스트럿 바는 앞쪽 또는 뒤쪽으로 로어 암과 크로스 멤버 사이에 설치되어 있다.

㉯ 크로스 멤버 쪽의 이중 너트를 풀고 길이를 가감하여 캐스터를 조정한다.

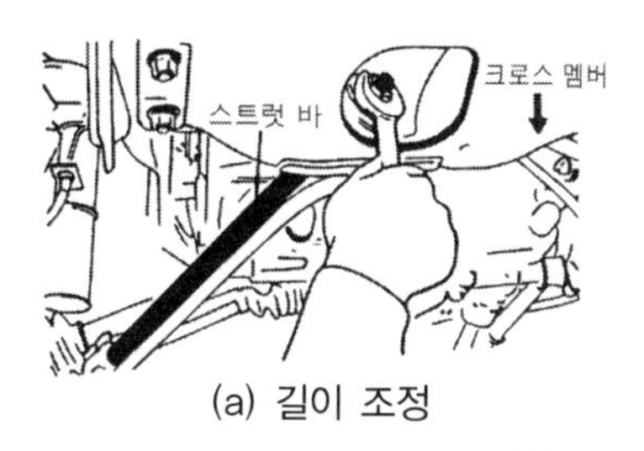

(a) 길이 조정

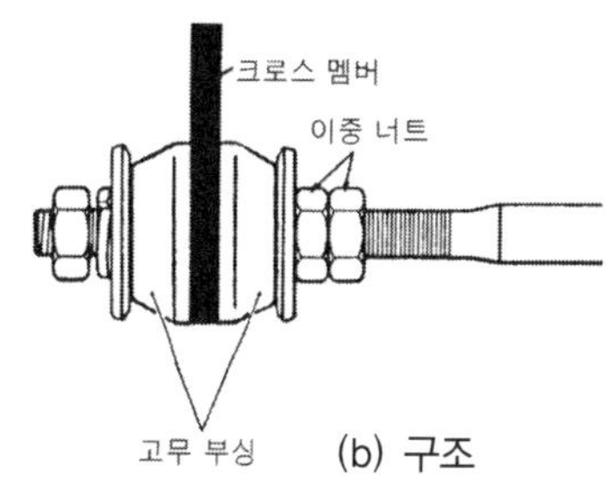

(b) 구조

Strut bar 형식

㉰ 앞쪽으로 스트럿 바가 설치된 경우

㉠ 스트럿 바의 길이를 짧게 하면 : +(정)의 캐스터가 된다.

㉡ 스트럿 바의 길이를 길게 하면 : −(부)의 캐스터가 된다.

④ 캐스터 웨지에 의한 조정(일체식) : 일체식 차축의 캐스터 조정은 차축과 판 스프링 사이에 캐스터 웨지를 끼워 넣어 조정한다.

㉮ 웨지를 뒤쪽에 끼우면 : +(정)의 캐스터가 된다.

㉯ 웨지를 앞쪽에 끼우면 : −(부)의 캐스터가 된다.

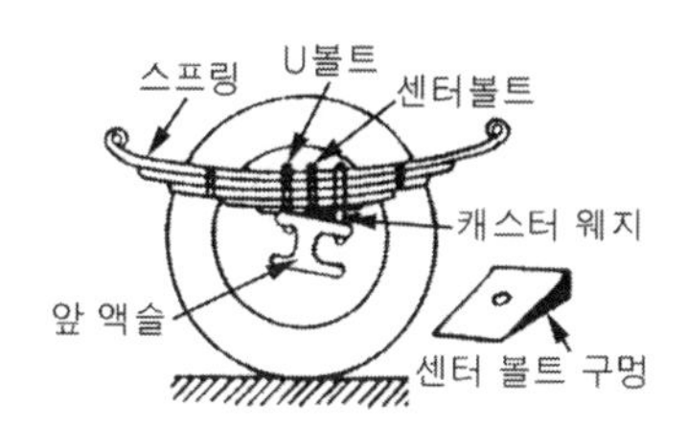

Caster wage에 의한 조정방식

NO.5 토인(Toe-in)의 점검 정비 방법

1. 토인(Toe – in) 점검 방법

1) 토인 측정 전 준비사항

① 차량을 공차상태로 한다.

② 타이어의 공기압력을 규정으로 맞춘 후 트레드부의 마모가 심한 것은 교환한다.

③ 휠 베어링의 헐거움, 볼 조인트의 마모, 타이로드 엔드의 헐거움을 점검한다.

2) 토인 측정 방법

① 턴테이블을 사용하지 않는 수평인 장소에서 한다.

② 타이어 중심선에 분필을 이용하여 라인을 긋고 스크라이버를 이용하여 가는 선을 분필 라인의 중심에 긋는다.

③ 토인 게이지의 침봉을 허브 중심과 같게 고정한다.

④ 토인 게이지를 0점에 맞춘 후 바의 길이를 조정하여 침봉이 타이어 중심선에 맞도록 타이어 뒤쪽에 먼저 설치한 후 토인 게이지를 앞쪽으로 이동한다.

⑤ 침봉을 타이어 중심선에 먼저 맞춘 후 게이지의 마이크로미터를 회전시켜 침봉이 타이어 중심선에 오도록 이동시킨 후 눈금을 판독한다.

㉮ 슬리브에 보이는 짝수 눈금을 읽고 그 값에 딤블의 눈금을 읽는다.

㉯ 좁아졌으면 토인(toe-in), 넓어졌으면 토 아웃(toe-out)이다.

㉰ 토인 조정은 타이로드의 길이를 가감하여 조정한다.

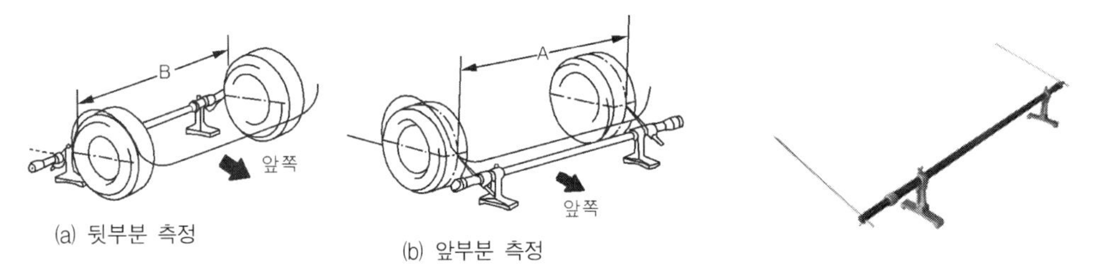

토인 측정

토인 게이지

● 토인게이지 눈금 읽는 방법

❶ 시계반대방향으로 회전시키면 늘어난다.
12mm+0.4mm=12.4mm

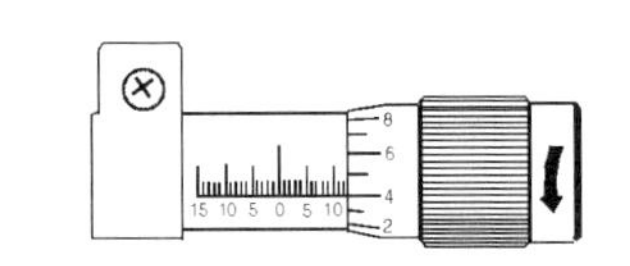

❷ 7mm는 보이지만 6mm(짝수)를 읽는다.
6mm+1.2mm=7.2mm

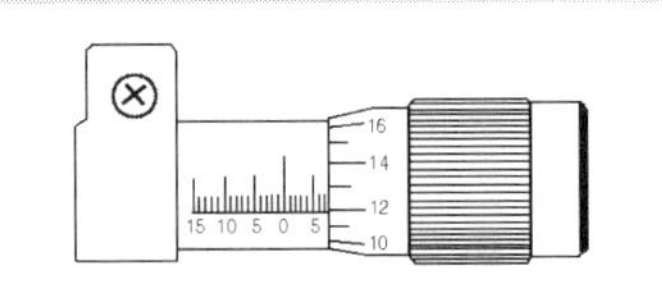

❸ 딤블의 숫자를 읽는다.
4mm+0.3 (2.0−1.7=0.3mm)=4.3mm

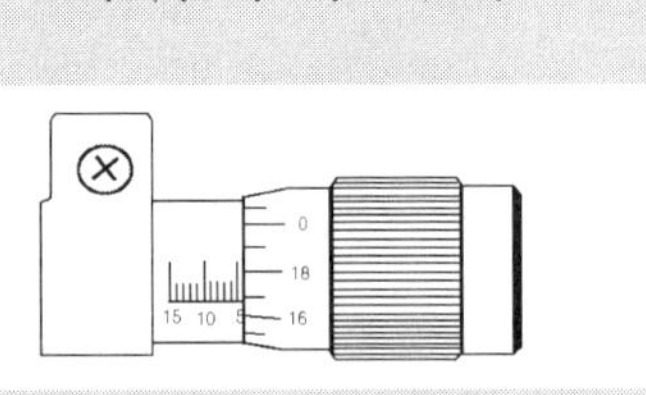

❹ 9mm를 지났지만 8mm(짝수)를 읽는다.
또한 딤블 숫자를 역으로 읽는다.
8mm+1.6 (2.0−0.4=1.6mm)=9.6mm

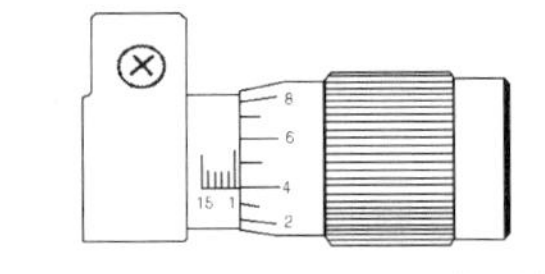

3) 차종별 토인 규정값

① 현대자동차

차종	토우(mm)	차종	토우(mm)	차종	토우(mm)
갤로퍼	5.5 ± 3.5	소나타	0 ± 3	엑셀	1 ± 3
그랜저(2.0)	0 ± 3	소나타II	0 ± 3	엘란트라	0 ± 3
그랜저(3.0)	0 ± 3	스쿠프	0 ± 3	클릭(노파워)	0 ± 2
그랜저TG	0 ± 2	스타렉스(2WD)	(−)1 ± 2	클릭(파워핸들)	0 ± 2
그랜저XG	0 ± 2	스타렉스(4WD)	0 ± 3	테라칸	3.5 ± 3.5
그레이스	0 ± 3	스펙트라	0 ± 3	투스카니	0 ± 2
뉴포터	0 ± 3	NEW 싼타페	0 ± 2	투싼	0 ± 2
뉴그랜저	0 ± 3	싼타모(2WD)	0 ± 3	트라제 XG	0 ± 3
뉴그레이스(93이후)	0 ± 3	싼타모(4WD)	0 ± 3	티뷰론	0 ± 3
뉴포터	0 ± 3	싼타페	(−)2 ± 2	포터(125)	2 ± 1
다이너스티	0 ± 3	아반떼	0 ± 3	포터(1 ton)	5 ± 3
라비타	0 ± 2	아반떼XD	0 ± 2	포터II	0 ± 2
리베로	0 ± 3	아토즈	2 ± 3	EF소나타	0 ± 2
마르샤	0 ± 3	에쿠스	0 ± 3	NF소나타	0 ± 2
베르나	0 ± 3	엑센트	0 ± 3		

② 기아자동차

차종	토우(mm)	차종	토우(mm)	차종	토우(mm)
그랜드 카니발	0 ± 2	세라토	0 ± 2	옵티마	(−)3 ± 3
뉴스포티지	0 ± 2	세레스	3 ± 3	옵티마리갈	0 ± 2
뉴프라이드	(−)1 ± 1	세피아	3.6 ± 3.8	옵티마리갈(ECS)	0 ± 3
레토나	(−)0.2 ± 3	크레도스	3 ± 3	카니발	(−)0.9 ± 2.5
록스타	3 ± 3	타우너	5.5 ± 1.5	카렌스	(−)1 ± 3
록스타II(수)	1 ± 1	토픽	5 ± 2	카렌스II	0 ± 2
록스타II(파)	1 ± 1	포텐샤	4 ± 3	카스타	0 ± 3
리오	3 ± 3	세피아II	(−)1 ± 3	캐피탈	3 ± 3
모닝	0 ± 2	세피아II&슈마	(−)1 ± 3	콤비	3 ± 2
베스타,파워봉고	0 ± 3	스펙트라	0 ± 3	콩코드	3.4 ± 3.4
복서	3 ± 3	스포티지	2.5 ± 2.5	프레지오	2.5 ± 2.5
봉고	0 ± 3	쏘렌토	2.6 ± 2.5	프라이드	3.5 ± 3
봉고III	0 ± 2.5	아벨라	3.5 ± 3	프론티어(2WD)	0.6 ± 0.6
봉고III 1TON	6 ± 2	엔터프라이즈	2.5 ± 2	프론티어(4WD)	0 ± 3
봉고III1TON(4WD)	0 ± 3	엘란	0 ± 3		
비스토	2.5 ± 2	오피러스	0 ± 2		

③ 대우자동차

차종	토우(mm)	차종	토우(mm)	차종	토우(mm)
누비라, 누비라II	0 ± 2.2	로얄프린스	4 ± 0.5	슈퍼살롱	4 ± 0.5
NEW 마티즈	0.17° ± 0.17°	로얄DUKE	4 ± 0.5	씨에로	0 ± 1
뉴프린스, 브로엄	2 ± 1	로얄XQ	4 ± 0.5	아카디아	1 ± 2
라노스(M/S)	0 ± 1	티코(94.10)	1 ± 2	아카디아	(−)1 ± 2
라노스(P/S)	0 ± 1	프린스('91)	1 − 0 + 2	에스페로	(−)0.08 ± 0.2

차종	토우(mm)	차종	토우(mm)	차종	토우(mm)
라보, 다마스	3.5 ± 1	르망	2.5 ± 1.0	임페리얼	4 ± 0.5
라세티	0 ± 2.2	르망, 씨에로	0 ± 1	젠트라	(0.9mm ± 2.2mm)
레간자	1.3 ± 1	마티즈	1.5 ± 1.5	칼로스	1.2 ± 0.5
레조	0 ± 2	매그너스	3.2 ± 0.5	토스카	0.1 ± 0.16°
로얄살롱	4 ± 0.5	맵시	3.0 ± 1.0	티코	1 ± 2

④ 쌍용, 삼성자동차

차종	토우(mm)	차종	토우(mm)	차종	토우(mm)
뉴코란도	2 ± 2	삼성1TON(야무진)	1 ± 1	코란도, 무쏘/SUT	2 ± 2
뉴훼미리	0 ± 2	액티언SPORT	2 ± 2	액티언, 카이런	2 ± 2
렉스턴,뉴렉스턴	2 ± 2	New 체어맨(EAS)	4.4 ± 1.9	코란도훼미리	0 ± 2
렉스턴Ⅱ	2 ± 2	야무진	1 ± 1	SM3	2 ± 1
로디우스	2 ± 2	이스타나	3 ± 1	SM5	0 ± 3
무쏘	2 ± 2	체어맨	4.4 ± 1.9	SM7	0.7 ± 1

2. 토인(Toe-in) 조정 방법

부정확한 토우는 타이어의 편마모를 가져오게 되며, 직진 주행시 핸들의 위치가 똑바로 서지 못하게 된다.

① 토인의 조정은 타이로드 또는 타이로드 엔드의 고정 너트를 풀고 타이로드 또는 타이로드 엔드를 회전시켜 길이를 늘이고 줄여서 조정한다.

② 뒤쪽으로 타이로드가 있는 경우에는 다음과 같이 변한다.

㉮ 타이로드 길이를 늘일 때 : 토 인으로 된다.

㉯ 타이로드 길이를 줄일 때 : 토 아웃으로 된다.

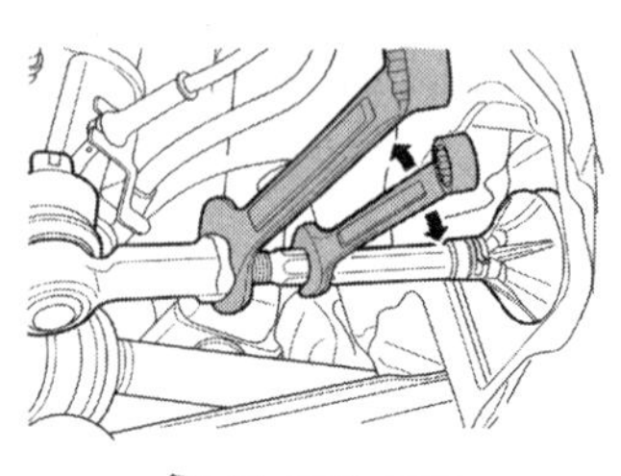

앞 토인 조정

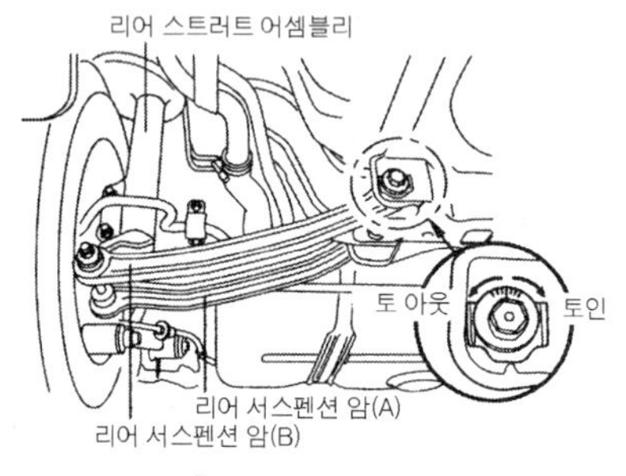

뒤 토인 조정

NO.6 사이드 슬립(Side Slip)의 점검 정비 방법

1. 사이드 슬립(Side Slip) 점검 방법

1) 사이드 슬립 측정 전 준비사항

① 타이어 공기 압력이 규정 압력인가(28~32psi)를 확인한다.

② 바퀴를 잭(jack)으로 들고 다음 사항을 점검한다.
㉮ 위·아래로 흔들어 허브 유격을 확인한다.
㉯ 좌·우로 흔들어 엔드 볼 및 링키지 확인한다.
③ 보닛을 위·아래로 눌러보아 현가 스프링의 피로를 점검한다.

2) 사이드 슬립 측정 방법

① 자동차는 공차 상태에 운전자 1인이 승차한 상태로 한다.
② 타이어 공기 압력은 표준 값으로 하고, 조향 링크의 각부를 점검한다.
③ 시험기는 사이드 슬립 테스터로 하고, 지시장치의 표시가 0점에 있는가를 확인한다.
④ 자동차를 측정기와 정면으로 대칭시킨다.
⑤ 측정기에 진입 속도는 5km/h로 한다.
⑥ 조향 핸들에서 손을 떼고 5km/h로 서행하면서 계기의 눈금을 타이어의 접지면이 시험기 답판을 통과 완료할 때 읽는다.
⑦ 옆 미끄러짐 양의 측정은 자동차가 1m주행할 때의 사이드 슬립량을 측정하는 것으로 한다.
⑧ 조향 바퀴의 사이드 슬립이 1m주행에 좌우 방향으로 각각 5mm 이내여야 한다.

■ 자동차관리법 시행규칙 제73조 관련

항목	검사기준	검사방법
조향장치	① 조향륜 옆 미끄럼량은 1m 주행에 5mm 이내일 것. ② 조향계통의 변형 · 느슨함 및 누유가 없을 것. ③ 동력조향 작동유의 유량이 적정할 것	① 조향핸들에 힘을 가하지 아니한 상태 에서 사이드슬립 측정기의 답판 위를 직진할 때 조향 바퀴의 옆 미끄럼량을 사이드 슬립 측정기로 측정 ② 기어박스·로드 암·파워 실린더·너클 등의 설치상태 및 누유여부 확인 ③ 동력조향 작동유의 유량 확인

2. 사이드 슬립(Side Slip) 테스터기 사용 방법

1) 아날로그 방식

① 구조
㉮ 전원 스위치 : 테스터기에 전원공급
㉯ 눈금판 : 사이드 슬립량을 나타내는 부분이다.
㉰ 답판 : 타이어가 지나가는 측정판이다.
㉱ 고정장치(LOCK) : 대게 답판 중앙 부분에 위치하며 답판을 고정하거나 풀어주는 기구이다.
㉲ 불합격 램프 : 사이드 슬립량이 1m 주행에 대하여 5mm이상 되면 램프가 점등된다.
㉳ 부저 : 불합격일 경우에 이 부저가 울린다.
㉴ 파일럿 램프 : 전원 스위치를 ON으로 하면 점등된다.

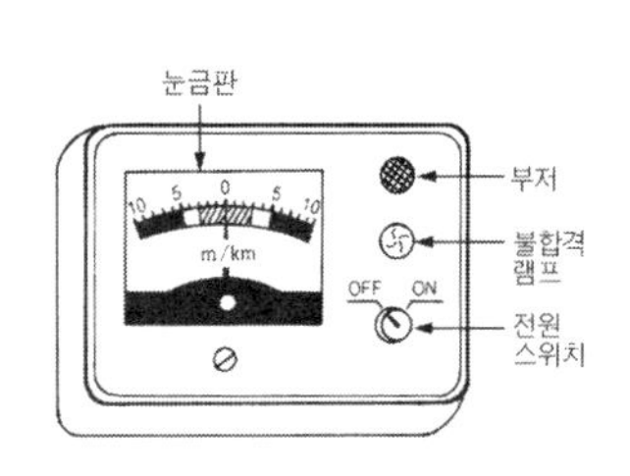

사이드 슬립 시험기

② 사용 방법

㉮ 전원 스위치를 On시킨다.

㉯ 게이지 눈금판에 지침을 0점으로 조정한다.

㉰ 답판 고정 레버를 풀고 발판을 좌·우로 움직여 부저 벨이 울리는지 확인한다.

㉱ 조향 핸들을 직진상태로 자동차를 3~5km/h 속도로 답판 위로 진입시킨다.

㉲ 이때 바로 지침의 움직임의 지시값을 판독한다.

- 0~3mm(녹색) : 정상
- 3~5mm(황색) : 양호
- 5mm이상(적색) : 불량

㉳ 측정이 끝난 후 전원 스위치를 Off시킨다.

㉴ 답판의 고정 장치를 고정(LOCK)한다.

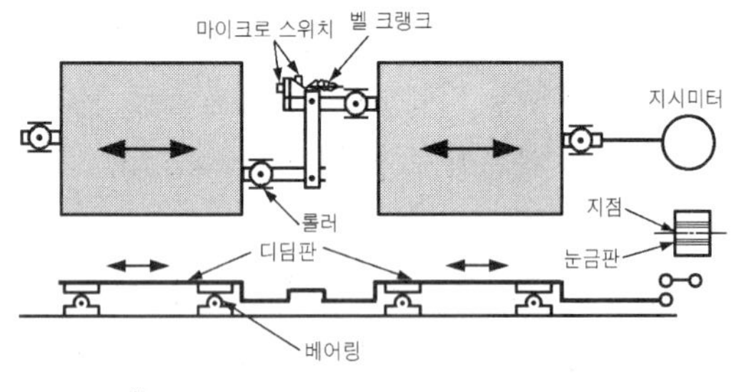

사이드 슬립 시험기의 내부 구조

2) 디지털 방식(A.B.S COMBI)

① 사용 방법

㉮ 브래커 스위치를 On한다.(시험기의 메인S/W이다.)

㉯ 컨트롤 박스의 전원 S/W를 On시키면 모니터가 작동된다.

㉰ A버튼을 눌러 사이드 슬립 테스트를 선택한다.

㉱ 조향핸들을 직진상태로 차량을 3~5km/h 속도로 발판 위로 진입시킨다.

㉲ 이때 바로 판정이 나타남과 동시에 검사는 종료된다.

- 0~3mm(녹색) : 정상
- 3~5mm(황색) : 양호
- 5mm 이상(적색) : 불량

㉳ 측정이 끝난 후 전원 스위치를 Off시킨다.

㉴ 답판의 고정 장치를 고정(LOCK)한다.

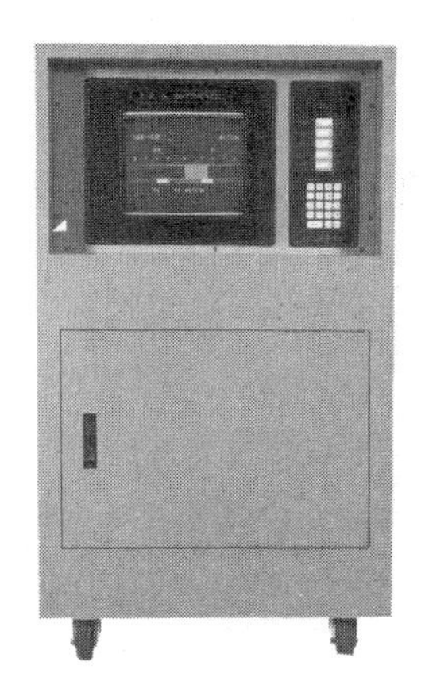

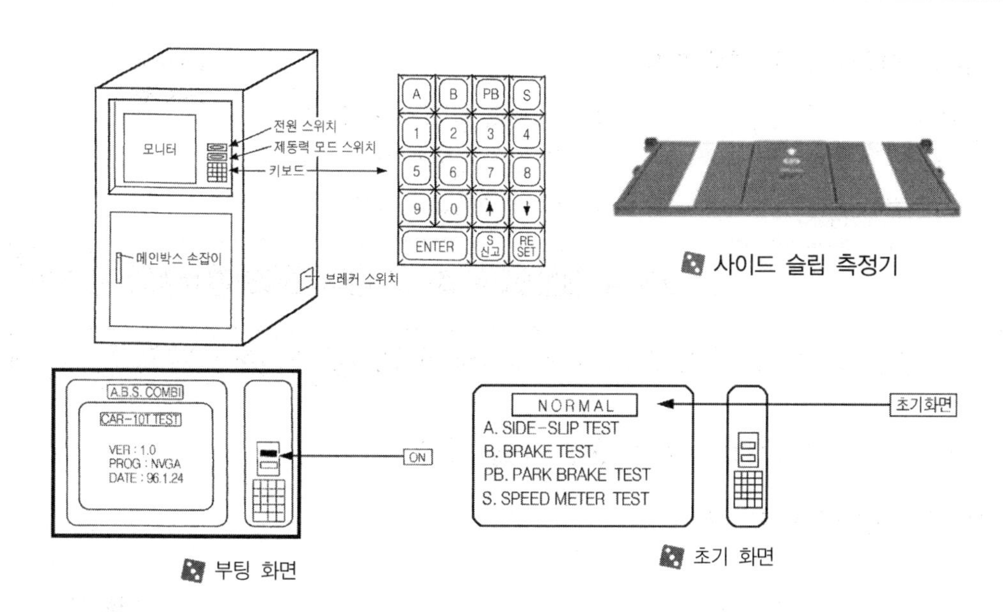

사이드 슬립 측정기

부팅 화면

초기 화면

3. 사이드 슬립(Side Slip)의 조정 방법

타이로드 엔드 고정너트를 풀고 타이로드를 시계방향으로 회전시키면(타이로드가 엔드에 조립된 상태에서 본다) 볼트가 들어가는 방향이므로 타이로드의 길이가 작아져 바퀴의 앞쪽이 벌어져 토 아웃이 된다. 자동차마다 조정량은 다르지만 타이로드 1회전은 약 12mm 정도 조정되므로 양쪽으로 나누어서 조정한다. 예를 들면 12mm 토 아웃으로 조정하여야 한다면 왼쪽바퀴 6mm, 오른쪽바퀴 6mm이므로 타이로드를 시계방향으로 반 바퀴씩 조여 준다.

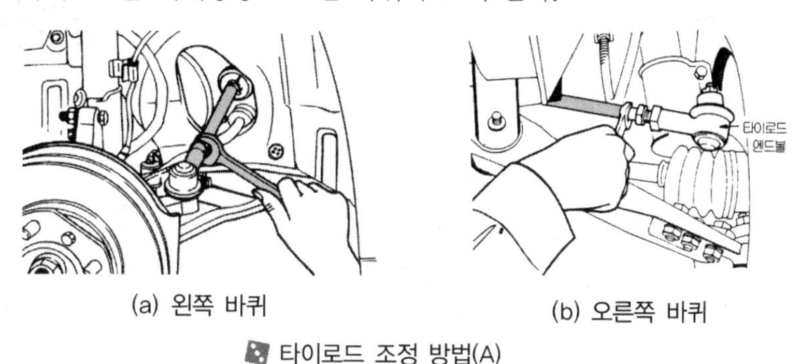

(a) 왼쪽 바퀴 (b) 오른쪽 바퀴

타이로드 조정 방법(A)

4. 사이드 슬립(Side Slip)의 고장진단 방법

1) 사이드 슬립의 불량 원인

① 토우인, 캠버, 킹핀 경사각이 불량하다.

② 타이어의 공기압이 부적당하다.

③ 허브 베어링, 볼 조인트, 킹핀의 마모와 조향 링키지의 체결 상태 불량, 마멸이 있다.

④ 앞 차축의 휨 타이어의 고정 너트(볼트)의 조임이 불량하다.

2) 사이드 슬립이 틀릴 경우 현상

① 조향이 어렵다. ② 스티어링 휠의 복원 불량
③ 승차감의 불량 ④ 비정상적인 타이어의 마모
⑤ 조향 핸들의 불안정 ⑥ 차량이 한쪽으로 쏠린다.
⑦ 스티어링 휠이 떨린다.

NO.7 휠 얼라인먼트(Wheel Alignment)의 점검 정비 방법

1. 메카시스 휠 얼라인먼트를 이용한 측정 방법

1) 메카시스 휠 얼라인먼트의 구조

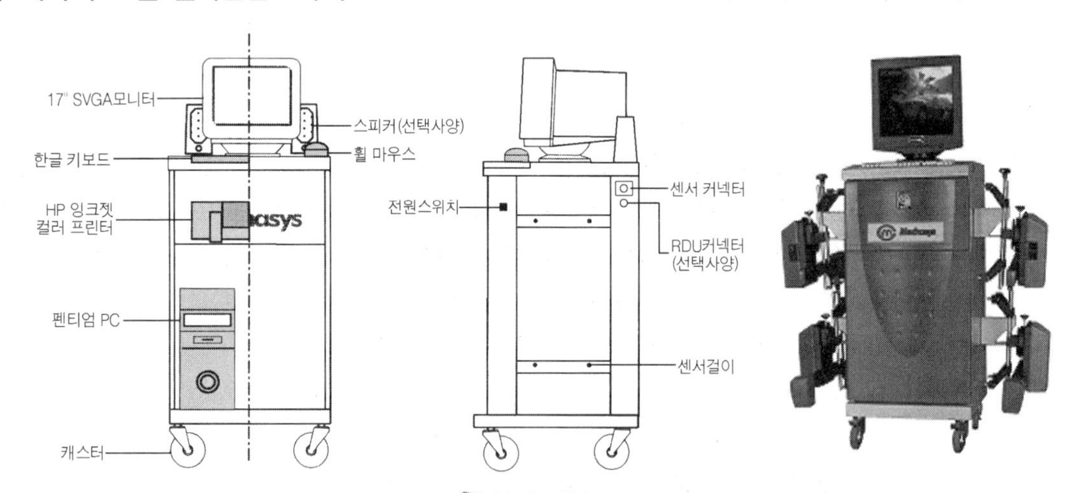

본체 외형도

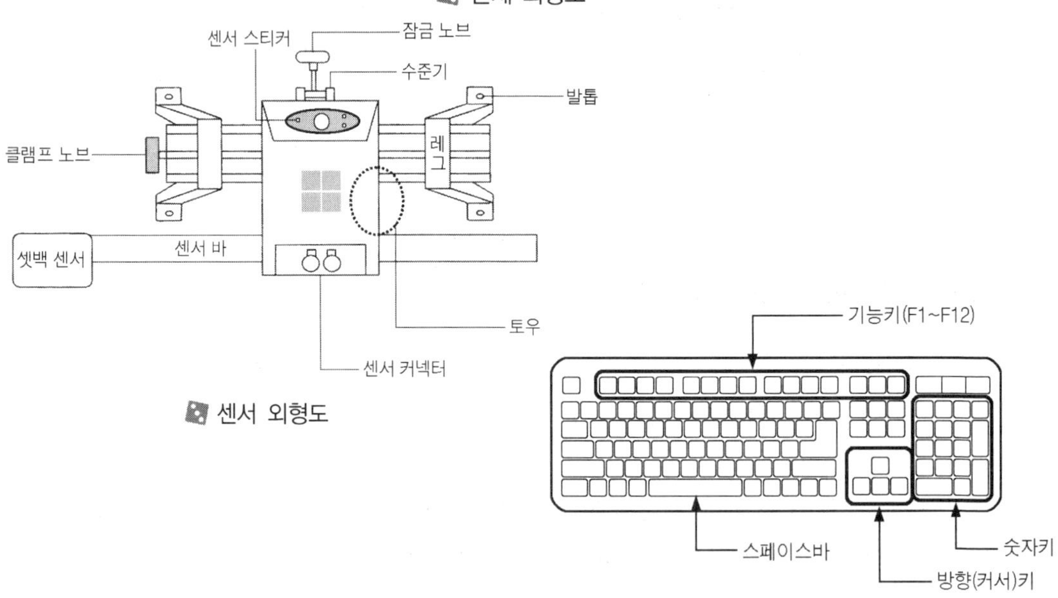

센서 외형도

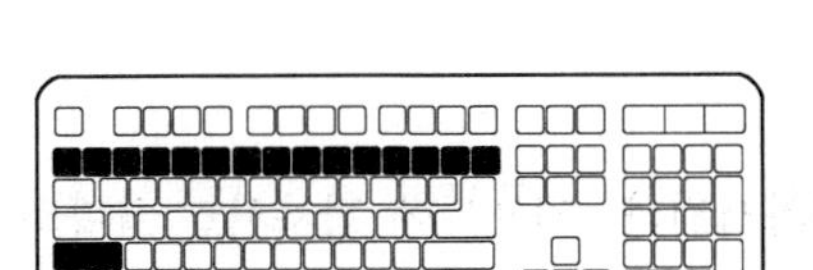

↑Shift

※ 해당키를 누르면 '2', '3'이 입력되고 Shift키를 누른 상태에서 해당키를 치면 '@' '#' 등 상단의 키가 입력된다.

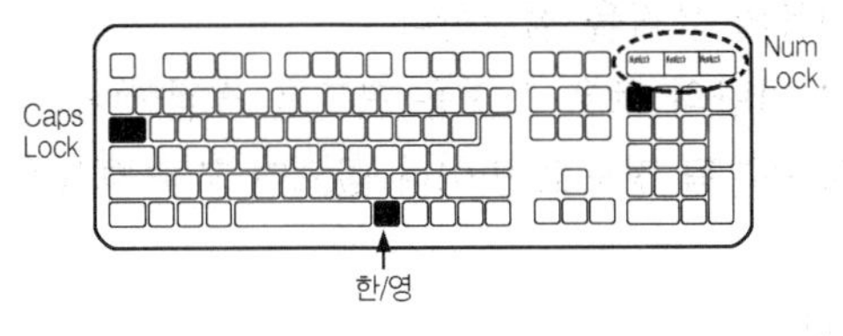

▲ 키보드

❶ NumLock의 녹색등이 점등되었을 때에는 숫자키로 동작(NumLock 동작)되고 꺼져 있다면 방향키(NumLock 미동작)로 동작한다.(기본적으로 NumLock동작 상태이다. 만약 NumLock등이 꺼져 있다면 바로 밑의 NumLock키를 누르면 된다.)
❷ CapLock의 녹색등이 점등되었을 때에는 영문대문자로 동작되고 꺼져 있다면 영문소문자로 동작한다.
❸ '한/영' 키를 누를 때마다 영문/한글 입력으로 전환된다.
❹ 'Alt+X' 는 Alt키를 누른상태에서 X키를 누르는 것을 의미한다. 본 장비에서 'Enter키' 는 다음 작업화면 'Esc키' 는 이전화면으로 정의하였다.

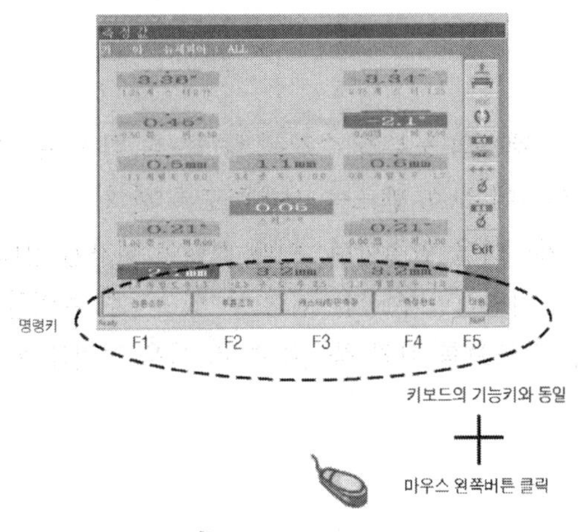

프로그램 구성

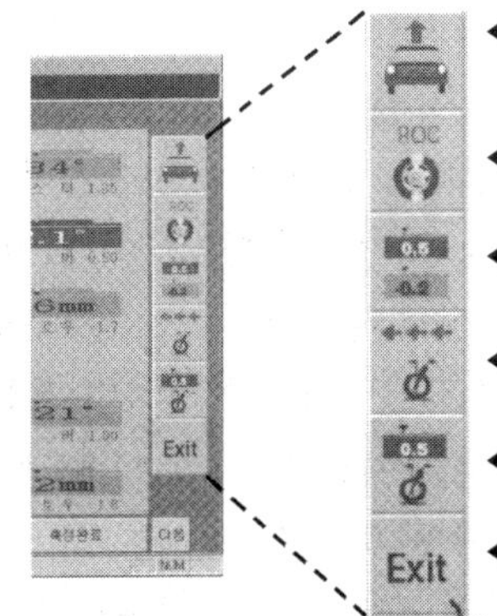

◀ 조정작업중 차량의 제원을 수정, 변경

◀ 런아웃 모드로 이동

◀ 전체(전, 후륜) 측정값으로 이동

◀ 캐스터 / 킹핀각도 측정모드

◀ 캐스터 조정모드로 이동

◀ 작업을 취소 또는 종료하고 초기화면으로 이동

※ 마우스만 사용 가능

원 클릭 기능

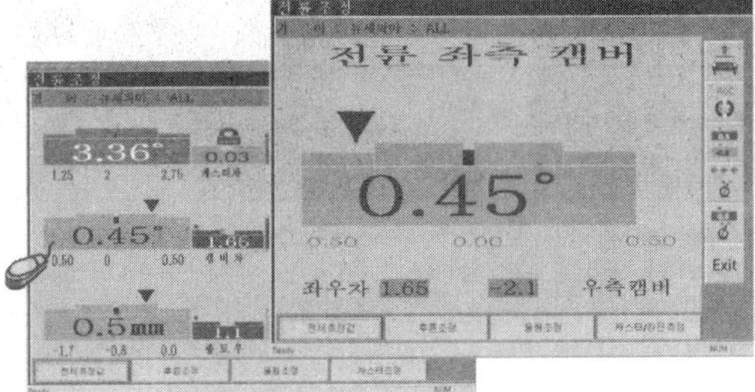

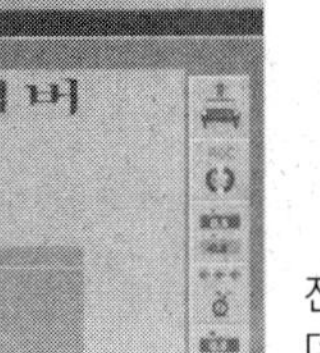

전륜/후륜 조정 화면에서 해당 데이터의 데이터 바를 마우스로 클릭하면 확대 데이터 바가 표출된다.

돋보기 기능

2) 측정 차량의 준비

① 휠 얼라인먼트 전용 리프트 위로 자동차를 운전하여 정차시킨다. 리프트에 정차시킨 차량의 바퀴에 고임목을 설치하여 차량이 구르지 않도록 한다.

② 차량을 작업 높이만큼 수평이 되도록 올린 후 리프트에서 잠금 위치로 설정한다. 리프트가 잠금 위치에서는 반드시 좌우앞뒤가 수평 상태임을 전제로 한다.

만약 수평 상태가 아닐 경우에는 측정값의 오차가 발생하므로 리프트 수평의 0점을 주기적으로 점검하여야 한다.

③ 측정할 차량의 모든 부품들이 제작 회사 제원과 정확히 일치하는지 확인한다.

④ 타이어의 공기 압력을 점검하고 베어링 및 볼 이음의 유격을 점검한다.

⑤ 차량의 바퀴를 육안으로 보면서 직진으로 맞추고 차량의 토우 조정용 볼트를 점검한다.

⑥ 바퀴의 직진 상태와 조향 핸들의 위치가 육안으로 구분될 정도로 벗어나 있으면 조향 핸들을 다시 조정한다.

⑦ 모든 점검이 완료되면 바퀴가 직진이 되도록 한다.

⑧ 앞바퀴 아래에는 턴테이블(turn table)을, 뒷바퀴 아래에는 슬립 판(slip plate)을 놓고 방향을 잘 맞춘 후 핀을 제거한다.

3) 센서 설치하기

① 차량의 림에 센서를 정 위치에 단단히 부착하고 클램프의 노부가 수직을 향하도록 한 다음 고정한다. 이때 센서의 떨어짐에 대비하여 설치한 센서에 보호 밴드를 사용하도록 한다.

② 센서를 모두 부착하면 본체와 센서 사이의 센서 케이블을 연결한다. 이때 전원이 인가된 상태에서 센서 케이블을 연결하거나 분리하면 시험기에 치명적인 손상을 입힐 수 있으므로 주의한다.

③ 4개의 센서 모두를 수평으로 한다. 이때 센서 잠근 노브를 살짝 풀어주면 런 아웃 작업을 할 때 편리하지만 주의가 요망된다.

④ 휠 얼라인먼트 시험기에 전원을 인가한다.

전륜 헤드의 설치

후륜 헤드의 설치

4) 측정 방법

① 시스템 전원

본체의 전원 스위치를 켜고 키보드의 “Wake Up” 버튼(또는 PC 전원 버튼)을 누르면 PC시스템이 작동한다.

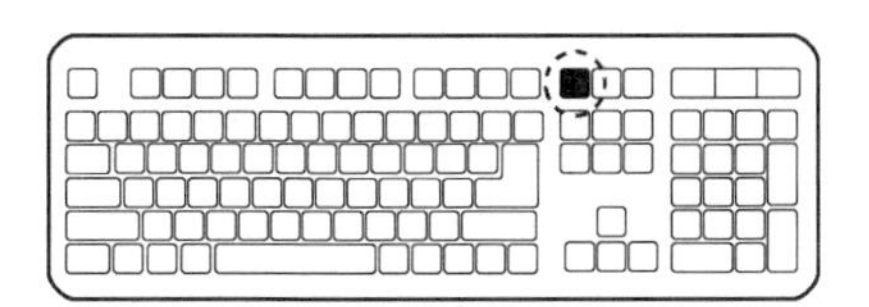

※ 바탕화면에서는 휠얼라이너 아이콘을 2번 빠르게 클릭한다.

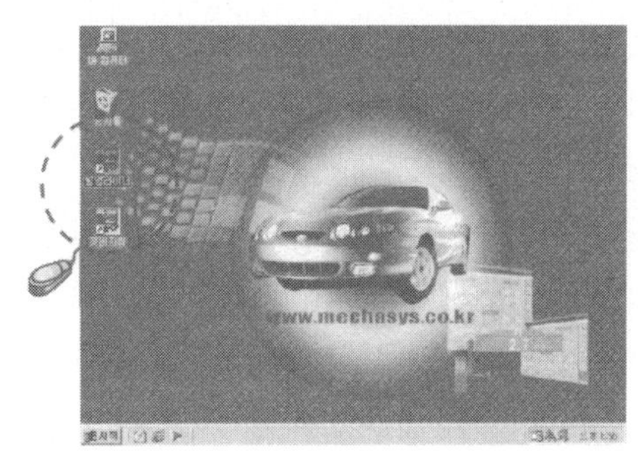

② 초기화면(→ 시스템 종료)

※ 키보드(또는 마우스)를 이용하여 원하는 작업을 선택한다.

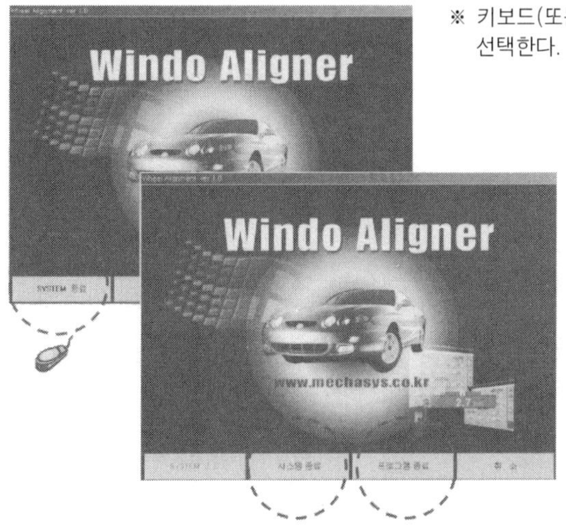

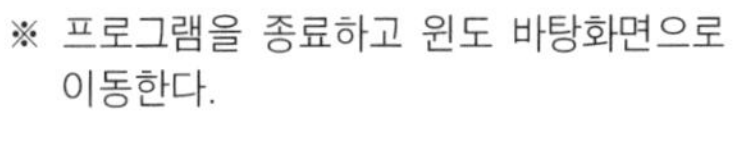

※ 프로그램을 종료하고 윈도 바탕화면으로 이동한다.

※ 시스템을 종료하고 PC의 전원을 자동으로 끈다.

※ 하루의 일과를 마치고 얼라이너를 종료 후 이 모드를 누르고 PC가 꺼지면 본체의 주전원을 끈다.

※ 바탕화면에서의 시스템 종료

하루의 일과를 마치고 얼라이너를 종료할 때 ‘시작’ 버튼을 클릭하고 ‘시스템종료’ 를 클릭하고 본체의 주전원을 끈다.

③ 초기화면(→측정 시작)

㉠ 측정 시작 : 시스템의 자기 진단이 정상이면 초기 화면이 나타난다. 여기서 희망하는 작업을 선택한다.

※ 시스템의 자기진단이 정상이면 초기화면이 나타난다.
원하는 작업을 선택한다.

㉡ 제작 회사(메이커)선택

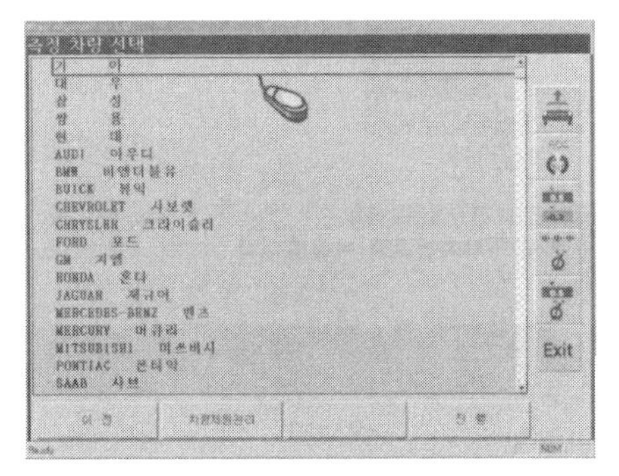

※ 메이커(제조처)를 선택한다.

㉢ 모델(차종) 선택

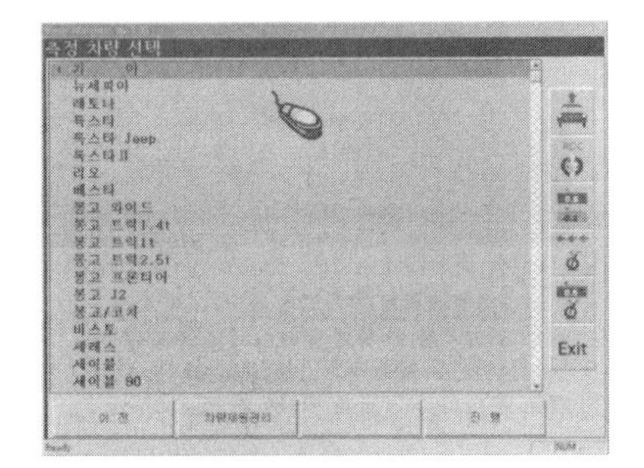

※ 모델(차종)을 선택한다.

㉣ 고객 정보 입력

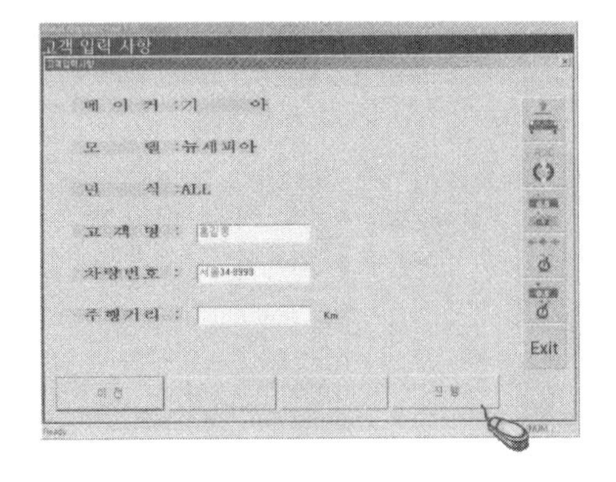

※ 고객명 또는 차량번호를 입력한다.
생략하고 추후에 다시 입력할 수도 있다.
한/영 키를 누르면 한글/영문 입력모드로 전환된다.
영문 입력시 키보드의 Shift키를 누르고 입력하면 대문자로 입력된다.
입력되는 고객성명 및 차량번호는 고객관리 프로그램에 등록되므로 정확히 입력해야 한다.

㉤ ROC(Run Out Compensation ; 흔들림 보상) : 차량의 바퀴는 주행할 때 부품들과의 결합 등의 오차로 인하여 어느 정도 상하 · 좌우로 흔들림을 가지고 있으며, 흔들림 정도는 차량에 따라서 다르게 나타난다. ROC는 차량이 지니고 있는 흔들림 오차를 측정하여 보상하고 보다 정확한 휠 얼라인먼트를 측정하기 위함이다.

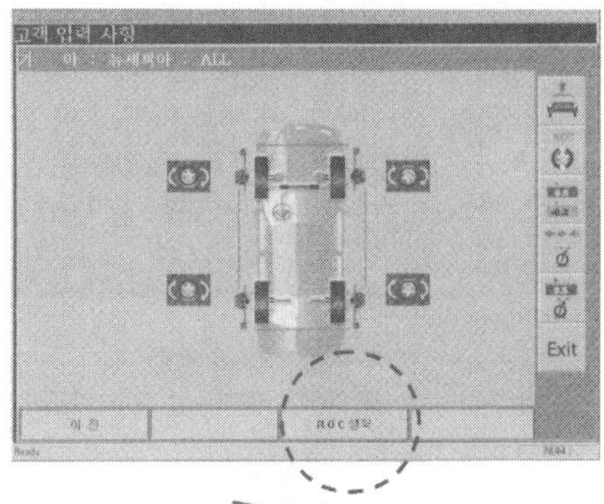

ROC

④ ROC 보상실시

전체의 센서가 모두 깜박이면 해당 센서의 전원 및 커넥터의 연결이 올바른지를 확인한다. ROC를 시작할 경우에는 어느 센서를 먼저 하든지 관계없으나 2인이 작업할 경우에는 대각선 방향으로 하여야 한다. 예를 들어 FL 센서를 ROC할 경우에는 FR센서와 RL센서와 통신을 하므로 FR-RL 센서가 움직이면 ROC 오차로 나타난다. 그러나 RR 센서와는 관계가 없으므로 동시 작업이 가능하다. ROC실시 방법은 다음과 같다.

ROC 보상 실시

㉠ 모든 센서의 휠 클램프 노브가 위 그리고 수직을 향하도록 한 후 센서를 수평으로 맞추고 센서 잠금 노브를 잠근다.

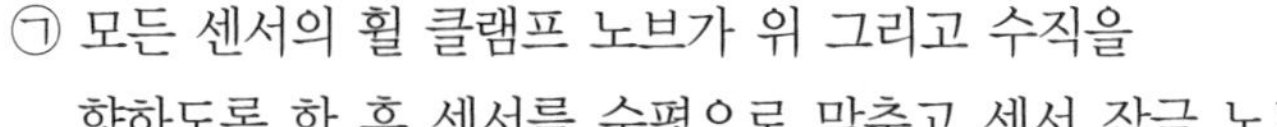

㉡ 해당 센서 잠금 노브를 풀고 휠 클램프를 180°돌려 수직으로 세운다.

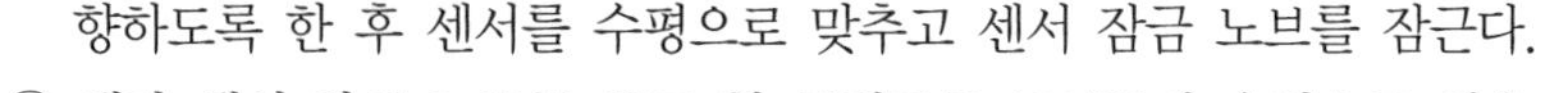

㉢ 센서를 수평으로 맞추고 센서 노브를 잠근다.

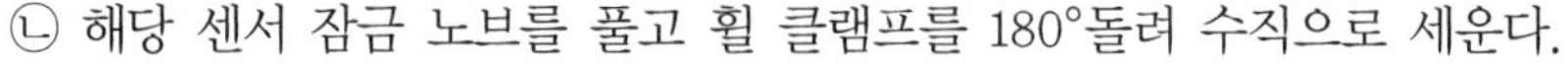

㉣ 센서 표판의 버튼을 누르면 오른쪽의 적색 LED가 깜박인다. 이때 LED 1이 점등될 때까지 기다린다.(모니터에서는 해당 센서의 삼각형 화살표가 노란 색으로 변함) 만약, 적색 LED가 깜빡이다가 꺼지면 광로를 확인한 후 현 상태에서 다시 한번 더 누른다.

㉤ 센서 잠금 노브를 풀고 휠 클램프를 다시 180°돌려 수직으로 한다.

㉥ 센서 표판의 버튼을 누르면 오른쪽의 적색 LED가 깜박인다. 이때 LED 2가 점등될 때까지 기다린다.(모니터에 해당 센서의 삼각 화살표가 녹색으로 변함) 만약, 적색 LED가 깜빡이다가 꺼지면 처음부터 다시 실시한다.

㉦ 나머지 센서도 같은 방법으로 실시한다.

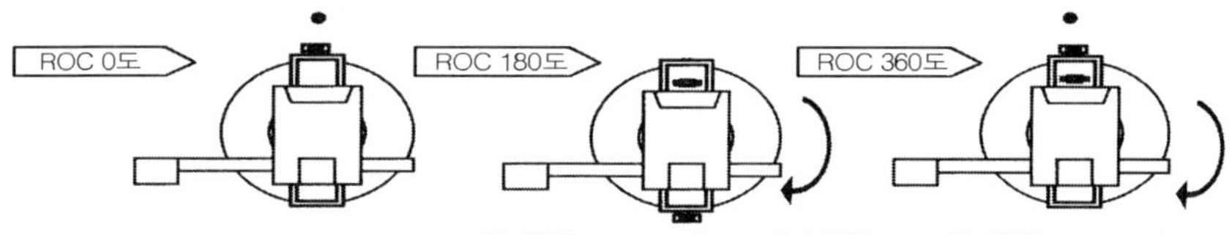

1. 휠 클램프 노브 수직위치
2. 수준기 수평

1. 휠 클램프 180도(노브 하단위치)
2. 수준기 수평
3. ▼버튼 누름(LED1 점등)

1. 휠 클램프 360도(노브 하단위치)
2. 수준기 수평
3. ▼버튼 누름(LED1 점등)

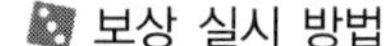
보상 실시 방법

⑤ ROC 보상 종료 : 모든 바퀴의 ROC가 끝나면 반드시 화면의 지시대로 실시한 후 측정 모드를 선택한다.

⑥ 직진 조향 : 화살표(➔) 표시가 지시하는 쪽으로 조향 핸들을 천천히 돌려 ➔표시가 서로 마주 보고 있으면 직진 상태이다. 이때 조향 막대가 사라질 때까지 조향 핸들을 잡고(약 1초) 있는다.

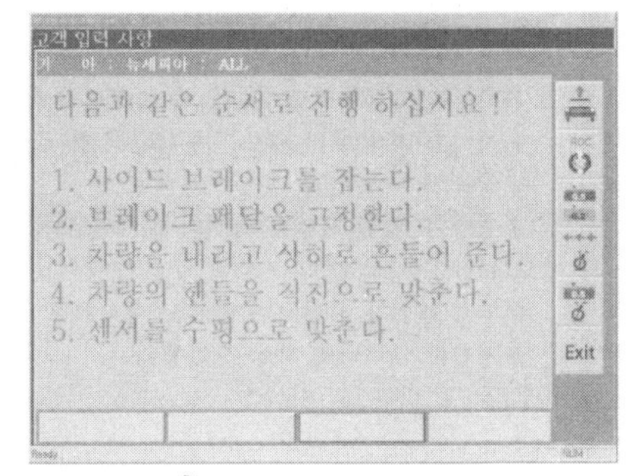

ROC 보상 종료

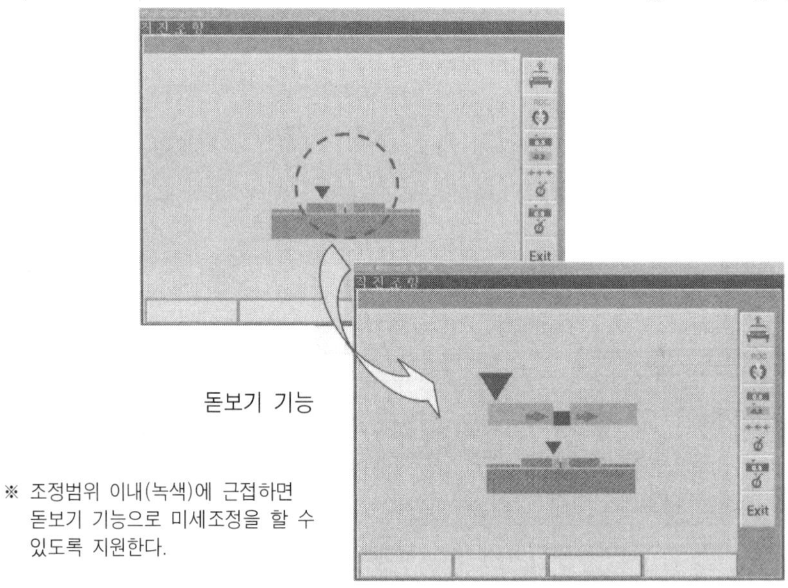

직진 조향

ROC 맞추기 위한 통신 상태와 완료된 상태

5) 측정값(캐스터 생략)

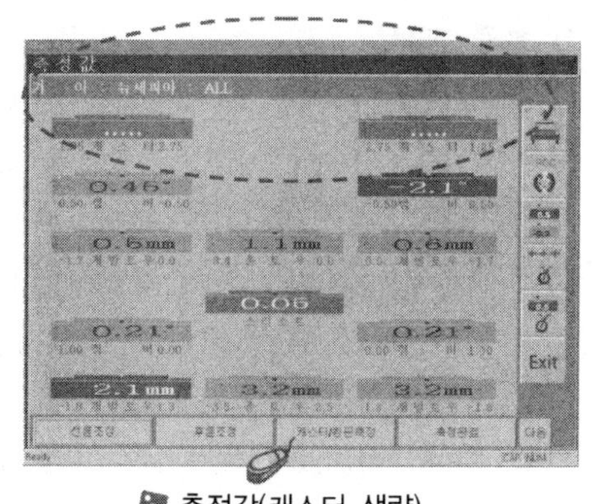

측정값(캐스터 생략)

녹색 바는 휠 얼라인먼트가 기준 값에 들어있다는 표시이며, 적색 바는 기준 값을 벗어났음을 표시한다. 그리고 조정이 불가능한 제원은 회색 바로 표시된다. 그리고 측정 과정은 다음과 같다.

① 필요하면 모든 센서를 수평으로 조정하고 센서 잠금 노브를 고정한다.

② 토우와 캠버의 측정은 현재의 화면에서 측정이 가능하지만 캐스터는 제외된다.

③ 현재 캐스터는 미 측정 상태이므로 여기서 캐스터/킹핀 측정 버튼을 선택하면 아래의 진행 과정을 통하여 캐스터/킹핀 데이터를 측정할 수 있다.

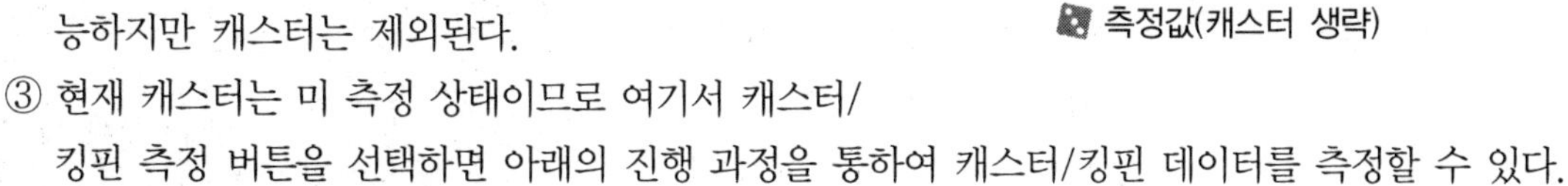

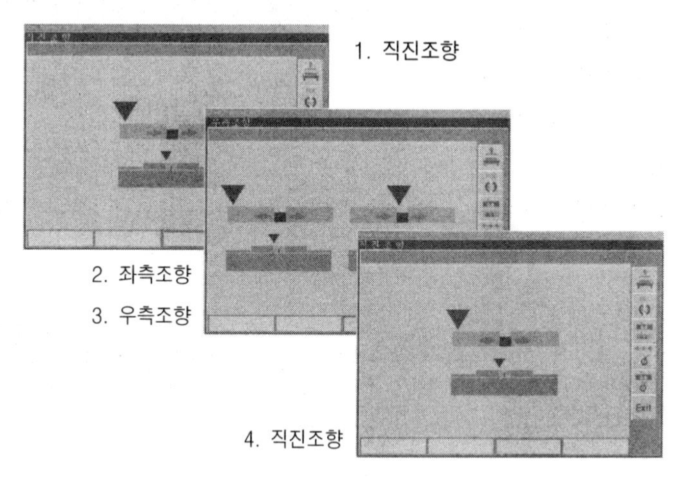

캐스터/ 킹핀 데이터 측정 과정

※조향 방법 : 조향 막대가 중앙의 조향점과 일치하도록 왼쪽으로 조향한 후 조향 막대가 사라질 때까지 조향 핸들을 잡고 있는다. 좌우 어느 쪽에 일치하든 순서에 관계는 없으나 왼쪽으로 조향할 때에는 왼쪽이, 오른쪽으로 조향할 때에는 오른쪽이 먼저 일치하는 것이 차량의 상태가 정상이라 볼 수 있다. 이 모드는 캐스터/킹핀 각도를 측정한다.

6) 측정값(캐스터 측정)

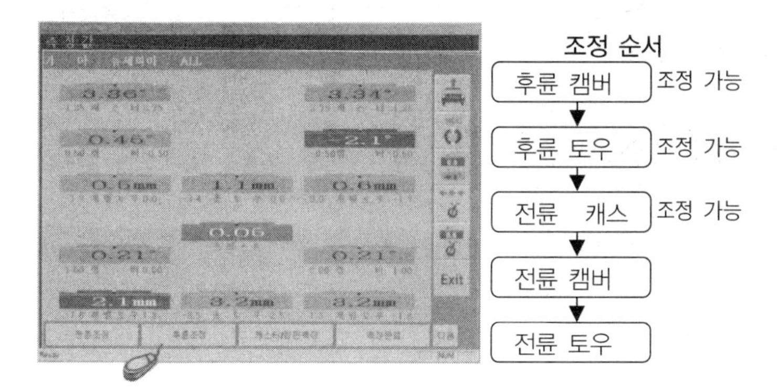

※볼 이음, 타이로드의 양끝, 쇽업소버 등의 부품들이 과도하게 마모되면 휠 얼라인먼트가 불가능하다. 휠 얼라인먼트를 시작할 때 각 부분의 마모 및 마모 상태를 반드시 점검하여 교환 또는 수리한 후 점검한다.

7) 후륜 조정

후륜 조정 화면은 조정 부위에 대한 기준 값과 측정값을 나타낸다. 현재 값이 녹색 바이면 정상이며, 적색 바에 있으면 규격에서 벗어나 있음을 표시하므로 규정값(녹색 바)에 위치하도록 차량을 조정한다.

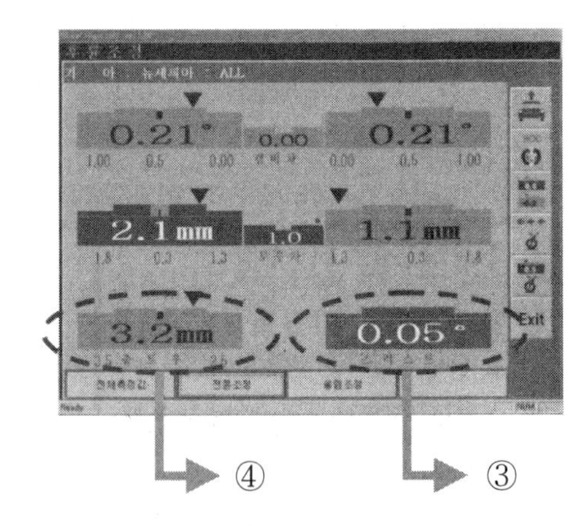

① **기준값(최소값-중앙값-최대값)** : 기준값이 없으면 조정 부위가 없는 차량임을 나타낸다(회색 바탕으로 표시).

② **좌우 차이 값(캠버)** : 좌우 차이 값이 0.5°이하이면 노란색, 0.51°이상이면 적색으로 표시된다. 소형 승용차의 경우 1°이내, 광폭 타이어의 경우 좌우 차이는 0°에 가깝게 조정한다. 캐스터/캠버의 좌우 차이 값이 0.5°이내로 조정되도록 한다.

③ **스러스트** : 자동차의 진행선(스러스트 라인)의 결정에 직접 관계가 있는 매우 중요한 각이다(±4°이상이 되면 만족한 결과를 얻을 수 없다).

④ **총 토우** : 좌우의 개별 토우값의 합을 나타낸다. 개별 토우가 규격 이내이면 총 토우는 당연히 규격 이내로 된다. 총 토우의 1/2값이 개별 토우의 규격값이다.

후륜의 토우 변화는 현가장치의 형식에도 달려있으나 일반적으로 후륜이 독립 현가 방식일 경우에는 차량의 높이가 올라가면 후륜의 캠버와 토우가 모두 플러스 방향으로 이동하고, 반대로 차량의 높이가 내려가면 후륜의 캠버와 토우가 모두 마이너스 방향으로 이동한다. 따라서 휠 얼라인먼트를 점검할 때에는 먼저 차량의 높이가 바른지를 점검할 필요가 있다.

8) 전륜 조정(캐스터 조정)

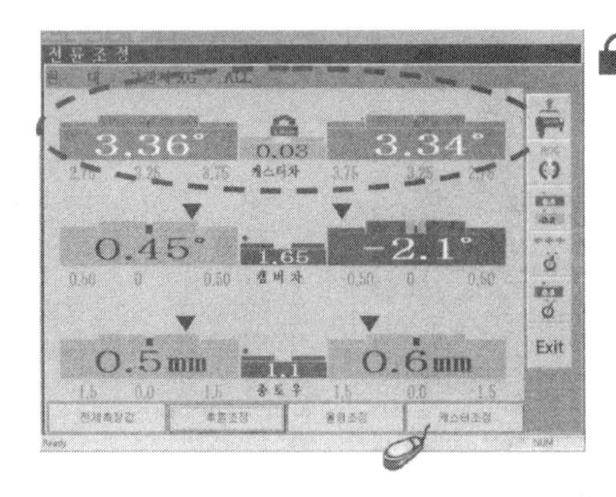

🔒 은 캐스터 잠금을 나타낸다. 캐스터를 조정하려면 "캐스터 조정(F4 키)" 를 누르고 작업하고 조정 작업이 완료되면 반드시 "캐스터 조정 완료(F4 키)" 를 누르고 센서를 수평으로 한다.

캐스터 조정

9) 캐스터 조정

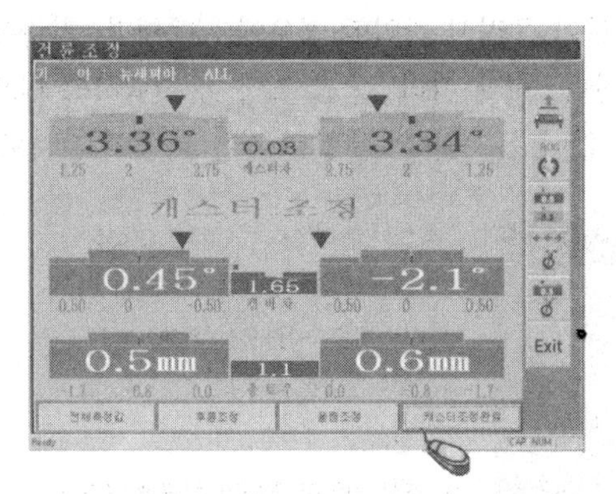

캐스터 값이 규격을 벗어나거나 좌우 차이가 0.5° 이상일 경우는 캐스터 값이 작은 쪽으로 차량의 쏠림 현상이 발생된다. 광폭 타이어일수록 좌우 차이는 0° 에 가깝게 조정한다.

캐스터 검증

캐스터를 조정하였다면 "캐스터 검증" 버튼을 누르고 변화된 캐스터 값을 확인한다. 또한 특히 승용차는 캐스터를 조정할 수 없거나 조정 부위가 까다롭다. 쇽업소버의 변형 및 차체의 찌그러짐, 차체의 높이 차이 등이 원인이 될 수 있으므로 충분한 차량의 점검이 필요하다.

10) 전륜 조정

① 캠버조정

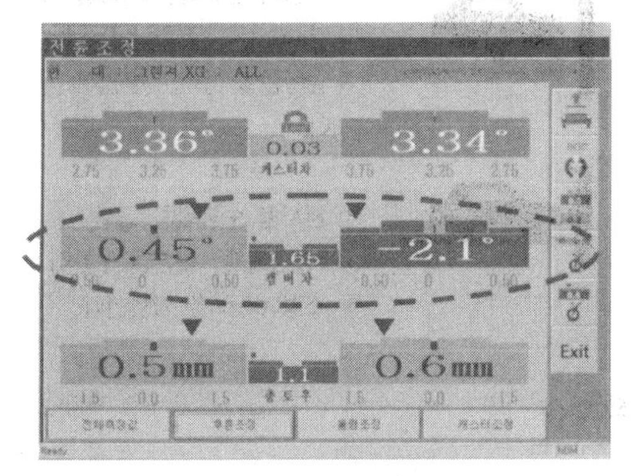

캠버값이 규격을 벗어나거나 좌우 차이가 0.5° 이상일 경우에는 캠버값이 큰 쪽으로 차량의 쏠림 현상이 발생된다. 광폭 타이어일수록 좌우 차이는 0° 에 가깝게 조정한다.

② 토우조정

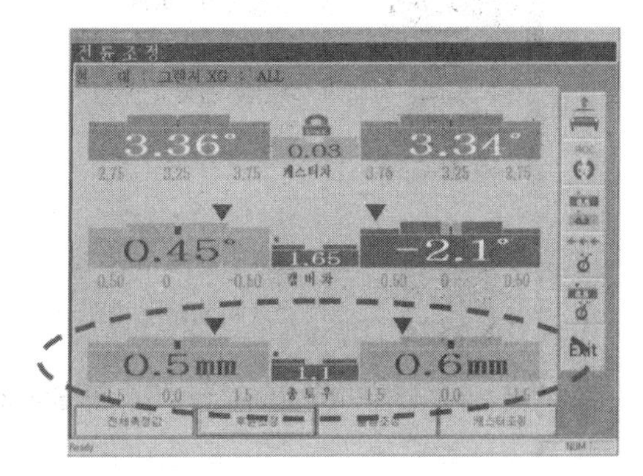

토우 조정시 반드시 좌·우 개별 토우를 조정하여 규격 이내로 한다.
개별 토우가 규격 이내이면 총 토우는 무조건 규격 이내에 위치하나 총 토우가 규격 이내라도 개별 토우는 규격을 벗어날 수 있다.

※ 필요에 의해 센서를 탈거할 경우

① 센서 케이블이 연결된 상태로 탈거한 후 다시 부착하면 측정값이 새로 나타난다. 재 부착에 따른 런 아웃이 의심되면 해당 센서의 센서 케이블을 빼었다가 다시 연결하고 ROC를 실시한다. 만약, 운전석 전륜 센서(FL)를 다시 연결하였을 때에는 운전석 전륜 센서와 운전석 후륜 센서를 ROC 하여야 한다.

② 센서 케이블을 빼고 탈거 후 다시 부착하면 센서는 작동하지 않는다. 만약 운전석 전륜 센서(FL)를 탈거 후 재 부착/연결하였을 경우에는 운전석 전륜 센서와 운전석 후륜 센서(RL)를 ROC 과정을 실시하여야 한다.

TIP 토우를 조정할 경우에는 반드시 조향 핸들을 직진 위치로 한 후 조향 핸들 클램프를 이용하여 고정한다.

11) 올림 조정

캠버(또는 캐스터)를 조정할 때 등 차량을 들어 올려서 작업할 경우에 사용한다. 차량을 리프트의 상판에서 들어올리면 모든 데이터가 변화한다. 이에 따라 "올림 조정"을 선택하고 리프트 상판에서 차량을 들어올리면 모든 데이터가 변화 없이 유지된다. 올림 조정은 다음의 순서로 한다.

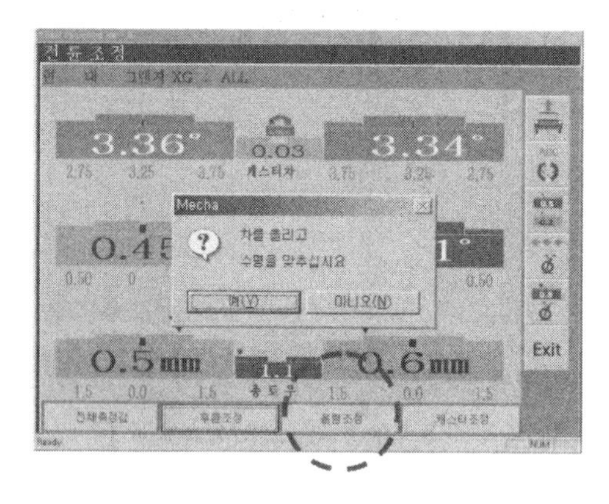

① "올림 조정" 버튼을 선택한다.
② 리프트를 이용하여 차량을 올린다.
③ "확인" 키를 누르고 조정 작업을 한다.
④ 조정 작업이 끝나면 차량을 내리고 센서를 수평으로 한 후 "올림 해제" 키를 누르고 조정한 데이터를 확인한다.

올림 조정 시작

① "올림조정" 버튼

② 차량을 올리고 센서
③ 수평위치 고정

④ "예(Y)" 버튼 선택 후 조정작업 실시

올림 조정 해제

① 조정이 완료되면 차량을 내린다.
② 앞부분을 상하로 흔들어 준다.

③ 센서를 수평위치 고정
④ "올림해제" 버튼을 누른다.
⑤ 조정데이터를 확인한다.

올림 조정 과정

12) 측정 값(현재 값)

① 주요 데이터 : 최초의 측정 값 화면은 조정 전의 데이터이지만 지금의 데이터는 현재 값으로 표시된다.

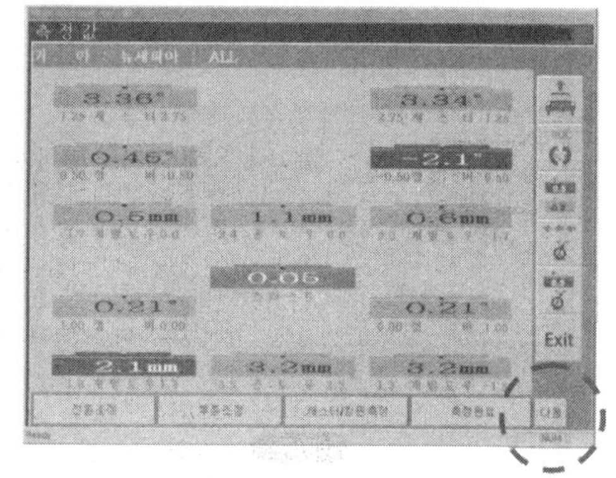

주요 데이터

② 보조 데이터(옵셋)

㉮ 윤거 차이 : 플러스(+) 값 쪽으로 크면 후륜(좌우)부분의 측면 충격이 의심되고, 마이너스(-)값 쪽으로 크면 전륜(좌우) 부분의 측면 충격을 의심할 수 있다. 이상적인 값은 차량에 따라서 기준 수치가 다르나 일반적으로 20mm 이내를 기준으로 하며, 정확한 수치는 차량 데이터를 참조한다.

㉯ 축거 차이(휠 베이스 차이)-셋백 : 플러스(+) 값 쪽으로 크면 조수석(앞뒤)부분의 충격이 의심되고, 마이너스(-) 값 쪽으로 크면 운전석(앞뒤)부분의 충격을 의심할 수 있다.
이상적인 값은 0mm이다.

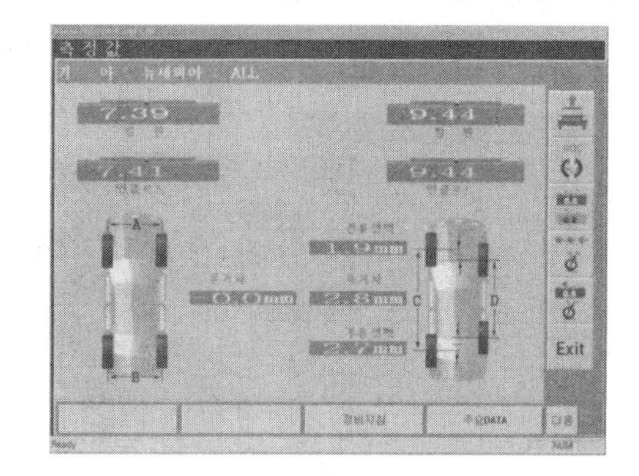

보조 데이터

축거 및 윤거 차이가 크면 차량의 프레임이 손상되어 정해진 수치를 벗어났으므로 먼저 프레임을 규정값으로 복원시켜야 한다.

13) 정비 지침

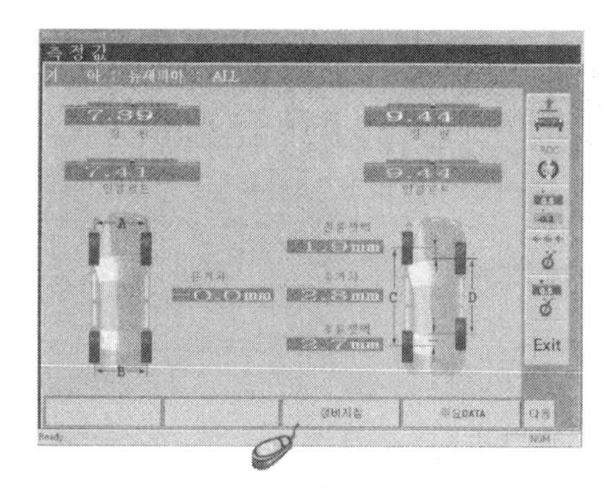

※ 윈도프로(Windo_pro) 모델에서만 지원 가능

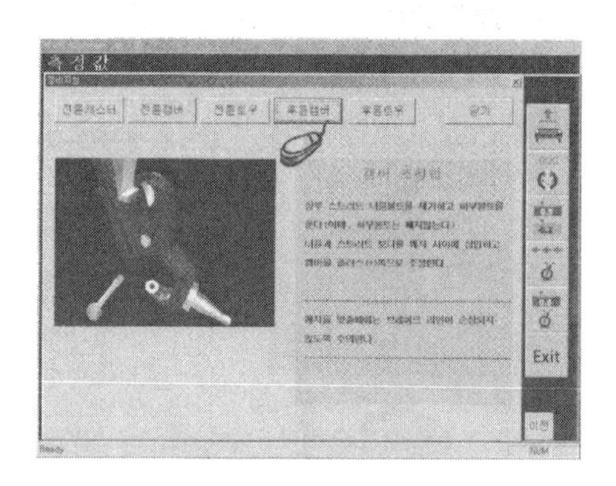

※ 상단의 원하는 항목을 클릭하면 현재 차량에 대한 정비과정을 동화상과 문자로 안내해준다.

정비 지침

2. 각종 휠 얼라인먼트

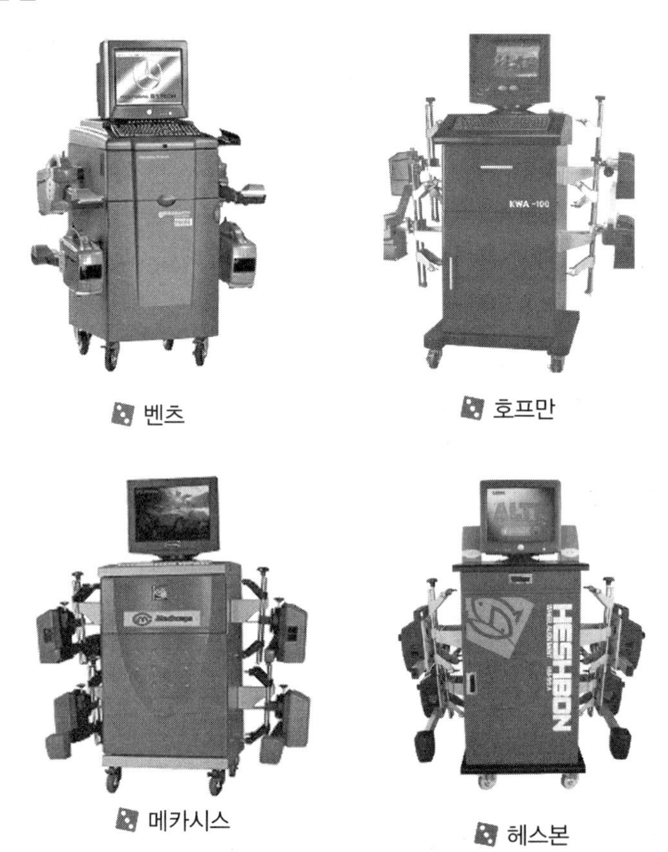

벤츠

호프만

메카시스

헤스본

브레이크장치의 점검 정비 12

학습목표

1. 브레이크장치의 구조와 기능에 대하여 알아본다.
2. 브레이크장치의 떼어내기와 장착, 조립 방법에 대하여 알아본다.
3. 브레이크장치의 점검 및 정비방법에 대하여 알아본다.

NO.1 브레이크 장치(Brake System)의 개요 및 고장진단

1. 브레이크 장치(Brake System)의 개요

제동 장치(Brake System)는 주행 중인 자동차를 감속 및 정지시키고 또 주차상태를 유지하기 위하여 설치한 매우 중요한 장치이다. 또 제동장치는 마찰력을 이용하여 자동차의 운동에너지를 열에너지로 바꾸어 제동을 하며 구비조건은 다음과 같다.

① 최고 속도와 차량 중량에 대하여 충분한 제동 작용을 하여야 한다.
② 제동 작용이 확실하고, 효과가 커야 한다.
③ 점검·조정이 쉬워야 한다.
④ 신뢰성과 내구성이 커야 한다.
⑤ 조작이 간단하여 운전자에게 피로감을 주지 않아야 한다.
⑥ 제동을 하지 않을 때에는 각 바퀴의 회전을 방해하지 않아야 한다.

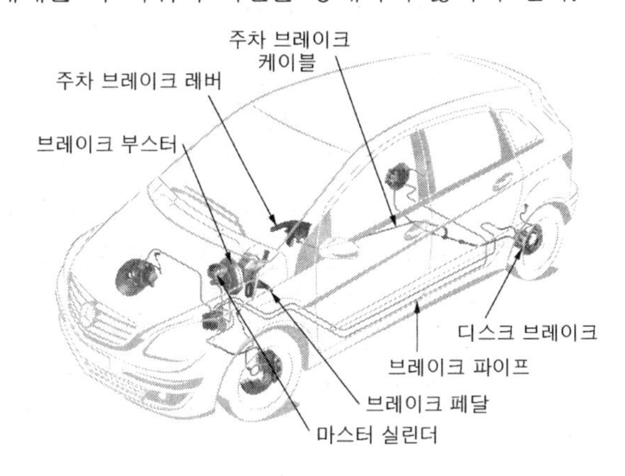

브레이크 장치

2. 브레이크 장치(Brake System)의 고장진단

현 상	가능한 원인	조 치
브레이크를 밟았을 때 소음이 나거나 차가 떨린다.	백킹 플레이트나 캘리퍼가 잘못 장착되어 있음	수리
	백킹 플레이트 혹은 캘리퍼 장착 볼트가 풀림	재조임
	브레이크 드럼 혹은 디스크가 불균일하게 마모 혹은 균열	교환
	패드나 브레이크 드럼 내에 이물질이 있음	청소
	패드나 라이닝 접촉면이 고착됨	교환
	캘리퍼와 패드 어셈블리 사이의 간극이 과도함	수리
	패드의 접촉이 불균일함	수리
	섭동부의 윤활이 불량함	윤활
	서스펜션 부위가 풀림	재조임
브레이크를 밟았을 때 차량이 한쪽으로 쏠린다.	좌우측 타이어의 공기압 차이가 남	조정
	휠 얼라인먼트의 부적절	조정
	패드나 라이닝의 접촉 불량	수리
	패드 혹은 라이닝 면에 그리스나 오일이 묻음	교환
	드럼이 휘었거나 불균일하게 마모됨	교환
	휠 실린더의 장착 불량	수리
	자동 간극 조정기의 작동불량	수리
제동력이 불충분하다.	브레이크 액이 없거나 오염되었음	재충전 또는 교환
	브레이크 계통내 공기가 유입됨	공기빼기작업
	브레이크 부스터 작동불량	수리
	패드 혹은 라이닝의 접촉 불량	수리
	패드면에 그리스나 오일이 묻음	교환
	자동 간극 조정기의 작동불량	수리
	패드나 라이닝이 끌려 브레이크 로터가 과열됨	수리
	브레이크 라인의 막힘	수리
	프로포셔닝 밸브의 작동 불량	수리
페달의 행정이 증가한다. (페달과 바닥 사이의 간극이 감소한다.)	브레이크 계통에 공기가 유입됨	공기빼기작업
	브레이크 액이 누설됨	수리
	자동간극 조정기의 작동불량	수리
	푸시로드와 마스터 실린더 사이의 간극이 과도함	조정
브레이크가 끌린다. (브레이크가 잘 풀리지 않는다.	주차브레이크가 완전히 풀리지 않음	수리
	주차 브레이크 조정이 불량함	조정
	브레이크 페달 리턴 스프링이 약함	교환
	마스터 실린더 리턴 포트가 막힘	수리
	리어 드럼 브레이크 슈 리턴 스프링이 파손	교환
	섭동부의 윤활 불량	윤활
	마스터 실린더 밸브 혹은 피스톤 리턴 스프링이 손상됨	교환
	푸시로드와 마스터 실린더 사이의 간극이 부족함	조정
주차 브레이크 성능이 부족하다.	패드나 브레이크 라이닝이 마모됨	교환
	패드나 라이닝 면이 그리스나 오일에 오염됨	교환
	주차 브레이크 케이블이 고착됨	교환
	자동 간극 조정기의 작동 불량	수리
	주차 브레이크 레버 행정이 과도함	주차브레이크 레버 행정을 조정하거나 주차브레이크 케이블 점검

NO.2 브레이크 장치(Brake System)의 관계지식

1. 브레이크 장치(Brake System)의 용도에 따른 분류

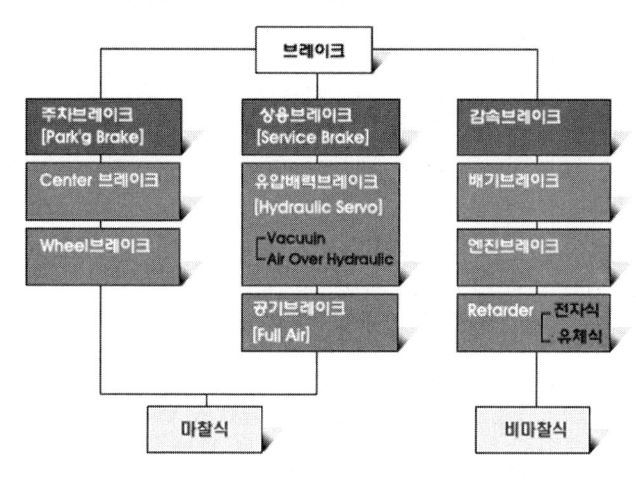

브레이크 장치의 분류

1) 풋 브레이크(foot brake)

① 브레이크 페달을 밟아서 제동력을 발생시킨다.

② 주행중인 자동차를 감속시키거나 정차시키는 역할을 한다.

③ 상용 브레이크라고도 한다.

2) 주차 브레이크(hand brake)

① 브레이크 레버를 당겨서 제동력을 발생시킨다.

② 자동차의 정차 상태를 유지시키는 역할을 한다.

③ 핸드 브레이크라고도 한다.

3) 감속 브레이크(retarder brake)

① 라이닝이나 패드에 관계없이 외적인 작용에 의해 자동차의 주행 속도를 감속시킨다.

② 차량의 대형화, 고속화에 따라 마찰 브레이크를 보호한다.

③ 제동 효과를 높여 긴 내리막길이나 고속 주행시 감속시키는 역할을 한다.

④ 배기가스의 배출을 억제하여 주행 속도를 감속시킨다.

4) 비상 브레이크

① 압축 공기를 이용하여 제동력을 발생시키는 공기 브레이크에서 사용한다.

② 공기 계통에 고장이 발생되었을 때 스프링의 장력을 이용하여 자동적으로 제동력을 발생시킨다.

2. 브레이크 장치(Brake System)의 작동방식에 따른 분류

1) 기계식 브레이크(mechanical brake)

① 브레이크 페달의 조작력을 로드나 와이어를 이용하여 제동력을 발생시킨다.

② 주로 핸드 브레이크에 이용한다.

2) 유압식 브레이크(hydraulic brake)

① 파스칼의 원리를 이용하여 브레이크 페달의 조작력을 유압으로 변환시켜 제동력을 발생.

② 장점

㉮ 제동력이 모든 바퀴에 균일하게 작용한다.

㉯ 마찰 손실이 적고 조작력이 작다.

③ 단점

㉮ 오일 파이프 등의 파손으로 제동 기능이 상실된다.

㉯ 베이퍼록 현상이 발생되기 쉽다.

㉰ 오일 라인에 공기 유입시 제동 성능이 저하된다.

3) 서보 브레이크(servo brake)

① 엔진 흡기 다기관의 진공을 이용하여 브레이크 조작력을 증대시킨다.

② 압축 공기를 이용하여 브레이크 조작력을 증대시킨다.

4) 공기 브레이크(air brake)

① 압축 공기의 압력을 이용하여 제동력을 발생시킨다.

② 브레이크 페달에 의해 밸브가 개폐되어 압축 공기의 유량을 조절한다.

③ 작은 조작력으로 큰 제동력을 얻을 수 있다.

④ 구조가 복잡하고 가격이 비싸다.

3. 브레이크 장치(Brake System)의 구조에 따른 분류

1) 디스크 브레이크(disc brake)

① 바퀴와 함께 회전하는 디스크를 양쪽에서 브레이크 패드가 유압에 의해 압착한다.

② 디스크가 노출되어 냉각 작용이 양호하여 제동 성능이 우수하다.

③ 좌측 또는 우측의 한쪽만 제동되는 경우가 적다.

2) 내부 확창식 브레이크

① 드럼 내부에 라이닝이 설치되어 페달을 밟으면 확창되어 제동력을 발생시킨다.

② 디스크 브레이크보다 냉각 효과가 적어 페이드 현상이 발생되기 쉽다.

③ 브레이크 드럼의 과열에 의해 베이퍼록 현상이 발생되기 쉽다.

3) 외부 수축식 브레이크

① 브레이크 레버를 당기면 브레이크가 드럼에 압착되어 제동력을 발생한다.
② 브레이크 밴드에 이물질의 유입되어 제동 성능이 저하된다.
③ 대형 자동차의 주차 상태를 유지시키는 센터 브레이크로 이용된다.

디스크 브레이크 장치 / 내부 확장식(드럼식) 브레이크 장치

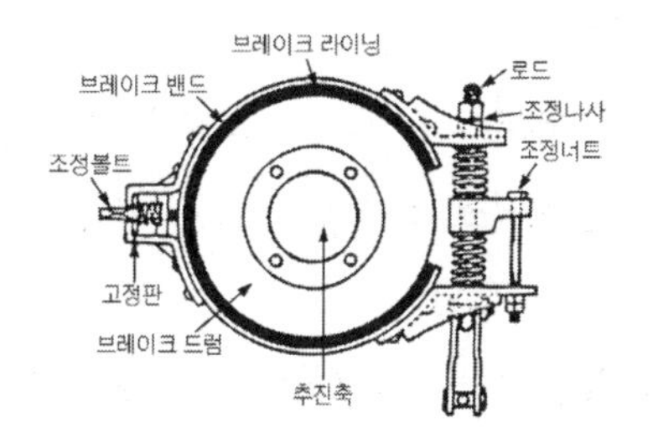

외부 수축식 브레이크 장치

4. 유압식 브레이크 장치(Hydraulic Brake System)의 구조

1) 마스터 실린더(Master Cylinder)

① 기능 : 브레이크 페달의 조작력을 유압으로 변환시킨다.
② 탠덤(Tandem) 마스터 실린더

- 안전성을 위하여 앞 뒤 바퀴에 각각 독립적으로 작용하는 2계통의 회로를 둔 것이다.
- 2개의 마스터 실린더를 직렬로 설치한 것으로 앞바퀴용과 뒤바퀴용의 피스톤이 각각 설치되어 있다.
- 1계통에 고장이 발생된 경우에도 다른 1계통의 유압에 의해 제동 작용이 이루어진다.

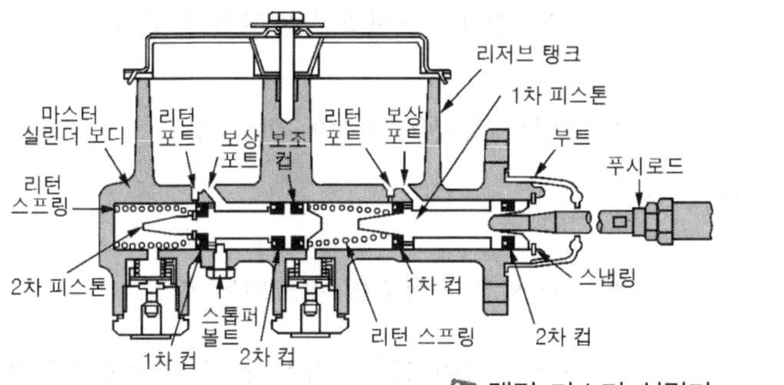

탠덤 마스터 실린더

③ 탠덤(Tandem) 마스터 실린더 구조

- 1차 컵 : 유압 발생실의 유밀을 유지하는 역할을 한다.
- 2차 컵 : 오일이 실린더 외부로 누출되는 것을 방지하는 역할을 한다.
- 첵 밸브 : 오일 라인에 0.6~0.8kgf/cm²의 잔압을 유지시키는 역할을 한다.
- 브레이크 작용을 신속하게 하기 위하여 잔압을 둔다.

- 휠 실린더에서의 오일 누출을 방지하기 위하여 잔압을 둔다.
- 오일 라인에서 베이퍼 록 현상을 방지하기 위하여 잔압을 둔다.
- 리턴 스프링 : 첵 밸브의 위치를 유지시켜 잔압이 형성되도록 한다.

2) **휠 실린더**(Wheel Cylinder) : 마스터 실린더에서 유압을 받아 브레이크 슈를 압착시키는 역할을 한다.

3) **브레이크 슈**(Brake Shoe) : 휠 실린더 피스톤에 의해 브레이크 드럼을 압착시키는 역할을 한다.

4) **브레이크 슈 리턴 스프링**(Brake Shoe Return Spring) : 브레이크 페달을 놓으면 슈를 제자리로 복귀시킨다.

5) **홀드 다운 스프링**(Hold Down Spring) : 브레이크 슈를 알맞은 위치에 유지시킨다.

6) **라이닝**(Lining) : 휘일 실린더에 의해 작동하며, 브레이크 드럼과 마찰을 발생시켜 제동력이 발생시킨다.

① 위븐 라이닝 : 광물성 오일과 합성수지로 가공하여 가열 성형한다.
② 몰드 라이닝 : 석면과 고무, 합성수지 등을 결합제로 가열, 가압 및 성형시킨 것 구비조건은 다음과 같다.

- 고열에 견디고 내마멸성이 우수할 것
- 마찰 계수가 크고 기계적 강도가 클 것
- 온도 변화 및 물에 의한 마찰계수 변화가 적을 것
- 마찰계수는 0.3~0.5μ

7) **브레이크 드럼**(Brake Drum)

바퀴와 함께 회전하며, 브레이크 슈와 접촉되어 제동력을 발생한다. 냉각성을 향상시키기 위하여 원둘레 방향이나 직각 방향에 냉각핀을 설치하였으며, 구비조건은 다음과 같다.

- 정적, 동적 평형이 잡혀 있을 것
- 브레이크가 확창 되었을 때 변형되지 않을 만한 충분한 강성이 있을 것
- 마찰면에 충분한 내마멸성이 있을 것
- 방열이 잘 되고 가벼울 것

※ 페이드 현상 : 마찰열이 축적되어 마찰계수 저하로 제동력이 감소되는 현상

8) **브레이크 파이프**(Brake Pipe) : 강 파이프로 마스터 실린더의 유압을 휠 실린더에 전달한다.

5. 브레이크 슈와 드럼(Brake Shoe & Drum)의 조합

1) 자기작동

이 작용은 회전중인 드럼에 제동을 걸면 슈는 마찰력에 의해서 드럼과 함께 회전하려는 경향이 발생하여 확장력이 커지므로 마찰력이 커지는 작용이다.

① **리이딩 슈** : 제동시 자기작동작용을 하는 슈

② **트레일링 슈** : 자기작동 작용을 하지 못하는 슈

2) 작동상태에 따른 분류

① **넌 서보형**(Non-Servo) : 1차 슈의 작동과 2차 슈의 작동이 연결되지 않은 방식

- 전진 슈 : 이때 전진 방향에서 자기 작동 작용을 하는 슈를 말한다.
- 후진 슈 : 후진방향에서 자기 작동 작용을 하는 슈를 후진 슈라고 부른다.

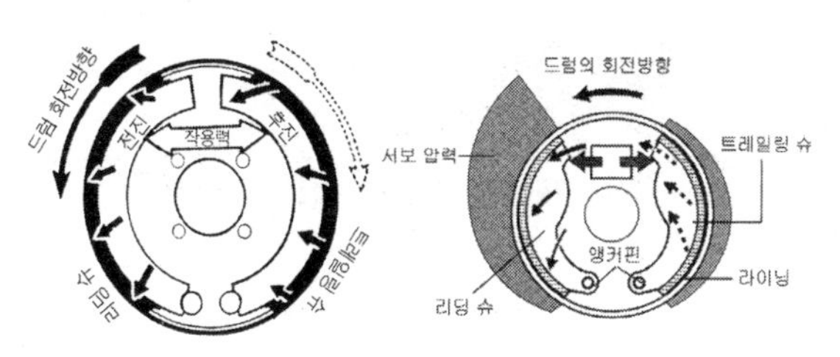

넌서보형

서보형

② **서보형**(Servo) : 1차 슈의 작동과 2차 슈의 작동이 연결되는 방식

- 유니서보형 : 이 형식은 전진할 때에는 1·2 차 슈 모두가 자기작동작용을 하지만, 후진할 때에는 모두 트레일링 슈가 되어 제동력이 감소된다.
- 듀어서보형 : 이 형식은 유니 서보형을 개량한 것으로 전진과 후진에서 모두 자기 작동 작용이 생기게 한 것이다.

3) 자동조정 브레이크 : 레이크 드럼과 라이닝 사이의 간극 조정이 필요할 때 후진에서 브레이크 페달을 밟으면 자동적으로 조정이 된다.

4) 브레이크 오일 : 브레이크 오일은 피마자기름에 알코올을 혼합한 것

① 화학적으로 안정되고 침전물이 생기지 않을 것

② 알맞은 점도를 가지고 온도에 대한 점도 변화가 작을 것

③ 윤활성이 있을 것

④ 비등점이 높아 베이퍼 로크를 일으키지 않을 것

⑤ 빙점이 낮고, 인화점은 높을 것

⑥ 금속 및 고무 제품에 대해 부식, 연화, 팽윤을 일으키지 않을 것

6. 배력식 브레이크(Servo Brake)의 개요

배력식 브레이크는 유압 브레이크의 제동력을 증대시키기 위해 사용하는 것이며, 흡입 다기관의 부압(부분진공)과 대기압의 압력차를 이용한 진공식 배력 장치(하이드로 백)와 압축 공기와 대기압과의 압력 차이를 이용한 공기식 배력 장치(하이드로 에어 팩)가 있으며, 승용차는 진공식 배력 장치를 이용하고, 트럭 등 대형 자동차에서는 공기식 배력 장치를 이용한다.

1) 진공배력 직접 조작식

이 형식은 브레이크 페달을 밟으면 작동로드가 포핏과 밸브 플런저를 밀어 포핏이 동력 실린더 시트에 밀착되어 진공밸브를 닫으므로 동력 실린더(부스터) A와 B에 진공 도입이 차단되고, 동시에 밸브 플런저는 포핏으로 부터 떨어지고 공기 밸브가 열려 동력 실린더 B에 여과기를 거친 대기(大氣)가 유입되어 동력 피스톤이 마스터 실린더의 푸시로드를 밀어 배력 작용을 한다.

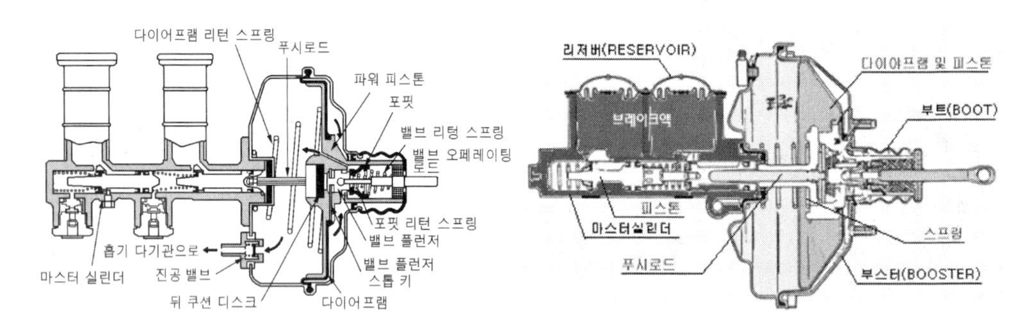

① 진공 밸브와 공기 밸브가 푸시로드에 의해 작동하므로 구조가 간단하고 무게가 가볍다.
② 배력 장치에 고장이 발생하여도 페달 조작력은 작동로드와 푸시로드를 거쳐 마스터 실린더에 작용 하므로 유압 브레이크로 만으로 작동을 한다.
③ 페달과 마스터 실린더 사이에 배력 장치를 설치하므로 설치 위치에 제한을 받는다.

2) 진공배력 원격조작식

원격 조작형은 유압계통(유압 브레이크와 하이드롤릭 실린더)과 진공 계통(동력 실린더, 동력 피스톤, 릴레이 밸브 및 밸브 피스톤, 체크 밸브)으로 나누어진다.

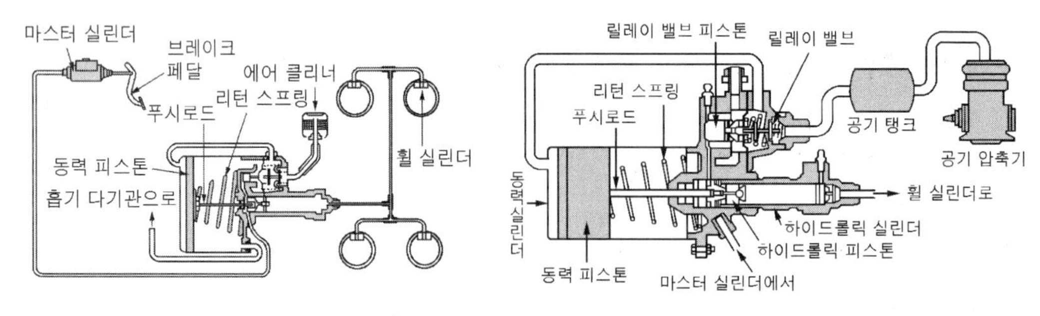

진공배력 원격 조작식

① **동력 실린더**(power cylinder) : 이 실린더는 강철판을 원형으로 프레스 가공한 것이다.
② **동력 피스톤**(power piston) : 동력 피스톤은 2매의 둥근 강철판을 그 둘레 사이에 가죽 패킹을 끼우고 합친 구조로 되어 있다.
③ **릴레이 밸브와 밸브 피스톤** : 이들의 작동은 마스터 실린더로부터의 유압에 의해 동력 실린더 A 쪽에 진공을 도입하거나 차단하는 일을 한다.

④ **하이드롤릭 실린더**(hydraulic cylinder) : 이 실린더의 내부에는 동력 피스톤 푸시로드에 의해 작동하는 하이드롤릭 피스톤이 있다.

⑤ **하이드롤릭 피스톤**(hydraulic piston) : 하이드롤릭 피스톤이 각 휠 실린더로 오일을 압송한다.

NO.3 디스크 브레이크 장치의 탈·부착 및 점검방법

1. 디스크 브레이크 패드의 탈거 방법

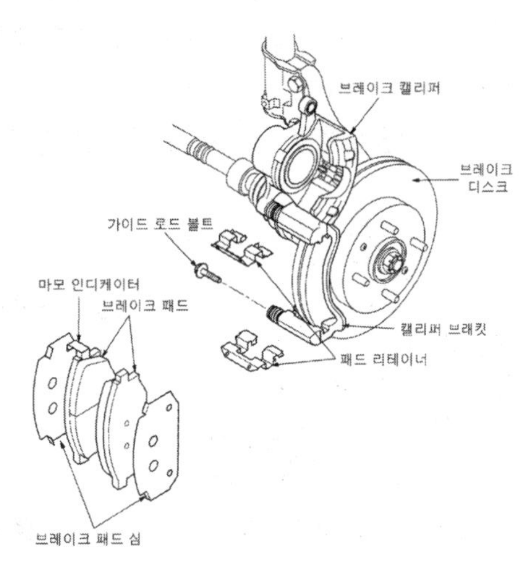

디스크 브레이크의 구성

① 휠 및 타이어를 분리한다.

② 가이드 로드 볼트를 분리하고 캘리퍼 어셈블리를 들어 올린다.

③ 들어 올린 캘리퍼 어셈블리를 철사를 이용하여 지지한다. 이때 브레이크 호스는 분리하지 않는다.

④ 캘리퍼 브래킷에서 패드 심, 패드 리테이너와 패드 어셈블리를 분리한다. 이때 브레이크 페달을 밟지 않도록 주의한다.

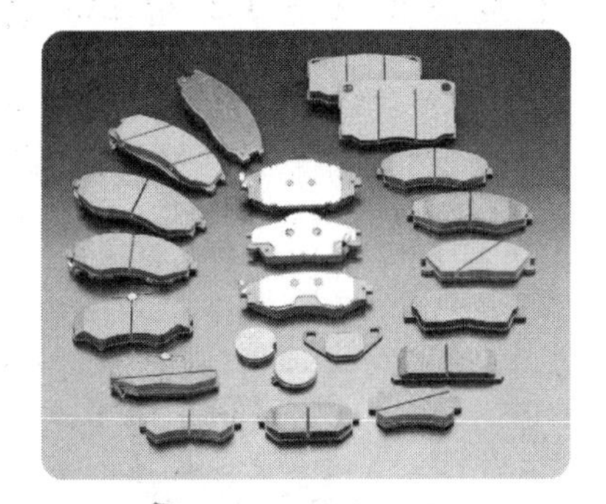

각종 브레이크 패드

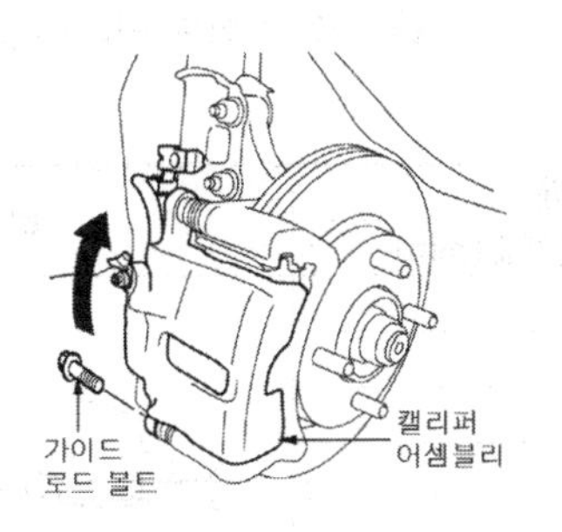

가이드 로드 볼트 분리

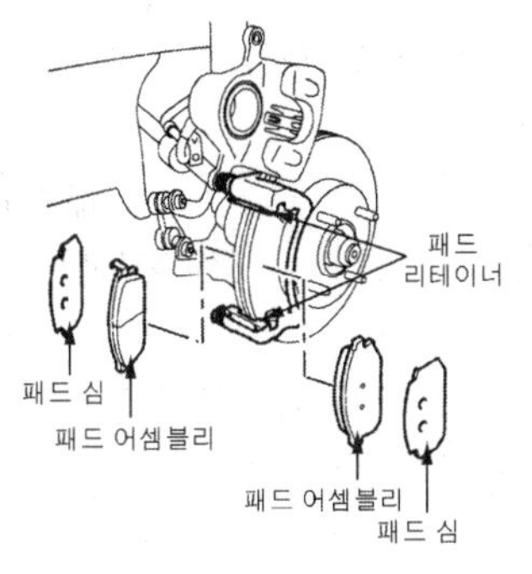

브레이크 패드 분리

2. 디스크 브레이크 패드의 조립 방법

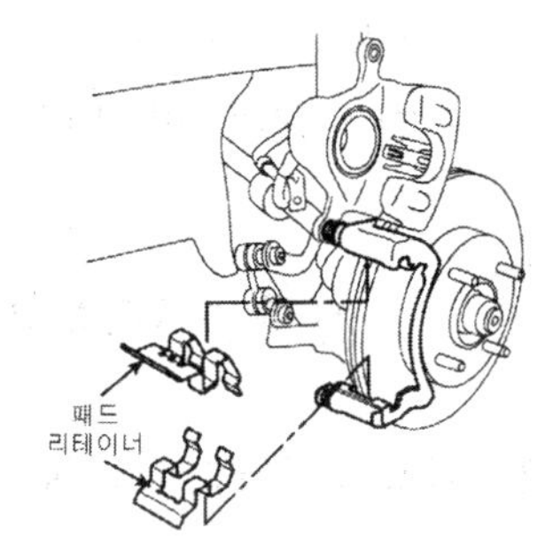

패드 리테이너 장착

① 패드 리테이너를 캘리퍼 브래킷에 장착한다.
② 패드 리테이너 위에 브레이크 패드 심 및 패드를 장착한다. 이때 패드 마모 인디케이터가 안쪽으로 향하도록 패드를 장착한다.
③ 피스톤 익스팬더(특수 공구)를 사용하여 피스톤을 압입한다.
④ 브레이크 실린더 어셈블리의 부트가 손상되지 않도록 주의하여 캘리퍼 어셈블리를 디스크 플레이트에 끼운다.
⑤ 가이드 로드를 장착하고 규정 토크로 조인다. 이때 조임토크는 2.2~3.2kgf·m이다.
⑥ 캘리퍼 어셈블리를 차량에서 탈착한 경우 브레이크 호스를 캘리퍼에 장착한다.

브레이크 패드 장착 | 피스톤 압입 | 캘리퍼 어셈블리 장착

3. 디스크 브레이크 패드의 점검 방법

① 피스톤, 실린더의 마모, 손상, 균열, 녹을 점검한다.
② 슬리브와 핀의 손상, 녹을 점검한다. 브리더 캡을 제외한 모든 고무 부품은 신품으로 교환한다.
③ 패드 라이닝 두께를 점검하여 한계값 이하이면 교환한다.

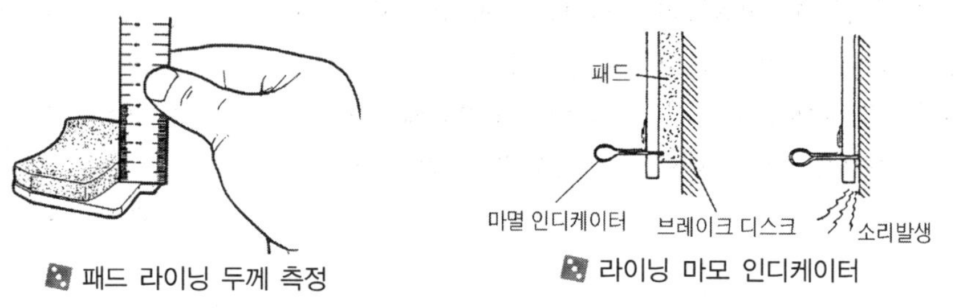

패드 라이닝 두께 측정 | 라이닝 마모 인디케이터

■ 차종별 규정값

차종	패드 라이닝 두께		비고
	기준값(mm)	한계값(mm)	
투스가니	11.0	2.0	2mm 11mm
베르나	9.0	2.0	
아반떼 XD(ABS)	11.0	2.0	
EF쏘나타, 그랜저XG	11.0	2.0	
레조	11.0	2.0	
카렌스	10.0	2.5	

4. 각종 브레이크 패드 탈착기

각종 브레이크 패드 탈착기

NO.4 드럼식 브레이크 장치의 탈·부착 및 점검방법

1. 드럼식 브레이크 라이닝 탈착 방법

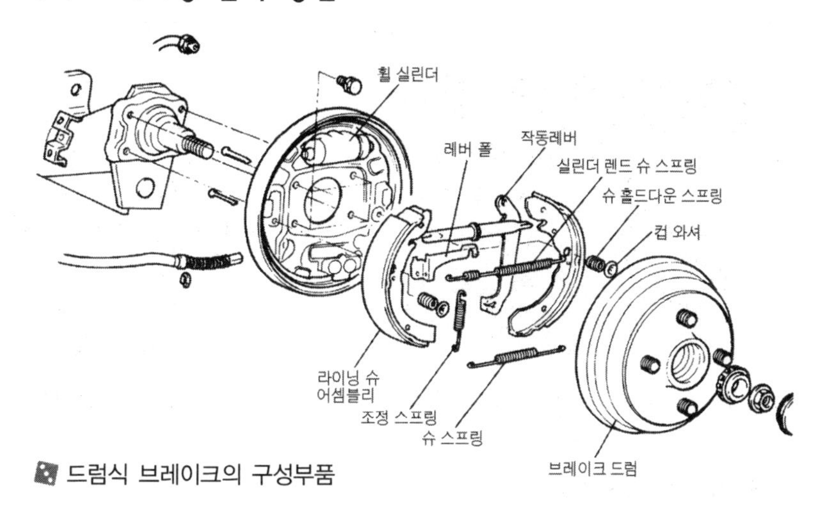

드럼식 브레이크의 구성부품

① 휠 및 타이어, 허브 너트를 떼어낸 후 브레이크 드럼과 허브를 떼어낸다.
② 슈 리턴 스프링, 실린더 엔드 슈 스프링, 슈 홀드 다운 스프링을 분리한다.
③ 슈와 조정기를 일체로 분리한다.
④ 주차 레버에서 케이블을 분리한다.

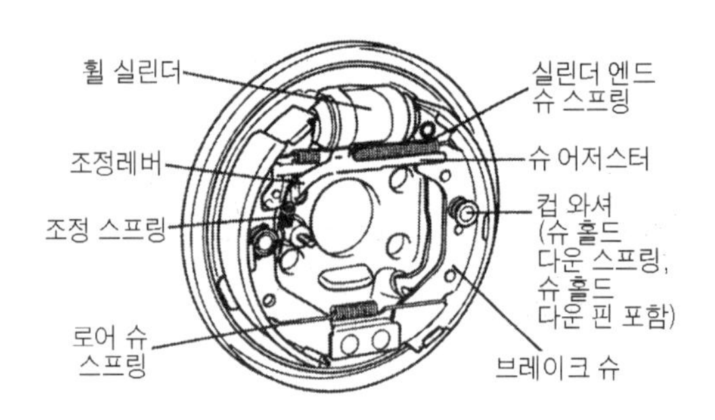

드럼식 브레이크 라이닝의 조립상태

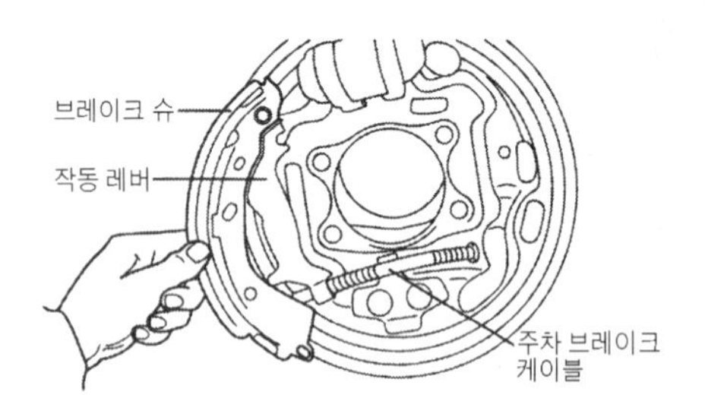

주차 레버에서 케이블 분리

브레이크 드럼

2. 드럼식 브레이크 라이닝 부착 방법

① 휠 실린더를 장착하고 파이프를 연결한다.

② 슈 아래 접촉부와 마찰 부분에 그리스를 도포한다(바르는 정도로 도포).

드럼식 브레이크 라이닝의 종류

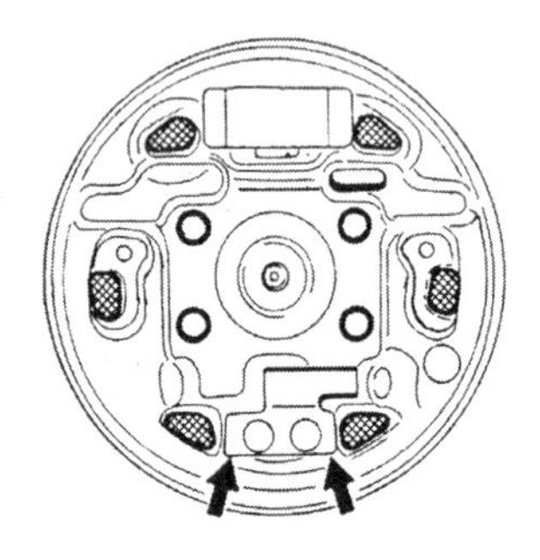

그리스 도포 부분

③ 주차 레버에 케이블을 연결한다.

④ 슈 홀드 다운 스프링을 장착한다(슈의 방향에 주의).

⑤ 2개의 슈를 슈 연결 스프링으로 연결한다.

⑥ 슈와 주차 레버 상부 홈에 방향을 맞추어 조정 스트럿 어셈블리를 장착한다.

⑦ 자동 조정 레버와 스프링을 장착한다. 이때 자동 조정 간극 나사는 최소로 한다(드럼 조립시에 드럼의 내경보다 설치된 드럼의 외경을 작게 하여 조립을 쉽게 하기 위함이다).

⑧ 드럼을 조립하고 주차 브레이크 레버를 완전히 위쪽으로 몇 번 당긴다.

NO.5 브레이크 캘리퍼(Brake Caliper)의 탈·부착 방법

1. 브레이크 캘리퍼의 탈거 방법

① 휠 및 타이어를 탈거한다.

② 패드를 분리한다.(NO 3 참조)

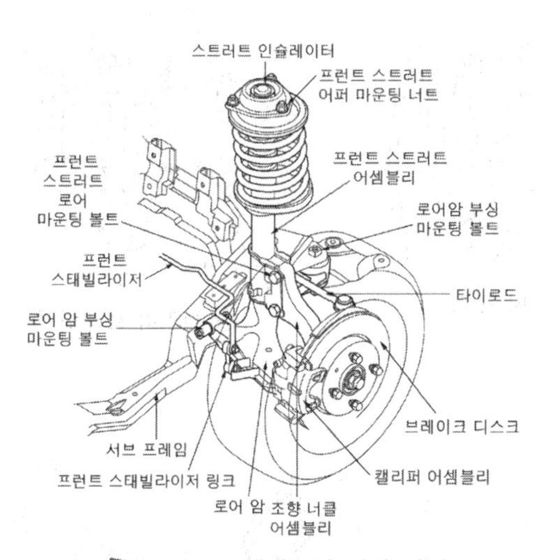

디스크 브레이크의 설치 위치

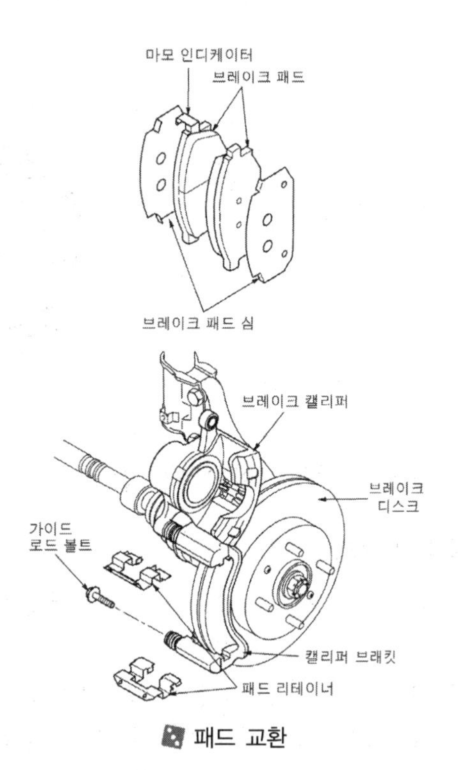

패드 교환

1. 새 패드를 설치하기 위해서는 사용하던 패드가 마모된 양 만큼 캘리퍼의 피스톤이 나와 있기 때문에 피스톤을 밀어 넣어야 한다.
2. 그래서 분해하기 전에 패드를 좌, 우로 밀어서 캘리퍼 피스톤이 원래 위치로 한 다음 분해한다.
3. 아래 그림과 같이 특수 공구(Expender tool)를 이용한다.

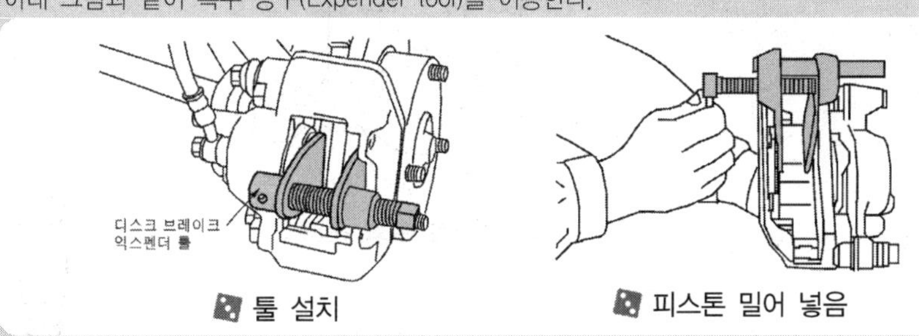

툴 설치

피스톤 밀어 넣음

② 캘리퍼에서 브레이크 호스를 분리한다(호스 분리하기 전에 바이스 플라이어 등으로 호스를 집어 오일의 누출을 방지한다).

③ 캘리퍼 마운팅 볼트를 탈거한다.

④ 캘리퍼 브래킷에서 캘리퍼와 패드를 탈거한다.
⑤ 너클에서 캘리퍼 마운팅 브래킷 볼트를 탈거한다.
⑥ 캘리퍼 브래킷을 탈거한다.
⑦ 조립은 분해의 역순이다.

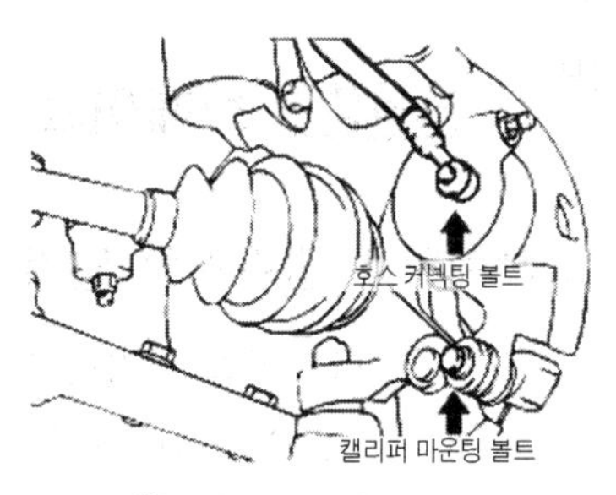

캘리퍼 마운팅 볼트

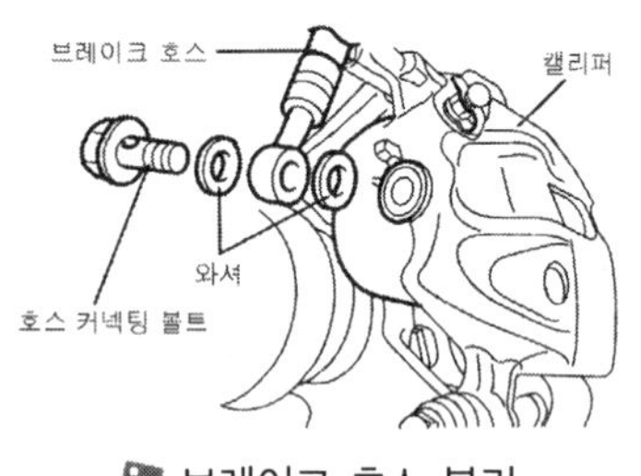

브레이크 호스 분리

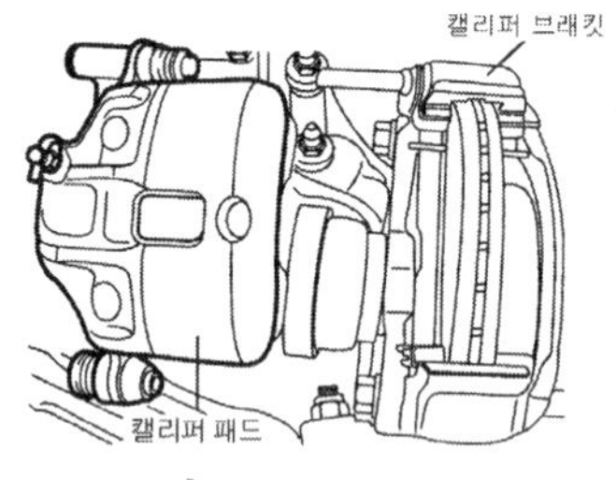

캘리퍼 탈거

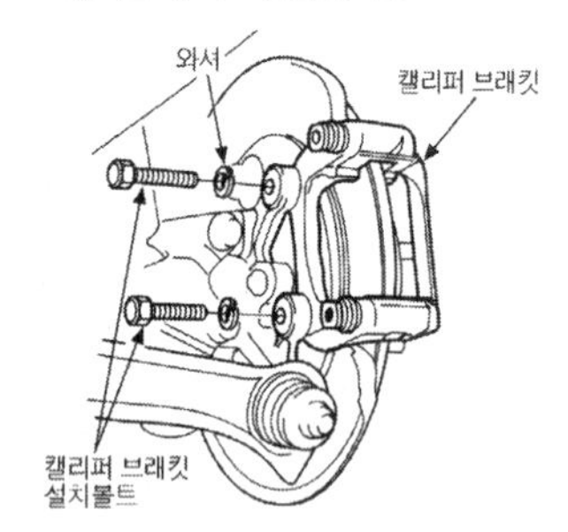

캘리퍼 브래킷 탈거

2. 브레이크 캘리퍼의 분해 방법

1) 캘리퍼 분해

① 블리더 스크루 및 블리더 스크루 캡을 분리한다.
② 피스톤 부트를 분리한다.
③ 피스톤 앞에 나무토막을 대고 블리더 스크루 설치부에 압축공기를 이용하여 피스톤을 분리한다.
④ 피스톤 실을 분리한다.

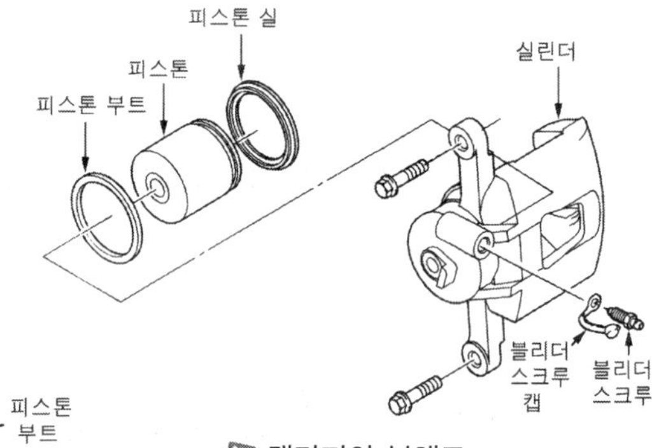

캘리퍼의 분해도

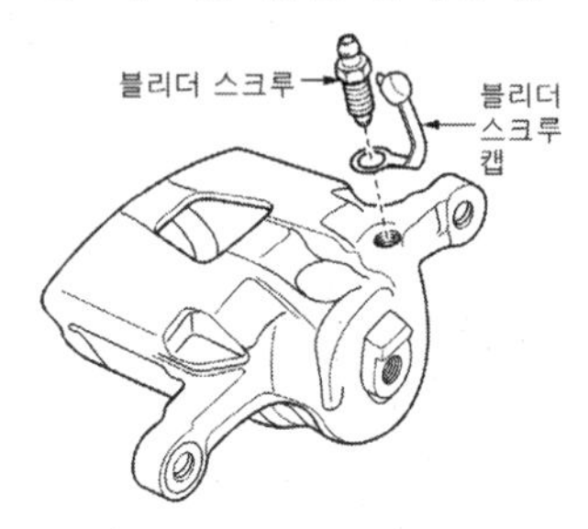

블리더 스크루 분리

피스톤 부트 분리

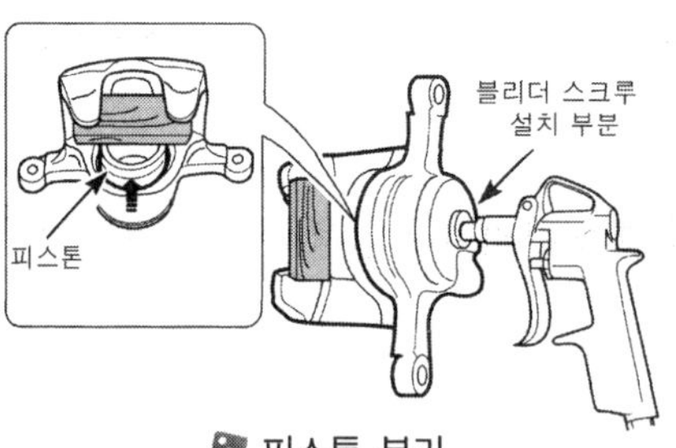

피스톤 분리

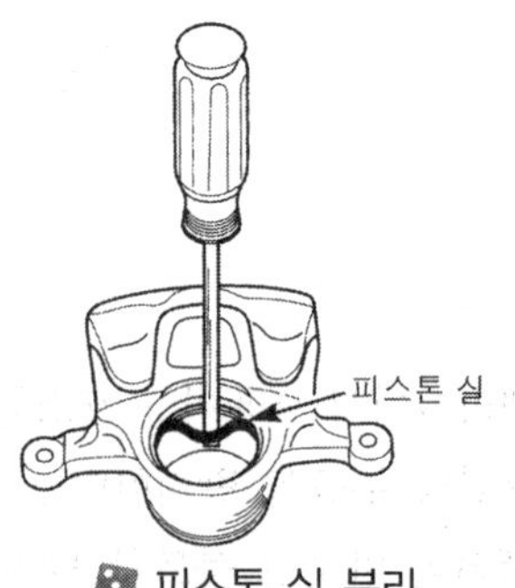

피스톤 실 분리

2) 캘리퍼 조립

① 조립은 분해의 역순이다.

② 패드와 심을 제외한 모든 부품은 알코올로 세척한다.

③ 피스톤 실에 고무 그리스(또는 피마자유)를 도포하고 실린더 내에 장착한다.

④ 피스톤 및 피스톤 부트를 다음과 같이 장착한다.

㉮ 실린더 내면, 피스톤 외측면 및 피스톤 부트에 고무 그리스를 도포한다.

㉯ 피스톤에 피스톤 부트를 장착한다.

㉰ 캘리퍼 내부 홈에 피스톤 부트를 끼우고 실린더 안으로 피스톤을 밀어 넣는다.

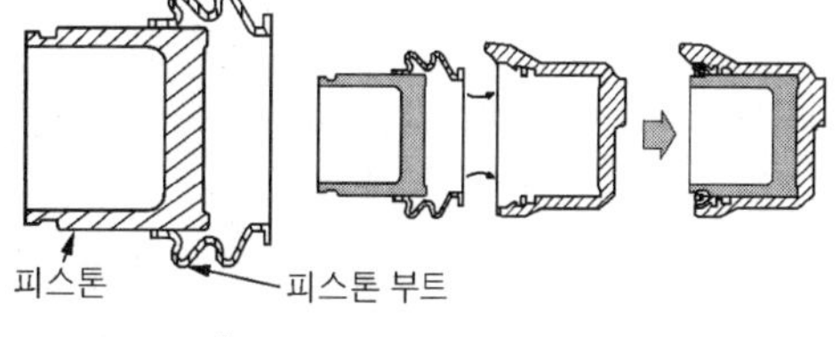

피스톤과 부트의 조립

⑤ 슬리브 및 핀의 외면, 캘리퍼 핀 및 슬리브 내면, 핀 및 슬리브 부트에 고무 그리스를 도포한다.

⑥ 캘리퍼의 홈 안으로 부트를 끼운다.

⑦ 패드를 조립한다.

⑧ 하부 볼트를 장착하고 규정의 토크로 죈다.(규정토크 : 2.2~3.2kgf·m)

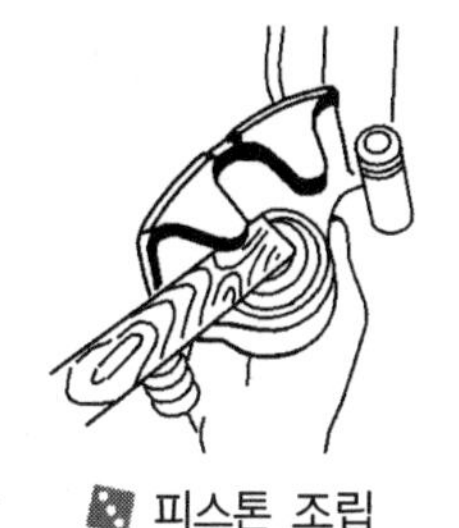

피스톤 조립

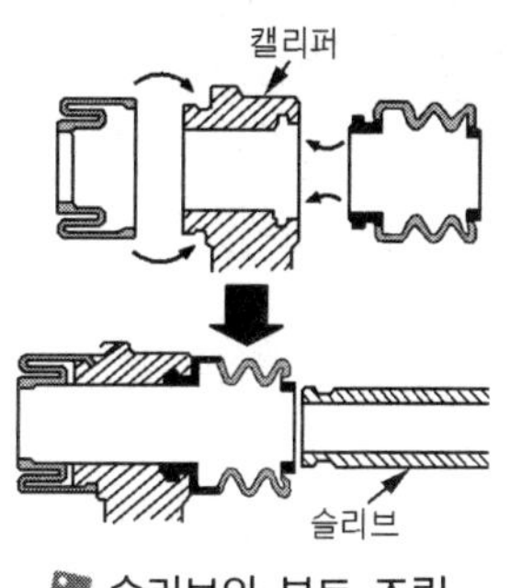

슬리브와 부트 조립

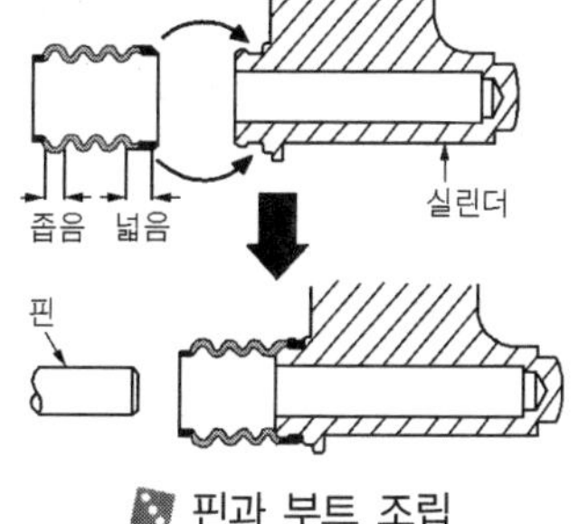

핀과 부트 조립

패드와 심 조립

NO.6 브레이크 라이닝(Brake Lining)의 탈·부착 방법

1. 브레이크 라이닝의 분해

① 주차 브레이크를 해제한다.

② 바퀴를 분리한 후 브레이크 드럼을 탈거한다. 이때 브레이크 드럼을 빼내기 어려운 경우에는 드럼의 나사 홈에 볼트를 끼운 후 탈거한다.

③ 자동 조정 스프링 및 조정 레버를 탈거한다.

④ 컵 와셔, 슈 홀드 다운 스프링, 슈 홀드 다운 핀을 탈거한다.

⑤ 브레이크 슈를 벌리고 슈 어저스터 탈거한다.

⑥ 브레이크 슈 스프링과 실린더 엔드 슈 스프링을 탈거하고 주차 브레이크 케이블을 작동 레버에서 분리한다.

⑦ 조립은 분해의 역순으로 한다.

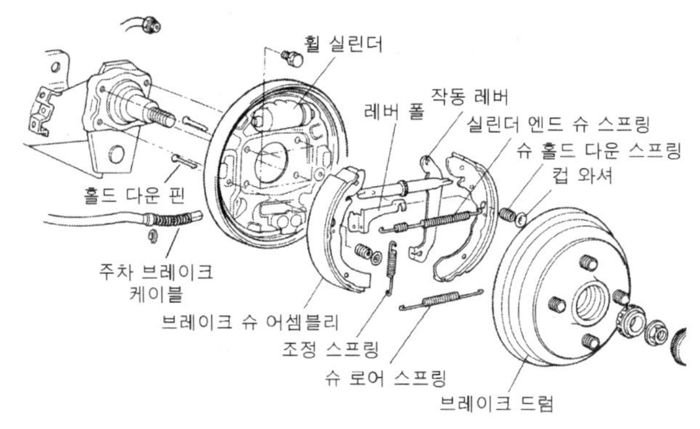

드럼 브레이크의 구성 부품

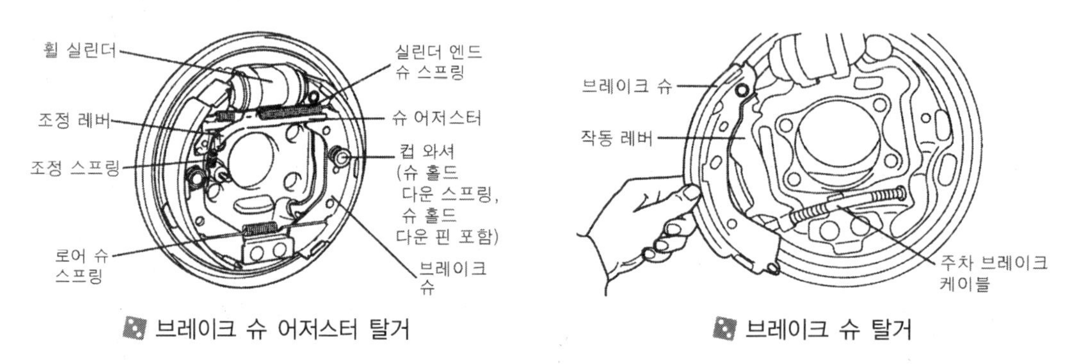

브레이크 슈 어저스터 탈거

브레이크 슈 탈거

2. 브레이크 라이닝의 조립

① 휠 실린더를 장착하고 파이프를 연결한다.

② 슈 아래 접촉부와 마찰 부분에 그리스를 도포한다(바르는 정도로 도포).

③ 주차 레버에 케이블을 연결한다.

④ 슈 홀드 다운 스프링을 장착한다(슈의 방향에 주의).

⑤ 2개의 슈를 슈 연결 스프링으로 연결한다.

⑥ 슈와 주차 레버 상부 홈에 방향을 맞추어 조정 스트러트 어셈블리를 장착한다.

브레이크 라이닝의 종류

⑦ 자동 조정 레버와 스프링을 장착한다. 이때 자동 조정 간극 나사는 최소로 한다.(드럼 조립시에 드럼의 내경보다 설치된 드럼의 외경을 작게 하여 조립을 쉽게 하기 위함이다)

⑧ 드럼을 조립하고 주차 브레이크 레버를 완전히 위쪽으로 몇 번 당긴다.

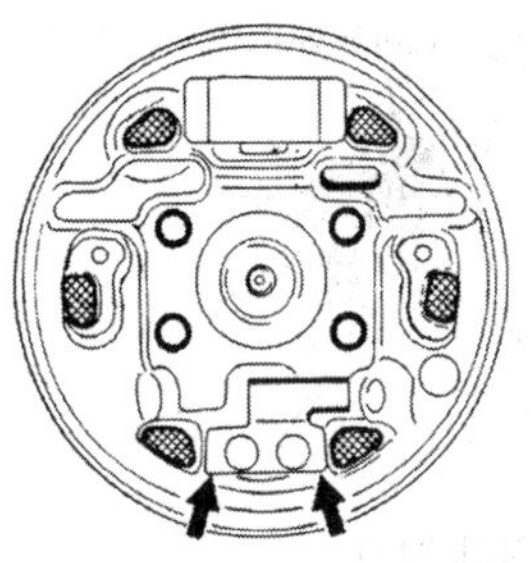

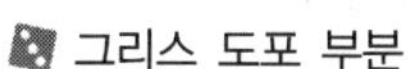

그리스 도포 부분

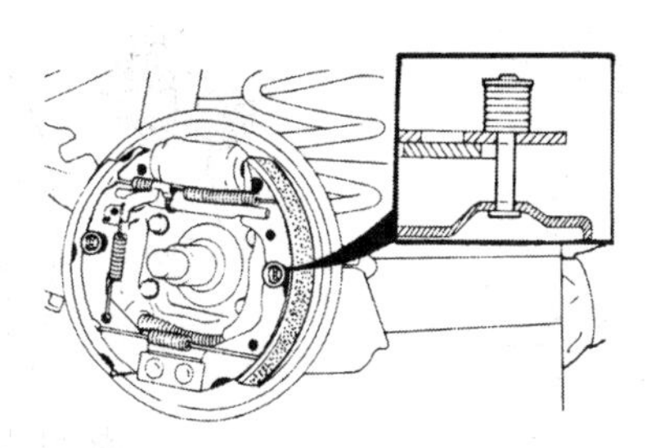

슈 홀드 다운 스프링의 장착

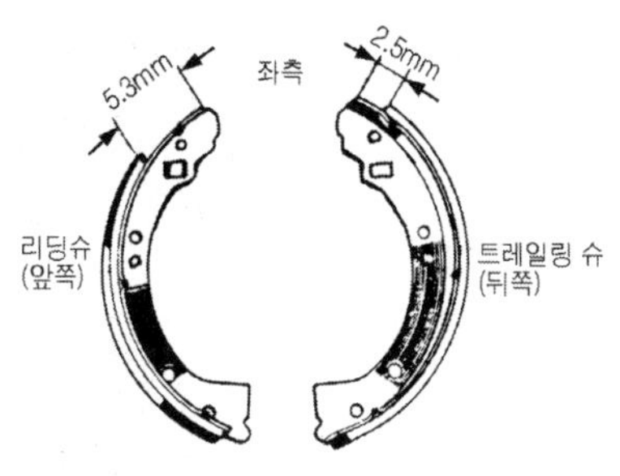

라이닝의 조립 위치

3. 브레이크 작동 시험 방법

브레이크 작동시험은 브레이크를 밟은 상태에서 바퀴에 힌지 핸들을 끼워 힘껏 돌렸을 때 돌아가지 않아야 정상이다.

현장에서는 라이닝 교환 후 차를 전, 후진하면서 브레이크를 작동시켜 라이닝 간극 조정 및 이상 유무를 확인한다. 라이닝 간극은 반드시 후진하면서 브레이크를 밟아야지만 조정된다.

NO.7 브레이크 휠 실린더의의 탈·부착 방법

1. 브레이크 휠 실린더(Brake Wheel Cylinder) 탈거 방법

① 주차 브레이크를 해제한다.

② 바퀴를 분리한 후 브레이크 드럼을 탈거한다. 이때 브레이크 드럼을 빼내기 어려운 경우에는 드럼의 나사 홈에 볼트를 끼운 후 탈거한다.

③ 자동 조정 스프링 및 조정 레버를 탈거한다.

④ 컵 와셔, 슈 홀드 다운 스프링, 슈 홀드 다운 핀을 탈거한다.

⑤ 브레이크 슈를 벌리고 슈 어저스터 탈거한다.

⑥ 브레이크 슈 스프링과 실린더 엔드 슈 스프링을 탈거하고 주차 브레이크 케이블을 작동 레버에서 분리한다.

⑦ 배킹 플레이트의 주차 브레이크 케이블 클립을 분리한다.

⑧ 휠 실린더로부터 브레이크 라인을 분리한다.

⑨ 배킹 플레이트와 함께 휠 실린더 어셈블리를 분리한다.

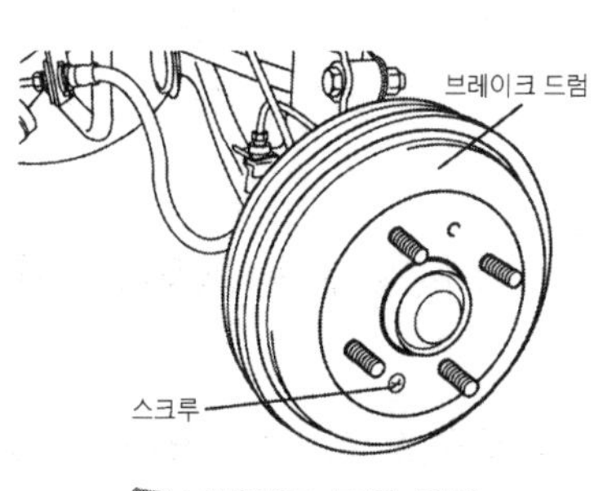

브레이크 드럼 탈거

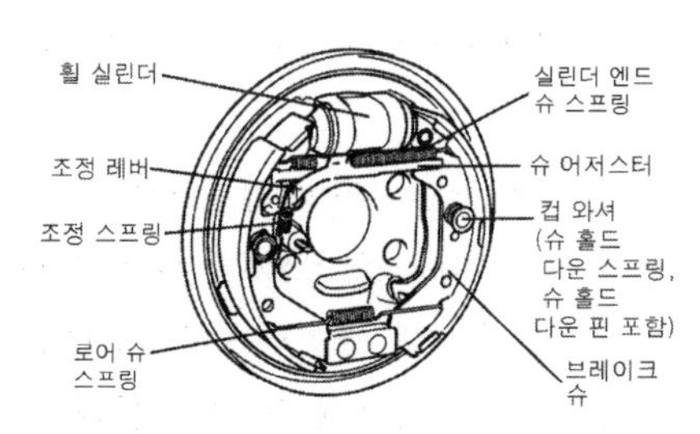

브레이크 슈 어저스터 탈거

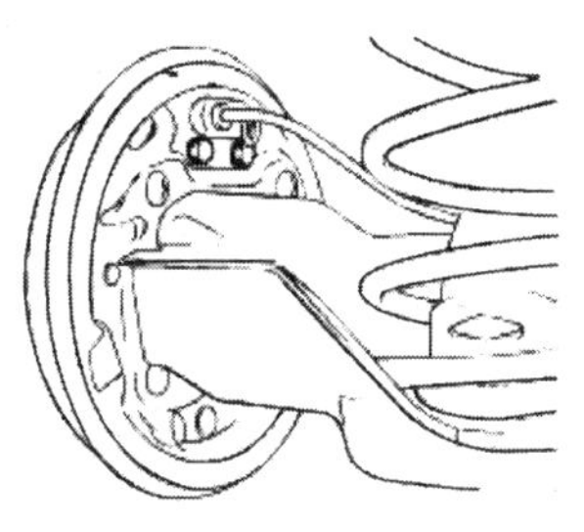

휠 실린더 설치볼트 탈거

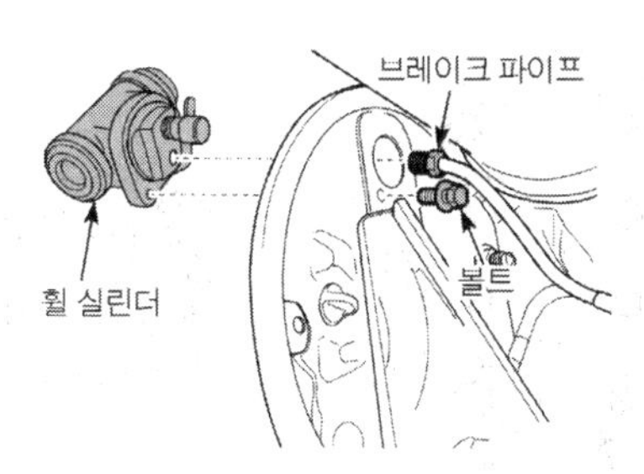

휠 실린더 탈거

조립은 분해의 역순으로 한다.

2. 휠 실린더 분해 방법

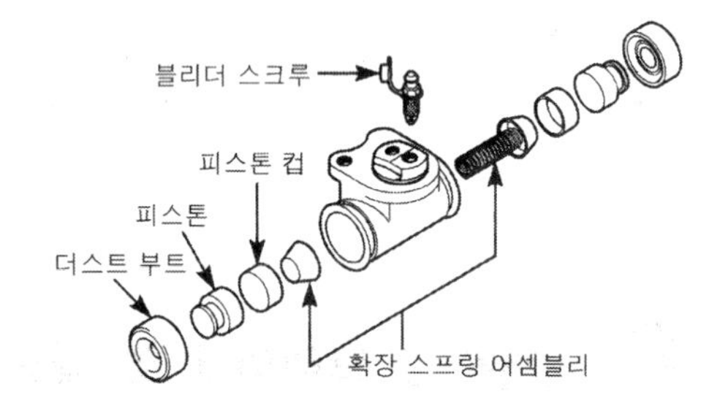

휠 실린더의 구성품

① 더스트 부트를 탈거한다.
② 피스톤을 탈거한다.
③ 피스톤 컵을 탈거한다.
④ 확장 스프링 어셈블리를 탈거한다.
⑤ 블리더 스크루를 탈거한다.
⑥ 휠 실린더를 조립하기 전에 다음 사항을 점검해야 한다.
㉮ 실린더와 피스톤의 마모, 손상, 녹을 점검한다. ㉯ 실린더 보디의 손상 및 균열을 점검한다.
㉰ 피스톤의 접촉면과 슈의 마모를 점검한다. ㉱ 피스톤 스프링의 풀림을 점검한다.
⑦ 조립은 분해의 역순으로 작업한다.

NO.8 브레이크 마스터 실린더의 탈·부착 및 점검방법

1. 브레이크 마스터 실린더(Brake Master Cylinder) 교환방법

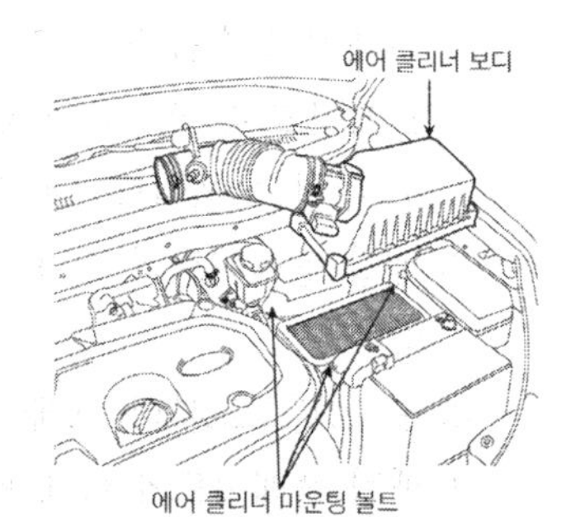

에어 클리너 보디 탈거

① 에어 클리너 마운팅 볼트를 풀고 에어 클리너 보디를 탈거한다.
② 브레이크 오일 레벨 센서 커넥터를 분리하고 리저브 캡을 분리한다.
③ 세척기를 이용하여 리저브 탱크 내의 브레이크 오일을 빼낸다.
④ 마스터 실린더에서 브레이크 파이프를 분리하고 브레이크 오일을 용기에 배출시킨 후 브레이크 파이프를 플러그로 막는다.
⑤ 마스터 실린더 마운팅 너트와 와셔를 분리한 후

마스터 실린더를 떼어낸다.

⑥ 장착은 탈거의 역순에 의한다.

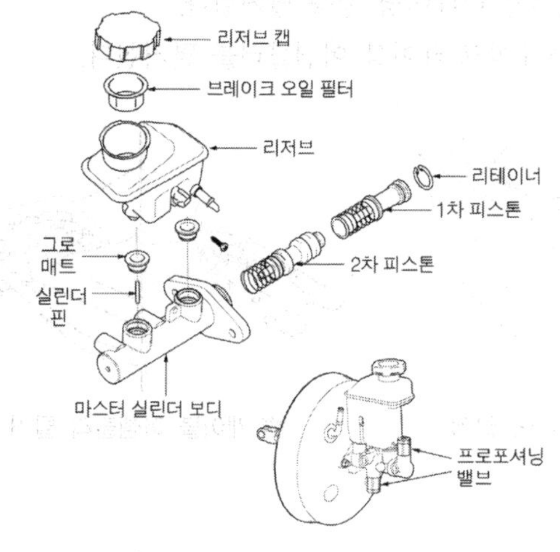

마스터 실린더 구성부품

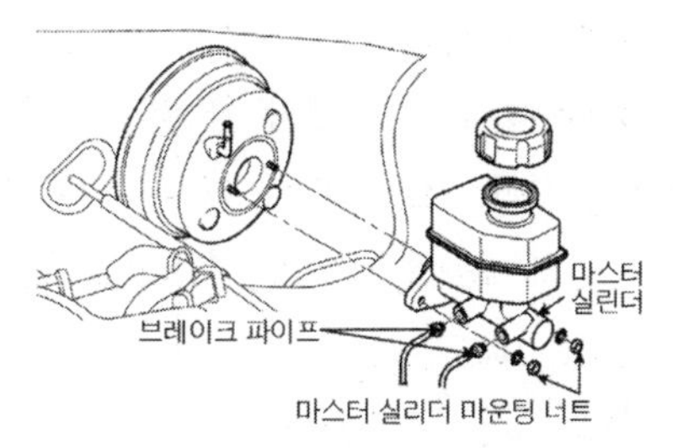

브레이크파이프 및 마스터 실린더 탈거

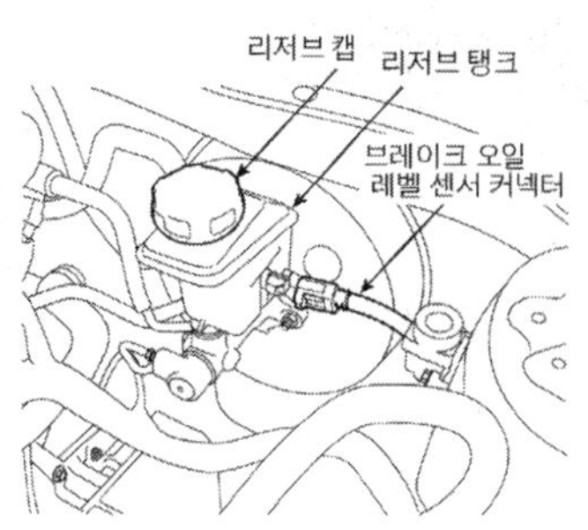

오일 레벨 센서 커넥터 분리

NO.9 주차 브레이크(Brake Pedal) 레버 탈·부착 방법

1. 주차 브레이크 케이블 탈거

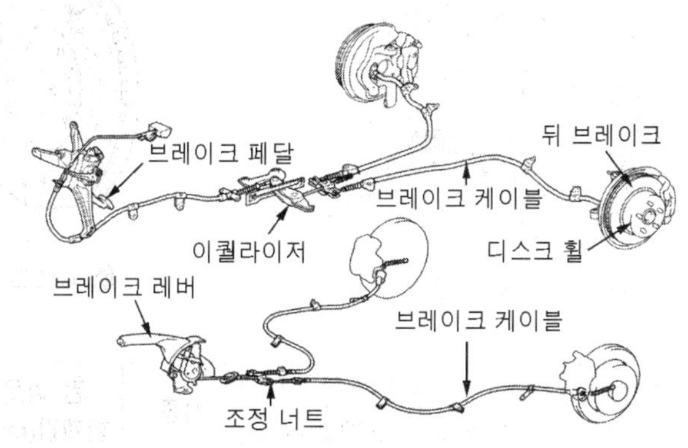

① 리어 컨솔을 탈거한다.

② 조정 너트를 풀고 주차 브레이크 케이블을 분리한다.

③ 주차 브레이크 스위치 어셈블리를 분리한다.

④ 주차 브레이크 레버 어셈블리를 탈거한다.

⑤ 휠 및 타이어를 탈거한다.

⑥ 브레이크 드럼을 탈거한다.

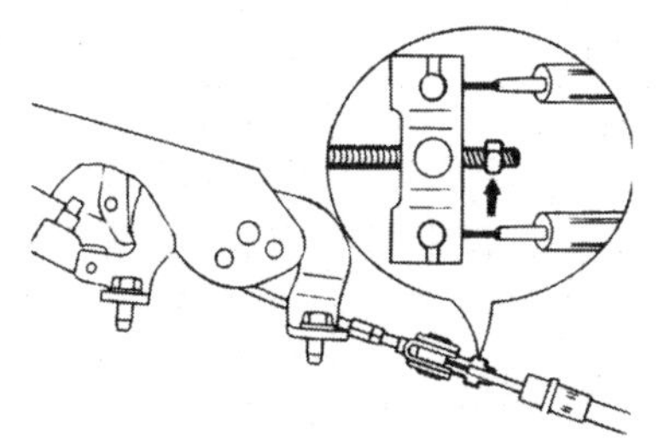

케이블 분리

⑦ 브레이크 슈를 탈거한다.
⑧ 브레이크 슈에서 주차 브레이크 케이블을 분리한다.
⑨ 백킹 플레이트 후방에 있는 주차 브레이크 케이블 리테이닝 링을 탈거한다.
⑩ 주차 브레이크 케이블 클램프를 푼 후 주차 브레이크 케이블 어셈블리를 탈거한다.

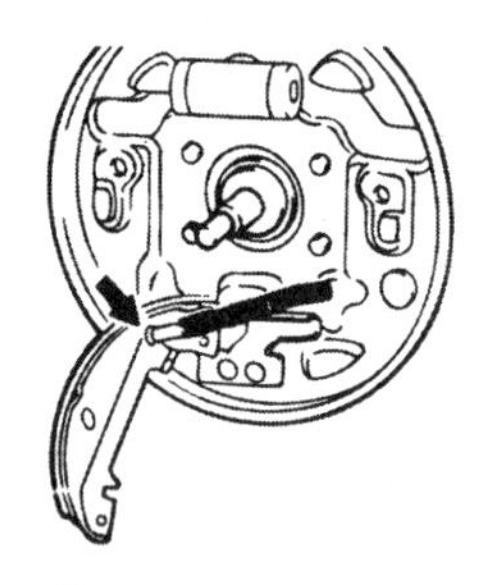
브레이크 슈 탈거

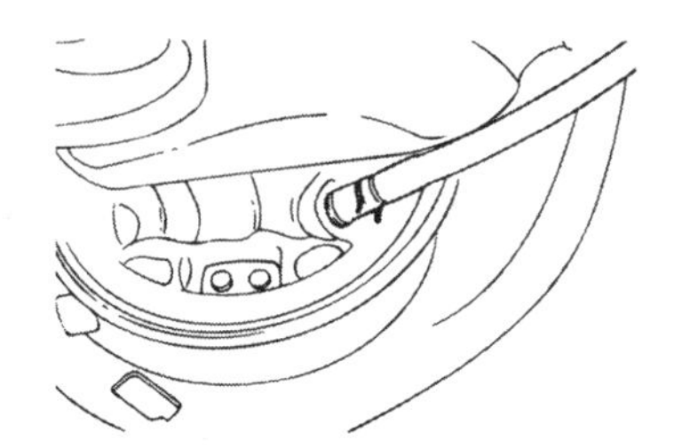
케이블 리테이닝 링 탈거

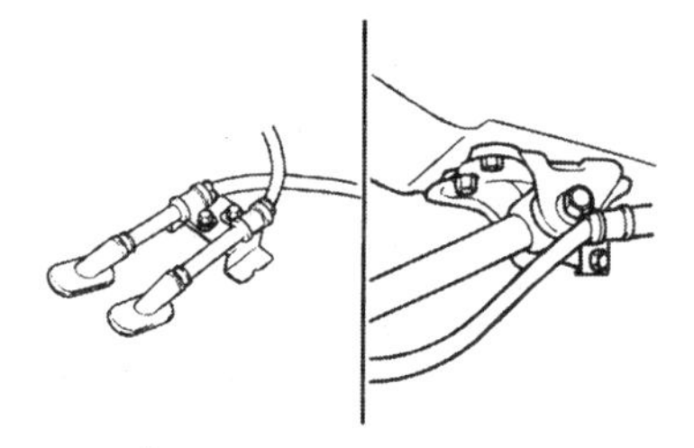
케이블 어셈블리 탈거

NO.10 브레이크 디스크(Brake Disc) 마모량/ 흔들림 점검 방법

1. 브레이크 디스크의 마모량 점검 방법

브레이크 디스크 두께를 외측 마이크로미터 등으로 측정하여 한계값 이하이면 교환한다. 또한 디스크 면의 균열, 홈, 긁힘 등에 대하여 점검한다.

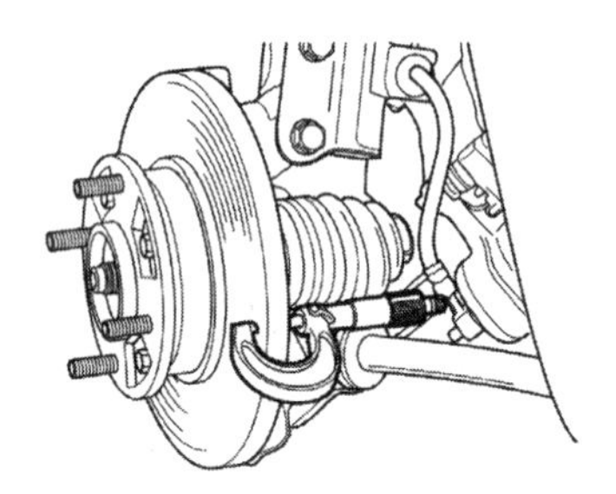
디스크의 두께 측정

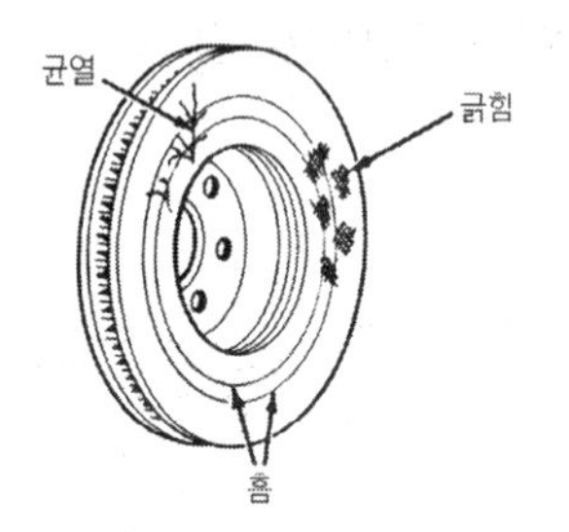

디스크의 점검

■ 차종별 규정값

차종	런 아웃 한계값(mm)	디스크 마모량		차종	런 아웃 한계값(mm)	디스크 마모량	
		기준값(mm)	한계값(mm)			기준값(mm)	한계값(mm)
쏘나타Ⅲ	0.10 이하	22	20	세피아	0.05 이하	20	18
베르나	0.05 이하	19	17	레조	0.03 이하	24	22
아반떼 XD	0.18 이하	19	17	카렌스	0.06 이하	24	22
트라제 XG	0.05 이하	26	24.4	싼타페	0.04 이하	26	24.4
EF쏘나타 / 그랜저XG	0.08 이하	24	22.4	누비라	0.10 이하	24	22

1. 브레이크 디스크의 흔들림(Run Out) 점검 방법

브레이크 디스크의 런 아웃을 다이얼 게이지로 측정하여 한계값 이상이면 교환한다(허브 베어링을 점검할 것).

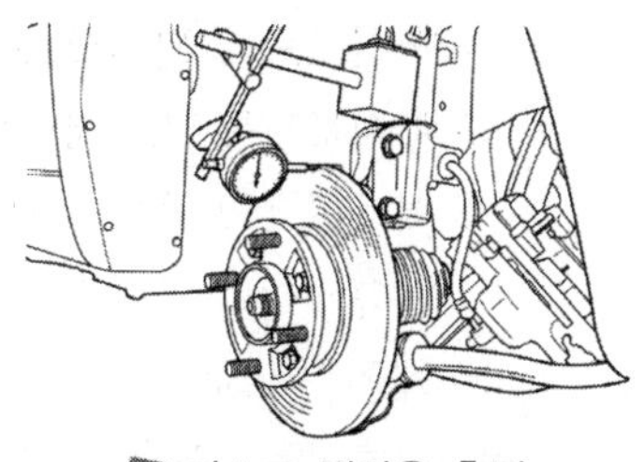

디스크 런아웃 측정

NO.11 브레이크 페달(Brake Pedal) 유격/ 작동거리 점검 방법

1. 브레이크 페달 자유간극 점검 방법

1) 자유간극이란

브레이크 페달을 손으로 눌러 1차 피스톤의 1차 컵이 리턴 포트를 막을 때까지 페달이 움직인 거리(양)를 말한다.

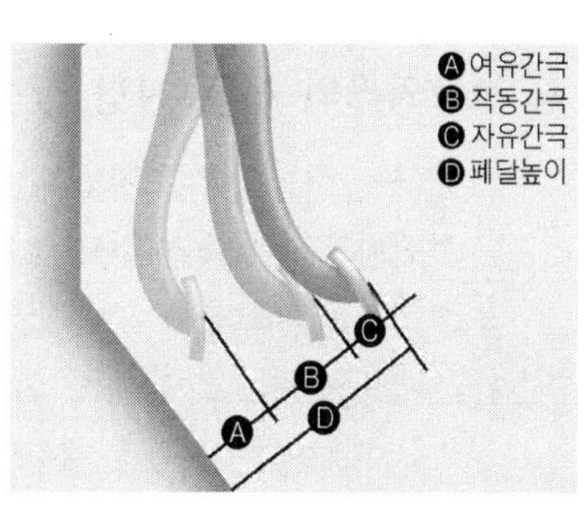

2) 자유간극 측정법

① 엔진을 정지시킨 상태에서 브레이크 페달을 2~3번 밟아 하이드로백 내의 진공을 없앤 후 실시한다.

② 페달 밑판 부위에 철자(30cm)와 분필을 이용하여 페달이 올라온 부분에 표시를 한 후 손바닥으로 페달을 눌러 저항(압력)이 느껴지는 점까지의 이동거리를 측정한다.

③ **조정 방법** : 로크 너트를 풀고 푸시로드를 돌려 유격을 조정한다.

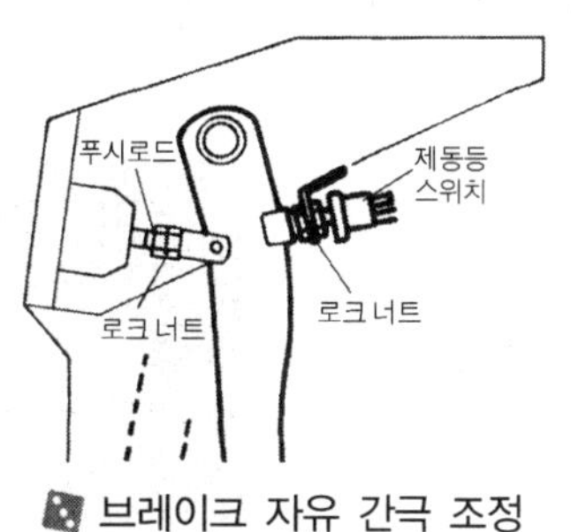

브레이크 자유 간극 조정

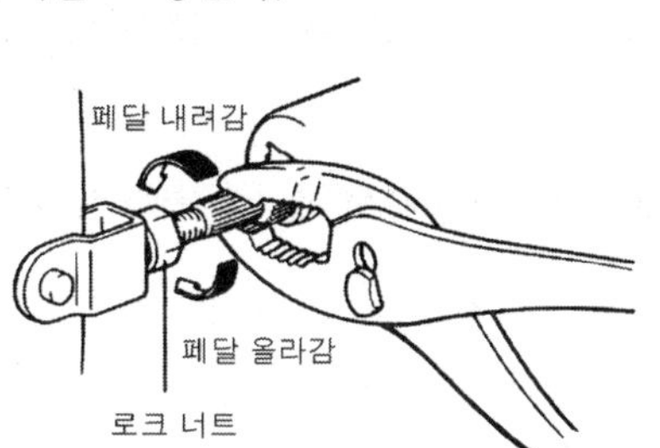

푸시로드 조정

2. 페달의 높이 점검 방법

① 페달을 놓고 바닥에서부터 페달까지의 높이를 말한다.

② 조정 방법

㉮ 제동등 스위치 커넥터를 분리한다.

㉯ 제동등 스위치 로크 너트를 풀고 브레이크 스위치가 페달에 접촉되지 않을 때까지 푼다.

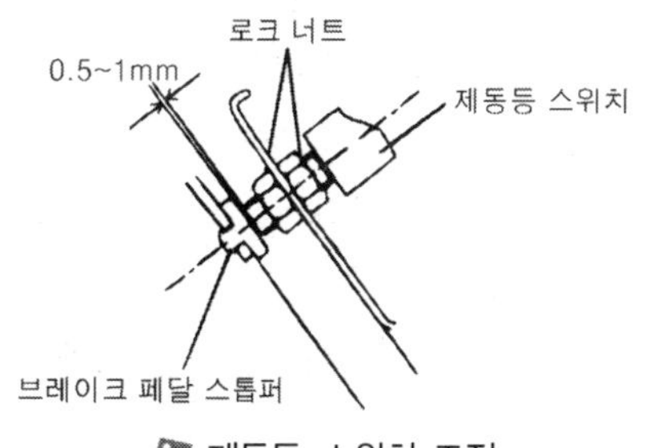

제동등 스위치 조정

㉰ 푸시로드 로크 너트를 풀어준다.

㉱ 푸시로드를 조이거나 풀어서 페달 높이를 조정한 후 로크 너트를 체결한다.

㉲ 제동등 스위치가 돌려 스토퍼와의 간격이 0.5~1.0mm가 되도록 조정한 후 로크 너트를 체결한다.

㉳ 제동등 스위치 커넥터를 연결한다.

㉴ 브레이크 페달을 작동시키면서 제동등 스위치의 작동 유무를 점검한다.

㉵ 엔진이 정지된 상태에서 2~3회 브레이크 페달을 밟아 부스터의 부압을 제거한 후 손으로 페달을 눌러 유격을 확인한다.

3. 밑판 간극 측정방법

브레이크 페달을 약 50kgf·m의 힘으로 밟았을 때 브레이크 페달과 바닥 사이의 간극이다.

4. 브레이크의 작동 시험 방법

① 엔진을 시동하여 워밍업 시킨 후 정지한다.

② 브레이크 페달을 밟았다 놓았다하며, 밑판 간극을 점검한다.

③ 브레이크 페달을 2~3회 정도 밟았을 때 밑판 간극이 점점 높아지면 정상이다.

④ 브레이크 페달을 여러 번 밟았다 놓았다 한 후 페달을 밟은 상태로 엔진을 시동하였을 때 브레이크 페달이 내려가면 정상이다.

⑤ 밑판 간극이 작아지지 않을 때는 하이드로 백과 마스터 실린더를 점검하고 필요시에 교환한다. (고장 원인 : 부스터 실 파손, 체크 밸브, 호스부의 누출)

NO.12 브레이크 라인의 공기빼기(Air Bleeding) 작업 방법

1. 전륜(디스크식)에서의 공기빼기 작업

① 오일 탱크 캡을 열고 브레이크 오일을 채운다.

② 캘리퍼 또는 휠 실린더 블리더 스크루에 비닐 튜브를 연결하고 다른 끝은 브레이크 오일 용기에 담근다.

③ 브레이크 페달을 몇 번 밟았다가 놓았다가 한다.

④ 페달을 완전히 밟은 상태로 블리더 스크루를 브레이크 오일이 나올 때까지 푼다.

⑤ 페달을 밟고 있는 상태에서 블리더 스크루를 잠근다.

⑥ ③, ④, ⑤의 작업을 브레이크 오일에 기포(氣泡)가 없어질 때까지 반복한다.

⑦ 공기빼기 작업 순서는 아래 그림의 순서로 한다.

오일탱크(아반떼 XD)

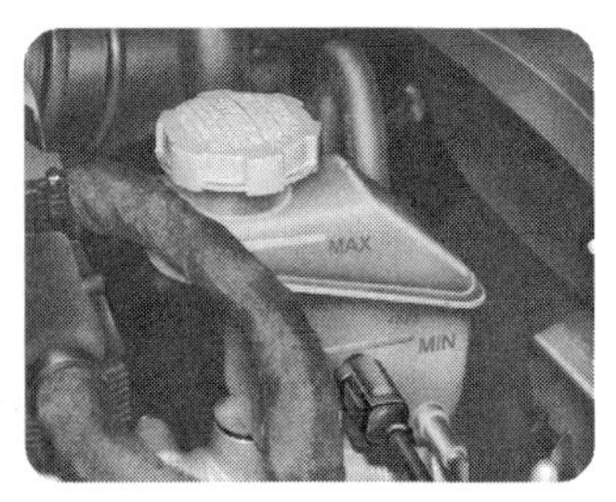

오일탱크(베르나)

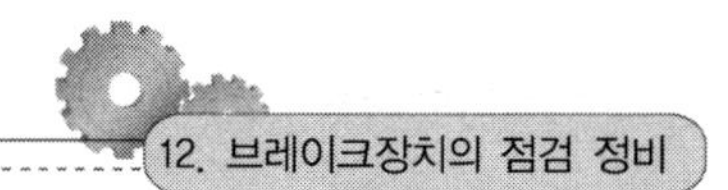

⑧ 공기빼기 작업이 완료되면 블리더 스크루를 규정의 토크로 조인다.

> 1. 공기빼기 작업을 하는 동안 브레이크액이 규정높이가 되도록 자주 점검·조정 한다.
> 2. 브레이크 작동시험은 공기빼기 작업까지 완료한 후 브레이크를 밟은 상태에서 바퀴에 힌지 핸들을 끼워 힘껏 돌렸을 때 돌아가지 않아야 정상이다.

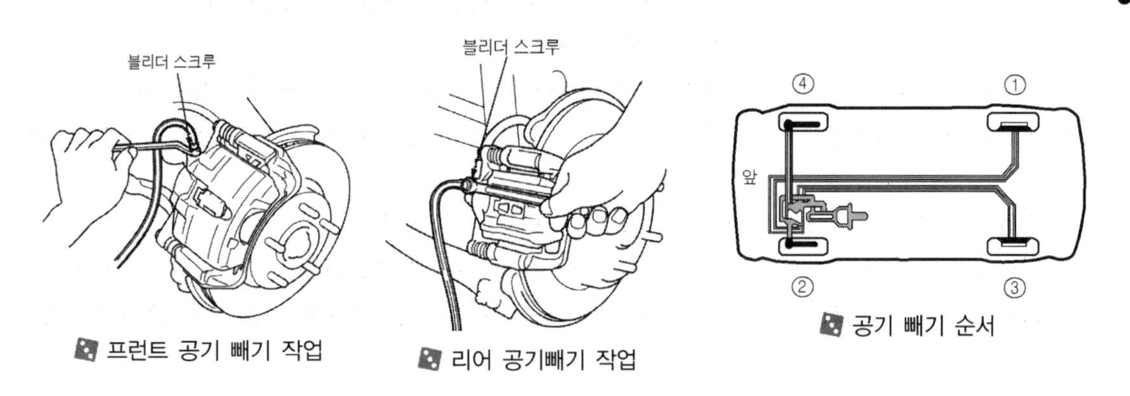

프런트 공기 빼기 작업 / 리어 공기빼기 작업 / 공기 빼기 순서

2. 후륜(드럼식)에서의 공기 빼기 작업

① 오일탱크 캡을 열고 브레이크 오일이 부족하면 보충한다.

② 휠 실린더 블리더 스크루에 비닐 호스를 연결하고 그 호스의 다른 끝은 브레이크 오일이 담긴 용기에 집어넣는다.

③ 2인 1조로 작업을 하며 보조자가 브레이크 페달을 몇 번 밟았다가 놓는다.

④ 페달을 완전히 밟은 채로 블리더 스크루를 브레이크 오일이 빠져나올 때까지 푼다. 그 다음 블리더 스크루를 잠근다.

⑤ ③과 ④의 작업을 오일에 기포가 없어질 때까지 반복한다.

⑥ 블리더 플러그 스크루를 조인다.

브레이크 오일 보충

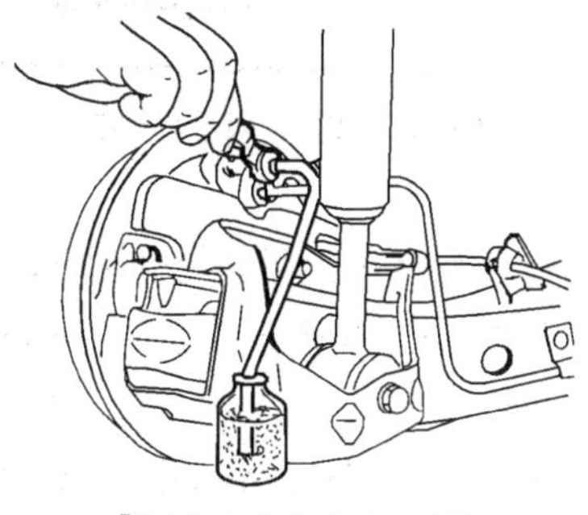

공기빼기 호스 연결

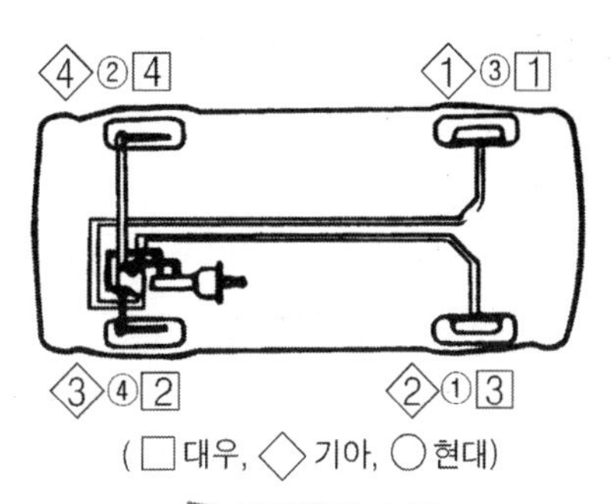

공기빼기 순서

NO.13 브레이크 제동력 시험 방법

1. 제동력 시험 전 준비사항

① 시험기 본체의 댐퍼 오일의 유량을 점검한다.(부족하면 스핀들유를 보충한다.)
② 롤러에 오일이나 흙이 묻어 있으면 깨끗이 닦아낸다.
③ 리프트를 작동시키는 공기 압축기의 공기 압력이 7~10kgf/cm²정도인가를 확인한다.
④ 점검 자동차의 타이어 공기 압력이 규정값인지를 확인하고, 타이어 트레드의 이 물질을 제거한 후 마모 상태를 점검한다.
⑤ 점검 자동차는 공차 상태에서 운전자 1인이 승차하여 시험한다.
⑥ 시험기의 미터(METER)스위치를 ON으로 한 후 파일럿 램프의 점등을 확인한다. 이때 지침이 0을 지시하는지를 확인한다. 만약 지침이 0을 지시하지 않은 경우에는 그 오차 값을 기억하여 둔다.

2. 아날로그 방식 제동력 시험 방법

1) 시험기의 구성

① **눈금판** : 0~3000kgf 까지의 눈금이 있으며, 좌우 제동력을 표시하는 지침이 있다.
② **미터(METER) 스위치** : 시험기에 전원을 공급하거나 차단하는 스위치이다.
③ **모터(MOTOR) 스위치** : 롤러를 구동하거나 정지시키는 스위치이다.
④ **파일럿 램프** : 미터(METER)와 모터(MOTOR) 스위치 작동을 표시하는 램프이다.

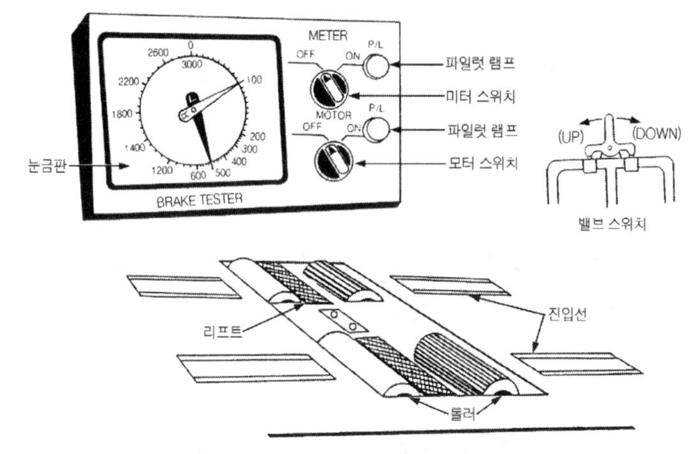

아날로그 방식 제동력 시험기

⑤ **롤러** : 모터(MOTOR) 스위치를 ON시키면 회전하며, 제동력이 측정되는 원통형의 회전체이다.
⑥ **리프트** : 상하로 움직이며, 밸브 스위치에 의하여 작동되며, 차량을 진입 또는 이탈시킬 때 리프트를 상승시키고 제동력을 측정할 때에는 하강시킨다.
⑦ **밸브 스위치** : 압축 공기를 리프트에 공급하거나 차단하는 밸브로서 리프트를 상승시킬 때 사용한다. 리프트를 하강시킬 때에는 스위치를 DOWN 위치로, 상승시킬 때에는 UP으로 위치시킨다.

2) 시험 방법

① 밸브 스위치를 UP 위치로 하여 리프트를 상승시킨 후 자동차를 천천히 진입시켜 측정 바퀴가 리프트의 중앙에 오도록 위치시킨다.
② 변속기의 변속 레버를 중립 위치로 하고, 엔진은 시동된 상태로 둔다.
③ 밸브 스위치를 DOWN 위치로 하여 리프트를 하강시킨다.
④ 모터(MOTOR)스위치를 ON으로 한다. 이때 파일럿 램프가 점등됨과 동시에 롤러가 정상적으로 회전하는지를 확인한다.
⑤ 브레이크 페달을 천천히 최대로 밟는다.
⑥ 눈금판의 지침이 최대의 제동력을 표시할 때 미터(METER) 위치를 OFF시킨다. 이때 눈금판의 지침이 지시한 값에서 정지하고, 롤러도 정지한다.
⑦ 지침이 눈금판에 지시한 값을 좌(L), 우(R) 별도로 읽고 기록한다.
⑧ 모터 스위치를 OFF시킨다.
⑨ 밸브 스위치를 UP 위치로 하여 리프트를 상승시키고 자동차를 시험기에서 빼낸다.

3. 디지털 방식 - ABS COMBI

1) 시험기의 구성

① **브레커 스위치** : ABS 콤비에 들어가는 전원 연결 및 차단을 한다.
② **전원 스위치** : 측정기기의 작동 스위치
③ **제동력 모드 스위치** : 수동, 자동을 선택하는 스위치
㉮ A 모드 : 측정값만 표시
㉯ B 모드 : 측정값을 규정값과 비교하여 합격, 불합격 및 백분율 계산

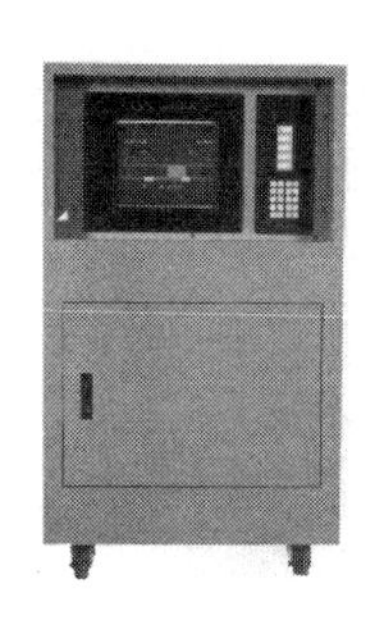

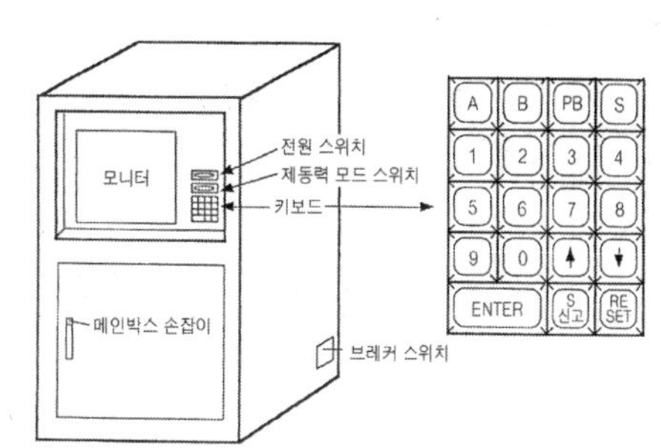

④ A : Side slip test 버튼
⑤ B : Brake test 버튼
⑥ PB : Park brake test 버튼
⑦ S : Speed meter tester 버튼
⑧ 1 ~ 0 : 축중을 입력하기 위한 숫자 스위치 버튼

제동력 측정기가 설치된 검사장 모습

⑨ [RESET] : 이전 단계로 가기 위한 스위치 버튼

⑩ [S신고] : 측정을 정지하기 위한 스위치 버튼

⑪ [↑] : 커서의 상 방향으로 이동 버튼

⑫ [↓] : 커서의 하 방향으로 이동 버튼

2) 제동력 A모드 측정 방법

① 컨트롤 박스의 우측 하단에 있는 브레커 스위치를 On시킨 후 앞 패널에 있는 전원 스위치를 On시킨다. 동절기에는 브레커 스위치를 On시킨 후 10분간 대기한 후에 앞 패널에 있는 전원 스위치를 On시킨다.

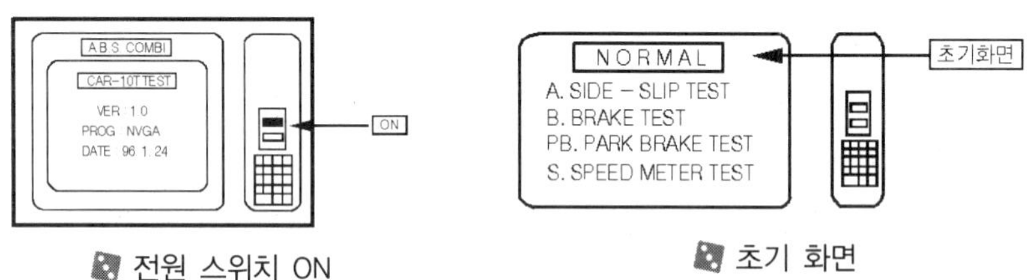

전원 스위치 ON　　초기 화면

② 모니터에 초기 화면이 표시될 때까지 워밍업을 한다. 워밍업이 종료된 후 곧바로 제동력 또는 속도계를 시험하려면 [RESET] 버튼을 눌러 리셋한 후 검사 항목을 선택하여야 한다. 사이드 슬립 검사 후 브레이크 및 속도계를 검사할 경우에는 [RESET] 버튼을 누른 후 검사 항목을 선택하여야 한다.

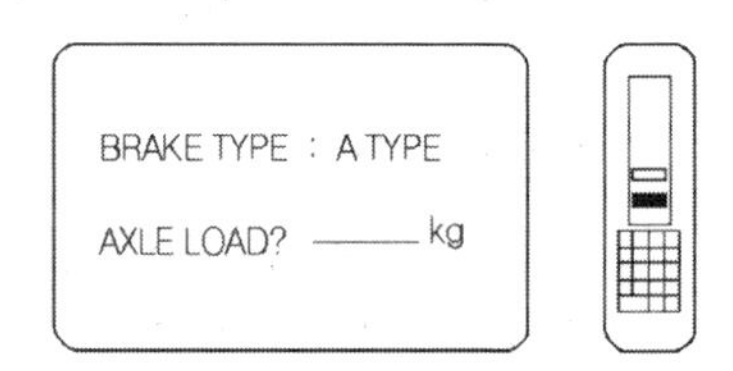

제동 모드 A 선정

③ 제동력 모드 스위치를 A로 선택한 후 축중을 입력시킨다.

■ 차종별 축중 기준값(kgf)

차종	전축중	후축중	차종	전축중	후축중
엑셀(1.3)	565	360	로얄 프린스(2.0)	680	560
엑셀(1.5A/T)	608	382	콩코드	700	450
엘란트라(1.5)	639	425	프라이드	470	260
소나타(1.8)	643	582	코란도	715	725
그랜저(3.0)	940	580	그레이스(9)	890	675

④ 키 보드의 [B] 버튼 또는 [PB] 버튼을 누른다.

㉮ [B] 버튼 : 주 제동력 테스트

㉯ [PB] 버튼 : 주차 제동력 테스트

⑤ 검사할 자동차를 제동력 측정기 답판 위에 진입시킨다.

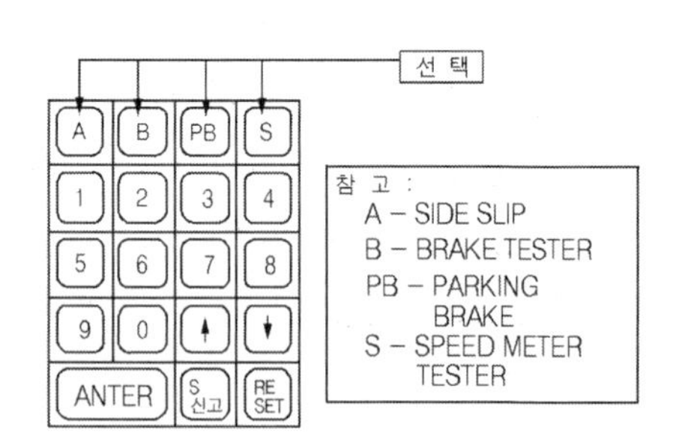

B 또는 PB 버튼 누르기

제동력 측정기 답판 위에 진입한 모습

제동력 측정기 답판이 내려간 모습

⑥ 키보드를 사용하여 차량의 축중을 입력하고 Enter↵ 버튼을 누른다. Enter↵ 버튼을 누르면 리프트는 하강하고 3초 후에 롤러가 회전한다.

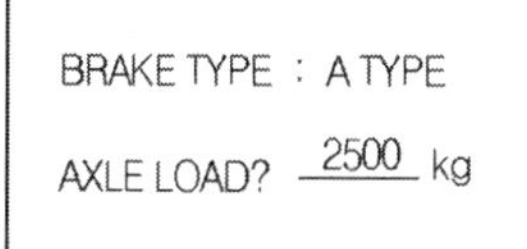

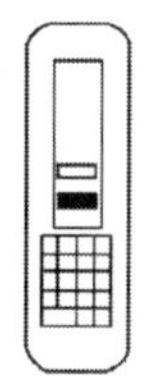

축중 입력

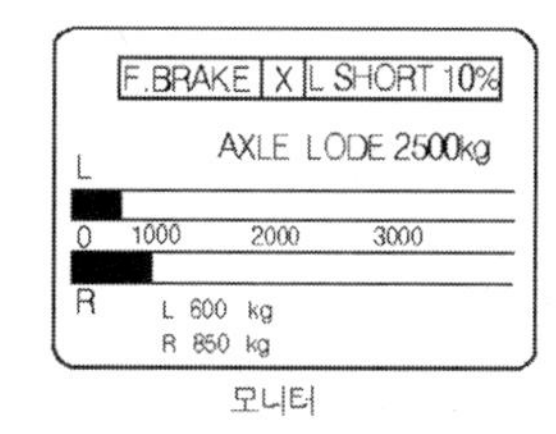

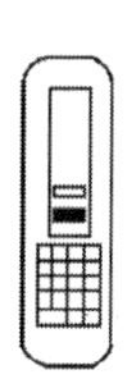

모니터

제동력 측정화면

⑦ 리프트가 하강하고 롤러가 구동되면 브레이크 페달을 밟는다. 이때 모니터에는 그래프로 지시되어 판정 된다. 이때 왼쪽 화면에는 제동력의 합을 나타내고, 오른쪽 화면에는 제동력의 차이를 kgf으로 나타낸다. 또한 오른쪽 화면에 "−L" 또는 "−R" 을 나타내면 좌, 우 부족을 나타낸 것이다.

⑧ 테스트가 완료되면 RESET 버튼을 누른다. 이때 롤러의 회전이 정지되고 리프트가 상승된다. 또한 모니터에는 초기 화면이 나타난다.

1. 워밍업이 종료된 후 곧바로 제동력 또는 속도계를 시험하려면 RESET 버튼을 눌러 리셋한 후 검사 항목을 선택하여야 한다.
2. 사이드슬립 검사 후 브레이크 및 속도계를 검사할 경우에는 RESET 버튼을 누른 후 검사 항목을 선택하여야 한다.
3. 제동력 시험시 제동력 A모드 또는 B모드 선택의 경우에도 RESET 버튼을 눌러 리셋 시킨 후 선택하여야 한다.

3) 제동력 B모드 측정 방법

모드 측정 방법에서 모드 스위치를 B로 선택한다. 나머지 작동 방식은 A모드와 같고 화면에는 합격(○), 불합격(×) 표 및 제동력의 차가 백분율(%)로 나타난다.

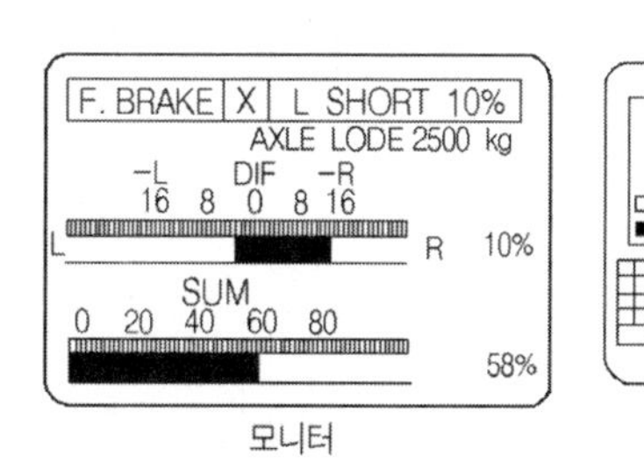

모니터

제동력 B 모드 측정

2. 제동력 판정 방법

1) 제동력 판정 공식

① 제동력의 총합 $= \dfrac{\text{앞·뒤, 좌·우 제동력의 합}}{\text{차량 중량}} \times 100 = 50\%$ 이상 되어야 합격

② 앞바퀴 제동력의 총합 $= \dfrac{\text{앞, 좌·우 제동력의 합}}{\text{앞축중}} \times 100 = 50\%$ 이상 되어야 합격

③ 뒷바퀴 제동력의 총합 $= \dfrac{\text{뒤, 좌·우 제동력의 합}}{\text{뒤축중}} \times 100 = 20\%$ 이상 되어야 합격

④ 좌우 제동력의 편차 $= \dfrac{\text{큰쪽 제동력 - 작은쪽 제동력}}{\text{당해 축중}} \times 100 = 8\%$ 이내면 합격

⑤ 주차 브레이크 제동력 $= \dfrac{\text{뒤, 좌·우 제동력의 합}}{\text{차량 중량}} \times 100 = 20\%$ 이상 되어야 합격

■ 차종별 중량 기준값

항목 \ 차종	AVANTE		i 30						VERACRUZ			
	1.6 VVT		1.6 VGT		1.6 VVT		2.0 VVT		3.0 (2WD)	3.0 (4WD)	3.8 (2WD)	3.8 (4WD)
배기량(CC)	1,591	1,591	1,582	1,582	1,591	1,591	1,975	1,975	2,959	2,959	3,778	3,778
공차중량(kg)	1,173	1,191	1,321	1,328	1,227	1,247	1,290	1,305	2,030	2,112	1,970	2,110
변속방식	M/T 5	A/T 4	M/T 5	A/T 4	M/T 5	A/T 4	M/T 5	A/T 4	A/T 6	A/T 6	A/T 6	A/T 6
연비(km/L)	15.8	15.2	20.5	16.5	16.0	15.2	13.3	12.4	11.0	10.7	8.5	8.1
에너지 등급	1	1	1	1	1	1	2	3	3	3	4	5

	투싼(Tucson)				싼타페(Santafe)				
항목	2.0 VGT 2WD(디젤)		2.0 VGT(4WD)	2.0 VVT(가)	2.0 VGT(2WD)	2.2 VGT (2WD)		2.2 VGT(4WD)	
배기량(CC)	1,991	1,991	1,991	1,975	1,991	2,188	2,188	2,188	2,188
공차중량(kg)	1,615	1,635	1,710	1,520	1,847	1,817	1,847	1,907	1,941
변속방식	M/T 6	A/T 4	M/T 6	A/T 4	A/T 5	M/T 5	A/T 5	M/T 5	A/T 5
연비(km/L)	15.2	12.6	14.3	9.8	12.6	14.4	12.5	14.0	11.7
에너지 등급	1	2	1	4	2	1	1	1	2

항목 \ 차종	CERATO											
	1.6 CVVT(4)		1.6 VGT(4)		2.0 CVVT(4)	2.0 D(4)	1.6 CVVT(5)		1.6 VGT(5)		2.0 CVVT(5)	2.0 D(5)
배기량(CC)	1,591	1,591	1,582	1,582	1,975	1,975	1,591	1,591	1,582	1,582	1,975	1,975
공차중량(kg)	1,189	1,214	1,265	1,330	1,285	1,259	1,215	1,240	1,295	1,305	1,300	1,300
변속방식	M/T 5	A/T 4	M/T 5	A/T 4	A/T 4	M/T	M/T 5	A/T 4	M/T 5	A/T 4	A/T 4	M/T 5
연비(km/L)	15.1	13.2	20.7	16.0	12.0	13.5	15.1	13.2	16.0	13.5	12.0	13.5
에너지 등급	1	2	1	1	3	2	1	2	1	1	3	1

항목	프라이드(Pride)											
	1.4 D(가) 4도어		1.4 D(가) 5도어		1.6 CVVT 4도어		1.6 CVVT 5도어		1.5 (디) 4도어		1.5 (디) 5도어	
배기량(CC)	1,399	1,399	1,399	1,399	1,599	1,599	1,599	1,599	1,493	1,493	1,493	1,493
공차중량(kg)	1,077	1,099	1,080	1,102	1,079	1,101	1,847	1,124	1,135	1,145	1,160	1,170
변속방식	M/T	A/T	M/T	A/T	M/T	A/T	M/T	A/T	M/T	A/T	M/T	A/T
연비(km/L)	15.4	13.1	15.4	13.1	14.7	13.0	14.7	13.0	20.5	16.9	20.5	16.9
에너지 등급	2	3	2	3	2	3	2	3	1	1	1	1

항목 \ 차종	NEW CLICK					NEW EF SONATA					
	1.4 DOHC		1.5 VGT	1.6DOHC		1.8 DOHC		2.0 GVS	2.0 GOLD	2.0 CVT	2.5 V6
배기량(CC)	1,399	1,399	1,493	1,599	1,599	1,795	1,795	1,997	1,997	1,997	2,493
공차중량(kg)	1,046	1,080	1,493	1,046	1,080	1,427	1,445	1,445	1,458	1,470	1,487
변속방식	M/T	A/T	M/T	M/T	A/T	M/T	A/T	M/T	A/T	CVT	A/T
연비(km/L)	15.6	13.5	20.1	15.3	13.0	11.8	10.0	11.1	9.4	10.1	8.5
에너지 등급	2	4	1	2	4	3	5	3	4	4	3

항목 \ 차종	SONATA 2									
	1.8 SOHC		1.8 DOHC		2.0 TXL		2.0 SOHC		2.0 DOHC	
배기량(CC)	1,796	1,796	1,836	1,836	2,000	2,000	1,997	1,997	1,997	1,997
공차중량(kg)	1,260	1,260	1,290	1,290	1,280	1,280	1,280	1,280	1,280	1,280
변속방식	M/T	A/T	M/T	A/T	M/T	A/T	M/T	A/T	M/T	A/T
연비(km/L)	13.2	11.4	12.8	11.5	–	–	–	–	–	–
에너지 등급	3	4	2	3	4	4	4	4	4	4

항목 \ 차종	NUBIRA				NUBIRA 2		LANOS 2				
	1.5 DOHC		1.8 DOHC		1.5 DOHC		1.3 S	1.5 SOHC		1.5 DOHC	
배기량(CC)	1,498	1,498	1,799	1,799	1,498	1,498	1,349	1,498	1,498	1,498	1,498
공차중량(kg)	1,170	1,195			1,170	1,195	1,020	1,025	1,060	1,045	1,080
변속방식	M/T	A/T	M/T	A/T	M/T	A/T	M/T	M/T	A/T	M/T	A/T
연비(km/L)	16.0	13.3	14.0	11.9	16.0	13.3	16.5	15.5	13.7	15.5	13.6
에너지 등급		3			2	3	2	2	3	2	3

항목 \ 차종	CHAIRMAN H		REXTON			KYRON					ACTYON		
	500S	600S	2WD	4WD	AWD	2.0 (2WD)		2.0 (4WD)	2.7 (4WD)	2.7 AWD	2WD		4WD
배기량(CC)	2,799	3,199	2,696	2,696	2,696	1,998	1,998	1,998	2,696	2,696	1,998	1,998	1,998
공차중량(kg)	1,820	1,840	1,990	2,065	2,045	1,860	1,900	1,995	2,070	2,050	1,795	1,820	1,915
변속방식	A/T 5	A/T 5	A/T 5	A/T 5	A/T 5	M/T 5	A/T 6	A/T 6	A/T 5	A/T 5	M/T 5	A/T 6	A/T 6
연비(km/L)	8.2	7.8	10.7	10.7	10.7	12.9	11.2	11.2	10.7	10.6	12.9	11.9	11.9
에너지 등급	5	5	3	3	3	2	3	3	3	3	2	3	3

항목 \ 차종	GRANDEUR XG								MARCIA		
	2.0.V6 DOHC		2.5 V6 DOHC		2.7 LPG		3.0 V6 DOHC		2.0 DOHC		2.5 V6 DOHC
배기량(CC)	1,998	1,998	2,493	2,493	2,700	2,656	2,972	2,972	1,997	1,997	2,479
공차중량(kg)	1,537	1,550	1,466	1,577	–	1,603	1,561	1,561	1,355	1,355	1,355
변속방식	M/T 5	A/T 4	M/T	A/T 4	M/T	A/T 5	M/T	A/T 5	M/T	A/T	A/T
연비(km/L)	9.9	8.9	10.7	9.3	–	9.4	9.7	9.7	10.8	9.2	9.2
에너지 등급	3	3	3	2	4	1	2	3	4	5	5

항목 \ 차종	TG 그랜져(TG GRANDEUR)				NF 쏘나타(NF Sonata)						
	2.4 D	2.7 D	3.3 D	2.7 LPI	2.0 VVT		2.0 VGT		2.0 LPI		2.4 VVT
배기량(CC)	2,359	2,656	3,342	2,656	1,998	1,998	1,991	1,991	1,998	1,998	2,359
공차중량(kg)	1,565	1,577	1,680	1,655	1,465	1,470	1,581	1,601	1,471	1,510	1,515
변속방식	A/T 6	A/T 6	A/T 6	A/T 5	M/T 5	A/T 4	M/T 6	A/T 4	M/T 5	A/T 4	A/T 4
연비(km/L)	11.3	10.6	10.1	7.6	12.8	11.5	17.1	13.4	10.4	9.0	11.5
에너지 등급	3	3	4	5	2	3	1	2	4	4	3

항목 \ 차종	STARREX													
	2.4 LPI						2.5 VGT							
	3인승밴		5인승 밴		12인승 왜건		3인승 밴		5인승 밴		11인승 왜건		12인승 왜건	
배기량(CC)	2,359	2,359	2,359	2,359	2,359	2,359	2,497	2,497	2,497	2,497	2,497	2,497	2,497	2,497
공차중량(kg)	1,935	1,950	2,015	2,030	2,165	2,180	2,040	2,055	2,110	2,120	2,270	2,285	2,265	2,280
변속방식	M/T 5	A/T 4	M/T 5	A/T 4	M/T 5	A/T 4	M/T 5	A/T 5	M/T 5	A/T 5	M/T 5	A/T 5	M/T 5	A/T 5
연비(km/L)	8.0	7.0	8.0	7.0	7.6	6.8	11.6	10.7	11.6	10.7	11.5	10.5	11.5	10.5
에너지 등급	5	5	5	5	5	5	3	3	3	3	3	4	3	4

차종 / 항목	VERNA						SANTAMO					
	1.3		1.5 D		1.5 D(린번)		2.0 SOHC		2.0 DOHC		2.0 LPG	
배기량(CC)	1,341	1,341	1,495	1,495	1,495	1,495	1,997	1,977	1,997	1,997	1,997	1,997
공차중량(kg)	980	1,007	1,060	1,030	1,030	1,057	1,360	1,380	1,370	1,395	1,400	1,420
변속방식	M/T 5	A/T 4	A/T 4	M/T 5	M/T 5	A/T 4	M/T 5	A/T 4	M/T 5	A/T 4	M/T 5	A/T 4
연비(km/L)	17.5	15.3	13.9	15.9	18.0	14.8	11.8	10.3	11.5	10.3	9.6	8.6
에너지 등급	1	2	3	2	1	2	3	4	3	4	4	5

차종 / 항목	MAGNUS									
	2.0SOHC		2.0 DOHC		2.0(S) LPG	Eagle L6 2.0		L6 2.5	L6 2.5 (클래식)	L6 2.5 (이글)
배기량(CC)	1,998	1,998	1,998	1,998	1,998	1,993	1,993	2,492	2,500	2,500
공차중량(kg)	1,305	1,325	1,310	1,330	1,375	1,400	1,435	1,465	1,435	1,310
변속방식	M/T	A/T	M/T	A/T	A/T	A/T	A/T	A/T	A/T	A/T
연비(km/L)	13.1	11.1	12.6	9.5	9.0	9.5	9.5	9.1	9.1	13.6
에너지 등급	2	3	2	3	4	3	5	4	3	3

차종 / 항목	쏘울			
	가솔린 1.6		가솔린 2.0	디젤 1.6
배기량 (cc)	1,591		1,975	1,582
변속 방식	자동 4단	수동 5단	자동 4단	자동 4단
최고 출력 (ps/rpm)	124/6,300		142/6,000	128/4,000
최대토르크 (kg.m/rpm)	15.9/4,300		19.0/4,600	26.5/2,000
연 비 (km/L)	15.0	15.8	12.9	17.5
CO_2 배출량 (g/km)	156	148	181	154
공차 중량 (kg)	1,190	1,170	1,285	1,285
연료탱크용량 (L)	48	48	48	48
등 급	1	1	2	1

차종 / 항목	K5				
	세타Ⅱ 2.4 GDI	세타Ⅱ 2.0 MPI		세타 2.0 LPI	
배기량 (cc)	2,359	1,998		1,998	
변속 방식	자동 6단	자동 6단	수동 6단	자동 5단	수동 5단
최고 출력 (ps/rpm)	201/6,300	165/6,200		144/6,000	
최대토르크 (kg.m/rpm)	25.5/4,250	20.2/4,600		19.3/4,250	
연 비 (km/L)	13.0	13.0	13.8	10.0	10.7
CO_2 배출량 (g/km)	180	180	170	177	165
공차 중량 (kg)	1,470	1,415	1,400	1,450	1,430
연료탱크용량 (L)	70	70	70	85	85
등 급	2	2	2	4	3

ABS브레이크 장치의 점검정비 13

학습목표

1. ABS 브레이크장치의 구조와 기능에 대하여 알아본다.
2. ABS 브레이크장치의 떼어내기와 장착, 조립 방법에 대하여 알아본다.
3. ABS 브레이크장치의 점검 및 정비방법에 대하여 알아본다.

NO.1 ABS브레이크 장치

1. ABS 브레이크 장치(Anti-Lock Brake System)의 개요

자동차는 제동시에 감속도에 따라 자동차의 중심이 앞쪽으로 이동하여 앞바퀴의 하중은 증가하고 뒷바퀴의 하중은 감소하는 경향이 생긴다. 또 바퀴가 정지하여 스키드(skid)를 일으키면 노면과의 마찰력이 감소함과 동시에 방향성을 잃게 되고 제동 성능이 저하되며 불안정한 제동이 된다. 이러한 현상을 방지하기 위하여 개발된 것이 ABS 이다.

ABS가 작동될 때의 모습

즉 ABS는 급제동시나 눈길과 같은 미끄러운 노면에서 제동시 바퀴의 슬립(slip)현상을 휠 스피드 센서가 감지하여 컴퓨터가 모듈레이터(하이드롤릭 유닛 ; HCU)를 조정함으로써 제동시 방향 안전성 유지, 조정성 확보, 제동 거리를 단축시키는 작용을 한다. 일반적으로 앞바퀴는 독립제어, 뒷바퀴는 셀렉트-로 제어의 4센서 3채널 방식이 많이 사용되고 있다.

NO.2 ABS 브레이크 장치의 관계지식

1. ABS 브레이크 장치(Anti-Lock Brake System)의 설치목적

① 제동 거리를 단축시킨다.

② 앞바퀴의 고착을 방지하여 조향 능력이 상실되는 것을 방지한다. - **방향 안정성 확보**

③ 미끄러짐을 방지하여 차체의 안전성을 유지한다. - **조종성 확보**

④ 뒷바퀴 조기 고착에 의한 옆방향 미끄럼을 방지한다. - **타이어 고착 방지**

⑤ 노면의 상태가 변화하여도 최대의 조향효과를 얻을 수 있다.

⑥ 타이어의 미끄럼율이 마찰계수 최고값을 초과하지 않도록 한다.

⑦ 미끄럼이 없는 제동효과를 얻을 수 있다.

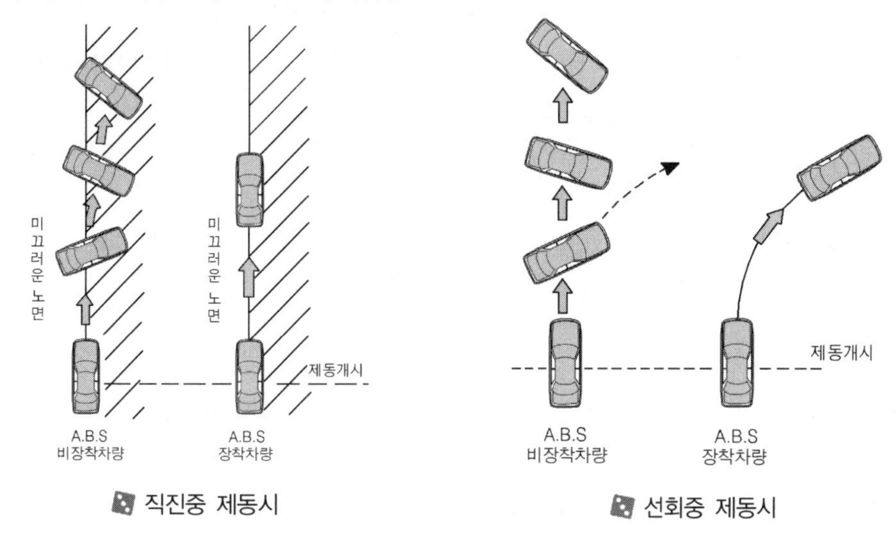

직진중 제동시　　선회중 제동시

2. ABS 브레이크 장치(Anti-Lock Brake System)의 구조

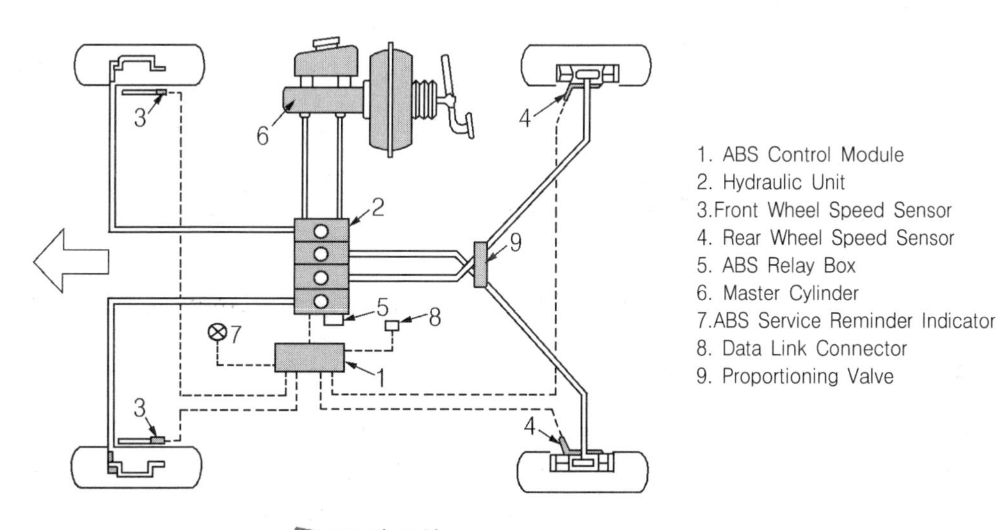

ABS의 구성

1) 컨트롤 유닛(ECU)

① 휠 속도 센서와 브레이크 스위치에서 입력되는 신호를 이용하여 각 바퀴가 록 되는 것을 검출한다.

② 각 바퀴가 록 되는 것을 감지하여 휠 실린더의 유압을 적절하게 조절하는 모듈레이터를 제어

한다.

③ 휠 속도 센서와 브레이크 스위치의 신호를 받아들이는 입력 장치가 있다.

④ 모듈레이터, ABS 경고등, ABS 경고등 릴레이, 모터 릴레이 등을 제어하는 출력 장치가 있다.

2) 모듈레이터 또는 하이드롤릭 유닛(modulator, HCU : hydraulic control unit)

① ECU의 제어 신호에 의해 각 휠 실린더에 작용하는 유압을 조절한다.

② 솔레노이드 밸브 : 일반 브레이크 회로와 ABS 브레이크 회로를 개폐시키는 역할을 한다.

③ 셔틀 : 각 휠 실린더의 압력 생성률을 조절한다.

④ 섬프 : 해당 휠 실린더에서 필요한 압력으로 감압시키기 위해 펌프의 오일을 배출시킨다.

⑤ 릴리스 첵 밸브 : 휠 실린더의 압력을 마스터 실린더로 리턴시킨다.

⑥ 어큐뮬레이터 : 감압 신호와 유지 신호에 의해 브레이크 오일을 일시적으로 저장한다.

⑦ 펌프 : 휠 실린더의 유압을 증압시키는 역할을 한다.

⑧ F 밸브

㉮ 일반 제동시 : 마스터 실린더의 유압을 솔레노이드 밸브에 공급한다.

㉯ ABS가 작동할 때 : 일반 브레이크 회로에 공급되는 유압을 차단한다.

⑨ 프로포셔닝 밸브

㉮ 마스터 실린더의 유압을 솔레노이드 밸브로 유도한다.

㉯ 제동시 마스터 실린더의 유압이 휠 실린더에 작용하지 않도록 한다.

⑩ 빌드 딜레이 밸브(증압, 감압 밸브)

㉮ 좌측 앞바퀴와 우측 뒷바퀴 회로용 1개가 모듈레이터 내에 설치되어 있다.

㉯ 우측 앞바퀴와 좌측 뒷바퀴 회로용 1개가 모듈레이터 내에 설치되어 있다.

㉰ 일반 제동시 섬프 회로를 차단하고 솔레노이드 밸브와 P 밸브 사이의 통로에 오일을 공급한다.

㉱ ABS가 증압시키는 경우 섬프 회로를 차단하고 솔레노이드 밸브와 P 밸브 사이의 통로에 오일을 공급한다.

㉲ ABS가 감압하는 경우에 솔레노이드 밸브에 공급되는 오일을 차단하여 섬프로 공급한다.

3) 휠 속도 센서(wheel speed sensor)

① 바퀴의 회전 속도를 검출하기 위하여 모든 바퀴에 설치되어 있다.

② 허브와 함께 회전하는 톤 휠의 회전을 바퀴의 회전 속도로 검출하여 ECU에 입력시킨다.

③ 톤 휠이 회전하면 자속이 변화되어 교류 전류의 신호가 발생된다.

④ 톤 휠의 돌기부와 폴 피스의 간극 : 0.2~1.0mm

⑤ 휠 속도 센서의 감지 원리는 전자 유도이다.

⑥ 톤 휠과 폴 피스에 이물질이 묻어 있으면 회전 속도의 감지 능력이 떨어진다.

⑦ ECU는 4개의 개별적인 신호를 비교하여 제동 감속을 검출하게 된다.

4) 시스템의 제원(아반떼 XD)

품 목	항 목	기 준 치	비 고
ECU	작동전압	10V ~ 16V	ABS, EBD 통합제어
	작동온도	−40° ~ 110°C	
ABS	작동전압	12V	브레이크 : 주차, 브레이크 오일, EBD 고장
BRAKE (EBD)	소비전류	80mA	
휠 스피드 센서	내부저항	1275 ~ 1495Ω	상온 23 ± 5°C
	출력범위	15 ~ 2000Hz	프런트, 리어 공통
	치형수	47	최소 P–P 전압 : 150mV
	에어간극	0.2mm ~ 1.2mm	
HECU (HU + ECU)	무게	2.5 kg	NO : 노말 오픈
	모터	12V, 30A	NC : 노말 클로즈
	모터파워	180W	
	펌프 토출량	5.5cc/sec	
	어큐뮬레이터 용량	LPA : 2.1cc, HPA : 6cc	LPA : 저압측 축압기 HPA : 고압측 축압기
	NO	작동전압 : 12V	
	NC	소비전류 : 25A	

3. ABS 브레이크 장치(Anti–Lock Brake System)의 작동 (I)

1) ABS 비작동시(통상 제어시)

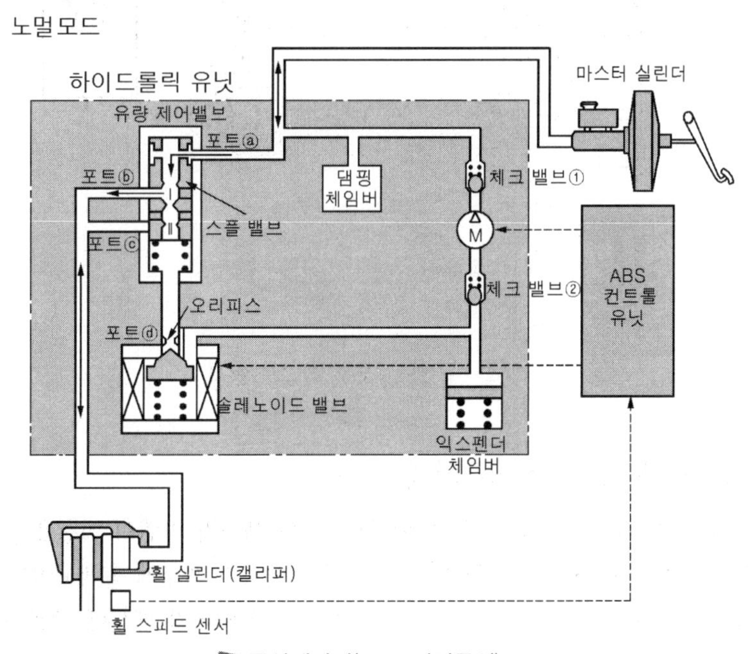

통상제어시(ABS 비작동시)

① ABS EUC에서 출력신호가 없으므로 솔레노이드 포트 ⓓ는 닫혀있다.
② 유량 제어밸브 포트 ⓐ와 ⓑ는 열려있고 ⓒ는 닫혀져 있다. 따라서 브레이크 페달을 밟아 마스터 실린더의 유압이 상승하면 브레이크 오일은 포트 ⓐ→ⓑ→휠 실린더로 보내진다.
③ 또한 모터 펌프측으로는 체크 밸브 ①이 있기 때문에 브레이크 오일은 공급되지 않는다.
④ 그 다음 브레이크 페달을 놓으면 휠 실린더의 오일은 포트ⓑ→ⓐ→마스터 실린더로 리턴된다.

2) ABS 작동시(주행 중 급제동 감압제어시)

① 차륜이 Lock 될 것 같으면 ECU로부터 감압신호에 의해서 솔레노이드 밸브 포트 ⓓ가 열린다. 이때 유량 컨트롤 밸브 Ⅱ실이 감압되기 때문에 Ⅰ실과 사이에 차압이 발생한다.
② 이 압력차에 의해 유량 컨트롤 밸브 스플은 리턴 스프링을 압축시켜 포트 ⓓ를 열어 유량이 펌프측으로 리턴되고 포트 ⓑ가 닫아지고 포트 ⓒ가 열려 휠 실린더 브레이크 오일은 포트 ⓒ→ⓓ→리저버 탱크로 이동된다.
③ 따라서 휠 실린더가 누르고 있던 패드가 디스크에서 떨어져 Lock 되었던 바퀴를 풀어주어서 미끄러지는 것을 방지한다.

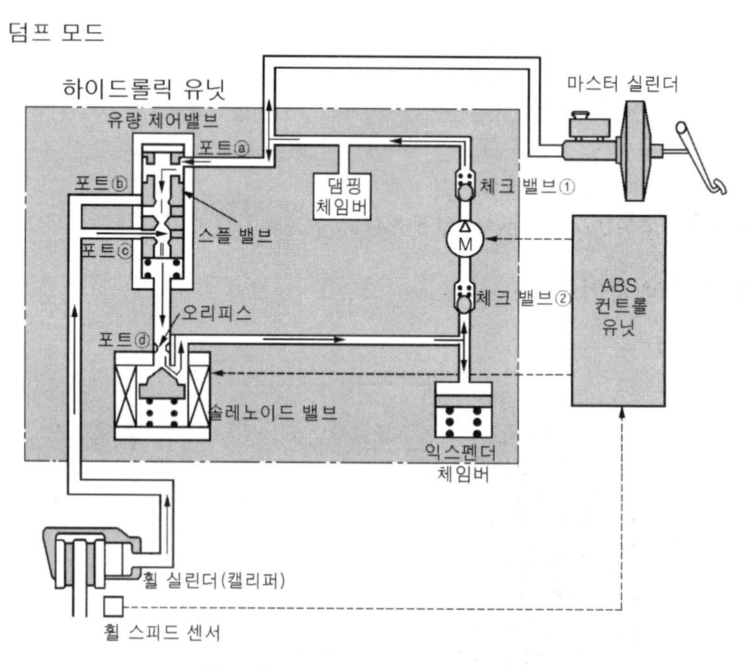

주행 중 급제동 감압 제동시

3) ABS 작동시(주행 중 급제동 증압제어시)

① 감압 모드에서 차륜 Lock상태가 해지되면 휠 스피드 센서가 바퀴의 회전을 감지하여 ECU에 보내면 ECU는 다시 바퀴를 Lock 시켜야 제동력이 발생하기 때문에 솔레노이드 밸브 ⓓ가 닫히며 증압 된다. 이때 유량 컨트롤 밸브는 작동되고 있는 상태이기 때문에 밸브가 아래로 위치하여 포트 ⓑ는 닫히고 포트 ⓒ는 열려져 있다. 또한 포트 ⓐ는 교축 조정상태이다.

② 그러므로 마스터 실린더의 브레이크 오일과 오일펌프가 작동하면서 보내주는 오일이 포트 ⓐ→ⓒ→휠 실린더로 공급되고 유량제어 밸브 Ⅰ실과 Ⅱ실은 압력차이가 일정하게 되도록 포트 ⓐ에 좁혀진 양만큼 교축 조정상태이기 때문에 휠 실린더 유압은 일정하게 증가한다.

③ 이렇게 1초 동안에 약 8번 내외로 작동하는 감압과 증압이 반복적으로 제어되는 것으로 인하여 ABS의 효과를 얻을 수 있다.

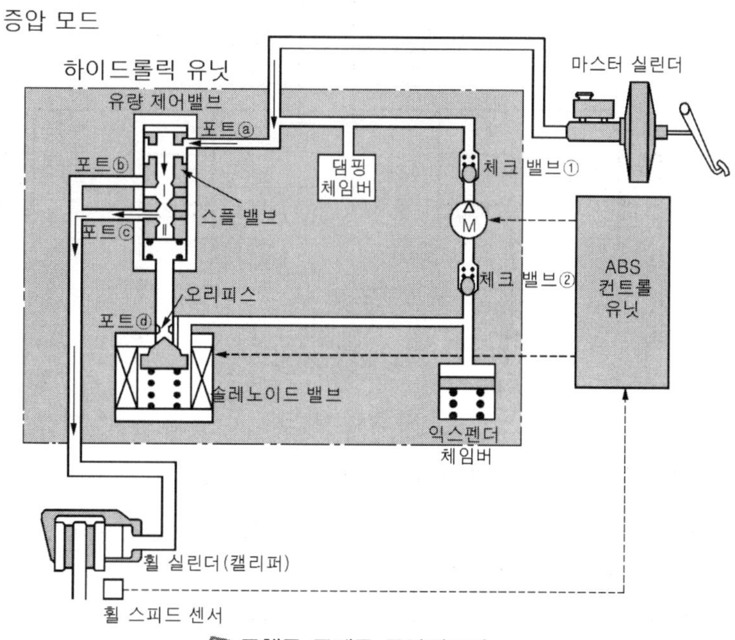

주행중 급제동 증압제동시

4. ABS 브레이크 장치(Anti-Lock Brake System)의 작동(Ⅱ)

1) HCU(Hydraulic Control Unit) 구성 부품

① **NO(Normal Open) 솔레노이드 밸브** : 통전되기 전에는 밸브 유로가 열려 있는 상태를 유지하는 밸브로 마스터 실린더와 캘리퍼의 휠 실린더 사이의 유로가 연결되어 있는 상태에서 통전이 되면 유로를 차단시키는 역할을 하는 밸브이다.

② **NC(Normal Close) 솔레노이드 밸브** : 통전되기 전에는 닫혀 있는 상태를 유지하는 밸브로 캘리퍼 휠 실린더와 저압 어큐뮬레이터(Low Pressure Accumulator) 사이의 유로가 차단되어 있는 상태에서 통전이 되면 유로를 연결시키는 역할을 하는 밸브이다.

③ **저압 어큐뮬레이터(Low Pressure Accumulator)** : 제동 유압이 과다하여 감압하는 경우에 캘리퍼 휠 실린더의 압력을 NC 솔레노이드 밸브를 통하여 방출된 브레이크 오일을 일시적으로 저장시키는 역할을 한다.

④ **펌프(Pump)** : 감압 모드 및 증압 모드에서 모터에 의해 회전하여 저압 어큐뮬레이터로 방출되어 저장된 브레이크 오일을 마스터 실린더로 순환 및 노멀 오픈 솔레노이드 밸브를 경유하여 바퀴의 휠 실린더에 공급된다.

⑤ **펌프 모터**(Pump Motor) : 감압 모드 및 증압 모드에서 펌프를 구동시키는 역할을 한다.

마스터 실린더
2차 유압 실린더
마스터 실린더
1차 유압 실린더
NO TC
NO TC
NO
NO
NO
NO
모터
NC
NC
NC
NC
저압 어큐뮬레이터
앞좌측
뒤우측
뒤좌측
앞우측

유압 회로도

2) ABS 비 작동 상태(일반 제동 모드 ; Normal Braking Mode)

ABS가 장착된 자동차에서 바퀴의 로크 현상이 발생하지 않을 정도로 브레이크 페달에 답력을 가하면 마스터 실린더에서 발생된 유압은 노멀 오픈 솔레노이드 밸브를 통해서 각 바퀴의 휠 실린더로 전달되어 제동 작용을 한다. 더 이상의 제동이 필요 없을 때에는 운전자가 마스터 실린더를 누르고 있었던 브레이크 페달의 답력을 감소시키면 각 바퀴의 휠 실린더에 공급된 브레이크 오일은 마스터 실린더로 복귀되면서 유압이 해제된다.

솔레노이드 밸브	통전 상태	밸브 개폐	펌프 모터
NO 밸브	OFF	열림	OFF
NC 밸브	OFF	닫힘	

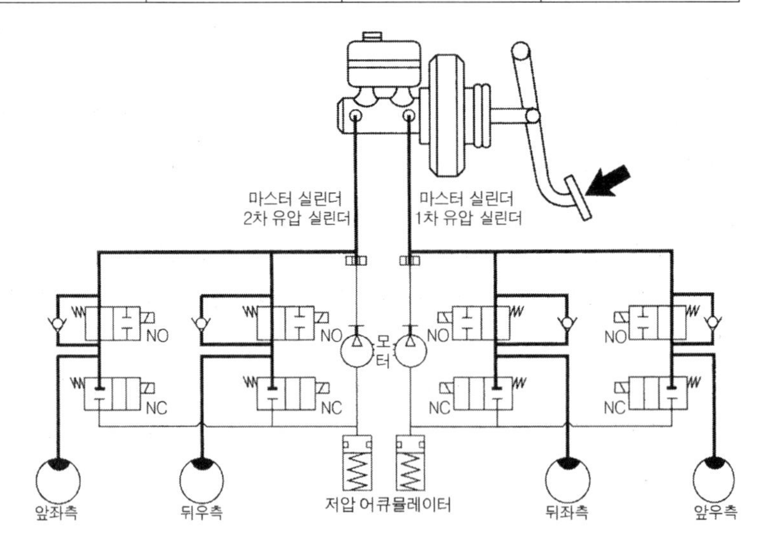

일반 제동 모드

3) ABS 작동 상태(감압 모드 ; Dump Mode)

ABS가 장착된 자동차에서 바퀴의 로크 현상이 발생할 정도로 브레이크 페달에 답력을 가하면 자동차의 바퀴의 속도는 자동차의 속도에 비해 급격하게 감소되어 바퀴에 로크 현상이 발생하려 한다. 이 상태에 이르면 ABS ECU는 HCU(Hydraulic Control Unit)로 자동차 바퀴의 유압을 감소시키는 명령을 전달한다.

즉, 노멀 오픈 솔레노이드 밸브는 유로를 차단시키고 노멀 클로즈 솔레노이드 밸브의 유로를 열어 휠 실린더의 유압을 낮추며, 휠 실린더에서 방출된 브레이크 오일은 저압 어큐뮬레이터에 일시적으로 저장된다. 저압 어큐뮬레이터에 저장되어 있는 브레이크 오일은 모터가 회전함에 따라 펌프의 토출에 의해 마스터 실린더로 다시 복귀하게 된다.

솔레노이드 밸브	통전 상태	밸브 개폐	펌프 모터
NO 밸브	ON	닫힘	ON
NC 밸브	ON	열림	

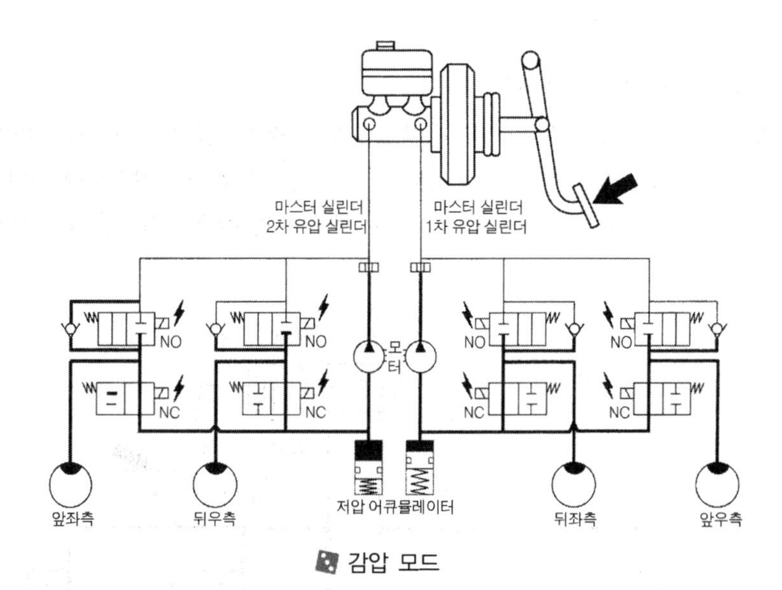

감압 모드

4) ABS 작동 상태(유지 모드 ; Hold Mode)

감압 및 증압을 통하여 휠 실린더에 적정 유압이 작동할 때에는 노멀 오픈 솔레노이드 밸브 및 노멀 클로즈 솔레노이드 밸브를 닫아 휠 실린더의 유압을 유지시킨다.

솔레노이드 밸브	통전 상태	밸브 개폐	펌프 모터
NO 밸브	ON	닫힘	OFF
NC 밸브	OFF	닫힘	

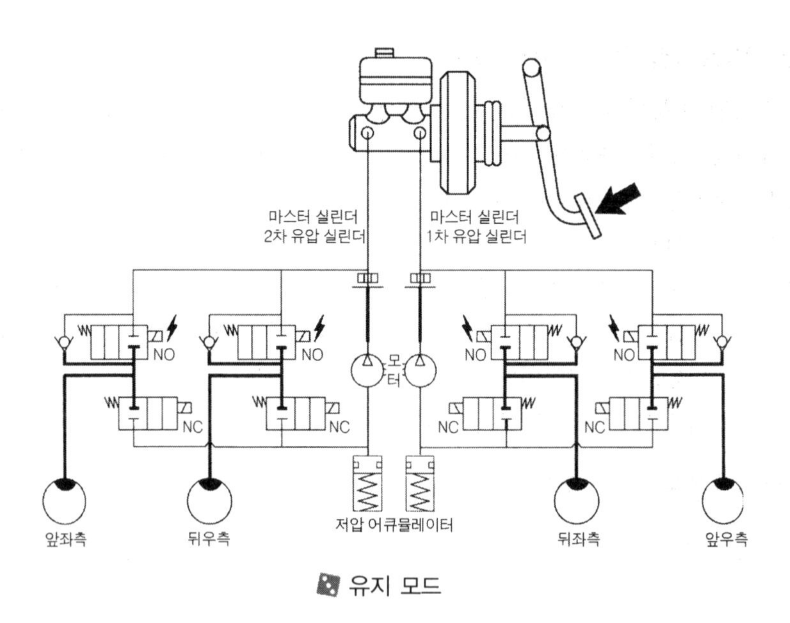

유지 모드

5) ABS 작동 상태(증압 모드 ; Reapply Mode)

감압 작동을 실시한 경우 너무 많은 브레이크 오일을 방출시켰거나 자동차의 바퀴와 노면 사이의 마찰 계수가 증가하게 되면 자동차 각 바퀴의 휠 실린더에 유압을 증가시켜야 한다. 이와 같은 상태에서 ABS ECU는 HCU(Hydraulic Control Unit)로 자동차 바퀴의 유압을 증가시키는 명령을 전달한다.

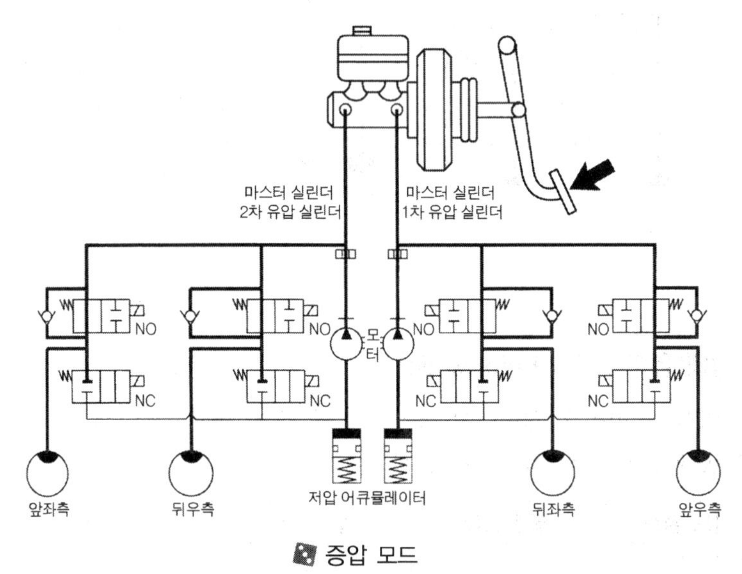

증압 모드

즉, 노멀 오픈 솔레노이드 밸브는 유로를 열고 노멀 클로즈 솔레노이드 밸브는 유로를 닫아 휠 실린더의 유압을 증가시킨다. 감압 작용을 수행하여 저압 어큐뮬레이터에 저장되어 있는 브레이크 오일은 증압 상태에서도 계속 모터를 회전시켜 브레이크 오일을 토출시키며, 이때의 브레이크 오일은 마스터 실린더 및 노멀 오픈 솔레노이드 밸브를 경유하여 바퀴의 휠 실린더에 공급된다.

솔레노이드 밸브	통전 상태	밸브 개폐	펌프 모터
NO 밸브	OFF	열림	ON
NC 밸브	OFF	닫힘	

6) 밀림 방지(CAS ; Creep Aided System)

운전자가 언덕길에서 브레이크 조작으로 자동차를 정차시킨 후 브레이크를 해제시킬 때 밀림을 방지하는 역할을 한다. HECU(Hydraulic Unit + Electronic Control Unit)로부터 CAS 제어 요청 신호를 CAN(Controller Area Network)을 통해서 CAS ECU(Creep Aided System Electronic Control Unit)가 수신하고 TC 밸브(Traction Control Valve)를 제어하여 자동차가 밀리지 않도록 휠 실린더의 유압을 유지시켜 자동차의 밀림을 방지한다.

솔레노이드 밸브	통전 상태	밸브 개폐	펌프 모터
NO 밸브	OFF	열림	OFF
NC 밸브	OFF	닫힘	
TC 밸브	ON	닫힘	

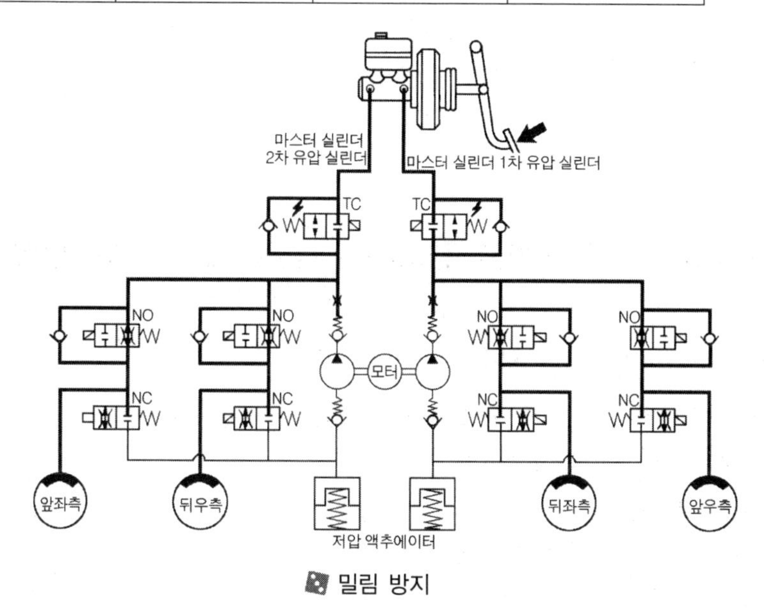

밀림 방지

NO.3 하이드로릭 유닛 탈·부착 방법

1. 하이드로릭 유닛(Hydraulic & Electronic Control Unit)의 탈착

① HECU(Hydraulic and Electronic Control Unit)와 모터 커넥터를 분리한다.

② HECU에서 브레이크 튜브를 분리한다.

③ HECU 브래킷트 장착 볼트를 탈거하고 HECU를 탈거한다.

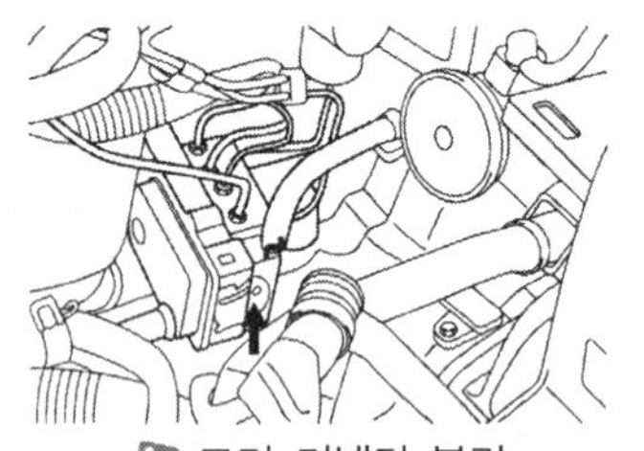

모터 커넥터 분리

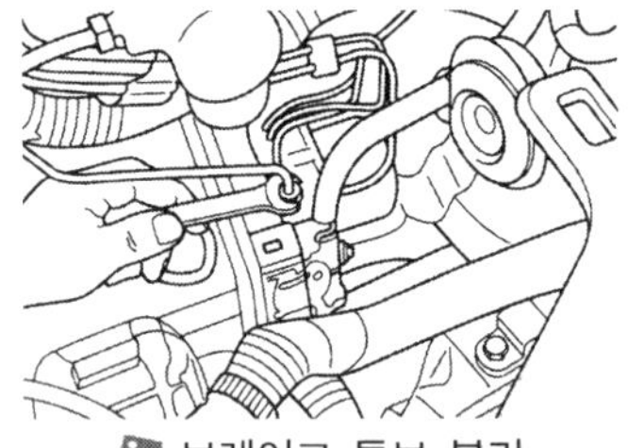

브레이크 튜브 분리

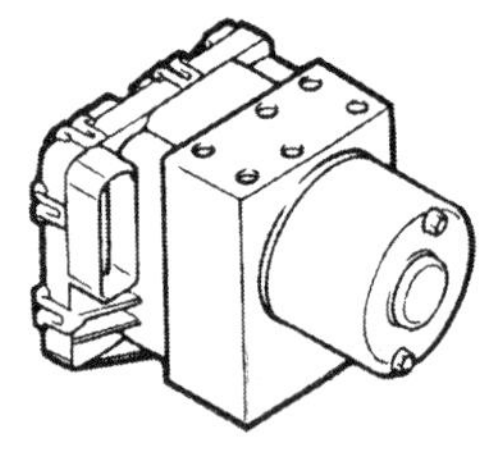

탈거된 HECU

① HECU는 무거우므로 탈거시 주의한다.
② HECU는 절대로 분해하지 말 것.
③ HECU는 위, 아래로 돌리거나 옆으로 세우지 않도록 한다.
④ HECU에 충격을 가하지 않도록 한다.

NO.4 ABS 휠 스피드 센서(Wheel Speed Sensor) 탈·부착 방법

1. 프런트 휠 스피드 센서 탈·부착

① 타이어를 탈거한 후 휠 스피드 센서 배선 커넥터를 분리한다.

② 커넥터 홀더에서 커넥터를 분리한다.

③ 배선 홀더를 분리한다.

④ 프런트 휠 스피드 센서를 탈거한다.

⑤ 부착은 탈착 순서의 역순으로 한다.

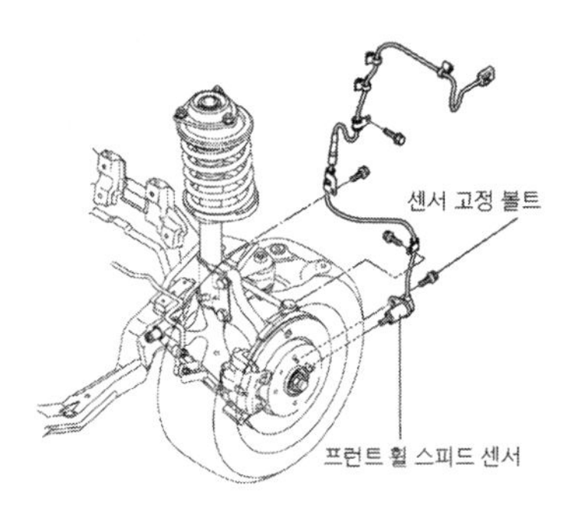

프런트 휠 스피드 센서

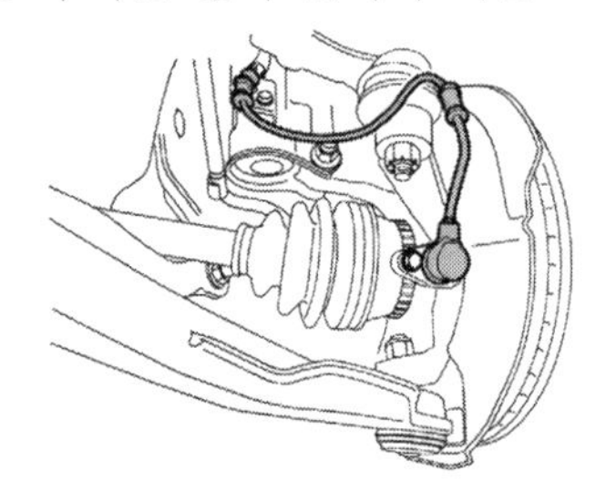

프런트 휠 스피드 센서 분리

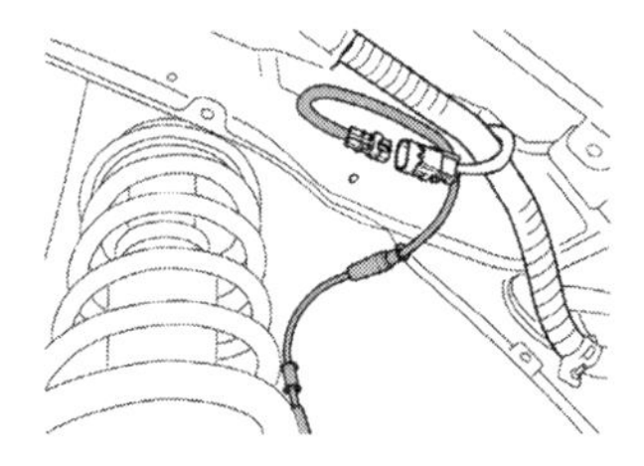

커넥터 분리

2. 리어 휠 스피드 센서 탈·부착

① 배선 커넥터를 분리한다.
② 배선 홀더를 분리한다.
③ 리어 휠 스피드 센서를 탈거한다.

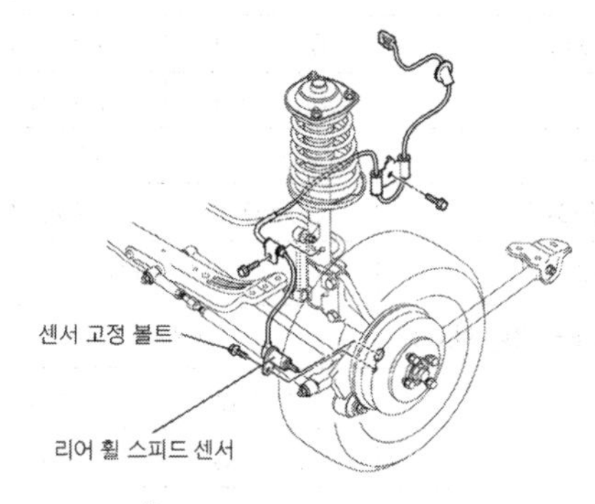

리어 휠 스피드 센서

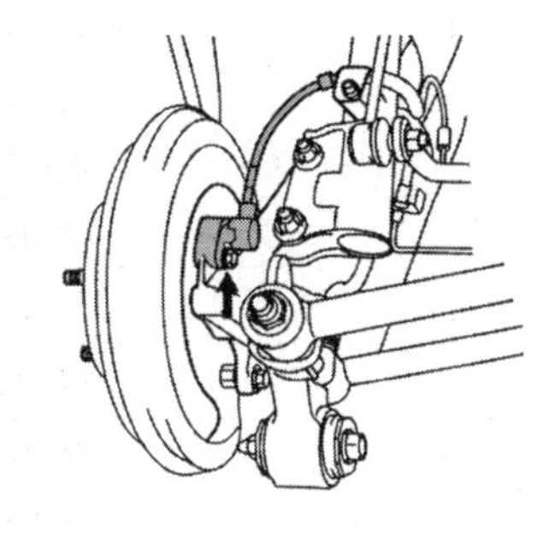

리어 휠 스피드 센서 분리

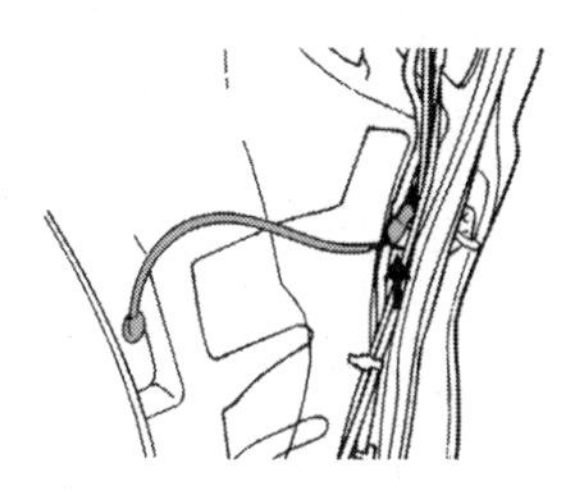

커넥터 분리

NO.5 ABS 휠 스피드 센서의 톤 휠 간극 점검 방법 

1. 프런트 휠 스피드 센서 톤 휠 간극 점검방법

① 시크니스 게이지를 이용하여 휠 스피드 센서와 톤 휠 사이의 간극을 점검한다. 간극이 규정값 내에 있지 않으면 톤 휠(로터)의 설치가 부정확하게 된 것이므로 재점검한다.

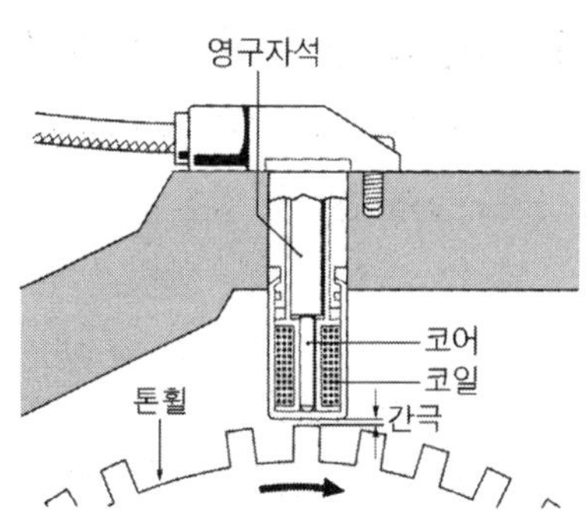

프런트 톤 휠 간극

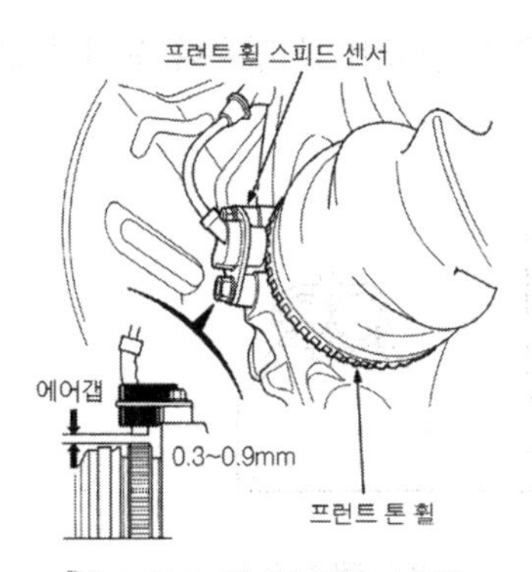

프런트 톤 휠 간극 점검

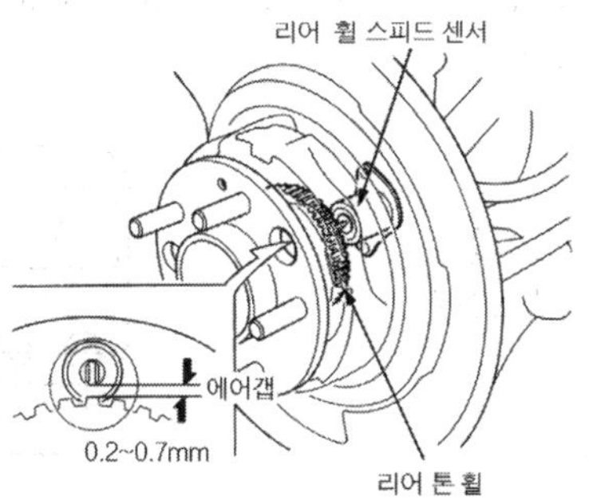

휠 간극(에어 갭) 점검

■ 차종별 톤 휠 간극 규정값

항목 차종	규정값(mm)		항목 차종	규정값(mm)	
	프런트	리어		프런트	리어
엑센트	0.2~1.1	0.2~1.2	라노스	0.5~1.2	0.5~1.2
카렌스	0.7~1.5	0.6~1.6	세피아	0.3~1.1	0.3~1.1
크레도스	0.8~1.4	0.8~1.4	트라제 XG	0.3~0.9	0.2~0.7
아반떼	0.2~1.3	0.2~1.3	그랜저	0.3~0.9	0.3~0.9
스팩트라	0.7~1.5	0.6~1.6	에스페로	0.5~1.2	0.5~1.2
다이너스티	0.3~0.9	0.3~0.9	엔터프라이즈	0.7±0.4	0.7±0.4
쏘나타	0.2~1.3	0.2~1.2	투스가니	0.2~0.9	
쏘나타Ⅱ	–	0.2~0.7	EF 쏘나타/그랜져XG	0.2~1.1	
베르나	0.2~1.2		에쿠스	0.2~1.15	0.2~0.7
라비타	0.2~1.2		테라칸	0.2~1.15	0.2~0.7
아반떼XD	0.2~0.9		싼타페	0.3~0.9	

NO.6 ABS 휠 스프드 센서의 저항 점검 방법

1. 프런트 휠 스피드 센서 저항/출력전압 점검방법

① 휠 스피드 센서 터미널 사이의 저항을 측정한다.

② 출력 전압을 점검한다.

㉮ 바퀴를 들어 올리고 주차브레이크를 해제시킨 다음 센서 커넥터를 분리하고 회로 테스터나 오실로스코프를 연결한다.

㉯ 바퀴를 초당 1/2~1회전시키면서 측정한다.

㉰ 출력 전압이 규정값보다 작을 경우는 휠 스피드 센서와 톤 휠의 간극이 클 경우나 센서가 고장이므로 조정하거나 교환한다.

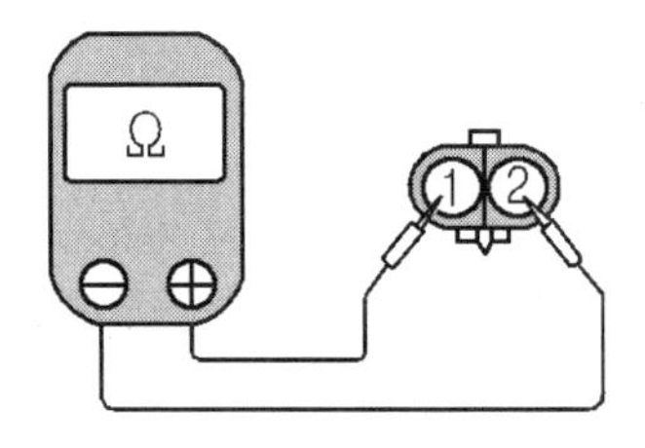

휠 스피드 센서의 저항 점검

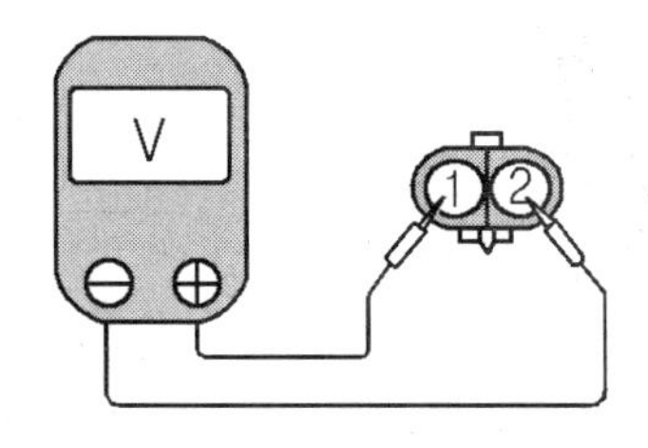

휠 스피드 센서의 전압 점검

■ 차종별 스피드 센서 저항 규정값(현대)

차 종	스피드 센서 저항(Ω)		차 종	스피드 센서 저항(Ω)	
	전 륜	후 륜		전 륜	후 륜
쏘나타	1,200±120		투스카니	11,00±50	
쏘나타Ⅱ	1,275~1,295	1,260~1540	EF 쏘나타	11,00±50	
그랜저	800~1,200		그랜져 XG	1,275~1,495	
베르나	1,275~1,495		에쿠스	1,000~1,200	1,275~1,495
라비타	11,00±50		트라제XG	11,00±50	
아반떼XD	1,275~1,495		싼타페	1,385±110	
카렌스	1,000~1,300	1,000~1,300	테라칸	1,000~1,200	1,275~1,495

■ 차종별 스피드 센서 전압 규정값(현대)

항목	규정값	
출력 전압	회로 테스터 측정시	오실로스코프 측정시
	70mV이상	20mV / pp이상

NO.7 ABS 휠 스피드 센서의 파형 점검 방법

1. 프런트 휠 스피드 센서(Wheel Speed Sensor) 파형 점검방법

하이스캔 진단기능에서 공구상자 내에는 각종 센서의 파형을 측정 및 점검 할 수 있는 오실로스코프 기능과 액추에이터를 하이스캔으로 직접 구동할 수 있는 액추에이터 구동시험 및 여러 가지 방법으로 데이터 분석을 할 수 있는 멀티메타 & 시뮬레이션 기능이 있다.

1) 오실로스코프의 선택

이 단계에서는 하이스캔의 채널 A, 채널 B에 파형 측정용 검침 봉을 연결하여 각종 전자 제어 시스템의 센서 출력값을 파형으로 출력하여 점검 및 분석 할 수 있는 기능이다.

0. 기능선택

01. 차종별진단기능
02. CARB OBD-II 진단기능
03. 주행데이타검색기능
04. 공구상자
05. 하이스캔 사용환경
10. 응용진단기능

4. 공구상자

01. 오실로스코프
02. 액추에이터 구동시험
03. 멀티메터 & 시뮬레이터

① 축전지(BATT) 백업 전원 : 배터리 전압을 나타낸다.

② 브레이크 스위치(제동할 때) : 제동 스위치에 배터리 전압이 가해지므로 전압은 배터리 전압이다.

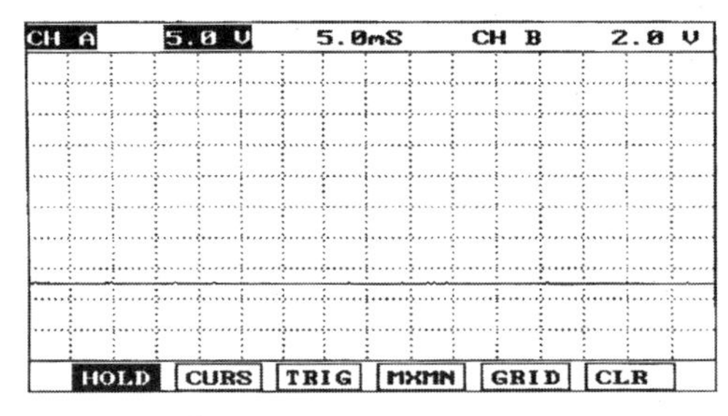

백업 전원(배터리 전압)

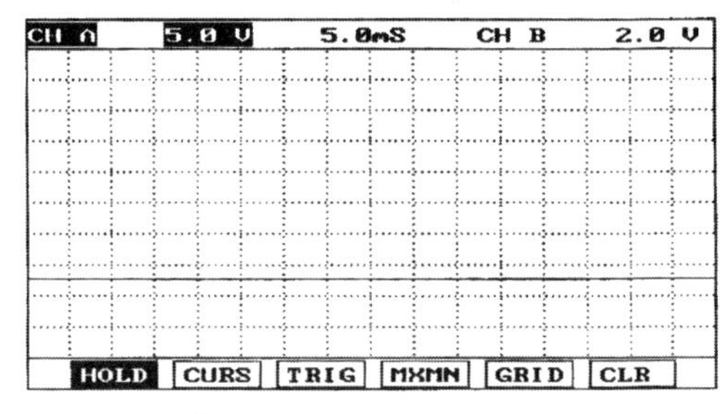

제동할 때(배터리 전압)

③ 브레이크 스위치(비 제동 상태일 때) : 제동 스위치에 배터리 전압이 없으므로 0V 이다.

④ 이그니션 ON일 때(IGN +) : 배터리 전압이 나타난다.

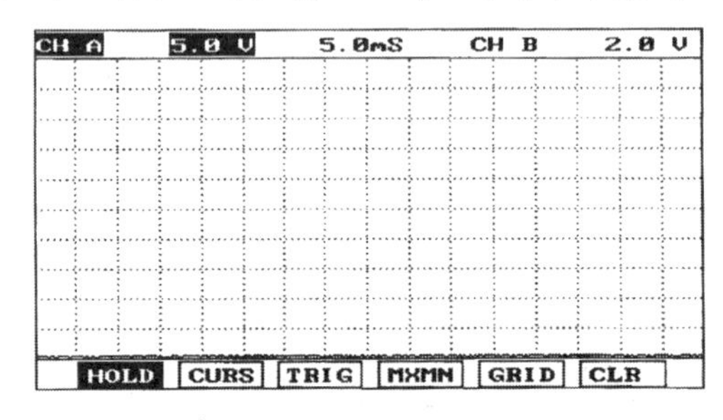

비 제동 상태일 때(0V)

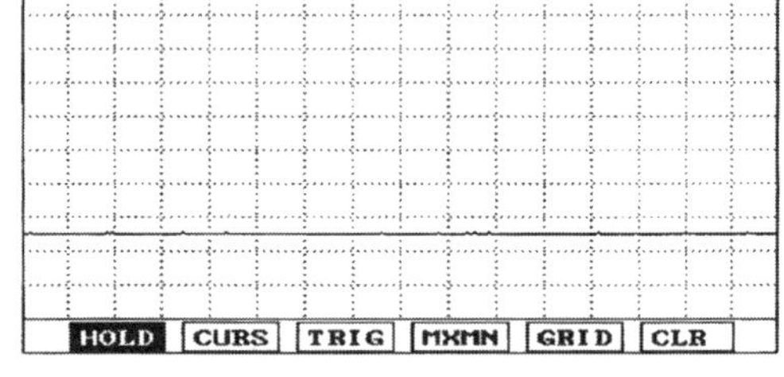

이그니션 ON일 때(배터리 전압)

⑤ 휠 스피드 센서 정상 파형(20km/h)

⑥ 휠 스피드 센서 정상 파형(50km/h)

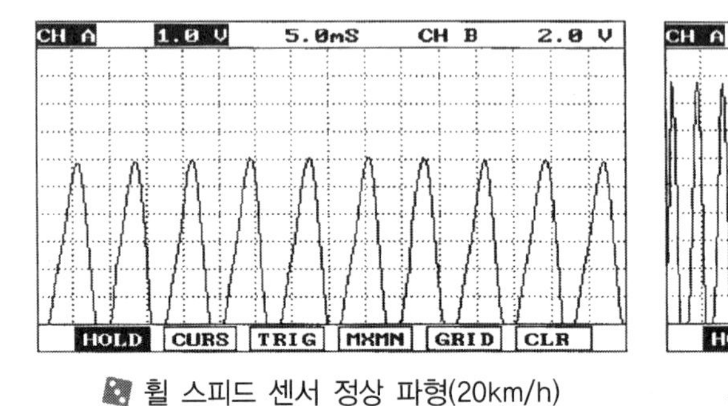

휠 스피드 센서 정상 파형(20km/h)

휠 스피드 센서 정상 파형(50km/h)

⑦ 휠 스피드 센서 최소 P/P 전압 파형

(20km/h ; 틈새가 과다할 때)

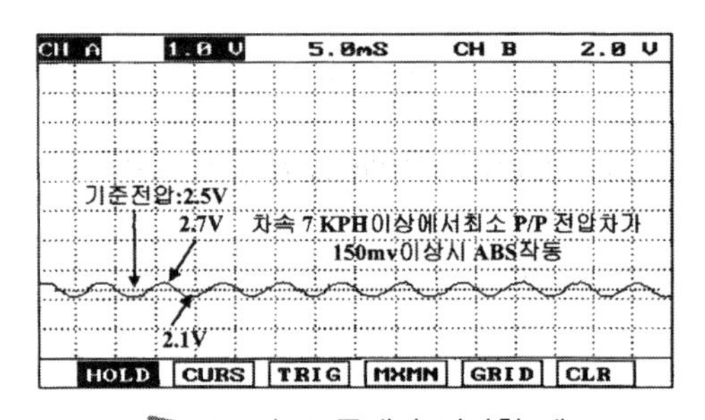

20km/h ; 틈새가 과다할 때

2) 출력 전압 (P-P 전압) 측정

① 바퀴를 들어올리고 주차브레이크를 해제시킨 다음 센서 커넥터를 분리하고 회로 테스터나 오실로스코프를 연결한다.

② 바퀴를 초당 1/2~1회전시키면서 측정한다.

항 목	규 정 값	
출력 전압	회로 테스터 측정시	오실로스코프 측정시
	70mV이상	20mV / pp이상

3) 파형의 분석

① **정상파형** : 센서 코일에 교류 전류가 발생하며 전압의 높이와 간격이 고르다.

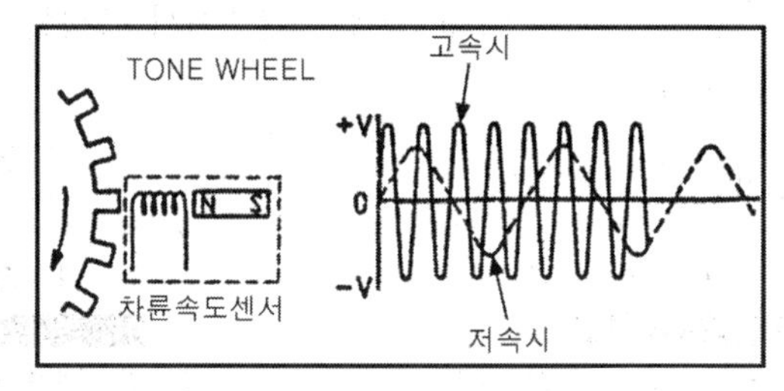

휠 스피드센서의 정상 파형

② **파형이 일부 빠져 있다** : 톤 휠이 일부 파손 되었다.

③ **최고 전압 낮음** : 에어 갭이 크다.

④ **파형이 안나온다** : 센서 고장, 커넥터 연결 불량, 단선이다.

NO.8 ABS 브레이크 장치의 자기진단

1. ABS 경고등 점검 방법

엔진시동 후 ABS 경고등은 3초 동안 점등 되었다가 점멸되며 엔진 시동 후 즉시 경고등이 점등되지 않거나 3초 후에도 점등이 계속되는 경우에는 고장이다. ABS는 차량속도가 10km/h 이내일 때 ABS가 작동되면서 자기진단을 한다. 즉 솔레노이드 밸브와 펌프 모터가 아주 짧은 시간동안 'ON'되어 ABS기능을 점검한다.

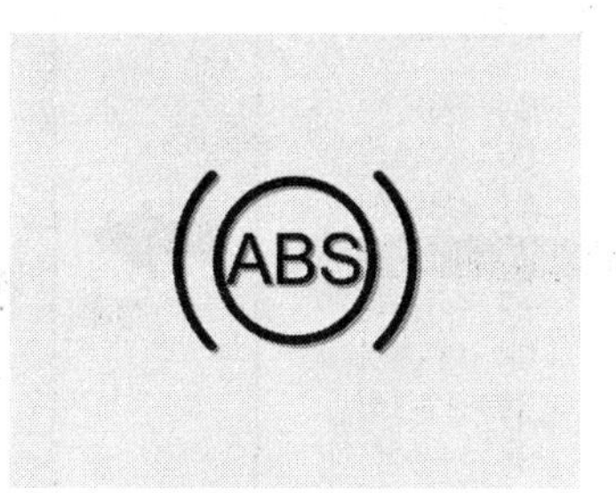

ABS 경고등

시동 후 3초간 점등

2. 자기 진단 방법

① 엔진의 시동을 정지시킨다.
② 진단기(스캐너)를 퓨즈 박스에 있는 테스터 링크 커넥터에 연결한다.
③ 진단기의 전원 커넥터 배선을 시거라이터 소켓에 연결한다.
④ 엔진을 시동한다.
⑤ 점화 스위치를 ON시킨 후 하이스캔의 ON/OFF 버튼을 0.5초 동안 누른다(OFF시킬 때는 약 2초간 누른다).
⑥ 잠시 후 하이스캔 기본 로고, 소프트웨어 카탈로그가 화면에 나타난다.

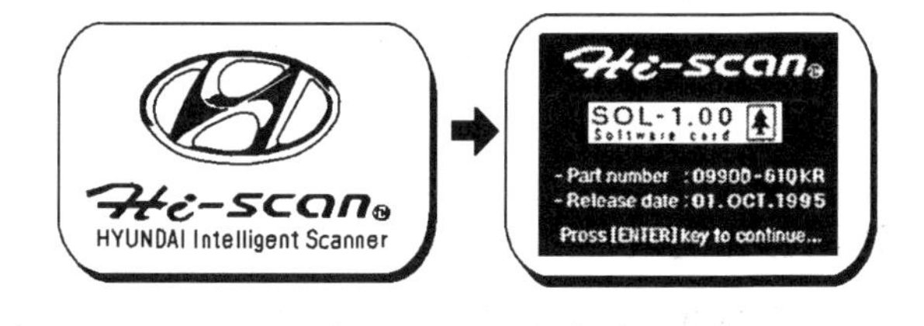

⑦ 로고 화면에서 Enter↵ 를 누른 후 아래 순서에 맞추어서 측정한다.
㉮ 제조 회사를 선택한다.

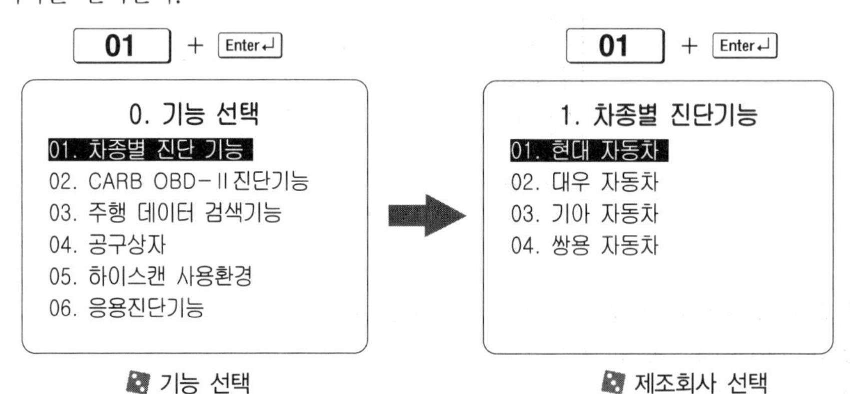

기능 선택 / 제조회사 선택

㉯ 차종선택 메뉴에서 차종을 선택한다.
㉰ 사양선택 메뉴에서 사양을 선택(년식 및 배기량)한다.
㉱ 제어장치 선택 메뉴에서 제어장치를 선택(제동제어)한다.

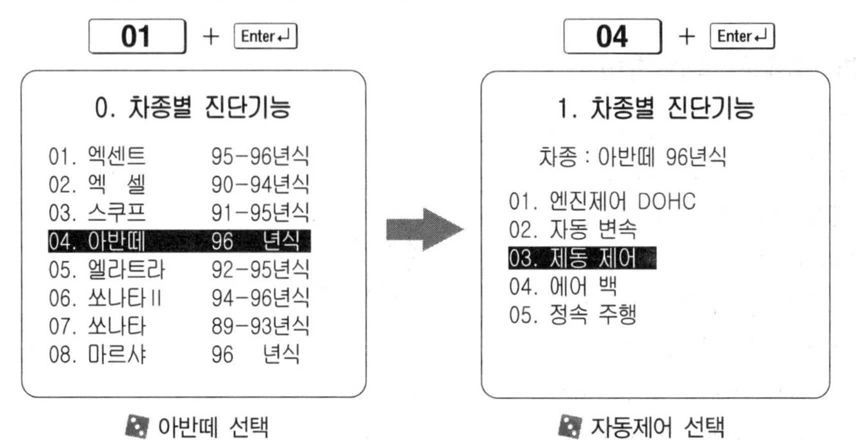

아반떼 선택 / 자동제어 선택

㉤ 기능선택 메뉴에서 기능 선택

㉠ 자기진단을 선택하여 자기진단 후 고장항목 표시

㉡ 고장항목을 확인한 후 전(前)단계 화면으로 복귀(ESC나 취소 버튼) → 기능 선택 메뉴 선택시 화면

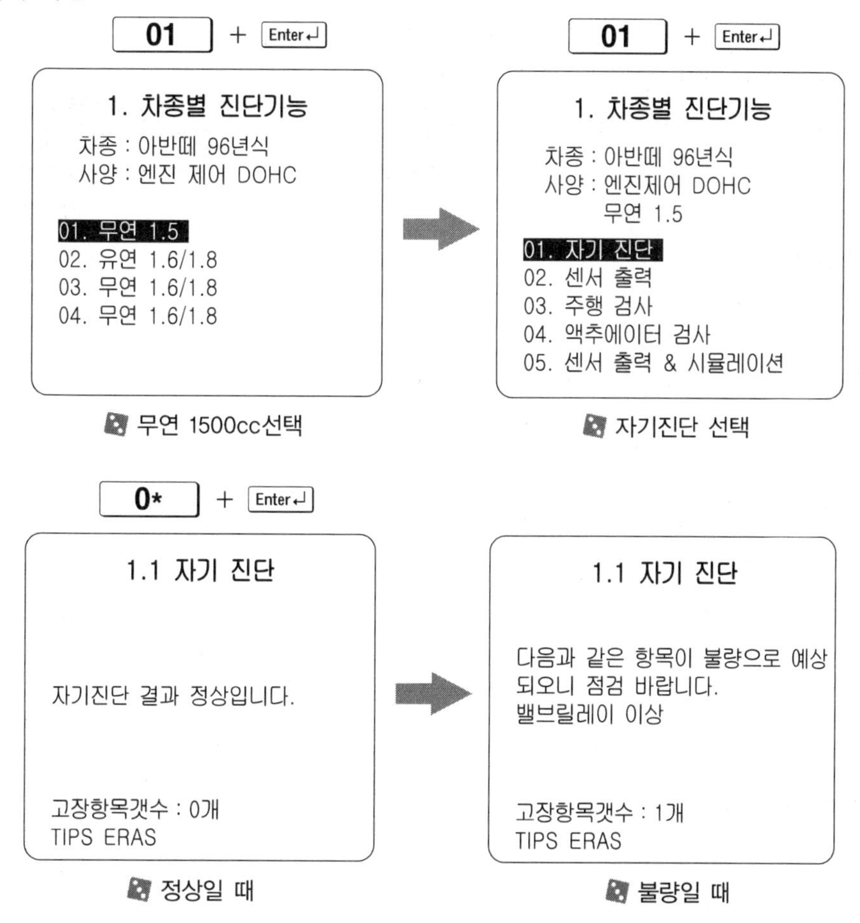

㉢ 서비스 데이터(=센서 출력값) 항목에서 센서의 출력값을 확인한다.

㉣ 센서의 출력값을 확인한 후 기준값(표준값)을 확인(카닉스 : F6 버튼, 하이스캔 프로 : F4 버튼)한다.

㉤ 출력값과 규정값을 비교한 후 데이터가 서로 다를 경우 센서 위치로 커서를 이동시켜 해당 센서의 상태를 확인(커넥터 탈거, 단선 등)한다.

㉥ 고장내용 분석(출력값과 규정값 비교 판정)

3. 자기 진단 항목

① FL 솔레노이드(단락, 단선) : ON, OFF → KEY ON시

② FR 솔레노이드(단락, 단선) : ON, OFF → KEY ON시

③ RL 솔레노이드(단락, 단선) : ON, OFF → KEY ON시

④ RR 솔레노이드(단락, 단선) : ON, OFF → KEY ON시
⑤ FL 휠 속도 센서(단락, 단선) : KPH → 최소기준 2KPH
⑥ FR 휠 속도 센서(단락, 단선) : KPH → 최소기준 2KPH
⑦ RL 휠 속도 센서(단락, 단선) : KPH → 최소기준 2KPH
⑧ RR 휠 속도 센서(단락, 단선) : KPH → 최소기준 2KPH
⑨ 모터 릴레이 단락, 단선 → KEY ON시
⑩ FAIL SAFE 릴레이 단락, 단선 → KEY ON시
⑪ 모터 펌프 단선, 단락 : ON, OFF → KEY ON시
⑫ ABS 경고등
⑬ 축전지 전압
⑭ 정지등 스위치

4. ABS 시스템 자기진단 고장 진단과 원인

고장 진단	예상원인
• 휠 스피드 센서 단선 또는 단락 (HECU는 휠 스피드 센서들의 1개의 선 이상에서 단선 또는 단락이 발생한다는 것을 결정 한다.)	① 휠 스피드 센서 고장 ② 와이어링 하니스 또는 커넥터 고장 ③ HECU의 고장
• 휠 스피드 센서 고장 (휠 스피드 센서가 비정상 신호 또는 아무 신호가 없음을 출력한다.)	① 휠 스피드 센서의 부적절한 장착 ② 휠 스피드 센서의 고장 ③ 로터의 고장 ④ 와이어링 하니스 또는 커넥터의 고장 ⑤ HECU의 고장
• 에어 갭 과다 (휠 스피드 센서에서 출력 신호가 없다.)	① 휠 스피드 센서 고장 ② 로터 고장 ③ 와이어링 하니스 커넥터의 부적절한 장착 ④ HECU의 고장
• HECU 전원 공급 전압 규정범위 초과 (HECU 전원 공급 전압이 규정치 보다 아래이거나 초과된다. 만약 전압이 규정 치로 되돌아가면 이 코드는 더 이상 출력되지 않는다.	① 와이어링 하니스 또는 커넥터의 고장 ② ABSCM의 고장
• HECU 에러 (HECU는 항상 솔레노이드 밸브 구동 회로를 감시하여 HECU가 솔레노이드를 켜도 전류가 솔레노이드에 흐르지 않거나 그와 반대의 경우일 때 솔레노이드 코일이나 하니스에 단락 또는 단선이라고 결정한다.)	① HECU의 고장 → HECU를 교환한다.

고장 진단	예상원인
• 밸브 릴레이 고장 (점화 스위치를 ON으로 돌릴 때 HECU는 밸브 릴레이를 OFF로, 초기 점검시에는 ON으로 전환한다. 그와 같은 방법으로 ABSCM은 밸브 전원 모니터 선에 전압과 함께 밸브 릴레이에 보내진 신호들을 비교한다. 그것이 밸브 릴레이 가 정상으로 작동하는지 점검하는 방법이다. HECU는 밸브 전원 모니터 선에 전류가 흐르는지도 항상 점검한다. 그것은 전류가 흐르지 않을 때 단선이라고 결정한다. 밸브 전원 모니터 선에 전류가 흐르지 않으면 이 진단 코드가 출력된다.)	① 밸브 릴레이 고장 ② 와이어링 하니스 또는 커넥터의 고장 ③ HECU의 고장
• 모터 펌프 고장 (모터 전원이 정상이지만 모터 모니터에 신호가 입력되지 않을 때, 모터 전원이 잘못됐을 때)	① 와이어링 하니스 또는 커넥터의 고장 ② HECU의 고장 ③ 하이드로닉 유니트의 고장

14 자동차 관리법

학습목표

1. 차대번호 확인 방법에 대하여 알아본다.
2. 자동차 유효기간 산정 방법에 대하여 알아본다.

NO.1 차대번호(각자번호) 확인방법

1. 차대번호 표기방식

1) 제작자의 차대번호의 표기 부호(세부내용은 자동차등록 번호판 등의 제식에 관한 고시 제10조 제1항 별표12 참조)

제작 회사군(3자리), 자동차 특성군(6자리) 및 제작 일련번호군(8자리)등 총 17자리로 구성하며, 각 군별 자릿수와 각 자리에는 숫자와 I, O, Q를 제외한 알파벳(이하 '문자'라 한다)으로 표시한다.

<table>
<tr><th>각자 군별</th><th>자리 번호</th><th>사용 부호</th><th colspan="2">표시내용</th><th>세부내용</th></tr>
<tr><td rowspan="3">제작회사군</td><td>1</td><td>B</td><td colspan="2">국제지정 국적표시</td><td>배정부호 : K</td></tr>
<tr><td>2</td><td>B</td><td>제작사를 나타내는 표시</td><td>국토해양부장관이 제작자에게 지정한 부호</td><td rowspan="2">국토해양부장관이 배정하는 부호 중에서 제작자가 표기 신고시에 선택한 부호</td></tr>
<tr><td>3</td><td>B</td><td colspan="2">자동차의 종별 표시</td></tr>
<tr><td rowspan="6">자동차특성군</td><td>4</td><td>B</td><td colspan="2">차종(차량의 기본형식) 기준</td><td rowspan="6">• 제작자가 일괄하여 표기 신고시에 선택한 각 자리 세부부호를 표시
• 제작자는 생산차량관리에 필요한 6개 자리 상호간에 그 표시 내용을 변경하여 신고할 수 있음.</td></tr>
<tr><td>5</td><td>B</td><td colspan="2">차체 형상</td></tr>
<tr><td>6</td><td>B</td><td colspan="2">세부 차종(승용차는 등급거리, 기타는 용도별로 구분)</td></tr>
<tr><td>7</td><td>B</td><td colspan="2">• 안전벨트의 고정개소(승용차의 경우)
• 제동장치의 형식(공기식, 유압식 등) : 승용자동차 이외의 경우
• 기타 특성</td></tr>
<tr><td>8</td><td>B</td><td colspan="2">원동기(배기량 별로 구분)</td></tr>
<tr><td>9</td><td>B</td><td colspan="2">타각의 이상 유무 확인 표시</td></tr>
</table>

각자 군별	자리 번호	사용 부호	표시내용	세부내용
제작일련번호	10	B	제작 년도	제2호에 규정된 부호를 표시
	11	B	제작 공장의 위치	제작자가 표기 신고시에 선택한 세부 부호를 표시
	12 13 14 15 16 17	B B N N N N	제작 일련 번호	차종별, 형식 일련번호를 표시

① 사용 부호 란의 B는 I, O, Q를 제외한 알파벳 또는 아라비아 숫자를 N은 아라비아 숫자를 표시한다.
② 국내에서 생산되지 아니한 자동차인 경우 10자리 제작연도 부호는 실제 제작된 연도의 다음 연도인 모델연도 부호를 표시할 수 있다.

2) 년도별 표기 부호

연도	부호	연도	부호	연도	부호	연도	부호
1980	A	1988	J	1996	T	2004	4
1981	B	1989	K	1997	V	2005	5
1982	C	1990	L	1998	W	2006	6
1983	D	1991	M	1999	X	2007	7
1984	E	1992	N	2000	Y	2008	8
1985	F	1993	P	2001	1	2009	9
1986	G	1994	R	2002	2	2010	A
1987	H	1995	S	2003	3		

2. 제작사별 차대번호 표기방식

1) 현대 자동차 제작사별 차대번호의 표기 부호(아반떼 XD)

K	M	H	D	N	4	1	A	P	3	U	6	6	0	6	2	0
①	②	③	④	⑤	⑥	⑦	⑧	⑨	⑩	⑪	⑫	⑬	⑭	⑮	⑯	⑰
제작회사군			자동차 특성군						제작 일련 번호군							

① **K** : 국제배정 국적표시 – K : 한국, J : 일본, 1 : 미국,
② **M** : 제작사를 나타내는 표시 – M : 현대, L : 대우, N : 기아, P : 쌍용 자동차
③ **H** : 자동차 종별 표시 – H : 승용차, F : 화물트럭, J : 승합차량
④ **D** : 차종 – J : 엘란트라, E : 쏘나타3, F : 마이티, D : 아반떼 XD
⑤ **N** : 세부차종 및 등급 – L : 스탠다드(STANDARD, L), M : 디럭스(DELUXE, GL),
N : 슈퍼 디럭스(SUPER DELUXE, GLS)
⑥ **4** : 차체형상 – 4도어 세단(4DR SEDAN)
⑦ **1** : 안전장치
1 : 액티브 벨트 (운전석 + 조수석), 2 : 패시브 벨트 (운전석 + 조수석)
3 : 운전석 – 액티브 벨트 +에어백
4 : 운전석과 조수석 – 액티브 벨트 + 에어백, 조수석 – 액티브 벨트 또는 패시브 벨트
⑧ **A** : 엔진형식 – A : 1500cc 가솔린 차량, D : 2000cc 가솔린 차량
⑨ **P** : 운전석 – P : 왼쪽 운전석, R : 오른쪽 운전석
⑩ **3** : 제작년도 – M : 1991, N : 1992, P : 1993, R : 1994, S : 1995, T : 1996, V : 1997, W : 1998, X : 1999,
Y : 2000, 1 : 2001, 2 : 2002, 3 : 2003,..................
⑪ **U** : 공장 기호 – C : 전주공장, U : 울산공장, M : 인도공장, Z : 터키공장
⑫~⑰ **660620** : 차량 생산 일련 번호

2) 기아 자동차 제작사별 차대번호의 표기 부호(쏘렌토)

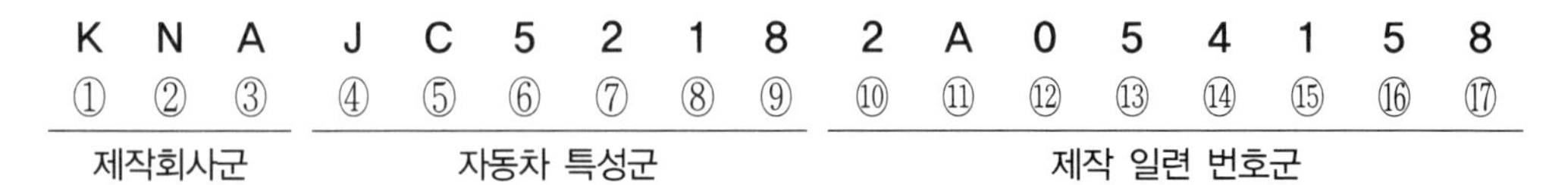

① **K** : 국제배정 국적표시 – K : 한국, J : 일본, 1 : 미국,
② **N** : 제작사를 나타내는 표시 – M : 현대, L : 대우, N : 기아, P : 쌍용 자동차
③ **A** : 자동차 종별 표시 – A : 승용차, C : 화물차, E : 전차종(유럽수출)
④⑤ **JC** : 차종 – JC : (쏘렌토), FE : 세라토, MA : 카니발, GD : 옵티마, FC : 카렌스
⑥⑦ **52** : 차체형상 – 52 : 5도어 스테이션 웨곤, 22 : 4도어 세단, 24 : 5도어 해치백,
62 : 5도어 밴
⑧ **1** : 엔진 형식 – 1 : 쏘렌토 2500cc 커먼레일 엔진
⑨ **8** : 확인란 – 8 : A/T+4륜 구동, 1 : 4단구동, 2 : 5단 수동, 3 : A/T, 4 : 4단 수동+4륜 구동,
5 : 5단 수동+4륜 구동, 6 : 4단 수동+서브 T/M, 7 : 5단 수동+서브T/M, 9 : CVT
⑩ **2** : 제작년도 – M:1991, N:1992, P:1993, R:1994, S:1995, T:1996, V:1997, W:1998, X:1999,
Y:2000, 1:2001, 2:2002, 3:2003,..................
⑪ **A** : 공장 기호 – 화성(내수), S : 소하리(내수), K : 광주(내수), 6 : 소하리(수출), 5 : 화성(수출),
7 : 광 주(수출)
⑫~⑰ **123456** : 차량 생산 일련 번호

3) 대우 자동차 제작사별 차대번호의 표기 부호(누비라)

K	L	A	J	F	6	9	V	D	V	K	0	9	1	4	3	5
①	②	③	④	⑤	⑥	⑦	⑧	⑨	⑩	⑪	⑫	⑬	⑭	⑮	⑯	⑰
제작회사군			자동차 특성군						제작 일련 번호군							

① **K** : 국제배정 국적표시 – K: 한국, J: 일본, 1: 미국
② **L** : 제작사를 나타내는 표시 – M: 현대, L: 대우, N: 기아, P: 쌍용 자동차
③ **A** : 자동차 종별 표시 – A ; 승용차 내수용
④ **J** : 차종 – J : 누비라, V : 레간자, T : 라노스
⑤ **F** : 변속기 형식 – F : 전륜구동·수동 변속기, A : 전륜 구동·자동 변속기
⑥⑦ **69** : 차체 형상 – 69 : 4도어 노치백, 35 : 웨건, 48 : 4도어 해치백
⑧ **V** : 원동기 형식 – Y : 1.5 SOHC·MPFI·FAN Ⅰ, V : 1.5 DOHC·MPFI·FAN Ⅰ,
3 : 1.8 DOHC·MPFI·FAN Ⅱ
⑨ **D** : 용도구분 – D : 내수용
⑩ **V** : 제작년도 – M : 1991, N : 1992, P : 1993, R : 1994, S : 1995, T : 1996, V : 1997,
W : 1998, X : 1999, Y : 2000, 1 : 2001, 2 : 2002..................
⑪ **K** : 공장 기호 – K : 군산 공장, B :부평공장
⑫~⑰ **123456** : 차량 생산 일련 번호

4) 쌍용 자동차 제작사별 차대번호의 표기 부호(체어맨)

K	P	B	N	E	2	A	9	1	2	P	0	3	1	2	9	9
①	②	③	④	⑤	⑥	⑦	⑧	⑨	⑩	⑪	⑫	⑬	⑭	⑮	⑯	⑰
제작회사군			자동차 특성군						제작 일련 번호군							

① **K** : 국제배정 국적표시 – K : 한국, J : 일본, 1 : 미국,
② **P** : 제작사를 나타내는 표시 – M : 현대, L : 대우, N : 기아, P : 쌍용 자동차
③ **B** : 자동차 종별 표시 – A : 소형 승용, B : 대형 승용, F : 중형승용, K : 소형승합,
J : 중형 승합, H : 소형 화물, G : 중형 화물, C : 대형 화물
④ **N** : 차량 기본 형식
⑤ **E** : 차체형상 – C : 캡 오버, B : 본닛, S : 세미트레일러, E : 기타형상, M : 단체구조,
F : 프레임 구조
⑥ **2** : 세부 차종 – 2 : 승용
⑦ **A** :기타 특성 – A : 일반, B : 승용겸 화물, C : 지프, E : 기타, G : qos, F : 덤프, K : 견인,
J : 구난
⑧ **9** : 원동기 구분–엔진 배기량으로 영문 및 아라비아 숫자로 표기
⑨ **1** : 대조 번호 – 1 : 미정정,
⑩ **2** : 제작년도 – M : 1991, N : 1992, P : 1993, R : 1994, S : 1995, T : 1996, V : 1997,
W : 1998, X : 1999, Y : 2000, 1 : 2001, 2 : 2002, 3 : 2003.................
⑪ **P** : 공장 기호 – P:평택
⑫~⑰ **123456** : 차량 생산 일련 번호

5) 차종별 차대번호 위치

① 승용차 : 보닛을 열고 보면 대시 패널 좌 또는 우측 상단에 타각되어 있다.

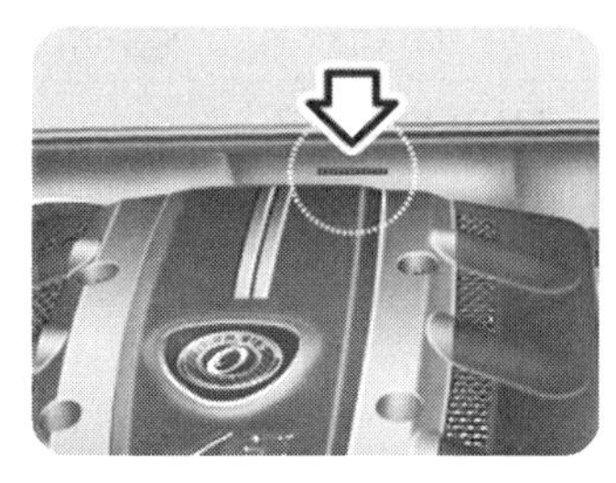

오피러스(카울 패널 중앙)

NF 쏘나타(엔진룸 카울패널)

체어맨 차대번호 위치

② 승합자동차 : 조수석 앞바퀴 바로 뒤쪽 프레임에 상단 또는 측면, 엔진룸 리저버 탱크 설치된 곳, 조수석 의자 아래 부분, 조수석 뒤 바퀴 프레임쪽 등에 타각되어 있다.

카렌스 차대번호 위치

트라제 XG 차대번호 위치

③ 화물자동차 : 우측 앞바퀴 바로 뒤쪽 프레임에 상단 또는 측면에 타각되어 있다.

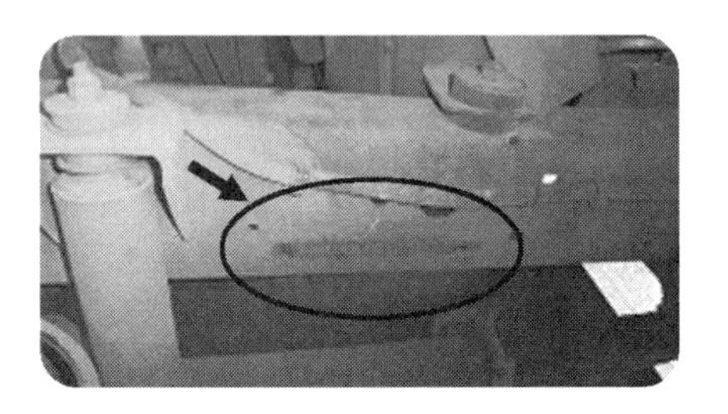

메가트럭 차대번호 위치그림

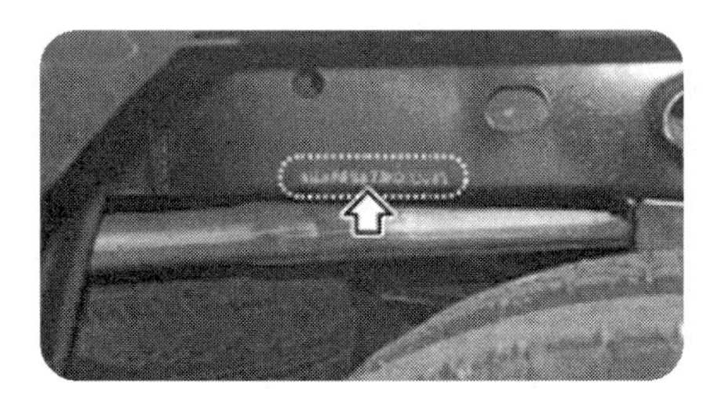

봉고3 차대번호 위치(우측 뒤타이어 부분)

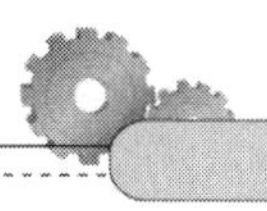

3. 차종별 자동차 등록증

자 동 차 등 록 증

제2006-034346호 최초 등록일 : 2006년 04월 13일

① 자동차 등록 번호	경기 55도 3859	② 차 종	소형 승용	③ 용도	자가용
④ 차 명	아반떼 XD	⑤ 형식 및 년식	JH-M-1		2006
⑥ 차 대 번 호	KMHDN41AP6U660620	⑦ 원동기 형식	G4DJ		
⑧ 사 용 본 거 지	경기도 양주시 광사동 313-4 신도 8차 아파트000동 -***호				
소유자 ⑨ 성명(명칭)	김광수	⑩ 주민(사업자) 등록번호	***117-*******		
소유자 ⑪ 주 소	경기도 양주시 광사동 313-4 신도 8차 아파트000동 -***호				

자동차 관리법 제8조등의 규정에 의하여 위와 같이 등록하였음을 증명합니다.

-위반하기 쉬운사항-

※위반시 과태료 처분(뒷면 기재 참조)

- o 주소 및 사업장 소재지 변경 15일 이내
- o 정기검사 만료일 전후 15일 이내
- o 책임 보험료 가입 만료일 이전 이내 가입(100만원 이하 과태료)
- o 말소 등록폐차일로 부터 30일 이내(50만원 이하 과태료)

2006 년 04 월 13 일

양 주 시 장

---

1. 제원

⑫ 형식 승인번호	1-00227-0003-0000		
⑬ 길 이	4525mm	⑭ 너 비	1725mm
⑮ 높 이	1425mm	⑯ 총 중 량	1340kg
⑰ 배 기 량	1495cc	⑱ 정격출력	107/6000 ps
⑲ 승차정원	5 명	⑳ 최대적재량	kg
㉑ 기 통 수	4기통	㉒ 연료의종류	휘발유(무연) (연비15.5 km/L)

2. 등록 번호판 교부 및 봉인

㉓ 구 분	㉔ 번호판교부일	㉕ 봉인일	㉖ 교부대행자확인
신규	2006-04-13	2006.04.13	

3. 저당권 등록

㉗ 구분(설정 또는 말소)	㉘ 일 자

※기타 저당권 등록의 내용은 자동차 등록원부를 열람확인 하시기 바랍니다.

※ 비고

4. 검사 유효기간

㉙ 연월일 부 터	㉚ 연월일 까 지	㉛ 검 사 시행장소	㉜ 검사책임자 확 인

※주의사항 : ㉙항 첫째란에는 신규 등록일을 기재합니다.

33331-00211비
96. 10. 4. 승인

210mm×297mm
(보존용지(1종) 120g/㎡)

자 동 차 등 록 증

제2001-021804호 최초 등록일 : 1997년 05월 30일

① 자동차 등록 번호	경기 55나 8333	② 차 종	소형 승용	③ 용도	자가용
④ 차 명	누비라	⑤ 형식 및 년식	JF69V		1997
⑥ 차 대 번 호	KLAJF69VDVK091435	⑦ 원동기 형식	A15DMS		
⑧ 사 용 본 거 지	경기도 양주시 광사동 313-4 신도 8차 아파트000동 -***호				
소유자 ⑨ 성명(명칭)	김광수	⑩ 주민(사업자) 등록번호	***117-*******		
소유자 ⑪ 주 소	경기도 양주시 광사동 313-4 신도 8차 아파트000동 -***호				

자동차 관리법 제8조등의 규정에 의하여 위와 같이 등록하였음을 증명합니다.

-위반하기 쉬운사항-

※위반시 과태료 처분(뒷면 기재 참조)
- o 주소 및 사업장 소재지 변경 15일 이내
- o 정기검사 만료일 전후 15일 이내
- o 책임 보험료 가입 만료일 이전 이내 가입(100만원 이하 과태료)
- o 말소 등록폐차일로 부터 30일 이내(50만원 이하 과태료)

1997 년 05 월 30 일

양 주 군 수

1. 제원

⑫ 형식 승인번호	1-01051-0015-0000		
⑬ 길 이	4495mm	⑭ 너 비	1700mm
⑮ 높 이	1430mm	⑯ 총 중 량	kg
⑰ 배 기 량	1498cc	⑱ 정 격 출 력	107/6000 ps
⑲ 승 차 정 원	5 명	⑳ 최대적재량	kg
㉑ 기 통 수	4기통	㉒ 연료의종류	휘발유(무연) (연비 16km/L)

2. 등록 번호판 교부 및 봉인

㉓ 구 분	㉔ 번호판교부일	㉕ 봉인일	㉖ 교부대행자확인
신규	1997-05-30		

3. 저당권 등록

㉗ 구분(설정 또는 말소)	㉘ 일 자

※기타 저당권 등록의 내용은 자동차 등록원부를 열람확인 하시기 바랍니다.

※ 비고

4. 검사 유효기간

㉙ 연 월 일 부 터	㉚ 연 월 일 까 지	㉛ 검 사 시행장소	㉜ 검사책임자 확 인
1997-05-30	2001-05-29	노원 진병협	
2001-05-30	2003-05-29	노원 김기범	
2003-05-30	2005-05-29	노원 박기민	
2005-05-30	2007-05-29	노원 박영재	
2007-05-30	2009-05-29	노원 김재일	

※주의사항 : ㉙항 첫째란에는 신규 등록일을 기재합니다.

33331-00211비
96. 10. 4. 승인

210mm×297mm
(보존용지(1종) 120g/㎡)

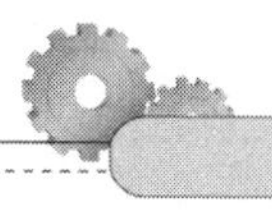

NO.2 자동차 유효기간 산정 방법

1. 검사의 유효기간(자동차 관리법 시행규칙 제74조)

① 법 제43조제1항 제2호에서 "일정기간"이라 함은 별표 15의2에서 정하는 기간을 말한다.

② 제1항의 규정에 의한 검사 유효기간은 신규등록을 하는 자동차의 경우에는 신규 등록일부터 기산하고, 정기검사를 받는 자동차의 경우에는 정기검사를 받은 날의 다음날부터 기산한다.

③ 제77조제2항의 규정에 의한 정기검사의 기간 중에 정기검사를 받아 합격한 자동차의 검사유효기간은 제2항의 규정에 불구하고 종전 검사 유효기간 만료일의 다음날부터 기산한다.

④ 검사의 유효기간을 산정함에 있어 구조변경 등으로 규모별 세부기준이 변경된 자동차의 경우에는 신규등록한 때의 규모를 기준으로 한다.

[별표 15의2] **자동차검사의 유효기간**(제74조 관련)

구 분		검 사 유 효 기 간
비사업용 승용자동차 및 피견인자동차		2년(다만, 신조차로서 법 제43조제5항의 규정에 의하여 신규검사를 받은 것으로 보는 자동차의 최초검사 유효기간은 4년)
사업용 승용자동차		1년(다만, 신조차로서 법 제43조제5항의 규정에 의하여 신규검사를 받은 것으로 보는 자동차의 최초검사 유효기간은 2년)
경형, 소형의 승합 및 화물자동차		1년
사업용 대형 화물자동차	차령이 2년 이하인 경우	1년
	차령이 2년 초과된 경우	6개월
기타 자동차	차령이 5년 이하인 경우	1년
	차령이 5년 초과된 경우	6개월

⑤ 자동차차령 기산법은 다음 각호의 구분에 의한다.

㉠ 제작년도에 등록된 자동차 : 최초의 신규등록일

㉡ 제작년도에 등록되지 않은 자동차 : 제작년도의 말일

2. 검사의 유효기간 산정 방법

① 주어진 검사 차량의 차량 등록 번호와 차대 번호 등이 등록증 원본과 일치하는가를 확인한다.

② 등록증 원본의 등록 번호판 교부 및 봉인 란에서 신규 등록일을 보고 차령을 확인한다.

③ 검사 유효기간 란에서 검사 유효 만료일까지 최초 4년이 맞는가를 확인한다.(승용차일 경우)

④ 최초 4년 이후에는 2년마다 정기 검사를 하여야 하므로 검사 유효 기간일을 기록한다.

⑤ 검사 차량의 지정검사일은 자동차 등록증상의 검사일자 란에 표기되어 있는 날자가 기준이 되며, 지정된 날자 전·후 30일 이내에 편리한 날짜를 선택해서 받으면 된다. 지정된 검사일 이외에

검사를 받더라도 검사기준일은 변동이 없다.

예 차령 10년 미만의 승용차량으로 지정 검사일이 2000년1월1일인 경우 검사를 받아야 될 유효기간은 1999년12월 2일부터 2000년1월30일까지이며, 검사를 12월25일 또는 1월10일에 받더라도 다음 검사일은 2002년1월1일로 지정 된다.)

⑥ 장기간의 출장 등 개인사정으로 검사를 미리 받는 경우와 검사 유효기간이 경과된 후에 받는 검사 차량은 다음 검사일이 해당 사유일자 만큼 조정 된다.

예 차령 10년 미만의 승용차량으로 지정 검사일이 2000년1월1일인 경우 1999년12월1일에 검사받을 때는 다음 검사일이 2001년 12월1일로 지정되며, 2000년2월1일 검사를 받으면 다음 검사일은 2002년 2월1일로 지정 된다.) 이때 검사를 검사지정일 이전에 미리 받을 때는 아무런 제약이 없으나 유효기간이 경과되어 검사를 늦게 받으면 검사지연 과태료 등의 불이익을 받게 된다.

【 검사지연 과태료 】

만료기간	과태료	비고
만료일로부터 1개월 이내	2만원	
만료일로부터 1개월 이후	매 3일마다 1원(최고30만원)	
명령 위반시	1년 이하 징역 또는 250만원 이하의 벌금	

⑦ 차대번호에서 신규등록 년도 차는 방법

K	M	H	D	N	4	1	A	P	3	U	6	6	0	6	2	0
①	②	③	④	⑤	⑥	⑦	⑧	⑨	⑩	⑪	⑫	⑬	⑭	⑮	⑯	⑰
제작회사군			자동차 특성군						제작 일련 번호군							

연 도	부 호	연 도	부 호	연 도	부 호
1980	A	1991	M	2002	2
1981	B	1992	N	2003	3
1982	C	1993	P	2004	4
1983	D	1994	R	2005	5
1984	E	1995	S	2006	6
1985	F	1996	T	2007	7
1986	G	1997	V	2008	8
1987	H	1998	W	2009	9
1988	J	1999	X	2010	A
1989	K	2000	Y	.	.
1990	L	2001	1	.	.

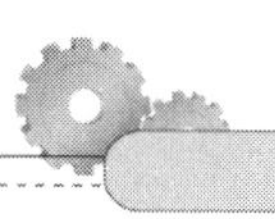

3. 차종별 검사의 유효기간 산정 방법

1) 현대 갤로퍼Ⅱ 승합 자동차 등록증

자 동 차 등 록 증

제2001-050776호 최초등록일: 2000년 02월 17일

① 자동차등록번호	서울74노 1909	② 차 종	소형 승합	③ 용도	자가용
④ 차 명	갤로퍼II 승합	⑤ 형식 및 년식	KC4RY-02 2000		
⑥ 차 대 번 호	KMYKP17CPYU369329	⑦ 원동기형식	D4BH		
⑧ 사용본거지	서울특별시 양천구 신정동 314번지				
소유자 ⑨ 성 명(명 칭)	김 광 수	⑩ 주민(사업자) 등록번호	×× 0117- 10××××		
소유자 ⑪ 주 소	서울특별시 양천구 신정동 ○○○번지				

자동차관리법 제8조의 규정에 의하여 위와 같이 등록하였음을 증명합니다.

이전전입

전입 전 : 경남71나1865

2001년 10월 29일

서울특별시 양천구청장

1. 제 원

⑦ 형식승인번호	1-00320-0054-0000		
⑬ 길 이	4635mm	⑭ 너 비	1770mm
⑮ 높 이	1900mm	⑯ 중 량	2390kg
⑰ 배기량	2476cc	⑱ 정격 출력	100/4000Ps
⑲ 승차 정원	7명	⑳ 최대 적재량	kg
㉑ 기통수	4기통	㉒ 연료의 종류	경유 (연비11km/ℓ)

2. 등록번호판 교부 및 봉인

㉓ 구 분	㉔번호판교부일	㉕ 봉인일	㉖교부대행자인
신 규	2001-10-29		

3. 저당권 등록

㉗ 구분(설정 또는 말소)	㉘ 일 자

※기타 저당권등록의 내용은 자동차등록원부를 열람·확인하시기 바랍니다.

4. 검사유효기간

㉙ 연월일부터	㉚ 연월일까지	㉛ 검사 시행장소	㉜ 검사 책임자확인
2000.02.17	2002.02.16	성산	진병협
2002.02.17	2003.02.16	성산	진병협
2003.02.17	2004.02.16	성산	진병협
2004.02.17	2005.02.16	성산	진병협

※ 주의사항 : ㉙항 첫째란에는 신규등록일을 기재합니다.

※ 비고

2) 대우 라노스 자동차 등록증

자 동 차 등 록 증

제97-066131호 최초등록일: 97년 11월 11일

① 자동차등록번호		서울30가 7717	② 차 종	소형 승용	③ 용도	자가용
④ 차 명		라노스 1.3	⑤ 형식 및 년식	JE69V		1997
⑥ 차 대 번 호		KLAJF69VVK199652	⑦ 원동기형식	A15DMS		
⑧ 사 용 본 거 지		서울특별시 구로구 신도림동 394번지 24호-1				
소유자	⑨ 성 명 (명 칭)	김 광 수	⑩ 주민(사업자) 등 록 번 호	×× 0117- 10××××		
	⑪ 주 소	서울특별시 구로구 신도림동 ○○○번지 24호-1				

자동차관리법 제8조의 규정에 의하여 위와 같이 등록하였음을 증명합니다.

신조

1997년 11월 11일

서울특별시 동대문 구청장

1. 제 원			
⑦ 형식승인번호	1-0776-004-003		
⑬ 길 이	4470mm	⑭ 너 비	1700mm
⑮ 높 이	1425mm	⑯ 중 량	1430kg
⑰ 배기량	1300cc	⑱ 정 격 출 력	107/6000Ps
⑲ 승 차 정 원	5명	⑳ 최 대 적재량	kg
㉑ 기통수	4기통	㉒ 연료의 종 류	휘발유(무연) (연비15km/ℓ)

2. 등록번호판 교부 및 봉인			
㉓ 구 분	㉔번호판교부일	㉕ 봉인일	㉖교부대행자인
신 규	97/11/11		

※ 비고

3. 검사유효기간			
㉗ 연월일부터	㉘ 연월일까지	㉙ 검사 시행장소	㉚ 검사 책임자확인
1997.11.11	2000.11.10	노원:김기범	
2000.11.11	2002.11.10	노원:김기범	
2002.11.11	2004.11.10	노원:김기범	

※ 주의사항 : ㉗항 첫째판에는 신규·확인 및 완성검사를 받은 날의 다음 날짜를 기재합니다.

기술검토연구원

김웅환 (現) 서정대학교
김성용 (現) 서정대학교

그린자동차 섀시실습

초판인쇄 | 2017년 1월 10일
초판발행 | 2017년 1월 20일

지 은 이 | GB기획센터
발 행 인 | 김 길 현
발 행 처 | (주) 골든벨
등 록 | 제 1987-000018호

I S B N | 979-11-5806-218-7
가 격 | 24,000원

이 책을 만든 사람들
본문 디자인 | 조경미
표지 디자인 | 김한일
공 급 관 리 | 오민석, 김경아, 연주민, 김유리
진 행 | 최병석
오프라인 마케팅 | 우병춘, 강승구
웹 매 니 지 먼 트 | 안재명

㊍ 04316 서울특별시 용산구 원효로 245(원효로 1가 53-1) 골든벨 빌딩 5~6F
• TEL : 영업부 02-713-4135 / 편집부 02-713-7452
• FAX : 02-718-5510 • http : // www.gbbook.co.kr • E-mail : 7134135@ naver.com

기술검토연구원

김웅환 (現) 서정대학교
김성용 (現) 서정대학교

그린자동차 섀시실습

초판인쇄 | 2017년 1월 10일
초판발행 | 2017년 1월 20일

지 은 이 | GB기획센터
발 행 인 | 김 길 현
발 행 처 | (주) 골든벨
등 록 | 제 1987-000018호
I S B N | 979-11-5806-218-7
가 격 | **24,000원**

이 책을 만든 사람들

본문 디자인 | 조경미
표지 디자인 | 김한일
공 급 관 리 | 오민석, 김경아, 연주민, 김유리
진 행 | 최병석
오프라인 마케팅 | 우병춘, 강승구
웹 매 니 지 먼 트 | 안재명

㊒ 04316 서울특별시 용산구 원효로 245(원효로 1가 53-1) 골든벨 빌딩 5~6F
• TEL : 영업부 02-713-4135 / 편집부 02-713-7452
• FAX : 02-718-5510 • http : // www.gbbook.co.kr • E-mail : 7134135@ naver.com